Eberhard Kittler

BMW

Alle Personenwagen
seit 1928

Eberhard Kittler

BMW

Alle Personenwagen seit 1928

Motor
buch
Verlag

Einbandgestaltung: Dos Luis Santos

Bildnachweis: Augustin, Esslingen (1), AWE, Eisenach (3), Campen, Geiselwind (2), EFA-Museum, Amerang (2), Dr. Dietrich, Hoyerswerda (1), Dr. Dünnebier, Dresden (20), Kittler, Leonberg (81), Rosso Bianco, Aschaffenburg (1), Starck, Berlin (1).
Alle anderen Aufnahmen stammen von BMW (Pressclub bzw. Historisches Archiv).

ISBN: 978-3-613-02642-1

1. Auflage 2008

Sie finden uns im Internet unter www.motorbuch-verlag.de

Lektor: Joachim Kuch
Innengestaltung: Medienfabrik GmbH, 70174 Stuttgart
Druck und Bindung: Druck- und Medienzentrum, 70839 Gerlingen
Printed in Germany

VORWORT

BMW gilt heute ohne Wenn und Aber weltweit als wichtigste Premium-Marke neben der alteingesessenen Marke Mercedes-Benz und neben „Newcomer" Audi. Doch während das Unternehmen mit dem Stern bereits auf eine Historie seit 1886 zurückblicken kann, begann das Automobilgeschäft von BMW erst 1928/29 – vorher wurden allein Flugmotoren und Motorräder hergestellt. Erst mit dem Zukauf des Eisenacher Dix-Werks wurden die Bayern zum Autohersteller. Pünktlich zum achtzigsten Jubiläum legt der Motorbuch Verlag nun dieses Übersichtswerk vor.

Angesichts der Flut neuer Autos, die BMW in den letzten Jahrzehnten auf den Markt brachte, erschießen sich die Feinheiten des Modellprogramms nur noch absoluten Spezialisten. Gut, dass dafür der publizistische Grundstock bereits gelegt worden ist: Dem Historiker und Fachjournalisten Werner Oswald ist es zu verdanken, dass die Entwicklung der Marke mit dem weiß-blauen Propeller-Logo in Buchform immer wieder auf den neuesten Stand gebracht wurde. Sein Standardwerk „Alle BMW Automobile 1928-1978" brachte es allein auf sechs Auflagen. 1994 erschien eine aktualisierte Ausgabe, vier Jahre später verstarb der Chronist.

BMW war zu diesem Zeitpunkt bereits auf einem beispiellosen Höhenflug. Mit einem Modellfeuerwerk ohnegleichen erweiterte das Münchner Unternehmen sein Angebot bis in die schmalsten Nischen hinein. Dazu kamen technische Innovationen wie die kultivierten High-Tech-Dieselmotoren – und dies von einem Unternehmen, das noch Ende der 80er-Jahre selbstzündende Triebwerke als unpassend für seine verwöhnte Kundschaft befunden hatte. Die wurde unterdessen deutlich jünger, denn BMW brachte auch deutlich preiswertere Fahrzeuge auf den Markt. Und die Weiß-Blauen gingen den Schritt hin zum Gobal Player, indem sie weltweit Montagewerke errichteten. In den USA entstand eine eigenständige Fabrik, in der bislang zwei Modellreihen (X5, Z3 bzw. Z4) gefertigt werden – künftig kommen der X6 und später der X3 hinzu.

Doch BMW hielt sich nicht an den Leitspruch seines früheren Vorstandsvorsitzenden Eberhard von Kuenheim – dass der Adler in großer Höhe am besten allein fliege. So geriet das Engagement bei Rover in der zweiten Hälfte der 90er-Jahre zum Desaster, das an den Grundfesten des bayerischen Herstellers rührte. Doch auch diese Phase wurde erfolgreich überwunden – eine Parallele zu dem, was Wettbewerber Mercedes-Benz im Jahr 2007 mit seinem vormaligen Juniorpartner Chrysler durchmachte. Heute setzt BMW nur noch auf Kooperationen, wie sie auf dem Motorensektor mit PSA eingegangen wurde. Es deutet alles darauf hin, dass es auch mit Mercedes eine weiterführende Partnerschaft geben wird – momentan arbeiten die beiden Premiummarken schon bei der Entwicklung von Mild- und Vollhybriden zusammen.

Ich übernahm zur Jahrtausendwende erstmals die Aufgabe, eine auf den neuesten Stand gebrachte Buchfassung zusammenzustellen, wobei der originale Oswald-Vorkriegsteil weitgehend unverändert blieb. Aber es zeigte sich, dass der Verfügung stehende Platz kaum noch ausreichte. Jetzt ist eine wiederum aktualisierte Auflage fällig – hat doch BMW weiter zugelegt, mittlerweile ganz neue Baureihen (Einser und X6) im Programm und sich zum Vorreiter in puncto Motorentechnik gemausert. Um diese neuen Entwicklungen adäquat darstellen zu können, musste der Inhalt des gesamten Werks gestrafft werden. So konzentriert sich das vorliegende Buch im Vorkriegs-Bereich auf die Marke BMW. Die Wartburg- und Dixi-Ära sowie die Lizenz- und Nachbau-Produkte aus Großbritannien und der DDR werden – auf Grundlage des mehrfach überarbeiteten Oswald-Textes – inhaltlich lediglich gestreift. Mehr dazu findet sich in speziellen Veröffentlichungen (zum Beispiel Ihling: Autos aus Eisenach, Dünnebier/Kittler: Deutsche Autos – Alle Personenwagen und Nutzfahrzeuge der DDR).

Die Nachkriegs-Ära muss sich auf die Serienentwicklungen von BMW beschränken, wobei auch hier überwiegend komplett neues Bildmaterial verwendet wurde. Um Prototypen und Versuchsmuster ausführlich zu präsentieren, fehlte bedauerlicherweise der Platz – hier sei auf vorliegende Bücher verwiesen (beispielsweise Kieselbach: BMW-Sondertypen; Kittler/Rönnberg: Deutsche Autos – Offroader und SUV).

Der Autor und Pilot Guerlain Chicherit im BMW X3 X-Raid (2007)

Wer tiefer in die Motorengeschichte von BMW einsteigen will, sollte zum doppelbändigen Werk des früheren Aggregatechefs Karl-Heinz Lange greifen. Weitere interessante Aspekte der BMW-Historie finden sich im Standardwerk von Halwart Schrader (BMW-Automobile); seine Stückzahlangaben und auch die anderer Spezialisten decken sich nicht immer mit den denen von Werner Oswald – obwohl alle Autoren seriös recherchiert haben. Ich habe mich darum entschlossen, in Zweifelsfällen mehrere Zahlenangaben aufzuführen. Korrekturwünschen sehe ich gefasst entgegen (E-Mail: ekittler@web.de).

Zahlreiche Fachleute wirkten am Zustandekommen des aktuellen Buches mit. Hans Fleischmann, der frühere Leiter des BMW-Archivs, hatte einst den Grundstock für die Vorläufer dieses Druckwerks geliefert. Für ihre Mitarbeit bedankt seien auch Bernd Campen, Dr. Michael Dünnebier, Erich Eckermann, Horst Ihling, Michael Graf Wolff Metternich, Rainer Simons, Dr. Paul Simsa, Michael Stück und Henning Zaiss. Aktive Unterstützung kam vor allem von engagierten BMW-Mitarbeitern – insbesondere Dirk Arnold, Stefan Behr, Alfred Broede, Wieland Bruch, Jörg Dinner, Manfred Grunert, Friedbert Holz, Ralph Huber, Andreas Klugescheid, Sebastian Palmes, Manfred Poschenrieder, Rudi Probst und Thomas Zauber. Ihnen allen ein herzliches Dankeschön.

WARTBURG UND DIXI 1

Die Bayerischen Motoren Werke (BMW) wurden erst im Jahr 1916 gegründet. Mit dem Automobilbau begann die Marke erst 1928 – aber deren Vorgeschichte reicht viel weiter zurück. Als Ursprungsdatum sei der 3. Dezember 1896 festgehalten, an dem ein Bankenkonsortium unter dem Vorsitz des Geheimrats Heinrich Ehrhardt mit einem Kapitaleinsatz von 1,25 Millionen Goldmark in Thüringen die „Fahrzeugfabrik Eisenach AG" entstehen ließ. Der Geheime Baurat Generaldirektor Dr.-Ing. e. h. Heinrich Ehrhardt (1840 - 1928) hatte bereits mit dem Rheinmetall-Konzern die nach Krupp zweitgrößte Rüstungskapazität im deutschen Kaiserreich aufgebaut. Seine Werke im Rheinland, in Westfalen und Thüringen lieferten Geschütze, Panzerplatten sowie anderen Heeresbedarf, aber auch Werkzeugmaschinen und unterschiedlichste Konsumgüter.

WARTBURG-MOTORWAGEN (1898 BIS 1903)

Zur Gründung des neuen Unternehmens in Eisenach war Ehrhardt durch die Kaiserliche Militärverwaltung veranlasst worden, die ihrem zuverlässigen Lieferanten mit einem Auftrag über 1.000 bespannte Militärfahrzeuge (Munitions- und Sanitätswagen, Feldküchen, Protzen) ein weiteres Betätigungsfeld zugeschanzt hatte. Außerdem wurde die Herstellung von Fahrrädern aufgenommen. An Motorfahrzeuge, die man damals beim Militär noch nicht verwendete, war zunächst nicht gedacht. Dennoch begann man in der Fahrzeugfabrik Eisenach wenig erfolgreich mit je einem eigenentwickelten Drei- und einem Vierrad-Motorwagen zu experimentieren. Daraufhin erwarb Ehrhardt am 12. September 1898 die Alleinlizenz für Deutschland von der

Wartburg Kutschierwagen Typ 1 (1899)

französischen Firma Decauville, die 1897 eine gut gemachte Voiturette herausgebracht hatte.

Zunächst komplettierte das Eisenacher Werk aus Frankreich angelieferte Fahrgestelle, ehe sie als fünfte deutsche Fabrik – nach Benz in Mannheim, Daimler in Cannstatt, Dürkopp in Bielefeld und Opel in Rüsselsheim – mit dem Serienbau von Motorwagen begann. Die „Wartburg-Kutschierwagen" gab es bis 1901 mit luftgekühltem 500-ccm-3,5-PS- oder wassergekühltem 750-ccm-5-PS-Zweizylindermotor, der völlig offen und ungeschützt unter dem Fahrersitz lag. Die Vorderräder mit starrer Faustachse und Halbelliptik-Querfederung ließen sich mittels einer Handkurbel lenken. Das hochbeinige Wägelchen gewann 1899 bereits 22 Goldene Medaillen und Erste Preise. Bei Rennen waren die Wartburg-Wagen bis zu 60 km/h schnell. Auf der ersten Internationalen Motorwagen-Ausstellung 1899 in Berlin erregten sie ebenfalls große Aufmerksamkeit. Der Verkauf lief ausgezeichnet, übrigens auch an ausländische Kunden: Unter dem Namen „Cosmobile" gelangten die Fahrzeuge aus Eisenach sogar nach Amerika. Sechs Wartburg-Wagen aus jener Pionierzeit blieben bis heute erhalten: Je einer im Münchner BMW-Museum und im Eisenacher AWE-Museum, je einer in den Technischen Museen Prag und Oslo sowie je einer bei Privatbesitzern.

Von 1901 bis 1903 wurden die Wartburg-Motorwagen in verschiedenen Zweizylinder-Ausführungen gebaut, wiederum nach Decauville-Lizenzen, jetzt mit vorn liegendem Motor, Kardanantrieb und Lenkrad mit schräg gestellter Lenksäule. 1902 erschien der erste große Wartburg mit 3,1-Liter-15 PS-Vierzylinder-Motor. Als Rennwagen mit 22 PS Leistung, Fünfganggetriebe, 650 kg Gewicht und 120 km/h Spitze siegte er am 31. August 1902 beim Internationalen Automobil-Rennen in Frankfurt am Main. Neben den Motorwagen baute man von 1900 bis 1902 auch Elektro-Droschken System Lundell (nach einer englischen Lizenz). Sie besaßen einen massiven Unterbau, um die Batterien und den E-Motor aufnehmen zu können. Seit 1899 stellte die Firma überdies Motorlastwagen (Marke „Eisenach") her.

Heinrich Ehrhardt überwarf sich schließlich mit den anderen Aktionären – ein Vorgang, wie er damals bei fast allen visionären Automobilpionieren an der Tagesordnung war. Er legte im Juli 1904 den Vorsitz im Aufsichtsrat nieder und gründete unter Mitnahme der Decauville-Lizenzen im nahen Zella-St. Blasien eine neue Automobilfirma, die seinen Namen trug – die Marke Ehrhardt existierte bis 1924. Die Fahrzeugfabrik Eisenach war damit aus dem Rheinmetall-Konzern ausgeschieden und stellte die Produktion auf Motorfahrzeuge eigener Konstruktion um. Etwa 250 Wartburg Kutschier- und Motorwagen sind zwischen 1898 bis 1903 ausgeliefert worden.

DIXI-AUTOMOBILE (1904 BIS 1927)

Auf der Frankfurter Automobil-Ausstellung 1904 erschien der erste „Dixi", wie von nun an lange Zeit die Eisenacher Automobile heißen sollten. Jener Typ S12 wurde zunächst als Tourenwagen, als Coupé und als „Ablieferungswagen" (Nutzlast bis zu 600 kg) angeboten. Er besaß einen wassergekühlten 2,8-Liter-Vierzylinder-Motor mit paarweise zusammengegossenen Zylindern sowie Kardanantrieb. Das Getriebe war bei den meisten Fahrzeugen an der Hinterachse angeflanscht, die Fußbremse wirkte auf die Kardanwelle und die Handbremse auf die hinteren Holzspeichenräder. Entwickelt hatte den für seine Zeit recht fortschrittlichen Dixi S12 Ingenieur Willy Seck (1868 - 1955), einer der fähigsten deutschen Automobilkonstrukteure, der sich vorher bereits bei Bergmann (Gaggenau), bei Cudell und bei Scheibler einen Namen gemacht hatte. Seck blieb nur kurze Zeit als Technischer Direktor bei der Fahrzeugfabrik Eisenach. Sein Nachfolger Oberingenieur Schwarz leitete aus dem S12 eine ganze Folge weiterer Typen ab.

Neben dem S12 lancierte die Fahrzeugfabrik Eisenach ebenfalls 1904 den von Ingenieur Trumann konstruierten Kleinwagen Dixi T7 mit 7,7-PS-Einzylinder-Motor und Zweiganggetriebe (Preis 3.800 Mark), woraus im Laufe der folgenden Jahre ebenfalls eine umfangreiche Typenreihe entstand. So war das vielfältige Programm der Dixi-Personenwagen vor dem Ersten Weltkrieg durch eine heute kaum nachvollziehbare Zweigleisigkeit gekennzeichnet.

Auf der T-Reihe basierte übrigens auch der 1905 herausgebrachte Typ U30, ein gewaltiger Luxuswagen mit 6,5-Liter-

Dixi R8 Tourer (1909)

Vierzylinder-Motor. Er besaß noch Kettenantrieb, weil man einer Kardanwelle die Übertragung hoher Motorleistungen noch nicht zutraute. 1908 folgte dem U30 der Typ U35 mit einem 7,3 Liter großen 26/65-PS-Vierzylinder-Motor und nun auch hier mit Kardanantrieb.

1908 brachte die Fahrzeugfabrik Eisenach mit dem 6/14 PS Typ R8 den ersten Dixi mit einem verhältnismäßig kleinen 1,5-Liter-Vierzylinder-Motor auf den Markt. Mit ihm und den folgenden R-Typen gelangte das Werk erstmalig zu eindrucksvolleren Produktionsergebnissen, was vor allem am zwischenzeitlichen Ausbau der Fabrikationsanlagen lag: 1914 hatte man eine Herstellungskapazität von 300 bis 400 Automobilen pro Jahr erreicht.

Seit der Verselbständigung der Firma wurden in geringer Zahl die „Eisenach"-Lastwagen weitergebaut. Ab 1910 verstärkte man deren Produktion, nannte sie ebenfalls „Dixi" und baute vor allem den Heerestyp mit Kettenantrieb, den staatlich geförderten „Subventionslastzug" UO30 mit 5 Tonnen Nutzlast und Eintonnen-Anhänger. Er basierte auf dem Luxuswagen des Typs U30. Als weitere Produktionszweige wurden 1909 der Luftschiff- und 1910 der Bootsmotorenbau aufgenommen. Ein 1910 konstruierter Wagen mit Dampfantrieb kam nicht über das Versuchsstadium hinaus.

Nach dem Ersten Weltkrieg lief die Herstellung von Automobilen weiter. Kühlerfigur und Markenzeichen über dem Schriftzug „Dixi" waren sie ab 1919 ein laufender Centaur mit fliegender Mähne. Doch der Wegfall des Hauptgeschäftes, der Heereslieferungen, bereitete Sorgen. Die Rettung versprach man sich von dem im Mai 1921 erfolgten Zusammenschluss mit der „Gothaer Waggonfabrik AG" – wobei aus der Fahrzeugfabrik Eisenach die Dixi-Werke wurden. Allerdings war auch die Gothaer Waggonfabrik nicht viel gesünder, denn sie hatte auf den im Ersten Weltkrieg mächtig ausgeweiteten Flugzeugbau verzichten müssen.

Die Dixi-Werke bauten bis 1924/25 noch mehrere aus der Zeit vor dem Ersten Weltkrieg stammende Typen: den kaum

Dixi 6/18 PS Typ G1 Limousine (1921)

verkäuflichen 5/14 PS (D1), den 8/24 PS (R10), den 13/39 PS (S16) und schließlich den 20/55 PS (U1), der den Motor des Lastwagens besaß. Zwar versuchte man, diese Fahrzeuge mit modischen Karosserien aufzuwerten, doch technisch und leistungsmäßig waren sie veraltet, was ihre Ablösung durch die neuen G-Typen notwendig machte.

1921 war der 1,6-Liter-6/18 PS Typ G1 erschienen, aus dem 1923 der 6/24-PS-Typ G2 entstand. Dieser Wagen, vom Technischen Direktor Leonhard C. Graß ziemlich aufwendig entworfen, zeichnete sich sowohl durch eine gewisse Sportlichkeit als auch durch Zuverlässigkeit und Wirtschaftlichkeit im Alltagsbetrieb aus. So fand der Dixi trotz seines relativ hohen Preises recht guten Anklang. Für den Motorsport gab es Ausführungen mit 30 bis 36 PS (Typ G5), einige Autos waren sogar als Renn-Einsitzer hergerichtet. Tatsächlich beruhten die Beliebtheit und das Ansehen der Dixi-Wagen auch auf den zahlreichen Sporterfolgen, die zu jener Zeit noch für den Verkauf eines normalen Serienautomobils sehr förderlich, manchmal sogar unerlässlich waren.

Zur Automobil-Ausstellung im Herbst 1923 stellten die Dixi-Werke einen G2 als Stromlinienwagen vor, dessen Aufbau Paul Jaray entworfen hatte. Um die Fortschrittlichkeit des „Walfisch" zu betonen, war er mit einem selbstschaltenden Planetengetriebe ausgestattet worden, einer Erfindung des Ingenieurs Erich Friedrich Puls. Das lichtblau lackierte Einzelstück wurde viel bestaunt, fast jede Zeitung brachte sein Bild, doch kaufen wollte ihn niemand.

Dixi 6/24 PS Typ G2 mit „Walfisch"-Aufbau von Paul Jaray, Prototyp (1923)

DIXI-PERSONENWAGENPRODUKTION 1904 BIS 1929

Typ	1904	1905	1906	1907	1908	1909	1910	1911	1912	1913	1914	1915	1916
J24	6	2			1								
COS	30	49	37	3	1								
S6	6	12											
S12, 13, 14	25	32	30	23									
S15				8	22	20	25						
S16									7	37	32	21	
T7	13	36	6	2	2	1							
T12, 13, 14	1	24	18	10	1		2						
T20								12	14	14	19		
T24	1	4											
T25			17	30	24	12	3						
U30, 35				16	16	7	11						
UR35					2								
R8					57	149	116	121	100	49	43	9	6
R9									55	83	33	4	
R10											34	6	26
R12							51	69	83	57	69	7	
R16		2			1								
R5 (D1)												2	1
U1 (U20)											2		
G1 bis G7													
H1													
P1													
P2													
PP3													
P4 (Cyklon)													
3/15 PS													
Summe	82	161	108	92	127	189	208	202	259	240	232	49	33

Durch Hinzufügung von zwei weiteren Zylindern an den G-Motor entstand der Sechszylinder Typ P1 mit 2341 ccm Hubraum. Da seine Leistung nicht genügte, entwickelte man den 13/60-PS-Sechszylinder. Sein 3,5-Liter-Motor mit sieben Kurbelwellenlagern erreichte die Höchstleistung bei 2500 U/min. Vier Versuchswagen dieses Typs wurden gebaut, von denen einer als luxuriös ausgestattete Sechssitzer-Limousine auf der Berliner Automobil-Ausstellung 1926 zwar höflichen Beifall, aber wenig Kaufinteresse fand. Der 1700 kg schwere Wagen lief maximal 85 km/h, was wiederum als Qualifikation wenig überzeugte. Ein noch größerer 23/70-PS-5,8-Liter-Prototyp gelangte nicht mehr zur Produktionsreife. Von den G-Typen wurden 2.300 Stück gebaut und verkauft.

Doch die wirtschaftliche Situation verschlechterte sich weiter. So geriet das Thüringer Unternehmen unter die Kontrolle des Börsenspekulanten Jakob Schapiro (1885 - 1942), der

Typ	1917	1918	1919	1920	1921	1922	1923	1924	1925	1926	1927	1928/29	Summe
J24													9
COS													120
S6													18
S12, 13, 14													110
S15													75
S16		3	64	75	112	126	106	93	34				710
T7													60
T12, 13, 14													56
T20			12	6									77
T24													5
T25													86
U30, 35													50
UR35													2
R8													650
R9													175
R10			40	93	125	99	77						500
R12			77	80	60								553
R16													3
R5 (D1)			53	99	110	92	47						404
U1 (U20)			2	4	8	8	25	29					78
G1 bis G7					10	132	232	498	823	520	85		2300
H1									6				6
P1									4				4
P2										4			4
PP3										1	15		16
P4 (Cyklon)												75	
3/15 PS											142	9265	9407
	0	3	248	357	425	457	487	620	867	525	242	9340	15478

damals auch bei NSU, Cyklon, Schebera, Hansa und Benz maßgeblichen Einfluss ausübte. Die Dixi-Werke arbeiteten zunächst mit zufrieden stellendem Ergebnis, kamen aber 1926 erneut in Schwierigkeiten – der Pleitegeier schwebte bereits am Himmel. Insgesamt wurden von 1904 bis 1927 in Eisenach 2.622 Lastwagen und Omnibusse hergestellt.

Es half nur wenig, dass Schapiro im Herbst 1927 den Cyklon 9/40 PS aus dem Werk Mylau/Vogtland ins Lieferprogramm der Dixi-Werke als Nachfolger für den 6/24 PS aufnehmen ließ – er hieß nun Dixi 9/40 PS. Die Endmontage fand überwiegend bei der Gothaer Waggonfabrik, zum geringeren Teil aber auch in Eisenach statt. Obwohl der billigste Sechszylinder auf dem deutschen Markt ein guter Wagen war, fand er nur mäßigen Absatz. Limousine und offener Tourenwagen besaßen die gleichen Karosserien von Ambi-Budd wie der Adler Standard 6. Außerdem gab es ein Cabriolet (Karmann) und einen Roadster.

TECHNISCHE DATEN DIXI-PERSONENWAGEN 1904 BIS 1929

Typ	Bauzeit	Motor	Hubraum (cm³)	Leistung (PS)	Sonstiges
Wartburg	1898-1903	2Zyl.	500 - 750	3,5 - 5	Decauville-Lizenz
Wartburg	1902	4Zyl.	3100	15	als Rennwagen mit 22 PS
J24	1904-1905	4Zyl.	4920	24	Kettenantrieb
COS	1904-1906	1Zyl.	1380	8,5	
S6	1904-1905	2Zyl.	1408	10	
S12, 13, 14	1904-1907	4Zyl.	2815	12 - 22	
S15	1907-1910	4Zyl.	3430	28 - 32	
S16	1911-1925	4Zyl.	3378	32 - 39	11.550 - 15.700 RM
T7	1904-1906	1Zyl.	1234	8	3.800 RM
T12, 13, 14	1904-1907	2Zyl.	2468	12 - 17	
T20	1911-1920	4Zyl.	4380	40 - 45	auch geländegängige Version
T24	1904-1905	4Zyl.	4920	32	Kettenantrieb
T25	1906-1910	4Zyl.	4920	32 - 38	
U30, 35	1907-1910	4Zyl.	6502 - 7320	45 - 65	Luxuswagen, Kettenantrieb
UR35	1908	4Zyl.	7320	75	
R8	1908-1916	4Zyl.	1568	14 - 16	
R9	1912-1915	4Zyl.	1905	21	
R10	1914-1923	4Zyl.	2078	22 - 24	8.100 bis 11.200 RM
R12	1910-1921	4Zyl.	2598	22 - 30	10.300 bis 14.300 RM
R16	1905-1908	4Zyl.	4470	20	
R5 (D1)	1915-1923	4Zyl.	1292	14	kleinster Dixi der Nachkriegszeit
U1 (U20)	1914-1924	4Zyl.	5148	55	17.600 - 22.000 RM, größter Dixi der Nachkriegszeit
G1 - G7	1921-1927	4Zyl.	1559	18 - 30	G5 = Sportwagen, G7 mit Vierradbremse und Puls-Getriebe
H1	1925-1926	4Zyl.	763	12 - 15	Versuchsmuster
P1	1925	6Zyl.	2341	36	Versuchsmuster
P2	1926	6Zyl.	3518	60	Luxuswagen, Versuchsmuster
PP3	1926-1927	4Zyl.	1559	24	Puls-Getriebe
P4 (Cyklon)	1927-1928	6Zyl.	2350	40	Übernahme aus Werk Mylau
3/15 PS	1927-1929	4Zyl.	749	15	zuerst 100 Stück Original-Austin

Dixi DA1 Tourer (1927)

DIXI 3/15 PS (1927 BIS 1929)

Rettung nahte in Gestalt eines englischen Bestsellers: Nachdem eine eigene Dixi-Kleinwagen-Entwicklung nicht zum Zuge kam, besorgte Schapiro von der größten Automobilfabrik Englands die Nachbaulizenz für den Austin Seven. Er wurde bereits seit 1922 gefertigt, hatte sich bestens bewährt und gehörte zu den populärsten Kleinwagen jener Zeit. Die Dixi-Werke ließen Anfang 1927 aus England 100 Original-Austin kommen, die ab April mit geringen Änderungen, aber noch mit Rechtslenkung als Dixi verkauft wurden.

Zeichnungen und sonstige Fertigungsunterlagen mussten nun auf metrische Maße umgearbeitet werden. Und neben einigen anderen Modifikationen wie den anders positionierten Scheinwerfern erhielt der Wagen eine Linkslenkung sowie Batterie- statt Magnetzündung. Beibehalten wurde der wassergekühlte, ebenso robuste wie laufruhige 750 ccm-Vierzylinder-Motor, das Getriebe und die geteilte Kardanwelle, das genial einfache Fahrgestell, allerdings auch die recht abenteuerlichen Bremsen.

Die Eisenacher Produktion des Dixi 3/15 PS Typ DA 1 (DA = Dixi-Austin oder Deutsche Ausführung) begann im Dezember 1927, der offizielle Verkauf am 1. Januar 1928. Die Karosserien wurden originalgetreu im Werk Eisenach hergestellt. Dafür wurde eine seinerzeit moderne Fließband-Fertigung eingerichtet. Aber die ökonomische Situation des Autoherstellers gestaltete sich mittlerweile hoffnungslos und hätte einen hohen weiteren Kapitalzuschuss erfordert. Darum stieß Schapiro Ende 1928 die inzwischen modern eingerichteten, aber völlig überschuldeten Dixi-Werke (etwa 1.200 Beschäftigte) an BMW ab.

BMW ließ nach der Übernahme der Firma den 3/15 PS Dixi Typ DA 1 noch etwa ein halbes Jahr lang weiterlaufen, ehe im Juli 1929 der 3/15 PS BMW Typ DA 2 herauskam. Insgesamt wurden – nach den erwähnten 100 englischen Originalen – 9.308 Wagen des Typs DA 1 hergestellt; davon zwei Drittel vor der Übernahme durch BMW. Bis 31. Dezember 1928 hatten exakt 6.162 Fahrzeuge des Typs 3/15 PS das Werk verlassen. Dieser Ausstoß übertraf die Gesamtfertigung aller bisherigen Dixi-Modellen. Nachdem der kleine Dixi ab Juli 1929 den Namen BMW erhielt, begann ein neues Kapitel in der Geschichte des deutschen Automobilbaus.

DIE AUTOS DER BAYERISCHEN MOTOREN WERKE BIS 1945 2

Die Bayerischen Motoren Werke (BMW) verdanken ihre Existenz und ihren rasch erworbenen guten Ruf im wesentlichen drei Männern: Kommerzialrat Camillo Castiglioni (1879 - 1961), Generaldirektor Franz Joseph Popp (1896 - 1954) und Direktor Dr.-Ing. e. h. Max Friz (1883 - 1966). Im mährischen Brünn aufgewachsen, kam Popp als junger Ingenieur zur AEG-Union in seiner Geburtsstadt Wien. Die Firma wollte nach Ausbruch des Krieges 1914 den Flugmotorenbau aufnehmen. Deshalb schickte die Firma Ingenieur Popp zum Studium des Flugmotorenbaus in Deutschland zu Daimler, zu Benz und zur NAG. Doch scheiterte die Aufnahme der Fabrikation an den fehlenden Werkzeugmaschinen. Popp schlug den Lizenzbau des 350-PS-Austro-Daimler-Motors bei den Rapp-Motorenwerken in München vor. Dort baute man bereits seit 1913 Flugmotoren, die jedoch kaum überzeugten. Die österreichische Marine griff den Vorschlag Popps auf und sandte ihn als Abnahme-Ingenieur nach München, um den Bau von 224 Austro-Daimler-Motoren zu überwachen.

Doch damit waren die Rapp-Motorenwerke überfordert. Franz Joseph Popp und der Triester Bankkaufmann Camillo Castiglioni gründeten daraufhin 1917 die „Bayerische Motoren Werke GmbH", in der sowohl die Flugmaschinenfabrik Gustav Rau GmbH als auch die früheren Rapp-Werke aufgingen. Popp wurde Geschäftsführer, Castiglioni hielt die Kapitalmehrheit, und Max Friz – zuvor bei der Daimler-Motoren-Gesellschaft – war als neuer Technikchef

S.H.W.-Wagen, Prototyp (1925)

dazugestoßen. Erst das neue Leitungsteam überzeugte die Auftraggeber. Anfang November 1917 begann die Flugerprobung eines neu entwickelten Motors, die so zufriedenstellend verlief, dass 2.000 Triebwerke bestellt wurden. Daraufhin wurde die GmbH zur Aktiengesellschaft mit zwölf Millionen Mark Stammkapital umgewandelt. Zum Generaldirektor wurde Oberingenieur Franz Joseph Popp bestellt, Chefkonstrukteur blieb Max Friz. Am Rande des Münchener Flugplatzes Oberwiesenfeld entstanden ausgedehnte Fabrikneubauten, die zum Teil schon Anfang 1918 bezogen worden waren. Außerdem wurden BMW-Flugmotoren in Lizenz bei der Gasmotorenfabrik Deutz und bei Opel in Rüsselsheim gebaut.

Das Kriegsende im November 1918 beendete schlagartig den beispiellosen Aufstieg der jungen Firma. In nur zwei Jahren war aus den unbedeutenden und konkursreifen Rapp-Motorenwerken eine der größten Flugmotorenfabriken mit 3.500 Arbeitern entstanden. Weil in Deutschland vorerst keine Flugmotoren mehr gebaut werden durften, konstruierte Max Friz Lastwagen-, Boots-, Stationär- und Hilfsmotoren, die unter dem Namen „Bayern Motor" auf den Markt kamen. Einen 500-ccm-Zweizylinder-Boxermotor verwendeten Victoria sowie BMW für das lizenzweise hergestellte Helios-Motorrad. Zum wichtigsten Geschäft des Werkes aber wurde die Fabrikation von Knorr-Luftdruckbremsen für Eisenbahnwaggons. Bald übernahm die Kunze-Knorr-Bremsen AG alle Einrichtungen und Liegenschaften der Bayerischen Motoren Werke an der Moosacher Straße und machte aus ihrer neuen Tochter die Süddeutsche Bremsen AG.

1922 kaufte Camillo Castiglioni den Firmennamen „Bayerische Motoren Werke" sowie den für Knorr uninteressanten Motorenbau einschließlich Konstruktionen, Material und Einrichtungen offensichtlich zu günstigen Konditionen zurück. Zudem erwarb Castiglioni die an der Lerchenauer Straße nahezu stilliegenden Bayerischen Flugzeugwerke AG., die 1915 aus der Flugmaschinenfabrik von Gustav Otto (Sohn von Motorenpionier Nikolaus August Otto) hervorgegangen

BMW 3/15 PS Verladung im Werk Eisenach (1929)

BMW-Verkaufsraum in Berlin (1929)

BMW 3/15 PS DA2 Jubiläumsauto (1931)

und am 7. März 1916 in das Handelsregister eingetragen worden war. Dieses Datum gilt inzwischen als der offizielle Gründungstag der Bayerischen Motoren Werke AG.

Der Motorenbau wurde nun in die Hallen des ehemaligen Flugzeugwerks verlegt, wo nun die „neuen" Bayerischen Motoren Werke mit dem Bau eines von Max Friz konstruierten Motorrades begannen. 1923 erschien die aufsehenerregende BMW R 32 mit Doppelrohrrahmen, Kardanantrieb und quer eingebautem, luftgekühltem 500-ccm-Zweizylinder-Boxermotor. Damit begann die Geschichte der BMW Motorräder. Und 1924 setzte auch der Flugmotorenbau wieder ein.

Nächstes Ziel von Generaldirektor Popp war die Aufnahme einer Kleinwagen-Fertigung. Darum beteiligte sich BMW an der Entwicklung eines recht unkonventionellen Autos, den die Schwäbischen Hüttenwerke AG. (Wasseralfingen) nach einer 1924 entstandenen Konstruktion von Dipl.-Ing. Wunibald Kamm gebaut hatten. Den S.H.W.-Wagen kennzeichneten ein Zwei- oder Vierzylinder-Boxermotor, Vorderradantrieb, selbsttragende Leichtmetallkarosserie und Schraubenfederung der einzeln aufgehängten Räder. Das Projekt war seiner Zeit weit voraus und steckte voller Probleme. Drei Versuchsexemplare des S.H.W.-Wagens liefen, doch ging er nie in Serie – weil die Münchener stattdessen die Eisenacher Dixi-Werke erwarben.

Nachdem zuvor das Aktienkapital der Bayerischen Motoren Werke von 10 auf 16 Millionen Reichsmark erhöht worden war, kaufte BMW am 16. November 1928 die Dixi-Werke. Der Kaufpreis betrug 10 Millionen Reichsmark, abgedeckt hauptsächlich durch die Übernahme von 7,8 Millionen Reichsmark Schulden. Mit Wirkung vom 1. Oktober 1928 avancierten die Dixi-Werke zur Zweigniederlassung Eisenach der Bayerischen Motoren Werke AG., München. Nach dieser Transaktion wurde Camilio Castiglioni von seinem Gegenspieler, Dr. h. c. Emil Georg von Stauss (Direktor der Deutschen Bank und – wie bei Daimler-Benz – ab 1927 auch Aufsichtsratsvorsitzender der Bayerischen Motoren Werke) entmachtet: Castiglioni musste im Oktober 1929 aus dem Aufsichtsrat der Münchner ausscheiden.

BMW beschränkte sich vorläufig ausschließlich auf die Produktion und Weiterentwicklung des kleinen Typ 3/15 PS. Der Vorstand hatte zwar das Werk Eisenach in seine Zuständigkeit einbezogen, Betriebsleiter aber blieb aber Direktor Leonhard Graß (erst 1937 von Georg Ostermeyer, zuvor Auto Union und Röhr, abgelöst). Er hatte bereits für den Entwurf des 6/24 PS Dixi verantwortlich gezeichnet und unterhielt sein Konstruktionsbüro vor Ort – was Direktor Max Friz missfiel. Der BMW-Entwicklungschef verlangte darum, dass künftig das Münchener Konstruktionsbüro maßgeblich für den Eisenacher Automobilbau zu arbeiten habe. Zum 1. März 1932 löste BMW vorzeitig den Lizenzvertrag mit Austin und brachte den Typ 3/20 PS heraus, dessen Karosserien im Werk Sindelfingen der Daimler-Benz AG gefertigt wurden. Doch dieses Auto, wie vorher schon die etwas unglückliche Modifikation des 3/15 PS bewiesen, dass Max Friz wohl kein rechtes Gespür für die Automobiltechnik besaß.

Als typisches Produkt der Krisenjahre brachte BMW München zudem im Herbst 1932 einen Dreirad-Lieferwagen heraus. Er besaß einen gebläsegekühlten Motorrad-Motor (1932/33 zunächst 200-ccm-Motor M76a mit 6 PS für 1.350 RM, 1933/34 abgelöst durch 400-ccm-Motor M79a mit 14 PS für 1.500 RM), Dreiganggetriebe und Kardanantrieb auf das Hinterrad, das an einem gefederten Schwingarm lief. Das nur 350 kg leichte Gefährt durfte 650 kg Last und zwei Personen befördern; selbst eine dreirädrige Pkw-Version war in Planung. Doch die Bauart des BMW Dreirad-Lieferwagens war bereits überholt, als seine Produktion begann – gingen doch selbst die beiden führenden Marken auf diesem Gebiet, Tempo und Goliath, im Februar 1933 vom Motorrad-mäßigen Vorderlader zum automobil-ähnlicheren Hinterlader mit geschlossenem Fahrerhaus über. Zudem begann die Produktion des BMW Transport-Dreirads erst, als die jahrelange Wirtschaftskrise gerade zu Ende ging. So wurden insgesamt nur 600 BMW Dreirad-Lieferwagen hergestellt – 250 des Typs 200 sowie 350 des Typs 400.

Gut, dass das Eisenacher Konstruktionsbüro ungeachtet des Kompetenzgerangels weiter entwickelt hatte: 1933 erschien der kleine 1,2-Liter-30 PS-Sechszylinder BMW 303, ein auf Anhieb überzeugender Kleinwagen. An seiner Entwicklung war bereits Dipl.-Ing. Fritz Fiedler (1899 - 1972) beteiligt, der auf Anregung seines Freunds Rudolf Schleicher im Sommer 1932 als Prokurist und Chefkonstrukteur für den Automobilbau nach Eisenach gekommen war. Fiedler, vorher bei Stoewer und Horch, prägte bei BMW bis 1964 Form und Technik der Automobile. Parallel war bei BMW auch an Vierzylindermotoren gearbeitet worden, die aber zugunsten der Sechszylinder nie realisiert wurden.

Mit dem 303-Sechszylinder machte BMW den wichtigsten Personenwagenmodellen von Mercedes-Benz Konkurrenz. Darum blieb die Zusammenarbeit beider Firmen im Automobilbau nur eine kurze Episode, lediglich beim Flugmotorenbau gab es auch künftig eine begrenzte Zusammenarbeit. Zudem wollte Mercedes infolge des Konjunkturaufschwungs seine Produktionsmöglichkeiten selbst voll ausnutzen. Generaldirektor Dr. Wilhelm Kissel (Daimler-Benz AG.) saß von 1932 bis zu seinem Tod im Jahre 1942 im Aufsichtsrat der Bayerischen Motoren Werke. Andererseits gehörte Generaldirektor Franz J. Popp schon seit 1926 dem Aufsichtsrat der Daimler-Benz AG. an. Eine Fusion der beiden Firmen

BMW F79 Dreirad-Zweisitzer, Prototyp (1933)

BMW F76 Dreirad-Pritschen-Lieferwagen (1933)

BMW-WIRTSCHAFTSDATEN 1926 BIS 1942

Jahr	Automobilproduktion (Stck.)	Mitarbeiter [1]	Umsatz (in Mio RM) [1]
1926	-	1.000	9,0
1927	-	1.500	17,0
1928	-	2.600	27,0
1929	5.350	3.800	34,0
1930	6.792	3.100	36,0
1931	3.326	2.900	27,0
1932	2.886	2.800	20,0
1933	5.839	4.700	32,0
1934	8.322	12.500	81,0
1935	8.724	11.100	128,0
1936	8.847	12.500	81,0
1937	8.172	13.800	143,0
1938	9.410	18.600	180,0
1939	8.703	26.900	275,0
1940	2.236	30.600	287,0
1941	253	35.400	385,0
1942	5	42.300	560,0

[1] incl. Motorrad- u. Flugmotorenbau

BMW-PERSONENWAGENPRODUKTION 1929 BIS 1943

Typ	1929	1930	1931	1932	1933	1934	1935	1936	1937	1938	1939	1940	1941	1942/43	Summe
3/15 PS	5.350	6.792	3.326	480											15.948
3/20 PS				2.406	4.453	356									7.215
303					1.386	914									2.300
309						3.658	1.880	462							6.000
315						3.390	3.705	2.390	280						9.765
319						4	3.139	3.265	238						6.646
329								621	558						1.179
320								7	1.518	2.660					4.185
321										55	3.073	490	79		3.697
326								2.098	4.939	4.705	3.313	776	118		15.949
327									14	746	370	140	36		1.306
327/28										132	427	10			569
328								3	171	164	126				464
335								1		3	301	85	20	5	415
	5.350	6.792	3.326	2.886	5.839	8.322	8.724	8.847	7.718[2]	8.465[2]	7.610[2]	1.501[2]	253	5	75.638

[2] von den Wirtschaftsdaten abweichende Zahlen infolge geänderter Rechnungsführung

war nur deshalb gescheitert, weil BMW nicht durchsetzen konnte, dass Daimler-Benz auf den Flugmotorenbau verzichten würde. Über die schwierigen Krisenjahre 1930 bis 1932 kam BMW relativ gut hinweg.

Obwohl auch hier das Geschäft Einbußen erlitt, konnte sogar in dieser Zeit ein beträchtlicher Teil der mit den Dixi-Werken übernommenen Schulden abgedeckt werden. Ab 1933 wurden mit rasch wachsendem Anteil wieder die Flugmotoren zum wichtigsten Teil der Produktion. Immerhin aber arbeiteten 1933 von 4.700 Beschäftigten der Firma 2.400 für den Automobilbau. 1935 wurde ein neues Flugmotorenwerk in Eisenach seiner Bestimmung übergeben, dessen Leitung Max Friz übernahm. Als weiterer Fabrikationszweig entstand in Eisenach 1936 der Heeresgerätebau. 1939 wurden die bis dahin zu Siemens gehörenden Brandenburgischen Motorenwerke GmbH (Bramo) zugekauft. So war in den 30er-Jahren der Automobilbau bei BMW zu einem Nebenzweig geworden, aber er trug sehr wesentlich zum guten Ruf und hohen Ansehen der Marke bei.

Aus dem 1,2-Liter-Sechszylinder-BMW 303 wurde wenig später ein 1,5-Liter- und 1935 ein 1,9-Liter-Modell, aus dem wiederum der Zweiliter-BMW 326 und der 80 PS starke BMW 328 entstand, der beliebteste und erfolgreichste Sportwagen seiner Zeit. Kurz vor dem Krieg erschien schließlich noch der repräsentative 3,5-Liter-Typ, der indes keinen Acht- sondern nur einen Sechszylinder unter der Haube hatte.

Wichtigster Exportpartner der Vorkriegszeit war die englische Firma AFN von H.J. Aldington, die auf dem Heimatmarkt verschiedene Frazer-Nash-Sportwagen anbot. Am 11. November 1934 kam es zu einem Liefer- und Lizenzvertrag mit BMW, ab 1935 wurde vor Ort der Frazer-Nash-BMW 315/1 (Typ 40) ausgeliefert. Der ärgste Konkurrent des Jaguar SS II. Der Typ 40 unterschied sich nur durch Rechtslenkung und anderes Markenzeichen vom Original-315/1. Bis Kriegsbeginn kamen Fahrgestelle und Motoren des Typ 40, aber auch der Typen 34 (315), 45 (319), 55 (319/1), 50 (326) sowie 50 (327), 80 (327/28) und des Open Tourer Sports (328) komplett aus Eisenach. Aldington hatte ursprünglich einen weiter zunehmenden Anteil einheimischer Zulieferungen von mindestens 20 Prozent geplant.

BMW 325 Militär-Pkw mit Allradlenkung (1940)

1941 wurde der Automobilbau eingestellt, nachdem sich ein vom Heereswaffenamt konstruierter, bei Stoewer, Hanomag und BMW gebauter Zweiliter-Geländewagen im Fronteinsatz nicht bewährt hatte. BMW hatte dafür im Vorfeld den Einheits-Pkw 325 mit Sechszylinder-Benzinmotor, Allradantrieb und Allradlenkung entwickelt. Zwischen 1937 bis 1940 wurden davon 3.225 Exemplare zum „Behördenpreis" abgesetzt; die Fahrgestelle entstanden in Eisenach (wo nach dem Krieg noch in wenigen Exemplaren eine abgespeckte Version für die kasernierte Volkspolizei in der Sowjetischen Besatzungszone handgefertigt wurde). Bis 1944 blieben die schweren Wehrmachtsgespanne mit Seitenwagenantrieb (BMW R 75) in Produktion. Im September 1942 hatte es einen letzten Wechsel in der Geschäftsführung gegeben: Generaldirektor Popp wechselte in den Aufsichtsrat der Bayerischen Motoren Werke AG; neuer Vorstandsvorsitzender wurde Dipl.-Ing. Fritz Hille, der 1935 von Bramo zu BMW gekommen war. Bis 1945 wurden von BMW nur noch Rüstungsgüter produziert.

DIXI 3/15 PS (DA1 BIS DA4) (1929 BIS 1932)

BMW baute nach dem Erwerb des Eisenacher Werks Ende 1928 den kleinen Dixi 3/15 PS (Typ DA1) noch bis zur Jahresmitte 1929 weiter. „3" stand übrigens für die damals kleinste Steuerklasse. Im April 1929 wurden die Preise für den Tourer auf 2.200 RM, für den offenen Zweisitzer auf 2.500 RM reduziert, außerdem war nun Teilzahlung in Form von 24 Monatsraten von 93 bis 107 RM möglich. Die letzten Original-Dixi gab man 1930 für 1.750 RM ab.

Dem Dixi 3/15 PS (Typ DA1) folgte Ende Juli 1929 der BMW 3/15 PS (Typ DA2) – Werbespruch: Innen größer als außen! Er unterschied sich vom Vormodell nicht nur durch Markenzeichen und andere Kühlermaske, sondern vor allem durch ordentliche Vierradbremsen und den Fortfall der Trittbretter zugunsten eines breiteren Aufbaus. Er erhielt zudem eine neue Ganzstahlkarosserie für die Limousine, hergestellt von Ambi-Budd (Berlin) und gestaltet nach dem Vorbild des französischen Rosengart (ebenfalls ein Lizenz-Nachbau des Austin Seven).

Gebaut wurden die ersten Exemplare des DA2 nicht in Eisenach, sondern in Berlin-Johannisthal. Merkmale der neuen Limousine waren Kurbel- statt Schiebefenster in den Türen, große Heckscheibe, ein kleiner Koffer am Heck,

Dixi 3/15 PS DA1 Limousine (1928)

Dixi 3/15 PS DA1 Cabriolet (1928)

Produktion des BMW 3/15 PS DA1 in Berlin (1929)

verstellbare Vordersitze und Leichtmetall-Scheibenblenden an den Drahtspeichenrädern. Weiterhin in Eisenach gefertigt wurden die beiden offenen Modelle, von jetzt an aber in Leichtbauweise mit Kunstlederbezug und wie zuvor schon mit einsteckbaren Zelluloidscheiben.

1929 entstanden noch 5.350 Einheiten des DA2, im Folgejahr waren es 6.702 Stück. Ab 1930 gab es den Typ DA2 auch als Zweifenster-Cabriolet mit drei bis vier vier Sitzen, Karosserie in Holz-Stahl-Bauweise, Innenraum mit Kunstlederbezug. Später kam noch ein Zweisitzer-Cabriolet hinzu; beide Cabriolets hatten feste Seitenteile. Ferner wurde ein Kasten-Lieferwagen angeboten (250 kg Nutzlast, 1,75 m^2 Ladefläche, 0,75 m^3 Laderaum, Aufbau von Ambi-Budd). Von den in der Statistik ausgewiesenen Fahrgestellen dürfte nur ein geringer Teil mit Sonderkarosserien verwendet worden sein, wobei es sich dabei überwiegend um Fahrzeuge für die Reichswehr handelte.

Als zusätzliches Modell bereicherte 1930/31 der 150mal gebaute BMW Wartburg (Typ DA3) das Programm: mit sehr gefälliger, im Werk hergestellter Zweisitzer-Bootsheck-Karosserie aus Leichtmetall, umlegbarer und splitterfreier Windschutzscheibe, höherer Motorleistung dank mehr

BMW 3/15 PS DA2 Limousine (1929)

BMW 3/15 PS DA2 Limousine (1931)

BMW 3/15 PS DA1 Cabriolimousine (1929)

BMW 3/15 PS DA2 Tourer (1929)

BMW 3/15 PS DA2 Tourer (1930)

BMW 3/15 PS DA2 Lieferwagen (1929)

BMW 3/15 PS DA2 Cabriolimousine (1930)

BMW 3/15 PS DA3 Wartburg Sport mit Kompressor (1930)

BMW 3/15 PS DA3 Wartburg Sport (1930)

Verdichtung und eines Vergasers mit größerem Ansaugluftrichters und gekröpfter Vorderachse zugunsten einer tiefer gelegten Karosserie. Glücklicherweise blieb ihm die umstrittene Schwingachse des DA4 erspart. Der kleine Sportwagen war bei vielen Rennen seiner Klasse erfolgreich.

Ab 15. Februar 1931 erhielt der BMW 3/15 PS (Typ DA4) eine vordere „Schwingachse", deren simple Bauart (ohne Parallelführung der gelenkten Vorderräder!) die Fahreigenschaften verschlechterte und nicht verbesserte. Bei der aktualisierten Karosserielinie konnte die Limousine unter Verzicht auf den kleinen Koffer am Heck innen um 20 cm verlängert werden, so dass jetzt vier Erwachsene Platz (wenn

BMW 3/15 PS DA2 mit Ihle-Roadster-Aufbau (1932)

auch kaum den nötigen Raum) fanden. Nur wenig nachgefragt wurde das nun erstmals gebaute, zweisitzige DA4 Coupé, von dem 1931 gerade mal 210 Exemplare das Werk verließen – gegenüber 2.600 DA4-Limousinen.

Auch andere Karossiers versuchten sich am kleinen BMW. So ersetzten von 1932 bis 1937 die Firma Gebrüder Ihle Karosseriebau Bruchsal) bei einigen Hundert gebrauchter Dixi und BMW 3/15 PS die Serienkarosserie durch rassig wirkende Sport-Zweisitzer-Aufbauten. Man erkennt diese Exemplare daran, dass sie Kühlermasken nach dem inzwischen bei BMW eingeführten Vorbild sowie gerade geführte Vorderachsen (nicht gekröpft wie beim BMW Wartburg) besaßen. Der Umbau kostete etwa 1.200 RM.

Geliefert wurden bis Frühjahr 1932 insgesamt 15.948 BMW 3/15 PS. Vom Dixi 3/15 PS waren 9.408 Stück (inklusive der 100 Original-Austin) entstanden, alles zusammen also 25.356 Stück. Einen „Dixi-BMW" oder „BMW-Dixi" hat es übrigens nie gegeben, wenngleich manche Besitzer früher 3/15-Typen das Dixi- durch das BMW-Logo ersetzten.

Der Austin Seven aus England wurde nicht nur als Dixi und als BMW in Deutschland lizenzweise nachgebaut, sondern auch in Frankreich als „Rosengart", in den USA als „American Bantam" und in Japan als „Datsun". Und auch dieser Datsun wurde zum Ursprung des weit gefächerten Programms einer den heutigen Automobilbau mitprägenden Weltmarke.

PREISE BMW DA2 BIS DA4

Typ/Preise in RM	BMW DA2 1929	BMW DA2 1930/31	BMW Wartburg DA3 1930/31	BMW DA4 1931/32
Zweisitzer, offen	2.200	2.175	3.100	2.175
Tourenwagen, 3/4 Sitze	2.200	2.175		2.175
Limousine, 3/4 Sitze	2.500	2.475		2.475
Limousine m. Sonnendach		2.625		
Coupé, 2 Sitze				2.575
Cabrio, 2 Sitze				2.625
Cabrio, 3/4 Sitze		2.625		2.675
Kastenlieferwagen		2.400		2.350
Fahrgestell				1.900

Modell (Baureihe)	Dixi 3/15 PS/ BMW 3/15 PS (DA1)	BMW 3/15 PS (DA2)	BMW Wartburg (DA3)	BMW 3/15 PS (DA4)
Motor				
Betriebsart	Otto (Viertakt)	Otto (Viertakt)	Otto (Viertakt)	Otto (Viertakt)
Material (Block/Kopf)	Grauguss	Grauguss	Grauguss	Grauguss
Zylinderzahl/Einbauposition	4 (Reihe), längs über Vorderachse	4 (Reihe), längs über Vorderachse	4 (Reihe), längs über Vorderachse	4 (Reihe), längs über Vorderachse
Bohrung x Hub (mm)	56 x 76	56 x 76	56 x 76	56 x 76
Hubraum (cm³)	749	749	749	749
Leistung (PS/kW bei U/min)	15 (11) bei 3000	15 (11) bei 3000	18 (13) bei 3500	15 (11) bei 3000
Drehmoment (Nm bei U/min)	38 bei 2000	33 bei 2000	34 bei 3000	33 bei 2000
Verdichtung	5,6 : 1	5,6 : 1	7,0 : 1	5,6 : 1
Gemischbildung	1 Flachstromvergaser	1 Flachstromvergaser	1 Flachstromvergaser	1 Flachstromvergaser
	Solex 22 oder Zenith 22 K	Solex 22 oder Zenith 22 K	Solex 26.0	Solex 26.0
Ventile pro Zylinder/ Betätigung	2, seitlich stehend	2, seitlich stehend	2, seitlich stehend	2, seitlich stehend
Nockenwelle(n)/Antrieb	1 seitlich/Kette	1 seitlich/Stirnräder	1 seitlich/Stirnräder	1 seitlich/Stirnräder
Kurbelwellenlager	2	2	2	2
Kühlung	Termosyphon/5,0 L Wasser	Termosyphon/5,0 L Wasser	Termosyphon/5,0 L Wasser	Termosyphon/5,0 L Wasser
Schmierung	Druckumlauf/2,5 L Öl	Druckumlauf/2,5 L Öl	Druckumlauf/2,5 L Öl	Druckumlauf/2,5 L Öl
Batterie	6 V 45 Ah (unter Vordersitz rechts)	6 V 45 Ah (unter Vordersitz rechts)	6 V 45 Ah (unter Vordersitz rechts)	6 V 45 Ah (unter Vordersitz rechts)
Generator	Gleichstrom 60 W	Gleichstrom 60 W	Gleichstrom 60 W	Gleichstrom 60 W
Kraftübertragung	Hinterradantrieb	Hinterradantrieb	Hinterradantrieb	Hinterradantrieb
Kupplung	Einscheiben-Trocken	Einscheiben-Trocken	Einscheiben-Trocken	Einscheiben-Trocken
Schaltgetriebe	3Gang	3Gang	3Gang	3Gang
Synchronisierung	ohne	ohne	ohne	ohne

Modell (Baureihe)	Dixi 3/15 PS/ BMW 3/15 PS (DA1)	BMW 3/15 PS (DA2)	BMW Wartburg (DA3)	BMW 3/15 PS (DA4)
Schalthebelposition	Wagenmitte	Wagenmitte	Wagenmitte	Wagenmitte
Übersetzungen	I. 3,25, II. 1,82, III. 1,0,	I. 3,25, II. 1,82, III. 1,0	I. 3,25, II. 1,82, III. 1,0	I. 3,25, II. 1,82, III. 1,0
Antriebsübersetzung	4,88	5,35	5,35 oder 4,88	5,35
Fahrwerk				
Vorderradaufhängung	Starrachse, 1 Querfeder	Starrachse, 1 Querfeder	Starrachse, 1 Querfeder gekröpfte Vorderachse	1 Querfeder
Hinterradaufhängung	Starrachse, Ausleger-Viertelfedern	Starrachse, Ausleger-Viertelfedern	Starrachse, Ausleger-Viertelfedern	Starrachse, Ausleger-Viertelfedern
Lenkung	Schnecke	Schnecke	Schnecke	Schnecke
Betriebsbremse	Seilzug (Vorderräder)	Seilzug (4 Räder)	Seilzug (4 Räder)	Seilzug (4 Räder)
Parkbremse	Seilzug (Hinterräder)	Seilzug (Vorderräder)	Seilzug (Vorderräder)	Seilzug (Vorderräder)
Schmierung	Nippel	Nippel	Nippel	Nippel
Allgemeine Daten				
Fahrzeugart (Türen/Sitze)	Limousine (2/4), Roadster, Tourer (2/2 - 4), Coupé (2/2)	Limousine (2/2 - 4), Cabriolet, Tourer (2/2 - 4), Kastenlieferwagen (2/2)	Roadster (2/2)	Limousine (2/4), Cabriolet, Tourer (2/2 - 3), Coupé: (2/2)
Aufbauform	Stahl-/Holzaufbau, U-Profil-Rahmen	Stahl-/Holzaufbau, U-Profil-Rahmen	Stahl-/Holzaufbau, U-Profil-Rahmen	Stahl-/Holzaufbau, U-Profil-Rahmen
Radstand (mm)	1905	1905	1905	1905
Spur vorn/hinten (mm)	1000/1030	1000/1030	1000/1030	1000/1030
Länge x Breite x Höhe (mm)	2800 x 1170 x 1625	3000 x 1275 x 1625	3100 x 1150 x 1400	3000 x 1275 x 1625
Reifen	26 x 3.5" (Niederdruck), auch 3.50- u. 3.75-19	27 x 4" (Ballon)	27 x 3.5" (Ballon), 4.00-18	4.00-18
Räder	Geradseit-Tiefbett	Halbflachfelgen/Draht-speichen	Halbflachfelgen/Draht-speichen (z.T. Scheiben mit Scheibenblenden)	Halbflachfelgen/Draht-speichen
Wendekreisdurchmesser (m)	10,5	10,5	10,5	10,5
Bodenfreiheit (cm)		22	17	22
Gewicht Fahrgestell (kg)	280	300	300	300
Leermasse (kg)	Limousine: 490	Limousine: 535, Cabriolet/Tourer: 470	410	Zwei- und Dreisitzer (offen): 485, Limousine: 550
zul. Gesamtmasse (kg)	Limousine: 750, Tourer: 700	800	750	800
Kraftstofftank (L)/Position	25/im Motorraum	20/im Motorraum	20/im Motorraum	20/im Motorraum
Fahrleistungen				
Höchstgeschwindigkeit (km/h)	75	75	85 - 95	75
Verbrauch (L/100 km)	6	6.0	6,5	6.0
Sonstiges				
Preis (Anf./Ende Laufz.) RM	Lim.: 3.200, Roadster, Tourer: 2.750, 2.800, Coupé: 3.150	Lim.: 2.500/2.475, Cabrio, Tourer: 2.200/2.175, 2.625, Kastenlieferw.: 2.400	3.100	Lim.: 2.475, Cabrio, Tourer: 2.625, 2.175, Coupé: 2.575
Baujahre	1927 - 6/1929	7/1929 - 1931	1930 - 1931	1931 - 1932
Stückzahl	9.308 (+ 100 Austin)	12.318 (Schrader: 12.697)	150	3.480 (Schrader: 3.101)

BMW 3/20 PS (AM1 BIS AM4) (1932 BIS 1934)

Zum 1. März 1932 kündigte BMW den Lizenzvertrag mit Austin, denn Direktor Max Friz wollte ab sofort Automobile eigener Konstruktion bauen lassen. Man arbeitete unter anderem an einem Wagen mit Frontantrieb und Zweizylinder-Zweitaktmotor, der aber nicht die erhoffte Leistung brachte. Zeitdruck und interne Auseinandersetzungen führten schließlich zu einer radikalen Modernisierung des bisherigen Viertakt-Motors. Beibehalten wurden nur Kleinteile, Zylinderabstand und Bohrungsmaß, um so die Bearbeitungsmaschinen übernehmen zu können. Das Ergebnis – in das Erkenntnisse aus den Arbeiten an einem nie in Serie gegangenen Vierzylinder von 1928 für das

BMW 3/20 PS AM1 Roadster (1932)

BMW 3/20 PS AM1 Limousine (1932)

BMW 3/20 PS AM1 Tourer (1932)

BMW 3/20 PS AM2 Tourer (1932)

Fahrzeugprojekt F70 einflossen – war eine hervorragende Neukonstruktion. Dafür hatte man den Motor noch langhubiger ausgelegt, um so über mehr Inhalt mehr Leistung zu gewinnen. Der Kurbeltrieb lief nun in zwei Gleit- statt Wälzlagern, ein Zylinderkopf mit hängenden statt stehenden Ventilen kam hinzu, und die seitliche Nockenwelle wurde durch eine Duplexkette statt der bisherigen Gusseisen-Stirnräder angetrieben.

Modell (Baureihe)	BMW 3/20 PS (AM1, 2 u. 4)
Motor	M68a
Betriebsart	Otto (Viertakt)
Material (Block/Kopf)	Grauguss
Zylinderzahl/Einbauposition	4 (Reihe), längs über Vorderachse
Bohrung x Hub (mm)	56 x 80
Hubraum (cm³)	782
Leistung (PS/kW bei U/min)	20 (15) bei 3500
Drehmoment (Nm bei U/min)	38 bei 2000
Verdichtung	5,4 : 1
Gemischbildung	1 Flachstromvergaser
	Solex 26 FV
Ventile pro Zylinder/Betätigung	2, hängend
Nockenwelle(n)/Antrieb	1 seitlich/Kette
Kurbelwellenlager	2
Kühlung	Termosyphon/7,5 L Wasser
Schmierung	Druckumlauf/2,5 L Öl
Batterie	6 V 45 Ah (unter Vordersitz rechts)
Generator	Gleichstrom 60 W
Kraftübertragung	Hinterradantrieb
Kupplung	Einscheiben-Trocken
Schaltgetriebe	3Gang AM 1 u. 2 (1932/33), 4Gang AM 4 (1933/34)
Synchronisierung	ohne
Schalthebelposition	Wagenmitte
Übersetzungen	3Gang: I. 4,0, II. 1,82, III. 1,0
Antriebsübersetzung	5,9
	AM4: 4Gang: I. 4,3, II. 2,64, III.1,62, IV. 1,0
Antriebsübersetzung	5,85
Fahrwerk	
Vorderradaufhängung	1 Querfeder
Hinterradaufhängung	Pendelachse, je 1 Querfeder davor u. dahinter

Modell (Baureihe)	BMW 3/20 PS (AM1, 2 u. 4)
Lenkung	Schnecke
Betriebsbremse	Seilzug (4 Räder)
Parkbremse	Seilzug (Hinterräder)
Schmierung	Nippel
Allgemeine Daten	
Fahrzeugart (Türen/Sitze)	Limousine, Rolldach-Limousine (2/4), Cabriolet, Tourer (2/4), Roadster (2/2), Kastenlieferwagen (2/2)
Aufbauform	Stahl-/Holzaufbau, U-Profil-Rahmen
Radstand (mm)	2150
Spur vorn/hinten (mm)	1100/1100
Länge x Breite x Höhe (mm)	3200 x 1420 x 1550
Reifen	4.50-17
Räder	2.75 D x 17/ Scheiben (z.T. mit Scheibenblenden)
Wendekreisdurchmesser (m)	10,5
Bodenfreiheit (cm)	20
Gewicht Fahrgestell (kg)	475
Leermasse (kg)	Limousine: 650
zul. Gesamtmasse (kg)	940
Kraftstofftank (L)/Position	25/im Motorraum
Fahrleistungen	
Höchstgeschwindigkeit (km/h)	75
Verbrauch (L/100 km)	7,5
Sonstiges	
Preis in RM	Limousine, Rolldach-Limousine: 2.650, 2.785, Cabriolet, Tourer, Roadster: 3.260, 2.650, 2.650, Kastenlieferwagen: 2.600, Fahrgestell: 2.050
Baujahre	AM1, AM2: 1932 - 1933, AM4: 1933 - 1934
Stückzahl	7.215

Ende März 1932 erschien der BMW 3/20 PS (Typ AM1 – für „Ausführung München erstes Auto") mit dem neuen Motor und Dreiganggetriebe (Ende 1933 im AM4 ersetzt durch ein Vierganggetriebe). Aber der gesamte Wagen war letztlich eine Neuschöpfung. Vom Vorgängertyp DA4 hatte man lediglich die primitive Vorderschwingachse übernommen. Besondere Merkmale waren der vorn zur Aufnahme des Motors gegabelte Zentralkastenrahmen, die durchlaufende (nicht mehr geteilte) Kardanwelle, die hintere (kinematisch nicht befriedigende) Pendelachse und die vom Werk Sindelfingen der Daimler-Benz AG. gefertigten Karosserien. Der BMW 3/20 PS sah etwas plump, aber dennoch vertrauenserweckend aus, war solide verarbeitet und wesentlich geräumiger als sein Vorgänger. Aber er war zu schwer für den Motor und abenteuerlich in den Fahr-, Lenk- und Bremseigenschaften.

BMW 3/20 PS AM4 Cabriolet (1933)

Insgesamt wurden 7.215 Einheiten des BMW 3/20 PS gefertigt. Alle vier ab Werk lieferbaren Serienkarosserien stammten aus Sindelfingen – wo zwischen November 1931 und Februar 1937 insgesamt 23.097 Fahrzeuge für BMW aufgebaut wurden. Nur eine geringe Zahl von Fahrgestellen wurde mit Sonderaufbauten versehen – als sehr niedrige Zweisitzer-Sport-Cabriolets oder als offene Sport-Zweisitzer, die im Gegensatz zum Serien-Roadster nur seitliche Ausschnitte statt Türen besaßen. Auch auf den Klappsitz im Heck wurde verzichtet. Hersteller dieser Sonderkarosserien waren hauptsächlich die Firmen Reutter (Stuttgart) und Ludwig Weinberger (München).

BMW 3/20 PS AM4 Offener Zweisitzer (1933)

BMW 303 (1933 BIS 1934)

Die Krisenjahre 1929 bis 1932 hatte BMW besser überstanden als die meisten deutschen Automobilfabriken, weil die populäre Kleinwagen der Münchner ein zeitgemäßes Angebot darstellten. Und wieder im richtigen Moment erschien der kleine Sechszylinder-Wagen BMW 303, welcher der damaligen Aufbruchstimmung entsprach und zudem die Voraussetzungen bot, um die mit der wirtschaftlichen Konjunktur rasch wachsenden Ansprüche zu erfüllen.

BMW 303 Cabriolet (1933)

Der BMW 303 stand am Beginn einer völlig neuen Baureihe, die mit den bisherigen 3/15- bzw. 3/20-Fahrzeugen nichts mehr zu tun hatte. Das in Eisenach konstruiertes Fahrgestell mit Tiefrahmen aus 90-mm-Stahlrohren, ordentlich geführter Querfeder-Vorderachse und hinterer Starrachse mit Underslung-Halbfedern überzeugte völlig. Dazu kamen die sehr direkte Zahnstangenlenkung (nur zwei Lenkraddrehungen von Anschlag zu Anschlag), 16-Zoll-Aero-Reifen sowie die hervorragende Abstimmung von Federn und Stoßdämpfern. Der 1,2-Liter-Sechszylinder-Zweivergaser-Motor (abgeleitet vom 3/20-PS-Vierzylinder, mit gleichen Bohrung- und Hub-Maßen, aber unterschiedlich großen Zylinderabständen) im verhältnismäßig kleinen Wagen ergab ein recht temperamentvolles Gefährt.

BMW 303 Limousine (1933)

Die drei bei der Berliner Automobil-Ausstellung im Februar 1933 vorgestellten Prototypen wirkten vom Exterieur her noch nicht überzeugend. Das änderte sich in der Serienversion: Die ersten Limousinen-Karosserien hatte das Werk Sindelfingen der Daimler-Benz AG geliefert, die Serienautos ab April 1933 kamen mit Limousinen-Karosserien von Ambi-Budd (Berlin). Direkt in Eisenach entstanden dagegen die offenen Versionen.

Die eigentliche Einführung und Feuertaufe des neuen Wagens erfolgte indes bei der damals ungemein populären und reklameträchtigen „2000 Kilometer-Fahrt durch Deutschland". Trotz seines überzeugenden Auftritts fand das Auto mit dem kleinsten Sechszylinder der Welt aber nicht genügend Käufer und blieb darum nur ein Jahr im Programm. Abgelöst wurde der 303 nach 2.300 Exemplaren im April 1934 vom BMW 315. Ab Februar 1934 war die 303-Limousine übrigens leicht modifiziert worden, weshalb die Typen 303 und 315 aus dem Baujahrs 1934 äußerlich identisch auftraten.

BMW 309 (1934 BIS 1936)

Um aber die bisherige Kundschaft für kleine Auto nicht zu verlieren, brachte BMW im Februar 1934 als Nachfolger des BMW 3/20 PS den BMW 309 heraus. Es handelte sich um einen Wagen der neuen Baureihe, aber mit 0,9 Liter großem Vierzylinder-Motor. Er stammte ebenfalls vom 3/20-Triebwerk ab, erstarkte aber durch die Hubraumvergrößerung (via vergrößerter Bohrung). Damit konnte er das um rund 100 kg höhere Fahrzeuggewicht kompensieren.

Dazu kam eine Zweipunkt-Gummilagerung des Motors, um eine ähnliche Laufkultur wie bei den Sechszylindern zu erreichen. Rohrrahmen-Fahrgestell und Karosserie entsprachen denen der neuen Sechszylinder-Modelle – lediglich der Sport-Zweisitzer wurde gar nicht erst als 309er-Ausführung angeboten. Die Produktion des BMW 309 entfiel 1936 nach 6.000 Einheiten ersatzlos, um den inzwischen gewachsenen Bedarf an Sechszylindern decken zu können.

BMW 309 Cabriolimousine (1935)

Modell	BMW 303	BMW 309
Motor	M78a (M303)	M68a (M309)
Betriebsart	Otto (Viertakt)	Otto (Viertakt)
Material (Block/Kopf)	Grauguss	Grauguss
Zylinderzahl/Einbauposition	6 (Reihe), längs über Vorderachse	4 (Reihe), längs über Vorderachse
Bohrung x Hub (mm)	56 x 80	58 x 80
Hubraum (cm³)	1173	845
Leistung (PS/kW bei U/min)	30 (22) bei 4000	22 (16) bei 4000
Drehmoment (Nm bei U/min)	68 bei 2000	45 bei 2000
Verdichtung	5,6 : 1	5,6 : 1
Gemischbildung	2 Steigstromvergaser Solex 26 BFLV	1 Steigstromvergaser Solex 26 BFLV
Ventile pro Zylinder/Betätigung	2, hängend	2, hängend
Nockenwelle(n)/Antrieb	1 seitlich/Kette	1 seitlich/Kette
Kurbelwellenlager	4	2
Kühlung	Pumpe/7,5 L Wasser	Pumpe/6,0 L Wasser
Schmierung	Druckumlauf/4,0 L Öl	Druckumlauf/2,5 L Öl
Batterie	6 V 75 Ah	6 V 45 Ah
Generator	Gleichstrom 60 W	Gleichstrom 60 W
Kraftübertragung	Hinterradantrieb	Hinterradantrieb
Kupplung	Einscheiben-Trocken	Einscheiben-Trocken
Schaltgetriebe	4Gang (Hurth)	4Gang (Hurth)
Synchronisierung	III-IV	IIII-IV
Schalthebelposition	Wagenmitte	Wagenmitte
Übersetzungen	I. 4,42, II. 2,54, III.1,65, IV. 1,0	I. 4,42, II. 2,54, III.1,65, IV. 1,0
Antriebsübersetzung	5,15	5,85
Fahrwerk		
Vorderradaufhängung	1 Querlenker (unten), 1 Querfeder (oben), Hydraulikdämpfer	
Hinterradaufhängung	Starrachse, Halbfedern längs, hydraul. Hebelstoßdämpfer	
Lenkung	Zahnstange, 11,2 : 1	Zahnstange, 11,2 : 1
Betriebsbremse	Mechanisch (4 Räder), Trommeln (Ø=240 mm)	Mechanisch (4 Räder), Trommeln (Ø=240 mm)
Parkbremse	Seilzug (Hinterräder)	Seilzug (Hinterräder)
Schmierung	Eindruck-Zentral	Eindruck-Zentral
Allgemeine Daten		
Fahrzeugart (Türen/Sitze)	Limousine (2/4), Cabriolet (2/2 - 4)	Limousine (2/4), Cabriolet, Tourer (2/2 - 4)
Aufbauform	Stahl-/Holzaufbau, Leiterrahmen (Längsträger Stahlrohr, Querträger Kastenprofil)	
Radstand (mm)	2400	2400
Spur vorn/hinten (mm)	1153/1220	1153/1220
Länge x Breite x Höhe (mm)	3900 x 1440 x 1550	3750 x 1440 x 1550
Reifen	5.25-16	5.25-16
Räder	3.25 D x 16/Scheiben	3.25 D x 16/Scheiben

BMW 309 Kübelwagen (1937)

Modell	BMW 303	BMW 309
Wendekreisdurchmesser (m)	10,6	10,6
Bodenfreiheit (cm)	20	20
Gewicht Fahrgestell (kg)	550	500
Leermasse (kg)	Limousine: 820	Limousine: 750
zul. Gesamtmasse (kg)	1250	1200
Kraftstofftank (L)/Position	35/im Motorraum	35/im Motorraum
Fahrleistungen		
Höchstgeschwindigkeit (km/h)	90	80
Verbrauch (L/100 km)	10,0	8,5
Sonstiges		
Preis (Anf./Ende Laufz.) RM	Lim.: 3.600, Cabrio: 4.400, Sport-Cabrio: 4.600	Lim.: 3.200, CabrioLim.: 3.400, Tourer: 3.700, Cabrio: 4.000, Sport-Cabrio: 4.200
Baujahre	1933 - 1934	1934 - 1936
Stückzahl	2.310	6.000

BMW 315 Cabriolet (1935)

BMW 315 Cabriolimousine (1934)

BMW 315 (1934 BIS 1937)

Nachfolger des BMW 303 mit dem Niederflur-Rohrrahmen des 303 und vorderer Einzelradaufhängung wurde im April 1934 der Typ 315 – wichtigster Unterschied war der von 1,2 auf 1,5 Liter vergrößerte Hubraum. Er brachte es auf eine Höchstgeschwindigkeit von 100 km/h, was damals zur Qualifikation eines zeitgemäßen Autos gehörte. Der BMW 315 erreichte die höchste Stückzahl aller Ausführungen dieser Baureihe – über die Hälfte waren Limousinen, der Rest entfiel auf Cabriolimousinen, Cabriolets und diverse Sonderaufbauten. Im offiziellen Verkaufsprogramm wurde der Typ 315 allerdings nur bis etwa Mitte 1936 geführt. Alle später bis in das Jahr 1937 hinein gelieferten Wagen und Fahrgestelle waren für die Wehrmacht bestimmt.

Als sehr gefällig gezeichneter, wenngleich immens teurer Sport-Zweisitzer erschien im Sommer 1934 der BMW 315/1 mit Dreivergaser-Motor und höherer Verdichtung (Auslieferung ab 1935), der sehr anständige 40 PS abgab. Statt des 3,5-Liter-Fallstromtanks des BMW 315 wurde im 315/1 ein 42-Liter-Tank installiert. Ansonsten waren die Autos baugleich. Die schlanke, meist zweifarbig lackierte Karosserie kam ohne Stoßfänger aus. Der 315/1 – den es für den englischen Markt auch als Rechtslenker gab – errang auf Anhieb Aufsehen erregende Sporterfolge in der 1,5-Liter-Klassse. Später gab es dazu ein abnehmbares, aerodynamisch ausgeformte Coupedach, das allerdings ebenso wie das serienmäßige Klappdach das hübsche Auto verschandelte.

BMW 315 Limousine (1935)

BMW 315 Limousine (1935)

BMW 315/1 Roadster (1934)

BMW 315/1 Roadster (1934)

BOSCH
ZIEL
Öffentlicher Fernsprecher
DIE WOCHE
IIA-4370
357
IIA-4361
358

BMW 315/1 bei der 2000-km-Deutschlandfahrt 1934

BMW 315/1 Stromlinien-Coupé der Vereinigten Werkstätten München (1938)

BMW 319/1 Roadster (1935)

BMW 319/1 Roadster (1935)

BMW/Frazer-Nash 319 (1936)

BMW 319 (1934 BIS 1938) BMW 329 (1936 BIS 1937)

Damit der neue Sportwagen in der Zweiliter-Klasse fahren und gewinnen konnte, entwickelte BMW einen 1911-ccm-Dreivergaser-Motor mit längeren Zylinderabständen, mehr Bohrung und Hub, aber unveränderter Motorblock-Außenlänge. Er leistete 55 PS Leistung und erwies sich sofort als sehr erfolgreich. Die ersten Exemplare des BMW 319/1, der sich vom häufiger gebauten BMW 315/1 äußerlich kaum unterschied, waren Ende 1934 fertig. Der Spaß an den beiden Sportwagen wurde aber durch die ungenügenden Bremsen ziemlich beeinträchtigt. Andererseits erwies sich die Basis des Sportwagens als universeller einsetzbar, als mancher ahnte: In den 80er- und 90er-Jahren ließen sich einige „Oldtimerfreunde" Repliken des sündhaft teuren Typs 328 auf 319/1-Fahrgestelle aufbauen – es soll sogar zu erfolgreichen Betrugshandlungen an gutgläubigen 328-Interessenten gekommen sein.

BMW/Frazer-Nash 319/1 (1935)

Der 1,9-Liter-Motor kam dann geradezu zwangsläufig, allerdings mit gezügelter Leistung, auch in allen anderen Modellen der laufenden Baureihe zum Einsatz. Sie liefen als BMW 319, wobei hier die Getriebeübersetzung geändert werden musste. Ihr einziges äußeres Merkmal: Drei Chromzierleisten auf beiden Seiten der Motorhaube, ansonsten blieb es beim parallel weiterproduzierten 315er-Aufbau. Das Fertigungsvolumen des 319 erreichte dabei nur zwei Drittel von dem des 315.

Die Sindelfinger Karosseriespezialisten von Daimler-Benz hatten schon 1934 vorgeschlagen, auf das vorhandene Fahrgestell der Baureihe eine größere und geräumigere Limousine zu setzen – weil aber die Proportionen der Heckpartie nicht überzeugten, beließ es BMW auch für den 319 bei den gewohnten Karosserien.

Modell	BMW 315	BMW 315/1	BMW 319	BMW 319/1	BMW 329
Motor	M315	M315/1	M319	M319/1	M303
Betriebsart	Otto (Viertakt)	Otto (Viertakt)	Otto (Viertakt)	Otto (Viertakt)	Otto (Viertakt)
Material (Block/Kopf)	Grauguss	Grauguss	Grauguss	Grauguss	Grauguss
Zylinderzahl/ Einbauposition	6 (Reihe), längs über Vorderachse	6 (Reihe), längs über Vorderachse	6 (Reihe), längs über Vorderachse	6 (Reihe), längs über Vorderachse	6 (Reihe), längs über Vorderachse
Bohrung x Hub (mm)	58 x 94	58 x 94	65 x 96	65 x 96	65 x 96
Hubraum (cm³)	1490	1490	1911	1911	1911
Leistung (PS/kW bei U/min)	34 (25) bei 4000	40 (29) bei 4300	45 (33) bei 3750	55 (40) bei 4000	45 (35) bei 3950
Drehmoment (Nm bei U/min)	79 bei 2000	92 bei 2000	100 bei 2000	121 bei 2500	100 bei 2000
Verdichtung	5,6 : 1	6,5 : 1, (ab 1935: 6,8 : 1)	5,6 : 1	6,8 : 1	5,6 : 1
Gemischbildung	2 Steigstromvergaser	3 Flachstromvergaser	2 Steigstromvergaser	3 Flachstromvergaser	2 Steigstromvergaser
	Solex 26 BFLV	Solex 26 BFRH	Solex 26 BFLV	Solex 30 BFRH	Solex 26 BFLV
Ventile pro Zylinder/ Betätigung	2, hängend	2, hängend	2, hängend	2, hängend	2, hängend
Nockenwelle(n)/Antrieb	1 seitlich/Kette	1 seitlich/Kette	1 seitlich/Kette	1 seitlich/Kette	1 seitlich/Kette
Kurbelwellenlager	4	4	4	4	4
Kühlung	Pumpe/7,5 L Wasser	Pumpe/7,5 L Wasser	Pumpe/7,5 L Wasser	Pumpe/7,5 L Wasser	Pumpe/7,5 L Wasser
Schmierung	Druckumlauf/4,0 L Öl	Druckumlauf/4,0 L Öl	Druckumlauf/4,0 L Öl	Druckumlauf/4,0 L Öl	Druckumlauf/4,0 L Öl
Batterie	6 V 75 Ah	6 V 75 Ah	6 V 75 Ah	6 V 75 Ah	6 V 75 Ah
Generator	Gleichstrom 90 W	Gleichstrom 90 W	Gleichstrom 60 W	Gleichstrom 60 W	Gleichstrom 60 W
Kraftübertragung	Hinterradantrieb	Hinterradantrieb	Hinterradantrieb	Hinterradantrieb	Hinterradantrieb
Kupplung	Einscheiben-Trocken	Einscheiben-Trocken	Einscheiben-Trocken	Einscheiben-Trocken	Einscheiben-Trocken
Schaltgetriebe	4Gang (Hurth)	4Gang (Hurth)	4Gang (Hurth)	4Gang (Hurth)	4Gang (Hurth)
Synchronisierung	III-IV	IIII-IV	III-IV	IIII-IV	IIII-IV
Schalthebelposition	Wagenmitte	Wagenmitte	Wagenmitte	Wagenmitte	Wagenmitte
Übersetzungen	1934/35: I. 4,08, II. 2,35, III.1,52, IV. 1,0	1934: I. 4,08, II. 2,35, III.1,52, IV. 1,0	I. 4,42, II. 2,54, III.1,65, IV. 1,0	I. 4,42, II. 2,54, III.1,65, IV. 1,0	I. 4,42, II. 2,54, III.1,65, IV. 1,0
	1936/37: I. 3,65, II. 2,22, III.1,51, IV. 1,0	1935: I. 3,63, II. 2,07, III.1,38, IV. 1,0			
Antriebsübersetzung	5,15	4,50 oder 3,90	5,15	5,85	5,85
Fahrwerk					
Vorderradaufhängung	1 Querlenker (unten), 1 Querfeder (oben)				
Hinterradaufhängung	Starrachse, Halbfedern				

Modell	BMW 315	BMW 315/1	BMW 319	BMW 319/1	BMW 329
Lenkung	Zahnstange, 11,2 : 1	Zahnstange, 11,2 : 1	Zahnstange, 11,2 : 1	Zahnstange, 11,2 : 1	Zahnstange, 11,2 : 1
Betriebsbremse	Mechanisch (4 Räder), Trommeln (Ø=240 mm)	Mechanisch (4 Räder), Trommeln (Ø=240 mm)	Mechanisch (4 Räder), Trommeln (Ø=240 mm)	Mechanisch (4 Räder), Trommeln (Ø=240 mm)	Mechanisch (4 Räder), Trommeln (Ø=240 mm)
Parkbremse	Seilzug (Hinterräder)	Seilzug (Hinterräder)	Seilzug (Hinterräder)	Seilzug (Hinterräder)	Seilzug (Hinterräder)
Schmierung	Eindruck-Zentral	Eindruck-Zentral	Eindruck-Zentral	Eindruck-Zentral	Eindruck-Zentral
Allgemeine Daten					
Fahrzeugart (Türen/Sitze)	Limousine (2/4), Cabriolet (2/3 - 4)	Roadster (2/2)	Limousine (2/4), Cabriolet (2/3 - 4)	Roadster (2/2)	Cabriolet (2/2 - 4)
Aufbauform	Stahl-/Holzaufbau, Leiterrahmen (Längsträger Stahlrohr, Querträger Kastenprofil)				
Radstand (mm)	2400	2400	2400	2400	2400
Spur vorn/hinten (mm)	1153/1220	1153/1220	1153/1220	1153/1220	1153/1220
Länge x Breite x Höhe (mm)	3900 x 1440 x 1550	3800 x 1440 x 1350	3900 x 1440 x 1550	3800 x 1440 x 1350	4000 x 1440 x 1550
Reifen	5.25-16	5.25-16	5.25-16	5.25-16	5.25-16
Räder	3.25 D x 16/ Scheiben	3.25 D x 16/ Scheiben	3.25 D x 16/ Scheiben	3.25 D x 16/ Scheiben	3.25 D x 16/ Scheiben
Wendekreis-durchmesser (m)	10,6	10,6	10,6	10,6	10,6
Bodenfreiheit (cm)	20	20	20	20	20
Gewicht Fahrgestell (kg)	550	550	560	560	550
Leermasse (kg)	Limousine: 845	750	Limousine: 850	780	Cabrio: 880
zul. Gesamtmasse (kg)	1250	1100	1300	1140	1300
Kraftstofftank (L)/ Position	35/im Motorraum	42/im Motorraum	40/im Motorraum	42/im Motorraum	40/im Motorraum
Fahrleistungen					
Höchstgeschwindigkeit (km/h)	100	120	115	130	110
Verbrauch (L/100 km)	10,5	11,5	11,0	12,0	11,5
Sonstiges					
Preis (Anf./Ende Laufz.) RM	Lim.: 3.750, CabrioLim.: 3.950, Tourer: 4.100, Cabrio: 4.400, SportCab.: 4.750	5.200	Lim.: 4.150, Cabrio-Lim.: 4.350, Tourer: 4.500, Cabrio: 4.800, SportCab.: 5.150	5.800	Cabrio: 4.950, SportCab.: 5.800
Baujahre	1934 - 1937	1935 - 1937	1934 - 1937	1935 - 1938	1936 - 1937
Stückzahl	9.521	230 (Schrader: 242)	6.543	178 (Schrader: 102)	1.179

PREISE BMW 303 BIS 329

Typ/Preise in RM	BMW 303 1933-1934	BMW 309 1934-1936	BMW 315 1934-1937	BMW 319 1935-1937	BMW 329 1936-1937
Limousine, 2 Türen	3.600	3.200	3.750	4.150	
Cabrio-Limousine, 2 Türen		3.400	3.950	4.350	
Viersitzer, offen		3.700	4.100	4.500	
Cabrio, 4 Fenster	4.400	4.000	4.400	4.800	4.950
Sport-Cabrio, 2 Sitze	4.600	4.200	4.750	5.150	5.800
Sport-Zweisitzer, offen			5.200	5.800	

PRODUKTION BMW 303 BIS 329

Typ/Produktion (Stück)	BMW 303 1933-1934	BMW 309 1934-1936	BMW 315 1934-1937	BMW 319 1935-1937	BMW 329 1936-1937
Limousine, 2 Türen	1.503	2.859	4.881	3.029	
Limousine, 2 Türen, mit Schiebedach	150	1	1,0		
Cabrio-Limousine, 2 Türen	2	1.456	1.378	569	
Viersitzer, offen	2	179	137,0	75	
Cabrio, 4 Fenster	542	284	2.281	2.066	1011
Sport-Cabrio, 2 Sitze	27		20,0	238	42
Sport-Zweisitzer, offen			230 (242)	178 (102)	
Fahrgestell	74	1.221	837	491	126

BMW 319 mit Weinberger-Stromlinien-Karosserie (1936)

Als dann aber 1936 der völlig neue BMW 326 herauskam und sich auf dem Markt rasch durchsetzte, erwies sich der Preisabstand zum 319 als zu groß. Es fehlte ein Modell dazwischen, zumal der 319 neben dem 326 äußerlich recht antiquiert wirkte. Um die Zeit bis zur Serienreife eines „kleinen 326" (dem späteren BMW 320) zu überbrücken, wurde in Anlehnung an den Sindelfinger Vorschlag von 1934 ein Zwischenmodell herausgebracht – der BMW 329.

Der 329 entstand 1.179mal. Er wurde ab September 1936 bis Mitte 1937 als Sonderausführung des BMW 319 mit dessen Motor und dem Rohrrahmen-Fahrgestell angeboten, während das Kühlergesicht und etliche Stilmerkmale der deutlich größeren Karosserie bereits dem BMW 326 entsprachen.

Allerdings gab es den 329 nicht als Limousine, sondern nur als Viersitzer-Cabriolet mit etwas mehr Platz und serienmäßiger Lederausstattung, aber plump aussehender Heckpartie. Außerdem wurde er als Zweisitzer-Cabriolet mit viel gefälligeren Proportionen offeriert. Dank des leichten Chassis wog der offene 329 rund 250 kg weniger als die vergleichbare 326-Version. Genau wie vom 315 und 319 wurden auch vom 326er nackte Fahrgestelle angeboten, die man sich bei freien Karossiers mit einem Aufbau nach Wunsch versehen lassen konnte.

BMW 329 Drauz Cabriolet (1936)

BMW 329 Drauz Cabriolet (1936)

BMW 326 Limousine (1936)

BMW 326 (1936 BIS 1941)

Die Sechszylinder von BMW von Mitte der 30er-Jahre genossen zwar einen ausgezeichneten Ruf bei den Liebhabern sportlicher Automobile, doch außerhalb dieses begrenzten Kundenkreises galten sie lediglich als Kleinwagen. Sie waren zwar erfreulich leistungsfähig und anspruchsvoll ausgestattet, boten aber arg wenig Platz für Familie und Gepäck. Außerdem brachte es die rasch aufblühende Wirtschaft mit sich, dass die seitherige Kundschaft von BMW, inzwischen älter, bequemer und wohlhabender geworden, nun nach einem vollgültigen Mittelklassewagen – und zwar einem Wagen der gehobenen Mittelklasse – verlangte.

Der BMW 326, der zum meistverkauften BMW der Vorkriegsjahre werden sollte, wurde im Februar 1936 auf der Berliner Automobil-Ausstellung vorgestellt. Basis war ein Tiefbett-Kastenrahmen mit vorderer Schwingachse und Querblattfeder statt des bisherigen Ovalrohrrahmens von 319/329. Der Motor stammte vom Typ 319 – wuchs aber durch die größere Bohrung auf 1971 ccm Hubraum. Die 326-Serienproduktion begann im Juli 1936. Komfort und Repräsentation standen allerdings eher im Vordergrund als Leistung und Sportlichkeit.

BMW 326 Limousine (1936)

BMW 326 Drauz Cabriolet (1937)

Äußere Kennzeichen des Modells 1936 waren die geteilten Doppel-Stoßfänger und die 17-Zoll-Scheibenräder. Zum Jahresbeginn 1937 erfolgte der Übergang auf 16"-Lochscheibenräder. Ab 1939 kamen, einheitlich für das gesamte BMW-Programm, durchgehende, einteilige Stoßfänger vorn und hinten. Die viertürige Ganzstahl-Karosserien für die Limousinen lieferte Ambi-Budd, Sindelfingen war aus Wettbewerbsgründen aus dem Geschäft. Einen geschlossenen Zweitürer ab Werk gab es nie. Die zwei- und viertürigen Cabriolets (darunter sogar eines mit Schiebetüren) stammten hauptsächlich von Autenrieth, aber auch von Baur (etwa 50 Stück), Gläser, Wendler, Weinberger und anderen Firmen.

BMW 326 Cabriolet (1936)

Für andere Märkte stellte BMW auch Rechtslenkerausführungen des 326 her. Ab 1938 wurde zudem ein neuer Aluminium-Zylinderkopf erprobt, der eine bessere Gemischbildung ermöglicht hätte – aber diese Verbesserung ging nicht mehr in die Serie.

Der BMW 326 erlebte nach Kriegsende noch eine ungeahnte Renaissance: In Eisenach entstanden 1946/47 weitere 16 Rest-Exemplare – danach avancierte das Auto zur Basis des von 1949 bis 1955 gebauten BMW/EMW 340. Dieses Modell wurde zu DDR-Zeiten weiterhin und ausschließlich in Eisenach produziert. Das Auto wurde dabei gründlich überarbeitet und ist erkennbar an einer anderen Frontpartie. Zum Einsatz kam ein 55-PS-Motor. Neben der viertürigen Limousine entstanden auch Kombi, Liefer- und Krankenwagen – insgesamt 21.248 Einheiten, von denen die meisten in den Export gingen.

EMW 340/2 (1953)

BMW 326 Cabriolet (1936)

BMW 326 Graber Roadster (1937)

BMW 320 (1937 BIS 1938)
BMW 321 (1939 BIS 1941)

Nachdem sich der BMW 326 über Erwarten gut einführte, aber doch verhältnismäßig teuer war und überdies die seitherigen Sechszylinder ziemlich alt aussehen ließ, brauchte man ganz dringend ein neues Einstiegsmodell. Es musste sich dabei um einen deutlich kleineren, leichteren und billigeren Wagen handeln, der jedoch in seiner äußeren Erscheinung dem 326 zu entsprechen hatte. So erschien als Nachfolger der Typen 319 und 329 im Juli 1937 der BMW 320. Es gab ihn wegen des verkürzten Radstands nur mit zwei Türen, aber ebenfalls als Limousine und als Cabriolet (und natürlich als Tiefbett-Kastenrahmen-Fahrgestell).

Die ersten 640 Wagen des neuen Typs besaßen noch den vom 319 und 329 her bekannten 1911-ccm-Zweivergasermotor, ehe ab Ende Oktober 1937 der 1971-ccm-Einvergasermotor gleicher Leistung zum Einbau kam – der Zweiliter-Motor war auf 45 PS gedrosselt worden. Als schlimmer Fehler erwies es sich, dass man der Einfachheit halber die Vorderachse aus den kleineren Vorgängern übernommen hatte. Sie war entschieden zu schwach, was zu gefährlichen Brüchen führte. In teuren Umtauschaktionen ließ daraufhin das Werk alle erreichbaren Wagen mit der Vorderachse des BMW 326 ausrüsten. Es gelang, diese üble Geschichte dank großzügiger Kulanz mit solcher Verschwiegenheit durchzuziehen, dass sie keinerlei Publizität erfuhr und von der Öffentlichkeit unbemerkt blieb. Die Hinterachse war blattgefedert, hatte also nicht die Drehstabfederung des Typs 326.

Aufmerksame Beobachter mögen wohl vorübergehend ein wenig überrascht gewesen sein, wieso dem doch immer noch neuen BMW 320 schon nach Jahresfrist ein nur leicht überarbeiteter BMW 321 folgte. Dieser lief ab Dezember 1938, besaß aber nun serienmäßig die vordere Schwingachse des 326 (Querfeder unterhalb und nicht oberhalb des Fahrgestells, vordere Querlenker von unten nach oben versetzt), dazu etwas stärkere Reifen sowie unbegreiflicherweise hinten statt der ursprünglich vorn angeschlagenen Türen. Auch beim BMW 320 und 321 kamen die Ganzstahl-Karosserien der Limousinen von Ambi-Budd, die Cabriolets (weiterhin mit Holzgerippe) von Autenrieth, Baur (etwa 400 Stück), Reutter und anderen Firmen.

Nach dem Zweiten Weltkrieg feierte der 321 in Eisenach fröhliche Urständ – wurde er doch zwischen 1945 und 1950 im Auftrag der sowjetischen Besatzer in 8.996 Exemplaren weiter gefertigt. Erkennbar sind diese Autos an Details wie den meist rotgefärbten Kühlerpartien.

BMW 320 Limousine (1939)

Modell	BMW 320	BMW 321	BMW 326
Motor	M319, ab 10/1937: M320	M320	M326
Betriebsart	Otto (Viertakt)	Otto (Viertakt)	Otto (Viertakt)
Material (Block/Kopf)	Grauguss	Grauguss	Grauguss
Zylinderzahl/Einbauposition	6 (Reihe), längs über Vorderachse	6 (Reihe), längs über Vorderachse	6 (Reihe), längs über Vorderachse
Bohrung x Hub (mm)	66 x 96	66 x 96	66 x 96
Hubraum (cm³)	1911, ab 10/37: 1971	1971	1971
Leistung (PS/kW bei U/min)	45 (33) bei 3750	45 (33) bei 3750	50 (37) bei 3750
Drehmoment (Nm bei U/min)	100 bei 3750, ab 10/37: 102 bei 2000	102 bei 2000	107 bei 2000
Verdichtung	6,0 : 1	6,0 : 1	6,0 : 1
Gemischbildung	2 Steigstromvergaser Solex 26 BFLVS	1 Steigstromvergaser Solex 26 BFLVS	2 Steigstromvergaser Solex 26 BFLV
	10/37: 1 Steigstromverg. Solex 26 BFLVS		
Ventile pro Zylinder/Betätigung	2, hängend/Stoßstangen u. Kipphebel	2, hängend/Stoßstangen u. Kipphebel	2, hängend/Stoßstangen u. Kipphebel
Nockenwelle(n)/Antrieb	1 seitlich/Kette	1 seitlich/Kette	1 seitlich/Kette
Kurbelwellenlager	4	4	4
Kühlung	Pumpe/7,5 L Wasser	Pumpe/7,5 L Wasser	Pumpe/7,5 L Wasser
Schmierung	Druckumlauf/4,0 L Öl	Druckumlauf/4,0 L Öl	Druckumlauf/4,0 L Öl
Batterie	6 V 75 Ah (unter Rücksitz links)	6 V 75 Ah (unter Rücksitz links)	6 V 75 Ah (unter Rücksitz links)
Generator	Gleichstrom 90 oder 130 W	Gleichstrom 90 oder 130 W	Gleichstrom 90 oder 130 W
Kraftübertragung	Hinterradantrieb	Hinterradantrieb	Hinterradantrieb
Kupplung	Einscheiben-Trocken	Einscheiben-Trocken	Einscheiben-Trocken
Schaltgetriebe	4Gang (Hurth)	4Gang (Hurth)	4Gang (Hurth)
Synchronisierung	III-IV	IIII-IV	III-IV
Schalthebelposition	Wagenmitte	Wagenmitte	Wagenmitte
Übersetzungen	I. 3,66, II. 2,22, III.1,52, IV. 1,0	I. 3,66, II. 2,22, III.1,52, IV. 1,0	I. 3,85, II. 2,38, III.1,54, IV. 1,0
Antriebsübersetzung	4,38	4,38, ab 1938: 4,55	4,875
Fahrwerk			
Vorderradaufhängung	1 Querlenker (unten), 1 Querfeder (oben)	1 Querlenker (oben), 1 Querfeder (unten)	1 Querlenker (oben), 1 Querfeder (unten)
Hinterradaufhängung	Starrachse, Halbfedern	Starrachse, Halbfedern	Starrachse, 2 Längsfederstäbe
Lenkung	Zahnstange	Zahnstange	Zahnstange
Betriebsbremse	Hydaulisch (4 Räder), Trommeln	Hydaulisch (4 Räder), Trommeln	Hydaulisch (4 Räder), Trommeln
Parkbremse	Seilzug (Hinterräder)	Seilzug (Hinterräder)	Seilzug (Hinterräder)
Schmierung	Eindruck-Zentral	Eindruck-Zentral	Eindruck-Zentral
Allgemeine Daten			
Fahrzeugart (Türen/Sitze)	Limousine (2/4)	Limousine (2/4)	Limousine (4/4)
	Cabriolet (2/3 - 4)	Cabriolet (2/3 - 4)	Cabriolet (2 u. 4/3 - 4)

Modell	BMW 320	BMW 321	BMW 326
Aufbauform	Stahl-/Holzaufbau, Tiefbett-Kastenrahmen		
Radstand (mm)	2750	2750	2870
Spur vorn/hinten (mm)	1160/1300	1300/1300	1300/1400
Länge x Breite x Höhe (mm)	4500 x 1540 x 1500	4500 x 1570 x 1500	4600 x 1600 x 1500
Reifen	5.25-16	5.50-16	5.25-16, ab 1937: 5.50-16
Räder	3.25 D x 16/Scheiben	3.25 D x 16/Scheiben	3.25 D x 16, ab 1937: 3.50 D x 16/Scheiben
Wendekreisdurchmesser (m)	13,0	11,0	12,0
Bodenfreiheit (cm)	20	20	20
Gewicht Fahrgestell (kg)	750	750	800
Leermasse (kg)	Limousine: 1000	Limousine: 1000	Limousine: 1125
zul. Gesamtmasse (kg)	1600	1600	1700
Kraftstofftank (L)/Position	50/im Heck	50/im Heck	65/im Heck
Fahrleistungen			
Höchstgeschwindigkeit (km/h)	110	110	115
Beschleun. 0 - 100 km/h (s)	35,0	35,0	34,0
Verbrauch (L/100 km)	11,0	11,0	12,5
Sonstiges			
Preis (Anf./Ende Laufz.) RM	Lim.: 4.500, Cabrio: 5.250	Lim.: 4.800, SchiebedachLim.: 5.100, Cabrio: 5.650,	Lim.: 5.500, SchiebedachLim.: 5.810, Cabrio: 6.050,
	Fahrgestell: 3.980	Fahrgestell: 4.150	Fahrgestell: 4.450
Baujahre	1937 - 1938	1939 - 1941	1936 - 1941
Stückzahl	4.240	3.814	15.936

BMW 321 Limousine (1938)

BMW 321 Limousine (1946)

BMW 335 Limousine (1939)

BMW 335 (1939 BIS 1943)

Als ihr größtes Vorkriegsauto stellte BMW im Herbst 1938 den Typ 335 auf der Londoner Motor Show vor. Wichtigster Auslandskunde von BMW war damals Frazer-Nash in England, wo verschiedene Eisenacher Modelle in Lizenz montiert wurden – man hoffte nun vergeblich auf eine Lizenzproduktion des großen BMW. Wiederum war auch dieser neue Wagen kostenbedingt ein Kompromiss. Er besaß einen völlig neuen Motor, wiederum mit ungleichen Zylinderabständen, jetzt mit neuer Position der Zündkerzen und im Versuchsstadium rund 100 PS kräftig.

BMW 335 Cabriolet 4 Türen (1939)

Karosserie und Fahrwerk des in der Serie 90 PS starken Sechszylinderwagens stammten weitgehend vom BMW 326. Allerdings hatte der Neue einen längeren Radstand, größere Bremsen und verstärkte Reifen sowie einen längeren Vorbau mit integrierten Scheinwerfern. Das Auto beeindruckte durch seine Leistung, Sportlichkeit und Laufkultur.

Aber noch ehe die Produktion in Schwung kam, brach der Krieg aus. Im Mai 1941 endete die reguläre Fertigung, wenige Einzelstücke folgten noch bis 1943 – insgesamt waren es lediglich 415 Exemplare. Ab Werk angeboten wurden die Limousine, ein zwei- und ein viertüriges Cabriolet sowie das Fahrgestell. Klein geblieben ist auch die Zahl der BMW

BMW 335 Limousine (1939)

335, die den Krieg überlebt haben, denn sowohl Cabriolets als auch die Limousinen erfreuten sich bei den höheren Offizieren großer Beliebtheit.

Die drei letzten Fahrgestelle gingen 1943 zur Karosseriefirma Autenrieth, wo sie vermutlich zu Cabriolets komplettiert werden sollten. Doch anscheinend versäumte das zuständige Rüstungsamt den Anschlussauftrag, und die drei Fahrgestelle überstanden unbeschadet den Krieg. Nach dessen Ende machte Autenrieth daraus drei sehr elegante Sport-Coupes im Stil des BMW 327. Sie wurden noch 1945 ausgeliefert, wobei einen dieser Wagen Ernst Henne erhielt und einen der beiden anderen der Münchener Polizeipräsident. Und der Dienstwagen des bayerischen Ministerpräsidenten war in jenen Nachkriegsjahren eine wie neu aussehende BMW 335 Limousine, bis er auf den neuen BMW 501 wechseln konnte.

Im Versuch hat es auch einen BMW 337 gegeben, ein Fahrgestell mit 3,5-Liter-Motor und einem Radstand von 3120 mm, das für den Stromlinienaufbau von Professor Wunibald Kamm bestimmt war. Sehr wahrscheinlich hätte es eines Tages auf einem entsprechenden Fahrgestell auch eine Siebensitzer-Pullmann-Limousine gegeben.

BMW 335 Cabriolet 2 Türen (1939)

BMW 335 Sportcoupé (1939)

BMW 335 Wendler Coupé (um 1950)

BMW 335 Stromlinien-Limousine K4 (1939)

BMW 335 Stromlinien-Limousine K1 (1938/39)

PREISE BMW 320 BIS 335

Typ/Preise in RM	BMW 320 1937-1938	BMW 321 1939-1941	BMW 326 1936-1941	BMW 327 1937-1941	BMW 327/28 1938-1940	BMW 328 1937-1939	BMW 335 1939-1941
Limousine, 2 Türen	4.500	4.800					
Limousine, 2 Türen, mit Schiebedach		5.100					
Limousine, 4 Türen			5.500				7.850
Limousine, 4 Türen, mit Schiebedach			5.810				
Cabrio, 4 Fenster	5.250	5.650	6.050				9.050
Cabrio, 4 Türen			7.300				9.600
Sport-Zweisitzer, offen						7.400	
Sport-Cabrio				7.500	8.130		
Sport-Coupé				7.450	8.100		
Fahrgestell	3.980	4.150	4.450			5.900	6.700

PRODUKTION BMW 320 BIS 335

Typ/Produktion (Stück)	BMW 320 1937-1938	BMW 321 1939-1941	BMW 326 1936-1941	BMW 327 1937-1941	BMW 327/28 1938-1940	BMW 328 1937-1939	BMW 335 1939-1941
Limousine, 2 Türen	2.416	2.078					
Limousine, 4 Türen			10.142				223
Cabrio, 4 Fenster	1.635	1.551	4.060				118
Cabrio, 4 Türen			1.093				40
Sport-Zweisitzer, offen						403	
Sport-Cabrio				1.124	482		
Sport-Coupé				179	86		
Fahrgestell	134	63	641	1	1	61	24

BMW 332 PROTOTYP (1940)

Als Nachfolger für den BMW 326 und Basis für eine künftige Typenfamilie war der BMW 332 vorgesehen. Ab 1939 wurde daran gearbeitet. 1940 standen drei Versuchswagen (mit kleinen Unterschieden) bereit, die noch während des Zweiten Weltkriegs auf öffentlichen Straßen erprobt wurden. Der BMW 332 besaß das Fahrgestell des BMW 326, dazu den weiter entwickelten Zweiliter-Sechszylinder-Motor BMW 326/4 (mit Ölkühler, später auch mit obenliegender Nockenwelle), sowie Lenkradschaltung und eine Viertürer-Karosserie in Pontonform, deren Gestalt an die Versuchswagen von Professor Kamm, von hinten aber auch an den Opel Kapitän erinnerte. Der vermutliche Grund: Kurz vor dem Krieg hatte BMW mehrere Ingenieure von Opel nach München geholt.

Das Wrack eines der drei Versuchswagen – die beiden anderen sind verschollen – wurde nach 1945 aus dem Trümmerschutt des Werks geborgen und wieder aufgebaut, wobei ein normaler Zweilliter-50-PS-Motor aus der Vorkriegsproduktion zum Einbau kam. Dieser BMW 332 diente eine Zeitlang als Direktionswagen, ehe er 1949 in den Besitz von Georg („Schorsch") Maier überging. Zu einem Serieneinsatz kam es nicht mehr, aber im Nachkriegs-501 fanden sich wenigstens einige Konstruktionsmerkmale wieder.

BMW 332 Limousine (1940), Aufnahme aus der Nachkriegszeit

BMW 327 Coupé (1937)

BMW 327 Cabriolet (1938)

BMW 327 (1937 BIS 1941)
BMW 327/28 (1938 BIS 1940)

Um wieder ein attraktives sportlich angehauchtes, aber voll alltagstaugliches Auto anbieten zu können, wurde im November 1937 der BMW 327 präsentiert – er nutzte das um 12 cm verkürzte Fahrgestell des BMW 326. Sein 1971-ccm-Motor (ebenfalls vom Typ 326) hatte zwei Vergaser und eine etwas höhere Verdichtung. Die Leistung von 55 PS hatte noch vor wenigen Jahren dem BMW 319/1 völlig genügt, um die versammelte Konkurrenz zu schlagen – inzwischen gehörte dieses Leistungsangebot zur Normalität. So wurde das Auto einerseits wegen seiner zeitlosen Eleganz vom Publikum und auch von der Fachpresse zwar bewundert.

Doch die alteingesessene, vermögende Kundschaft reagierte zunächst zurückhaltend: Ihr kam es bei einem BMW dieser Art nicht entscheidend auf die Ästhetik an, sondern in erster Linie auf Sportlichkeit und Leistung. Außerdem erwies sich der Preis des Fahrzeugs als atemberaubend hoch. Als sich endlich der Verkauf zu beschleunigen begann, kam der Zweite Weltkrieg und damit das vorläufige Ende einer aussichtsreichen Karriere. Heute gilt das 327 Sport-Cabriolet als der schönste BMW der Vorkriegszeit.

Die Produktion des BMW 327 hatte im Dezember 1937 begonnen – zunächst wurde nur das 2+2sitzige Coupé herausgebracht. Die erst ab Mai 1938 lieferbaren Wagen besaßen anfangs ein Hurth-Schnellgang-Getriebe mit Freilauf im ersten und zweiten Gang sowie einer 4,55 : 1 übersetzten Hinterachse. Wahlweise gab es auch ein vollsynchronisiertes ZF- oder Hurth-Getriebe. Wegen seines lahmenden Verkaufs war das Auto ab August 1938 wahlweise mit dem 80-PS-Dreivergaser-Motor des BMW 328 lieferbar. Zum gleichen Zeitpunkt an gab es den 327 auch als zweisitziges Sport-Cabriolet. Von nun an betrachteten PS-Enthusiasten auch diesen BMW – der ebenfalls als Rechtslenker ausgeliefert wurde – als vollkommen gesellschaftsfähig.

Die meist zweifarbig (oben dunkel, unten hell) lackierten Karosserien beider Modelle fertigten Autenrieth (Darmstadt) und Ambi-Budd. Letztere stellte zwar in ihrem Hauptwerk Berlin-Johannisthal nur Ganzstahlkarosserien her, doch gehörte ihr auch die einstmals größte deutsche Karosseriefabrik Lindner (Ammendorf) und der Karosseriebau der Deutschen Industriewerke (Berlin Spandau). Übrigens besaßen die BMW 327 Cabriolets von Anfang an vorn angeschlagene Türen und Einbauwinker vor den Türen. Beim Coupe hingegen waren kurioserweise die Türen hinten angeschlagen und die Winker (meistens, nicht immer) hinter den Türen eingebaut. Die mickrigen Stoßecken wurden erst ab Jahrgang 1939 durch einteilige Stoßfänger ersetzt.

BMW 327/28 Coupé (1938)

EMW 327/3 Coupé (1954)

BMW 327 Cabriolet (1938)

BMW 327/28 Cabriolet (1938)

Nachfolger des 327 sollte der Typ 330 werden, an dem ab 1940 gearbeitet wurde. Für ihn war ein 2,5-Liter-Sechszylinder mit mindestens 60 PS vorgesehen. Draus wurde nichts, aber dafür blieb das Urmodel auch nach Kriegsende im Programm. Denn sowohl die offene als auch die geschlossene Version des 327 wurden zu DDR-Zeiten zwischen 1949 und 1955 weiterhin gefertigt, allerdings ausschließlich mit 55-PS-Motor.

Das DDR-Cabrio hatte nun durchgehende Stoßfänger, die Winker wanderten in die B-Säule, und die Motorhaube war nunmehr hinten angeschlagen. Auch beim Coupé saßen die Türscharniere jetzt vorn, dazu kam ein großes Heckfenster. Beide Karosserieaufbauten entstanden in Dresden im früheren Gläser-Werk. Entstanden sind 353 Cabriolet der Typen 327/1 bzw. 327/2 sowie 152 Coupés des Typs EMW 327/3.

BMW 328 Roadster (1937)

BMW 328 (1937 BIS 1939)
BMW 328 PROTOTYPEN (1939 BIS 1942)

Schon der erste Auftritt des BMW 328 war eine Sensation: Ernst Henne siegte am 14. Juli 1936 beim Eifel-Rennen in der Zweiliter-Sportwagenklasse mit einem nagelneuen, bestechend attraktiven Auto. Kaufen konnte man jenen BMW 328 erst ab Februar 1937. Er geriet auf Anhieb zum erfolgreichsten und beliebtesten Sportwagen der letzten Vorkriegsjahre. Schon die äußere Form war so ansprechend gelungen, dass sie keinerlei Zierrats bedurfte. Der leichte Aufbau reichte für zwei Insassen einschließlich eines winzigen Kofferraums. Vor allem aber imponierten die hervorragenden Leistungen und die für damalige Begriffe exzellenten Fahreigenschaften des 328.

Dabei war dieses Auto in kürzester Zeit und ingenieurmäßig – anders als der BMW 326 – mit sparsamsten Mitteln entwickelt worden. Basis war ein Rohrrahmen, der mit

BMW 328 beim Großen Preis von Deutschland auf dem Nürburgring (1936)

10
10
11
11
8
8
12
2
45

Kastenquerträgern versteift wurde. Statt der Seilzugbremsen des 319/1 kam eine hydraulisch betätigte Anlage mit Trommelbremsen zum Einsatz. Der Motor, aufbauend auf die 319/1-Konstruktion, erhielt einen neuen Zylinderkopf mit V-förmig angeordneten Ventilen. Um aber deren Steuerung über eine simple seitliche Nockenwelle beibehalten zu können und sich so eine teure, obenliegende Nockenwelle zu sparen, wurden die Einlassventile in üblicher Weise über Stoßstangen und Kipphebel betätigt. Von dort aus erhielten die gegenüberliegenden Auslassventile ihre Impulse, indem

BMW 328 Roadster, im Hintergrund mit abgedeckten Hinterrädern (1937)

BMW 328 Roadster (1938)

horizontal arbeitende Stoßstangen zwischengeschaltet wurden. Dieser Ventilantrieb war von geradezu genialer Einfachheit und erinnert vom Prinzip an den T 150 der französischen Firma Talbot.

Gebaut wurden bis Kriegsbeginn 464 Wagen, von denen rund ein Viertel exportiert wurden. Drei Exemplare des 328 waren 1936 entstanden, 164 im Jahr 1937, im Folgejahr wurden 158 Stück fertig, 1939 gingen 128 Exemplare zu den Käufern, und 1940 verließen noch mal elf Einheiten das Werk.

Je nach Liefermarkt gab es den 328 als Rechts- oder Linkslenker; so gingen 48 rechtsgelenkte Exemplare an den britischen Importeur Frazer-Nash. Die meisten Wagen wurden mit der in Eisenach hergestellten Karosserie als offene Zweisitzer mit leichtem Segeltuchverdeck geliefert. Relativ zahlreich entstanden jedoch auch wunderschöne Zweisitzer-Cabriolets auf Basis der insgesamt 60 Fahrgestelle – bei Gläser, Wendler, Drauz, Ludwig Weinberger, den Vereinigten Werkstätten München und einigen anderen. Selbst einige wenige Coupés wurden gebaut.

BMW 328 Roadster (1937)

BMW 328 Wendler Cabriolet (1938)

BMW/Frazer-Nash 328 Roadster (1938)

BMW 328 Weinberger Cabriolet (1939)

BMW 328 Beutler Coupé (1949)

BMW 328 Graber Cabriolet (1938)

BMW 328 Wendler
Stromliniencoupé (1938)

BMW 328 Fachsenfeld Stromlinien-Coupé (1937)

BMW 328 Stromlinien-Limousine K5 (1938)

Die BMW 328 waren geradezu prädestiniert für den Rennsport. Für das 24-Stunden-Rennen von Le Mans 1939 ließ BMW bei der Carrozzeria Touring (Mailand) ein Stromlinien-Coupe auf 328-Basis in Superleggera-Bauweise herstellen. Die von Prinz Max von Schaumburg-Lippe und Beifahrer Wencher gefahrene Berlinetta errang den Sieg in der Zweiliter-Klasse und den ehrenvollen fünften Rang in der Gesamtwertung. Einen großen Triumph gab es auch bei Mille Miglia 1940, wo BMW fünf 328-Werkswagen einsetzte. Zum einen die Le Mans-Berlinetta von 1939, mit der Fritz Huschke von Hanstein und Walter Bäumer überlegen den Gesamtsieg schafften. Zweitens standen drei speziell karossierte Roadster am Start, die den dritten, fünften und sechsten Platz belegten. Drittens war da eine von BMW selbst gebaute Rennsport-Limousine, die entsprechend der von Professor Kamm entwickelten Stromform gestaltet war. Dieses Einzelstück, dem Grafen Lurani anvertraut, fiel wegen eines technischen Defektes aus.

BMW 328-Teilnehmerfahrzeuge Mille Miglia (1940)

BMW 328-Teilnehmerfahrzeuge Mille Miglia, heute Museumsfahrzeuge der Mobilen Tradition (1940)

Alle fünf Werkswagen waren mit dem 120 PS starken 328-Rennmotor ausgerüstet, wie er dem damaligen Entwicklungsstand entsprach: Die Verdichtung betrug nunmehr 11,4 : 1, die Nenndrehzahl lag bei 6000 U/min. Und die Höchstgeschwindigkeit lag zwischen 200 und 220 km/h. Die mit 100-Liter-Tanks versehenen Autos konsumierten ein Gemisch von 40 Prozent Alkohol und 60 Prozent Benzin-Benzol. Der Verbrauch belief sich auf etwa 18,5 Liter/100 km. Äußerlich entsprachen die drei Roadster bis auf wenige Details bereits genau dem geplanten Serien-Nachfolger des bis 1939 gebauten 328. Erprobt wurden zudem Motoren mit Direkteinspritzung sowie mit zwei obenliegenden Nockenwellen, die mindestens 145 PS gebracht hätten.

Finanziell hat der BMW 328 trotz der lebhaften Nachfrage dem Werk wohl nur wenig eingebracht, dafür aber für eine unschätzbare Festigung des Markenrufs gesorgt. Die Firma plante weiter in die Zukunft: Nahezu fertig war bereits ein neuer Zweiliter-Motor mit zwei obenliegenden Nockenwellen für den künftigen Typ 318. Der Sechszylinder sollte zwischen 120 und 140 PS leisten und das Auto auf über 200 km/h bringen. Vorgesehen waren ein Tiefbett-Kastenrahmen mit hinteren Drehstabfedern und die Vorderachse des Typs 326; der Serienradstand sollte etwas größer als bisher werden. Als Erstes wurde dafür 1942 in Zusammenarbeit mit Touring (Mailand) ein offener Zweisitzer-Rennsportwagen in Pontonform für den Renneinsatz entwickelt. Seine Form blieb das Vorbild für die ersten Nachkriegs-Rennsportwagen von Veritas.

Die Technik des BMW 328 blieb noch weit bis in die 50er-Jahre hinein Maß aller Dinge. Zum einen befeuerte sie die Sportwagen von Bristol und Frazer-Nash (ex AFN), deren Firmenchefs die entsprechenden Unterlagen im Zuge von Reparationsvereinbarungen aus München geholt hatten. Zum anderen setzten fast alle deutschen Eigenbau-Rennkonstrukteure der späten 40er- und frühen 50er-Jahre – allen voran Veritas – höchst erfolgreich BMW-328-Motoren ein.

BMW 328-Teilnehmerfahrzeuge Mille Miglia (1940)

BMW 328 Touring Roadster (1940)

BMW 328 Volpini Roadster (1947)

BMW 328 Delabarré Roadster (1950)

Frazer Nash 328 Roadster (1946)

AFM Renn-Roadster (1948)

Veritas RS Rennsportwagen (1947)

Bristol 400 Coupé (1948)

Bristol 402 Roadster (1950)

BMW 340-1 Roadster (1949)

BMW Greifzu Formel-2-Monoposto (1951)

EMW R3 Renn-Monoposto (1956)

Modell	BMW 327	BMW 327/28	BMW 328	BMW 335
Motor	M327	M328	M328	M335
Betriebsart	Otto (Viertakt)	Otto (Viertakt)	Otto (Viertakt)	Otto (Viertakt)
Material (Block/Kopf)	Grauguss	Grauguss/Alu	Grauguss/Alu	Grauguss
Zylinderzahl/Einbauposition	6 (Reihe), längs über Vorderachse	6 (Reihe), längs über Vorderachse	6 (Reihe), längs über Vorderachse	6 (Reihe), längs über Vorderachse
Bohrung x Hub (mm)	66 x 96	66 x 96	66 x 96	82 x 110
Hubraum (cm³)	1971	1971	1971	3485
Leistung (PS/kW bei U/min)	55 (40) bei 4000	80 (59) bei 4500	80 (59) bei 4500	90 (66) bei 3500
Drehmoment (Nm bei U/min)	110 bei 2000	128 bei 3500	128 bei 3500	221 bei 2000
Verdichtung	6,3 : 1	7,5 : 1	7,5 : 1	5,8 : 1
Gemischbildung	2 Steigstromvergaser	3 Fallstromvergaser	3 Fallstromvergaser	1 Fallstrom-Doppelvergaser
	Solex 26 BFLV	Solex 30 JF	Solex 30 JF	Solex 35 MMOVS
Ventile pro Zylinder/ Betätigung	2, hängend/Stoßstangen u. Kipphebel	2, V-förmig hängend (E: Stoßstangen u. Kipphebel A: Quer-Stoßstangen)	2, V-förmig hängend (E: Stoßstangen u. Kipphebel A: Quer-Stoßstangen)	2, hängend/ Stoßstangen u. Kipphebel
Nockenwelle(n)/Antrieb	1 seitlich/Kette	1 seitlich/Kette	1 seitlich/Kette	1 seitlich/Stirnräder
Kurbelwellenlager	4	4	4	4
Kühlung	Pumpe/7,5 L Wasser	Pumpe/7,5 L Wasser	Pumpe/7,5 L Wasser	Pumpe/14,0 L Wasser
Schmierung	Druckumlauf/4,0 L Öl	Druckumlauf/4,0 L Öl	Druckumlauf/4,0 L Öl	Druckumlauf/7,0 L Öl
Batterie	6 V 75 Ah (im Motorraum)	6 V 75 Ah (im Motorraum)	6 V 75 Ah (im Motorraum)	12 V 62,5 Ah (im Motorraum)
Generator	Gleichstrom 90 oder 130 W	Gleichstrom 90 oder 130 W	Gleichstrom 90 oder 130 W	Gleichstrom 150 W
Kraftübertragung	Hinterradantrieb	Hinterradantrieb	Hinterradantrieb	Hinterradantrieb
Kupplung	Einscheiben-Trocken	Einscheiben-Trocken	Einscheiben-Trocken	Einscheiben-Trocken
Schaltgetriebe	4Gang (Hurth oder ZF)	4Gang (ZF)	4Gang (ZF, ab 8/1938 Hurth)	4Gang (ZF)
Synchronisierung	Hurth: III-IV, Freilauf I+II	I-IV	III-IV	I-IV
	ZF: I-IV			
Schalthebelposition	Wagenmitte	Wagenmitte	Wagenmitte	Wagenmitte
Übersetzungen	Hurth: I. 3,85, II. 2,38, III.1,54, IV. 1,0	I. 3,75, II. 2,28, III.1,48, IV. 1,0	ZF: I. 3,63, II. 2,07, III.1,50, IV. 1,0, R: 4,27	I. 3,89, II. 2,165, III.1,355, IV. 1,0
	ZF: I. 3,75, II. 2,28, III.1,48, IV. 1,0		Hurth: I. 3,07, II.1,82, III.1,25, IV. 1,0, R: 3,07	
Antriebsübersetzung	3,9	3,9	3,88 bzw. 3,70	2,9
Fahrwerk				
Vorderradaufhängung	1 Querlenker (oben), 1 Querfeder (unten)	1 Querlenker (oben), 1 Querfeder (unten)	1 Querlenker (unten), 1 Querfeder (oben), Teleskopdämpfer	1 Querlenker (oben), 1 Querfeder (unten)

Modell	BMW 327	BMW 327/28	BMW 328	BMW 335
Hinterradaufhängung	Starrachse, Halbfedern	Starrachse, Halbfedern	Starrachse, Halbfedern längs, Teleskopdämpfer	Starrachse, 2 Längsfederstäbe
Lenkung	Zahnstange	Zahnstange	Zahnstange	Zahnstange
Betriebsbremse	Hydraulisch (4 Räder), Trommeln	Hydraulisch (4 Räder), Trommeln	Hydraulisch (4 Räder), Trommeln Ø280 mm	Hydraulisch (4 Räder), Trommeln
Parkbremse	Seilzug (Hinterräder)	Seilzug (Hinterräder)	Seilzug (Hinterräder)	Seilzug (Hinterräder)
Schmierung	Eindruck-Zentral	Eindruck-Zentral	Eindruck-Zentral	Eindruck-Zentral
Allgemeine Daten				
Fahrzeugart (Türen/Sitze)	Coupé (2/3 - 4), Cabriolet (2/3 - 4)	Coupé (2/3 - 4), Cabriolet (2/3 - 4)	Roadster (2/2)	Limousine (4/5), Cabriolet (2 u. 4/5)
Aufbauform	Stahl-/Holzaufbau, Tiefbett-Kastenrahmen		Stahl-/Rohrrahmen-Aufbau, Kastenrahmen	Stahl-/Holzaufbau
				Tiefbett-Kastenrahmen
Radstand (mm)	2750	2750	2400	2984
Spur vorn/hinten (mm)	1300/1300	1300/1300	1153/1220	1306/1404
Länge x Breite x Höhe (mm)	4500 x 1600 x 1420	4500 x 1600 x 1420	3900 x 1550 x 1093	4814 x 1700 x 1685
Reifen	5.50-16	5.50-16	5.25-16, 5.50-16	6.00-16 Extra
Räder	3.50 D x 16/Scheiben	3.50 D x 16/Scheiben	3.25 oder 3.50 D x 16/ Scheiben	4.0 E x 16/Scheiben
Wendekreisdurchmesser (m)	11,0	11,0	10,0	12,5
Bodenfreiheit (cm)			20	
Gewicht Fahrgestell (kg)	750	750	550	1200
Leermasse (kg)	1100	1100	780	Limousine: 1300
zul. Gesamtmasse (kg)	1600	1450	1220	1750
Kraftstofftank (L)/Position	50/im Heck	50/im Heck	50/im Heck	65/im Heck
Fahrleistungen				
Höchstgeschwindigkeit (km/h)	125	140	150	145
Beschleun. 0 - 100 km/h (s)			10,0	
Verbrauch (L/100 km)	12,0	14,5	11,3	16,0
Sonstiges				
Preis (Anf./Ende Laufz.) RM	Coupé: 7.450, Cabrio: 7.500	Coupé: 8.100, Cabrio: 8.130	7.400, Fahrgestell: 5.900	Lim.: 7.850, Cabrio 2T: 9.050, Cabrio 4T: 9.600, Fahrgestell: 6.700
Baujahre	1937 - 1941	1938 - 1940	5/1936 (Prototypen), 2/1937 - 9/1939 (Serie)	1939 - 1943
Stückzahl	1.396	569	464	415

BMW SEIT 1945 3

Von Kriegsschäden blieb das Eisenacher BMW-Werk nahezu verschont. Nach Beendigung der Kampfhandlungen kam ihm der Umstand zugute, dass die Amerikaner im April 1945 Thüringen besetzten. Als diese das Land im Juni 1945 den Sowjets übergaben, hatten die Plünderungen und Verwüstungen seitens der Roten Armee bereits aufgehört. Das BMW-Werk Eisenach blieb jahrelang von der Besatzungsmacht vereinnahmt; Dachorganisation war die Sowjet AG., später Staatliche AG. „Awtovelo". Sie ermöglichte rasch wieder beachtliche Produktionsergebnisse, weil sie bei den Materialzuteilungen stets Vorrang genoss. Erst im Juni 1952 ging das Werk in deutschen Besitz zurück und wurde zum „Volkseigenen Betrieb" erklärt.

EMW-Werbung (1952)

Der Automobilbau in Eisenach war ab Oktober 1945 wieder angelaufen. Möglich wurde dies, weil die Russen bei der Demontage des Ambi-Budd-Werks in Berlin noch vorhandene Presswerkzeuge der BMW-Vorkriegstypen nach Eisenach schafften, während alles andere aus dieser großen Karosseriefabrik spurlos verschwand. Von den Eisenachern wurde zunächst der BMW 321 eine Zeitlang weitergeliefert, dann kam in geringer Stückzahl der BMW 327 hinzu, und schließlich folgte der aus dem Typ 326 abgeleitete EMW 340. Dessen Produktion wurde zwischen 1953 und 1955 sukzessive eingestellt, weil man die volle Kapazität des Werks für die Fertigung des DKW-Abkömmlings IFA F9 nutzen wollte, die bereits im Sommer 1953 nach Eisenach verlegt worden war. Bis zur „Wende" 1990 baute das Auto-

BMW-Werk München (1952)

mobilwerk Eisenach (AWE) als zweitgrößte Automobilfabrik der DDR den Wartburg-Personenwagen mit Dreizylinder-Zweitaktmotor und Frontantrieb. Der Versuch, an der lebendig gebliebenen BMW-Tradition teilzuhaben, war 1955 mit dem Ende des EMW 340 aufgegeben worden.

Auf Antrag der Bayerischen Motoren Werke AG., München, wurde am 11. Oktober 1949 deren Zweigniederlassung Eisenach für aufgelöst erklärt. Damit standen Namen und Markenzeichen BMW nur mehr dem Münchener Stammwerk zu. Doch Awtovelo benutzte sie noch bis Ende 1951, was bei Lieferungen in westliche Exportländer kuriose Manipulationen notwendig machte. Erst die Umbenennung in Eisenacher Motoren Werke (EMW) schaffte dieses Problem aus der Welt.

Der Zusammenbruch des Jahres 1945 bedeutete für die Bayerischen Motoren Werke nicht nur den Stillstand der Fertigung, sondern auch die zeitweise Beschlagnahme und teilweise Demontage der beiden Münchener Betriebe, dazu den völligen Verlust des Automobilwerks Eisenach und des Flugmotorenwerks Brandenburg. Das Flugmotorenwerk München-Allach nahm die US-Armeejahrelang als Kraftfahrzeug-Reparaturbetrieb in Anspruch. Nur im Stammwerk München-Milbertshofen konnte nach Improvisationen mit Kochtöpfen, Bäckereimaschinen und Baubeschlägen endlich im Jahre 1948 die Produktion von Motorrädern (zunächst BMW R 24) wieder anlaufen. Damit war in jenen Aufbaujahren ein recht gutes Geschäft zu machen, dessen Volumen allerdings nicht ausreichte, eine Firma dieser Größe angemessen zu beschäftigen. An die Weiterführung des Flugmotorenbaus war damals nicht zu denken. So lag die Rückkehr zur Automobilproduktion nahe, zumal BMW auf diesem Gebiet über Erfahrung und einen trotz der langen Zwangspause immer noch ausgezeichneten Markenruf verfügte.

Allerdings war seit Kriegsende zu viel Zeit vergangen, als dass man das Autogeschäft zunächst mit einem bewährten, aber unveränderten Vorkriegsmodell hätte weiterführen können – wie dies Mercedes-Benz, Opel, Ford und VW mit Erfolg praktiziert hatten. Werkzeuge hierfür wären bei BMW ohnehin nicht mehr vorhanden gewesen. So erwogen die Münchner den Lizenznachbau eines ausländischen Fabrikats, ehe sie dann aber doch lieber eine eigene Konstruktion realisieren wollten. Direktor Fritz Fiedler sowie seine Mitarbeiter Böning und der für die Karosseriefertigung verantwortliche Ing. Schimanowski hatten zwei Entwicklungen vorbereitet. Zum einen handelte es sich um einen in Form und Technik sehr ansprechenden Kleinwagen (BMW 331). Äußerlich sah er dem Fiat Topolino ähnlich, während sein 600-ccm-Zweizylinder-Boxermotor mit Gebläsekühlung aus einem BMW-Motorrad stammte.

BMW 331 Prototyp (1950)

Doch Direktor Hanns Grewenig, von der Deutschen Bank als kaufmännischer Vorstand des Werks eingesetzt, befand, dass ein solches Kleinauto der Firma BMW nicht würdig sei: „Wir bauen für die Creme der Gesellschaft!" Vielleicht wäre die Zweisitzigkeit des Wagens auf Dauer ein Problem geworden. Aber um sich auf dem Automobilmarkt auch zahlenmäßig wieder Geltung zu verschaffen, hätte dieser BMW 331 als Einstieg in eine darauf aufbauende Modellreihe genau in die damalige Landschaft gepasst, besser jedenfalls, als der große Luxuswagen, für dessen Produktion sich Aufsichtsrat und Vorstand nun entschieden.

Trotz verschiedener Finanzquellen, die man dafür in Anspruch nehmen konnte, kostete es auch erhebliche Eigenmittel, die Fabrikation von Automobilen in München völlig neu einzurichten. Größter Brocken war dabei das eigene Karosserie- und Presswerk, dessen Ausbau sich bis 1955 hinzog. Um dennoch den Produktionsbeginn des neuen Wagens nicht noch länger hinausschieben zu mussen, ließ BMW anfangs alle und dann jahrelang einen Teil der Karosserien bei der Firma Baur (Stuttgart) anfertigen.

Im November 1952 begann die Auslieferung des repräsentativen BMW 501. Er fand beim Publikum viel Beachtung, aber nur mäßigen Zuspruch bei dem damals dafür noch kleinen Interessentenkreis. Schließlich bedurfte die Karosserielinie, inspiriert vom englischen Austin, erst einiger Gewöhnung. Vor allem aber erschien es schwer begreiflich, warum BMW auf den für dieses voluminöse Auto zu schwachen 326-Vorkriegsmotor zurückgriff, obwohl ohnehin neue Produktionsmittel beschafft werden mussten. Erst 1954 schob man einen modernen, hinreichend leistungsfähigen V8-Motor nach, den ersten und lange Zeit einzigen deutschen Achtzylinder nach 1945. Aber auch mit den nun starken Autos ernteten die Münchener zwar viele Komplimente, aber auch herbe Verluste. Jeder einzelne „Großwagen" hinterließ im Werk ein Minus von etwa 4000 Mark.

BMW ließ, bevor man sich für die im Werk entwickelte Form des neuen großen Sechszylinder-Wagens entschied, als Alternative einen Prototyp vom damals führenden Karosseriekünstler der Welt bauen: Battista Pinin Farina schuf eine Limousine, deren Form der damaligen Mode um Jahre vorauseilte. Die Ähnlichkeit mit dem Alfa Romeo wäre sicherlich kein Verkaufshindernis gewesen. Doch BMW

BMW 501 Pinin Farina-Limousine, Prototyp (1950)

entschied sich schließlich für den werkseigenen Entwurf, der in seiner Eigenwilligkeit ebenfalls eindrucksvoll war. Wahrscheinlich aber hätte die italienische Linie auf die Dauer mehr Anklang gefunden als der sehr englische Stil des BMW 501.

Dazu kam die sich rasch verschärfende Zweiradkrise, was dazu führte, dass die Erträge des Motorradgeschäftes nicht mehr die Verluste aus dem Automobilbau ausglichen. Die Isetta, deren Lizenzproduktion 1955 begann, brachte ebenfalls nicht den erhofften Gewinn, und der BMW 600 schließlich, der von 1957 bis 1959 gebaut wurde, führte zu weiteren beträchtlichen Verlusten.

Im Herbst 1958 wurde die Finanzkrise, in welche das Unternehmen durch Misswirtschaft und Fehlplanungen geraten war, der Öffentlichkeit bekannt. 12 Millionen DM Verlust hatte BMW in diesem Jahr „erwirtschaftet", wovon 6,5 Millionen durch Auflösung der letzten Reserven getilgt, 5,5 Millionen auf neue Rechnung vorgetragen wurden. 1959 aber kamen weitere 9,2 Millionen DM Verlust hinzu, und damit war die Hälfte der 30 Millionen DM Aktienkapital verloren. Über ein Jahr lang bemühte sich die Verwaltung nun vergeblich um weitere Bankkredite und Staatsbürgschaften. Schließlich kam es zur ebenso dramatischen wie denkwürdigen Hauptversammlung vom 9. Dezember 1959: Aufsichtsrat-Vorsitzender Dr. Hans Feith (Deutsche Bank) legt ein Sanierungsangebot vor, das die Kleinaktionäre nahezu enteignet hätte und darauf hinauslief, die Bayerischen Motoren Werke für einen billigen Preis der Daimler-Benz AG. (Großaktionär: Deutsche Bank) anzugliedern.

Dieses ultimative Angebot war bis zum Abschluss der Hauptversammlung befristet, wobei Aufsichtsrat und Verwaltung – Generaldirektor Dr. Richter-Brohm war zwei Jahre vorher ebenfalls von der Deutschen Bank eingesetzt worden – übereinstimmend erklärten, dass sich als einzige Alternative nur die Konkurserklärung böte. So schien der Verkauf von BMW an Daimler-Benz bereits eine abgemachte Sache zu sein, zumal die Deutsche Bank dank der Depotstimmen zahlreicher BMW-Aktionäre normalerweise über die Hälfte des Kapitals vertrat. Aber es kam anders. Dadurch ermutigt, dass sich überraschend die MAN erbot, das Werk Allach, wo inzwischen der Bau von Flugtriebwerken wieder angelaufen war, für 30 Millionen DM zu übernehmen, lehnten die Kleinaktionäre den Sanierungsplan der Deutschen Bank ab und erklärten sich bereit, selbst weitere 30 Millionen DM zur Aufstockung des zuvor herabgesetzten Kapitals aufzubringen.

Die Masse der Kleinaktionäre war fest entschlossen, die Selbständigkeit von BMW zu wahren. Als ihr Sprecher trat auf der Hauptversammlung der Frankfurter Rechtsanwalt und Wirtschaftsprüfer Dr. Friedrich Mathern hervor. Dank seiner Beschlagenheit im Aktienrecht gelang ihm die Vertagung der Hauptversammlung – was die Vertreter der Deutschen Bank Schachmatt setzte. Dr. Mathern, der eigentliche Retter von BMW, gehörte von Ende 1960 bis Ende 1966 dem Aufsichtsrat des Unternehmens an, ehe er 1968, nur 61 Jahre alt, einen tödlichen Herzanfall erlitt.

Der dramatische Verlauf jener entscheidenden Hauptversammlung ermutigte den Großaktionär Dr. Herbert Quandt, sich künftig unternehmerisch an den Bayerischen Motoren Werken zu beteiligen. Er kaufte das Aktienpaket des Bremer Holzkaufmanns Krages und brachte damit seinen Anteil am BMW Kapital auf etwa 15 Prozent. Von nun an nahm Quandt regen Einfluss auf die Geschicke des Werks, was gewiss nicht zum Schaden der vielen Kleinaktionäre geschah. Vor allem verstand er es, die Bayerischen Motoren Werke, wann immer es nötig war, mit hochqualifizierten Führungspersönlichkeiten zu versorgen. Seit 1969 hielt oder kontrollierte Dr. Herbert Quandt, von 1974 bis 1980 selbst Vorsitzender des Aufsichtsrats, etwa 60 Prozent des Aktienkapitals.

Abgeschlossen und gesichert wurde die Sanierung der Münchener Firma auf der Hauptversammlung vom 30. November 1960. Den Vorsitz im Aufsichtsrat von BMW führte in diesem entscheidenden Jahr Dr. Johannes Semler, der legendäre Firmen-Sanierer jener Zeit. Gleich anschließend wurde er nach Bremen berufen, um die drohende Borgward-Pleite abzuwenden. Hier blieb ihm zwar der Erfolg versagt, bei BMW aber hatte er ein schweres Pensum bravourös bewältigt. Freilich sah bei der Generalversammlung 1960 die Lage nicht mehr so trostlos aus wie im Jahr zuvor, denn

Grundsteinlegung BMW-Werk Dingolfing, in der Mitte Herbert Quandt, dahinter E. v. Kuenheim (1970)

inzwischen hatte sich der BMW 700 überraschend gut eingeführt, so dass wenigstens kein weiterer Betriebsverlust entstanden war.

Mit dem Gelingen der Sanierung standen der Verwaltung endlich die Mittel zur Verfügung, die für die Produktion der „Neuen Klasse", des BMW 1500 und seiner Folgetypen, benötigt wurden. 1962 lief deren Serienfertigung an, und zwar mit so durchschlagendem Erfolg, dass ein geradezu raketenhafter Wiederaufstieg der Firma begann. Nach 20 Jahren Pause gab es 1963 zum ersten Mal eine, wenn zunächst auch nur bescheidene Dividende. Selbst die Rezession ab 1970 hat BMW kaum berührt, und seitdem zählt das Unternehmen zu den gesündesten überhaupt.

1966 war die Hans Glas GmbH (Dingolfing) finanziell am Ende. Dieser patriarchalisch geführte Familienbetrieb hatte vor allem durch den Bau des Goggomobils von sich reden gemacht, sich dann aber mit der Entwicklung anspruchsvoller Automobile übernommen. Die Bayerischen Motoren Werke übernahmen die Firma auf Drängen der Bayerischen Staatsregierung. BMW zahlte 10 Millionen DM an die Familie Glas und stand für deren sämtliche Schulden in Höhe von mindestens 50 Millionen DM gerade. Einerseits war dieses Geschäft ein riskanter Kraftakt, andererseits verschaffte es dem Werk Bewegungsfreiheit für die bevorstehende Notwendigkeit kräftiger Expansion. Erst das Werk Dingolfing ermöglichte den Bayerischen Motoren Werken das atemberaubende Wachstum der folgenden Jahre. Die einstigen Holzgebäude der Firma Glas ersetzte BMW durch zwei modern eingerichtete Fabrikhallen, in welchen 1973 der Betrieb aufgenommen wurde. Weitere 100 Millionen DM hatte man hierfür investieren müssen.

MBB-Militär-Prototyp mit BMW-Motor (1964)

BMW setzte indes Projekte fort, die bei Glas begonnen worden waren – angefangen bei zwei Modellbaureihen (GT und V8) bis hin zum Euro-Jeep. Dieses von der NATO ausgeschriebene Fahrzeug war ursprünglich als schwimmfähiges, aus Flugzeugen abwerfbares sowie auf der Straße und im Gelände gleichermaßen einsetzbares Super-Mobil angedacht. Glas hatte dafür Mitte der 60er-Jahre entsprechende Prototypen mit MAN-Vielstoffmotor fertiggestellt, ach der Übernahme durch BMW kam ein Motor der Neuen Klasse zum Einsatz. Zwischen 1970 und 1972 arbeitete BMW gemeinsam mit MBB an diesem Fahrzeug weiter, nun sogar mit kompletter Kunststoff-Karosserie. In Serie ging das Amphibienauto dennoch nie.

Ein anderes Projekt der Bayern war das Farmobil – ein geländegängiges Pritschenfahrzeug, das dem Steyr Puch Haflinger ähnelte. Technische Basis war der BMW 600, dann der BMW 700. Das von der Firma Fahr gebaute Auto wurde bis Mitte der 60er-Jahre auch über BMW-Händler vertrieben. Noch eine kaum ins Bewusstsein der Öffentlichkeit gelangte Kooperation führte zum Faun KraKa – einem universell einsetzbaren Minitransporter für die Bundeswehr mit BMW-700-Motor.

Ein weiterer gewaltiger Sprung nach vorn glückte BMW mit dem auf der grünen Wiese errichteten Werk Regensburg. Dort begann Ende 1986 die Produktion, 1,3 Milliarden DM waren investiert worden. Aus dem Stammwerk München-Milbertshofen und aus dem Werk Regensburg kommen je etwa zur Hälfte die Dreier BMW, aus Dingolfing alle mittleren und großen Baureihen. Wichtige Produktionsbetriebe sind ferner seit 1969 Berlin-Spandau für BMW Motorräder, seit 1972 Pretoria/Südafrika (Montage von mittleren und schweren BMW Automobilen) und seit 1982 das Motorenwerk Steyr/Österreich.

Faun KraKa (1974)

Farmobil (1966)

Erwähnt sei in diesem Zusammenhang auch das seit 1973 bestehende Verwaltungs-Hochhaus, der Welt größter „Vierzylinder" am Münchener Petuelring, unmittelbar neben dem Olympia-Gelände. Das 100 Meter hohe Gebäude mit 22 Geschossen und 2000 Arbeitsplätzen gilt seitdem dank seiner außergewöhnlichen Architektur und Struktur als Wahrzeichen des Münchener Unternehmens. Es symbolisiert die wieder gewonnene Kraft und Stärke der Bayerischen Motoren Werke, 2006 wurde es restauriert.

BMW-Turm München (1972)

Gänzlich neu war das 1987 in Betrieb genommene Münchner Forschungs- und Ingenieurzentrum (FIZ) im Münchner Norden, das sämtliche Forschungs- und Entwicklungsabteilungen unter einem Dach vereinigt. Fast 6.000 Wissenschaftler, Ingenieure, Designer und Techniker arbeiten hier. Hinter dem Gebäudekomplex siedelte sich Ende der 90er Jahre die BMW-Sparte Mobile Tradition an, die unter anderem ein Archiv und eine interne Museumsausstellung (unabhängig vom öffentlich zugänglichen Werksmuseum am „Vierzylinder"-Hochhaus) unterhält. Im Jahr 2006 wurde das FIZ um ein „Projekthaus" erweitert, in dem auch Ingenieure der Zulieferer vor Ort an neuen Produkten und Technologien mitarbeiten.

Dass die Vergangenheit von BMW noch einmal Zukunft werden sollte, hätte in den 80er-Jahren wohl niemand geglaubt. Doch 1990 gründeten der einstige Flugmotoren-Pionier BMW und Rolls-Royce eine gemeinsame Gesellschaft für Flugtriebwerke. Drei Jahre später ging der neue Entwicklungs- und Werkstandort Dahlewitz bei Berlin in Betrieb. Ebenfalls nach Ostdeutschland zurück kehrte BMW, als 1992 das Zulieferwerk Eisenach seiner Bestimmung übergeben wurde. Komplette Autos sollten jedoch am einstigen Standort Eisenach nicht mehr entstehen; das frühere Werk der Bayern – in dem zu DDR-Zeiten der Wartburg gefertigt wurde – übernahm Opel.

Forschungs- und Innovationszentrum FIZ München (2006)

1994 eröffnete BMW in Spartanburg im US-Südstaat South Carolina ein neues Werk, wo der Dreier BMW (E36) und der nagelneue Z3 Roadster hergestellt werden sollten. Aufgrund der großen Nachfrage nach dem offenen Auto wurde der Dreier wieder aus dem Programm genommen, 1999 kam aber der Offroader X5 dazu. Inzwischen waren

Rolls Royce EX 100, Prototyp (2004)

dort die Qualitätsprobleme behoben worden, die anfangs viel Nacharbeit in Deutschland erfordert hatten.

Neuer Vorstandsvorsitzender ab 1993 war Produktions-Vorstand Bernd Pischetsrieder, der den langjährigen Chef Eberhard von Kuenheim in diesem Amt ablöste. Dieser übernahm nun den Vorsitz des Aufsichtsrats. Pischetsrieder, Großneffe von Mini-Erfinder Alec Issigonis, verantwortete den Erwerb des britischen Rover-Konzerns im Jahr 1994 für den „Schnäppchenpreis" von 2,1 Milliarden Mark. Mit einem Schlag hatte sich die jährliche Produktionskapazität auf über eine Million Autos erhöht, und BMW kündigte sogar an, einige der Traditionsmarken (Wolseley, Triumph, Austin-Healey und ein Dutzend andere) wieder zu beleben.

1995 wurde ein neues Design- und Entwicklungszentrum im britischen Gaydon eröffnet, gleichzeitig begannen die Arbeiten an einem Werk für kleine Vierzylindermotoren in Brasilien, das gemeinsam mit Chrysler genutzt werden sollte. Um die Integration der Briten zu beschleunigen, taufte sich BMW als „BMW Group" um – darin waren die Marken von der Insel enthalten. 1998 kam schließlich die Automobilsparte von Rolls-Royce hinzu, die allerdings erst ab 1. Januar 2003 offiziell zu BMW gehörte – bis dahin durfte Volkswagen die Marke führen. Rolls-Royce entwickelte sich beginnend mit dem neuen Phantom zu einer Erfolgsgeschichte, die ab 2009 mit einer zweiten Modellreihe fortgesetzt werden soll.

Anders sah es bei Rover aus. Die stets defizitäre Lage des Unternehmens (1999: 2,5 Milliarden Mark Verlust) blieb trotz aller Bemühungen bestehen, selbst auf dem Heimatmarkt gingen die Verkäufe in den Keller. Das kostete 1999 Pischetsrieder seinen Job; als neuen Chef des Hauses bestellte der Aufsichtsrat den Produktions-Vorstand Professor Joachim Milberg. Auch Aufsichtsrats-Chef Kuenheim musste gehen, ihn ersetzte der frühere Finanz-Vorstand Volker Doppelfeld. Entwicklungs- und -Vertriebs-Vorstand Dr. Reitzle, der stets gegen den Rover-Erwerb Stellung bezogen hatte und nun mit dem Chefsessel gerechnet hatte, verließ das Haus und wurde als Vorstand für die Luxusmarken Volvo,

Mini Cooper, Versuchsfahrzeug mit Wasserstoffantrieb (2001)

Lincoln, Aston-Martin und Jaguar zu Ford geholt; später übernahm er den Vorstandsvorsitz bei der prosperierenden Firma Linde. Pischetsrieder war ab Sommer 2000 Vorstand bei Volkswagen, übernahm den Chefsessel – wurde aber 2007 aus dem Amt gedrängt.

Im März 2000 erreichte das Debakel um Rover – nach insgesamt über neun Milliarden Mark Verlust – einen neuen Höhepunkt: Plötzlich entschloss sich BMW, die britische Firma nun doch abzustoßen. Als Königsopfer wurden drei renitente, jeweils erst seit einem Jahr im Amt befindliche BMW-Vorstände erkoren, die ihren Hut nehmen mussten. „Wir müssen zugeben, dass die 1994 eingeschlagene Strategie in der Umsetzung nicht erfolgreich war", erklärte Milberg am 28. März 2000. Nach einigem Hickhack um zwei Interessenten ging Rover schließlich für einen symbolischen Spottpreis an die Phoenix-Gruppe um den ehemaligen Rover-Chef John Towers. Als „Anschubfinanzierung" musste BMW weitere 500 Millionen Pfund als Kredit zuschießen. Land Rover wurde per 30. Juni 2000 für sechs Milliarden Mark dem Ford-Konzern übergeben, langfristige Verbindlichkeiten und einen Teil der Verluste musste aber BMW übernehmen. Mittlerweile ist Rover pleite und Land Rover (zusammen mit Jaguar) weiterveräußert worden.

Lediglich die Marke Mini und die Namensrechte an Triumph und Riley blieben bei BMW; das Nachfolgemodell des Mini kam 2001 und entwickelte sich zu einer beispiellosen Erfolgsgeschichte. Trotz hervorragender eigener Absatzzahlen, zukunftsweisender technischer Entwicklungen und beispielhafter motorsportlicher Erfolge – beispielsweise bei den 24 Stunden von Le Mans und ab der Formel-1-Saison 2000 – nahm das Image von BMW nachhaltig Schaden durch seine ungeschickte Geschäftspolitik. Große Konzerne wie Volkswagen bemühten sich um eine Übernahme der Bayern, die aber durch die Treueschwüre der Hauptaktionäre – der Familie Quandt (mittlerweile 45,6 Prozent Aktienanteil) – gegenstandslos wurde. Dies hielt BMW den Rücken frei, um seine Energien verstärkt auf die Entwicklung neuer Modelle richten zu können.

BMW C1 Roller und Formel-1-Rennwagen Williams-BMW (2001)

Denn auch die Bayern hatten beschlossen, genau wie Mercedes eine Produktfamilie unterhalb bestehender Modellreihen zu etablieren: Bei BMW handelt es sich um die bis 2004 debütierende Einser-Reihe, die zwischen Mini und Dreier platziert wurde. Frontantriebs-Entwicklungen aus der Vor-Rover-Ära waren mittlerweile Makulatur. Darüber hinaus versuchte BMW mit dem Rollermobil C1 und dem sportiven Mehrzweckfahrzeug X5 neue Marktsegmente zu erschließen. Beim C1 ging dies gründlich daneben, das innovative Citymobil wurde nach nur drei Jahren und 33.500 Einheiten im Jahr 2002 aus dem Programm gestrichen. Überaus erfolgreich wurde dagegen der X5, der eine eigene

ALLE BMW-FERTIGUNGSSTÄTTEN

	Inbetriebnahme Produktionsbeginn	Fertigungs-programm	Ø Kapazität/ Jahr	Mitarbeiterzahl	Notizen
Berlin	1939	BMW Motorräder	100.000	2.200	
Dingolfing	1967	BMW 5er, 6er, 7er	270.000	21.000	
Eisenach	1992	Komponenten		230	
Goodwood (GB)	2003	Rolls-Royce	850	450	
Hamshall (GB)	2001	Motoren	220.000	1.000	
Landshut	1967	Komponenten		3.400	
Leipzig	2005	BMW 1er, 3er	160.000	2.300	
München	1916	BMW 3er, Motoren	200.000 Fzg, 320.000 Motoren	10.000	
Oxford (GB)	2001	Mini	210.000	4.700	
Regensburg	1986	BMW 1er, 3er	240.000	10000 inkl. Wackersdorf	
Rosslyn (SA)	1973	BMW 3er	50.000	2.600	
Shenyang (RC)	2003	BMW 3er, 5er	41.000	2.000	Joint Venture mit Brilliance
Spartanburg (USA)	1994	BMW X5, Z4, X6	140.000	4.500	
Steyr (AUT)	1982	Motoren	700.000	2.700	
Swindon (GB)	2000	Komponenten		1.100	
Wackersdorf	1990	Komponenten		gehört zu Regensburg	
Montagewerke					
Chennai (INDIA)	2007	BMW Automobile			BMW Werk
Jakarta (INDONESIA)	1976	BMW Automobile			Partner
Kairo (EGYPT)	1974	BMW Automobile			Partner
Kaliningrad (RUS)	1999	BMW Automobile			Partner
Kuala Lumpur (MALAYS)	1979	BMW Automobile			Partner
Rayong (THAI)	2000	BMW Automobile			BMW Werk
Auftragsfertigung					
Magna Steyr (AUT)	2003	BMW X3			

Modellfamilie begründete – ihm folgten der X3 (entwickelt und gebaut von Magna/Steyr, die zweite Generation soll aus den USA kommen) und der X6 (als Schwestermodell des X5-Nachfolgers ebenfalls im US-Werk Spartanburg gefertigt).

Neue Werke in aller Welt waren hinzugekommen, angefangen beim Motorenwerk im britischen Hams Hall (2001), gefolgt vom neuen Montagewerk in Leipzig (2005). Mit der Firma Brilliance entstand ein Joint-venture-Unternehmen in China (wo sogar eigenständige Modelle wie die Fünfer-Langversion entstehen), in Russland, Thailand und in anderen Ländern wurden weitere Fertigungsstätten errichtet.

BMW schaffte es schließlich an die Spitze des Premiumsegments, sowohl von den Produkten als auch vom Absatz her. Selbst ein neuer Grand Tourisme-Sportwagen (ab 2011) steht in den Startlöchern, ein erster Hinweis auf diesen Supersportwagen lieferte die CS-Studie auf der Shanghai Motorshow Mitte 2007. Doch längst war durchgesickert, dass die Rendite nicht mehr stimmte – weil der Anteil kleiner Fahrzeuge mit geringeren Deckungsbeiträgen stärker gewachsen war als bei Hauptwettbewerber Mercedes-Benz: Rund 43 Prozent des Absatzes entfielen auf den Dreier, nochmals 13 Prozent auf den Einser. Darüber hinaus hatten die Münchner versäumt,

BMW CS, Konzeptstudie für den künftigen Gran Toursime (2007)

BMW-WIRTSCHAFTSDATEN AB 1946

Jahr	Automobil-produktion[1]	Motorrad-produktion	Industrie-, Boots- u. Einbau-motoren	Mitarbeiter	Umsatz (Mio DM)	Umsatz (Mio Euro)	Jahresüberschuss (Mio DM)	Jahres-überschuss (Mio Euro)	Aktien-kapital (Mio DM)	Aktien-kapital (Mio Euro)
1946	–	–	–	980	1,8	0,9	-1,0	-0,5	–	0,0
1947	–	–	–	1.060	3,2	1,6	-1,0	-0,5	–	0,0
1948	–	59	–	1.230	4,2	2,1	-1,9	-1,0	–	0,0
1949	–	9.400	–	2.380	19,9	10,2	-1,9	-1,0	–	0,0
1950	–	17.061	–	8.720	36,5	18,7	1,0	0,5	30,0	15,3
1951	–	25.101	–	9.300	57,5	29,4	0,7	0,4	30,0	15,3
1952	49	28.310	–	9.570	82,2	42,0	0,1	0,1	30,0	15,3
1953	1.645	27.704	–	9.200	87,9	44,9	0,1	0,1	30,0	15,3
1954	3.471	29.699	–	8.000	95,1	48,6	1,1	0,6	30,0	15,3
1955	17.478	23.531	–	6.900	138,0	70,6	0,1	0,1	30,0	15,3
1956	35.436	15.500	–	5.750	148,6	76,0	-6,4	-3,3	30,0	15,3
1957	40.371	5.429	–	6.040	148,2	75,8	-6,5	-3,3	30,0	15,3
1958	51.081	7.156	487	6.540	195,3	99,9	-12,0	-6,1	30,0	15,3
1959	36.609	8.412	981	5.950	170,3	87,1	-9,2	-4,7	30,0	15,3
1960	53.888	9.473	2.403	6.960	239,3	122,4	–	0,0	22,5	11,5
1961	52.943	9.460	6.766	6.800	248,6	127,1	–	0,0	60,0	30,7
1962	53.527	4.302	8.109	9.200	294,1	150,4	2,5	1,3	60,0	30,7
1963	57.880	6.043	10.673	10.100	433,1	221,4	3,8	1,9	60,0	30,7
1964	61.766	9.043	11.585	10.800	515,1	263,4	6,5	3,3	60,0	30,7
1965	67.709	7.118	3.375	11.070	590,7	302,0	9,2	4,7	75,0	38,3
1966	74.076	9.071	1.635	13.070	755,9	386,5	10,7	5,5	100,0	51,1
1967	87.560	7.896	551	12.470	870,8	445,2	12,2	6,2	100,0	51,1
1968	107.537	5.074	1.315	18.040	1032,4[2]	527,9	17,1	8,7	100,0	51,1
1969	144.700	4.701	1.060	21.300	1.443,4	738,0	22,8	11,7	100,0	51,1
1970	161.164	12.287	98	22.900	1.724,4	881,7	34,2	17,5	200,0	102,3
1971	164.702	18.772	–	23.300	1.907,1	975,1	32,2	16,5	250,0	127,8
1972	182.858	21.122	–	24.750	2.319,3	1.185,8	92,9	47,5	250,0	127,8
1973	197.446	20.856	–	27.730	2.608,0	1.333,4	93,2	47,7	275,0	140,6
1974	188.965	23.160	–	25.800	2.492,3	1.274,3	42,0	21,5	300,0	153,4
1975	221.298	25.566	–	29.000	3.254,5	1.664,0	74,0	37,8	300,0	153,4
1976	275.022	28.209	–	30.200	4.287,0	2.191,9	126,0	64,4	330,0	168,7

Jahr	Automobil-produktion[1]	Motorrad-produktion	Industrie-, Boots- u. Einbau-motoren	Mitarbeiter	Umsatz (Mio DM)	Umsatz (Mio Euro)	Jahresüber schuss (Mio DM)	Jahres-überschuss (Mio Euro)	Aktien-kapital (Mio DM)	Aktien-kapital (Mio Euro)
1977	290.237	31.515	–	33.400	4.993,0	2.552,9	125,3	64,1	396,0	202,5
1978	320.852	29.580	–	35.170	5.959,2	3.046,9	150,6	77,0	500,0	255,6
1979	336.981	24.415	–	36.770	6.560,3	3.354,2	175,0	89,5	500,0	255,6
1980	340.919	29.260	–	37.250	6.898,5	3.527,1	160,0	81,8	500,0	255,6
1981	351.451	33.120	–	39.770	7.822,1	3.999,4	145,0	74,1	500,0	255,6
1982	378.769	30.559	65	40.730	9.371,6	4.791,6	200,0	102,3	600,0	306,8
1983	420.962	28.048	1468	43.170	11.480,9	5.870,1	288,0	147,3	600,0	306,8
1984	431.999	34.001	3790	44.690	12.931,6	6.611,8	329,6	168,5	600,0	306,8
1985	445.233	37.104	227	46.810	14.246,4	7.284,1	300,0	153,4	600,0	306,8
1986	446.438	32.054	444	50.720	14.994,3	7.666,5	337,5	172,6	750,0	383,5
1987	461.340	27.508	153	54.860	17.656,7	9.027,7	375,0	191,7	750,0	383,5
1988	484.121	23.817	519	56.980	19.883,7	10.166,4	375,0	191,7	750,0	383,5
1989	511.476	25.761	1.829	57.080	20.957,8	10.715,6	386,0	197,4	790,6	404,2
1990	519.660	31.589	1.789	70.948[4]	22.150,0	11.325,1	397,8	203,4	794,0	406,0
1991	553.230	33.980	1.625	74.385	24.477,0	12.514,9	449,3	229,7	896,0	458,1
1992	598.145	35.910	2.457	73.562	26.472,0	13.534,9	451,0	230,6	899,0	459,7
1993	532.960	36.990	2.092	71.034	29.017,0	14.836,2	514,0	262,8	901,0	460,7
1994[3]	948.683	44.435	25.444	109.362	42.125,0	21.538,2	698,0	356,9	986,0	504,1
1995	1.098.582	52.653	29.036	115.763	46.144,0	23.593,1	692,0	353,8	988,0	505,2
1996	1.143.558	48.950	22.076	116.112	52.266,0	26.723,2	821,0	419,8	990,0	506,2
1997	1.194.704	54.993	21.104	117.624	68.138,0	34.838,4	1.248,0	638,1	990,0	506,2
1998	1.204.000	60.152	19.138	118.489	63.134,0	32.279,9	903,0	461,7	1.287,0	658,0
1999	1.147.420	69.157	30.917	114.952	67.284,0	34.401,8	-4.864,0[5]	-2.486,9	1.312,4	671,0
2000[6]	1.026.775	74.397	38.700	93.624	72.807,7	37.226,0	2.364,6	1.209,0	1.314,3	672,0
2001	946.730	90.478	62.310	97.275	75.227,1	38.463,0	3.649,6	1.866,0	1.316,3	673,0
2002	1.090.258	93.010	94.092	101.395	82.948,7	42.411,0	3.950,8	2.020,0	1.318,2	674,0
2003	1.118.940	89.745	92.276	104.342	81.215,8	41.525,0	3.808,0	1.947,0	1.318,2	674,0
2004	1.250.345	93.836	94.587	105.972	86.711,7	44.335,0	4.385,0	2.242,0	1.318,2	674,0
2005	1.323.119	92.012	48.090	105.798	91.251,2	46.656,0	4.379,1	2.239,0	1.318,2	674,0
2006	1.366.838	103.759	29.374	106.575	95.833,7	48.999,0	5.621,1	2.874,0	1.279,1	654,0

[1] incl. Auslandsmontage; [2] ab 1968 Nettoumsatz (ohne Umsatzsteuer); [3] ab 1994 incl. Rover; [4] Mitarbeiterzahl jetzt ab Jahresende; [5] Jahresüberschuss vor außerord. Ergebnis: 1.297 Mio DM; [6] seit 2000 nach IAS/IFRS

Vorstände der BMW AG seit 1945
Vorstandsvorsitzender
Kurt Donath (1945 -1957)
Hans Grewenig (1945 - 1957)
Dr. Heinrich Richter-Brohm (1957- 1960)
Dr. Karl Heinz Sonne (1962 - 1965)
Gerhard Wilcke (1965 - 1969)
Dr. Eberhard von Kuenheim (1979 - 1993)
Bernd Pischetsrieder (1993 - 1999)
Dr. Joachim Milberg (1999 - 2002)
Dr. Helmut Panke (2002 - 2006)
Dr. Norbert Reithofer (seit 2006)
Vorstand Entwicklung
Fritz Fiedler (1945 -1956)
Robert Pertus (1958 -1961)
Bernhard Osswald (1965 - 1975)
Dr. Karlheinz Radermacher (1973 - 1983)
Dr. Hans Hagen (1983 - 1984)
Dr. Wolfgang Reitzle (1984 - 1999)
Dr. Wolfgang Ziebart (1999 - 2000)
Dr. Burkhard Göschel (2000 - 2006)
Dr. Klaus Draeger (seit 2006)
Vorstand Vertrieb
Ernst Kämpfer (1958 - 1963)
Paul G. Hahnemann (1961 - 1971)
Robert A. Lutz (1972 - 1974)
Hans-Erdmann Schonbeck (1974 - 1984)
Dr. Robert Büchelhofer (1986 - 1993)
Dr. Heinrich Heitmann (1999 - 2000)
Dr. Michael Ganal (2000 - 2007)
Stefan Krause (seit 2007)
Vorsitzender des Aufsichtsrats
Dr. Hanns Karl von Mangoldt-Reiboldt (1945 - 1959)
Dr. Hans Feith (1959 - 1960)
Dr. Johannes Semler (1960- 1961)
Dr. Hermann Karoli (1962-1972)
Dr. Herbert Quandt (1974 - 1980)
Hans Graf von der Goltz (1980 - 1993)
Dr. Eberhard von Kuenheim (1993 - 1999)
Volker Doppelfeld (1999 - 2004)
Dr. Joachim Milberg (seit 2004)

BMW-Auslieferungszentrum am Vierzylinder (2007)

Audi besser auf Abstand zu halten – was den Höhenflug des Ingolstädter Unternehmens beförderte.

Der neue BMW-Chef Norbert Reithofer, der Ende 2006 auf Helmut Panke gefolgt war, musste ein Jahr später feststellen: „Für uns gibt es keine rosa Wolken mehr", und kündigte Einsparungen und Kooperationen an. 2012 sollen 1,8 Millionen Autos abgesetzt werden (2007: 1,5 Millionen), bis 2020 muss diese Zahl auf über zwei Millionen steigen – die Umsatzrendite soll dann stolze zehn Prozent betragen (2006: 6,6 Prozent). In diesem Zusammenhang wurde aber auch angekündigt, als eine der ersten Maßnahmen Tausende Arbeitsplätze nicht neu zu besetzen – nachdem zuvor jahrelang neues Personal angeheuert wurde. Zum gleichen Zeitpunkt nahmen die Münchner die neue „BMW Welt" in Betrieb – ein hochmodernes Auslieferungszentrum, in dessen Nachbarschaft das Werksmuseum eine Komplettüberarbeitung erfuhr (Wiederinbetriebnahme Frühjahr 2008).

Für besonderes Aufsehen sorgte BMW in den letzten Jahren durch sein mutiges, aber umstrittenes Design und die konsequente Umsetzung neuer technologischer Konzepte – die teilweise ihrer Zeit deutlich voraus waren. So brachten die Bayern als Erste ein vollvernetztes Infotainment-System (i-Drive), das viele Nutzer zunächst überforderte – später hielt

BMW HR2 Wasserstoff-Rekordfahrzeug, 1 Kilometer mit fliegendem Start: 300,175 km/h (2004)

es Einzug in fast allen Baureihen und tauchte in ähnlicher Form bei den Wettbewerbern auf. BMW setzte zudem als einziger Hersteller auf den wasserstoffgetriebenen Hubkolbenmotor, brachte 2007 den Hydrogen 7 auf Siebener-Basis in Kleinserie und bewies mit einem wasserstoffgetriebenen Rennprototypen, dass sogar Tempo 300 möglich ist. Wirkliche Zukunftsaussichten scheint diese Technologie aber nicht zu haben.

Anders die erfolgreiche Efficient Dynamics-Strategie, mit der BMW ab Mitte 2007 die Konkurrenz aufschreckte: Durch ein Bündel kraftstoffsparender Maßnahmen (Luftklappensteuerung, aerodynamische Feinarbeit, Start-Stopp-System für Schaltgetriebe-Versionen, Hochschaltanzeige), neue Direkteinspritzer-Benzinmotoren sowie hocheffiziente Schnellschalt-Automatikgetriebe konnten anspruchsvolle CO2-Vermeidungsziele realisiert werden. Daneben entdeckte BMW das Thema Turbo-Benziner neu und markiert mit seinen doppelt aufgeladenen Dieselmotoren weltweit einen Spitzenplatz. Zudem geht das Unternehmen wieder Kooperationen mit anderen Herstellern ein, um preisgünstiger zu entwickeln und zu produzieren – Beispiele dafür sind die Motoren für den Mini, die gemeinsam mit PSA entstanden, sowie die kommenden Two-mode- und Mild-Hybridfahrzeuge, die gemeinsam mit General Motors und Mercedes-Benz entwickelt wurden. Sollte es zu dem angedachten Stadtauto von BMW kommen, wird dieses ebenfalls zusammen mit einem Partner vorbereitet werden.

Die Münchner begründen ihr weiter geführtes Engagement in der Formel 1 auch damit, dass ein Ideen- und Techniktransfer zur Serie stattfinde. BMW hatte stets im Motorsport seine Kompetenz bewiesen: 1983 gewann der Brabham-BMW von Nelson Piquet die Formel-1-Weltmeisterschaft, dann konzentrierten sich die Bayern auf andere Motorsportwettbewerbe. Sie siegten schließlich mit dem V12 LMR 1999 bei den 24 Stunden von Le Mans. Nach 13jähriger Formel-1-Abstinenz kam BMW ab der Saison 2000 wieder zurück – zunächst als Motorenlieferant des Teams Williams-BMW. Ende 2006 übernahm BMW dann den Sauber-Rennstall und verfügt seitdem über ein eigenes Team. 2008, zum neunzigsten Jubiläum der BMW-Automobilfertigung, wird der Gewinn der Vize-Weltmeisterschaft ernsthaft angestrebt.

Eine andere Sparte im Motorsport beackern erfolgreich X3- und X5-Fahrzeuge, die bei dieser Gelegenheit neue technische Lösungen für BMW testen – beispielsweise die mittlerweile in Serie gegangene Doppelaufladung für Dieselmotoren. Besonders aktiv ist das XRaid-Team, das keinem Geringeren als Sven Quandt, einem Vertreter der Mehrheitsaktionärs-Familie, gehört.

Formel-1-Rennwagen Brabham BT52 mit Weltmeister Nelson Piquet (1983)

BMW X5 XRaid Dakar mit Biturbo-Diesel (2004)

BMW LMV12 Siegerwagen der 24 Stunden von Le Mans (1999)

Formel-1-Rennwagen BMW Sauber F1.08 mit Nick Heidfeldt (2008)

BMW 501 (1952 BIS 1958)

Der erste Serien-Pkw von BMW nach dem Zweiten Weltkrieg war der große Typ 501 mit Sechszylindermotor. Er basierte auf dem bewährten 326 der Vorkriegszeit. Präsentiert wurde das Auto auf der Frankfurter Automobil-Ausstellung im April 1951, die Produktion lief aber erst im November 1952 an. Weil BMW seine Produktionskapazitäten erst noch aufbauen musste, erfolgte die Herstellung der Autos bei der Karosseriefirma Baur in Stuttgart – hier entstanden insgesamt 1.870 Einheiten mit Motor- und Gepäckraumklappen aus Aluminium. Um die Exklusivität des 501 zu betonen, gab es ihn serienmäßig mit Becker-Autoradio lieferbar.

Die Ausführung mit dem etwas überforderten 65-PS-Zweilitermotor lief bis März 1954. Die Karosserie mit einer ge-

BMW 501 Limousine (1952)

schwungenen Kotflügellinie im Stil des englischen Austin war zwar eigenwillig, aber gleichermaßen geräumig, übersichtlich und komfortabel. Ihre Form und das charakteristische Pfeifen bei höherer Geschwindigkeit (wegen der Form der Nieren-geschmückten Front) sorgten im Volksmund für Bezeichnungen wie Barockengel oder Pfeifer.

Das Fahrgestell erwies sich als außerordentlich gut verarbeitet, während die Kegelradlenkung zwar leichtgängig und exakt arbeitete, aber sich auf schlechter Fahrbahn zu nervös gab. Beachtlicherweise (allerdings konstruktionsbedingt und noch nicht aus Sicherheitsgründen) gab es schon damals eine kurze Lenksäule und einen über der Hinterachse platzierten Kraftstofftank.

Ab März 1954 offerierte BMW den 501 A und den einfacher ausgestatteter BMW 501 B mit 72 PS Motorleistung. Ab März 1955 stand der BMW 501/6 mit auf 2,1 Liter Hubraum aufgebohrtem Motor bereit; die 501-B-Einstiegsversion entfiel ersatzlos. Zum Jahresende 1958 lief dann die Produktion der BMW 501-Sechszylinder aus, nur noch 25 Wagen wurden in den folgenden Jahren bis 1964 für den Behördeneinsatz einzelgefertigt. Insgesamt wurden 9.092 Exemplare des Typs BMW 501 mit Sechszylinder-Motor hergestellt. Die Karosseriefirma Baur lieferte außerdem mindestens acht BMW 501 A und 37 BMW 501/6 als Cabriolet bzw. Coupe.

BMW 501A Baur Cabriolet 4 Türen (1954)

BMW 501 Baur Cabriolet 4 Türen (1954)

BMW 501 Autenrieth Cabriolet 4 Türen (1955)

BMW 501 Baur Coupé (1955)

BMW 501 Autenrieth Coupé (1955)

BMW 501 Limousine (1953)

BMW 501 Limousine, Vorserie (1951)

BMW 501 Limousine (1955)

BMW 501 Baur Cabriolet 2 Türen (1954)

BMW 501 B Serie 2 Limousine (1954)

Modell (Baureihe)	BMW 501	BMW 501 A BMW 501 B	BMW 501/6 BMW 501 2.1 Liter
Motor	M337/1	M337/2	M337/3
Betriebsart	Otto (Viertakt)	Otto (Viertakt)	Otto (Viertakt)
Material (Block/Kopf)	Grauguss	Grauguss	Grauguss
Zylinderzahl/Einbauposition	6 (Reihe), längs über Vorderachse	6 (Reihe), längs über Vorderachse	6 (Reihe), längs über Vorderachse
Bohrung x Hub (mm)	66 x 96	66 x 96	68 x 96
Hubraum (cm³)	1971	1971	2077
Leistung (PS/kW bei U/min)	65 (48) bei 4400	72 (53) bei 4400	72 (53) bei 4500
Drehmoment (Nm bei U/min)	129 bei 2000	130 bei 2500	135 bei 2500
Verdichtung	6,8 : 1	6,8 : 1	7,0 : 1
Gemischbildung	1 Doppel-Fallstromvergaser	1 Doppel-Fallstromvergaser	1 Doppel-Fallstrom-Registervergaser
	Solex 30 PAAI	Solex 32 PAITA	Solex 32 PAITA
Ventile pro Zylinder/Betätigung	2, hängend/Stoßstangen u. Kipphebel	2, hängend/Stoßstangen u. Kipphebel	2, hängend/Stoßstangen u. Kipphebel
Nockenwelle(n)/Antrieb	1 seitlich/Kette	1 seitlich/Kette	1 seitlich/Kette
Kurbelwellenlager	4	4	4
Kühlung	Pumpe/7,25 L Wasser	Pumpe/7,25 L Wasser	Pumpe/7,25 L Wasser
Schmierung	Druckumlauf/4,5 L Öl	Druckumlauf/4,5 L Öl	Druckumlauf/4,5 L Öl
Batterie	12 V 50 Ah (im Motorraum)	12 V 50 Ah (im Motorraum)	12 V 50 Ah (im Motorraum)
Generator	Gleichstrom 160 W	Gleichstrom 160 W	Gleichstrom 160 W
Kraftübertragung	Hinterradantrieb	Hinterradantrieb	Hinterradantrieb
Kupplung	Einscheiben-Trocken	Einscheiben-Trocken	Einscheiben-Trocken
Schaltgetriebe	4Gang (ZF)	4Gang (ZF)	4Gang (ZF)
Synchronisierung	I-IV	I-IV	I-IV
Schalthebelposition	Lenkrad	Lenkrad	Lenkrad
Übersetzungen	I. 4,14, II. 2,35, III.1,49, IV. 1,0, R: 5,38	I. 4,14, II. 2,35, III.1,49, IV. 1,0, R: 5,38	I. 4,14, II. 2,35, III.1,49, IV. 1,0, R: 5,38
Antriebsübersetzung	4,225	4,229	4,551 oder 4,225
Fahrwerk			
Vorderradaufhängung	Doppel-Querlenker, Längs-Federstäbe, Teleskopdämpfer		
Hinterradaufhängung	Starrachse, Dreieck-Schublenker, Längs-Federstäbe, Teleskopdämpfer		
Lenkung	Zahnstange (Kegelrad), 16,5 : 1	Zahnstange (Kegelrad), 16,5 : 1	Zahnstange (Kegelrad), 16,5 : 1
Betriebsbremse	Hydraulisch, Trommeln (Ø=284 mm), Bremsfläche 840 cm² (501 A/B: 950; 501 ab 1955: 1050 cm²)		
Parkbremse	Seilzug (Hinterräder)	Seilzug (Hinterräder)	Seilzug (Hinterräder)
Allgemeine Daten			
Fahrzeugart (Türen/Sitze)	Limousine (4/5)	Limousine (4/5), Coupé (2/4), Cabriolet (2 u. 4/4)	Limousine (4/5), Coupé (2/4), Cabriolet (4/4)
Aufbauform	Stahlaufbau, verschweißt mit Kastenrahmen (Längs- und Rohrquerträger)		

BMW 501 Limousine (1954)

BMW 501 Limousine (1955)

Modell (Baureihe)	BMW 501	BMW 501 A BMW 501 B	BMW 501/6 BMW 501 2.1 Liter
Radstand (mm)	2835	2835	2835
Spur vorn/hinten (mm)	1343/1430	1343/1430	1322/1404
Länge x Breite x Höhe (mm)	4730 x 1780 x 1530	4730 x 1780 x 1530	4730 x 1780 x 1530
Gepäckraum (L)	500	500	500
Reifen	5.50-16	5.50-16	5.25-16, 6.40-15
Räder	4.00 E x 16	4.00 E x 16	4.00 E x 16, 4.5 K x 15
Wendekreisdurchmesser (m)	12,0	12,0	12,0
Bodenfreiheit (cm)	18,0	18,0	18,0
Leermasse (kg)	1285	1285	1340
zul. Gesamtmasse (kg)	1725	1725	1800
Kraftstofftank (L)/Position	58/über Hinterachse	58/über Hinterachse	58/über Hinterachse
Fahrleistungen			
Höchstgeschwindigkeit (km/h)	138	145	145
Beschleun. 0 - 100 km/h (s)	27,0	23,0	23,0
Verbrauch (L/100 km)	12,5	13,0	13,0
Sonstiges			
Preis (Anf./Ende Laufz.) DM	15.150/13.170	501 A Lim.: 13.900, 501 A Coupé.: 18.100, 501 A Cabrio 2T u. 4T: 18.200, 501 B: 12.400	12.500/11.500, Coupé: 17.850, Cabrio 2T: 17.950
Baujahre	1952 - 1953	1954 - 1955	1954 - 1958
Stückzahl	1.695	863 BMW 501 A, (plus 6 Fahrgestelle, 4 Coupés, 45 Cabrios), 1.640 BMW 501 B	4.743 (plus 8 Fahrgestelle)

BMW 502 (1954 BIS 1964)
BMW 501 V8 (1955 BIS 1962)

Der auf dem Genfer Salon 1954 präsentierte BMW 502 unterschied sich äußerlich durch einige Details vom 501, von dem Fahrgestell und Karosserie kamen. Es gab aber nun mehr Chrom, fest eingebaute Nebelleuchten, Blinker statt Winker sowie ab September 1955 eine Panorama-Heckscheibe. Entscheidender war der neue Motor unter der Haube – der erste Achtzylinder, den BMW baute. Gleichzeitig war es der erste Achtzylinder aus deutscher Produktion nach dem Zweiten Weltkrieg und der erste serienmäßige Leichtmetall-V8-Motor der Welt.

Gleichzeitig kam der neue 2,6-Liter-V8 optional auch in den weiterhin schmucklosen BMW 501, der das kleinere Heckfenster behielt. Gebaut wurde dieses Modell von März 1955 bis Sommer 1962. Die Typenbezeichnung ab Herbst 1958 lautete BMW 2,6, ab September 1961 wurde

BMW 502 Limousine (1955)

BMW 502 Limousine (1955)

BMW 502 Limousine (1954)

das Fahrzeug als BMW 2600 (mehr Leistung, endlich mit Scheibenbremsen, runde Heckleuchten) bezeichnet. Den 3,2-Liter bekam er nie.

Der 502 blieb dagegen von Juli 1954 bis März 1964 im Programm. Ab Herbst 1958 lief er als BMW 2,6 Luxus, ab September 1961 hieß er BMW 2600 L (ebenfalls mit mehr Leistung, Scheibenbremsen, runden Heckleuchten). Dazu gesellt hatte sich bereit nach der Frankfurter Automobil-Ausstellung vom September 1955 der BMW 502 3,2 Liter. Der von Oktober 1955 bis Sommer 1962 hergestellte Luxusliner verfügte über einen auf 3,2 Liter vergrößerten V8-Motor. Seine Typenbezeichnung ab Herbst 1958: BMW 3,2; ab September 1961 vermarktete man ihn als BMW 3200 L (auch hier mit mehr Leistung, Scheibenbremsen, runden Heckleuchten).

BMW 502 Limousine (1953)

BMW 502 Baur Cabriolet 2 Türen (1955)

BMW 502 Autenrieth Cabriolet 2 Türen (1955)

Spitzenmodell war der BMW 502 3,2 Liter Super, der dank seiner Zweivergaseranlage eine noch höhere Motorleistung erreichte. Gebaut wurde er von April 1957 bis März 1964. Ab Oktober 1959 hatte er serienmäßig Scheibenbremsen. Seine Typenbezeichnung ab September 1961: BMW 3200 S (noch mehr Leistung, runde Heckleuchten).

Abweichend von den Verkaufsbezeichnungen wurden werksintern alle Autos mit 2,6-Liter V8-Motor als Typ 502 und alle Wagen mit 3,2-Liter-V8-Motor als Typ 506 geführt. 9.059 Einheiten des Typs 502 und 3.701 Stück der Typs 506 wurden gebaut, alle Limousinen besaßen werkseigene Karosserien. Die Karosseriefabrik Baur lieferte 1954 bis 1956 etwa 130 Cabriolets und Coupes mit Achtzylinder-Motor, eingerechnet 50 Viertürer-Cabriolets. Etwa 50 weitere Cabriolets und Coupes fertigte die Firma Autenrieth (Darmstadt). Dieses Unternehmen hielt sich bei einem Teil der Wagen nicht an den üblichen BMW-Karosseriestil (Kühlermaske, Kotflügellinie), was zu ungewöhnlichen Exterieur-Lösungen führte.

Feuerwehr und Polizei fuhren den BMW 501/502 als Einsatzwagen (dokumentiert im TV-Film „Funkstreife Isar 12").

BMW 502 Limousine (1954)

BMW 502 Baur Cabriolet 4 Türen (1955)

BMW 502 Autenrieth Coupé (1955)

BMW 502 Baur Coupé (1955)

BMW 502 Autenrieth Cabriolet 4 Türen (1955)

BMW 502 Graber Cabriolet 2 Türen (1956)

BMW 501 V8 Limousine (1952)

BMW 501 V8 Limousine (1955)

Binz & Co. in Lorch (Württemberg) baute zudem im Auftrag des Bayerischen Roten Kreuzes auf 502-Basis einen Krankenwagen. Vorgesehen war auch die Serienfertigung einer Pullmann-Limousine, die auf der Automobilausstellung 1955 in Frankfurt als BMW 505 gezeigt wurde: Dieser 5,10 Meter lange Wagen mit Trennscheibe und Sprechanlage zwischen Passagier- und Fahrerraum, ausklappbarer Schreibplatte sowie Sektbar sollte als „Staatskarosse" mit dem Mercedes-Benz 300 konkurrieren. Weil Kanzler Konrad Adenauer aber dem Mercedes treu blieb, ging der BMW 505 nicht in Serie. Es blieb bei zwei Ausstellungsstücken. 1963 wagte BMW einen zweiten Versuch und legte eine Sonderversion des 3200 S auf. Sie unterschied sich von der serienmäßigen Limousine durch ein verlängertes Heck, einen etwas höheren Dachaufbau, vorn angeschlagene Türen und größere Nebelscheinwerfer. Das Fahrzeug wurde der Bayerischen Staatsregierung zur Verfügung gestellt, gelegentlich wurde er zu Repräsentationszwecken eingesetzt.

BMW 502 Autenrieth Coupé (1959)

Mit Preisen zwischen 11.500 DM (Juli 1956) und rund 22.000 DM waren die „Barockengel" 501 und 502 für die Nachkriegszeit aber zu teuer (und fuhren dennoch nicht die Produktionskosten herein), sodass über die zwölfjährige Bauzeit nur wenig mehr als 23.000 Einheiten hergestellt werden konnten. Sie sorgten zudem für ein kräftiges Defizit und trugen so entscheidend zum wirtschaftlichen Niedergang von BMW bei.

BMW 501-3 Isar Polizeifahrzeug (1955)

BMW 2600 L Limousine (1958)

BMW 3.2 Super Vignale Coupé (1961)

BMW 502 Jacobsen & Steinberg Cabriolet (1955)

BMW 502 Autenrieth Cabriolet (1960)

Modell (Baureihe)	BMW 501 V8 2.6 Liter BMW 502 2.6 L	BMW 2600 BMW 2600 L	BMW 502 3.2 Liter	BMW 3200 L
Motor	M 502	M 502/100, M502/110 (M553)	M 506	M 506/140 (M 534)
Betriebsart	Otto (Viertakt)	Otto (Viertakt)	Otto (Viertakt)	Otto (Viertakt)
Material (Block/Kopf)	Alu/Alu	Alu/Alu	Alu/Alu	Alu/Alu
Zylinderzahl/Einbauposition	8 (V 90°), längs über Vorderachse	8 (V 90°), längs über Vorderachse	8 (V 90°), längs über Vorderachse	8 (V 90°), längs über Vorderachse
Bohrung x Hub (mm)	74 x 75	74 x 75	82 x 75	82 x 75
Hubraum (cm³)	2580	2580	3168	3168
Leistung (PS/kW bei U/min)	502: 100 (74) bei 4800, 501 V8: 95 (70) bzw. 100 (74) bei 4800	2600: 100 (74) bei 4800, 2600 L: 110 (81) bei 4900	120 (88) bei 4800	140 (103) bei 5400
Drehmoment (Nm bei U/min)	502: 180 bei 2500 501 V8: 177 bzw. 180 bei 2500	2600: 181 bei 2500 2600 L: 182 bei 3000	210 bei 2500	237 bei 3000
Verdichtung	7,0 : 1	7,5 : 1	7,2 : 1	9.0 : 1
Gemischbildung	1 Doppel-Fallstromvergaser	1 Doppel-Fallstromvergaser	1 Doppel-Fallstromvergaser	1 Doppel-Fallstromvergaser
	Solex 30 PAAI	Zenith 32 NDIX	Zenith 32 NDIX	Zenith 32 NDIX
Ventile pro Zylinder/ Betätigung	2, hängend/Stoßstangen u. Kipphebel	2, hängend/Stoßstangen u. Kipphebel	2, hängend/Stoßstangen u. Kipphebel	2, hängend/Stoßstangen u. Kipphebel
Nockenwelle(n)/Antrieb	1 zentral/Kette	1 zentral/Kette	1 zentral/Kette	1 zentral/Kette
Kurbelwellenlager	5	5	5	5
Kühlung	Pumpe/10,0 L Wasser	Pumpe/10,0 L Wasser	Pumpe/10,0 L Wasser	Pumpe/10,0 L Wasser
Schmierung	Druckumlauf/6,5 L Öl	Druckumlauf/6,5 L Öl	Druckumlauf/6,5 L Öl	Druckumlauf/6,5 L Öl
Batterie	12 V 56 Ah (im Motorraum)	12 V 56 Ah (im Motorraum)	12 V 56 Ah (im Motorraum)	12 V 56 Ah (im Motorraum)
Generator	Gleichstrom 160 W	Gleichstrom 160 W	Gleichstrom 160 W	Gleichstrom 160 W
Kraftübertragung	Hinterradantrieb	Hinterradantrieb	Hinterradantrieb	Hinterradantrieb
Kupplung	Einscheiben-Trocken	Einscheiben-Trocken	Einscheiben-Trocken	Einscheiben-Trocken
Schaltgetriebe	4Gang (ZF)	4Gang (ZF)	4Gang (ZF)	4Gang (ZF)
Synchronisierung	I-IV	I-IV	I-IV	I-IV
Schalthebelposition	Lenkrad	Lenkrad	Lenkrad	Lenkrad
Übersetzungen	I. 3,78, II. 2,35, III.1,49, IV. 1,0, R: 5,38	I. 3,71, II. 2,27, III.1,49, IV. 1,0	I. 3,78, II. 2,35, III.1,49, IV. 1,0,	I. 3,71, II. 2,27, III.1,49, IV. 1,0
			ab 1960: I. 3,71, II. 2,27, III.1,49, IV. 1,0	
Antriebsübersetzung	4,225	4,225	3,89 oder 3,90	3,9
Fahrwerk				
Vorderradaufhängung	Doppel-Querlenker, Längsfederstäbe			

Modell (Baureihe)	BMW 501 V8 2.6 Liter	BMW 2600	BMW 502 3.2 Liter	BMW 3200 L
Hinterradaufhängung	Starrachse, Dreieck-Schublenker, Längsfederstäbe			
Lenkung	Zahnstange (Kegelrad), 16,5 : 1	Zahnstange (Kegelrad), 16,5 : 1	Zahnstange (Kegelrad), 16,5 : 1	Zahnstange (Kegelrad), 16,5 : 1
Betriebsbremse	Hydraulisch, Trommeln (Ø=284 mm), Bremsfläche 1050 cm^2 (3.2 Liter: 1256 cm^2), Servo			
	ab 1960: vorn Scheiben (Ø=267 mm), hinten Trommeln (Ø=284 mm), Servo			
Parkbremse	Seilzug (Hinterräder)	Seilzug (Hinterräder)	Seilzug (Hinterräder)	Seilzug (Hinterräder)
Allgemeine Daten				
Fahrzeugart (Türen/Sitze)	Limousine (4/5), 501 Coupé (2/4), Cabriolet (2 u. 4/4)	Limousine (4/5)	Limousine (4/5)	Limousine (4/5)
Aufbauform	Stahlaufbau, verschweißt mit Kastenrahmen	Stahlaufbau, verschweißt mit Kastenrahmen	Stahlaufbau, verschweißt mit Kastenrahmen	Stahlaufbau, verschweißt mit Kastenrahmen
Radstand (mm)	2835	2885	2835	2885
Spur vorn/hinten (mm)	1330/1416	1330/1416	1330/1416	1330/1416
Länge x Breite x Höhe (mm)	4730 x 1780 x 1530	4730 x 1780 x 1530	4730 x 1780 x 1530	4730 x 1780 x 1530
Gepäckraum (L)	500	6.40 S 15 L	500	6.40 S 15 L
Reifen	6.40 S 15 L	500	6.40 S 15 L	500
Räder	4.5 K x 16	4.5 K x 16	4.5 K x 16	4.5 K x 16
Wendekreisdurchmesser (m)	12,0	12.0	12,0	12.0
Bodenfreiheit (cm)	18,0	18,0	18,0	18,0
Leermasse (kg)	502: 1410; 501 V8: 1430	1440	1470	1470
zul. Gesamtmasse (kg)	1850	1900	1900	1900
Kraftstofftank (L)/Position	70/über Hinterachse	70/über Hinterachse	70/über Hinterachse	70/über Hinterachse
Fahrleistungen				
Höchstgeschwindigkeit (km/h)	165	2600: 162, 2600 L: 165	170	175
Beschleun. 0 - 100 km/h (s)	17,5	2600: 17,5; 2600 L: 17,0	15,0	14,0
Verbrauch (L/100 km)	14,5	14,5	15,0	15,5
Sonstiges				
Preis (Anf./Ende Laufz.) DM	501: 13.950/15.450, 502: 17.800/16.450	2600: 13.450/15.450, 2600 L: 17.450/18.240	18.350/18.850	19.050/18.850
Baujahre	501 V8: 1954 - 1963, 502 2.6: 1955 - 1961	2600: 1961 - 1962, 2600 L: 1961 - 1963	1955 - 1961	1961 - 1963
Stückzahl	5.882 BMW 501 (plus 16 Fahrgestelle), 3.129 BMW 502 (plus 4 Fahrgestelle, 26 Baur-Coupés, 104 Baur-Cabrios)		2.517 (plus 10 Fahrgestelle)	

Modell (Baureihe)	BMW 502 3.2 Liter Super	BMW 3200 S
Motor	M 506/140	M 503/160 (M 532)
Betriebsart	Otto (Viertakt)	Otto (Viertakt)
Material (Block/Kopf)	Alu/Alu	Alu/Alu
Zylinderzahl/Einbauposition	8 (V 90°), längs über Vorderachse	8 (V 90°), längs über Vorderachse
Bohrung x Hub (mm)	82 x 75	82 x 75
Hubraum (cm³)	3168	3168
Leistung (PS/kW bei U/min)	140 (103) bei 4800	160 (1118) bei 5600
Drehmoment (Nm bei U/min)	216 bei 3800	240 bei 3600
Verdichtung	7,3 : 1	9.0 : 1
Gemischbildung	1 Doppel-Fallstromvergaser	2 Doppel-Fallstromvergaser
	Zenith 32 NDIX	Zenith 32 NDIX
Ventile pro Zylinder/Betätigung	2, hängend/Stoßstangen u. Kipphebel	2, hängend/Stoßstangen u. Kipphebel
Nockenwelle(n)/Antrieb	1 zentral/Kette	1 zentral/Kette
Kurbelwellenlager	5	5
Kühlung	Pumpe/10,0 L Wasser	Pumpe/10,0 L Wasser
Schmierung	Druckumlauf/6,5 L Öl	Druckumlauf/6,5 L Öl
Batterie	12 V 56 Ah (im Motorraum)	12 V 56 Ah (im Motorraum)
Generator	Gleichstrom 200 W	Gleichstrom 200 W
Kraftübertragung	Hinterradantrieb	Hinterradantrieb
Kupplung	Einscheiben-Trocken	Einscheiben-Trocken
Schaltgetriebe	4Gang (ZF)	4Gang (ZF)
Synchronisierung	I-IV	I-IV
Schalthebelposition	Lenkrad	Lenkrad
Übersetzungen	I. 3,78, II. 2,35, III.1,49, IV. 1,0	I. 3,71, II. 2,27, III.1,49, IV. 1,0
	ab 1960: I. 3,71, II. 2,27, III.1,49, IV. 1,0	
Antriebsübersetzung	3,89 oder 3,90	3,9
Fahrwerk		
Vorderradaufhängung	Doppel-Querlenker, Längsfederstäbe	
Hinterradaufhängung	Starrachse, Dreieck-Schublenker, Längsfederstäbe	
Lenkung	Zahnstange (Kegelrad), 16,5 : 1	
Betriebsbremse	Hydraulisch, Trommeln (Ø=284 mm), Bremsfläche 1256 cm², Servo	
	ab 1959: vorn Scheiben (Ø=267 mm), hinten Trommeln (Ø=284 mm), Servo	
Parkbremse	Seilzug (Hinterräder)	Seilzug (Hinterräder)
Allgemeine Daten		
Fahrzeugart (Türen/Sitze)	Limousine (4/5)	Limousine (4/5)
Aufbauform	Stahlaufbau, verschweißt mit Kastenrahmen	Stahlaufbau, verschweißt mit Kastenrahmen
Radstand (mm)	2885	2835
Spur vorn/hinten (mm)	1330/1416	1330/1416

Modell (Baureihe)	BMW 502 3.2 Liter Super	BMW 3200 S
Länge x Breite x Höhe (mm)	4730 x 1780 x 1530	4730 x 1780 x 1530
Gepäckraum (L)	500	500
Reifen	6.40 S 15 L, ab 1959: 6.50/6.70 H 15	6.50/6.70 H 15 L
Räder	4.5 K x 16	4.5 K x 16
Wendekreisdurchmesser (m)	12,0	12.0
Bodenfreiheit (cm)	18,0	18,0
Leermasse (kg)	1500	1490
zul. Gesamtmasse (kg)	1900, ab 1959: 2000	2000
Kraftstofftank (L)/Position	70/über Hinterachse	70/über Hinterachse
Fahrleistungen		
Höchstgeschwindigkeit (km/h)	175	190
Beschleun. 0 - 100 km/h (s)	14,5	14,0
Verbrauch (L/100 km)	16,0	16,0
Sonstiges		
Preis (Anf./Ende Laufz.) DM	19.050/18.850	21.240/21.240
Baujahre	1957 - 1961	1961 - 1963
Stückzahl	1.323 (plus 5 Fahrgestelle)	

BMW 502 Ramseier Cabriolet (1960)

BMW 502 Limousine (1959)

BMW 502 Limousine (1959)

BMW 502 Autenrieth Coupé (1961)

BMW 505 Limousine (1965)

BMW 3200 S Staatslimousine (1963)

BMW 3200 S Staatslimousine (1963)

BMW 503 Cabriolet, Modell (1955)

BMW 503 (1955 BIS 1959)

Der beton konservativ gestaltete 503 mit Aluminium-Karosserie und elektrischen Fensterhebern wurde, genau wie der viel auffälligere 507, auf der IAA im September 1955 vorgestellt. Gedacht war das damals teuerste Fahrzeug von BMW als eleganter Reisesportwagen. Der hausintern begonnene Entwurf wurde von Albrecht Graf Goertz – dem Designer des 507 – lediglich fertiggestellt. Auffällig war die extrem lange Motorhaube, unter der ein 3,2-Liter-V8 mit 140 PS saß. Er stammte vom 502-Motor ab, nahm aber bereits die Leistungssteigerung vorweg, die dem „Barockengel" erst später zugute kam.

BMW 503 Coupé (1957)

Der 503 wurde sowohl als Coupé als auch als viersitziges Cabriolet angeboten – wobei die offene Version bereits über ein elektrisch betätigtes Verdeck verfügte. Die Höchstgeschwindigkeit des noblen, schweren Gleiters lag bei glaubhaften 190 km/h. Das Luxusfahrzeug kostete jedoch rund 30.000 Mark und wurde vor allem im Ausland abgesetzt. Allerdings nur in kleiner, keinesfalls kostendeckender Stückzahl: Von Mai 1956 bis März 1959 wurden insgesamt 409 Exemplare gebaut, 276 als Coupé und 133 als Cabrio. Einige der letzten Wagen sollen den 150 PS-Motor des BMW 507 und vordere Scheibenbremsen erhalten haben – tatsächlich aber dürfte es sich in diesen Fällen um Nachrüstungen gehandelt haben.

BMW 503 Coupé (1957)

BMW 503 Cabriolet (1955)

BMW 503 Cabriolet (1956)

Modell (Baureihe)	BMW 503	BMW 507	BMW 3200 CS (532)
Motor	M 503	M 507	M 503/160 (M 532)
Betriebsart	Otto (Viertakt)	Otto (Viertakt)	Otto (Viertakt)
Material (Block/Kopf)	Alu/Alu	Alu/Alu	Alu/Alu
Zylinderzahl/Einbauposition	8 (V 90°), längs über Vorderachse	8 (V 90°), längs über Vorderachse	8 (V 90°), längs über Vorderachse
Bohrung x Hub (mm)	82 x 75	82 x 75	82 x 75
Hubraum (cm^3)	3168	3168	3168
Leistung (PS/kW bei U/min)	140 (103) bei 4800	150 (110) bei 5000	160 (118) bei 5600
Drehmoment (Nm bei U/min)	216 bei 3800	235 bei 4000	240 bei 3600
Verdichtung	7,3 : 1	7,8 : 1	9.0 : 1
Gemischbildung	1 Doppel-Fallstromvergaser	2 Doppel-Fallstromvergaser	2 Doppel-Fallstromvergaser
	Zenith 32 NDIX	Zenith 32 NDIX	Zenith 36 NDIX
Ventile pro Zylinder/Betätigung	2, hängend/Stoßstangen u. Kipphebel	2, hängend/Stoßstangen u. Kipphebel	2, hängend/Stoßstangen u. Kipphebel
Nockenwelle(n)/Antrieb	1 zentral/Kette	1 zentral/Kette	1 zentral/Kette
Kurbelwellenlager	5	5	5
Kühlung	Pumpe/10,0 L Wasser	Pumpe/10,0 L Wasser	Pumpe/10,0 L Wasser
Schmierung	Druckumlauf/6,5 L Öl	Druckumlauf/6,5 L Öl	Druckumlauf/6,5 L Öl
Batterie	12 V 56 Ah (im Motorraum)	12 V 56 Ah (im Motorraum)	12 V 56 Ah (im Motorraum)
Generator	Gleichstrom 200 W	Gleichstrom 200 W	Gleichstrom 200 W
Kraftübertragung	Hinterradantrieb	Hinterradantrieb	Hinterradantrieb
Kupplung	Einscheiben-Trocken	Einscheiben-Trocken	Einscheiben-Trocken
Schaltgetriebe	4Gang (ZF)	4Gang (ZF)	4Gang (ZF)
Synchronisierung	I-IV	I-IV	I-IV
Schalthebelposition	Wagenmitte	Wagenmitte	Wagenmitte
Übersetzungen	I. 3,78, II. 2,35, III.1,49, IV. 1,0	I. 3,387, II. 2,073, III.1,364, IV. 1,0	I. 3,71, II. 2,27, III.1,49, IV. 1,0
			auch: I. 3,387, II. 2,073, III.1,364, IV. 1,0
Antriebsübersetzung	3,89 oder 3,42	3,70 oder 3,42 oder 3,89	3,89 (mit 7.0 H 15) oder 3,70 (185 HR 15)
Fahrwerk			
Vorderradaufhängung	Doppel-Querlenker, Längs-Federstäbe		
Hinterradaufhängung	Starrachse, Dreieck-Schublenker, Längs-Federstäbe, Panhardstab; 507 u. 3200 CS: Zug- u. Schubstreben		
Lenkung	Zahnstange (Kegelrad) 16,5 : 1, 507: Servo		
Betriebsbremse	Hybraulisch, Trommeln (Ø=284 mm), Bremsfläche 1256 cm^2, Servo; 3200 CS: vorn Scheiben (Ø=267 mm)		
Parkbremse	Seilzug (Hinterräder)	Seilzug (Hinterräder)	Seilzug (Hinterräder)
Allgemeine Daten			
Fahrzeugart (Türen/Sitze)	Coupé, Cabrio (2/4)	Roadster (2/2)	Coupé (2/4)
Aufbauform	Leichtmetallaufbau (3200 CS: Stahl), Kastenrahmen (Längs- und Rohrquerträger)		

Modell (Baureihe)	BMW 503	BMW 507	BMW 3200 CS (532)
Radstand (mm)	2835	2480	2835
Spur vorn/hinten (mm)	1400/1420	1445/1425	1330/1416
Länge x Breite x Höhe (mm)	4750 x 1710 x 1440	4380 x 1650 x 1300	4830 x 1720 x 1460
Gepäckraum (L)	500	400	
Reifen	6.00 H 16	6.00 H 16	7.00 H 15 L, 185 HR 15
Räder	4.5 E x 16	4.5 E x 16	5.0 J x 15
Wendekreisdurchmesser (m)	12,5	10,7	12,5
Bodenfreiheit (cm)	15	14	16
Leermasse (kg)	1500	1330	1500
zul. Gesamtmasse (kg)	1800	1500	1900
Kraftstofftank (L)/Position	75/im Heck	65 oder 110/im Heck	75/im Heck
Fahrleistungen			
Höchstgeschwindigkeit (km/h)	190	190 - 200 - 220 (je nach HA-Übersetzung)	200
Beschleun. 0 - 100 km/h (s)	13,0	11,5	14,0
Verbrauch (L/100 km)	16,0	17,0	16,0
Sonstiges			
Preis (Anf./Ende Laufz.) DM	Coupé, Cabrio: 29.500/32.950	26.500/29.950	29.850
Baujahre	1956 - 1959	1956 - 1959	1962 - 1965
Stückzahl	409	252	603

BMW 503 Coupé (1957)

BMW 503 Cabriolet (1958)

BMW 507a Loof Roadster (1954)

BMW 507a Loof Roadster (1954)

BMW 507 (1955 BIS 1959)

An diesem Auto schieden sich die Geister. Der BMW 507 galt zwar als zeitlos schöner Roadster und als Ikone des Automobil-Designs – kam aber bei weitem nicht auf die Absatzzahlen, die wirtschaftlich notwendig gewesen wären. Vorausgegangen war dem ein Sportroadster-Prototyp, den ex-Veritas-Produzent Fritz Loof mit einem V8 versehen und 1954 ohne BMW-Freigabe in der Öffentlichkeit präsentiert hatte. Den Münchnern war klar, dass sie aus Imagegründen einen Sportwagen im Programm haben sollten, aber der Loof-Wagen gefiel weder ihnen noch dem einflussreichen US-Importeur Max Hoffman. In ihrer Not beauftragten sie den damals absolut unbekannten Albrecht Graf Goertz mit dem Design, das tatsächlich meisterhaft geriet.

Vorgestellt wurde der 507 auf der IAA in Frankfurt 1955, die Fertigung lief auf ganz kleiner Flamme zum Jahresende an. Es waren vor allem Prominente wie Toni Sailer oder Elvis Presley, die sich so ein zunächst 26.500 Mark teures Auto gönnten, aber auch in den USA lief der Absatz nicht so wie erhofft – der Roadster war viermal teurer als eine Corvette. Dabei war das Auto nicht nur ein Hingucker, sondern ein richtig flottes Sportgefährt, das sogar bei Motorsportveranstaltungen an den Start ging. Sowohl das Motorgehäuse als auch die Karosserie waren aus Aluminium gefertigt. Der BMW 507 basierte allerdings auf dem gleichen schweren Kastenrahmen mit Einzelradaufhängung vorn, Starrachse hinten und Drehstabfederung rundum wie der BMW 501/502. Als Zubehör gab es für den offenen Zweisitzer ein ebenso gekonnt gestyltes Hardtop. Einziges wesentliches Ärgernis blieb hier der viel zu kleine Gepäckraum, weshalb der Käufer statt des 110 Liter- in der zweiten Bauserie einen 65 Liter-Kraftstofftank bekam.

Die Produktion von insgesamt lediglich 252 Exemplaren endete bereits 1959, BMW hatte ursprünglich mit mindestens 1.000 Einheiten jährlich gerechnet. Unter den heute heiß begehrten 507 waren auch zwei Einzelstücke – ein von Raymond Loewy und ein von Giovanni Michelotti aufgebautes Showcar. Für die BMW-Historie machte sich das Auto letztlich doch bezahlt, hatten die Bayern doch damit ein vorzeigbares Gegenstück zum Mercedes 300 SL im Fundus.

Die Designer des Roadsters BMW Z8 nahmen sich schließlich in den 90er Jahren das Design des 507 als Vorbild für den neuen Luxuszweisitzer, was u.a. an den Frontscheinwerfern, der langgezogenen BMW-Niere und den seitlichen Kiemen deutlich zu erkennen ist. Und das Fahrzeug ist auch heute nicht vergessen: Im Jahr 2005 wurde die Leistung des BMW M5 und des BMW M6 auf 507 PS festgelegt, eine Zahl, die an den legendären Roadster erinnern soll.

BMW 507, Modell (1955)

BMW 507 mit Rennscheibe am Nürburgring (1955)

BMW 507 (1957)

BMW 507 (1957)

BMW 507 Loewy Coupé (1957)

BMW 507 Michelotti Hardtop-Coupé (1959)

BMW 507 mit Hardtop (1958)

BMW 3200 CS (1962 BIS 1965)

Der BMW 3200 CS, auch „Bertone" genannt, wurde auf der IAA im September 1961 präsentiert und von Februar 1962 bis September 1965 bei BMW in München montiert. Auch der 3200 CS basierte auf dem Chassis der Typen BMW 501/502, sein Aufbau war von Bertone entworfen worden und wurde in Italien produziert. Beim 160-PS-Motor handelte es sich um das Triebwerk des 3,2 Liter Super – damit waren 200 km/h möglich.

BMW 3200 CS Cabriolet, Unikat (1962)

Die Qualität des sehr diskret wirkenden Fahrzeugs war nie Gegenstand von Kritik. Mit Fahrgestellnummer 76.176 wurde eine Modellpflege durchgeführt: Statt des Blecharmaturenträgers kam eine hölzerne Ausführung, die Lederpolsterung gehörte nun zum Lieferumfang, zudem hatte das Auto nun ein direkt am Motor angeflanschtes Getriebe, das nicht mehr den Innenraum beengte.

Neben den kaum wirklich populären Coupés entstand als Einzelstück ein Cabriolet für BMW-Hauptaktionär Herbert Quandt; von einem Serienmodell wurde aber Abstand genommen. Bis 1965 wurden rund 600 Einheiten vom BMW 3200 CS fertiggestellt. Die Produktion endete, um Fertigungskapazitäten für die neue, viel profitablere Mittelklasse-Reihe „Neue Klasse" und anschließend für die ab 1966 für die Nullzwei-Reihe zu schaffen. V8-Coupés erlebten bei BMW dann erst mit der Achter-Reihe Ende der 80er-Jahre wieder eine Renaissance.

BMW 3200 CS (1964)

BMW 3200 CS (1964)

BMW Isetta, Prototyp (1955)

BMW Isetta Standard (1955)

BMW ISETTA (TYP 100) (1955 BIS 1962)

Anfang 1954 brachte der italienische Hersteller von Zweirädern und Kühlschränken, die Firma Iso (später bekannt geworden durch große Sportwagen), die skurrile Isetta auf den Markt. Der kleine Zweisitzer mit vier Räderchen hatte eine Fronttür und eine extrem schmale Hinterachse, die ohne Differenzial auskam. Iso produzierte das Motocoupé in kleiner Stückzahl nur bis Mitte der 50er-Jahre, vergab aber zwischenzeitlich Lizenzen.

Wichtigster Lizenznehmer wurde BMW, die Bayern übernahmen sogar die Presswerkzeuge für die Karosserie. Weitere Lizenzen gingen an Velam in Frankreich und Romi in Brasilien. Auch der deutsche Zweiradhersteller Hoffmann versuchte sich an einem Kabinenfahrzeug mit Front- und Seitentür, hatte dafür aber die BMW Isetta als Basis gewählt und bekam gerichtlich die Produktion verboten.

BMW hatte den lärmigen Zweitaktmotor der Iso durch den dumpf bullernden Viertakt-Einzylinder aus dem Motorrad BMW R 25 ersetzt. Auch sonst fanden zahlreiche Modifikationen statt, so dass schließlich die BMW Isetta zum wohl solidesten und seriösesten unter den zahlreichen Rollermobilen und Kleinstwagen jener Jahre gedieh. Während die ersten 20 Prototypen und Fahrmuster des BMW-Motocoupés noch mit Iso-Karosserie unterwegs waren, kamen mit Beginn der Serienproduktion auch Änderungen beim Exterieur zum Tragen.

Am 5. März 1955 wurde die Isetta der Öffentlichkeit zu einem Preis von 2.580 DM vorgestellt – sie diente als Einstiegsmodel der Marke und konnte die wirtschaftlichen Defizite des Unternehmens wenigstens etwas mindern. Gebaut wurde die erste Ausführung der 250-cm³-BMW Standard Isetta mit Glaskuppel, Klappfenster und Faltdach (ganz bewusst wegen des Fehlens seitlicher Türen als Notausstieg konzipiert) von April 1955 bis März 1957. Die Isetta 300 lief ab Februar 1956 bis März 1957. Ende 1955 war ein erstes Facelift erfolgt, so wurden beispielsweise die langen Scheinwerfergehäuse durch kurze, frei stehende Gehäuse ersetzt.

Eine modernisierte Isetta – das Export-Modell – wurde von Oktober 1956 bis Mai 1962 hergestellt. Sie besaß statt der Glaskuppel einen konventionelleren Dachaufbau mit

BMW Isetta Export (1956)

Schiebefenstern und serienmäßigem Faltdach. 1959/60 kam eine letzte Modellüberarbeitung. Zudem wurden 1.750 dreirädrige Isetta 300 entsprechend der steuerlichen Bevorzugung nach England geliefert: Anfang fertigte man sie in München, später in Brighton. 1958/59 wurden sie auch in Deutschland angeboten.

Auch auf anderen Exportmärkten tauchte die Isetta auf. Beispielsweise gab es ein US-Modell mit vergrößerten Sealed-Beam-Scheinwerfern und größeren Rückleuchten sowie ein Tropenmodell mit regulierbarem Lufteinlass durch die Fronttür. Die Isetta wurde auch in einer Cabrio-Version angeboten, bei der anstelle der Plexiglasscheibe der Standardversion ein Faltverdeck heruntergeklappt werden konnte. Ein aus der Cabrio-Isetta abgeleitete Pick-Up-Modell (anstelle des Heck-Verdecks ein aufsetzbarer Lastenaufbau) wurde vom Markt nicht akzeptiert.

Insgesamt wurden in München 161.728 Isetten produziert, davon über die Hälfte mit 250 ccm-Motor. Für diese kleinvolumigen Triebwerke genügte der alte Führerschein 4, das war ein gewichtiges Kaufargument für ältere Kunden.

BMW Isetta Cabriolet mit Pritschenaufsatz, Prototyp (1956)

BMW Isetta 250 Standard (1955)

BMW Isetta Standard (1956)

Iso Isetta (1954), vorn Velam Isetta (1958)

BMW Isetta Buhne Pritschenwagen (1956)

BMW Isetta 250 Cabrio, US-Exportausführung (1959)

BMW Isetta Export (1957), vorn Isetta Standard (1955)

Modell (Baureihe)	BMW Isetta 250 (Mod. 101)	BMW Isetta 300 (Mod. 102)	BMW 600 (Mod. 106)
Motor	M240 (M100)	M241 (M100)	M102
Betriebsart	Otto (Viertakt)	Otto (Viertakt)	Otto (Viertakt)
Material (Block/Kopf)	Grauguss	Grauguss	Grauguss
Zylinderzahl/Einbauposition	1, vor der Hinterachse	1, vor der Hinterachse	2 (Boxer), hinter der Hinterachse
Bohrung x Hub (mm)	68 x 68	72 x 73	74 x 68
Hubraum (cm^3)	245	298	582
Leistung (PS/kW bei U/min)	12 (9) bei 5800	13 (10) bei 5200	19,5 (14) bei 4500
Drehmoment (Nm bei U/min)	14 bei 4500	18 bei 4600	38 bei 2800
Verdichtung	6,8 : 1	7,0 : 1	6,8 : 1
Gemischbildung	1 Schiebervergaser	1 Schiebervergaser	1 Flachstromvergaser
	Bing 1/24, ab 1957: 1/22	Bing 1/24, ab 1957: 1/22	Zenith 28 KLP3
Ventile pro Zylinder/Betätigung	2, hängend/Stoßstange u. Kipphebel	2, hängend/Stoßstange u. Kipphebel	2, V-förmig hängend/Stoßstange u. Kipphebel
Nockenwelle(n)/Antrieb	1 seitl./Kette	1 seitl./Kette	1 zentr../Stirnräder
Kurbelwellenlager	2	2	3
Kühlung	Gebläse/Luft	Gebläse/Luft	Gebläse/Luft
Schmierung	Druckumlauf/1,25 (ab 3/56: 1,75) L Öl	Druckumlauf/1,75 L Öl	Druckumlauf/1,25 2,0 L Öl
Batterie	12 V 24 Ah (unter Sitzbank)	12 V 24 Ah (unter Sitzbank)	12 V 24 Ah (unter Rücksitz)
Generator	Gleichstrom 130 W, Dynastartanlage	Gleichstrom 130 W, Dynastartanlage	Gleichstrom 190 W, Dynastartanlage
Kraftübertragung	Hinterradantrieb	Hinterradantrieb	Hinterradantrieb
Kupplung	Einscheiben-Trocken	Einscheiben-Trocken	Einscheiben-Trocken
Schaltgetriebe	4Gang	4Gang	4Gang (vor der Hinterachse)
Synchronisierung	keine	keine	keine
Schalthebelposition	rechts seitlich	rechts seitlich	Wagenmitte
Übersetzungen	I. 10,05 (ab 8/56: 9,76), II. 5,17, III. 3,54, IV. 2,70	I. 10,05 (ab 8/56: 9,76), II. 5,17, III. 3,54, IV. 2,70	I. 3,54, II. 1,94, III. 1,27, IV. 0,846
Antriebsübersetzung	2,31	2,31	5,43
Fahrwerk			
Vorderradaufhängung	Geschobene Längsschwingen, Schraubenfeder	Geschobene Längsschwingen, Schraubenfeder	Geschobene Längsschwingen, Schraubenfeder
Hinterradaufhängung	Schmalspur-Starrachse, Viertelelliptik-Auslegerblattfedern	Schmalspur-Starrachse, Viertelelliptik-Auslegerblattfedern	Längslenker, Schraubenfedern
Lenkung	Spindel, 15,4 : 1	Spindel, 15,4 : 1	Spindel, 15,4 : 1
Betriebsbremse	Hydraulisch, Trommeln (Ø=180 mm), Bremsfläche 324 cm^2	Hydraulisch, Trommeln (Ø=180 mm), Bremsfläche 324 cm^2	Hydraulisch, Trommeln (Ø=180 mm), Bremsfläche 432 cm^2
Parkbremse	Seilzug (Hinterräder)	Seilzug (Hinterräder)	Seilzug (Hinterräder)

Modell (Baureihe)	BMW Isetta 250 (Mod. 101)	BMW Isetta 300 (Mod. 102)	BMW 600 (Mod. 106)
Allgemeine Daten			
Fahrzeugart (Türen/Sitze)	Citycoupé (1/2)	Citycoupé (1/2)	Minivan (2/4)
Aufbauform	Ganzstahlkarosserie, Stahlrohrrahmen	Ganzstahlkarosserie, Stahlrohrrahmen	Ganzstahlkarosserie, Stahlrohrrahmen
Radstand (mm)	1500	1500	1700
Spur vorn/hinten (mm)	1200/520	1200/520	1220/1160
Länge x Breite x Höhe (mm)	2285 x 1380 x 1340, ab 1956: 2355 x 1380 x 1340	2285 x 1380 x 1340, ab 1956: 2355 x 1380 x 1340	2900 x 1400 x 1375
Gepäckraum (L)	80	80	150
Reifen	4.80-10	4.80-10	5.20 x 10
Räder	3.00 x 10	3.00 x 10	3.50 x 10
Wendekreisdurchmesser (m)	8,3	8,3	8,4
Leermasse (kg)	360	360	550
zul. Gesamtmasse (kg)	580	600	900
Kraftstofftank (L)/Position	13/im Heck	13/im Heck	23/im Heck
Fahrleistungen			
Höchstgeschwindigkeit (km/h)	85	85	103
Beschleun. 0 - 100 km/h (s)	0 - 80: 40,0	0 - 80: 38,0	58,0
Verbrauch (L/100 km)	5,5	5,5	6,0
Sonstiges			
Preris (Anf./Ende Laufzeit) DM	2.280/2.650	2.890/2.710	3.985
Baujahre	1955 - 1962	1956 - 1962	1957 - 1959
Stückzahl	74.282	87.416	34.318

BMW Isetta 250 Export (1958)

BMW Isetta Dreirad (1959)

BMW 600, Prototyp 2 (1957)

BMW 600, Prototyp 3 (1957)

BMW 600, Prototyp 1 (1956)

BMW 600 (TYP 106) (1957 BIS 1959)

Weil die Isetta mit ihren nur zwei Sitzplätzen nur eine Basis-Mobilität befriedigen konnte, entstand eine viersitzige Version – die sogenannte „Große Isetta". Auch sie verfügte über den Fronteinstieg, hatte aber zusätzlich eine Seitentür hinten rechts. Die ersten Prototypen mussten noch ohne die Seitentür auskommen. Hinten fand sich eine Rückbank für zwei, so dass bis zu vier Insassen in den BMW 600 passten. Das Reserverad wurde derweil in der Fronttür verstaut.

Im Heck saß ein Zweizylinder-Boxermotor, abgeleitet aus dem Motorrad R 60. Die Kraftübertragung erfolgte über ein Viergang-Schaltgetriebe. Optional war das Fahrzeug auch mit dem halbautomatischen „Saxomat"-Getriebe lieferbar, einer Annehmlichkeit, die jedoch kaum Zuspruch beim Käufer fand. Die Hinterachse war mit knapp normaler Spurbreite als Schräglenker-Achse ausgebildet. Dies verlieh dem Wagen eine akzeptable Straßenlage.

BMW 600 (1959)

BMW 600 (1959)

BMW 600 (1958)

Das Fahrzeug zeichnete sich durch ausgereifte Technik und saubere Verarbeitung aus, wirkte aber in seiner Gesamtkonzeption dennoch wenig überzeugend. Was vor allem am hohen Preis (3.985 Mark) lag, für den man auch einen VW Käfer bekommen hätte – zudem hatte der BMW nur eine kleine Ablagemulde hinter dem Rücksitz.

Vorgestellt wurde das viersitzige Rollermobil Ende August 1957, die Serienproduktion begann im Dezember 1957. Nach Jahresfrist gab es ein erstes leichtes Facelift, erkennbar an den längeren Scheinwerfertöpfen und einer weiter nach hinten reichenden Zierleiste um die hinteren Lufteinlässe. Bis November 1959 wurden 34.318 Fahrzeuge gebaut – dann endete die Produktion zugunsten des neuen BMW 700.4.020 Sondermodelle, die für den Export nach Übersee bestimmt waren, wurden mit Stoßfängerbügeln und Sealed-Beam-Scheinwerfern ausgerüstet.

BMW 700 Coupé, Präsentation (1959)

BMW 700 (TYP 107) (1959 BIS 1965)

Bei BMW hatte sich in der zweiten Hälfte der 50er-Jahre die Einsicht durchgesetzt, dass nur mit einem erfolgreichen Mittelklasseauto der Weiterbestand des Unternehmens zu sichern war. Die Lösung kam nicht aus dem eigenen Hause, sondern von Wolfgang Denzel in Wien – BMW-Generalimporteur für Österreich, Konstrukteur und Rennfahrer. Er hatte die naheliegende Idee, aus dem erfolglosen BMW 600 ein „richtiges" Auto zu machen. Schon im November 1957 legte Denzel seine Entwürfe in München vor und erhielt im März 1958 den Auftrag, in Zusammenarbeit mit dem bekannten Karossier Michelotti (Turin) einen Prototyp aufzubauen. Der wurde im Juli 1958 der Unternehmensleitung von BMW präsentiert und akzeptiert.

Nur ein Jahr später ging der Kleinwagen – als erster BMW mit selbsttragender Karosserie – tatsächlich in Serie. Auf der Frankfurter Automobil-Ausstellung im September 1959, wo man außer dem Coupe erstmalig auch die Limousine zeigte, wurde der BMW 700 vom Publikum begeistert aufgenommen. Die kleinen Autos wiesen genau jenen sportlichen Charakter auf, den die Kundschaft schmerzlich vermisst hatte. Mit dem BMW 700 gelang dem Werk der Durchbruch zur lohnenden Großserienproduktion. Seine Produktion war im Nu für zwei Jahre im Voraus verkauft – das war die Rettung für das Unternehmen, denn so kam neues, dringend benötigtes Geld ins Haus.

Mit dem 700er kehrte BMW zum konventionellen Karosseriestil zurück. Der gebläsegekühlte Zweizylindermotor mit Leichtmetall-Kurbelgehäuse war wie beim 600er vom Motorrad abgeleitet und im Heck eingebaut. Die erste Version 1959 leistete 30 PS bei 5000/min, die sportlicheren Versionen später 40 PS. Unter der Fronthaube befand sich der Kofferraum; davor stand das Reserverad.

Das Coupe wurde ab August 1959 bis April 1964, die Limousine ab Dezember 1959 (Luxus-Limousine ab Januar 1961) bis April 1962 gebaut. Der BMW 700 Sport (ab 1963 BMW 700 CS genannt) unterschied sich äußerlich nicht vom BMW 700 Coupe, verfügte aber über eine spürbar höhere Motorleistung und eine sportgerechte Ausstattung. Er lief von August 1960 bis Mai 1964. Den 40-PS-Sportmotor besaß gleichermaßen das BMW 700 Cabrio

BMW 700 Coupé, Vorserie (1959)

BMW 700 Limousine (1961)

BMW 700 Coupé (1960)

(Karosserie Baur, Stuttgart), geliefert von September 1961 bis November 1964.

Nachfolger der BMW 700 Limousine war der von Februar 1963 bis September 1963 gefertigte 700 LS. Von ihm gab es wiederum auch eine von März 1962 bis November 1965 angebotene Luxusausführung (5.320 statt 4.785 Mark).

Die Karosserieform des LS blieb im Prinzip gleich, aber der Radstand legte um 160 und die Gesamtlange um 320 mm zu. Das Auto gewann damit beträchtlich an Beinraum für die hinteren Passagiere, gleichzeitig verbesserten sich die Fahr- und Federungseigenschaften. Äußerlich wirkte der kleine BMW nun viel stattlicher, wobei freilich volle 200 mm des hinteren Überhangs ungenutzter Raum blieben,

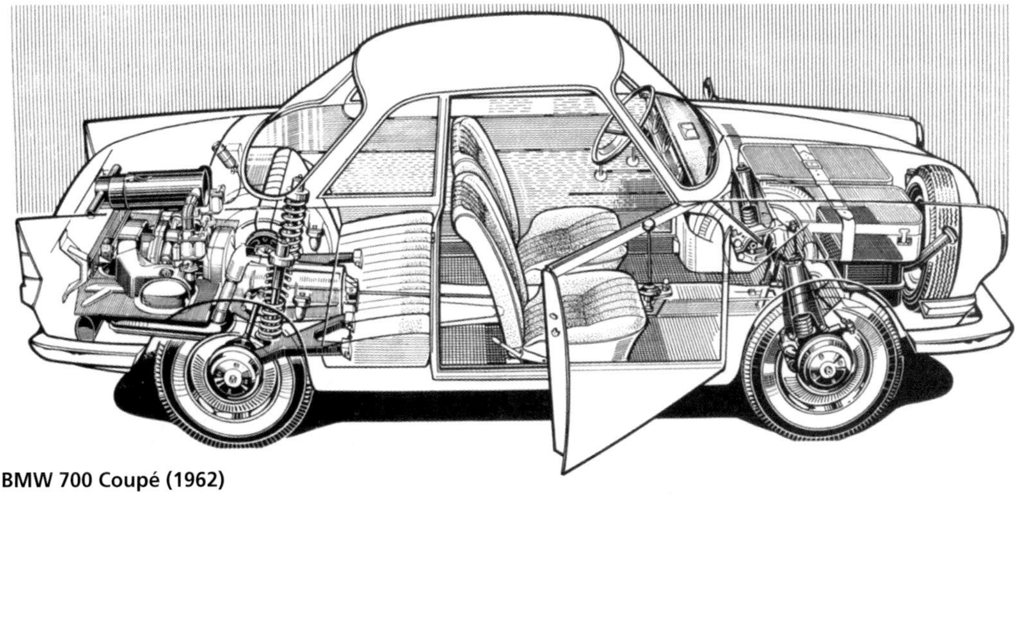

BMW 700 Coupé (1962)

BMW 700 S Coupé (1962)

BMW 700 S Coupé (1962)

BMW 700 Cabriolet (1963)

BMW 700 Cabriolet (1965)

weil der ursprünglich für den LS geplante Vierzylindermotor nur in wenigen Versuchsexemplaren zum Einbau kam.

Das BMW LS Coupe löste das kurze BMW 700 Coupe und den BMW 700 CS ab. Entsprechend den LS Limousinen wurde auch das Coupé verlängert, wobei sich jedoch keineswegs ebenso gefällige Proportionen ergaben. Die Karosserien für das LS Coupe fertigte wieder einmal Baur (Stuttgart) – von September 1964 bis September 1965.

Von allen 700- und LS-Modellen zusammen entstanden von August 1959 bis September 1965 insgesamt 188.121 Wagen, die sehr erfolgreich den Weg zur Mittelklasse geebnet hatten. In dieser Zeit wurde an einem größeren Nachfolger, dem „Mittelwagen", gearbeitet. Später wurde aber, was sicher die bessere Entscheidung war, das Programm um die Neue Klasse weiter ausgefächert.

Einer der Gründe für die lang anhaltende Popularität des 700ers waren die erfolgreichen Motorsporteinsätze. Denn das BMW 700 Coupé wurde von Anfang an bei Rallyes, Berg- und Rundstreckenrennen eingesetzt. Die Motorleistung wuchs dabei bis auf 60 PS dank zweier Solex-Fallstromvergaser und eines nicht serienmäßigen Hochdrehzahl-Konzepts. Das Leergewicht wurde zudem auf etwa 600 kg reduziert – je nach Übersetzung erreichten die Fahrzeuge bis 155 km/h. Für legendäre Siege sorgte vor allem Hans Stuck, der 1960 mit einem sehr speziellen, offenen 700 RS die deutsche Bergmeisterschaft gewann. Von jenem Renner entstanden 19 Einheiten bis zum Jahr 1963. Auch Willi Martini entwickelte ein eigenes Rennsportcoupé auf Basis des 700ers, das 1963 sehr erfolgreich bei Langstreckenrennen startete.

BMW 700 LS Luxus Limousine (1964)

BMW 700 LS Luxus Limousine (1964)

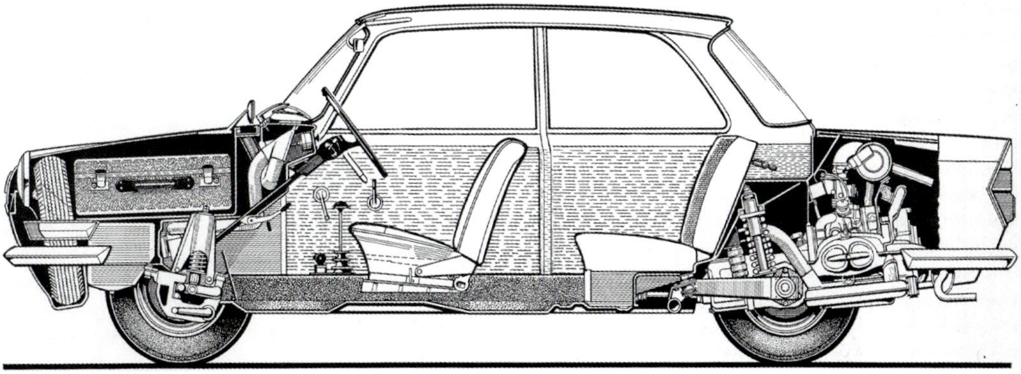

BMW 700 LS Limousine (1963)

BMW 700 LS Coupé (1965)

BMW 700/1500 „Mittelwagen“, Modell (1962)

BMW 700 Rennsport-Coupé (1960)

BMW 700 RS (1961)

BMW 700 mit Elektroantrieb, Prototyp (1972)

Modell (Baureihe)	BMW 700 Limousine (Mod. 107) BMW 700 Coupé (Mod. 107)	BMW 700 Sport Coupé/ Cabrio (Mod. 107/110) BMW 700 CS (Mod. 107)	BMW 700 LS Luxus (Mod. 119)	BMW 700 LS Coupé (Mod. 119)
Motor	M107, ab 2/1963: M111	M107S	M107, ab 2/1963: M111	M107S
Betriebsart	Otto (Viertakt)	Otto (Viertakt)	Otto (Viertakt)	Otto (Viertakt)
Material (Block/Kopf)	Alu	Alu	Alu	Alu
Zylinderzahl/Einbauposition	2 (Boxer), längs hinter Hinterachse	2 (Boxer), längs hinter Hinterachse	2 (Boxer), längs hinter Hinterachse	2 (Boxer), längs hinter Hinterachse
Bohrung x Hub (mm)	78 x 73	78 x 73	78 x 73	78 x 73
Hubraum (cm³)	697	697	697	697
Leistung (PS/kW bei U/min)	30 (22) bei 5000, ab 2/1963: 32 (24) bei 5000	40 (29) bei 5700	30 (22) bei 5000, ab 2/1963: 32 (24) bei 5000	40 (29) bei 5700
Drehmoment (Nm bei U/min)	50 bei 3400	51 bei 4500	50 bei 3400	51 bei 4500
Verdichtung	7,5 : 1	9,0 : 1	7,5 : 1	9,0 : 1
Gemischbildung	1 Fallstromvergaser	2 Fallstromvergaser	1 Fallstromvergaser	2 Fallstromvergaser
	Solex 34 PCI	Solex 34 PCI	Solex 34 PCI	Solex 34 PCI
Ventile pro Zylinder/ Betätigung	2, V-förmig hängend, Stoßstangen u. Kipphebel	2, V-förmig hängend, Stoßstangen u. Kipphebel	2, V-förmig hängend, Stoßstangen u. Kipphebel	2, V-förmig hängend, Stoßstangen u. Kipphebel
Nockenwelle(n)/Antrieb	1 zentral/Stirnräder	1 zentral/Stirnräder	1 zentral/Stirnräder	1 zentral/Stirnräder
Kurbelwellenlager	3	3	3	3
Kühlung	Gebläse/Luft	Gebläse/Luft	Gebläse/Luft	Gebläse/Luft
Schmierung	Druckumlauf/2,0 L Öl	Druckumlauf/2,0 L Öl	Druckumlauf/2,0 L Öl	Druckumlauf/2,0 L Öl
Batterie	12 V 24 Ah/vorn	12 V 24 Ah/vorn	12 V 24 Ah/vorn	12 V 24 Ah/vorn
Generator	Gleichstrom 190 W, Dynastartanlage	Gleichstrom 190 W, Dynastartanlage	Gleichstrom 190 W, Dynastartanlage	Gleichstrom 190 W, Dynastartanlage
Kraftübertragung	Hinterradantrieb	Hinterradantrieb	Hinterradantrieb	Hinterradantrieb
Kupplung	Einscheiben-Trocken	Einscheiben-Trocken	Einscheiben-Trocken	Einscheiben-Trocken
Schaltgetriebe	4Gang (vor der Hinterachse)	4Gang (vor der Hinterachse)	4Gang (vor der Hinterachse)	4Gang (vor der Hinterachse)
Übersetzungen	I. 3,54, II. 1,94, III.1,27, IV. 0,839	Coupé: I. 2,667, II. 1,60, III.1,148, IV. 0,839	I. 3,54, II. 1,94, III.1,27, IV. 0,839	I. 3,54, II. 1,94, III.1,27, IV. 0,839
		Cabrio: I. 3,54, II. 1,94, III.1,27, IV. 0,839		
Antriebsübersetzung	5,43	5,43	5,43	5,43
Fahrwerk				
Vorderradaufhängung	Geschobene Längsschwingen, Schraubenfedern			
Hinterradaufhängung	Schräglenkerachse, Schraubenfedern, LS: Gummi-Hohlfedern, Coupé/CS: Stabi			

Modell (Baureihe)	BMW 700 Limousine (Mod. 107) BMW 700 Coupé (Mod. 107)	BMW 700 Sport Coupé/ Cabrio (Mod. 107/110) BMW 700 CS (Mod. 107)	BMW 700 LS Luxus (Mod. 119)	BMW 700 LS Coupé (Mod. 119)
Lenkung	Zahnstange (hydr.), 17,85 : 1	Zahnstange (hydr.), 17,85 : 1	Zahnstange (hydr.), 17,85 : 1	Zahnstange (hydr.), 17,85 : 1
Betriebsbremse v/h (mm)	Hydraulisch, Trommeln (Ø=200) , Bremsfläche 588 cm²	Hydraulisch, Trommeln (Ø=200), Bremsfläche 588 cm²	Hydraulisch, Trommeln (Ø=200), Bremsfläche 588 cm²	Hydraulisch, Trommeln (Ø=200), Bremsfläche 588 cm²
Parkbremse	Seilzug (Hinterräder)	Seilzug (Hinterräder)	Seilzug (Hinterräder)	Seilzug (Hinterräder)
Allgemeine Daten				
Fahrzeugart (Türen/Sitze)	Stufenheck-Limousine (2/4), Coupé (2/2+2)	Coupé, Cabrio (2/2+2)	Stufenheck-Limousine (2/4)	Coupé (2/2+2)
Aufbauform	Ganzstahlaufbau, selbsttragend	Ganzstahlaufbau, selbsttragend	Ganzstahlaufbau, selbsttragend	Ganzstahlaufbau, selbsttragend
Radstand (mm)	2120	2120	2280	2280
Spur vorn/hinten (mm)	1270/1200	1270/1200	1270/1200	1270/1200
Länge x Breite x Höhe (mm)	3540 x 1480 x 1345 (Coupé: 1270)	3540 x 1480 x 1345 (Cabrio: 1290)	3860 x 1480 x 1360	3860 x 1480 x 1300
Gepäckkraum (L)	200		200	
Reifen v/h	5.20-12, ab 9/1963: 5.50-12	5.50-12	5.20-12, ab 9/1963: 5.50-12	5.50-12
Räder (v/h)	3.5 J x 12 (Stahl)	3.5 J x 12 (Stahl)	3.5 J x 12 (Stahl)	3.5 J x 12 (Stahl)
Wendekreisdurch-messer (m)	10,1	10,1	10,6	10,6
Bodenfreiheit (cm)	12,5	12,5	11,0	11,0
Leermasse (kg) DIN	640	Coupé: 650, Cabrio: 685	680	690
zul. Gesamtmasse (kg) DIN	Lim.: 960, Coupé: 860	Coupé: 860, Cabrio: 910	1050	1050
Kraftstofftank (L)/Position	30/vorn	30/vorn	30/vorn	30/vorn
Fahrleistungen				
Höchstgeschwindigkeit (km/h)	Lim.: 120, Coupé: 125	135	120	135
Beschleun. 0 - 100 km/h (s)	Lim.: 30,0, Coupé: 26,5	20,0	33,0	22,0
Verbrauch (L/100 km)	7,0	7,5	7,5	7,5
Sonstiges				
Preis (Anf./Ende Laufz.) DM	Lim.: 4.760, Coupé: 5.300/5.500	Coupé: 5.850, Cabrio: 6.950	LS Luxus: 5.320/4.985, LS: 4.785	5.850
Baujahre	700 Lim.: 1960 - 1961, 700 Coupé: 1959 - 1964	700 Sport: 1960 - 1963, 700 CS: 1963 - 1964	1962 - 1965	1964 - 1965
Stückzahl	62.141 Limousinen, 19.896 Coupés	9436 Coupés, 2.592 Cabrios	92.416	1.730

NEUE KLASSE (TYP 115) (1962 BIS 1972)

Die grundsätzlich viertürige „Neue Klasse" (interner Baureihencode 115, Modellvarianten 116, 118, 121) wurde auf der IAA im September 1961 vorgestellt. Sie war die lang erwartete, erste Mittelklasse-Baureihe nach dem Zweiten Weltkrieg und füllte endlich die Lücke zwischen den Kleinwagen Isetta und 700 und dem Oberklasse-Modell 502. Es begann mit dem BMW 1500, der in Frankfurt für gewaltiges Aufsehen sorgte. Zwar war dieser Musterwagen (Prototyp mit 75 PS, Richtpreis 8.500 Mark) noch längst nicht serienreif, doch fanden Technik und Form des neuen BMW begeisterten Beifall. In der Serie war und blieb dann der BMW 1500 allerdings ein mit allzu vielen Problemen behaftetes Auto. Die Vorserie lief ab Februar 1962, während die reguläre Produktion von Oktober 1962 bis Dezember 1964 dauerte (für einige Exportmärkte lief sie noch bis 1966 weiter).

BMW 1500 (1962)

Modell (Baureihe)	BMW 1500 (115)	BMW 1600 (115/116)
Motor	M115 (M10)	M116 (M10)
Betriebsart	Otto (Viertakt)	Otto (Viertakt)
Material (Block/Kopf)	Grauguss	Grauguss
Zylinderzahl/Einbauposition	4 (Reihe), längs über Vorderachse	4 (Reihe), längs über Vorderachse
Bohrung x Hub (mm)	82 x 71	84 x 71
Hubraum (cm³)	1773	1773
Leistung (PS/kW bei U/min)	80 (59) bei 5700	83 (61) bei 5500
Drehmoment (Nm bei U/min)	118 bei 3000	124 bei 3000
Verdichtung	8,8 : 1	8,6 : 1
Gemischbildung	1 Fallstromvergaser	1 Fallstromvergaser
	Solex 34 PICB, 1964: Solex 36-40 PDSI	Solex 36-40 PDSI
Ventile pro Zylinder/Betätigung	2, V-förmig hängend	2, V-förmig hängend
Nockenwelle(n)/Antrieb	1 oben liegend/Kette	1 oben liegend/Kette
Kurbelwellenlager	5	5
Kühlung	Pumpe/7,0 L Wasser	Pumpe/7,0 L Wasser
Schmierung	Druckumlauf/4,25 L Öl	Druckumlauf/4,25 L Öl

Modell (Baureihe)	BMW 1500 (115)	BMW 1600 (115/116)
Batterie	6 V 77 Ah/vorn	6 V 77 Ah/vorn
Generator	Gleichstrom 200 W	Gleichstrom 250 W
Kraftübertragung	Hinterradantrieb	Hinterradantrieb
Kupplung	Einscheiben-Trocken	Einscheiben-Trocken
Schaltgetriebe	4Gang	4Gang
Synchronisierung	I-IV	I-IV
Übersetzungen	I. 3,816, II. 2,070, III.1,355, IV. 1,0	I. 3,816, II. 2,070, III.1,355, IV. 1,0
Antriebsübersetzung	4,375	4,275
Fahrwerk		
Vorderradaufhängung	Einzelradaufh. mit McPherson-Federbeinen, Schraubenfedern	
Hinterradaufhängung	Einzelradaufh. mit Schräglenkerachse, Schraubenfedern	
Lenkung	Schnecke (hydr.), 17,58 : 1	Schnecke (hydr.), 17,58 : 1
Betriebsbremse v/h (mm)	Hydr. (Servo),	Hydr. (Servo),
	Scheiben vorn (Ø=268), Trommeln hinten (Ø=250)	Scheiben vorn (Ø=268), Trommeln hinten (Ø=250)
Parkbremse	Seilzug (Hinterräder)	Seilzug (Hinterräder)
Allgemeine Daten		
Fahrzeugart (Türen/Sitze)	Stufenheck-Limousine (4/5)	Stufenheck-Limousine (4/5)
Aufbauform	Ganzstahlaufbau, selbsttragend	Ganzstahlaufbau, selbsttragend
Radstand (mm)	2550	2550
Spur vorn/hinten (mm)	1320/1366	1330/1376
Länge x Breite x Höhe (mm)	4500 x 1710 x 1450	4500 x 1710 x 1450
Gepäckkraum (L)	600	600
Reifen (v/h)	6.0-14	6.0 S 14
Räder (v/h)	4.5 J x 14 (Stahl)	4.5 J x 14 (Stahl)
Wendekreisdurchmesser (m)	10,6 - 10,8	10,6 - 10,8
Bodenfreiheit (cm)	15	15
Leermasse (kg) DIN	1060	1070
zul. Gesamtmasse (kg) DIN	1450	1450
Kraftstofftank (L)/Position	53/hinten	53/hinten
Fahrleistungen		
Höchstgeschwindigkeit (km/h)	148	155
Beschleun. 0 - 100 km/h (s)	16,0	14,0
Verbrauch (L/100 km)	11,0, 1964: 11,5	12,0
Sonstiges		
Preis (Anf./Ende Laufz.) DM	9.485	9,485/9.685
Baujahre	1962 - 1964	1964 - 1966
Stückzahl	23.807	10.278

BMW 1500 (1963)

BMW 1600 (1964)

BMW 1500 Baur Kombi, Prototyp (1963)

BMW 1800 (1963)

Nachfolger des 1500ers war der von März 1964 bis April 1966 gefertigte BMW 1600: Äußerlich gab es kaum Unterschiede, doch in der Reife und Detailqualität war der Typ 1600 das unvergleichlich bessere Auto. Abgeleitet vom Typ 1600 wurde die ebenfalls 1966 erschienene zweitürige Variante 1600-2 (später 1602). Dass der Typ 1600 der Neuen Klasse nicht länger im Programm blieb, hat zwei Gründe: Zum einen litt er zu Unrecht unter dem schlechten Ruf des Vorgängers, andererseits stand er schon bald im Schatten des inzwischen dazugekommenen BMW 1800.

Jener Typ 1800 kam mit der Karosserie von BMW 1500 und 1600, unterschied sich aber sofort dank eines durchgehenden Chromstreifens. Wichtiger war der größere Motor, der noch viel Leistungspotenzial in sich barg. Vorgestellt wurden BMW 1800 und 1800 TI (Touring International, mit Doppelvergaseranlage) im September 1963. Die Produktion des Ersteren begann sofort, während der 1800 TI erst ab Februar 1964 vom Band lief. Auch diese beiden Modelle bereiteten im ersten Jahr noch reichlich Kummer.

1964 bis Herbst 1965 war ferner der BMW 1800 TI/SA (= TI/Sport-Ausführung) für 13.500 Mark in einer Auflage von nur 200 Stück lieferbar und als Wettbewerbsfahrzeug ausschließlich Lizenzfahrern vorbehalten. Der Motor war sehr aufwendig überarbeitet worden (größere Ventile,

BMW 1800 TISA (1965)

300-Grad-Nockenwelle, zwei Weber-Doppelvergaser 45 DCOE, Verdichtung 10,5:1, Kurbelwelle mit acht Gegengewichten, 130 PS bei 6100 U/min, Spitze 180 km/h), dazu gab es ein Fünfganggetriebe. Auch das Fahrwerk wurde modifiziert - Federbeine vorn mit vergrößerten Lagern und Naben sowie vergrößerten Bremsscheiben, stärkere Stabilisatoren vorn und hinten, direktere Lenkübersetzung. Optisch glich der 1800 Ti/SA weitgehend dem 1800 TI, er trug auch dessen Typenschild. Der Innenraum des Ti/SA war mit speziellen Schalensitzen, einem großen vorstehenden Drehzahlmesser und einem Holzlenkrad aufgerüstet worden. Die Produktion des 1800 TI endete im Herbst 1968, nachdem dieses Modell angesichts des inzwischen auf den Markt gerollten BMW 2000 uninteressant geworden war.

Der normale 1800 hingegen behielt weiterhin wegen seiner Wirtschaftlichkeit und Zuverlässigkeit einen treuen Kundenstamm. Ab August 1968 bekam der BMW 1800 seine Hochform durch Übergang auf Kurzhubmotor. Während seither Motorblock und Kolben mit dem 1600, hingegen die Kurbelwelle mit dem 2000 baugleich waren, besaß der 1800 nunmehr genau umgekehrt Block und Kolben des 2000 sowie die Kurbelwelle des 1600 (also andere Bohrung-/Hub-Maße). Dieser Motor lief bei gleicher Nennleistung ruhiger, elastischer und drehfreudiger. Neu war außerdem die Zweikreisbremse und der schwarzer Grill mit Mittelstreifen. Im April 1971 kamen Rechteck-Scheinwerfer und eine äußere Angleichung an den BMW 2000. Die Produktion endete noch im Jahr 1971.

Ende Januar 1966 kamen der BMW 2000 mit 100-PS- und der BMW 2000 TI mit 120-PS-Zweiliter-Motor. Der BMW 2000 hatte Rechteck-Scheinwerfer, während der 2000 TI die Front des BMW 1800 behielt. Das erwies sich jedoch als Verkaufshindernis – und darum debütierte ab Juli 1966 der BMW 2000 tilux mit Rechteck-Scheinwerfern. Der BMW 2000 TI wurde dagegen im Sommer 1968 aus dem Programm genommen. Ab August 1968 hatten alle Neue-Klasse-Modelle eine Zweikreisbremse. Der BMW 2000 tilux lief noch bis März 1970. Als dessen Nachfolger erschien ab Ende 1969 der BMW 2000 ti mit Einspritzmotor, der aber wegen seines hohen Preises und der im Verhältnis dazu nur unwesentlich höheren Leistung schwer verkäuflich blieb.

Gleichbleibender Beliebtheit und hoher Wertschätzung bis zuletzt erfreute sich hingegen der normale BMW 2000. Wie alle Ausführungen der „Neuen Klasse" litt er zwar unter einer ziemlich unkomfortablen Federung und einem arg schwachen Abblendlicht. Sympathie hingegen erweckten die kompakten Außenmaße des Wagens, die wesentlich zu seiner Handlichkeit und Wendigkeit beitrugen. Vor allem aber bestach er durch seine großartigen Lenkungs- und Kurveneigenschaften, durch gute Bremsen, die ordentliche Ausstattung sowie die für ihre Zeit ausgesprochen hübsche und gediegene Form der Karosserie. Im Übrigen erfreute sich speziell der 2000 eines angenehm elastischen Motors.

Die Produktion des BMW 2000 und des 2000 ti endete im Juni 1972, wobei es der Letztere insgesamt nur auf lediglich 1.952 Exemplare gebracht hatte, während dem normalen BMW 2000 ein Massenerfolg beschieden war.

BMW 1800 TI mit Rennfahrer Hubert Hahne (1964)

BMW 2000 (1967)

BMW 2000 (1966)

BMW 2000 tilux (1966)

Modell (Baureihe)	BMW 1800 (115/118)	BMW 1800 TI (115/118)	BMW 1800 TI/SA (115/118)	BMW 1800 (115/118)
Motor	M118 B18	M118 B18	M118 B18	M118 KH B18
Betriebsart	Otto (Viertakt)	Otto (Viertakt)	Otto (Viertakt)	Otto (Viertakt)
Material (Block/Kopf)	Grauguss	Grauguss	Grauguss	Grauguss
Zylinderzahl/Einbauposition	4 (Reihe), längs über Vorderachse	4 (Reihe), längs über Vorderachse	4 (Reihe), längs über Vorderachse	4 (Reihe), längs über Vorderachse
Bohrung x Hub (mm)	84 x 80	84 x 80	84 x 80	89 x 71
Hubraum (cm³)	1773	1773	1773	1766
Leistung (PS/kW bei U/min)	90 (66) bei 5260	110 (81) bei 5800	130 (96) bei 6100	90 (66) bei 5250
Drehmoment (Nm bei U/min)	143 bei 3000	148 bei 4000	157 bei 5250	143 bei 3000
Verdichtung	8,6 : 1	8,3 : 1	8,1 : 1	8,6 : 1
Gemischbildung	1 Fallstromvergaser	2 Doppel-Flachstromvergaser	1 Fallstrom-Register-vergaser	1 Fallstromvergaser
	Solex 36-38 PDSI	Solex 40 PHH	Weber 45 DCOE	Solex 38 PDSI
Ventile pro Zylinder/ Betätigung	2, V-förmig hängend	2, V-förmig hängend	2, V-förmig hängend	2, V-förmig hängend
Nockenwelle(n)/Antrieb	1 oben liegend/Kette	1 oben liegend/Kette	1 oben liegend/Kette	1 oben liegend/Kette
Kurbelwellenlager	5	5	5	5
Kühlung	Pumpe/7,0 L Wasser	Pumpe/7,0 L Wasser	Pumpe/7,0 L Wasser	Pumpe/7,0 L Wasser
Schmierung	Druckumlauf/4,25 L Öl	Druckumlauf/5,25 L Öl	Druckumlauf/5,25 L Öl	Druckumlauf/4,25 L Öl
Batterie	6 V 77 Ah/vorn	12 V 66 Ah/vorn	12 V 66 Ah/vorn	12 V 44 Ah/vorn
Generator	Gleichstrom 250 W	Wechselstrom 360 W	Wechselstrom 360 W	Wechselstrom 490 W
Kraftübertragung	Hinterradantrieb	Hinterradantrieb	Hinterradantrieb, a.W. Sperrdiff.	Hinterradantrieb
Kupplung	Einscheiben-Trocken	Einscheiben-Trocken	Einscheiben-Trocken	Einscheiben-Trocken
Schaltgetriebe	4Gang	4Gang	5Gang	4Gang
Synchronisierung	I-IV	I-IV	I-V	I-IV
Übersetzungen	I. 3,816, II. 2,070, III.1,33, IV. 1,0	I. 3,816, II. 2,070, III.1,33, IV. 1,0	I. 3,330, II. 2,150, III.1,565, IV. 1,225, V. 1,0	I. 3,835, II. 2,053, III.1,345, IV. 1,0
	ab 1/1966: I. 3,835, II. 2,053, III.1,345, IV. 1,0	ab 3/1967: I. 3,835, II. 2,053, III.1,345, IV. 1,0		ab 6/1969: I. 3,764, II. 2,015, III.1,32, IV. 1,0
Antriebsübersetzung	4,22	4,11 bzw. 3,89	4,11; 4,22; 4,75 oder 5,86	4,11
Automatik	ab 1966 3Stufen (ZF)	3Stufen (hydr. Wandler)	3Stufen (hydr. Wandler)	3Stufen (ZF)
Übersetzungen	I. 2,56, II. 1,52, III. 1,0	I. 2478, II. 1,478, III.1,00	I. 2478, II. 1,478, III.1,00	I. 2,56, II. 1,52, III. 1,0
Antriebsübersetzung	4,11	4,11	4,11	4,11

Modell (Baureihe)	BMW 1800 (115/118)	BMW 1800 TI (115/118)	BMW 1800 TI/SA (115/118)	BMW 1800 (115/118)
Fahrwerk				
Vorderradaufhängung	Einzelradaufh. mit McPherson-Federbeinen, Schraubenfedern, a.W. Stabi (Serie für 1800 TI u. 1800 TI/SA)			
Hinterradaufhängung	Einzelradaufh. mit Schräglenkerachse, Schraubenfedern, a.W. Stabi (Serie für 1800 TI/SA)			
Lenkung	Schnecke (hydr.), 17,58 : 1	Schnecke (hydr.), 17,58 : 1	Schnecke (hydr.), 14,5 : 1	Schnecke (hydr.), 17,58 : 1
Betriebsbremse v/h (mm)	Hydr. (Servo),	Hydr. (Servo),	Hydr. (Servo),	Hydr. (Servo),
	Scheiben vorn (Ø=268), Trommeln hinten (Ø=250)	Scheiben vorn (Ø=268), Trommeln hinten (Ø=250)	Scheiben vorn (Ø=272), Trommeln hinten (Ø=250)	Scheiben vorn (Ø=272), Trommeln hinten (Ø=250)
Parkbremse	Seilzug (Hinterräder)	Seilzug (Hinterräder)	Seilzug (Hinterräder)	Seilzug (Hinterräder)
Allgemeine Daten				
Fahrzeugart (Türen/Sitze)	Stufenheck-Limousine (4/5)	Stufenheck-Limousine (4/5)	Stufenheck-Limousine (4/5)	Stufenheck-Limousine (4/5)
Aufbauform	Ganzstahlaufbau, selbsttragend	Ganzstahlaufbau, selbsttragend	Ganzstahlaufbau, selbsttragend	Ganzstahlaufbau, selbsttragend
Radstand (mm)	2550	2550	2550	2550
Spur vorn/hinten (mm)	1320/1366	1330/1376	1330/1376	1330/1376
Länge x Breite x Höhe (mm)	4500 x 1710 x 1450	4500 x 1710 x 1450	4500 x 1710 x 1450	4500 x 1710 x 1450
Gepäckraum (L)	600	600	600	600
Reifen (v/h)	6.0 S 14, a.W. 165 SR 14	6.0 S 14, a.W. 165 SR 14	165 HR 14 oder 6.00-14 Racing	6.0 S 14, a.W. 165 SR 14
Räder (v/h)	4.5 J x 14 (Stahl)	5.0 JK x 14 (Stahl)	5.0 JK x 14 (Stahl)	5.0 J x 14 (Stahl)
Wendekreisdurchmesser (m)	10,6 - 10,8	10,6 - 10,8	10,6 - 10,8	10,6 - 10,8
Bodenfreiheit (cm)	15	15	15	15
Leermasse (kg) DIN	1090	1120	1050	1130
zul. Gesamtmasse (kg) DIN	1470	1440	1440	1500, ab 1971: 1550
Kraftstofftank (L)/Position	53/hinten	53/hinten	53, a.W. 105/hinten	53/hinten
Fahrleistungen				
Höchstgeschwindigkeit (km/h)	162 (158)	175	186	166 (162)
Beschleun. 0 - 100 km/h (s)	13,0 (15,0)	11,0	9,0	13,0 (15,0)
Verbrauch (L/100 km)	12,0 (13,0)	14,0	16,0	12,0 (13,0)
Sonstiges				
Preis (Anf./Ende Laufz.) DM	9.985/10.715	10.960/11.160		10.715/12.870
Baujahre	1963 - 1968	1964 - 1966	1964 - 1965	1968 - 1971
Stückzahl	insgesamt 164.958			

BMW 2000 tilux (1967)

BMW 2000 TI mit Rennfahrer Rauno Aaltonen (1966)

M-YV 269

Modell (Baureihe)	BMW 2000 (115/121)	BMW 2000 TI (115/121) BMW 2000 tilux (E121)	BMW 2000 tii (115/121)
Motor	M05	M05	M15
Betriebsart	Otto (Viertakt)	Otto (Viertakt)	Otto (Viertakt)
Material (Block/Kopf)	Grauguss	Grauguss	Grauguss
Zylinderzahl/Einbauposition	4 (Reihe), längs über Vorderachse	4 (Reihe), längs über Vorderachse	4 (Reihe), längs über Vorderachse
Bohrung x Hub (mm)	89 x 80	89 x 80	89 x 80
Hubraum (cm³)	1990	1990	1990
Leistung (PS/kW bei U/min)	100 (74) bei 5500	120 (88) bei 5500	130 (96) bei 5800
Drehmoment (Nm bei U/min)	157 bei 3000	167 bei 3600	177 bei 4500
Verdichtung	8,5 : 1	9,3 : 1	9,5 : 1
Gemischbildung	1 Fallstromvergaser	2 Dopel-Flachstromvergaser	Saugrohr-Einspritzung
	Solex 40 PDSI	Solex 40 PHH	Kugelfischer PL04
Ventile pro Zylinder/Betätigung	2, V-förmig hängend	2, V-förmig hängend	2, V-förmig hängend
Nockenwelle(n)/Antrieb	1 oben liegend/Kette	1 oben liegend/Kette	1 oben liegend/Kette
Kurbelwellenlager	5	5	5
Kühlung	Pumpe/7,0 L Wasser	Pumpe/7,0 L Wasser	Pumpe/7,0 L Wasser
Schmierung	Druckumlauf/4,25 L Öl	Druckumlauf/4,25 L Öl	Druckumlauf/4,25 L Öl
Batterie	12 V 44 Ah/vorn	12 V 44 Ah/vorn	12 V 44 Ah/vorn
Generator	Wechselstrom 490 W	Wechselstrom 490 W	Wechselstrom 630 W
Kraftübertragung	Hinterradantrieb	Hinterradantrieb	Hinterradantrieb, a.W. Sperrdiff.
Kupplung	Einscheiben-Trocken	Einscheiben-Trocken	Einscheiben-Trocken
Schaltgetriebe	4Gang	4Gang	5Gang
Synchronisierung	I-IV	I-IV	I-V
Übersetzungen	I. 3,835, II. 2,053, III.1,345, IV. 1,0	I. 3,835, II. 2,053, III.1,345, IV. 1,0	I. 3,835, II. 2,053, III.1,345, IV. 1,0
Antriebsübersetzung	4,11	3,90	3,90
Automatik	ab 8/1968: 3Stufen (ZF)		
Übersetzungen	I. 2,56, II. 1,52, III. 1,0, Achsantr.: 4,11		
Fahrwerk			
Vorderradaufhängung	Einzelradaufh. mit McPherson-Federbeinen, Schraubenfedern, a.W. Stabi (Serie für 2000 TI u. 2000 tii)		
Hinterradaufhängung	Einzelradaufh. mit Schräglenkerachse, Schraubenfedern, a.W. Stabi (Serie für 1800 TI/SA)		
Lenkung	Schnecke (hydr.), 17,58 : 1	Schnecke (hydr.), 17,58 : 1	Schnecke (hydr.), 17,58 : 1
Betriebsbremse v/h (mm)	Hydr. (Servo), ab 1968: Doppel-Zweikreis	Hydr. (Servo), ab 1968: Doppel-Zweikreis	Hydr. (Servo), Zweikreis
	Scheiben vorn (Ø=272), Trommeln hinten (Ø=250)	Scheiben vorn (Ø=272), Trommeln hinten (Ø=250)	Scheiben vorn (Ø=272) Trommeln hinten (Ø=250)
Parkbremse	Seilzug (Hinterräder)	Seilzug (Hinterräder)	Seilzug (Hinterräder)

Modell (Baureihe)	BMW 2000 (115/121)	BMW 2000 TI (115/121) BMW 2000 tilux (E121)	BMW 2000 tii (115/121)
Allgemeine Daten			
Fahrzeugart (Türen/Sitze)	Stufenheck-Limousine (4/5)	Stufenheck-Limousine (4/5)	Stufenheck-Limousine (4/5)
Aufbauform	Ganzstahlaufbau, selbsttragend	Ganzstahlaufbau, selbsttragend	Ganzstahlaufbau, selbsttragend
Radstand (mm)	2550	2550	2550
Spur vorn/hinten (mm)	1330/1376	1330/1376	1330/1376
Länge x Breite x Höhe (mm)	4500 x 1710 x 1450	4500 x 1710 x 1450	4500 x 1710 x 1450
Gepäckkraum (L)	600	600	600
Reifen (v/h)	6.45/165 S 14, a.W. (Serie ab 7/70) 165 SR 14	6.95/175 H 14, a.W. 175 SR/HR 14	175 HR 14
Räder (v/h)	5.0 J x 14	5.5 J x 14	5.5 J x 14
Wendekreisdurchmesser (m)	10,6 - 10,8	10,6 - 10,8	10,6 - 10,8
Bodenfreiheit (cm)	15	15	15
Leermasse (kg) DIN	1170 (1190)	TI: 1150, tilux: 1170	1170
zul. Gesamtmasse (kg) DIN	1550	1540	1560
Kraftstofftank (L)/Position	53/hinten	53/hinten	53, a.W. 105/hinten
Fahrleistungen			
Höchstgeschwindigkeit (km/h)	168 (164)	181	185
Beschleun. 0 - 100 km/h (s)	13,0 (14,0)	12,0	11,0
Verbrauch (L/100 km)	13,0 (13,5)	13,5	13,5
Sonstiges			
Preis (Anf./Ende Laufz.) DM	11.475/13.790	TI: 11.750/tilux: 12.750/13.765	14.290/15.460
Baujahre	1966 - 1972	TI: 1966 - 1968; tilux: 1966 - 1970	1969 - 1972
Stückzahl	insgesamt 165.335		

PRODUKTION BMW NEUE KLASSE 1962 BIS 1974

Typ	1962	1963	1964	1965	1966	1967	1968	1969	1970	1971	1972	1973	1974	Summe
1500	1.737	19.643	2.436											23.807
1600			2.131	6,395	1.202									9.728
				(+ 550)										(+ 550)
1800		8.353	33.254	50.675	13.397	9.312	7.844	11.273	14.837	7.653				156.598
			(+ 2)	(+ 847)	(+ 1.090)	(+ 264)	(+ 2.561)	(+ 1.576)	(+ 878)	(+ 140)	(+ 205)	(+ 413)	(+ 384)	(+ 8.360)
2000				57	43.431	34.418	26.350	22.420-	17.625	10.603	337			155.241
					(+ 1.494)	(+ 1.078)	(+ 1.184)	(+ 1.846)	(+ 1.670)	(+ 725)	(+ 689)	(+ 1.036)	(+ 372)	(+ 10.094)

Klammerwerte = Auslandsfertigung

2000 C/CS (TYP 115/120) (1965 BIS 1970)

Abgeleitet vom Volumenmodell der Neuen Klasse, dem BMW 2000, erschien 1965 eine Coupévariante mit von Karmann entworfenen und gebauter Karosserie. Zuvor hatte Baur in Stuttgart noch erfolglos versucht, einen eigenen Entwurf durchzubringen. Das Karmann-Design war stimmiger, wenngleich nicht ohne Kritik: Die Fahrgastzelle mit den schmalen Dachstützen war ungewohnt luftig und bot eine völlig neue Optik. Der Innenraum wurde ausgesprochen luxuriös aufgewertet. Wegen seiner gleichermaßen ungewohnten Scheinwerfer-Form wurde das Auto im Volksmund indes als Schlitz- oder Schafaugen-Coupé geschmäht, viele Kritiker hielten die Limousine für stilistisch gelungener.

In der Öffentlichkeit nie bekannt wurde die Schöpfung einer Studentengruppe der Pfälzischen Meisterschule für

BMW 2000 CS (1966)

Handwerker, der 1964 mit dem Umbau eines 1800ers begann und daraus in jahrelanger Arbeit das Hurrican-Coupé machte. Es blieb ein Einzelstück.

Für den serienmäßigen 2000 wurden zwei Versionen gleichen Hubraums angeboten – der 2000 C mit 100 PS starkem Einfachvergaser und der 2000 CS mit 120 PS starkem Doppelvergaser. Der größte Teil der C-Varianten wurden mit der damals neuen Dreistufen-Automatik von ZF geordert. Bis zum Jahr 1970 blieb das Coupé im Programm. Die Stückzahlangaben schwanken – BMW selbst nennt 3,692 Einheiten des 100-PS-Typs und 9.999 von der 120-PS-Ausführung, während Werner Oswald nur 2.837 bzw. 8.883 Stück aufgeführt hat. Die Grundkarosserie des 2000 C/CS war später die Basis für die legendären Sechszylinder-CS-Modelle.

BMW 2000 C (1967)

BMW 2000 ti Baur Coupé, 1 : 1-Modell (1964)

BMW Hurrican 1800, Unikat der Pfälzischen Meisterschule Kaiserslautern (1964)

Modell (Baureihe)	BMW 2000 C (E115/120)	BMW 2000 CS (E115/120)
Motor	M05	M05
Betriebsart	Otto (Viertakt)	Otto (Viertakt)
Material (Block/Kopf)	Grauguss	Grauguss
Zylinderzahl/Einbauposition	4 (Reihe), längs über Vorderachse	4 (Reihe), längs über Vorderachse
Bohrung x Hub (mm)	89 x 80	89 x 80
Hubraum (cm^3)	1990	1990
Leistung (PS/kW bei U/min)	100 (74) bei 5500	120 (88) bei 5500
Drehmoment (Nm bei U/min)	157 bei 3000	167 bei 3600
Verdichtung	8,5 : 1	9,3 : 1
Gemischbildung	1 Fallstromvergaser	2 Dopel-Flachstromvergaser
	Solex 40 PDSI	Solex 40 PHH
Ventile pro Zylinder/Betätigung	2, V-förmig hängend	2, V-förmig hängend
Nockenwelle(n)/Antrieb	1 oben liegend/Kette	1 oben liegend/Kette
Kurbelwellenlager	5	5
Kühlung	Pumpe/7,0 L Wasser	Pumpe/7,0 L Wasser
Schmierung	Druckumlauf/4,25 L Öl	Druckumlauf/4,25 L Öl
Batterie	12 V 44 Ah/vorn	12 V 44 Ah/vorn
Generator	Wechselstrom 490 W	Wechselstrom 490 W
Kraftübertragung	Hinterradantrieb	Hinterradantrieb
Kupplung	Einscheiben-Trocken	Einscheiben-Trocken
Schaltgetriebe	4Gang	4Gang
Synchronisierung	I-IV	I-IV
Übersetzungen	I. 3,835, II. 2,053, III.1,345, IV. 1,0	I. 3,835, II. 2,053, III.1,345, IV. 1,0
Antriebsübersetzung	4,11	3,90
Automatik	3Stufen (ZF)	
Übersetzungen	I. 2,56, II. 1,52, III. 1,0, Achsantr.: 4,11	
Fahrwerk		
Vorderradaufhängung	Einzelradaufh. mit McPherson-Federbeinen, Schraubenfedern, a.W. Stabi (Serie für 2000 CSi)	
Hinterradaufhängung	Einzelradaufh. mit Schräglenkerachse, Schraubenfedern, a.W. Stabi (Serie für 2000 CS)	
Lenkung	Schnecke (hydr.), 17,58 : 1	Schnecke (hydr.), 17,58 : 1
Betriebsbremse v/h (mm)	Hydr. (Servo), ab 1968: Doppel-Zweikreis	Hydr. (Servo), ab 1968: Doppel-Zweikreis
	Scheiben vorn (Ø=272), Trommeln hinten (Ø=250)	Scheiben vorn (Ø=272), Trommeln hinten (Ø=250)
Parkbremse	Seilzug (Hinterräder)	Seilzug (Hinterräder)
Allgemeine Daten		
Fahrzeugart (Türen/Sitze)	Coupé (2/2+2)	Coupé (2/2+2)
Aufbauform	Ganzstahlaufbau, selbsttragend	Ganzstahlaufbau, selbsttragend
Radstand (mm)	2550	2550
Spur vorn/hinten (mm)	1330/1376	1330/1376

BMW 2000 CS

Modell (Baureihe)	BMW 2000 C (E115/120)	BMW 2000 CS (E115/120)
Länge x Breite x Höhe (mm)	4530 x 1675 x 1360	4530 x 1675 x 1360
Gepäckkraum (L)	450	450
Reifen v/h	6.95/175 S 14, a.W. 175 SR 14	6.95/175 S 14, a.W. 175 SR 14
Räder (v/h)	5.5 J x 14	5.5 J x 14
Wendekreisdurchmesser (m)	10,6 - 10,8	10,6 - 10,8
Leermasse (kg) DIN	1200 (1220)	1200
zul. Gesamtmasse (kg) DIN	1580	1580
Kraftstofftank (L)/Position	53/hinten	53/hinten
Fahrleistungen		
Höchstgeschwindigkeit (km/h)	172 (168)	185
Beschleun. 0 - 100 km/h (s)	13,0 (14,0)	12,0
Verbrauch (L/100 km)	13,0 (13,5)	13,5
Sonstiges		
Preis (Anf./Ende Laufz.) DM	16.905	17.000/17.660
Baujahre	1965 - 1970	1965 - 1970
Stückzahl	3.692 (Oswald: 2.837)	9.999 (Oswald: 8.883)

BMW NULLZWEI (TYP 114) (1966 BIS 1977)

Die imageträchtige Nullzwei-Reihe („2“ bezieht sich auf die Zahl der Türen) basiert ursprünglich auf der Neuen Klasse (Modellreihe 115). Sie nutzte die gleichen Motoren und ähnliche Fahrwerke. Ihre Besonderheit war – ungeachtet der sachlichen Form – ihre kompakte Coupé-Haftigkeit. Die mit dem 1600-2 eröffnete Modellreihe fand eine begeisterte Kundschaft, welche die Leistungsfähigkeit, den sportlichen Charakter und vielleicht auch die Unauffälligkeit dieser kleinen Limousinen schätzte.

Vorgestellt wurde der BMW 1600-2 auf dem Genfer Salon im März 1966, die Produktion begann wenige Wochen später. Der vergleichbare BMW 1600 der neuen Klasse kostete rund 1.000 Mark mehr. Im September 1967 folgte der BMW 1600 ti mit Zweivergasermotor, Servobremse, Stabilisatoren, hinteren Ausstellfenstern und Drehzahlmesser. Er blieb nur bis November 1968 im Programm, denn inzwischen gab es die Typen 2002 und 2002 ti. Ab September 1967 erhielt der 1600-2 die 12-Volt-Elektrik mit

BMW 1600-2 (1966)

BMW 1600-2 (1967)

BMW 2002 (1968)

Drehstrom-Lichtmaschine, ab September 1968 – wie die Neue Klasse – eine Doppel-Zweikreisbremse mit Servohilfe. Im April 1971 wurde der 1600 in 1602 umbenannt. Wie die gesamte Nullzwei-Reihe bekam er seitliche Gummileisten in Höhe der Stoßfänger.

Das Kürzel „ti" bzw. „tii" bezeichnete übrigens stets die Sportversionen. Die ti-Modelle hatten 40er Solex-Doppelvergaser, und der BMW 2002tii sowie der spätere 2002

BMW 2002 (1968)

BMW 1600 ti (1967)

BMW 2000 (1968)

turbo einen Motor mit mechanischer Kugelfischer-Einspritzanlage, die damals auch im Rennsport sehr erfolgreich war (dort meist mit Flachschieberanlage statt Drosselklappe). Die Nullzweier waren sehr erfolgreich und prägten jahrelang den Motorsport, insbesondere in der Deutschen Rennsport-Meisterschaft. Die Baureihe bildete zudem den Ausgangspunkt für eine Reihe von Tuning-Firmen und Kleinserienherstellern.

Den BMW 2002 mit Zweiliter-Motor gab es seit Januar 1968. Im September 1968 erhielt auch er die Zweikreisbremse, ab September 1969 war er mit Automatic erhältlich und ab April 1971 trug er ebenfalls die seitlichen Gummileisten. Als Nachfolger für den 1600 ti gab es ab September 1968 den BMW 2002 ti mit Zweivergasermotor, der seinerseits im Februar 1971 durch den BMW 2002 ti mit Einspritzmotor abgelöst wurde. Ab März 1971 war auch der BMW 1802 mit 1,8-Liter Kurzhubmotor erhältlich, das ideale Auto für jene Interessenten, welche sich weder für den 2002 noch für den 1602 entschließen mochten.

Als Kombi-Limousinen mit zwei Seitentüren und großer, oben angeschlagener Heckklappe erschienen im Februar 1971 der BMW 1600, 2000 und 2000 ti Touring. Dazu kam im September 1971 der 1800Touring, wogegen im September 1972 der 1600 Touring entfiel. Ab 1973 lautete die Typenbezeichnung BMW Touring 1802, 2002 und 2002tii. Die Touring-Modelle boten praktische Vorteile, fuhren sich aber wegen ihrer Hecklastigkeit und Windempfindlichkeit weniger angenehm als die Limousinen. Und sie verkauften sich schlechter als erwartet. Darum verschwanden sie im Juli 1974 wieder aus dem Programm – obwohl sie eigentlich hätten zu Trendsettern werden können.

Auf der Frankfurter Automobil-Ausstellung 1967 stand das BMW 1600 Cabriolet (Karosserie Baur, Stuttgart) mit voll versenkbarem Verdeck. Ein von Konkurrent Karmann gefertigter offener Prototyp war vom BMW-Vorstand abgelehnt worden. Die Baur-Version gefiel wegen ihrer hübschen Figur, erwies sich aber als zu wenig verwindungssteif und zudem übermäßig rostanfällig. Von Ende 1967 bis Dezember 1971 wurden 1.682 Stück gebaut, außerdem von April 1971 bis August 1971 noch 256 äußerlich gleiche BMW 2002 Cabriolets. Beide Ausführungen wurden im April 1971 durch das BMW 2002 Cabriolet mit dem breiten Überrollbügel ersetzt. Es bot zwar mehr passive Sicherheit und mehr Festigkeit, aber nicht mehr den Reiz des völlig offenen Fahrens. In dieser Form hat Baur 2.272 Wagen

BMW 2002 (1967)

BMW 1600 Baur Cabriolet (1970)

bis Juni 1975 hergestellt. Nur zwei Exemplare entstanden 1969/1970 vom 2002 GT4, mit dem sich Pietro Frua erneut als Karosserier bei BMW bewarb.

Im September 1973 wurde die gesamte Nullzwei-Modellreihe überarbeitet, äußerlich erkennbar am modischen schwarzen Kühlergrill, Kopfstützen, Sitzgurten sowie eckigen statt runden Heckleuchten. Die Touring-Modelle hingegen erhielten nun runde Heckleuchten.

Zur Frankfurter Automobil-Ausstellung im September 1973 stellte man als zusätzliches Modell den BMW 2002 turbo vor, bestückt mit Einspritzmotor und Abgas-Turbolader. Die poppig bemalte 170-PS-Sportlimousine stieß allein schon wegen der ursprünglich dafür vorgesehenen „turbo"-Spiegelschrift auf dem Frontspoiler auf heftige Kritik. In der Tat war der Zeitpunkt ihrer Vorstellung unglücklich gewählt (Ölkrise, Wirtschaftsrezession, Autoverteufelung). Zudem enttäuschten die Leistungen des Autos in normalen Fahrbereichen. Nur 1.670 heute heiß begehrte BMW turbo wurden bis zur Produktionseinstellung Ende 1974 ausgeliefert.

Im Januar 1975 brachte einen abgemagerten 1602 als BMW 1502 heraus. Dieses Sparmodell mit 1,6 Liter Normalbenzin-Motor, nur etwa 1.000 Mark billiger als der 1602, fand aber erstaunlich viel Zuspruch, und dies sogar, nachdem im Juli 1975 die neue BMW Dreier-Reihe (E21) herausgekommen war. Erst Anfang August 1977 wurde die Produktion des BMW 1502 beendet.

Insgesamt erreichte die Nullzwei-Reihe die stattliche Auflage von über 863.000 Stück. Einst preiswerte Second-Hand-Autos, haben die Nullzweier mittlerweile Kultstatus. Nicht nur die Turbo-Modelle, sondern vor allem die Cabrios sind außerordentlich gesucht – aber auch die normalen Limousinen steigen im Wert.

BMW 1802 mit TV-Star Petra Schürmann (1972)

BMW 1600 Baur Cabriolet (1967)

BMW 2002 tii (1972)

BMW 2002 Baur Cabriolet (1971)

BMW 2002 tii (1971)

BMW 1802 Touring (1972)

BMW 2000 tii Touring (1971)

BMW 2002, Facelift (1973)

BMW 2002, Facelift (1973)

BMW 2002 turbo (1973)

PRODUKTION BMW NULLZWEI (TYP 114) 1966 BIS 1977

Typ	1966	1967	1968	1969	1970	1971	1972	1973	1974	1975	1976	1977	Summe
1502									18	41.337	22.034	9.243	72.632
1600-2, 1602	13.244	38.560	34.255	26.336	33.952	26.176	26.549	21.804	38.000	9.139			268.015
	(+ 219)	(+3.916)	(+ 2.587)	(+ 2.583)									(+ 9.305)
1600 Touring						1.998	2.341	40					4.379
1600 GT		58	1.201										1.259
1802						14.675	25.420	21.022	19.353	2.881			83.351
1800, 1802 Touring						269	1.633	1.856	317				4.075
2002		12	28.674	39.847	55.734	59.857	62.613	54.992	56.916	26.121	10.081		394.847
			(+ 1.383)	(+ 2.204)									(+ 3.587)
2002 Touring						7.795	6.567	6.077	1.314				21.753

Klammerwerte = Auslandsfertigung

BMW 1502 (1972)

BMW 2002 GT4 Frua Coupé (1969/70)

BMW 2002 Rennfahrzeug (1966)

BMW 1502 mit Rennfahrer Hans-Joachim Stuck (1975)

Modell (Baureihe)	BMW 1502 (114)	BMW 1600-2, 1602 (114) BMW 1600 Cabrio (E10C)	BMW 1600 Touring (114/E6)	BMW 1600 ti (114)
Motor	M116	M116	M116	M116
Betriebsart	Otto (Viertakt)	Otto (Viertakt)	Otto (Viertakt)	Otto (Viertakt)
Material (Block/Kopf)	Grauguss	Grauguss	Grauguss	Grauguss
Zylinderzahl/Einbauposition	4 (Reihe), längs über Vorderachse	4 (Reihe), längs über Vorderachse	4 (Reihe), längs über Vorderachse	4 (Reihe), längs über Vorderachse
Bohrung x Hub (mm)	84 x 71	84 x 71	84 x 71	84 x 71
Hubraum (cm³)	1573	1573	1573	1573
Leistung (PS/kW bei U/min)	75 (55) bei 5800	85 (63) bei 5700	85 (63) bei 5700	105 (72) bei 6000
Drehmoment (Nm bei U/min)	118 bei 3700	124 bei 3000	124 bei 3000	131 bei 4500
Verdichtung	8,0 : 1	8,6 : 1	8,6 : 1	9,5 : 1
Gemischbildung	1 Fallstromvergaser	1 Fallstromvergaser	1 Fallstromvergaser	2 Doppel-Flachstrom-vergaser
	Solex 38 PDSI	Solex 38 PDSI	Solex 38 PDSI	Solex 40 PHH
Ventile pro Zylinder/ Betätigung	2, V-förmig hängend	2, V-förmig hängend	2, V-förmig hängend	2, V-förmig hängend
Nockenwelle(n)/Antrieb	1 oben liegend/Kette	1 oben liegend/Kette	1 oben liegend/Kette	1 oben liegend/Kette
Kurbelwellenlager	5	5	5	5
Kühlung	Pumpe/7,0 L Wasser	Pumpe/7,0 L Wasser	Pumpe/7,0 L Wasser	Pumpe/7,0 L Wasser
Schmierung	Druckumlauf/4,25 L Öl	Druckumlauf/4,25 L Öl	Druckumlauf/4,25 L Öl	Druckumlauf/4,25 L Öl
Batterie	12 V 36 Ah/vorn	6 V 77 Ah, ab 9/67: 12 V 36 Ah/vorn	12 V 36 Ah/vorn	12 V 44 Ah/vorn
Generator	Wechselstrom 490 W	Gleichstom 250 W, ab 9/67: Wechselstrom 490 W	Wechselstrom 490 W	Wechselstrom 490 W
Kraftübertragung	Hinterradantrieb	Hinterradantrieb	Hinterradantrieb	Hinterradantrieb
Kupplung	Einscheiben-Trocken	Einscheiben-Trocken	Einscheiben-Trocken	Einscheiben-Trocken
Schaltgetriebe	4Gang	4Gang	4Gang	4Gang, a.W. 5Gang
Synchronisierung	I-IV	I-IV	I-IV	I-IV (I-V)
Übersetzungen	I. 3,764, II. 2,020, III.1,320, IV. 1,0	I. 3,835, II. 2,053, III.1,345, IV. 1,0	I. 3,764, II. 2,020, III.1,320, IV. 1,0	4Gang: I. 3,835, II. 2,053, III.1,345, IV. 1,0
		ab 1971: I. 3,764, II. 2,020, III.1,320, IV. 1,0		5Gang: I. 3,368, II. 2,16, III.1,579, IV. 1,241, V. 1,0
Antriebsübersetzung	4,11	4,11	4,11	3,9
Fahrwerk				
Vorderradaufhängung	Einzelradaufh. mit McPherson-Federbeinen, Schraubenfedern, a.W. Stabi (Serie für 1600 ti)			
Hinterradaufhängung	Einzelradaufh. mit Schräglenkerachse, Schraubenfedern, a.W. Stabi (Serie für 1600 ti)			
Lenkung	Schnecke (hydr.), 17,58 : 1	Schnecke (hydr.), 17,58 : 1	Schnecke (hydr.), 17,58 : 1	Schnecke (hydr.), 17,58 : 1
Betriebsbremse v/h (mm)	Hydr. (Servo), Zweikreis,	Hydr. (Servo), ab 9/1968: Zweikreis,	Hydr. (Servo), Zweikreis,	Hydr. (Servo), Zweikreis,

Modell (Baureihe)	BMW 1502 (114)	BMW 1600-2, 1602 (114) BMW 1600 Cabrio (E10C)	BMW 1600 Touring (114/E6)	BMW 1600 ti (114)
	Scheiben vorn (Ø=240), Trommeln hinten (Ø=230)	Scheiben vorn (Ø=240), Trommeln hinten (Ø=200)	Scheiben vorn (Ø=240), Trommeln hinten (Ø=200)	Scheiben vorn (Ø=240), Trommeln hinten (Ø=200)
Parkbremse	Seilzug (Hinterräder)	Seilzug (Hinterräder)	Seilzug (Hinterräder)	Seilzug (Hinterräder)
Allgemeine Daten				
Fahrzeugart (Türen/Sitze)	Stufenheck-Limousine (2/5)	Stufenheck-Limousine (2/5), Cabrio (2/2+2)	Kombicoupé (3/5)	Stufenheck-Limousine (2/5)
Aufbauform	Ganzstahlaufbau, selbsttragend	Ganzstahlaufbau, selbsttragend	Ganzstahlaufbau, selbsttragend	Ganzstahlaufbau, selbsttragend
Radstand (mm)	2500	2500	2500	2500
Spur vorn/hinten (mm)	1330/1330	1330/1330, ab 9/73: 1342/1342	1330/1330	1330/1330
Länge x Breite x Höhe (mm)	4230 x 1590 x 1410	4230 x 1590 x 1410, Cabrio: 4230 x 1590 x 1360	4110 x 1590 x 1380	4230 x 1590 x 1410
Gepäckkraum (L)	450	450	450	450
Reifen (v/h)	165 SR 13	6.0 S 13, a.W., ab 8/70 Serie: 165 SR 13	165 SR 13	165 SR 13
Räder (v/h)	4.5 J x 13	4.5 J x 13, ab 9/73: 5.0 J x 13	4.5 J x 13	4.5 J x 13
Wendekreisdurchmesser (m)	10,4	10,4	10,4	10,4
Bodenfreiheit (cm)	16	16	16	16
Leermasse (kg) DIN	980	940, ab 9/73: 980, Cabrio: 980	1030	960
zul. Gesamtmasse (kg) DIN	1380	1320, ab 9/73: 1370; Cabrio: 1320	1450	1355
Kraftstofftank (L)/Position	50/hinten	46, ab 9/73: 50/hinten	52/hinten	46/hinten
Fahrleistungen				
Höchstgeschwindigkeit (km/h)	157	162	162	175
Beschleun. 0 - 100 km/h (s)	14,5	13,5	13,5	11,0
Verbrauch (L/100 km)	12,0	11,5	11,5	12,5
Sonstiges				
Preis (Anf./Ende Laufz.) DM	11.390/13.380	Lim.: 8.650/11.100; Cabrio: 11.980/13.255	10.940	9.950/10.125
Baujahre	1975 - 1977	Lim.: 1966 - 1971/ 1971 - 1975, Cabrio: 1967 - 1971	1971 - 1972	1967 - 1968
Stückzahl	71.564	142.773 Lim. 1600-2, 101.343 Lim. 1602, 1.692 Cabrios	4.392	8.670

Modell (Baureihe)	BMW 1802 (114)	BMW 1800 Touring (114/E6)	BMW 2002 (114/E10) BMW 2002 Touring (E6) BMW 2002 Cabrio (E10C)	BMW 2000 Touring (114/E6)
Motor	M118 KH	M118 KH	M05	M05
Betriebsart	Otto (Viertakt)	Otto (Viertakt)	Otto (Viertakt)	Otto (Viertakt)
Material (Block/Kopf)	Grauguss	Grauguss	Grauguss	Grauguss
Zylinderzahl/Einbauposition	4 (Reihe), längs über Vorderachse	4 (Reihe), längs über Vorderachse	4 (Reihe), längs über Vorder-achse	4 (Reihe), längs über Vorderachse
Bohrung x Hub (mm)	89 x 71	89 x 71	89 x 80	89 x 80
Hubraum (cm³)	1766	1766	1990	1990
Leistung (PS/kW bei U/min)	90 (66) bei 5250	90 (66) bei 5250	100 (74) bei 5500	100 (74) bei 5500
Drehmoment (Nm bei U/min)	143 bei 3000	143 bei 3000	157 bei 3500	157 bei 3500
Verdichtung	8,6 : 1	8,6 : 1	8,5 : 1	8,5 : 1
Gemischbildung	1 Fallstromvergaser	1 Fallstromvergaser	1 Fallstromvergaser	1 Fallstromvergaser
	Solex 38 PDSI	Solex 38 PDSI	Solex 40 PDSI	Solex 40 PDSI
Ventile pro Zylinder/ Betätigung	2, V-förmig hängend	2, V-förmig hängend	2, V-förmig hängend	2, V-förmig hängend
Nockenwelle(n)/Antrieb	1 oben liegend/Kette	1 oben liegend/Kette	1 oben liegend/Kette	1 oben liegend/Kette
Kurbelwellenlager	5	5	5	5
Kühlung	Pumpe/7,0 L Wasser	Pumpe/7,0 L Wasser	Pumpe/7,0 L Wasser	Pumpe/7,0 L Wasser
Schmierung	Druckumlauf/4,25 L Öl	Druckumlauf/4,25 L Öl	Druckumlauf/4,25 L Öl	Druckumlauf/4,25 L Öl
Batterie	12 V 44 Ah/vorn	12 V 44 Ah/vorn	12 V 44 Ah/vorn	12 V 44 Ah/vorn
Generator	Wechselstrom 630 W	Wechselstrom 630 W	Wechselstrom 490, ab 4/71: 630 W	Wechselstrom 630 W
Kraftübertragung	Hinterradantrieb	Hinterradantrieb	Hinterradantrieb	Hinterradantrieb
Kupplung	Einscheiben-Trocken	Einscheiben-Trocken	Einscheiben-Trocken	Einscheiben-Trocken
Schaltgetriebe	4Gang, a.W. 5Gang	4Gang	4Gang	4Gang, a.W. 5Gang
Synchronisierung	I-IV	I-IV	I-IV	I-IV (I-V)
Übersetzungen	4Gang: I. 3,764, II. 2,020, III.1,320, IV. 1,0	4Gang: I. 3,764, II. 2,020, III.1,320, IV. 1,0	4Gang: I. 3,764, II. 2,020, III.1,320, IV. 1,0	4Gang: I. 3,764, II. 2,020, III.1,320, IV. 1,0
	5Gang: I. 3,368, II. 2,16, III.1,579, IV. 1,241, V. 1,0	5Gang: I. 3,368, II. 2,16, III.1,579, IV. 1,241, V. 1,0	5Gang: I. 3,368, II. 2,16, III.1,579, IV. 1,241, V. 1,0	5Gang: I. 3,368, II. 2,16, III.1,579, IV. 1,241, V. 1,0
Antriebsübersetzung	4,11/3,64	4,11/3,64	4,11/3,64	4,11/3,64
Automatik			3Stufen	3Stufen
Übersetzungen			I. 2,56, II. 1,52, III. 1,0	I. 2,56, II. 1,52, III. 1,0
Antriebsübersetzung			3,64	3,64
Fahrwerk				
Vorderradaufhängung	Einzelradaufh. mit McPherson-Federbeinen, Schraubenfedern, a.W. Stabi (Serie für 1800 T, 2002 L, 2000 T)			
Hinterradaufhängung	Einzelradaufh. mit Schräglenkerachse, Schraubenfedern, a.W. Stabi (Serie für 1800 T, 2002 L, 2000 T)			

Modell (Baureihe)	BMW 1802 (114)	BMW 1800 Touring (114/E6)	BMW 2002 (114/E10) BMW 2002 Touring (E6) BMW 2002 Cabrio (E10C)	BMW 2000 Touring (114/E6)
Lenkung	Schnecke (hydr.), 17,58 : 1	Schnecke (hydr.), 17,58 : 1	Schnecke (hydr.), 17,58 : 1	Schnecke (hydr.), 17,58 : 1
Betriebsbremse v/h (mm)	Hydr. (Servo), Zweikreis,	Hydr. (Servo), Zweikreis,	Hydr. (Servo), Zweikreis,	Hydr. (Servo), Zweikreis,
	Scheiben vorn (Ø=240), Trommeln hinten (Ø=200)	Scheiben vorn (Ø=240), Trommeln hinten (Ø=200)	Scheiben vorn (Ø=240), Trommeln hinten (Ø=230)	Scheiben vorn (Ø=240), Trommeln hinten (Ø=230)
Parkbremse	Seilzug (Hinterräder)	Seilzug (Hinterräder)	Seilzug (Hinterräder)	Seilzug (Hinterräder)
Allgemeine Daten				
Fahrzeugart (Türen/Sitze)	Stufenheck-Limousine (2/5)	Kombicoupé (3/5)	Stufenheck-Limousine (2/5), Cabrio (2/2+2), Kombicoupé (3/5)	Kombicoupé (3/5)
Aufbauform	Ganzstahlaufbau, selbsttragend	Ganzstahlaufbau, selbsttragend	Ganzstahlaufbau, selbsttragend	Ganzstahlaufbau, selbsttragend
Radstand (mm)	2500	2500	2500	2500
Spur vorn/hinten (mm)	1330/1330, ab 9/73: 1342/1342	1330/1330, ab 9/73: 1342/1342	1330/1330, ab 9/73: 1342/1342	1330/1330, ab 9/73: 1342/1342
Länge x Breite x Höhe (mm)	4230 x 1590 x 1410	4110 x 1590 x 1380	4230 x 1590 x 1410, Cabrio: 4230 x 1590 x 1360	4110 x 1590 x 1380
Gepäckkraum (L)	450	450	450	450
Reifen (v/h)	165 SR 13	165 SR 13	165 SR 13	165 SR 13
Räder (v/h)	4.5 J x 13, ab 9/73: 5.0 J x 13	4.5 J x 13, ab 9/73: 5.0 J x 13	4.5 J x 13, ab 9/73: 5.0 J x 13	4.5 J x 13, ab 9/73: 5.0 J x 13
Wendekreisdurchmesser (m)	10,4	10,4	10,4	10,4
Bodenfreiheit (cm)	16	16	16	16
Leermasse (kg) DIN	980	1030	990 (1010), Cabrio: 1040 (1060)	1030 (1050)
zul. Gesamtmasse (kg) DIN	1370	1450	1390	1450
Kraftstofftank (L)/Position	46, ab 9/73: 50/hinten	52/hinten	46, ab 9/73: 50/hinten	52/hinten
Fahrleistungen				
Höchstgeschwindigkeit (km/h)	167	167	173 (169)	173 (169)
Beschleun. 0 - 100 km/h (s)	12,0	12,0	11,0 (12,0)	11,0 (12,0)
Verbrauch (L/100 km)	12,0	12,0	12,5 (13,0)	12,5 (13,0)
Sonstiges				
Preis (Anf./Ende Laufz.) DM	10.435/13.860	11.460 (72)	Lim.: 9.400/14.640; Cabrio: 14.985/17.880	11.545/114.030
Baujahre	1971 - 1975	1971 - 1974	Lim.: 1968 - 1975, Tour.: 1973 - 1974, Cab.: 1971 - 1975	1971 - 1974
Stückzahl	83.351	3.099 Touring 1800, 975 Touring 1802	325.904 Limousinen, 3.179 Touring, 256 Voll-Cabrios, 2.272 Targa-Cabrios	12.790

Modell (Baureihe)	BMW 2002 ti (114/E10)	BMW 2002 tii (114/E10) BMW 2002tii Touring (114/E6)	BMW 2000 tii Touring (114/E6)	BMW 2002 turbo (114/E10T)
Motor	M05	M15	M15	M31
Betriebsart	Otto (Viertakt)	Otto (Viertakt)	Otto (Viertakt)	Otto (Viertakt)
Material (Block/Kopf)	Grauguss	Grauguss	Grauguss	Grauguss
Zylinderzahl/Einbauposition	4 (Reihe), längs über Vorderachse	4 (Reihe), längs über Vorderachse	4 (Reihe), längs über Vorderachse	4 (Reihe), längs über Vorderachse
Bohrung x Hub (mm)	89 x 80	89 x 80	89 x 80	89 x 80
Hubraum (cm^3)	1990	1990	1990	1990
Leistung (PS/kW bei U/min)	120 (88) bei 5500	130 (96) bei 5800	130 (96) bei 5800	170 (125) bei 5800
Drehmoment (Nm bei U/min)	167 bei 3600	178 bei 4500	178 bei 4500	240 bei 4000
Verdichtung	9,3 : 1	9,5 : 1	9,5 : 1	6,9 : 1
Gemischbildung	2 Doppel-Flachstrom-vergaser	Saugrohr-Einspritzung	Saugrohr-Einspritzung	Saugrohr-Einspritzung
	Solex 40 PHH	Kugelfischer PL04	Kugelfischer PL04	Kugelfischer PL04
Aufladung				1 Turbolader KKK BLD
Ventile pro Zylinder/ Betätigung	2, V-förmig hängend	2, V-förmig hängend	2, V-förmig hängend	2, V-förmig hängend
Nockenwelle(n)/Antrieb	1 oben liegend/Kette	1 oben liegend/Kette	1 oben liegend/Kette	1 oben liegend/Kette
Kurbelwellenlager	5	5	5	5
Kühlung	Pumpe/7,0 L Wasser	Pumpe/7,0 L Wasser	Pumpe/7,0 L Wasser	Pumpe/7,0 L Wasser
Schmierung	Druckumlauf/4,25 L Öl	Druckumlauf/4,25 L Öl	Druckumlauf/4,25 L Öl	Druckumlauf/4,25 L Öl
Batterie	12 V 44 Ah/vorn	12 V 44 Ah/vorn	12 V 44 Ah/vorn	12 V 44 Ah/vorn
Generator	Wechselstrom 490 W, ab 4/71: 630 W	Wechselstrom 630 W	Wechselstrom 630 W	Wechselstrom 630 W
Kraftübertragung	Hinterradantrieb	Hinterradantrieb	Hinterradantrieb	Hinterradantrieb
Kupplung	Einscheiben-Trocken	Einscheiben-Trocken	Einscheiben-Trocken	Einscheiben-Trocken
Schaltgetriebe	4Gang, a.W. 5Gang	4Gang	4Gang	4Gang, a.W. 5Gang
Synchronisierung	I-IV	I-IV	I-IV	I-IV (I-V)
Übersetzungen	4Gang: I. 3,835, II. 2,053, III.1,345, IV. 1,0	4Gang: I. 3,764, II. 2,020, III.1,320, IV. 1,0	4Gang: I. 3,764, II. 2,020, III.1,320, IV. 1,0	4Gang: I. 3,764, II. 2,020, III.1,320, IV. 1,0
	5Gang: I. 3,368, II. 2,16, III.1,579, IV. 1,241, V. 1,0	5Gang: I. 3,368, II. 2,16, III.1,579, IV. 1,241, V. 1,0	5Gang: I. 3,368, II. 2,16, III.1,579, IV. 1,241, V. 1,0	5Gang: I. 3,368, II. 2,16, III.1,579, IV. 1,241, V. 1,0
Antriebsübersetzung	3,64	3,64	3,64	3,36
Fahrwerk				
Vorderradaufhängung	Einzelradaufh. mit McPherson-Federbeinen, Schraubenfedern, Stabi			

Modell (Baureihe)	BMW 2002 ti (114/E10)	BMW 2002 tii (114/E10) BMW 2002tii Touring (114/E6)	BMW 2000 tii Touring (114/E6)	BMW 2002 turbo (114/E10T)
Hinterradaufhängung	Einzelradaufh. mit Schräglenkerachse, Schraubenfedern, Stabi			
Lenkung	Schnecke (hydr.), 17,58 : 1	Schnecke (hydr.), 17,58 : 1	Schnecke (hydr.), 17,58 : 1	Schnecke (hydr.), 17,58 : 1
Betriebsbremse v/h (mm)	Hydr. (Servo), Zweikreis,	Hydr. (Servo), Zweikreis,	Hydr. (Servo), Zweikreis,	Hydr. (Servo), Zweikreis,
	Scheiben vorn (Ø=256), Trommeln hinten (Ø=230)	Scheiben vorn (Ø=256), Trommeln hinten (Ø=230)	Scheiben vorn (Ø=256), Trommeln hinten (Ø=230)	Scheiben vorn (Ø=256), Trommeln hinten (Ø=250)
Parkbremse	Seilzug (Hinterräder)	Seilzug (Hinterräder)	Seilzug (Hinterräder)	Seilzug (Hinterräder)
Allgemeine Daten				
Fahrzeugart (Türen/Sitze)	Stufenheck-Limousine (2/5)	Stufenheck-Limousine (2/5), Kombicoupé (3/5)	Stufenheck-Limiousine (2/5), Cabrio (2/2+2)	Kombicoupé (3/5)
Aufbauform	Ganzstahlaufbau, selbsttragend	Ganzstahlaufbau, selbsttragend	Ganzstahlaufbau, selbst-tragend	Ganzstahlaufbau, selbsttragend
Radstand (mm)	2500	2500	2500	2500
Spur vorn/hinten (mm)	1342/1342	1342/1342	1342/1342	1375/1362
Länge x Breite x Höhe (mm)	4230 x 1590 x 1410	4230 x 1590 x 1410	4110 x 1590 x 1380	4220 x 1620 x 1410
Gepäckraum (L)	450	450	450	450
Reifen (v/h)	165 SR 13	165 SR 13	165 SR 13	165 SR 13
Räder (v/h)	5.0 J x 13	5.0 J x 13	5.0 J x 13	5.5 J x 13 (Stahl), a.W. 6.0 J x 13 (LM)
Wendekreisdurchmesser (m)	10,4	10,4	10,4	10,5
Bodenfreiheit (cm)	16	16	16	16
Leermasse (kg) DIN	990	1010	1050	1080
zul. Gesamtmasse (kg) DIN	1350	1410	1450	1440
Kraftstofftank (L)/Position	46/hinten	46, ab 9/73: 50/hinten	52/hinten	70/hinten
Fahrleistungen				
Höchstgeschwindigkeit (km/h)	185	190	190	211
Beschleun. 0 - 100 km/h (s)	10,0	10,0	10,0	8,0
Verbrauch (L/100 km)	13,0	13,0	13,0	14,5
Sonstiges				
Preis (Anf./Ende Laufz.) DM	10.990/12.325	12.765/16.980	14.090 (72)	18.720/20.780
Baujahre	1968 - 1971	Lim.: 1971 - 1975, Tour.: 1973 - 1974	1971 - 1974	1973 - 1974
Stückzahl	16.450	36.703 Limousinen, 724 Touring	5.059	1.672

BMW 1600 GT Coupé (1968)

BMW 1600 GT (1967 BIS 1968)

Das elegante, leistungsfähige und verhältnismäßig preisgünstige GT Coupe war das attraktivste Modell unter allen von der Hans Glas GmbH. (Dingolfing) herausgebrachten Automobilen. Daneben gab es auch eine Cabrioversion. Karosserie-Entwurf und -Herstellung besorgte die Firma Frua (Turin-Moncalieri). Von März 1964 bis September 1967 entstanden bei Glas 5.378 Exemplare der Typen 1300 GT und 1700 GT.

Das 2+2sitzige Coupe wurde – nach der Übernahme von Glas durch BMW im Herbst 1966 – noch ein Jahr lang in Form des BMW 1600 GT weitergebaut. Neben dem BMW-Gesicht und den runden 02er-Rückleuchten erhielt es als Leihgabe vom 1600-2 Motor, Getriebe und Schräglenker-Hinterachse mit Schraubenfedern (statt Starrachse mit Blattfedern). Vom Ursprungsmodell wurden nur Karosserie und Vorderachse beibehalten. Offensichtlich war daran gedacht worden, das Coupé zu einem Mitglied der Nullzwei-Famlie zu machen – aber diese Idee zerschlug sich.

BMW 1600 GT Coupé (1968)

In dreieinhalb Jahren waren insgesamt 6.572 Coupés und Cabriolets entstanden, davon reichlich 1.000 mit BMW-Logo – die Statistik reicht hier von 1.002 bis 1.259 Exemplaren.

Glas 2600 V8 (1966)

(BMW) GLAS 3000 V8 (1967 BIS 1968)

Von August 1966 bis Anfang 1967 wurde der Glas 2600 V8 gebaut, ein sportliches Viersitzer-Coupe mit V8-Motor, De-Dion-Hinterachse und Frua-Karosserie im damaligen Maserati-Stil („Glaserati"). Maßgeblich an der Entwicklung beteiligt war wiederum die italienische Firma Frua. Schöpfer des Motors war Leonard Ischinger, der zuvor im Unfrieden BMW verlassen hatte: Er kombinierte zwei Glas-1,3-Liter zu einem Achtzylinder.

Ein bisschen peinlich war, dass aus Kostengründen Bauteile anderer Serienautos verwendet werden mussten – so stammten die Scheinwerfer vom Setra-Bus, die Fensterkurbeln vom Mercedes 230 SL und die Türschlösser vom Porsche 911. Die eigens von Boge entwickelten Hydramat-Federbeine ermöglichten eine automatische Niveauregulierung. Der sehr kurze Radstand erwies sich allerdings als nachteilig für Optik und Fahreigenschaften. Aber das Auto erschien sehr preisgünstig: Rund 300 Exemplare des Glas 2600 V8 wurden ausgeliefert.

BMW vergrößerte den Motor – wie es bereits zuvor bei Glas geplant, aber nie realisiert worden war – auf drei Liter Hubraum. Man wertete das nunmehr 200 km/h schnelle Auto dadurch auf, dass auf Motorhaube, Kofferraumdeckel und Radkappen BMW-Zeichen angebracht wurden. Seine Käufer bezeichneten den Wagen als BMW, werksoffiziell wurde er ungeachtet der Markenzeichen weiterhin als Glas 3000 V8 angeboten.

Die Produktion dieses Modells lief ab September 1967 bis Mai 1968, insgesamt entstanden aber nur 71 Exemplare – andere Quellen sprechen von kaum glaubhaften 389 Autos mit Dreiliter-V8. Diese Zahl bezieht sich wohl in Wirklichkeit auf die Gesamtsumme aller „Glaserati".

Modell (Baureihe)	BMW 1600 GT	BMW Glas 3000 V8
Motor	M116	
Betriebsart	Otto (Viertakt)	Otto (Viertakt)
Material (Block/Kopf)	Grauguss	Grauguss
Zylinderzahl/Einbauposition	4 (Reihe), längs über Vorderachse	8 (V 90°), längs über Vorderachse
Bohrung x Hub (mm)	84 x 71	78 x 78
Hubraum (cm³)	1573	2982
Leistung (PS/kW bei U/min)	105 (77) bei 6000	160 (118) bei 5100
Drehmoment (Nm bei U/min)	131 bei 4500	235 bei 3900
Verdichtung	9,5 : 1	9,2 : 1
Gemischbildung	2 Doppel-Flachstromvergaser	3 Doppel-Fallstromvergaser (2 als Register)
	Solex 40 PHH	Solex 35 DDIS
Ventile pro Zylinder/Betätigung	2, V-förmig hängend	2, V-förmig hängend
Nockenwelle(n)/Antrieb	1 oben liegend/Kette	2 x 1 oben liegend/Zahnriemen
Kurbelwellenlager	5	5
Kühlung	Pumpe/7,0 L Wasser	Pumpe/15,5 L Wasser
Schmierung	Druckumlauf/4,0 L Öl	Druckumlauf/6,5 L Öl
Batterie	12 V 44 Ah/vorn	12 V 55 Ah/vorn
Generator	Wechselstrom 35 A	Wechselstrom 500 W
Kraftübertragung	Hinterradantrieb	Hinterradantrieb
Kupplung	Einscheiben-Trocken	Einscheiben-Trocken
Schaltgetriebe	4Gang, a.W. 5Gang	4Gang
Synchronisierung	I-IV (I-V)	I-IV
Übersetzungen	4Gang: I. 3,835, II. 2,053 III.1,345, IV. 1,0	I. 3,918, II. 2,133, III.1,316, IV. 1,0
	5Gang: I. 3,368, II. 2,160, III.1,579, IV. 1,241, V. 1,0	
Antriebsübersetzung	3,64	3,364
Fahrwerk		
Vorderradaufhängung	Einzelradaufh. mit Doppelquerlenkern, Schraubenfedern, Stabi	Einzelradaufh. mit Doppelquerlenkern, Schraubenfedern, Stabi
Hinterradaufhängung	Einzelradaufh. mit Schräglenkerachse, Schraubenfedern	DeDion-Achse, Blattfedern, Panhardstab
Lenkung	Schnecke (hydr.), ZF, 16,45 : 1	Schnecke (hydr.), 15,7 : 1
Betriebsbremse v/h (mm)	Hydr. (Servo),	Hydr. (Servo),
	Scheiben vorn (Ø=268), Trommeln hinten (Ø=230)	Scheiben (vorn Ø=272, hinten Ø=268)
Parkbremse	Seilzug (Hinterräder)	Seilzug (Hinterräder)
Allgemeine Daten		
Fahrzeugart (Türen/Sitze)	Coupé (2/2+2)	Coupé (2/4)
Aufbauform	Ganzstahlaufbau, selbsttragend	Ganzstahlaufbau, selbsttragend
Radstand (mm)	2320	2500
Spur vorn/hinten (mm)	1260/1260	1432/1412

Modell (Baureihe)	BMW 1600 GT	BMW Glas 3000 V8
Länge x Breite x Höhe (mm)	4050 x 1550 x 1280	4600 x 1750 x 1380
Gepäckkraum (L)	300	575
Reifen (v/h)	155 HR 14	185 H/HR 14
Räder (v/h)	4.5 J x 14 (Stahl)	5.5 JK x 14 (Stahl)
Wendekreisdurchmesser (m)	10,6-10,7	12,6-11,1
Bodenfreiheit (cm)	15	15
Leermasse (kg) DIN	970	1350
zul. Gesamtmasse (kg) DIN	1330	1800
Kraftstofftank (L)/Position	55/hinten	80/hinten
Fahrleistungen		
Höchstgeschwindigkeit (km/h)	185	190
Beschleun. 0 - 100 km/h (s)	11,0	10,0
Verbrauch (L/100 km)	12,5	16,0
Sonstiges		
Preis (Anf./Ende Laufz.) DM	15.850/10.900	23.850
Baujahre	1967 - 1968	1967 - 1968
Stückzahl	1.259 (Schrader: 1.255, Thyssen: 1.002)	71

Glas 3000 V8 (1968)

BMW 1800 BIS 2004 SA (1968 BIS 1975)

Der Glas 1700, eine von Frua (Turin) entworfene Viertürer-Limousine, wurde von der Hans Glas GmbH (Dingolfing) von September 1964 bis Herbst 1967 in einer Auflage von 13.789 Exemplaren hergestellt. Danach überließen die Bayerischen Motoren Werke, die Glas übernommen hatten, sämtliche Produktionswerkzeuge für dieses Modell ihrem südafrikanischen Konzessionär in Pretoria.

Dieser baute ab Juli 1968 den BMW 1800 SA (anfangs 1800 GL) und ab 1970 den BMW 2000 SA. Beide Wagen verfügten über Karosserie und Fahrwerk des einstigen Glas 1700, während Motor und Getriebe komplett aus München zugeliefert wurden. Äußerlich unterschieden sich diese Wagen vom Glas 1700 nur durch die BMW-Zeichen vorn, hinten und an den Rädern.

1973 bis 1975 wurden beide Modelle als BMW 1804 und 2004 weitergeführt, besaßen aber nun ein richtiges BMW-Gesicht und eine überarbeitete Heckpartie. 1974 wurde die südafrikanische Montagefirma von BMW übernommen. Von nun an begann die Montage der damals aktuellen Fünfer-Reihe (E12). Die Produktion der südafrikanischen Modelle mit der vom einstigen Glas übernommenen Karosserie endete 1975. Von diesen Modellen dürften schätzungsweise 12.000 Stück hergestellt worden sein.

Zur Fünfer kamen in Südafrika bald die Siebener- und ab 1983 auch die Dreier-Reihe hinzu. Diese Autos unterschieden sich technisch und äußerlich kaum von den deutschen Originalmodellen. Sie besitzen aber grundsätzlich Rechtslenkung und eine umfangreichere Serienausstattung. Ein Teil der südafrikanischen Produktion wurde künftig ihrerseits wieder exportiert, hauptsächlich nach Rhodesien. Im Verhältnis zur Größe der dortigen Märkte blieb die Zahl der BMW-Autos völlig unbedeutend.

BMW 1800 GL bzw. 1800 SA (1968 – 1972)

BMW 2000 SA (1968 – 1972)

BMW 1804 bzw. 2004 SA (1972 – 1975)

BMW 1804 bzw.2004 SA (1973 – 1975)

BMW 2500 (1971)

BMW 2500 BIS 3.3 L (E3) (1968 BIS 1977)

Nachdem BMW mit seinen Mittelklasse-Modellen der Neuen Klasse und dem Nullzwei wieder Fuß fassen konnte, wurde auch wieder an großen Oberklasse-Limousinen gearbeitet, wobei es sich hier „nur“ noch um Sechs- und nicht mehr um Achtzylinder-Fahrzeuge handelte.

Im September 1968 begann die Produktion der völlig neuen BMW 2500 und 2800 Limousinen der Baureihe E3. Sie stimmten in Form, Größe, Gewicht, Leistung und Preis nahezu genau mit den entsprechenden Modellen der kleineren Mercedes-Reihe überein. Sie verfügten über eine sachliche und dennoch sportlich wirkende Karosserie. Neuerungen waren die doppelten Rundscheinwerfer, die sich in den späteren Modellen von BMW immer wiederfanden und über alle Modellreihen hinweg als Erkennungszeichen für BMW-Autos galten.

Gegenüber Wettbewerbern wie der Mercedes S-Klasse oder der KAD-Reihe von Opel machten sie infolge ihrer turbinenartig laufenden, aber doch etwas nervöseren Motoren und wegen der härteren Fahrwerke einen viel sportlicheren Eindruck. Die Fahrleistungen waren wegen der im Vergleich zur Konkurrenz etwas kompakteren Karosserie und dem daraus resultierenden Gewichtsvorteil hervorragend. Die von

BMW neu entwickelten Reihensechszylinder-Motoren des Typs M06 wurden mit kleinen Änderungen auch in späteren Modellen verwendet. Andererseits boten die schnellen BMW-Oberklassemodelle weniger Komfort – und in manchen Details weniger Perfektion.

Der BMW 2800, zunächst viel besser ausgestattet als der 2500, besaß bis Ende 1971 serienmäßig Niveauregulierung und ein Sperrdifferenzial. Erstere entfiel dann ersatzlos, letzteres blieb, auch für alle späteren Ausführungen, als Sonderausstattung lieferbar.

BMW 2500 (1973)

Im April 1971 folgte der BMW 3.0 S mit Dreiliter-Vergaser- und im September 1971 der BMW 3.0 Si mit Dreiliter-Einspritzmotor. Ab September 1973 erhielt die gesamte Modellreihe einen schwarzen Kühlergrill, neue Räder, dazu eine Sitzhöhen- und Lenksäulenverstellung sowie Kopfstützen und Automatikgurte. Zum Jahresende 1974 entfiel der 2800, nachdem sich inzwischen die meisten Käufer für ein Dreiliter-Modell entschieden hatten.

Im August 1973 wurde als Spitzemodell dieser Baureihe der BMW 3.3 L mit zehn Zentimeter längerem Randstand, entsprechend zugunsten der Rücksitze verlängerter Karosserie und besonders luxuriöser Ausstattung vorgestellt. Seine Produktion begann im März 1974. Ab Februar 1975 gab es mit der gleichen langen Karosserie den 2.8 L und den 3.0 L. Die Produktion dieser großen BMW-Modelle lief bis Frühjahr 1977. Noch kurz vorher, nämlich ab September 1976, ging man beim 3.3 L zu einem Einspritzmotor (mit

Produktion BMW 2800 (1970)

BMW 2500 und 2800 und 3.0 S (1971)

BMW 2.8 L (1976)

anderen Zylinderabmessungen) über, was jedoch außer einer nochmaligen wesentlichen Verteuerung keinen weiteren Effekt hatte.

Schon die Grundmodelle, aber auch die verlängerten Karosserien waren überfordert, wenn sie den S-Typen von Mercedes vergleichsweise gegenübergestellt wurden. Sie konnten mit ihnen weder im Format noch in Bezug auf Komfort und Prestige konkurrieren. Dabei kostete der BMW 3.3 L ebenso viel wie ein Mercedes 450 SE. Dennoch hielt BMW an seiner Preispolitik fest – und verzeichnete schlussendlich für die gesamte Baureihe einen beachtlichen Verkaufserfolg. Der BMW E3 wurde so in einer Stückzahl von insgesamt etwa 190.000 Fahrzeugen produziert.

BMW 3.0 S (1973)

Modell (Baureihe)	BMW 2500 (E3)	BMW 2800 (E3)	BMW 2.8 L (E3)
Motor	M06 B25	M06 B28	M06 B28
Betriebsart	Otto (Viertakt)	Otto (Viertakt)	Otto (Viertakt)
Material (Block/Kopf)	Grauguss	Grauguss	Grauguss
Zylinderzahl/Einbauposition	6 (Reihe), längs über Vorderachse	6 (Reihe), längs über Vorderachse	6 (Reihe), längs über Vorderachse
Bohrung x Hub (mm)	86 x 71,6	86 x 80	86 x 80
Hubraum (cm^3)	2494	2788	2788
Leistung (PS/kW bei U/min)	150 (110) bei 6000	170 (125) bei 6000	170 (125) bei 6000
Drehmoment (Nm bei U/min)	210 bei 3700	233 bei 3700	233 bei 3700
Verdichtung	9,0 : 1	9,0 : 1	9,0 : 1
Gemischbildung	2 Register-Fallstromvergaser	2 Register-Fallstromvergaser	2 Register-Fallstromvergaser
	Zenith 35/40 INAT (Startautomatik),	Zenith 35/40 INAT (Startautomatik)	Zenith 35/40 INAT (Startautomatik)
	ab 9/73: Zenith 32/40 INAT		
Ventile pro Zylinder/Betätigung	2, V-förmig hängend	2, V-förmig hängend	2, V-förmig hängend
Nockenwelle(n)/Antrieb	1 oben liegend/Kette	1 oben liegend/Kette	1 oben liegend/Kette
Kurbelwellenlager	7	7	7
Kühlung	Pumpe/12,0 L Wasser	Pumpe/12,0 L Wasser	Pumpe/12,0 L Wasser
Schmierung	Druckumlauf/6,0 L Öl	Druckumlauf/6,0 L Öl	Druckumlauf/6,0 L Öl
Batterie	12 V 55 Ah/vorn	12 V 55 Ah/vorn	12 V 55 Ah/vorn
Generator	Wechselstrom 500 W, ab 3/70: 630 W	Wechselstrom 770 W	Wechselstrom 770 W
Kraftübertragung	Hinterradantrieb	Hinterradantrieb	Hinterradantrieb, a.W. Sperrdiff.
Kupplung	Einscheiben-Trocken	Einscheiben-Trocken	Einscheiben-Trocken
Schaltgetriebe	4Gang	4Gang	5Gang
Synchronisierung	I-IV	I-IV	I-V
Übersetzungen	I. 3,85, II. 2,08, III.1,375, IV. 1,0	I. 3,85, II. 2,08, III.1,375, IV. 1,0	I. 3,85, II. 2,08, III.1,375, IV. 1,0
	ab 471971: I. 3,855, II. 2,202, III. 1,401, IV. 1,0	ab 471971: I. 3,855, II. 2,202, III. 1,401, IV. 1,0	ab 471971: I. 3,855, II. 2,202, III. 1,401, IV. 1,0
Antriebsübersetzung	3,64	3,45	3,64
Automatik	3Stufen (ZF)	3Stufen (ZF)	3Stufen (ZF)
Übersetzungen	I. 2,56, II. 1,52, III. 1,0	I. 2,56, II. 1,52, III. 1,0	I. 2,56, II. 1,52, III. 1,0
Antriebsübersetzung	3,64	3,64	3,64
Fahrwerk			
Vorderradaufhängung	Einzelradaufh. mit McPherson-Federbeinen, Schraubenfedern, Gummi-Zusatzfedern, Stabi		
Hinterradaufhängung	Einzelradaufh. mit Schräglenkerachse, Federbeinen, Schraubenfedern, bis 1971 a.W. (2800 Serie): Boge Nivomat u. Szabi		
Lenkung	Gemmer Schnecke (hydr.), ZF, 22,5 : 1, a.W. 18,05 : 1 u. Servo	Gemmer Schnecke (hydr.), ZF, 22,5 : 1, a.W. 18,05 : 1 u. Servo	Gemmer Schnecke (hydr.), ZF, 22,5 : 1, a.W. 18,05 : 1 u. Servo
Betriebsbremse v/h (mm)	Hydr. (Servo), Zweikreis,	Hydr. (Servo), Zweikreis,	Hydr. (Servo), Zweikreis,
	Scheiben (vorn u. hinten Ø=272)	Scheiben (vorn u. hinten Ø=272)	Scheiben (vorn u. hinten Ø=272)
Parkbremse	Seilzug (Hinterräder)	Seilzug (Hinterräder)	Seilzug (Hinterräder)

BMW 3.0 S (1971)

BMW 3.0 S (1971)

Modell (Baureihe)	BMW 2500 (E3)	BMW 2800 (E3)	BMW 2.8 L (E3)
Allgemeine Daten			
Fahrzeugart (Türen/Sitze)	Stufenheck-Limousine (4/5)	Stufenheck-Limousine (4/5)	Stufenheck-Limousine (4/5)
Aufbauform	Ganzstahlaufbau, selbsttragend	Ganzstahlaufbau, selbsttragend	Ganzstahlaufbau, selbsttragend
Radstand (mm)	2692	2692	2792
Spur vorn/hinten (mm)	1446/1464	1446/1464	1480/1484
Länge x Breite x Höhe (mm)	4700 x 1750 x 1450	4700 x 1750 x 1450	4800 x 1750 x 1450
Gepäckkraum (L)	650	650	650
Reifen (v/h)	175/70 HR 14	195/70 HR 14	195/70 HR 14
Räder (v/h)	6.0 J x 14 (Stahl)	6.0 J x 14 (Stahl)	6.0 J x 14 (Stahl)
Wendekreisdurchmesser (m)	11,0 - 11,2	11,0 - 11,2	11,2 - 11,4
Bodenfreiheit (cm)	14	14	14
Leermasse (kg) DIN	1360 (1380)	1360 (1380)	1440 (1460)
zul. Gesamtmasse (kg) DIN	1830	1830	1900
Kraftstofftank (L)/Position	75/hinten	75/hinten	75/hinten
Fahrleistungen			
Höchstgeschwindigkeit (km/h)	190	200	195
Beschleun. 0 - 100 km/h (s)	11,0	10,0	10,0
Verbrauch (L/100 km)	16,0	16,5	16,5
Sonstiges			
Preis (Anf./Ende Laufz.) DM	15.485/25.450	17.250/22.530	25.980/29.550
Baujahre	1968 - 1977	1968 - 1974	1975 - 1977
Stückzahl (inkl. E9)	94.206	54.597	

Modell (Baureihe)	BMW 3.0 S (E3)	BMW 3.0 L (E3)	BMW 3.0 Si (E3)	BMW 3.0 Si (E3)
Motor	M21 B30	M21 B30	M20 B30	M57 B30
Betriebsart	Otto (Viertakt)	Otto (Viertakt)	Otto (Viertakt)	Otto (Viertakt)
Material (Block/Kopf)	Grauguss	Grauguss	Grauguss	Grauguss
Zylinderzahl/ Einbauposition	6 (Reihe), längs über Vorderachse	6 (Reihe), längs über Vorderachse	6 (Reihe), längs über Vorderachse	6 (Reihe), längs über Vorderachse
Bohrung x Hub (mm)	89 x 80	89 x 80	89 x 80	89 x 80
Hubraum (cm³)	2895	2895	2895	2895
Leistung (PS/kW bei U/min)	180 (132) bei 6000	180 (132) bei 6000	200 (147) bei 5500	195 (143) bei 5500
Drehmoment (Nm bei U/min)	255 bei 3700	255 bei 3700	272 bei 4300	267 bei 4300
Verdichtung	9,0 : 1	9,0 : 1	9,5 : 1	9,0 : 1
Gemischbildung/Elektronik	2 Register-Fallstromvergaser	2 Register-Fallstromvergaser	Saugrohr-Einspritzung	Saugrohr-Einspritzung
	Zenith 35/40 INAT (Startautomatik)	Zenith 35/40 INAT (Startautomatik)	Bosch D-Jetronic	Bosch L-Jetronic
Ventile pro Zylinder/ Betätigung	2, V-förmig hängend	2, V-förmig hängend	2, V-förmig hängend	2, V-förmig hängend
Nockenwelle(n)/Antrieb	1 oben liegend/Kette	1 oben liegend/Kette	1 oben liegend/Kette	1 oben liegend/Kette
Kurbelwellenlager	7	7	7	7
Kühlung	Pumpe/12,0 L Wasser	Pumpe/12,0 L Wasser	Pumpe/12,0 L Wasser	Pumpe/12,0 L Wasser
Schmierung	Druckumlauf/6,0 L Öl	Druckumlauf/6,0 L Öl	Druckumlauf/6,0 L Öl	Druckumlauf/6,0 L Öl
Batterie	12 V 55 Ah/vorn	12 V 55 Ah/vorn	12 V 55 Ah/vorn	12 V 55 Ah/vorn
Generator	Wechselstrom 630 W	Wechselstrom 630 W	Wechselstrom 770 W	Wechselstrom 770 W
Kraftübertragung	Hinterradantrieb	Hinterradantrieb	Hinterradantrieb, a.W. Sperrdiff.	Hinterradantrieb
Kupplung	Einscheiben-Trocken	Einscheiben-Trocken	Einscheiben-Trocken	Einscheiben-Trocken
Schaltgetriebe	4Gang	4Gang	5Gang	4Gang
Synchronisierung	I-IV	I-IV	I-V	I-IV
Übersetzungen	I. 3,855, II. 2,202, III.1,401, IV. 1,0	I. 3,855, II. 2,202, III.1,401, IV. 1,0	I. 3,855, II. 2,202, III.1,401, IV. 1,0	I. 3,855, II. 2,202, III.1,401, IV. 1,0
Antriebsübersetzung	3,45	3,45	3,45	3,45
Automatik	3Stufen (Borg Warner)	3Stufen (Borg Warner)	3Stufen (Borg Warner)	3Stufen (Borg Warner)
Übersetzungen	I. 2,39, II. 1,45, III. 1,0	I. 2,39, II. 1,45, III. 1,0	I. 2,39, II. 1,45, III. 1,0	I. 2,39, II. 1,45, III. 1,0
Antriebsübersetzung	3,45	3,45	3,45	3,45
Fahrwerk				
Vorderradaufhängung	Einzelradaufh. mit McPherson-Federbeinen, Schraubenfedern, Gummi-Zusatzfedern, Stabi			
Hinterradaufhängung	Einzelradaufh. mit Schräglenkerachse, Federbeinen, Schraubenfedern, Stabi			
Lenkung	Gemmer Schnecke (hydr.), ZF, 18,5 : 1	Gemmer Schnecke (hydr.), ZF, 18,5 : 1	Gemmer Schnecke (hydr.), ZF, 18,5 : 1	Gemmer Schnecke (hydr.), ZF, 18,5 : 1
Betriebsbremse v/h (mm)	Hydr. (Servo), Zweikreis,	Hydr. (Servo), Zweikreis,	Hydr. (Servo), Zweikreis,	Hydr. (Servo), Zweikreis,
	Scheiben (vorn u. hinten Ø=272)	Scheiben (vorn u. hinten Ø=272)	Scheiben (vorn u. hinten Ø=272)	Scheiben (vorn u. hinten Ø=272)

BMW 3.0 Si (1974)

BMW 3.3 Li (1975)

Modell (Baureihe)	BMW 3.0 S (E3)	BMW 3.0 L (E3)	BMW 3.0 Si (E3)	BMW 3.0 Si (E3)
Parkbremse	Seilzug (Hinterräder)	Seilzug (Hinterräder)	Seilzug (Hinterräder)	Seilzug (Hinterräder)
Allgemeine Daten				
Fahrzeugart (Türen/Sitze)	Stufenheck-Limousine (4/5)	Stufenheck-Limousine (4/5)	Stufenheck-Limousine (4/5)	Stufenheck-Limousine (4/5)
Aufbauform	Ganzstahlaufbau, selbsttragend	Ganzstahlaufbau, selbsttragend	Ganzstahlaufbau, selbsttragend	Ganzstahlaufbau, selbsttragend
Radstand (mm)	2692	2792	2692	2692
Spur vorn/hinten (mm)	1446/1464	1480/1484	1446/1464	1446/1464
Länge x Breite x Höhe (mm)	4700 x 1750 x 1450	4800 x 1750 x 1450	4700 x 1750 x 1450	4700 x 1750 x 1450
Gepäckkraum (L)	650	650	650	650
Reifen (v/h)	195/70 HR 14	195/70 HR 14	195/70 HR 14	195/70 HR 14
Räder (v/h)	6.0 J x 14 (Stahl)	6.0 J x 14 (Stahl)	6.0 J x 14 (Stahl)	6.0 J x 14 (Stahl)
Wendekreisdurch-messer (m)	11,0 - 11,2	11,2 - 11,4	11,0 - 11,2	11,0 - 11,2
Bodenfreiheit (cm)	14	14	14	14
Leermasse (kg) DIN	1420 (1440)	1470 (1490)	1440 (1460)	1420 (1440)
zul. Gesamtmasse (kg) DIN	1800	1900	1880	1800
Kraftstofftank (L)/Position	75/hinten	75/hinten	75/hinten	75/hinten
Fahrleistungen				
Höchstgeschwindigkeit (km/h)	205	200	210	210
Beschleun. 0 - 100 km/h (s)	9,0	9,5	8,5	8,5
Verbrauch (L/100 km)	17,5	17,5	17,5	17,5
Sonstiges				
Preis (Anf./Ende Laufz.) DM	19.980/30.400	28.920/32.550	22.690/30.580	30.580/33.200
Baujahre	1971 - 1977	1975 - 1977	1971 - 1975	1976 - 1977
Stückzahl (inkl. E9)	100.726			

Modell (Baureihe)	BMW 3.3 L (E3)	BMW 3.3 Li (E3)
Motor	M55 B33	M63 B32
Betriebsart	Otto (Viertakt)	Otto (Viertakt)
Material (Block/Kopf)	Grauguss	Grauguss
Zylinderzahl/Einbauposition	6 (Reihe), längs über Vorderachse	6 (Reihe), längs über Vorderachse
Bohrung x Hub (mm)	89 x 88,4	89 x 86
Hubraum (cm³)	3295	3205
Leistung (PS/kW bei U/min)	190 (140) bei 5500	197 (145) bei 5500
Drehmoment (Nm bei U/min)	289 bei 3500	280 bei 4300
Verdichtung	9,0 : 1	9,0 : 1
Gemischbildung/Elektronik	2 Register-Fallstromvergaser	Saugrohr-Einspritzung
	Zenith 35/40 INAT (Startautomatik)	Bosch L-Jetronic
Ventile pro Zylinder/Betätigung	2, V-förmig hängend	2, V-förmig hängend
Nockenwelle(n)/Antrieb	1 oben liegend/Kette	1 oben liegend/Kette
Kurbelwellenlager	7	7
Kühlung	Pumpe/12,0 L Wasser	Pumpe/12,0 L Wasser
Schmierung	Druckumlauf/6,0 L Öl	Druckumlauf/6,0 L Öl
Batterie	12 V 55 Ah/vorn	12 V 55 Ah/vorn
Generator	Wechselstrom 770 W	Wechselstrom 770 W
Kraftübertragung	Hinterradantrieb	Hinterradantrieb
Kupplung	Einscheiben-Trocken	Einscheiben-Trocken
Schaltgetriebe	4Gang	4Gang
Synchronisierung	I-IV	I-IV
Übersetzungen	I. 3,855, II. 2,202, III.1,401, IV. 1,0	I. 3,855, II. 2,202, III.1,401, IV. 1,0
Antriebsübersetzung	3,45	3,45
Automatik	3Stufen (Borg Warner)	3Stufen (Borg Warner)
Übersetzungen	I. 2,39, II. 1,45, III. 1,0	I. 2,39, II. 1,45, III. 1,0
Antriebsübersetzung	3,45	3,45
Fahrwerk		
Vorderradaufhängung	Einzelradaufh. mit McPherson-Federbeinen, Schraubenfedern, Gummi-Zusatzfedern, Stabi	
Hinterradaufhängung	Einzelradaufh. mit Schräglenkerachse, Federbeine, Schraubenfedern, Stabi	
Lenkung	Gemmer Schnecke (hydr.), ZF, 18,5 : 1	Gemmer Schnecke (hydr.), ZF, 18,5 : 1
Betriebsbremse v/h (mm)	Hydr. (Servo), Zweikreis,	Hydr. (Servo), Zweikreis,
	Scheiben (vorn u. hinten Ø=272)	Scheiben (vorn u. hinten Ø=272)
Parkbremse	Seilzug (Hinterräder)	Seilzug (Hinterräder)
Allgemeine Daten		
Fahrzeugart (Türen/Sitze)	Stufenheck-Limousine (4/5)	Stufenheck-Limousine (4/5)
Aufbauform	Ganzstahlaufbau, selbsttragend	Ganzstahlaufbau, selbsttragend
Radstand (mm)	2792	2792
Spur vorn/hinten (mm)	1480/1486	1480/1486

BMW 3.3 Li (1976)

Modell (Baureihe)	BMW 3.3 L (E3)	BMW 3.3 Li (E3)
Länge x Breite x Höhe (mm)	4800 x 1750 x 1450	4800 x 1750 x 1450
Gepäckkraum (L)	650	650
Reifen (v/h)	195/70 VR 14	195/70 VR 14
Räder (v/h)	6.0 J x 14 (LM)	6.0 J x 14 (LM)
Wendekreisdurchmesser (m)	11,2 - 11,4	11,2 - 11,4
Bodenfreiheit (cm)	14	14
Leermasse (kg) DIN	1520 (1540)	1520 (1540)
zul. Gesamtmasse (kg) DIN	1980	1980
Kraftstofftank (L)/Position	75/hinten	75/hinten
Fahrleistungen		
Höchstgeschwindigkeit (km/h)	205	205
Beschleun. 0 - 100 km/h (s)	9,0	9,0
Verbrauch (L/100 km)	17,5	17,5
Sonstiges		
Preis (Anf./Ende Laufz.) DM	35.600/44.320	44.320/44.920
Baujahre	1974 - 1976	1976 - 1977
Stückzahl	1.622	1.401

BMW 2800 CS (1970)

BMW 2800 CS BIS 3.0 CSL (E9) (1968 BIS 1975)

Abgeleitet von der Oberklasselimousinen-Baureihe E3 erschien 1968 eine Coupé-Modellreihe, die schon früh Akzente setzte. Die Karosserie stammte von der Grundform her vom 2000 C/CS und kam wiederum von Karmann, hatte aber einen größeren Vorbau und eine gefälligere lange Motorhaube wegen der nun verwendeten Sechszylindermotoren. Das BMW 2800 CS Coupe wurde im September 1968 vorgestellt und ab Dezember 1968 in Serie gebaut. 9.400 Stück wurden bis April 1971 ausgeliefert.

Als Nachfolger erschienen, zusammen mit den entsprechenden Limousinen, im April 1971 der BMW 3.0 CS und im September 1971 der BMW 3.0 CSi mit Bosch-Benzineinspritzung. Äußerlich unterschieden sie sich kaum vom 2800 CS, technisch hauptsächlich durch den größeren Motor und Vierrad-Scheibenbremsen. 2800 CS und 3.0 CS waren auch mit Automatikgetriebe lieferbar (interne Bezeichnung 2800 CSA bzw. 3.0 CSA).

Im Mai 1971 entstand das aus dem 3.0 CS entwickelte Leichtbau-Coupe 3.0 CSL mit zunächst unverändertem 180-PS-Vergasermotor. Es handelte sich um eine zusammen mit Alpina entwickelte Homologationserie für den Tourenwagensport, in dem BMW mit den BMW Nullzwei sehr erfolgreich war. Diese CSL erhielten gegenüber dem 3.0 CS keine Leistungssteigerung, wogen aber dank konsequenter Gewichtssparmaßnahmen nur rund 1200 kg und beschleunigten in knapp acht Sekunden auf 100 km/h. Davon wurden nur 165 Exemplare gebaut.

Ihnen folgte im August 1972 die Ausführung mit 200 PS-Einspritzmotor – trotz gegenüber dem 3.0 CSi leicht

BMW 3.0 CS (1974)

BMW 2800 CS (1970)

BMW 2.5 CS (1974)

vergrößerten Hubraums (3003 statt 2995 cm³) blieb es erst einmal bei dieser Motorleistung. Sie erreichten auch so 220 km/h und beschleunigten in nur 6,9 Sekunden von 0 auf 100 km/h. Von diesem zweiten Produktionslauf des BMW 3.0 CSL entstanden bis August 1973 insgesamt 939 Exemplare, davon 500 mit Rechtslenkung.

Die letzte Ausbaustufe des 3.0 CSL (Juli 1973 bis November 1975) schöpfte 206 PS aus 3153 cm³. Ihren Spitznamen „Batmobile" verdankt sie einem umfangreichen Aerodynamikpaket, insbesondere dem riesigen Heckflügel, der mangels Straßenzulassung im Kofferraum des Fahrzeugs verstaut ausgeliefert wurde. Gedacht waren die CSL als Basisfahrzeuge für den Rennsport, wofür sie auch mit großem Erfolg Verwendung fanden. Doch wurden die meisten CSL von Privatleuten mit der dem 3.0 CS entsprechenden Komfortausstattung für den ganz normalen Straßenverkehr gekauft.

Im Hinblick auf die schlechter werdende Wirtschaftslage lieferte BMW das Coupe ab April 1974 auch mit 2,5 Liter-Motor und in einfacher Ausstattung als BMW 2.5 CS. Es wurde nur 844-mal gebaut. Der 150 PS starke 2,5-Liter war das Einstiegsmodell und äußerlich an den fehlenden Stoßstangenhörnern hinten sowie dem Schriftzug von den großen 3,0-Liter-Modellen zu unterscheiden. Doch auch der kleine Sechszylinder ermöglichte eine sportliche Fahrweise.

Zum Jahresende 1975 wurde die Karmannsche Lohnproduktion aller Coupes dieser Baureihe in Osnabrück beendet. Die Gesamtzahl von über 30.000 Stück war für ein Auto dieser Klasse ein stolzes Ergebnis.

Modell (Baureihe)	BMW 2.5 CS (E9)	BMW 2800 CS (E9)
Motor	M06 B25	M06 B28
Betriebsart	Otto (Viertakt)	Otto (Viertakt)
Material (Block/Kopf)	Grauguss	Grauguss
Zylinderzahl/Einbauposition	6 (Reihe), längs über Vorderachse	6 (Reihe), längs über Vorderachse
Bohrung x Hub (mm)	86 x 71.6	86 x 80
Hubraum (cm³)	2494	2788
Leistung (PS/kW bei U/min)	150 (110) bei 6000	170 (125) bei 6000
Drehmoment (Nm bei U/min)	210 bei 3700	233 bei 3700
Verdichtung	9,0 : 1	9,0 : 1
Gemischbildung	2 Register-Fallstromvergaser	2 Register-Fallstromvergaser
	Zenith 35/40 INAT (Startautomatik)	Zenith 35/40 INAT (Startautomatik)
Ventile pro Zylinder/Betätigung	2, V-förmig hängend	2, V-förmig hängend
Nockenwelle(n)/Antrieb	1 oben liegend/Kette	1 oben liegend/Kette
Kurbelwellenlager	7	7
Kühlung	Pumpe/12,0 L Wasser	Pumpe/12,0 L Wasser
Schmierung	Druckumlauf/6,0 L Öl	Druckumlauf/6,0 L Öl
Batterie	12 V 55 Ah/vorn	12 V 55 Ah/vorn
Generator	Wechselstrom 630 W	Wechselstrom 500 W, ab 3/70: 630 W
Kraftübertragung	Hinterradantrieb	Hinterradantrieb
Kupplung	Einscheiben-Trocken	Einscheiben-Trocken
Schaltgetriebe	4Gang	4Gang
Synchronisierung	I-IV	I-IV
Übersetzungen	I. 3,855, II. 2,202, III.1,401, IV. 1,0	I. 3,855, II. 2,08, III.1,375, IV. 1,0
Antriebsübersetzung	3,64	3,45
Automatik	3Stufen (ZF)	3Stufen (ZF)
Übersetzungen	I. 2,56, II. 1,52, III. 1,0	I. 2,56, II. 1,52, III. 1,0
Antriebsübersetzung	3,64	3,45
Fahrwerk		
Vorderradaufhängung	Einzelradaufh. mit McPherson-Federbeinen, Schraubenfedern	
Hinterradaufhängung	Einzelradaufh. mit Schräglenkerachse, Federbeinen, Schraubenfedern, Stabi	
Lenkung	Gemmer Schnecke (hydr.), ZF, 22,05 : 1, a.W. 18,05 Servo	Gemmer Schnecke (Servo hydr.), ZF, 18,05 : 1
Betriebsbremse v/h (mm)	Hydr. (Servo), Zweikreis,	Hydr. (Servo), Zweikreis,
	Scheiben (vorn u. hinten Ø=272)	Scheiben (vorn u. hinten Ø=272)
Parkbremse	Seilzug (Hinterräder)	Seilzug (Hinterräder)
Allgemeine Daten		
Fahrzeugart (Türen/Sitze)	Coupé (2/4)	Coupé (2/4)
Aufbauform	Ganzstahlaufbau, selbsttragend	Ganzstahlaufbau, selbsttragend
Radstand (mm)	2625	2625

BMW 2800 CS (1968)

BMW 3.0 CSi (1974)

BMW 3.0 CSi (1971)

BMW 3.0 CSL (1971)

Modell (Baureihe)	BMW 2.5 CS (E9)	BMW 2800 CS (E9)
Spur vorn/hinten (mm)	1446/1398	1446/1402
Länge x Breite x Höhe (mm)	4660 x 1670 x 1370	4660 x 1670 x 1370
Gepäckkraum (L)	450	450
Reifen (v/h)	175 HR 14	195/70 HR 14
Räder (v/h)	6.0 J x 14 (Stahl)	6.0 J x 14 (Stahl)
Wendekreisdurchmesser (m)	10,6 - 10,8	10,6 - 10,8
Bodenfreiheit (cm)	14	14
Leermasse (kg) DIN	1400 (1420)	1355 (1375)
zul. Gesamtmasse (kg) DIN	1770	1770
Kraftstofftank (L)/Position	70/hinten	70/hinten
Fahrleistungen		
Höchstgeschwindigkeit (km/h)	201	206
Beschleun. 0 - 100 km/h (s)	10,5	10,0
Verbrauch (L/100 km)	16,0	16,5
Sonstiges		
Preis (Anf./Ende Laufz.) DM	28.550/31.220	22.980/24.975
Baujahre	1974 - 1975	1968 - 1971
Stückzahl	844	9.399

Modell (Baureihe)	BMW 3.0 CS (E9) BMW 3.0 CSL (E9)	BMW 3.0 CSi (E9)	BMW 3.0 CSL (E9)
Motor	M21 B30	M20 B30	M20 B30, 1973: M20 B32
Betriebsart	Otto (Viertakt)	Otto (Viertakt)	Otto (Viertakt)
Material (Block/Kopf)	Grauguss	Grauguss	Grauguss
Zylinderzahl/Einbauposition	6 (Reihe), längs über Vorderachse	6 (Reihe), längs über Vorderachse	6 (Reihe), längs über Vorderachse
Bohrung x Hub (mm)	89 x 80	89 x 80	89,25 x 80, 1973: 89,25 x 84
Hubraum (cm³)	2895	2895, ab 1972. 3003	3003, 1973: 3153
Leistung (PS/kW bei U/min)	180 (132) bei 6000	200 (147) bei 5500	200 (147) bei 5500, 1973: 206 (149) bei 5600
Drehmoment (Nm bei U/min)	255 bei 3700	272 bei 4300	286 bei 4200
Verdichtung	9,0 : 1	9,5 : 1	9,5 : 1
Gemischbildung/Elektronik	2 Register-Fallstromvergaser	Saugrohr-Einspritzung	Saugrohr-Einspritzung
	Zenith 35/40 INAT (Startautomatik)	Bosch D-Jetronic	Bosch L-Jetronic
Ventile pro Zylinder/Betätigung	2, V-förmig hängend	2, V-förmig hängend	2, V-förmig hängend
Nockenwelle(n)/Antrieb	1 oben liegend/Kette	1 oben liegend/Kette	1 oben liegend/Kette
Kurbelwellenlager	7	7	7
Kühlung	Pumpe/12,0 L Wasser	Pumpe/12,0 L Wasser	Pumpe/12,0 L Wasser
Schmierung	Druckumlauf/6,0 L Öl	Druckumlauf/6,0 L Öl	Druckumlauf/6,0 L Öl
Batterie	12 V 55 Ah/vorn	12 V 55 Ah/vorn	12 V 55 Ah/vorn
Generator	Wechselstrom 630 W	Wechselstrom 770 W	Wechselstrom 770 W
Kraftübertragung	Hinterradantrieb	Hinterradantrieb	Hinterradantrieb
Kupplung	Einscheiben-Trocken	Einscheiben-Trocken	Einscheiben-Trocken
Schaltgetriebe	4Gang	4Gang	4Gang
Synchronisierung	I-IV	I-IV	I-IV
Übersetzungen	I. 3,855, II. 2,202, III.1,401, IV. 1,0	I. 3,855, II. 2,202, III.1,401, IV. 1,0	I. 3,855, II. 2,202, III.1,401, IV. 1,0
Antriebsübersetzung	3,45	3,25	3,25
Automatik	3Stufen (Borg Warner)		
Übersetzungen	I. 2,39, II. 1,45, III. 1,0		
Antriebsübersetzung	3,45		
Fahrwerk			
Vorderradaufhängung	Einzelradaufh. mit McPherson-Federbeinen, Schraubenfedern, Stabi		
Hinterradaufhängung	Einzelradaufh. mit Schräglenkerachse, Federbeinen, Schraubenfedern, Stabi		
Lenkung	Gemmer Schnecke (hydr.), Servo, ZF, 18,05 : 1	Gemmer Schnecke (hydr.), Servo, ZF, 18,05 : 1	Gemmer Schnecke (hydr.), ZF, 22,5 : 1, a.W. 18,05
Betriebsbremse v/h (mm)	Hydr. (Servo), Zweikreis,	Hydr. (Servo), Zweikreis,	Hydr. (Servo),
	Scheiben (vorn u. hinten Ø=272)	Scheiben (vorn u. hinten Ø=272)	Scheiben (vorn u. hinten Ø=272)
Parkbremse	Seilzug (Hinterräder)	Seilzug (Hinterräder)	Seilzug (Hinterräder)
Allgemeine Daten			
Fahrzeugart (Türen/Sitze)	Coupé (2/4), CSL: 2,2	Coupé (2/4)	Coupé (2/2)

BMW 3.0 CSL (1971)

Modell (Baureihe)	BMW 3.0 CS (E9) BMW 3.0 CSL (E9)	BMW 3.0 CSi (E9)	BMW 3.0 CSL (E9)
Aufbauform	Ganzstahlaufbau, selbsttragend	Ganzstahlaufbau, selbsttragend	Ganzstahlaufbau, selbsttragend
Radstand (mm)	2625	2625	2625
Spur vorn/hinten (mm)	1446/1402	1446/1402	1426/1422, 1973: 1470/1426
Länge x Breite x Höhe (mm)	4660 x 1670 x 1370	4660 x 1670 x 1370	4660 x 1670 x 1370
Gepäckkraum (L)	450	450	450
Reifen (v/h)	195/70 VR 14	195/70 VR 14	195/70 VR 14
Räder (v/h)	CS: ,6.0 J x 14, CSL: 7.0 J x 14 (LM)	7.0 J x 14 (LM)	7.0 J x 14 (LM)
Wendekreisdurchmesser (m)	10,6 - 10,8	10,6 - 10,8	10,6 - 10,8
Bodenfreiheit (cm)	14	14	14
Leermasse (kg) DIN	CS: 1400 (1420), CSL: 1200	1400	1270
zul. Gesamtmasse (kg) DIN	CS: 1750, CSL: 1650	1750	1730
Kraftstofftank (L)/Position	70/hinten	70/hinten	70/hinten
Fahrleistungen			
Höchstgeschwindigkeit (km/h)	CS: 213, CSL: 215	220	220
Beschleun. 0 - 100 km/h (s)	CS: 9,0, CSL: 8,0	8,0	7,5, ab 1973: 6,9
Verbrauch (L/100 km) DIN	11,2	10,5	10,9
Sonstiges			
Preis (Anf./Ende Laufz.) DM	26.975/35.900; CSL: 31.950	30.650	32.700; 35.700/42.260
Baujahre	CS: 1971 - 1975, CSL: 1971 - 1972	1971 - 1975	1972 - 1973/1973 - 1975
Stückzahl	11.063, davon 165 CSL	8.144	1.096

BMW 3.0 CSL (1974)

BMW 2800 Spiceup, Bertone-Studie für den Genfer Auto-Salon (1969)

BMW 3.0 CSL (1974)

BMW 3.0 CSL im Renneinsatz (1973)

BMW 316 (1978)

BMW DREIER (E21) (1975 BIS 1983)

Auf den Nullzwei ließ BMW im Juli 1975 die erste Dreier-Reihe (Baureihe E21) folgen. Sie hatte eine elegantere, hinten geräumigere Zweitürer-Karosserie; eine Viertürer-Version gab es nie. Die Vergasermotoren wurden anfangs auf Normalbenzin umgestellt, die zwar n der Leistung etwas zulegten, aber an Elastizität verloren. Die stilistisch der Fünfer-Reihe (ab 1972) angeglichenen Limousinen sahen sehr ansprechend aus – sie gewannen gegenüber den Nullzwei-Vorgängern an Stattlichkeit und Prestige, erkauft freilich durch für diese Größenklasse enorm hohe Preise. Doch wurden sie von einem großen Kreis von Kunden akzeptiert – das BMW-Image strahlte wieder in neuem Glanz.

Präsentationsmodelle des E21 wurden noch ohne die schwarze Plastikblende zwischen den Heckleuchten gezeigt. Aufgrund von Kundenkritik wegen der kargen Heck-Optik (beim Vorgänger war noch das Kennzeichen zwischen den Leuchten montiert) kam kurz nach Produktionsanlauf die geriffelte Heckblende in die Serie und verlieh dem Heck damit eine zeitgemäße Optik. Produktionsbeginn der Dreier-Reihe war am 2. Mai 1975. Zunächst im Werk München – ab 1980, als die Nachfrage weiter anhielt, zusätzlich auch im Werk Dingolfing, wo bis 1983 neben Fünfer und Siebener ebenfalls der Dreier entstand.

Äußerlich waren die verschiedenen Typen nahezu identisch, jedoch besaßen der 316 und der 318 einfache, aber der 320, der 320i und der 323i Doppel-Scheinwerfer. Dazu trugen die Sechzylinder-Modelle ein Typenschild im Kühlergrill. Der BMW 323i war als einzige Variante mit zwei

BMW 316 (1978)

BMW 318 (1975)

BMW 320 (1977)

Modell (Baureihe)	BMW 316 (E21)	BMW 318 (E21)	BMW 320 (E21)	BMW 320i (E21)
Motor	M41 B16	M42 B18	M43/1 (M10) B20	M64 (M10) B20
Betriebsart	Otto (Viertakt)	Otto (Viertakt)	Otto (Viertakt)	Otto (Viertakt)
Material (Block/Kopf)	Grauguss	Grauguss	Grauguss	Grauguss
Zylinderzahl/Einbauposition	4 (Reihe), längs über Vorderachse	4 (Reihe), längs über Vorderachse	4 (Reihe), längs über Vorderachse	4 (Reihe), längs über Vorderachse
Bohrung x Hub (mm)	84 x 71	89 x 71	89 x 80	89 x 80
Hubraum (cm³)	1573	1754	1977	1977
Leistung (PS/kW bei U/min)	90 (66) bei 6000	98 (72) bei 5800	109 (80) bei 5800	125 (92) bei 5700
Drehmoment (Nm bei U/min)	123 bei 4000	142 bei 4000	157 bei 3700	172 bei 4350
Verdichtung	8,3 : 1	8,3 : 1	8,1 : 1	9,1 : 1
Gemischbildung/Elektronik	1 Fallstrom-Registervergaser	1 Fallstrom-Registervergaser	1 Fallstrom-Registervergaser	Saugrohreinspritzung
	Solex 32/32 DIDTA (Startautomatik)	Solex 32/32 DIDTA (Startautomatik)	Solex 32/32 DIDTA (Startautomatik)	Bosch K-Jetronic
Ventile pro Zylinder/ Betätigung	2, V-förmig hängend	2, V-förmig hängend	2, V-förmig hängend	2, V-förmig hängend
Nockenwelle(n)/Antrieb	1 oben liegend/Kette	1 oben liegend/Kette	1 oben liegend/Kette	1 oben liegend/Kette
Kurbelwellenlager	5	5	5	5
Kühlung	Pumpe/7,0 L Wasser	Pumpe/7,0 L Wasser	Pumpe/7,0 L Wasser	Pumpe/7,0 L Wasser
Schmierung	Druckumlauf/4,25 L Öl	Druckumlauf/4,25 L Öl	Druckumlauf/4,25 L Öl	Druckumlauf/4,25 L Öl
Batterie	12 V 36 Ah/vorn	12 V 36 Ah/vorn	12 V 36 Ah/vorn	12 V 44 Ah/vorn
Generator	Wechselstrom 630 W	Wechselstrom 630 W	Wechselstrom 630 W	Wechselstrom 770 W
Kraftübertragung	Hinterradantrieb	Hinterradantrieb	Hinterradantrieb	Hinterradantrieb
Kupplung	Einscheiben-Trocken	Einscheiben-Trocken	Einscheiben-Trocken	Einscheiben-Trocken
Schaltgetriebe	4Gang	4Gang	4Gang	4Gang
Übersetzungen	I. 3,764, II. 2,022, III.1,32, IV. 1,0	I. 3,764, II. 2,022, III.1,32, IV. 1,0	I. 3,764, II. 2,022, III.1,32, IV. 1,0	I. 3,764, II. 2,022, III.1,32, IV. 1,0
Antriebsübersetzung	4,10	3,90	3,90	3,64
				a.W. 5Gang: I. 3,764, II. 2,33, III. 1,61, IV. 1,23, V. 1,00
Antriebsübersetzung				3,64
Automatik		3Stufen (hydr. Wandler)	3Stufen (hydr. Wandler)	3Stufen (hydr. Wandler)
Übersetzungen		I. 2478, II. 1,478, III.1,00	I. 2478, II. 1,478, III.1,00	I. 2478, II. 1,478, III.1,00
Antriebsübersetzung	4,10	3,90	3,90	3,64
Fahrwerk				
Vorderradaufhängung	Einzelradaufh. mit McPherson-Federbeinen, Schraubenfedern, Gummi-Zusatzfedern, Stabi			
Hinterradaufhängung	Einzelradaufh. mit Schräglenkern, Federbeinen, Schraubenfedern, Gummi-Zusatzfedern, a.W. Stabi (bei 318 und 320 ab 1976 Serie, bei 320i Serie)			
Lenkung	Zahnstange (hydr.), 19,0 : 1	Zahnstange (hydr.), 19,0 : 1	Zahnstange (hydr.), 19,0 : 1	Zahnstange (hydr.), 19,0 : 1

BMW 320 (1978)

BMW 320i (1977)

Modell (Baureihe)	BMW 316 (E21)	BMW 318 (E21)	BMW 320 (E21)	BMW 320i (E21)
Betriebsbremse v/h (mm)	Hydr. (Zweikreis),	Hydr. (Zweikreis),	Hydr. (Zweikreis),	Hydr. (Zweikreis),
	Scheiben vorn (Ø=255), Trommeln hinten (Ø=250)	Scheiben vorn (Ø=255), Trommeln hinten (Ø=250)	Scheiben vorn (Ø=255), Trommeln hinten (Ø=250)	Scheiben vorn (Ø=255), Trommeln hinten (Ø=250)
Parkbremse	Seilzug (Hinterräder)	Seilzug (Hinterräder)	Seilzug (Hinterräder)	Seilzug (Hinterräder)
Allgemeine Daten				
Fahrzeugart (Türen/Sitze)	Stufenheck-Limousine (2/5)	Stufenheck-Limousine (2/5)	Stufenheck-Limousine (2/5)	Stufenheck-Limousine (2/5)
Aufbauform	Ganzstahlaufbau, selbsttragend	Ganzstahlaufbau, selbsttragend	Ganzstahlaufbau, selbsttragend	Ganzstahlaufbau, selbsttragend
Radstand (mm)	2563	2563	2563	2563
Spur vorn/hinten (mm)	1364/1377	1364/1377	1364/1377	1386/1399
Länge x Breite x Höhe (mm)	4355 x 1610 x 1380	4355 x 1610 x 1380	4355 x 1610 x 1380	4355 x 1610 x 1380
Gepäckkraum (L)	450	450	450	450
Reifen (v/h)	165 SR 13	165 SR 13	165 SR 13	165 SR 13
Räder (v/h)	5.0 J x 13 (Stahl)	5.0 J x 13 (Stahl)	5.0 J x 13 (Stahl)	5.5 J x 13 (LM)
Wendekreisdurchmesser (m)	10,4 - 10,8	10,4 - 10,8	10,4 - 10,8	10,4 - 10,8
Bodenfreiheit (cm)	16	16	16	16
Leermasse (kg) DIN	1040	1040 (1060)	1060 (1080)	1080
zul. Gesamtmasse (kg) DIN	1420	1420	1440	1460
Kraftstofftank (L)/Position	52, ab 9/77: 58/hinten	52, ab 9/77: 58/hinten	52/hinten	52/hinten
Fahrleistungen				
Höchstgeschwindigkeit (km/h)	161	168	173	182
Beschleun. 0 - 100 km/h (s)	14,0	12,0	11,5	10,0
Verbrauch (L/100 km)	11,5	12,0 (12,5)	12,5 (13,0)	13,0
Sonstiges				
Preis (Anf./Ende Laufz.) DM	13.980/16.850	14.850/18.000	15.880/17.280	17.980/19.380
Baujahre	1975 - 1980	1975 - 1980	1975 - 1979	1975 - 1977
Stückzahl	337.034 (incl. 316 Baujahre 1980-1982)	93.209	118.399	98.899

BMW 323i (1978)

BMW 323i (1978)

BMW 320 Baur Cabriolet (1980)

Auspuffendrohren (eines auf der linken und eines auf der rechten Seite des Fahrzeughecks) ausgestattet. Zu dieser Zeit stand das „i" hinter der Zahlenkombination (z.B. 320i) noch für „injection", also Einspritzer. Modelle ohne das „i" somit mit Vergasern (z.B. 316) ausgerüstet.

Die ursprünglichen Ausführungen des 320 und 320i wurden ab September 1977 durch den 320 und ab Februar 1978 durch den 323i mit Sechszylinder-Motoren ersetzt. Mit diesen neuen Triebwerken, die sich durch moderne Konstruktionen, geringes Gewicht, hohe Leistung, Drehfreudigkeit und vorbildliche Laufkultur auszeichneten, bewies BMW wieder einmal seine Fähigkeit, die feinsten Automobilmotoren der Weit zu liefern.

Ab September 1979 wurden die BMW Dreier gegen Aufpreis (die Sechszylinder ab Januar 1982 serienmäßig) mit Fünfgang-Getriebe geliefert, wobei eine Schongang- oder eine Sportausführung zur Wahl standen. Ab August 1980 erhielt der BMW 316 den 1,8 Liter-Vergasermotor. Der 1,6 Liter-Motor (mit 75 statt 90 PS) kam dafür im BMW 315 wieder, der ab Februar 1981 als Spar- und Einstiegmodell mit etwas einfacherer Ausstattung angeboten wurde.

Im Rahmen der Modellpflegemaßnahmen hatten alle Modelle zum Modelljahr 1980 neu aufgeteilte Rückleuchten, optional mit integrierten Nebelschlussleuchten, erhalten. Statt des Chrom-Außenspiegels bekamen die Autos einen elektrisch verstellbaren Außenspiegel aus schwarzem Kunst-

BMW 320 Baur Cabriolet (1980)

BMW 323i (1980)

BMW 320 (1980)

stoff (315: manuell verstellbar), der nun nicht mehr auf dem Türblech, sondern im sogenannten Spiegeldreieck montiert wurde. Die Frontschürze wurde ebenfalls modifiziert und mit einem größeren Spoiler ausgestattet, außerdem wurde die Abgasanlage überarbeitet. Im Innenraum erhielten die Modelle eine neu geordnete Mittelkonsole mit mittig rundem Warnblinkschalter und einer neuen Heizungsbedienung. Alle Modelle ab BMW 320 hatten nun einen serienmäßigen Drehzahlmesser.

Von Ende 1977 bis 1982 verwandelte die Karosseriefabrik Baur (Stuttgart) Dreier-Limousinen in sogenannte Hardtop-Cabriolets. Sie hatten zwischen Frontscheibe und Überrollbügel ein herausnehmbares Dachteil aus Kunststoff und über dem Rücksitz ein Faltverdeck. Die festen Seitenteile ließen freilich nicht mehr jenes erhebende Cabriolet-Gefühl aufkommen, das es nur beim Fahren mit ganz offenem Wagen gibt. Im Übrigen kostete der Umbau über 6.000 Mark. Geliefert hat Baur innerhalb der Baureihe E 21 rund 4.600 Hardtop-Cabriolets – vertrieben wurden sie von BMW.

Im November 1982 wurde die Produktion des ersten Dreiers beendet, nur der 315 lief noch bis Ende 1983. Die E21-Reihe brachte es als bis dahin meistgebauter BMW auf 1.364.039 Einheiten. Mehr als die Hälfte davon ging in den Export. Rund ein Drittel aller Dreier war mit Sechszylinder-Motor ausgerüstet. Erfolgreichstes Modell der Reihe war mit mehr als einer halben Million der BMW 320.

Modell (Baureihe)	BMW 320 (E21)	BMW 323i (E21)
Motor	M60 B20	M60 B20
Betriebsart	Otto (Viertakt)	Otto (Viertakt)
Material (Block/Kopf)	Grauguss	Grauguss
Zylinderzahl/Einbauposition	6 (Reihe), längs über Vorderachse	6 (Reihe), längs über Vorderachse
Bohrung x Hub (mm)	80 x 666	80 x 76,8
Hubraum (cm³)	1990	2315
Leistung (PS/kW bei U/min)	122 (90) bei 6000	143 (105) bei 6000
Drehmoment (Nm bei U/min)	160 bei 4000	190 bei 4500
Verdichtung	9,2 : 1	9,5 : 1
Gemischbildung/Elektronik	1 Fallstrom-Registervergaser	Saugrohreinspritzung
	Solex 4A1	Bosch K-Jetronic
Ventile pro Zylinder/ Betätigung	2, V-förmig hängend	2, V-förmig hängend
Nockenwelle(n)/Antrieb	1 oben liegend/Kette	1 oben liegend/Kette
Kurbelwellenlager	7	7
Kühlung	Pumpe/12,0 L Wasser	Pumpe/12,0 L Wasser
Schmierung	Druckumlauf/4,75 L Öl	Druckumlauf/4,75 L Öl
Batterie	12 V 44 Ah/vorn	12 V 55 Ah/vorn
Generator	Wechselstrom 910 W	Wechselstrom 910 W
Kraftübertragung	Hinterradantrieb	Hinterradantrieb
Kupplung	Einscheiben-Trocken	Einscheiben-Trocken
Schaltgetriebe	4Gang	4Gang
Übersetzungen	I. 3,764, II. 2,022, III.1,32, IV. 1,0	I. 3,764, II. 2,022, III.1,32, IV. 1,0
Antriebsübersetzung	3,64	3,45
	ab 9/79: 5Gang (m. Schongang): I. 3,681, II. 2,001, III. 1,329, IV. 1,0, V. 0,805, Achsantrieb: 3,64	ab 9/79: 5Gang (m. Schongang): I. 3,681, II. 2,001, III. 1,329, IV. 1,0, V. 0,805, Achsantrieb: 3,45
	ab 9/79: 5Gang (Sportgetriebe): I. 3,764, II. 2,325, III. 1,612, IV. 1,229, V. 1,00, Achsantrieb: 3,64	ab 9/79: 5Gang (Sportgetriebe): I. 3,764, II. 2,325, III. 1,612, IV. 1,229, V. 1,00, Achsantrieb: 3,45
Automatik	3Stufen (hydr. Wandler)	3Stufen (hydr. Wandler)
Übersetzungen	I. 2478, II. 1,478, III.1,00, Achsantrieb: 3,64	I. 2478, II. 1,478, III.1,00, Achsantrieb: 3,45
Antriebsübersetzung	3,64	3,45
Fahrwerk		
Vorderradaufhängung	Winzelradaufh.mit McPherson-Federbeinen, Schraubenfedern, Gummi-Zusatzfedern, Stabi	
Hinterradaufhängung	Einzelradaufh. mit Schräglenkern, Federbeinen, Schraubenfedern, Gummi-Zusatzfedern, Stabi	
Lenkung	Zahnstange (hydr.), 21,1 : 1	Zahnstange (hydr.), 21,1 : 1
Betriebsbremse v/h (mm)	Hydr. (Zweikreis),	Hydr. (Zweikreis),
	Scheiben vorn (Ø=255), Trommeln hinten (Ø=250)	Scheiben vorn (Ø=255), Trommeln hinten (Ø=258)
Parkbremse	Seilzug (Hinterräder)	Seilzug (Hinterräder)
Allgemeine Daten		
Fahrzeugart (Türen/Sitze)	Stufenheck-Limousine (2/5)	Stufenheck-Limousine (2/5)

BMW 320 Turbo (Gruppe 5), Manfred Winkelhock beim Eifelrennen (1978)

Modell (Baureihe)	BMW 320 (E21)	BMW 323i (E21)
Aufbauform	Ganzstahlaufbau, selbsttragend	Ganzstahlaufbau, selbsttragend
Radstand (mm)	2563	2563
Spur vorn/hinten (mm)	1386/1399	1386/1399
Länge x Breite x Höhe (mm)	4355 x 1610 x 1380	4355 x 1610 x 1380
Gepäckkraum (L)	450	450
Reifen (v/h)	185/70 HR 13	185/70 HR 13
Räder (v/h)	5.5 J x 13	5.5 J x 13
Wendekreisdurchmesser (m)	10,4 - 10,8	10,4 - 10,8
Bodenfreiheit (cm)	16	16
Leermasse (kg) DIN	1115 (1135)	1135 (1155)
zul. Gesamtmasse (kg) DIN	1550	1570
Kraftstofftank (L)/Position	58/hinten	58/hinten
Fahrleistungen		
Höchstgeschwindigkeit (km/h)	183	192
Beschleun. 0 - 100 km/h (s)	10,5	9,5
Verbrauch (L/100 km) Drittelm.	10,2, 5Gang: 9,9 (10,0)	10,8, 5Gang: 10,3 (10,6)
Sonstiges		
Preis (Anf./Ende Laufz.) DM	17.980/22.300	20.350/25.400
Baujahre	1977 - 1982	1978 - 1982
Stückzahl	270.445	137.107

Modell (Baureihe)	BMW 315 (E21)	BMW 316 (E21)	BMW 318i (E21)
Motor	M98 B15	M99 B18	M92 B18
Betriebsart	Otto (Viertakt)	Otto (Viertakt)	Otto (Viertakt)
Material (Block/Kopf)	Grauguss	Grauguss	Grauguss
Zylinderzahl/Einbauposition	4 (Reihe), längs über Vorderachse	4 (Reihe), längs über Vorderachse	4 (Reihe), längs über Vorderachse
Bohrung x Hub (mm)	84 x 71	89 x 71	89 x 71
Hubraum (cm³)	1573	1766	1766
Leistung (PS/kW bei U/min)	75 (55) bei 5800	90 (66) bei 5500	105 (77) bei 5800
Drehmoment (Nm bei U/min)	108 bei 3200	137 bei 4000	142 bei 4500
Verdichtung	9,5 : 1	9,5 : 1	10,0 : 1
Gemischbildung/Elektronik	1 Fallstrom-Vergaser	1 Fallstrom-Registervergaser	Saugrohreinspritzung
	Pierburg 1B2	Pierburg 2B4	Bosch K-Jetronic
Ventile pro Zylinder/ Betätigung	2, V-förmig hängend	2, V-förmig hängend	2, V-förmig hängend
Nockenwelle(n)/Antrieb	1 oben liegend/Kette	1 oben liegend/Kette	1 oben liegend/Kette
Kurbelwellenlager	5	5	5
Kühlung	Pumpe/7,2 L Wasser	Pumpe/7,2 L Wasser	Pumpe/7,2 L Wasser
Schmierung	Druckumlauf/4,25 L Öl	Druckumlauf/4,25 L Öl	Druckumlauf/4,25 L Öl
Batterie	12 V 36 Ah/vorn	12 V 36 Ah/vorn	12 V 44 Ah/vorn
Generator	Wechselstrom 630 W	Wechselstrom 630 W	Wechselstrom 910 W
Kraftübertragung	Hinterradantrieb	Hinterradantrieb	Hinterradantrieb
Kupplung	Einscheiben-Trocken	Einscheiben-Trocken	Einscheiben-Trocken
Schaltgetriebe	4Gang	4Gang	4Gang
Übersetzungen	I. 3,764, II. 2,043, III.1,32, IV. 1,0	I. 3,764, II. 2,043, III.1,32, IV. 1,0	I. 3,764, II. 2,043, III.1,32, IV. 1,0
Antriebsübersetzung	4,11	3,91	3,91
	a.W. 5Gang (m. Schongang): I. 3,681, II. 2,001, III. 1,329, IV. 1,0, V.0,805, Achsantrieb: 4,11	a.W. 5Gang (m. Schongang): I. 3,681, II. 2,001, III. 1,329, IV. 1,0, V.0,805, Achsantrieb: 3,91	a.W. 5Gang (m. Schongang): I. 3,681, II. 2,001, III. 1,329, IV. 1,0, V.0,805, Achsantrieb: 3,91
		a.W. 5Gang (Sportgetriebe): I. 3,764, II. 2,235, III. 1,612, IV. 1,229, V. 1,0, Achsantrieb: 3,91	a.W. 5Gang (Sportgetriebe): I. 3,764, II. 2,235, III. 1,612, IV. 1,229, V.1,0, Achsantrieb: 3,91
Automatik		3Stufen (hydr. Wandler)	3Stufen (hydr. Wandler)
Übersetzungen		I. 2478, II. 1,478, III.1,00	I. 2478, II. 1,478, III.1,00
Antriebsübersetzung	4,11	3,91	3,91
Fahrwerk			
Vorderradaufhängung	Einzelradaufh. mit McPherson-Federbeinen, Schraubenfedern, Gummi-Zusatzfedern, Stabi		
Hinterradaufhängung	Einzelradaufh. mit Schräglenkern, Federbeinen, Schraubenfedern, Gummi-Zusatzfedern, 318i: Stabi		
Lenkung	Zahnstange (hydr.), 21,1 : 1	Zahnstange (hydr.), 21,1 : 1	Zahnstange (hydr.), 21,1 : 1

Modell (Baureihe)	BMW 315 (E21)	BMW 316 (E21)	BMW 318i (E21)
Betriebsbremse v/h (mm)	Hydr. (Zweikreis),	Hydr. (Zweikreis),	Hydr. (Zweikreis),
	Scheiben vorn (Ø=255), Trommeln (Ø=250)	Scheiben vorn (Ø=255), Trommeln (Ø=250)	Scheiben vorn (Ø=255), Trommeln (Ø=250)
Parkbremse	Seilzug (Hinterräder)	Seilzug (Hinterräder)	Seilzug (Hinterräder)
Allgemeine Daten			
Fahrzeugart (Türen/Sitze)	Stufenheck-Limousine (2/5)	Stufenheck-Limousine (2/5)	Stufenheck-Limousine (2/5)
Aufbauform	Ganzstahlaufbau, selbsttragend	Ganzstahlaufbau, selbsttragend	Ganzstahlaufbau, selbsttragend
Radstand (mm)	2563	2563	2563
Spur vorn/hinten (mm)	1366/1373	1366/1373	1366/1373
Länge x Breite x Höhe (mm)	4355 x 1610 x 1380	4355 x 1610 x 1380	4355 x 1610 x 1380
Gepäckkraum (L)	450	450	450
Reifen (v/h)	165 SR 13	165 SR 13	165 SR 13
Räder (v/h)	5.0 J x 13 (Stahl)	5.0 od. 5.5 J x 13 (Stahl)	5.0 od. 5.5 J x 13 (Stahl)
Wendekreisdurchmesser (m)	10,4 - 10,8	10,4 - 10,8	10,4 - 10,8
Bodenfreiheit (cm)	15	15	15
Leermasse (kg) DIN	1050	1060 (1080)	1070 (1090)
zul. Gesamtmasse (kg) DIN	1440	1440 (1460)	1450-1460
Kraftstofftank (L)/Position	58/hinten	58/hinten	58/hinten
Fahrleistungen			
Höchstgeschwindigkeit (km/h)	160	165	175
Beschleun. 0 - 100 km/h (s)	13,0	11,5	11,0
Verbrauch (L/100 km)	11,0	12,0 (12,5)	11,5 (12,1)
Sonstiges			
Preis (Anf./Ende Laufz.) DM	15.850/18.350		19.100/20.100
Baujahre	1981 - 1983	1980 - 1982	1980 - 1982
Stückzahl	107.838	(s. Bauj. ab 1975)	192.564

PRODUKTION BMW DREIER (E21) 1975 BIS 1983

Typ	1975	1976	1977	1978	1979	1980	1981	1982	1983
E21	43.349	130.821	166.758	183.377	188.809	206.326	228.832	182.010	33.757

BMW 518 (1972)

BMW 518, nach Facelift (1976)

BMW 520 (1975)

BMW FÜNFER (E12) (1972 BIS 1981)

Die Fünfer-Baureihe folgte im September 1972 auf die Neue Klasse. Das vom Designer Paul Bracq gestaltete Fahrzeug hatte die Modellreihenbezeichnung E12. Es leitete eine Neuordnung der Nomenklatur bei BMW ein. Lieferbar war der Fünfer in dieser Baureihe ausschließlich als viertürige Limousine – zunächst mit Vier-, dann auch mit Sechszylinder-Motoren.

Zuerst kam der BMW 520, der den früheren BMW 2000 ablöste. Gegenüber dem Vorgänger blieben Motor, Getriebe und Fahrwerk im Wesentlichen gleich, während sich die Karosserie in völlig neuer Gestalt darbot: Das Auto wirkte voluminöser und stattlicher, aber auch weniger sportlich und spritzig. BMW leitete so eine Stilwandel ein: Man wollte mehr als bisher auf Komfort bedacht sein, dabei aber die „Freude am Fahren" unbedingt beibehalten. Dies gelang zwar, doch rutschte der Preis noch weiter nach oben.

Preis und Größe des Wagens hatten zur Folge, dass ein beträchtlicher Teil der Kundschaft dem Fünfer deutlich höhere Fahrleistungen wünschte. Da bei der Einspritzer-Version 520i die Mehrleistung in keinem angemessenen Verhältnis zum

BMW 525 (1973)

BMW 525 (1975)

BMW 520, nach Facelift (1977)

beträchtlichen Aufpreis stand, gab es ab September 1973 den 525 mit 2,5 Liter- und ab Februar 1975 den 528 mit 2,8-Liter-Sechszylinder-Motor. Sie wurden beide zu einem durchschlagenden Erfolg, der freilich zu Lasten des BMW 520 auf der einen, der großen BMW 2500/2800 (Reihe E3) auf der anderen Seite ging.

Als Nachfolger des früheren BMW 1800 kam im Juni 1974 der BMW 518 mit 1,8 Liter-Motor heraus. Gegenüber dem 520 durfte man sich vom kleineren Motor freilich keine nennenswerten Einsparungen erwarten. Daran änderte sich auch nichts, als ab September 1975 der 518 auf Normalbenzin umgestellt wurde. Und obwohl diese Ausführung sowieso kaum das einem BMW dieser Preisklasse gemäße Temperament entwickelte, war sie seit August 1977 auch mit automatischem Getriebe erhältlich. Verständlicherweise hatte man sich im Werk lange gegen diese offenbar doch von vielen Käufern gewünschte Kombination gesträubt.

Im August 1976 zeigte sich die gesamte Fünfer-Reihe äußerlich etwas überarbeitet, wobei sich aber der optische Gesamteindruck der Wagen erfreulicherweise nicht auffällig änderte. Man hatte Front- und Heckpartie sowie die Motorhaube modifiziert, größere Heckleuchten und neue Radblenden gehörten dazu, und der Tankdeckel wanderte von der Rückseite in den rechten Hinterkotflügel.

Wesentlichere Änderungen, wenn auch äußerlich unsichtbar, brachte der September 1977. Beim 520 wurde (wie beim 320) der bisherige Vier- durch einen neuen Sechszylinder-Motor ersetzt, der bei relativ geringem Mehrpreis ein deutliches Plus an Leistung und Fahrkultur bot. Der 528 wandelte sich zum 528i mit Einspritzung, war aber immens teuer. Und weil sein zusätzliches Leistungspotenzial gegenüber dem 525 auf der Straße ohne praktischen Nutzen blieb, bekam das Auto 1978 eine Leistungsspritze.

BMW 528 (1977)

BMW 528i (1978)

Wem das noch nicht genügte, der konnte sich ab September 1979 mit dem Kraftpaket BMW M 535i beschäftigen, der aber vornehmlich für die Beteiligung am Motorsport bestimmt war. Der 3,5-Liter entstammte der Siebener-Baureihe, war jedoch der gleiche Grundmotor wie beim Dreiliter-Modell, sodass sich zur Leistungssteigerung ein solcher Umbau anbot. Jener M 535i war die erste von der BMW M GmbH entwickelte Sportlimousine auf Basis der Fünfers. Sie trug aber noch nicht die Bezeichnung M5 – diese kam erst 1985 mit der M-Variante des Nachfolgers (E28). Vor dem M 535i hatte die M GmbH bereits auf Wunsch den BMW 525 bzw. den BMW 528 modifiziert: Diese Autos erstarkten durch den Einbau hubraumstärkerer Motoren.

In recht großer Zahl, aber nicht für den deutschen Markt, wurde der Fünfer auch als Dreiliter-Sechszylinder gebaut. Zum Programm des BMW-Montagewerkes in Südafrika gehörte der jener BMW 530 mit Vergasermotor, während dem US-Markt der BMW 530i mit Benzineinspritzung vorbehalten blieb. Die effektive Leistung beider Ausführungen lag bei 175 PS, wobei das US-Modell Leistungseinbußen infolge der dortigen Abgasbestimmungen hinnehmen musste.

Anfangs wurde der BMW E12 nur im Stammwerk München gebaut. Nach Fertigstellung des neuen Produktionsstandortes in Dingolfing im Jahre 1973 wurde die Produktion nach und nach dorthin verlegt. 1975 stellte BMW die Produktion des Fünfers in München schließlich gänzlich ein. Die Fertigung der Baureihe E12 lief noch bis Juni 1981, dann kam der sehr ähnliche E28, den manche Chronisten darum lediglich als eine Facelift-Version einstufen. Nach Einstellung der Produktion in Deutschland übernahm das Werk in Südafrika die Presswerkzeuge und fertigte fortan den erfolgreichen BMW E12 – mit der Innenausstattung des Nachfolgemodells E28 – noch bis ins Jahr 1985. Der BMW E28 löste erst dann in Südafrika den BMW E12 ab und wurde anschließend bis 1989 produziert.

BMW 528i, nach Facelift (1979)

BMW 528i (1981) BMW M535i (1979)

BMW M535i (1979)

BMW M535i (1979)

Modell (Baureihe)	BMW 518 (E12)	BMW 518 (E12)	BMW 518 (E12)	BMW 520 (E12)
Motor	M42 B18	M42 B18	M24 B18	M17 B20
Betriebsart	Otto (Viertakt)	Otto (Viertakt)	Otto (Viertakt)	Otto (Viertakt)
Material (Block/Kopf)	Grauguss	Grauguss	Grauguss	Grauguss
Zylinderzahl/Einbauposition	4 (Reihe), längs über Vorderachse	4 (Reihe), längs über Vorderachse	4 (Reihe), längs über Vorderachse	4 (Reihe), längs über Vorderachse
Bohrung x Hub (mm)	89 x 71	89 x 71	89 x 71	89 x 80
Hubraum (cm^3)	1766	1766	1766	1990
Leistung (PS/kW bei U/min)	90 (66) bei 5500	90 (66) bei 5500	90 (66) bei 5500	115 (85) bei 5800
Drehmoment (Nm bei U/min)	142 bei 3500	140 bei 3700	137 bei 4000	162 bei 3700
Verdichtung	8,6 : 1	8,3 : 1	9,5 : 1	9,0 : 1
Gemischbildung/Elektronik	1 Fallstromvergaser	1 Register-Fallstrom-vergaser	1 Register-Fallstrom-vergaser	1 Fallstromvergaser
	Solex 38 PDISI	Solex 32/32 DIDTA (Startautomatik)	Pierburg 2 B 4 (Startautomatik)	Stromberg 175 CDET (Startautomatik)
Ventile pro Zylinder/ Betätigung	2, V-förmig hängend	2, V-förmig hängend	2, V-förmig hängend	2, V-förmig hängend
Nockenwelle(n)/Antrieb	1 oben liegend/Kette	1 oben liegend/Kette	1 oben liegend/Kette	1 oben liegend/Kette
Kurbelwellenlager	5	5	5	5
Kühlung	Pumpe/7,25 L Wasser	Pumpe/7,25 L Wasser	Pumpe/7,25 L Wasser	Pumpe/7,0 L Wasser
Schmierung	Druckumlauf/4,25 L Öl	Druckumlauf/4,25 L Öl	Druckumlauf/4,25 L Öl	Druckumlauf/4,25 L Öl
Batterie	12 V 36 Ah/vorn	12 V 36 Ah/vorn	12 V 55 Ah/vorn	12 V 55 Ah/vorn
Generator	Wechselstrom 630 W	Wechselstrom 630 W	Wechselstrom 630 W	Wechselstrom 630 W
Kraftübertragung	Hinterradantrieb	Hinterradantrieb	Hinterradantrieb, a.W. Sperrdiff.	Hinterradantrieb
Kupplung	Einscheiben-Trocken	Einscheiben-Trocken	Einscheiben-Trocken	Einscheiben-Trocken
Schaltgetriebe	4Gang	4Gang, ab 1979: 5Gang	5Gang	4Gang
Synchronisierung	I-IV	I-IV (I-V)	I-IV (I-V)	I-IV
Übersetzungen	I. 3,764, II. 2,02, III.1,32, IV. 1,0	4Gang: I. 3,764, II. 2,02, III.1,32, IV. 1,0	4Gang: I. 3,764, II. 2,02, III.1,32, IV. 1,0	I. 3,855, II. 2,202, III.1,401, IV. 1,0
		5Gang: I. 3,822, II. 2,202, III.1,308, IV. 1,0, V. 0,813	5Gang: I. 3,822, II. 2,202, III.1,308, IV. 1,0, V. 0,813	
Antriebsübersetzung	4,44	4,72/4,44	4,27	3,45
Automatik		3Stufen (ZF)	3Stufen (ZF)	3Stufen (ZF)
Übersetzungen		I. 2,56, II. 1,52, III. 1,0	I. 2,56, II. 1,52, III. 1,0	I. 2,56, II. 1,52, III. 1,0
Antriebsübersetzung		4,11	4,11	4,11

Modell (Baureihe)	BMW 518 (E12)	BMW 518 (E12)	BMW 518 (E12)	BMW 520 (E12)
Fahrwerk				
Vorderradaufhängung	Einzelradaufh. mit McPherson-Federbeinen, Schraubenfedern, Stabi			
Hinterradaufhängung	Einzelradaufh. mit Schräglenkerachse, Federbeinen, Schraubenfedern, a.W. (Serie: 520) Stabi			
Lenkung	Gemmer Schnecke (hydr.), ZF, 19,1 : 1; a.W. 19,6 : 1, Servo	Gemmer Schnecke (hydr.), ZF, 19,1 : 1; a.W. 19,6 : 1, Servo	Gemmer Schnecke (hydr.), ZF, 19,1 : 1; a.W. 19,6 : 1, Servo	Gemmer Schnecke (hydr.), ZF, 22,3 : 1; a.W. 19,9 : 1, Servo
Betriebsbremse v/h (mm)	Hydr. (Servo), Zweikreis,	Hydr. (Servo), Zweikreis,	Hydr. (Servo), Zweikreis,	Hydr. (Servo), Zweikreis,
	Scheiben vorn (Ø=280), Tommeln hint. (Ø=250)	Scheiben vorn (Ø=280), Tommeln hint. (Ø=250)	Scheiben vorn (Ø=280), Tommeln hint. (Ø=250)	Scheiben vorn (Ø=280), Tommeln hint. (Ø=250)
Parkbremse	Seilzug (Hinterräder)	Seilzug (Hinterräder)	Seilzug (Hinterräder)	Seilzug (Hinterräder)
Allgemeine Daten				
Fahrzeugart (Türen/Sitze)	Stufenheck-Limousine (4/5)	Stufenheck-Limousine (4/5)	Stufenheck-Limousine (4/5)	Stufenheck-Limousine (4/5)
Aufbauform	Ganzstahlaufbau, selbsttragend	Ganzstahlaufbau, selbsttragend	Ganzstahlaufbau, selbsttragend	Ganzstahlaufbau, selbsttragend
Radstand (mm)	2636	2636	2636	2636
Spur vorn/hinten (mm)	1406/1412	1406/1412	1406/1412	1406/1412
Länge x Breite x Höhe (mm)	4620 x 1690 x 1425	4620 x 1690 x 1425	4620 x 1690 x 1425	4620 x 1690 x 1425
Gepäckkraum (L) VDA	440	440	440	440
Reifen (v/h)	175 SR 14	175 SR 14	175 SR 14	175 SR 14
Räder (v/h)	5.5 J x 14 (Stahl)	5.5 J x 14 (Stahl)	5.5 J x 14 (Stahl)	5.5 J x 14 (Stahl)
Wendekreisdurchmesser (m)	10,7 - 11,1	10,7 - 11,1	10,7 - 11,1	10,7 - 11,1
Bodenfreiheit (cm)	14	14	14	14
Leermasse (kg) DIN	1260	1260 (1280)	1265 (1285)	1275 (1295)
zul. Gesamtmasse (kg) DIN	1700	1700 (1720)	1700 (1720)	1700 (1720)
Kraftstofftank (L)/Position	56/hinten	70/hinten	70/hinten	56/hinten
Fahrleistungen				
Höchstgeschwindigkeit (km/h)	163	160 (155)	160 (155)	175 (170)
Beschleun. 0 - 100 km/h (s)	15,0	15,0 (16,0)	15,0 (16,0)	13,0 (14,0)
Verbrauch (L/100 km)	12,5	13,0 (13,5)	12,5 (13,0)	13,5 (14,0)
Sonstiges				
Preis (Anf./Ende Laufz.) DM	14.870/15.850	16.640/20.300	20.300/20.550	14.490/19.400
Baujahre	1974 - 1975	1975 - 1980	1980 - 1981	1972 - 1977
Stückzahl	insgesamt ca. 120.300			vgl. 520i

Modell (Baureihe)	BMW 520i (E12)	BMW 520i (E12)	BMW 520 (E12)	BMW 525 (E12)
Motor	M15 B20	M69 B20	M60 B20	M06 B25, ab 1976 M68 B25
Betriebsart	Otto (Viertakt)	Otto (Viertakt)	Otto (Viertakt)	Otto (Viertakt)
Material (Block/Kopf)	Grauguss	Grauguss	Grauguss	Grauguss
Zylinderzahl/Einbauposition	4 (Reihe), längs über Vorderachse	4 (Reihe), längs über Vorderachse	6 (Reihe), längs über Vorderachse	6 (Reihe), längs über Vorderachse
Bohrung x Hub (mm)	89 x 80	89 x 80	80 x 66	86 x 71,6
Hubraum (cm³)	1990	1990	1990	2494
Leistung (PS/kW bei U/min)	130 (96) bei 5800	125 (92) bei 5800	122 (90) bei 6000	145 (107) bei 6000
				ab 8/1976: 150 (110) bei 5800
Drehmoment (Nm bei U/min)	178 bei 4500	172 bei 4350	160 bei 4000	208 bei 4000
Verdichtung	9,5 : 1	9,3 : 1	9,2 : 1	9,0 : 1
Gemischbildung/ Elektronik	Saugrohr-Einspritzung	Saugrohr-Einspritzung	1 Register-Fallstrom-vergaser	2 Register-Fallstrom-vergaser Zenith 32/40 INAT
	Kugelfischer PL 04	Bosch K-Jetronic	Solex 4 A 1	ab 8/76: 1 Register-Fallstrom Solex 4 A 1
Ventile pro Zylinder/ Betätigung	2, V-förmig hängend	2, V-förmig hängend	2, V-förmig hängend	2, V-förmig hängend
Nockenwelle(n)/Antrieb	1 oben liegend/Kette	1 oben liegend/Kette	1 oben liegend/Kette	1 oben liegend/Kette
Kurbelwellenlager	5	5	/	7
Kühlung	Pumpe/7,0 L Wasser	Pumpe/7,0 L Wasser	Pumpe/12,0 L Wasser	Pumpe/12,0 L Wasser
Schmierung	Druckumlauf/4,25 L Öl	Druckumlauf/4,25 L Öl	Druckumlauf/4,75 L Öl	Druckumlauf/6,0 L Öl
Batterie	12 V 55 Ah/vorn	12 V 55 Ah/vorn	12 V (44) 55 Ah/vorn	12 V 55 Ah/vorn
Generator	Wechselstrom 770 W	Wechselstrom 770 W	Wechselstrom 770 W	Wechselstrom 770 W
Kraftübertragung	Hinterradantrieb	Hinterradantrieb	Hinterradantrieb	Hinterradantrieb
Kupplung	Einscheiben-Trocken	Einscheiben-Trocken	Einscheiben-Trocken	Einscheiben-Trocken
Schaltgetriebe	4Gang	4Gang	4Gang, ab 1979: 5Gang	4Gang, ab 1979: 5Gang
Synchronisierung	I-IV	I-IV	I-IV (I-V)	I-IV (I-V)
Übersetzungen	I. 3,764, II. 2,202, III.1,32, IV. 1,0	I. 3,764, II. 2,202, III.1,32, IV. 1,0	4Gang: I. 3,764, II. 2,202, III.1,32, IV. 1,0	4Gang: I. 3,855, II. 2,202, III.1,401, IV. 1,0
			5Gang: I. 3,862, II. 2,202, III.1,329, IV. 1,0, V. 0,805	5Gang: I. 3,822, II. 2,203, III.1,398, IV. 1,0, V. 0,812
			auch: I. 3,37, II. 2,16, III.1,581, IV. 1,241, V. 1,0	auch: I. 3,717, II. 2,403, III.1,766, IV. 1,263, V. 1,0
Antriebsübersetzung	3,9	3,9	3,9	3,64
Automatik			3Stufen (ZF)	3Stufen (ZF)
Übersetzungen			I. 2,56, II. 1,52, III. 1,0	I. 2,56, II. 1,52, III. 1,0
Antriebsübersetzung			3,90	3,64

Modell (Baureihe)	BMW 520i (E12)	BMW 520i (E12)	BMW 520 (E12)	BMW 525 (E12)
Fahrwerk				
Vorderradaufhängung	Einzelradaufh. mit McPherson-Federbeinen, Schraubenfedern, Stabi			
Hinterradaufhängung	Einzelradaufh. mit Schräglenkerachse, Federbeinen, Schraubenfedern, Stabi (a.W. bei 520/6)			
Lenkung	Gemmer Schnecke (hydr.), ZF, 22,3 : 1; a.W. 16,9 : 1, Servo	Gemmer Schnecke (hydr.), ZF, 22,3 : 1; a.W. 16,9 : 1, Servo	Gemmer Schnecke (hydr.), ZF, 19,1 : 1; a.W. 19,6 : 1, Servo	Gemmer Schnecke (hydr.), ZF, 22,3 : 1; a.W. 19,9 : 1, Servo
Betriebsbremse v/h (mm)	Hydr. (Servo), Zweikreis,	Hydr. (Servo), Zweikreis,	Hydr. (Servo), Zweikreis,	Hydr. (Servo), Zweikreis,
	Scheiben vorn (Ø=280), Tommeln hint. (Ø=250)	Scheiben vorn (Ø=280), Tommeln hint. (Ø=250)	Scheiben vorn (Ø=280), Tommeln hint. (Ø=250)	Scheiben vorn (Ø=280), Tommeln hint. (Ø=272)
Parkbremse	Seilzug (Hinterräder)	Seilzug (Hinterräder)	Seilzug (Hinterräder)	Seilzug (Hinterräder)
Allgemeine Daten				
Fahrzeugart (Türen/Sitze)	Stufenheck-Limousine (4/5)	Stufenheck-Limousine (4/5)	Stufenheck-Limousine (4/5)	Stufenheck-Limousine (4/5)
Aufbauform	Ganzstahlaufbau, selbsttragend	Ganzstahlaufbau, selbsttragend	Ganzstahlaufbau, selbsttragend	Ganzstahlaufbau, selbsttragend
Radstand (mm)	2636	2636	2636	2636
Spur vorn/hinten (mm)	1406/1412	1406/1412	1406/1446	1406/1466
Länge x Breite x Höhe (mm)	4620 x 1690 x 1425	4620 x 1690 x 1425	4620 x 1690 x 1425	4620 x 1690 x 1425
Gepäckkraum (L) VDA	440	440	440	440
Reifen (v/h)	175 HR 14	175 HR 14	175 SR 14	175 HR 14
Räder (v/h)	5.5 J x 14	5.5 J x 14	5.5 J x 14	5.5 J x 14
Wendekreisdurchmesser (m)	10,7 - 11,1	10,7 - 11,1	10,7 - 11,1	10,7 - 11,1
Bodenfreiheit (cm)	14	14	14	14
Leermasse (kg) DIN	1280	1295	1350 (1370)	1380 (1400)
zul. Gesamtmasse (kg) DIN	1700	1700	1770 (1790)	1810 (1830)
Kraftstofftank (L)/Position	55/hinten	70/hinten	70/hinten	70/hinten
Fahrleistungen				
Höchstgeschwindigkeit (km/h)	184	181	181 (176)	192 (187)
Beschleun. 0 - 100 km/h (s)	12,0	12,0	12,5 (15,5)	10,5 (13,0)
Verbrauch (L/100 km)	13,5	13,5	13,5 (14,0)	15,5
Sonstiges				
Preis (Anf./Ende Laufz.) DM	15.670/19.580	19.580/21.300	20.200/23.450	17.505/26.350
Baujahre	1972 - 1975	1975 - 1977	1977 - 1981	1973 - 1981
Stückzahl	insgesamt ca. 156.600 BMW 520/520i		ca. 155.000	ca. 106.100

Modell (Baureihe)	BMW 528 (E12)	BMW 528i (E12)	BMW 528 (E12)	BMW M 535i (E12)
Motor	M86 B28	M86 B28	M86 B28	M90 B35
Betriebsart	Otto (Viertakt)	Otto (Viertakt)	Otto (Viertakt)	Otto (Viertakt)
Material (Block/Kopf)	Grauguss	Grauguss	Grauguss	Grauguss
Zylinderzahl/Einbauposition	6 (Reihe), längs über Vorderachse	6 (Reihe), längs über Vorderachse	6 (Reihe), längs über Vorderachse	6 (Reihe), längs über Vorderachse
Bohrung x Hub (mm)	86 x 80	86 x 80	86 x 80	93,4 x 84,6
Hubraum (cm³)	2788	2788	2788	3453
Leistung (PS/kW bei U/min)	165 (121) bei 5800	176 (130) bei 5800	184 (135) bei 5800	218 (160) bei 5200
	ab 8/1976: 170 (125) bei 5800			
Drehmoment (Nm bei U/min)	253 bei 4000	235 bei 4300	235 bei 4200	310 bei 4000
Verdichtung	9,0 : 1	9,0 : 1	9,3 : 1	9,3 : 1
Gemischbildung/ Elektronik	2 Register-Fallstromvergaser Zenith 35/40 INAT	Saugrohr-Einspritzung	Saugrohr-Einspritzung	Saugrohr-Einspritzung
	ab 8/76: 1 Register-Fallstrom Solex 4 A 1	Bosch L-Jetronic	Bosch L-Jetronic	Bosch L-Jetronic
Ventile pro Zylinder/ Betätigung	2, V-förmig hängend	2, V-förmig hängend	2, V-förmig hängend	2, V-förmig hängend
Nockenwelle(n)/Antrieb	1 oben liegend/Kette	1 oben liegend/Kette	1 oben liegend/Kette	1 oben liegend/Kette
Kurbelwellenlager	7	7	7	7
Kühlung	Pumpe/12,0 L Wasser	Pumpe/7,0 L Wasser	Pumpe/12,0 L Wasser	Pumpe/12,0 L Wasser
Schmierung	Druckumlauf/6,0 L Öl	Druckumlauf/4,25 L Öl	Druckumlauf/4,75 L Öl	Druckumlauf/6,0 L Öl
Batterie	12 V 55 Ah/vorn	12 V 55 Ah/vorn	12 V (44) 55 Ah/vorn	12 V 66 Ah/vorn
Generator	Wechselstrom 770 W	Wechselstrom 770 W	Wechselstrom 910 W	Wechselstrom 910 W
Kraftübertragung	Hinterradantrieb	Hinterradantrieb	Hinterradantrieb	Hinterradantrieb
Kupplung	Einscheiben-Trocken	Einscheiben-Trocken	Einscheiben-Trocken	Einscheiben-Trocken
Schaltgetriebe	4Gang (Getrag)	4Gang	4Gang, ab 1979: 5Gang	5Gang
Synchronisierung	I-IV	I-IV	I-IV (I-V)	I-V
Übersetzungen	I. 3,855, II. 2,202, III.1,401, IV. 10	4Gang: I. 3,855, II. 2,202, III.1,401, IV. 10	4Gang: I. 3,764, II. 2,202, III.1,32, IV. 1,0	I. 3,717, II. 2,403, III.1,766, IV. 1,263, V. 1,0
			5Gang: I. 3,822, II. 2,203, III.1,398, IV. 1,0, V. 0,812	
			auch: I. 3,717, II. 2,403, III.1,766, IV. 1,263, V. 1,0	
Antriebsübersetzung	3,64	3,64	3,45	3,25 od. 3,07
Automatik	3Stufen (ZF)	3Stufen (ZF)	3Stufen (ZF)	
Übersetzungen	I. 2,56, II. 1,52, III. 1,0	I. 2,56, II. 1,52, III. 1,0	I. 2,56, II. 1,52, III. 1,0	

Modell (Baureihe)	BMW 528 (E12)	BMW 528i (E12)	BMW 528 (E12)	BMW M 535i (E12)
Antriebsübersetzung	3,64	3,64	3,9	
Fahrwerk				
Vorderradaufhängung	Einzelradaufh. mit McPherson-Federbeinen, Schraubenfedern, Stabi			
Hinterradaufhängung	Einzelradaufh. mit Schräglenkerachse, Federbeinen, Schraubenfedern, Stabi			
Lenkung	Gemmer Schnecke (hydr.), Servo, ZF, 16,9 : 1	Gemmer Schnecke (hydr.), Servo, ZF, 16,9 : 1	Gemmer Schnecke (hydr.), Servo, ZF, 16,9 : 1	Gemmer Schnecke (hydr.), Servo, ZF, 16,9 : 1
Betriebsbremse v/h (mm)	Hydr. (Servo), Zweikreis,	Hydr. (Servo), Zweikreis,	Hydr. (Servo), Zweikreis,	Hydr. (Servo), Zweikreis,
	Scheiben vorn u. hinten (Ø=280/272)	Scheiben vorn u. hinten (Ø=280/272)	Scheiben vorn u. hinten (Ø=280/272)	Scheiben vorn u. hinten (Ø=280/272)
Parkbremse	Seilzug (Hinterräder)	Seilzug (Hinterräder)	Seilzug (Hinterräder)	Seilzug (Hinterräder)
Allgemeine Daten				
Fahrzeugart (Türen/Sitze)	Stufenheck-Limousine (4/5)	Stufenheck-Limousine (4/5)	Stufenheck-Limousine (4/5)	Stufenheck-Limousine (4/5)
Aufbauform	Ganzstahlaufbau, selbsttragend	Ganzstahlaufbau, selbsttragend	Ganzstahlaufbau, selbsttragend	Ganzstahlaufbau, selbsttragend
Radstand (mm)	2636	2636	2636	2636
Spur vorn/hinten (mm)	1406/1412	1406/1412	1406/1446	1406/1466
Länge x Breite x Höhe (mm)	4620 x 1690 x 1425	4620 x 1690 x 1425	4620 x 1690 x 1425	4620 x 1690 x 1425
Gepäckkraum (L) VDA	440	440	440	440
Reifen (v/h)	195/70 HR 14	195/70 HR 14	195/70 VR 14	195/70 VR 14
Räder (v/h)	6.0 J x 14	6.0 J x 14	6.0 J x 14	6.5 J x 14 (LM)
Wendekreisdurchmesser (m)	10,7 - 11,1	10,7 - 11,1	10,7 - 11,1	10,7 - 11,1
Bodenfreiheit (cm)	14	14	14	14
Leermasse (kg) DIN	1415 (1435)	1450 (1470)	1465 (1485)	1465
zul. Gesamtmasse (kg) DIN	1840 (1860)	1870 (1890)	1870 (1890)	1870
Kraftstofftank (L)/Position	70/hinten	70/hinten	70/hinten	70/hinten
Fahrleistungen				
Höchstgeschwindigkeit (km/h)	198	208	210	222
Beschleun. 0 - 100 km/h (s)	10,0	9,5	9,0	8,0
Verbrauch (L/100 km)	16,0	16,0	16,5	17,5
Sonstiges				
Preis (Anf./Ende Laufz.) DM	22.530/25.500	26.850/27.950	27.950/30.800	
Baujahre	1975 - 1977	1977 - 1978	1978 - 1981	1980 - 1981
Stückzahl	insgesamt ca. 94.500			1.420

PRODUKTION BMW FÜNFER (E12 UND E28) 1972 BIS 1988

Typ	1972	1973	1974	1975	1976	1977	1978	1979
518			9.848	23.784	18.484	19.098	17.025	16.540
				(+ 1.980)	(+ 2.956)	(+ 2.508)	(+ 3.732)	(+ 348)
520/4	12.895	44.862	19.660	22.178	24.452	17.229	1.168	605
			(+ 2.104)	(+ 252	(+ 1.692)	(+ 1.248)	(+ 2.196)	(+ 5.508)
520/6						5.973	36.116	40.860
525		3.667	18.416	15.859	17.946	18.792	15.125	18.477
			(+ 1.344)	(+ 708)	(+ 1.848)	(+ 1.104)	(+ 1.080)	
528			19	9.885	13.538	12.125	13.628	22.387
			(+ 60)	(+ 900)	(+ 1.008)	(+ 588)	(+ 396)	(+ 1.596)
530								
535								
524 TD								

Klammerwerte = Auslandsfertigung

BMW 520 Wasserstoff-Erprobungsfahrzeug (1979)

1980	1981	1982	1983	1984	1985	1986	1987	1988
15.491	11.099	20.423	12.802	10.189	12.168	7.847	7.172	
	(+ 1.740)	(6.252)	(+ 2.700)(+ 96)					
(+ 7.968)	(+ 7.080)	(+ 7.080)	(+ 3.684)	(+ 504)				
37.746	31.264	56874	39.207	31.919	19.200	16.161	23.540	
			(+ 912)	(+ 372)	(+ 2.076)	(+ 756)	(+ 588)	(+ 420)
11.602	12.446	17.583	19.936	14.309	14.863	11.804	6.109	
						(+ 840)	(+ 1.716)	(+ 948)
17.825	21.026	34.315	29.318	26.617	22.266	22.085	21.988	
(+ 1.344)	(+ 1.584)	(+ 2.244)	(+ 1.308)	(+ 588)	(+ 720)	(+ 204)	(+ 360)	(+ 120)
919	491			3.396	17.117	15.725	11.562	
	(+ 396)	(+ 660)	(+ 396)	(+ 204)	(+ 192)	(+ 300)	(+ 288)	(+ 168)
		100	16.197	15.407	22.667	15.962	8.508	

BMW M535i (1980)

BMW 525i (1982)

BMW 518 (1982)

BMW 518 (1982)

BMW FÜNFER (E28) (1981 BIS 1987)

Die neue Baureihe E 28 (Vorstellung Juni 1981 in München) zeigte keine gravierenden Änderungen im Vergleich zum vorhergehenden Fünfer – und sie lief nur relativ kurze Zeit, weshalb sie auch als Facelift-Ausführung des E12 gelten kann. Der einzige wesentliche Unterschied bestand in der geglätteten und harmonisierten Karosserielinie, wobei das gewohnte Erscheinungsbild des beliebten Wagentyps gewahrt blieb.

Vor allem die Fahrgastzelle blieb nahezu unverändert, so dass Türen des E12 weiterhin auch in einen E28 eingebaut werden konnten. Völlig neu gestaltet wurden das Fahrzeugheck mit einem höheren, deutlich kantigerem Abschluss sowie großen mit Chrom umrandeten Heckleuchten. Ebenfalls etwas kantiger fiel die Fahrzeugfront mit der breiten, erstmals geteilten BMW Niere sowie den unterschiedlichen großen Doppelscheinwerfern auf.

Unter dem Blech hatte sich deutlich mehr verändert. Der Fünfer bekam eine aufwendigere Vorderachse, zudem wurden nun viele elektronische Komponenten verbaut. So erhielten die Benzinmotoren eine elektronische Einspritzung. Im 535i/M535i und im 525e sowie im 520i ab Modelljahr 1986 kam die Motronic zum Einsatz, während in den anderen Modellen die L- oder LE-Jetronic verbaut wurde (im 520i ab Modelljahr 83, vorher K-Jetronic, im 518i ab Modelljahr 85, vorher Vergaser). Kurz nach der Vorstellung wurde zudem ABS lieferbar.

Zu Beginn hatten wieder vier Basistypen zur Wahl gestanden: BMW 518, 520, 525 und 528. Sukzessive wurde das Programm erweitert, und zwar ziemlich genau in Übereinstimmung mit der vorigen Serie. Vorher noch nicht im Programm gewesen war ein Diesel, der nun in Form des BMW 524d und des BMW 524td debütierte. Diese Motoren waren Weiterentwicklungen von BMW-Benzinern. Der 524td von 1986 war der erste Pkw überhaupt, der mit elektronisch gesteuerter Dieseleinspritzung ausgerüstet war.

Im Laufe der Produktionszeit wurden in Deutschland einige Motorisierungen auch mit Katalysator lieferbar. Zunächst betraf dies den 525e und dann den 535i/M535i, später auch den 520i. Da bleifreies Benzin seinerzeit nur als Normalbenzin angeboten wurde, waren alle werksseitig mit Katalysator ausgerüsteten oder für den nachträglichen Katalysatoreinbau vorbereiteten Modelle mit niedrig verdichteten Normalbenzinern ausgestattet. Die Motorelektronik wurde in diesen Fällen angepasst. Ansonsten wurden im E28 Superbenzin-Motoren eingesetzt.

Leichte Änderungen am Erscheinungsbild und der Technik gab es zum Modelljahr 1985, zum Beispiel war jetzt ein Fahrerairbag verfügbar. Markanteste Änderung war die voluminöser und etwas runder gestaltete Frontschürze. Fürs gleiche Modelljahr stellte die M Motorsport GmbH den ersten M5 vor. Wichtigstes Merkmal war der als M88/3 bezeichnete Motor, der auch im M 635 CSi eingesetzt wurde (ursprünglich für den Sportwagen M1 entwickelt). Dieser Sechszylindermotor hatte vier Ventile pro Zylinder, sechs Einzeldrosselklappen und schöpfte aus 3,5 Litern Hubraum 210 kW/286 PS. Anders als beim M 635CSi war ab Werk kein geregelter Katalysator lieferbar.

Im Oktober 1987 endete die Produktion der Baureihe E28. Gegen Ende der Produktionszeit wurden die Modelle auch als reicher ausgestattete Editionsmodelle mit Extras wie Schiebedach, Sportlenkrad, Lederschaltknauf, elektrische Fensterheber. vorn, vier Kopfstützen, Veloursausstattung, wärmedämmendes Glas und eine anders ausgeformte Rückbank angeboten.

BMW 520i im Vergleich E12 vs. E28 (1981)

BMW 520i im Vergleich E12 vs. E28 (1981)

BMW 520i (1983)

BMW 525e, US-Ausführung (1982)

BMW 525e, Facelift (1986)

Modell (Baureihe)	BMW 518 (E28)	BMW 518i (E28)
Motor	M99 (M10) B18	M92 (M10) B18
Betriebsart	Otto (Viertakt)	Otto (Viertakt)
Material (Block/Kopf)	Grauguss	Grauguss
Zylinderzahl/Einbauposition	4 (Reihe), längs über Vorderachse	4 (Reihe), längs über Vorderachse
Bohrung x Hub (mm)	89 x 71,0	89 x 71,0
Hubraum (cm³)	1766	1766
Leistung (PS/kW bei U/min)	90 (66) bei 5500	105 (77) bei 5800
Drehmoment (Nm bei U/min)	137 bei 4000	142 bei 4500
Verdichtung	9,5 : 1	10,0 : 1
Gemischbildung/Elektronik	1 Register-Fallstrom-Vergaser	Saugrohr-Einspritzung
	Pierburg 2 B 4	Bosch L-Jetronic
Ventile pro Zylinder/Betätigung	2, V-förmig hängend	2, V-förmig hängend
Nockenwelle(n)/Antrieb	1 oben liegend/Kette	1 oben liegend/Kette
Kurbelwellenlager	5	5
Kühlung	Pumpe/7,2 L Wasser	Pumpe/7,2 L Wasser
Schmierung	Druckumlauf/4,25 L Öl	Druckumlauf/4,25 L Öl
Batterie	12 V 44 Ah/vorn	12 V 44 Ah/vorn
Generator	Wechselstrom 630 W, ab 9/82: 910 W	Wechselstrom 1120 W
Kraftübertragung	Hinterradantrieb	Hinterradantrieb
Kupplung	Einscheiben-Trocken	Einscheiben-Trocken
Schaltgetriebe	4Gang, a.W. 5Gang	5Gang
Übersetzungen	4Gang: I. 3,764, II. 2,043, III.1,32, IV. 10	4Gang: I. 3,764, II. 2,043, III.1,32, IV. 10
	5Gang: I. 3,822, II. 2,202, III.1,398, IV. 1,0, V. 0,813	5Gang: I. 3,822, II. 2,202, III.1,398, IV. 1,0, V. 0,813
Antriebsübersetzung	4,27	4,1
Fahrwerk		
Vorderradaufhängung	Einzelradaufh. mit McPherson-Federbeinen, Schraubenfedern, Stabi	
Hinterradaufhängung	Einzelradaufh. mit Schräglenkerachse, Federbeinen, Schraubenfedern	
Lenkung	Gemmer Schnecke (hydr.), ZF, 21,4 : 1, a.W. 16,9 : 1, Servo	Gemmer Schnecke (hydr.), ZF, 21,4 : 1, a.W. 16,9 : 1, Servo
Betriebsbremse v/h (mm)	Hydr. (Servo), Zweikreis,	Hydr. (Servo), Zweikreis,
	Scheiben (vorn Ø=284), Trommeln hint. (Ø=250)	Scheiben (vorn Ø=284), Trommeln hint. (Ø=250)
Parkbremse	Seilzug (Hinterräder)	Seilzug (Hinterräder)
Allgemeine Daten		
Fahrzeugart (Türen/Sitze)	Stufenheck-Limousine (4/5)	Stufenheck-Limousine (4/5)
Aufbauform	Ganzstahlaufbau, selbsttragend	Ganzstahlaufbau, selbsttragend
Radstand (mm)	2625	2625
Spur vorn/hinten (mm)	1430/1460	1430/1460
Länge x Breite x Höhe (mm)	4620 x 1700 x 1415	4620 x 1700 x 1415
Gepäckkraum (L) VDA	460	460

BMW 524d (1987)

BMW 524td, Facelift (1987)

BMW 528i (1982)

BMW 528i, Facelift (1986)

Modell (Baureihe)	BMW 518 (E28)	BMW 518i (E28)
Reifen (v/h)	175 SR 14	175 HR 14
Räder (v/h)	5.5 J x 14	5.5 x 14
Wendekreisdurchmesser (m)	10,8	10,8
Bodenfreiheit (cm)	14	14
Leermasse (kg) DIN	1160	1200
zul. Gesamtmasse (kg) DIN	1670	1670
Kraftstofftank (L)/Position	70/hinten	70/hinten
Fahrleistungen		
Höchstgeschwindigkeit (km/h)	165	180
Beschleun. 0 - 100 km/h (s)	13,0	12,5
Verbrauch (L/100 km)	12,0	11,0
Sonstiges		
Preis (Anf./Ende Laufz.) DM	20.950/24.900	25.800/27.750
Baujahre	1981 - 1984	1984 - 1987
Stückzahl	insgesamt ca. 81.700	

Modell (Baureihe)	BMW 520i (E28)	BMW 520i (E28)	BMW 520i Kat (E28)
Motor	M60 B20	M20 B20	M20 B20
Betriebsart	Otto (Viertakt)	Otto (Viertakt)	Otto (Viertakt)
Material (Block/Kopf)	Grauguss	Grauguss	Grauguss
Zylinderzahl/Einbauposition	6 (Reihe), längs über Vorderachse	6 (Reihe), längs über Vorderachse	6 (Reihe), längs über Vorderachse
Bohrung x Hub (mm)	80 x 86	80 x 86	80 x 86
Hubraum (cm³)	1990	1990	1990
Leistung (PS/kW bei U/min)	125 (92) bei 5800	129 (95) bei 6000	129 (95) bei 6000
Drehmoment (Nm bei U/min)	162 bei 4500	171 bei 4000	161 bei 4300
Verdichtung	9,8 : 1	9,8 : 1	8,8 : 1
Gemischbildung/Elektronik	Saugrohr-Einspritzung (mech.)	Saugrohr-Einspritzung (elektron.)	Saugrohr-Einspritzung (elektron.)
	Bosch K-Jetronic	Bosch L-Jetronic	Bosch Motronic
Ventile pro Zylinder/ Betätigung	2, V-förmig hängend	2, V-förmig hängend	2, V-förmig hängend
Nockenwelle(n)/Antrieb	1 oben liegend/Kette	1 oben liegend/Kette	1 oben liegend/Kette
Kurbelwellenlager	7	7	7
Kühlung	Pumpe/12,0 L Wasser	Pumpe/12,0 L Wasser	Pumpe/12,0 L Wasser
Schmierung	Druckumlauf/4,25 L Öl	Druckumlauf/4,25 L Öl	Druckumlauf/4,25 L Öl
Abgasreinigung			Katalysator
Batterie	12 V 44 Ah/vorn	12 V 55 Ah/vorn	12 V (44) 55 Ah/vorn
Generator	Wechselstrom 910 W	Wechselstrom 1120 W	Wechselstrom 1120 W
Kraftübertragung	Hinterradantrieb	Hinterradantrieb	Hinterradantrieb
Kupplung	Einscheiben-Trocken	Einscheiben-Trocken	Einscheiben-Trocken
Schaltgetriebe	4Gang, ab 1982: 5Gang	5Gang	5Gang
Übersetzungen	4Gang: I. 3,764, II. 2,043, III.1,32, IV. 10	I. 3,72, II. 2,023, III.1,32, IV. 1,0, V. 0,80	I. 3,72, II. 2,023, III.1,32, IV. 1,0, V. 0,80
	5Gang: I. 3,822, II. 2,203, III.1,398, IV. 1,0, V. 0,813		
Antriebsübersetzung	3,91	4,1	4,27
Automatik	3Stufen, ab 1983: 4Stufen (ZF)	4Stufen (ZF)	4Stufen (ZF)
Übersetzungen	3Stufen: I. 2,48, II. 1,48, III. 1,0, Achsantr.: 3,91	I. 2,73, II. 1,56, III. 1,0, IV. 0,73, Achsantr.: 3,91	I. 2,73, II. 1,56, III. 1,0, IV. 0,73, Achsantr.: 4,27
	4Stufen: I. 2,73, II. 1,56, III. 1,0, IV. 0,73, Achsantr.: 3,91		
Fahrwerk			
Vorderradaufhängung	Einzelradaufh. mit McPherson-Federbeinen, Schraubenfedern, Stabi		
Hinterradaufhängung	Einzelradaufh. mit Schräglenkerachse, Federbeinen, Schraubenfedern, a.W. Stabi		
Lenkung	Kugelmutter (hydr.), Servo, ZF, 16,2 : 1	Kugelmutter (hydr.), Servo, ZF, 16,2 : 1	Kugelmutter (hydr.), Servo, ZF, 16,2 : 1
Betriebsbremse v/h (mm)	Hydr. (Servo), Zweikreis,	Hydr. (Servo), Zweikreis,	Hydr. (Servo), Zweikreis,
	Scheiben (vorn Ø=284), Trommeln hint. (Ø=250), ab 2/86: Scheiben hint. (Ø=284), ab 4/82 a.W. (8/86 Serie) ABS	Scheiben (vorn Ø=284), Trommeln hint. (Ø=250), ab 2/86: Scheiben hint. (Ø=284), a.W. (8/86 Serie) ABS	Scheiben vorn u. hinten (Ø=284) ABS (8/86 Serie)

BMW 535i (1986)

BMW M5 (1984)

Modell (Baureihe)	BMW 520i (E28)	BMW 520i (E28)	BMW 520i Kat (E28)
Parkbremse	Seilzug (Hinterräder)	Seilzug (Hinterräder)	Seilzug (Hinterräder)
Allgemeine Daten			
Fahrzeugart (Türen/Sitze)	Stufenheck-Limousine (4/5)	Stufenheck-Limousine (4/5)	Stufenheck-Limousine (4/5)
Aufbauform	Ganzstahlaufbau, selbsttragend	Ganzstahlaufbau, selbsttragend	Ganzstahlaufbau, selbsttragend
Radstand (mm)	2625	2625	2625
Spur vorn/hinten (mm)	1430/1460	1430/1460	1430/1460
Länge x Breite x Höhe (mm)	4620 x 1700 x 1415	4620 x 1700 x 1415	4620 x 1700 x 1415
Gepäckkraum (L) VDA	460	460	460
Reifen (v/h)	175 HR 14	195/70 HR 14	195/70 HR 14
Räder (v/h)	5.5 J x 14	6.0 J x 14	6.0 J x 14
Wendekreisdurchmesser (m)	10,8	10,8	10,8
Bodenfreiheit (cm)	14	14	14
Leermasse (kg) DIN	1250 (1270)	1300 (1320)	1300 (1320)
zul. Gesamtmasse (kg) DIN	1730 (1750)	1780 (1800)	1780 (1800)
Kraftstofftank (L)/Position	70/hinten	70/hinten	70/hinten
Fahrleistungen			
Höchstgeschwindigkeit (km/h)	185 (180)	190 (185)	190 (185)
Beschleun. 0 - 100 km/h (s)	12,0 (14,0)	11,5 (13,0)	12,5 (14,5)
Verbrauch (L/100 km)	12,5 (13,0)	12,5 (13,5)	13,0 (13,5)
Sonstiges			
Preis (Anf./Ende Laufz.) DM	24.900/30.650	30.650/33.950	34.600
Baujahre	1981 - 1985	1985 - 1987	1986 - 1987
Stückzahl	insgesamt ca. 229.500		

Modell (Baureihe)	BMW 525e Kat (E28)	BMW 524d (E28)	BMW 524td (E28)
Motor	M20 B27	M21 D25	M21 D25
Betriebsart	Otto (Viertakt)	Diesel (Viertakt)	Diesel (Viertakt)
Material (Block/Kopf)	Grauguss	Grauguss	Grauguss
Zylinderzahl/Einbauposition	6 (Reihe), längs über Vorderachse	6 (Reihe), längs über Vorderachse	6 (Reihe), längs über Vorderachse
Bohrung x Hub (mm)	84 x 81	80 x 81	92 x 86
Hubraum (cm³)	2693	2443	3430
Leistung (PS/kW bei U/min)	129 (95) bei 4800	86 (63) bei 4600	115 (85) bei 4800
Drehmoment (Nm bei U/min)	226 bei 3200	150 bei 2500	218 bei 2400
Verdichtung	8,5 : 1	22,0 : 1	22,0 : 1
Gemischbildung/Elektronik	Saugrohr-Einspritzung (elektron.)	Wirbelkammer-Einspritzung (mechan.)	Wirbelkammer-Einspritzung (elektron.) DDE
	Bosch Motronic	Verteilereinspritzpumpe VE R260	Verteilereinspritzpumpe VE R206
Aufladung			1 Turbolader Garrett T03
Ventile pro Zylinder/ Betätigung	2, V-förmig hängend	2, parallel hängend	2, parallel hängend
Nockenwelle(n)/Antrieb	1 oben liegend/Kette	1 oben liegend/Zahnriemen	1 oben liegend/Zahnriemen
Kurbelwellenlager	7	7	7
Kühlung	Pumpe/12,0 L Wasser	Pumpe/12,0 L Wasser	Pumpe/12,0 L Wasser
Schmierung	Druckumlauf/4,75 L Öl	Druckumlauf/5,25 L Öl	Druckumlauf/5,25 L Öl
Abgasreinigung	ab 1985: Dreiwege-Kat, Lambdasonde		
Batterie	12 V 66 Ah/vorn	12 V 90 Ah/vorn	12 V 90 Ah/vorn
Generator	Wechselstrom 1120 W	Wechselstrom 80 A 1120 W	Wechselstrom 80 A 1120 W
Kraftübertragung	Hinterradantrieb	Hinterradantrieb	Hinterradantrieb
Kupplung	Einscheiben-Trocken	Einscheiben-Trocken	Einscheiben-Trocken
Schaltgetriebe	5Gang	5Gang	5Gang
Übersetzungen	I. 3,822, II. 2,203, III.1,398, IV. 1,0, V. 0,813	I. 3,72, II. 2,02, III.1,32, IV. 1,0, V. 0,80	I. 4,35, II. 2,33, III.1,39, IV. 1,0, V. 0,81
Antriebsübersetzung	3,25	3,91	3,15
Automatik	4Stufen (ZF)		4Stufen (ZF)
Übersetzungen	I. 2,48, II. 1,48, III. 1,0, IV. 0,73		I. 2,48, II. 1,48, III. 1,0, IV. 0,73
Antriebsübersetzung	3,46		3,15
Fahrwerk			
Vorderradaufhängung	Einzelradaufh. mit McPherson-Federbeinen, Schraubenfedern, Stabi		
Hinterradaufhängung	Einzelradaufh. mit Schräglenkerachse, Federbeinen, Schraubenfedern		
Lenkung	Kugelmutter (hydr.), Servo, ZF, 16,2 : 1	Kugelmutter (hydr.), Servo, ZF, 16,2 : 1	Kugelmutter (hydr.), Servo, ZF, 16,2 : 1
Betriebsbremse v/h (mm)	Hydr. (Servo), Zweikreis,	Hydr. (Servo), Zweikreis,	Hydr. (Servo), Zweikreis,
	Scheiben vorn/hinten (Ø=284/284), a.W. ABS	Scheiben vorn/hinten (Ø=284/284), a.W. ABS	Scheiben vorn (Ø=284), Trommeln hint. (Ø=250)
			ab 2/86: Scheiben hint. (Ø=284), a.W. ABS

Modell (Baureihe)	BMW 525e Kat (E28)	BMW 524d (E28)	BMW 524td (E28)
Parkbremse	Seilzug (Hinterräder)	Seilzug (Hinterräder)	Seilzug (Hinterräder)
Allgemeine Daten			
Fahrzeugart (Türen/Sitze)	Stufenheck-Limousine (4/5)	Stufenheck-Limousine (4/5)	Stufenheck-Limousine (4/5)
Aufbauform	Ganzstahlaufbau, selbsttragend	Ganzstahlaufbau, selbsttragend	Ganzstahlaufbau, selbsttragend
Radstand (mm)	2625	2625	2625
Spur vorn/hinten (mm)	1430/1460	1430/1460	1430/1460
Länge x Breite x Höhe (mm)	4620 x 1700 x 1415	4620 x 1700 x 1415	4620 x 1700 x 1415
Gepäckkraum (L) VDA	460	460	460
Reifen (v/h)	195/70 HR 14	195/70 HR 14	175 HR 14, ab 8/86: ,195/70 HR 14
Räder (v/h)	6.0 J x 14	6.0 J x 14	5.5, ab 8/86: 6.0 J x 14 (LM)
Wendekreisdurchmesser (m)	10,8	10,8	10,8
Bodenfreiheit (cm)	14	14	14
Leermasse (kg) DIN	1280 (1300)	1335	1390 (1410)
zul. Gesamtmasse (kg) DIN	1790 (1810)	1840	1865 (1885)
Kraftstofftank (L)/Position	70/hinten	70/hinten	70/hinten
Fahrleistungen			
Höchstgeschwindigkeit (km/h)	190	165	180
Beschleun. 0 - 100 km/h (s)	12,5	18,5	13,5
Verbrauch (L/100 km)	12,5	10,5	11,0
Sonstiges			
Preis (Anf./Ende Laufz.) DM	30.600/36.600	31.400/32.000	32.300/37.100
Baujahre	1984 - 1987	1986 - 1987	1983 - 1987
Stückzahl	Schrader: 107.336 (bis 12/86)	Schrader: 4.239	81.355 (Schrader: 74.605)

BMW 528e, US-Ausführung (1986)

BMW M5 (1985) und seine Nachfolger

Modell (Baureihe)	BMW 525i (E28)	BMW 528i (E28)	BMW 535i Kat/ M 535i Kat (E28)	BMW M5 (E28)
Motor	M107 B25	M30 B28	M30 B35	M88/3 B35
Betriebsart	Otto (Viertakt)	Otto (Viertakt)	Otto (Viertakt)	Otto (Viertakt)
Material (Block/Kopf)	Grauguss	Grauguss	Grauguss	Grauguss
Zylinderzahl/ Einbauposition	6 (Reihe), längs über Vorderachse	6 (Reihe), längs über Vorderachse	6 (Reihe), längs über Vorderachse	6 (Reihe), längs über Vorderachse
Bohrung x Hub (mm)	86 x 71,6	86 x 80	92 x 86	93,4 x 84,0
Hubraum (cm³)	2494	2788	3430	3453
Leistung (PS/kW bei U/min)	150 (110) bei 5500	184 (135) bei 5800	ohne Kat: 218 (160) bei 5200	286 (210) bei 6500
			mit Kat: 185 (136) bei 5400	
Drehmoment (Nm bei U/min)	211 bei 4000	235 bei 4200	310 bei 4000	335 bei 4500
Verdichtung	9,6 : 1	9,3 : 1	10,0 : 1	10,5 : 1
Gemischbildung/Elektronik	Saugrohr-Einspritzung	Saugrohr-Einspritzung	Saugrohr-Einspritzung	Saugrohr-Einspritzung
	Bosch L-Jetronic	Bosch L-Jetronic	Bosch L-Jetronic	Bosch L-Jetronic
Ventile pro Zylinder/ Betätigung	2, V-förmig hängend	2, V-förmig hängend	2, V-förmig hängend	4, V-förmig hängend
Nockenwelle(n)/Antrieb	1 oben liegend/Kette	1 oben liegend/Kette	1 oben liegend/Kette	2 oben liegend/Kette
Kurbelwellenlager	7	7	7	7
Kühlung	Pumpe/12,0 l Wasser	Pumpe/12,0 L Wasser	Pumpe/12,0 L Wasser	Pumpe/12,0 L Wasser
Schmierung	Druckumlauf/5,75 L Öl	Druckumlauf/5,75 L Öl	Druckumlauf/4,75 L Öl	Druckumlauf/6,0 L Öl
Abgasreinigung			Katalysator	
Batterie	12 V 55 Ah/vorn	12 V 55 Ah/vorn	12 V (44) 55 Ah/vorn	12 V 66 Ah/vorn
Generator	Wechselstrom 910 W, ab 83: 1120 W	Wechselstrom 910 W, ab 83: 1120 W	Wechselstrom 910 W	Wechselstrom 1120 W
Kraftübertragung	Hinterradantrieb	Hinterradantrieb	Hinterradantrieb	Hinterradantrieb
Kupplung	Einscheiben-Trocken	Einscheiben-Trocken	Einscheiben-Trocken	Einscheiben-Trocken
Schaltgetriebe	4Gang, ab 1982: 5Gang	5Gang	5Gang	5Gang
Übersetzungen	4Gang: I. 3,855, II. 2,202, III.1,401, IV. 10	I. 3,822, II. 2,203, III.1,398, IV. 1,0, V. 0,813	I. 3,822, II. 2,203, III.1,398, IV. 1,0, V. 0,813	I. 3,51, II. 2,08, III.1,35, IV. 1,0, V. 0,81
	5Gang: I. 3,822, II. 2,203, III.1,398, IV. 1,0, V. 0,813			
Antriebsübersetzung	3,45, ab 1985: 3,64	3,25	3,25	3,73
Automatik	3Stufen, ab 1983: 4Stufen (ZF)	3Stufen, ab 1983: 4Stufen (ZF)	4Stufen (ZF)	
	3Stufen: I. 2,56, II. 1,52, III. 1,0	3Stufen: I. 2,56, II. 1,52, III. 1,0	I. 2,48, II. 1,48, III. 1,0, IV. 0,73	
Antriebsübersetzung	3,45	3,25	3,45	

Modell (Baureihe)	BMW 525i (E28)	BMW 528i (E28)	BMW 535i Kat/ M 535i Kat (E28)	BMW M5 (E28)
Übersetzungen	4Stuf.: I. 2,48, II. 1,48, III. 1,0, IV. 0,73, Achs.: 3,64	4Stuf.: I. 2,48, II. 1,48, III. 1,0, IV. 0,73, Achs:: 3,45		
Fahrwerk				
Vorderradaufhängung	Einzelradaufh. mit McPherson-Federbeinen, Schraubenfedern, Stabi			
Hinterradaufhängung	Einzelradaufh. mit Schräglenkerachse, Federbeinen, Schraubenfedern, Stabi (a.W. bei 525i)			
Lenkung	Kugelmutter (hydr.), Servo, ZF, 16,2 : 1	Kugelmutter (hydr.), Servo, ZF, 16,2 : 1	Kugelmutter (hydr.), Servo, ZF, 15,1 : 1	Kugelmutter (hydr.), Servo, ZF, 15,1 : 1
Betriebsbremse v/h (mm)	Hydr. (Servo), Zweikreis,	Hydr. (Servo), Zweikreis,	Hydr. (Servo), Zweikreis,	Hydr. (Servo), Zweikreis,
	Scheiben vorn u. hinten (Ø=284), ab 1986: ABS	Scheiben vorn u. hinten (Ø=284), ab 1986: ABS	Scheiben vorn u. hinten (Ø=284), ab 1986: ABS	Scheiben vorn u. hinten (Ø=284), ab 1986: ABS
Parkbremse	Seilzug (Hinterräder)	Seilzug (Hinterräder)	Seilzug (Hinterräder)	Seilzug (Hinterräder)
Allgemeine Daten				
Fahrzeugart (Türen/Sitze)	Stufenheck-Limousine (4/5)	Stufenheck-Limousine (4/5)	Stufenheck-Limousine (4/5)	Stufenheck-Limousine (4/5)
Aufbauform	Ganzstahlaufbau, selbsttragend	Ganzstahlaufbau, selbsttragend	Ganzstahlaufbau, selbsttragend	Ganzstahlaufbau, selbsttragend
Radstand (mm)	2625	2625	2625	2625
Spur vorn/hinten (mm)	1430/1460	1430/1460	1430/1465	1430/1465
Länge x Breite x Höhe (mm)	4620 x 1700 x 1415	4620 x 1700 x 1415	4620 x 1700 x 1415	4620 x 1700 x 1415
Gepäckkraum (L) VDA	460	460	460	460
Reifen (v/h)	175 HR 14, 195/70 VR 14	175 HR 14, 195/70 VR 14	22/55 VR 390 (TRX)	22/55 VR 390 (TRX)
Räder (v/h)	5.5 oder 6.0 J x 14	5.5 oder 6.0 J x 14	165 TR 390	165 TR 390
Wendekreisdurchmesser (m)	10,8	10,8	10,8	10,8
Bodenfreiheit (cm)	14	14	14	14
Leermasse (kg) DIN	1330 (1350)	1370 (1390)	1450	1470
zul. Gesamtmasse (kg) DIN	1800-1840	1830-1870	1900	1900
Kraftstofftank (L)/Position	70/hinten	70/hinten	70/hinten	70/hinten
Fahrleistungen				
Höchstgeschwindigkeit (km/h)	200	210	ohne Kat: 230, mit Kat: 215	245
Beschleun. 0 - 100 km/h (s)	10,0	8,5	8,5	7,0
Verbrauch (L/100 km)	13,0	13,5	15,0	15,0
Sonstiges				
Preis (Anf./Ende Laufz.) DM	29.000/40.000	32.450/45.800	44.800/53.700	49.900/56.800
Baujahre	1981 - 1987	1981 - 1987	1985 - 1987	1985 - 1987
Stückzahl	ca. 100.600	ca. 204.000	ca. 5.1850	2.241

BMW SECHSER (E24) (1976 BIS 1989)

Die auf dem Genfer Salon im März 1976 präsentierte Sechser-Reihe folgte auf die E9-Coupés. Die Zweitürer waren mit Dreiliter-Vergaser- oder mit 3,3-Liter-Einspritzmotor ausgestattet. Der Viersitzer erwies sich als eleganter, aber auch relativ teurer Wagen. Er nahm zu weiten Teilen das Erscheinungsbild der 1977 vorgestellten Siebener-Reihe (E32) vorweg, besaß aber die Bodengruppe des damals aktuellen Fünfers (E12). BMW-Chefdesigner Paul Bracq hatte im Innenraum des Coupés das mit jenem Fünfer eingeführte Designelement des fahrerbezogenen Cockpits (wo die Mittelkonsole zum Fahrerplatz hin gedreht ist) noch weiter verfeinert.

Im ersten Produktionsjahr litten die Sechser-Coupes noch unter Verarbeitungsmängeln; deshalb verlegte BMW ab August 1977 die Endmontage aus dem Karmann-Werk ins Werk Dingolfing. Ab sofort wurden nur noch die Rohkarossen bei Karmann gefertigt und zugeliefert. Als nächstes Modell kam im Juli 1978 der BMW 635 CSi mit 3,5-Liter-Motor, Fünfgang-Schaltgetriebe sowie Front- und Heckspoiler. Ab August 1979 ersetzte der BMW 628 CSi den bisherigen 630 CS mit Vergasermotor. Die Fahrleistungen blieben gleich, aber der Verbrauch ging zurück.

Im Juli 1982 wurde die Technik der Baureihe überarbeitet, wobei äußerlich nur Detailretuschen erfolgten (Stoßfänger am Heck bis zum hinteren Radausschnitt herum- und vorgezogen). Der 3,5-Liter-Motor wurde optimiert, der BMW 633 CSi fiel aus dem Programm.

Im September 1983 (Lieferbeginn Frühjahr 1984) kam der BMW M 635 CSi mit dem vierventiligen Power-Triebwerk des BMW M1 mit Einzeldrosselklappen, aber mit Nasssumpf-Schmierung – entwickelt von der M GmbH, aber gebaut direkt bei BMW. Für die hohe Motorleistung musste aber ein kräftiger Aufpreis hingelegt werden. Äußeres Merkmal des M-Modells war die tief herabgezogene Frontschürze. Dieses Fahrzeug wurde in einigen Exportmärkten wie den USA mit etwas veränderten Leistungsdaten und serienmäßigem

BMW 630 CS (1976)

BMW 633 CSi (1976)

Katalysator auch unter der Verkaufsbezeichnung BMW M6 vermarktet. Als Luxusversion mit lederbezogenem Interieur, Fond-Klimaanlage und elektrischer Sitzverstellung war er in den USA zeitweise auch als BMW L6 zu haben.

BMW 630 CS (1976)

Ab September 1985 wurden BMW 635 CSi und ab Oktober 1986 auch BMW M 635 CSi mit Katalysator lieferbar. Im Mai 1987 entfiel der BMW 628 CSi, während der 635 CSi Kat nochmals aufgefrischt wurde: Seine Motorleistung erreichte fast wieder den Stand vor der Kat-Zeit, dazu kamen Zweirohr-Gasdruck-Stoßdämpfer, Stoßfänger mit Prallpuffern sowie eine Frontschürze mit integriertem Spoiler.

BMW 635 CSi (1979)

Anfang 1989, also nach einer Rekordzeit von 13 Jahren, endete die Produktion der Sechser-Reihe. Eigentlich sollte nun ein neues Coupé auf Basis des Fünfers (E34) folgen, aber dieser Plan zerschlug sich. Bis zum nächsten Sechser-Coupé dauerte es nun nochmals 14 Jahre. Insgesamt wurden 86.219 Einheiten des E24 hergestellt.

BMW 635 CSi (1986)

Modell (Baureihe)	BMW 628 CSi (E24)	BMW 630 CSi (E24)	BMW 633 CSi (E24)
Motor	M30 B28	M68 B30	M69 B33
Betriebsart	Otto (Viertakt)	Otto (Viertakt)	Otto (Viertakt)
Material (Block/Kopf)	Grauguss	Grauguss	Grauguss
Zylinderzahl/ Einbauposition	6 (Reihe), längs über Vorderachse	6 (Reihe), längs über Vorderachse	6 (Reihe), längs über Vorderachse
Bohrung x Hub (mm)	86 x 80	89 x 80	89 x 86
Hubraum (cm³)	2788	2985	3210
Leistung (PS/kW bei U/min)	184 (135) bei 5800	185 (136) bei 5800	197 (145) bei 5500
Drehmoment (Nm bei U/min)	235 bei 4200	255 bei 3500	284 bei 4300
Verdichtung	9,3 : 1	9,0 : 1	9,3 : 1
Gemischbildung/Elektronik	Saugrohr-Einspritzung (elektron)	1 Register-Fallstromvergaser	Saugrohr-Einspritzung (elektron)
	Bosch L-Jetronic	Pierburg 4 A 1	Bosch L-Jetronic
Ventile pro Zylinder/ Betätigung	2, V-förmig hängend	2, V-förmig hängend	2, V-förmig hängend
Nockenwelle(n)/Antrieb	1 oben liegend/Kette	1 oben liegend/Kette	1 oben liegend/Kette
Kurbelwellenlager	7	7	7
Kühlung	Pumpe/12,0 L Wasser	Pumpe/12,0 L Wasser	Pumpe/12,0 L Wasser
Schmierung	Druckumlauf/5,75 L Öl	Druckumlauf/5,75 L Öl	Druckumlauf/5,75 L Öl
Batterie	12 V 66 Ah/vorn	12 V 66 Ah/vorn	12 V 66 Ah/vorn
Generator	Wechselstrom 910 W, ab 1984: 1120 W	Wechselstrom 770 W	Wechselstrom 910 W
Kraftübertragung	Hinterradantrieb	Hinterradantrieb	Hinterradantrieb
Kupplung	Einscheiben-Trocken	Einscheiben-Trocken	Einscheiben-Trocken
Schaltgetriebe	4Gang (bis 1982), 5Gang oder 5Gang Sport	4Gang	4Gang, ab 1979: 5Gang
Übersetzungen	4Gang: I. 3,855, II. 2,203, III.1,402, IV. 1,0	I. 3,855, II. 2,203, III.1,402, IV. 1,0	4Gang: I. 3,855, II. 2,203, III.1,402, IV. 1,0
	5Gang: I. 3,82, II. 2,20, III.1,398, IV. 1,0, V. 0,813		5Gang: I. 3,82, II. 2,20, III.1,398, IV. 1,0, V. 0,813
	Sport: I. 3,717, II. 2,403, III.1,766, IV. 1,263, V. 0,81		
Antriebsübersetzung	3,45	3,45	3,25
Automatik	3Stufen (ZF)	3Stufen (ZF)	
Übersetzungen	3Stufen: I. 2,48, II. 1,48, III. 1,0, Achsantr.: 3,45	3Stufen: I. 2,48, II. 1,48, III. 1,0, Achsantr.: 3,45	
Fahrwerk			
Vorderradaufhängung	Einzelradaufh. mit McPherson-Federbeinen, Schraubenfedern, Stabi		
Hinterradaufhängung	Einzelradaufh. mit Schräglenkerachse, Federbeinen, Schraubenfedern, Stab		
Lenkung	Kugelmutter (hydr.), Servo, ZF, 16,9 : 1	Kugelmutter (hydr.), Servo, ZF, 16,9 : 1	Kugelmutter (hydr.), Servo, ZF, 16,9 : 1

Modell (Baureihe)	BMW 628 CSi (E24)	BMW 630 CSi (E24)	BMW 633 CSi (E24)
Betriebsbremse v/h (mm)	Hydr. (Servo), Zweikreis,	Hydr. (Servo), Zweikreis,	Hydr. (Servo), Zweikreis,
	Scheiben vorn/hint. (Ø=280/272), ab 1982: ABS	Scheiben vorn/hint. (Ø=280/272)	Scheiben vorn/hint. (Ø=280/272)
Parkbremse	Seilzug (Hinterräder)	Seilzug (Hinterräder)	Seilzug (Hinterräder)
Allgemeine Daten			
Fahrzeugart (Türen/Sitze)	Coupé (2/4)	Coupé (2/4)	Coupé (2/4)
Aufbauform	Ganzstahlaufbau, selbsttragend	Ganzstahlaufbau, selbsttragend	Ganzstahlaufbau, selbsttragend
Radstand (mm)	2626	2626	2626
Spur vorn/hinten (mm)	1422/1487	1422/1487	1422/1487
Länge x Breite x Höhe (mm)	4755 x 1725 x 1365	4755 x 1725 x 1365	4755 x 1725 x 1365
Gepäckkraum (L) VDA	415	415	415
Reifen (v/h)	195/70 VR 14, ab 1982: 205/70 VR 14	195/70 VR 14	195/70 VR 14
Räder (v/h)	6.0 J x 14, ab 1982: 6.5 J x 14 (LM)	6.0 J x 14 (LM)	6.0 J x 14 (LM)
Wendekreisdurchmesser (m)	11,2	11,2	11,2
Bodenfreiheit (cm)	14	14	14
Leermasse (kg) DIN	1475 (1495)	1475 (1495)	1495
zul. Gesamtmasse (kg) DIN	1830	1830	1830
Kraftstofftank (L)/Position	70/hinten	70/hinten	70/hinten
Fahrleistungen			
Höchstgeschwindigkeit (km/h)	210-215	210	215
Beschleun. 0 - 100 km/h (s)	9,0-9,5	9,0	8,5
Verbrauch (L/100 km)	15,5, ab 1982: 14,0	16,5	16,5
Sonstiges			
Preis (Anf./Ende Laufz.) DM	46.000/67.000	40.600/44.700	43.100/52.250
Baujahre	1979 - 1987	1976 - 1979	1976 - 1982
Stückzahl	5.950	5.766	9.891 (+ 13.541 USA u. Japan)

BMW M 635 CSi und M1 (1978)

BMW M6, US-Ausführung (1986)

Modell (Baureihe)	BMW 635 CSi (E24)	BMW 635 CSi (E24)	BMW 635 CSi Kat (E24)	BMW M 635 CSi (E24)
Motor			M30 B35	M88/3 B35
Betriebsart	Otto (Viertakt)	Otto (Viertakt)	Otto (Viertakt)	Otto (Viertakt)
Material (Block/Kopf)	Grauguss	Grauguss	Grauguss	Grauguss
Zylinderzahl/Einbauposition	6 (Reihe), längs über Vorderachse	6 (Reihe), längs über Vorderachse	6 (Reihe), längs über Vorderachse	6 (Reihe), längs über Vorderachse
Bohrung x Hub (mm)	93,4 x 84	82 x 86	82 x 86	93,4 x 84
Hubraum (cm³)	3453	3430	3430	3453
Leistung (PS/kW bei U/min)	218 (160) bei 5200	218 (160) bei 5200	211 (155) bei 5700	286 (210) bei 6500
				mit Kat ab 1986: 260 (191)
Drehmoment (Nm bei U/min)	304 bei 4000	304 bei 4000	299 bei 4000	334 bei 4500
Verdichtung	9,3 : 1	10,0 : 1	9,0 : 1	10,5 : 1
Gemischbildung/Elektronik	Saugrohr-Einspritzung (elektron)	Saugrohr-Einspritzung (elektron)	Saugrohr-Einspritzung (elektron)	Saugrohr-Einspritzung (elektron)
	Bosch L-Jetronic	Bosch Motronic	Bosch Motronic	Bosch Motronic
Ventile pro Zylinder/Betätigung	2, V-förmig hängend	2, V-förmig hängend	2, V-förmig hängend	4, V-förmig hängend
Nockenwelle(n)/Antrieb	1 oben liegend/Kette	1 oben liegend/Kette	1 oben liegend/Kette	2 oben liegend/Kette
Kurbelwellenlager	7	7	7	7
Kühlung	Pumpe/12,0 L Wasser	Pumpe/12,0 L Wasser	Pumpe/12,0 L Wasser	Pumpe/10,5 L Wasser
Schmierung	Druckumlauf/5,75 L Öl	Druckumlauf/5,75 L Öl	Druckumlauf/5,75 L Öl	Druckumlauf/8,0 L Öl
Abgasreinigung			Katalysator, Lambdasonde	ab 1986 a:w. mit Katalysator, Lambdasonde
Batterie	12 V 55 Ah/vorn	12 V 55 Ah/vorn	12 V (44) 55 Ah/vorn	12 V 66 Ah/vorn
Generator	Wechselstrom 910 W	Wechselstrom 910 W, ab 84: 1120 W	Wechselstrom 1120 W	Wechselstrom 1120 W
Kraftübertragung	Hinterradantrieb	Hinterradantrieb	Hinterradantrieb	Hinterradantrieb
Kupplung	Einscheiben-Trocken	Einscheiben-Trocken	Einscheiben-Trocken	Einscheiben-Trocken
Schaltgetriebe	5Gang Sport	5Gang oder 5Gang Sport	5Gang	5Gang
Übersetzungen	I. 3,717, II. 2,403, III.1,766, IV. 1,263, V. 1,0	I. 3,822, II. 2,203, III.1,398, IV. 1,0, V. 0,813	I. 3,822, II. 2,203, III.1,398, IV. 1,0, V. 0,813	I. 3,51, II. 2,08, III.1,35, IV. 1,0, V. 0,81
		Sport: I. 3,717, II. 2,403, III.1,766, IV. 1,263, V. 0,81		
Antriebsübersetzung	3,07	3,08	3,64	3,73 od. 3,91
Automatik		3Stufen, ab 1983: 4Stufen (ZF)	4Stufen (ZF)	
Übersetzungen		3Stufen: I. 2,48, II. 1,48, III. 1,0, Achsantr.: 3,08	I. 2,48, II. 1,48, III. 1,0, IV. 0,73, Achsantr.: 3,64	
		4Stufen: I. 2,48, II. 1,48, III. 1,0, IV. 0,73		

Modell (Baureihe)	BMW 635 CSi (E24)	BMW 635 CSi (E24)	BMW 635 CSi Kat (E24)	BMW M 635 CSi (E24)
Antriebsübersetzung		3,08		
Fahrwerk				
Vorderradaufhängung	Einzelradaufh. mit McPherson-Federbeinen, Schraubenfedern, Stabi			
Hinterradaufhängung	Einzelradaufh. mit Schräglenkerachse, Federbeinen, Schraubenfedern, Stabi; ab 1987 für 535 CSI: Niveauregulierung			
Lenkung	Kugelmutter (hydr.), Servo, ZF, 16,9 : 1	Kugelmutter (hydr.), Servo, ZF, 16,9 : 1	Kugelmutter (hydr.), Servo, ZF, 16,9 : 1	Kugelmutter (hydr.), Servo, ZF, 16,9 : 1
Betriebsbremse v/h (mm)	Hydr. (Servo), Zweikreis,	Hydr. (Servo), Zweikreis,	Hydr. (Servo), Zweikreis,	Hydr. (Servo), Zweikreis,
	Scheiben vorn/hint. (Ø=280/272), ABS	Scheiben vorn/hint. (Ø=280/272), ABS	Scheiben vorn/hint. (Ø=280/272), ABS	Scheiben vorn/hint. (Ø=280/272), ABS
Parkbremse	Seilzug (Hinterräder)	Seilzug (Hinterräder)	Seilzug (Hinterräder)	Seilzug (Hinterräder)
Allgemeine Daten				
Fahrzeugart (Türen/Sitze)	Coupé (2/4)	Coupé (2/4)	Coupé (2/4)	Coupé (2/4)
Aufbauform	Ganzstahlaufbau, selbsttragend	Ganzstahlaufbau, selbsttragend	Ganzstahlaufbau, selbsttragend	Ganzstahlaufbau, selbsttragend
Radstand (mm)	2626	2626	2626	2626
Spur vorn/hinten (mm)	1430/1460	1430/1460	1430/1460	1430/1464
Länge x Breite x Höhe (mm)	4755 x 1725 x 1365	4755 x 1725 x 1365	4755 x 1725 x 1365	4755 x 1725 x 1354
Gepäckraum (L) VDA	415	415	415	415
Reifen (v/h)	195/70 VR 14	205/70 VR 14, 202/55 VR 390 (TRX)	205/70 VR 14	220/55 VR 390, 240/45 VR 415 (TRX)
Räder (v/h)	6.5 J x 14 (LM)	6.5 J x 14 (LM)	6.5 J x 14 (LM)	165 TR 390, 210 TR 415 (LM)
Wendekreisdurchmesser (m)	11,5	11,7	11,7	11,7
Bodenfreiheit (cm)	14,0	14,0	14,0	14,0
Leermasse (kg) DIN	1520	1470 (1490)	1475 (1495)	1510
zul. Gesamtmasse (kg) DIN	1860	1850	1850	1850
Kraftstofftank (L)/Position	70/hinten	70/hinten	70/hinten	70/hinten
Fahrleistungen				
Höchstgeschwindigkeit (km/h)	222	225	225	250 - 255, Kat: 240 - 245
Beschleun. 0 - 100 km/h (s)	8,0	8,5	8,5	6,5-7,0
Verbrauch (L/100 km)	17,0	15,0	15,5	18,0
Sonstiges				
Preis (Anf./Ende Laufz.) DM	43.100/56.750	61.300/73.700	76.650/82.000	89.500/98.500 (Kat: 102.050/108.000)
Baujahre	1978 - 1981	1982 - 1987	1985 - 1989	1984 - 1989
Stückzahl	28.146 (+ 14.850 USA u. Japan)		2.217	5.855

NMW M1 (1978)

BMW TURBO (E25/X) (1972 BIS 1973)
BMW M1 (E26) (1978 BIS 1981)

1972 hatte BMW den Prototyp BMW Turbo präsentiert – von Paul Braq geformt, mit Flügeltüren und 200 PS starkem, aufgeladenem Vierzylinder-Mittelmotor (wie er sich im 2002 Turbo wiederfand). 1973 folgte ein zweites 250 km/h schnelles Exemplar, das bei Michelotti gebaut wurde. Der in Sicherheits-Orange lackierte, 980 kg leichte BMW Turbo war nie für eine Serienproduktion vorgesehen, sondern diente als Designstudie und Technologieträger (ABS, Abstandsradar-Warnsystem, Querbeschleunigungsmesser).

1976 begann dann die Entwicklung des nur stilistisch, nicht aber konzeptionell verwandten Serienmodells, die BMW bei Lamborghini in Sant'Agata Bolognese in Auftrag gegeben hatte. Zuvor war eigens die BMW Motorsport GmbH gegründet worden, die das Projekt forcieren sollte. Das Auto sollte ursprünglich in Italien gefertigt werden, doch wegen Logistikproblemen bei Lamborghini erfolgte die Montage des Supersportwagens in der Karosseriefabrik Baur in Stuttgart. Für das Design des Autos zeichnete Giorgio Giugiaro verantwortlich: Sein M1 war indes weniger spektakulär gestaltet als der Prototyp BMW Turbo; Flügeltüren hatte er beispielsweise nicht. Die Karosserie war auf einem Gitterrohrrahmen aufgebaut, dazu kamen diverse Bauteile aus dem Pkw-Programm von BMW. Ein auffälliges Merkmal sind die Heckleuchten aus der damaligen BMW 6er-Reihe. Für BMW ungewöhnlich war die Verwendung von Klappscheinwerfern zugunsten einer besseren Aerodynamik.

Ursprünglich war der BMW M1 für den Einsatz im Motorsport geplant, lediglich eine Homologationsserie sollte in

BMW Turbo (1972)

BMW M1 (1978)

BMW M1 (1978)

kleiner Auflage für den öffentlichen Straßeneinsatz gebaut werden. Durch Änderungen im internationalen Reglement noch vor der Präsentation des Autos erwies sich der M1 letztlich als überflüssig. Er wurde mit mäßigem Erfolg zwar noch als Rennwagen in diversen Serien eingesetzt, die Mehrzahl der produzierten Coupés wurde jedoch an Privatkunden verkauft. Lediglich in der Procar-Serie, einem Rahmenprogramm der Formel 1 in den Jahren 1979 und 1980, erlangte der BMW M1 größere Aufmerksamkeit im Bereich des Rennsports.

Präsentiert worden war der BMW M1 auf dem Pariser Autosalon im Oktober 1978, bis 1980 entstanden insgesamt 460 Einheiten. Der Wagen wurde in drei Leistungsstufen angeboten: in der serienmäßigen Straßenausführung mit 277-PS-Sechszylinder sowie in je einer Rennausführung mit 470-PS-Saugmotor oder mit 850-PS-Turbomotor. Bis zum Verkaufsbeginn des Porsche 959 im Jahr 1986 war er der schnellste Seriensportwagen eines deutschen Herstellers.

Der Listenpreis betrug zunächst 100.000 DM, dann ab Juli 1979 sogar 113.000 DM. Die anfangs gute Nachfrage ließ aber ab 1980 so nach, dass die Autos zuletzt selbst um 90.000 DM nur noch mühsam an den Mann gebracht werden konnten. Für die BMW AG war der M1 trotz seines für damalige Begriffe stolzen Preises kein lukratives Geschäft, weshalb er ohne Nachfolger blieb. Zwar hat er das Image kräftig poliert, doch genügte er technisch, qualitativ und ausstattungsseitig nicht den hohen Ansprüchen, die an einen Supersportwagen gestellt werden müssen.

Modell (Baureihe)	BMW M1 (E26)
Motor	M88/1 B35
Betriebsart	Otto (Viertakt)
Material (Block/Kopf)	Grauguss/Alu
Zylinderzahl/Einbauposition	6 (Reihe)/längs vor Hinterachse
Bohrung x Hub (mm)	93,4 x 84
Hubraum (cm³)	3453
Leistung (PS/kW bei U/min)	277 (204) bei 6500
Drehmoment (Nm bei U/min)	330 bei 5000
Verdichtung	9,0 : 1
Gemischbildung/Elektronik	Saugrohr-Einspritzung (mechan.)
	Kugelfischer
Ventile pro Zylinder/Betätigung	4, V-förmig hängend
Nockenwelle(n)/Antrieb	2 obenlieg./Kette
Kurbelwellenlager	7
Kühlung	Pumpe/20,0 L Wasser, Ölkühler
Schmierung	Trockensumpf/8,0 L Öl
Abgasreinigung	???
Batterie	12 V 55 Ah (Kofferraum)
Generator	Drehstrom 65 A 910 W
Kraftübertragung	Hinterradantrieb, Sperrdifferenzial (25 %)
Schaltgetriebe	5Gang (ZF), hinter Hinterachse
Übersetzungen	I. 2,42, II. 1,61, III. 1,14, IV. 0,846, V. 0,704, R: 2,86
Antriebsübersetzung	4,22
Fahrwerk	
Vorderradaufhängung	Einzelradaufhängung mit Doppelquerlenkern, Schraubenfedern, Gasdruckstoßdämpfer, Stabi
Hinterradaufhängung	Einzelradaufhängung mit Doppelquerlenkern, Schraubenfedern, Gasdruckstoßdämpfer, Stabi
Lenkung	Zahnstange (hydr.), Servo
Betriebsbremse v/h (mm)	Hydr. (Servo), Zweikreis,
	Scheiben vorn/hinten belüftet (Ø=300 x 32/297 x 26)
Allgemeine Daten	
Fahrzeugart (Türen/Sitze)	Coupé (2/2)
Aufbauform	Kunststoff-Karosserie, Stahlrohr-Gitterrahmen
Radstand (mm)	2560
Spur vorn/hinten (mm)	1550/1576
Länge x Breite x Höhe (mm)	4360 x 1824 x 1140
Reifen (v/h)	205/55 VR 16/255/50 VR 16
Räder (v/h)	7.0 J x 16/8.0 J x 16 (LM)
Wendekreisdurchmesser (m)	13,3

BMW M1 Procar (1979)

Modell (Baureihe)	BMW M1 (E26)
Bodenfreiheit (cm)	12,5
Leermasse (kg)	1290
zul. Gesamtmasse (kg)	1600
Luftwiderstand (cW x A)	0,38
Kraftstofftank (L)/Position	2 x 58/links u. rechts vor Hinterachse
Fahrleistungen	
Höchstgeschwindigkeit (km/h)	250 - 265
Beschleun. 0 - 100 km/h (s)	5,6
Verbrauch (L/100 km) DIN	12,9
Sonstiges	
Preis (Anf./Ende Laufz.) DM	100.000/90.000
Bauzeit	1978 - 1981
Stückzahl	460, davon 399 straßenzugelassen

BMW 728 (1977)

BMW 730 (1977)

BMW 732i (1980)

BMW SIEBENER (E23) (1977 BIS 1986)

Als Nachfolger der Oberklasse-Modelle (E3) erschien im Mai 1977 die Siebener-Reihe (E23), deren Vorserienproduktion bereits Ende 1976 begonnen hatte. Die technisch und optisch eindrucksvolle Limousine wurde zunächst mit drei, später mit vier fast gleich großen Motoren angeboten – die zunächst noch von der Vorgänger-Baureihe stammten.

Am meisten Interesse fand der BMW 728 und 728i, der zwar ziemlich teuer war, aber preislich noch im Rahmen lag – während die relativ geringe Mehrleistung der größeren Motoren allenfalls aus Gründen des Prestiges und der Repräsentation die Aufpreise rechtfertigte. Wichtigster Vorzug der großen Limousinen waren weiterhin die laufruhigen, geschmeidigen, elastischen und drehfreudigen Motoren. Auch sonst standen diese Autos in fast jeder Beziehung auf hohem Niveau, doch blieb es ihr Problem, dass sie gegen die damals perfektere S-Klasse von Mercedes-Benz konkurrieren mussten.

Ab August 1979 arbeiteten alle Motoren der Siebener-Reihe mit Einspritzung, verbunden mit der zunächst noch recht störanfälligen Elektronik. Neu war das Antiblockiersystem (ABS) , welches von Mercedes-Benz zusammen mit Bosch entwickelt wurde. Das neue Spitzenmodell BMW 745i (Auslieferung ab Juni 1980) erzielte dank des Turboladers einen respektablen Leistungszuwachs, vermochte sich aber wegen seines unharmonischen Laufverhaltens, des hohen Verbrauchs und seines sehr hohen Preises nicht durchzusetzen. Die Turboaufladung für Benzinmotoren blieb damals ohnehin nur eine kurzzeitige Modeerscheinung.

Alle Siebener erhielten eine dreistellige, numerische Bezeichnung – gleiches galt für alle anderen BMW-Baureihen. Die vorangestellte „7" stand für die Baureihe. Die zwei Ziffern hinter der „7" bezeichneten ein Hundertstel des Hubraums in cm^3. Eine Ausnahme bildete das Modell 745i, dessen Motor 3210 bzw. 3430 cm^3 Hubraum hatte, jedoch wegen der Turboaufladung eine höher gewählte Zahl erhielt: Die „45" nach der „7" war durch die damals im Motorsport übliche Formel für Turbofahrzeuge ermittelt worden

BMW 732i, Facelift (1985)

(Hubraum mal 1,4 = Hubraumklasse). Das nachgestellte „i" in der Modellbezeichnung deutete auf Motoren mit Benzineinspritzung („i" = Injection) hin, Triebwerke ohne nachgestelltes „i" hatten einen Vergasermotor.

Außerhalb des offiziellen Verkaufsprogramms lieferte BMW die Siebener-Limousine 725i auch mit dem 150-PS-Motor des BMW 525, und zwar hauptsächlich an bayerische Behörden (aber auch an einige Privatkunden). Ab Mitte 1981 war der BMW 735i für etwa 150.000 Mark in gepanzerter Ausführung erhältlich.

Technische Modifikationen erfolgten im September 1982, hauptsächlich mit dem Ziel der Gewichts- und Verbrauchsreduzierung. Das Exterieur erfuhr nur unauffällige Retuschen: So wurden die Niere etwas flacher, der Lufteinlass im Kühlergrill kleiner und das Abschlussblech unter dem Stoßfänger geändert. Auch der etwas nachgebesserte BMW 745i wurde angekündigt, aber erst im Juli 1983 – nun mit dem aufgeladenen Motor des 735i – wieder ausgeliefert.

Ab Oktober 1984 kamen alle Siebener serienmäßig mit ABS. Eine umfangreiche, jedoch unverhältnismäßig teure Luxusausstattung kennzeichnete nun die Typen BMW 735i Executive und BMW 745i Executive. Ab 1984 konnte man den 735i mit Katalysator ordern, allerdings bis Januar 1985 nur in Verbindung mit einem Automatikgetriebe. Vom Oktober 1984 bis April 1986 wurden davon 1.237 Stück ausgeliefert. Von Januar 1985 bis April 1986 wurden zudem 738 Stück mit Schaltgetriebe ausgeliefert.

BMW 735i (1980)

Im Mai 1986 endete die Produktion der Baureihe E 23. Interessantes hatte sich derweil auf zwei Auslandsmärkten getan: Im südafrikanischen BMW-Werk in Rosslyn wurde eine Version des E23 mit dem intern M88 genannten Sportmotor aus dem BMW M1 angeboten. Dieses Fahrzeug wurde als BMW M 745i bezeichnet und in einer nur sehr geringen Stückzahl von 194 Exemplaren gebaut. In den USA waren damals nur die Versionen 733i und 735i erhältlich. Ab 1985 wurde die Modellpalette mit dem L7 erweitert – einer luxuriösen Variante des 735i mit spezieller Lederausstattung, bei der auch das Armaturenbrett und die Türverkleidungen mit edler Tierhaut überzogen waren. Viele Sonderausstattungen waren bei diesem Fahrzeug bereits serienmäßig verbaut. Alle L7-Modelle hatten ein Automatikgetriebe.

BMW 745i (1980)

BMW 745i (1980)

Modell (Baureihe)	BMW 728 (E23)	BMW 730 (E23)	BMW 733i (E23)
Motor	M86 B28	M30 B30	M69 B33
Betriebsart	Otto (Viertakt)	Otto (Viertakt)	Otto (Viertakt)
Material (Block/Kopf)	Grauguss	Grauguss	Grauguss
Zylinderzahl/Einbauposition	6 (Reihe), längs über Vorderachse	6 (Reihe), längs über Vorderachse	6 (Reihe), längs über Vorderachse
Bohrung x Hub (mm)	86 x 80	89 x 80	89 x 86
Hubraum (cm³)	2788	2985	3205
Leistung (PS/kW bei U/min)	170 (125) bei 5800	184 (135) bei 5800	197 (145) bei 5500
Drehmoment (Nm bei U/min)	233 bei 4000	255 bei 3500	280 bei 4300
Verdichtung	9,0 : 1	9,0 : 1	9,0 : 1
Gemischbildung/Elektronik	1 Register-Fallstromvergaser	1 Register-Fallstromvergaser	Saugrohr-Einspritzung (elektron)
	Pierburg 4 A 1	Pierburg 4 A 1	Bosch L-Jetronic
Ventile pro Zylinder/Betätigung	2, V-förmig hängend	2, V-förmig hängend	2, V-förmig hängend
Nockenwelle(n)/Antrieb	1 oben liegend/Kette	1 oben liegend/Kette	1 oben liegend/Kette
Kurbelwellenlager	7	7	7
Kühlung	Pumpe/12,0 L Wasser	Pumpe/12,0 L Wasser	Pumpe/12,0 L Wasser
Schmierung	Druckumlauf/6,0 L Öl	Druckumlauf/6,0 L Öl	Druckumlauf/6,0 L Öl
Batterie	12 V 55 Ah/vorn	12 V 55 Ah/vorn	12 V 66 Ah/vorn
Generator	Wechselstrom 770 W	Wechselstrom 770 W	Wechselstrom 910 W
Kraftübertragung	Hinterradantrieb	Hinterradantrieb	Hinterradantrieb
Kupplung	Einscheiben-Trocken	Einscheiben-Trocken	Einscheiben-Trocken
Schaltgetriebe	4Gang (Getrag), ab 2/79 a.W. 5Gang	4Gang (Getrag), ab 2/79 a.W. 5Gang	4Gang (Getrag), ab 2/79 a.W. 5Gang
Übersetzungen	I. 3,855, II. 2,203, III.1,402, IV. 1,0	I. 3,855, II. 2,203, III.1,402, IV. 1,0	I. 3,855, II. 2,203, III.1,402, IV. 1,0
Antriebsübersetzung	3,64	3,45	3,45
Automatik	3Stufen (ZF)	3Stufen (ZF)	3Stufen (ZF)
Übersetzungen	I. 2,478, II. 1,478, III. 1,0	I. 2,478, II. 1,478, III. 1,0	I. 2,478, II. 1,478, III. 1,0
Antriebsübersetzung	3,64	3,45	3,45
Fahrwerk			
Vorderradaufhängung	Einzelradaufh. mit McPherson-Federbeinen, Schraubenfedern, Stabi		
Hinterradaufhängung	Einzelradaufh. mit Schräglenkerachse, Federbeinen, Schraubenfedern, Stab		
Lenkung	Kugelmutter (hydr.), Servo, ZF, 15,2 : 1	Kugelmutter (hydr.), Servo, ZF, 15,2 : 1	Kugelmutter (hydr.), Servo, ZF, 15,2 : 1
Betriebsbremse v/h (mm)	Hydr. (Servo), Zweikreis,	Hydr. (Servo), Zweikreis,	Hydr. (Servo), Zweikreis,
	Scheiben vorn/hint. (Ø=280/280), ab 11/78: ABS	Scheiben vorn/hint. (Ø=280/280), ab 11/78: ABS	Scheiben vorn/hint. (Ø=280/280), ab 11/78: ABS
Parkbremse	Seilzug (Hinterräder)	Seilzug (Hinterräder)	Seilzug (Hinterräder)
Allgemeine Daten			
Fahrzeugart (Türen/Sitze)	Stufenheck-Limousine (4/5)	Stufenheck-Limousine (4/5)	Stufenheck-Limousine (4/5)
Aufbauform	Ganzstahlaufbau, selbsttragend	Ganzstahlaufbau, selbsttragend	Ganzstahlaufbau, selbsttragend

Modell (Baureihe)	BMW 728 (E23)	BMW 730 (E23)	BMW 733i (E23)
Radstand (mm)	2795	2795	2795
Spur vorn/hinten (mm)	1508/1522	1508/1522	1508/1522
Länge x Breite x Höhe (mm)	4860 x 1800 x 1430	4860 x 1800 x 1430	4860 x 1800 x 1430
Gepäckkraum (L) VDA	480	480	480
Reifen (v/h)	195/70 HR 14	205/70 HR 14	205/70 VR 14
Räder (v/h)	6.0 J x 14 (Stahl)	6.5 J x 14 (Stahl)	6.5 J x 14 (Stahl)
Wendekreisdurchmesser (m)	11,4	11,4	11,4
Bodenfreiheit (cm)	12,5	12,5	12,5
Leermasse (kg) DIN	1550 (1570)	1600 (1620)	1660 (1680)
zul. Gesamtmasse (kg) DIN	2000	2050	2070
Kraftstofftank (L)/Position	85/hinten	85/hinten	85/hinten
Fahrleistungen			
Höchstgeschwindigkeit (km/h)	195 (190)	200 (195)	205 (200)
Beschleun. 0 - 100 km/h (s)	10,0 (13,0)	9,5 (11,5)	9,0 (10,5)
Verbrauch (L/100 km)	16,5 (18,5)	17,5 (19,0)	17,5 (19,0)
Sonstiges			
Preis (Anf./Ende Laufz.) DM	29.300/31.400	33.600/35.500	38.600/40.700
Baujahre	1977 - 1979	1977 - 1979	1977 - 1979
Stückzahl	insges. 103.712 BMW 728 (1977-1986)	17.708	29.250

BMW 745i, Facelift (1983)

Modell (Baureihe)	BMW 728i (E23)	BMW 732i (E23)	BMW 735i (E23)
Motor	M68 B28	M69 B33	M90 B35
Betriebsart	Otto (Viertakt)	Otto (Viertakt)	Otto (Viertakt)
Material (Block/Kopf)	Grauguss	Grauguss	Grauguss
Zylinderzahl/Einbauposition	6 (Reihe), längs über Vorderachse	6 (Reihe), längs über Vorderachse	6 (Reihe), längs über Vorderachse
Bohrung x Hub (mm)	82 x 80	89 x 86	93,4 x 84
Hubraum (cm³)	2788	3205	3453
Leistung (PS/kW bei U/min)	184 (135) bei 5800	197 (145) bei 5500	218 (160) bei 5200
Drehmoment (Nm bei U/min)	235 bei 400	280 bei 4300	304 bei 4000
Verdichtung	9,3 : 1	9,3 : 1	9,3 : 1
Gemischbildung/Elektronik	Saugrohr-Einspritzung (elektron)	Saugrohr-Einspritzung (elektron)	Saugrohr-Einspritzung (elektron)
	Bosch L-Jetronic	Bosch Motronic	Bosch L-Jetronic, ab 8/80: Motronic
Ventile pro Zylinder/Betätigung	2, V-förmig hängend	2, V-förmig hängend	2, V-förmig hängend
Nockenwelle(n)/Antrieb	1 oben liegend/Kette	1 oben liegend/Kette	1 oben liegend/Kette
Kurbelwellenlager	7	7	7
Kühlung	Pumpe/12,0 L Wasser	Pumpe/12,0 L Wasser	Pumpe/12,0 L Wasser
Schmierung	Druckumlauf/5,75 L Öl	Druckumlauf/5,75 L Öl	Druckumlauf/5,75 L Öl
Batterie	12 V 55 Ah/vorn	12 V 66 Ah/vorn	12 V 66 Ah/vorn
Generator	Wechselstrom 65 A 770 W	Wechselstrom 65 A 770 W	Wechselstrom 65 A 770 W
Kraftübertragung	Hinterradantrieb	Hinterradantrieb	Hinterradantrieb
Kupplung	Einscheiben-Trocken	Einscheiben-Trocken	Einscheiben-Trocken
Schaltgetriebe	4Gang, 5Gang, 5Gang (Sport)	4Gang, 5Gang, 5Gang (Sport)	5Gang, 5Gang (Sport)
Übersetzungen	4G: I. 3,855, II. 2,203, III.1,402, IV. 1,0	4G: I. 3,855, II. 2,203, III.1,402, IV. 1,0	5G: I. 3,822, II. 2,202, III.1,398, IV. 1,0, V. 0,813
	5G: I. 3,822, II. 2,202, III.1,398, IV. 1,0, V. 0,813	5G: I. 3,822, II. 2,202, III.1,398, IV. 1,0, V. 0,813	5G S: I. 3,717, II. 2,403, III.1,766, IV. 1,263, V. 1,0
	5G S: I. 3,717, II. 2,403, III.1,766, IV. 1,263, V. 1,0	5G S: I. 3,717, II. 2,403, III.1,766, IV. 1,263, V. 1,0	
Antriebsübersetzung	3,64	3,45	3,25
Automatik	3Stufen (ZF)	3Stufen (ZF)	3Stufen (ZF)
Übersetzungen	I. 2,478, II. 1,478, III. 1,0	I. 2,478, II. 1,478, III. 1,0	I. 2,478, II. 1,478, III. 1,0
Antriebsübersetzung	3,64	3,45	3,25
Fahrwerk			
Vorderradaufhängung	Einzelradaufh. mit McPherson-Federbeinen, Schraubenfedern, Stabi		
Hinterradaufhängung	Einzelradaufh. mit Schräglenkerachse, Federbeinen, Schraubenfedern		
Lenkung	Kugelmutter (hydr.), Servo, ZF, 15,7 : 1	Kugelmutter (hydr.), Servo, ZF, 15,7 : 1	Kugelmutter (hydr.), Servo, ZF, 15,7 : 1
Betriebsbremse v/h (mm)	Hydr. (Servo), Zweikreis,	Hydr. (Servo), Zweikreis,	Hydr. (Servo), Zweikreis,
	Scheiben vorn/hint. (Ø=280/280, ab 9/81: 284), a.W. ABS	Scheiben vorn/hint. (Ø=280/280, ab 9/81: 284), a.W. ABS	Scheiben vorn/hint. (Ø=280/280, ab 9/81: 284), a.W. ABS
Parkbremse	Seilzug (Hinterräder)	Seilzug (Hinterräder)	Seilzug (Hinterräder)

BMW 745i, Facelift (1985)

Modell (Baureihe)	BMW 728i (E23)	BMW 732i (E23)	BMW 735i (E23)
Allgemeine Daten			
Fahrzeugart (Türen/Sitze)	Stufenheck-Limousine (4/5)	Stufenheck-Limousine (4/5)	Stufenheck-Limousine (4/5)
Aufbauform	Ganzstahlaufbau, selbsttragend	Ganzstahlaufbau, selbsttragend	Ganzstahlaufbau, selbsttragend
Radstand (mm)	2795	2795	2795
Spur vorn/hinten (mm)	1508/1522	1502/1516	1502/1516
Länge x Breite x Höhe (mm)	4860 x 1800 x 1430	4860 x 1800 x 1430	4860 x 1800 x 1430
Gepäckraum (L) VDA	480	480	480
Reifen (v/h)	195/70 HR 14, 220/55 VR 390 (TRX)	205/70 HR 14, 220/55 VR 390 (TRX)	205/70 HR 14, 220/55 VR 390 (TRX)
Räder (v/h)	6.0 J x 14 (Stahl), 165 TR 390 (LM) (Stahl)	6.5 J x 14 (Stahl), 165 TR 390 (LM) (Stahl)	6.5 J x 14 (Stahl), 165 TR 390 (LM) (Stahl)
Wendekreisdurchmesser (m)	11,6	11,6	11,6
Bodenfreiheit (cm)	12,5	12,5	12,5
Leermasse (kg) DIN	1530 (1550)	1580 (1600)	1580 (1600)
zul. Gesamtmasse (kg) DIN	1960	2000	2000
Kraftstofftank (L)/Position	85, ab 8/80: 100/hinten	85, ab 8/80: 100/hinten	85, ab 8/80: 100/hinten
Fahrleistungen			
Höchstgeschwindigkeit (km/h)	200 (195)	210 (205)	213 (210)
Beschleun. 0 - 100 km/h (s)	9,5 (12,0)	8,5 (10,5)	8,0 (10,0)
Verbrauch (L/100 km)	16,5 (18,5)	16,5 (18,0)	16,5 (18,0)
Sonstiges			
Preis (Anf./Ende Laufz.) DM	33.700/37.400	37.700/41.900	43.750/48.550
Baujahre	1979 - 1982	1979 - 1982	1979 - 1982
Stückzahl	insges. 103.712 BMW 728 (1977 - 1986)	insges. 57.324 BMW 730 (1979 - 1986)	insges. 61.343 BMW 735 (1979 - 1986)

Modell (Baureihe)	BMW 728i (E23)	BMW 732i (E23)	BMW 735i (E23)
Motor	M86 B28	M69 B33	M90 B35
Betriebsart	Otto (Viertakt)	Otto (Viertakt)	Otto (Viertakt)
Material (Block/Kopf)	Grauguss	Grauguss	Grauguss
Zylinderzahl/Einbauposition	6 (Reihe), längs über Vorderachse	6 (Reihe), längs über Vorderachse	6 (Reihe), längs über Vorderachse
Bohrung x Hub (mm)	82 x 80	89 x 86	93,4 x 84
Hubraum (cm³)	2788	3205	3453
Leistung (PS/kW bei U/min)	184 (135) bei 5800	197 (145) bei 5500	218 (160) bei 5200
			ab 1/84 Kat-Version: 185 (136)
Drehmoment (Nm bei U/min)	235 bei 400	280 bei 4300	304 bei 4000
Verdichtung	9,3 : 1	10,0 : 1	10,0 : 1
Gemischbildung/Elektronik	Saugrohr-Einspritzung (elektron)	Saugrohr-Einspritzung (elektron)	Saugrohr-Einspritzung (elektron)
	Bosch L-Jetronic	Bosch Motronic	Bosch Motronic
Ventile pro Zylinder/ Betätigung	2, V-förmig hängend	2, V-förmig hängend	2, V-förmig hängend
Nockenwelle(n)/Antrieb	1 oben liegend/Kette	1 oben liegend/Kette	1 oben liegend/Kette
Kurbelwellenlager	7	7	7
Kühlung	Pumpe/12,0 L Wasser	Pumpe/12,0 L Wasser	Pumpe/12,0 L Wasser
Schmierung	Druckumlauf/5,75 L Öl	Druckumlauf/5,75 L Öl	Druckumlauf/5,75 L Öl
Abgasreinigung			ab 1/84 a.W. Katalysator (mit Automatik)
Batterie	12 V 66 Ah/vorn	12 V 66 Ah/vorn	12 V 66 Ah/vorn
Generator	Wechselstrom 80 A 1120 W	Wechselstrom 65 A 770 W	Wechselstrom 65 A 770 W
Kraftübertragung	Hinterradantrieb	Hinterradantrieb	Hinterradantrieb
Kupplung	Einscheiben-Trocken	Einscheiben-Trocken	Einscheiben-Trocken
Schaltgetriebe	5Gang, 5Gang (Sport)	5Gang, 5Gang (Sport)	5Gang, 5Gang (Sport)
Übersetzungen	5G: I. 3,822, II. 2,202, III.1,398, IV. 1,0, V. 0,813	5G: I. 3,822, II. 2,202, III.1,398, IV. 1,0, V. 0,813	5G: I. 3,822, II. 2,202, III.1,398, IV. 1,0, V. 0,813
	5G S: I. 3,717, II. 2,403, III.1,766, IV. 1,263, V. 1,0	5G S: I. 3,717, II. 2,403, III.1,766, IV. 1,263, V. 1,0	5G S: I. 3,717, II. 2,403, III.1,766, IV. 1,263, V. 1,0
Antriebsübersetzung	3,64	3,45	3,25
Automatik	4Stufen (ZF)	4Stufen (ZF)	4Stufen (ZF)
Übersetzungen	I. 2,478, II. 1,478, III. 1,0, IV. 0,73	I. 2,478, II. 1,478, III. 1,0, IV. 0,73	I. 2,478, II. 1,478, III. 1,0, IV. 0,73
Antriebsübersetzung	3,64	3,64	3,64
Fahrwerk			
Vorderradaufhängung	Einzelradaufh. mit McPherson-Federbeinen, Schraubenfedern, Stabi		
Hinterradaufhängung	Einzelradaufh. mit Schräglenkerachse, Federbeinen, Schraubenfedern. A.W. Stabi		
Lenkung	Kugelmutter (hydr.), Servo, ZF, 15,7 : 1	Kugelmutter (hydr.), Servo, ZF, 15,7 : 1	Kugelmutter (hydr.), Servo, ZF, 15,7 : 1
Betriebsbremse v/h (mm)	Hydr. (Servo), Zweikreis,	Hydr. (Servo), Zweikreis,	Hydr. (Servo), Zweikreis,
	Scheiben vorn/hint. (Ø=280/284), a.W. (ab 9/84 Serie) ABS	Scheiben vorn/hint. (Ø=280/284), a.W. (ab 9/84 Serie) ABS	Scheiben vorn/hint. (Ø=280/284), a.W. (ab 9/84 Serie) ABS
Parkbremse	Seilzug (Hinterräder)	Seilzug (Hinterräder)	Seilzug (Hinterräder)

Modell (Baureihe)	BMW 728i (E23)	BMW 732i (E23)	BMW 735i (E23)
Allgemeine Daten			
Fahrzeugart (Türen/Sitze)	Stufenheck-Limousine (4/5)	Stufenheck-Limousine (4/5)	Stufenheck-Limousine (4/5)
Aufbauform	Ganzstahlaufbau, selbsttragend	Ganzstahlaufbau, selbsttragend	Ganzstahlaufbau, selbsttragend
Radstand (mm)	2795	2795	2795
Spur vorn/hinten (mm)	1502/1524	1502/1524	1502/1524
Länge x Breite x Höhe (mm)	4860 x 1800 x 1430	4860 x 1800 x 1430	4860 x 1800 x 1430
Gepäckkraum (L) VDA	480	480	480
Reifen (v/h)	195/70 VR 14	205/70 VR 14	205/70 VR 14
Räder (v/h)	6.5 J x 14 (Stahl)	6.5 J x 14 (Stahl)	6.5 J x 14 (LM)
Wendekreisdurchmesser (m)	11,6	11,6	11,6
Bodenfreiheit (cm)	12,5	12,5	12,5
Leermasse (kg) DIN	1530 (1550)	1580 (1600)	1580 (1600)
zul. Gesamtmasse (kg) DIN	1980	2010	2010
Kraftstofftank (L)/Position	100/hinten	100/hinten	100/hinten
Fahrleistungen			
Höchstgeschwindigkeit (km/h)	200 (195)	210 (205)	215 (210), Kat-Version: 200
Beschleun. 0 - 100 km/h (s)	9,5 (12,0)	8,5 (10,5)	8,0 (9,5)
Verbrauch (L/100 km)	15,0 (16,0)	15,5 (16,5)	15,5 (16,5)
Sonstiges			
Preis (Anf./Ende Laufz.) DM	37.400/47.900	41.900/53.800	48.550/60.400
Baujahre	1982 - 1986	1982 - 1986	1982 - 1986
Stückzahl	insges. 103.712 BMW 728 (1977 - 1986)	insges. 57.324 BMW 730 (1979 - 1986)	insges. 61.343 BMW 735 (1979 - 1986)

BMW Siebener ABC Kombiwagen, Kleinserie (1983)

Modell (Baureihe)	BMW 745i (E23)	BMW 745i (E23)
Motor	M102turbo B33	M106turbo B33
Betriebsart	Otto (Viertakt)	Otto (Viertakt)
Material (Block/Kopf)	Grauguss	Grauguss
Zylinderzahl/Einbauposition	6 (Reihe), längs über Vorderachse	6 (Reihe), längs über Vorderachse
Bohrung x Hub (mm)	89 x 86	92 x 86
Hubraum (cm^3)	3205	3430
Leistung (PS/kW bei U/min)	252 (185) bei 5200	252 (185) bei 4900
Drehmoment (Nm bei U/min)	373 bei 2600	373 bei 2200
Verdichtung	7,1, ab 9/81: 7,5 : 1	8,0 : 1
Gemischbildung/Elektronik	Saugrohr-Einspritzung (elektron)	Saugrohr-Einspritzung (elektron)
	Bosch L-Jetronic	Bosch Motronic
Aufladung	1 Turbolader KKK K72	1 Turbolader KKK K72
Ladeluftkühlung	LLK	LLK
Ventile pro Zylinder/Betätigung	2, V-förmig hängend	2, V-förmig hängend
Nockenwelle(n)/Antrieb	1 oben liegend/Kette	1 oben liegend/Kette
Kurbelwellenlager	7	7
Kühlung	Pumpe/12,0 L Wasser	Pumpe/12,0 L Wasser
Schmierung	Druckumlauf/5,75 L Öl	Druckumlauf/5,75 L Öl
Batterie	12 V 66 (80) Ah/vorn	12 V 66 (80) Ah/vorn
Generator	Wechselstrom 80 A 1120 W	Wechselstrom 80 A 1120 W
Kraftübertragung	Hinterradantrieb	Hinterradantrieb
Automatik	3Stufen (ZF)	4Stufen (ZF)
Übersetzungen	I. 2,478, II. 1,478, III. 1,0	I. 2,478, II. 1,478, III. 1,0, IV. 0,73
Antriebsübersetzung	3,70	2,93
Fahrwerk		
Vorderradaufhängung	Einzelradaufh. mit McPherson-Federbeinen, Schraubenfedern, Stabi	
Hinterradaufhängung	Einzelradaufh. mit Schräglenkerachse, Federbeinen, Schraubenfedern, Stabi, Niveauregulierung (hydropneum.)	
Lenkung	Kugelmutter (hydr.), Servo, ZF, 15,7 : 1	Kugelmutter (hydr.), Servo, ZF, 15,7 : 1
Betriebsbremse v/h (mm)	Hydr. (Servo), Zweikreis,	Hydr. (Servo), Zweikreis,
	Scheiben vorn/hint. (Ø=280/280), ABS	Scheiben vorn/hint. (Ø=280/284), ABS
Parkbremse	Seilzug (Hinterräder)	Seilzug (Hinterräder)
Allgemeine Daten		
Fahrzeugart (Türen/Sitze)	Stufenheck-Limousine (4/5)	Stufenheck-Limousine (4/5)
Aufbauform	Ganzstahlaufbau, selbsttragend	Ganzstahlaufbau, selbsttragend
Radstand (mm)	2795	2795
Spur vorn/hinten (mm)	1502/1524	1502/1524
Länge x Breite x Höhe (mm)	4860 x 1800 x 1430	4860 x 1800 x 1430

Modell (Baureihe)	BMW 745i (E23)	BMW 745i (E23)
Gepäckkraum (L) VDA	480	480
Reifen (v/h)	205/70 VR 14, 205/55 VR 390 (TRX)	205/70 VR 14, 205/55 VR 390 (TRX)
Räder (v/h)	6.5 J x 14 (LM), 165 TR 390 (LM)	6.5 J x 14 (LM), 165 TR 390 (LM)
Wendekreisdurchmesser (m)	11,6	11,6
Bodenfreiheit (cm)	12,5	12,5
Leermasse (kg) DIN	1670	1650
zul. Gesamtmasse (kg) DIN	2070	2100
Kraftstofftank (L)/Position	100/hinten	100/hinten
Fahrleistungen		
Höchstgeschwindigkeit (km/h)	222	227
Beschleun. 0 - 100 km/h (s)	8,0	8,0
Verbrauch (L/100 km)	19,5	17,0
Sonstiges		
Preis (Anf./Ende Laufz.) DM	52.000/57.650	62.650/71.300
Baujahre	1980 - 1982	1983 - 1985
Stückzahl	16.031	

PRODUKTION BMW SIEBENER (E23) 1977 BIS 1986

Typ	1977	1978	1979	1980	1981	1982	1983	1984	1985	1986
728/728i	7.660	14.920	15.436	14.230	9.997	9.452	9.114	7.064	5.811	2.091
		(+ 648)	(+ 468)	(+ 984)	(+ 1.752)	(+ 2.004)	(+ 1.584)	(+ 780)	(+ 132)	(+ 216)
730	4.965	8.274	3.905							
		(+ 468)	(+ 96)							
732i			2.353	9.952	8.136	8.955	11.845	10.382	1.994	503
				(+ 648)	(+ 624)	(+ 672)	(+ 492)	(+ 468)	(+ 168)	(+ 132)
733i	7.331	11.525	8.485	97	439	149	15.125	18.477	11.602	12.446
		(+ 540)	(+ 684)							
735i			3.696	6.984	5.777	6.120	5.355	8.343	15.384	7.411
					(+ 6129	(+ 624)	(+ 348)	(+ 528)	(+ 132)	(+ 29)
745i				2.175	2.504	1.514	2.541	3.545	2.831	921

Klammerwerte = Auslandsfertigung

BMW DREIER (E30) (1983 BIS 1994)

Die zweite Dreier-Reihe (E30) startete im Oktober 1982, ihre Markteinführung war Ende November 1982. Ausgeliefert wurde die Zweitürer-Limousine E 30/2 ab Anfang 1983, die neue Viertürer-Limousine (E 30/4) folgte im Herbst 1983. Der Generationswechsel brachte eine weitgehend neue Konstruktion zutage. Doch hatte sich das von Chefdesigner Claus Luthe geschaffene äußere Erscheinungsbild nur wenig geändert: Die Linienführung wirkte etwas straffer, und als besonderes optisches Merkmal trug die B-Säule eine breite schwarze Kunststoffblende. Ferner gab es seit Anfang 1983 auch wieder das zweitürige Hardtop-Cabriolet der Karosseriefabrik Baut (Stuttgart) für einen Aufpreis von 7.000 Mark: Seitenscheibenrahmen und Überrollbügel blieben stehen; das stabile Dachteil über den Vordersitzen konnte entfernt werden, und der hintere Dachbereich ließ sich wie bei einem Landaulet öffnen.

Äußerlich waren die Vier- und Sechszylinder-Modelle bzw. Modelle ab zwei Liter Hubraum nicht mehr so leicht zu unterscheiden wie beim Vorgänger E21, da nun alle E30 serienmäßig Doppelscheinwerfer erhielten. Im Innenraum wurden die Unterschiede speziell bei den Stoffbezügen größer, wenn auch nicht gravierend. So erhielten die Sechszylindermodelle im Gegensatz zu den einteiligen, gänzlich mit Kunstleder bezogenen Türverkleidungen andere mit einer Stoff- bzw. Velourseinlage. Zudem verfügten die Sechszylinder-Modelle serienmäßig über einen Drehzahlmesser sowie über die „Check-Control" überm Innenspiegel. Dieses mit einer zusätzlichen schwarzen Blende und kleineren schwarzen Sonnenblenden in den Dachhimmel integrierte Ausstattungsmerkmal diente der Überwachung wichtiger elektrischer Fahrzeugzeugfunktionen und der Flüssigkeitsstände.

Im September 1984 kam der BMW 318i mit Katalysator (Aufpreis 1.800 DM). Ab März 1985 wurde der bereits für die USA und Japan gebaute BMW 325e (mit 2,7-Liter-eta-Sparmotor mit Kat) auf den deutschen Markt gebracht, wurde aber hier kaum geordert.

Auf der Frankfurter Automobil-Ausstellung im September 1985 wurden technische Modifikationen präsentiert, die aber keine auffallenden Änderungen im Exterieur der Dreier-Reihe mit sich brachten. Der wesentlichste äußere Unterschied bestand in der geänderten Frontschürze, die nun einteilig und senkrecht ausgeformt war (vorher zweigeteilt), dem verkleinerten Spoiler und den breiteren Reifen. Geändert wurden die Bezugsstoffe und die hinte-

BMW 316 Zweitürer (1982)

BMW 318i Zweitürer (1983)

BMW 323i Zweitürer (1982)

BMW 320i Viertürer (1985)

BMW 325e Viertürer (1985)

BMW 324d Viertürer (1985)

BMW 325i Zweitürer, Südafrika-Ausführung (1986)

ren Gurtführungen, wobei die Umlenkung an der C-Säule entfiel. Diese Änderungen im Interieur blieben bis zum Produktionsende der Limousinen erhalten.

Eine wesentliche Erweiterung des Programms war das von BMW selbst in Regensburg gefertigte Vollcabriolet (Serie ab Mai 1986) mit bildschöner Linienführung und ohne Überrollbügel. Für genügend Verwindungssteifigkeit wurden Schweller und Scheibenrahmen verstärkt. Dadurch stieg das Gewicht des offenen Fahrzeugs um rund 125 kg. Das Stoffverdeck konnte auf Wunsch auch elektrisch versenkt werden und verschwand unter einer flachen Verdeckklappe. Ebenfalls erhältlich war ein Hardtop von BMW und ein in Wagenfarbe lackierbares Hardtop der Firma Wiesmann.

Mit dem Vollcabriolet verlor aber das Hardtop-Cabrio (TC = Top-Cabriolet) von Baur an Bedeutung und wurde kaum noch gebaut: Insgesamt entstanden in Stuttgart bis 1991 14.426 dieser Fahrzeuge (darunter auch als BMW 325ix Baur TC mit Allradantrieb).

Außerdem wurde nun der BMW 324d mit Sechszylinder-Saugdiesel eingeführt. Den BMW 323i ersetzte der 325i, der erstmals auch mit permanentem Allrad-Antrieb ausgerüstet werden konnte – wovon aber in der Folgezeit die Kundschaft nur wenig Gebrauch machte. BMW hatte sich hier vom vermeintlichen Erfolg der Konkurrenz (Audi Quattro) animieren lassen, wobei das System damals nur im Dreier, nicht aber im Fünfer angeboten wurde.

BMW 325iX Zweitürer, Facelift (1987)

Ab September 1987 erfuhr die Baureihe ein zweites, größeres Facelift. Die Hauptscheinwerfer verfügten nun über Dreifach-Ellipsoidtechnik. Deutliche Änderungen waren eine neu gestaltete Frontschürze, die Chromstoßfänger wichen den jetzt voluminöseren und in Kunststoff gefertigten anthrazitfarbenen Bauteilen, die auf Wunsch lackiert wurden (Stoßleisteneinsätze generell schwarz). Die Stoßfänger hielten Stößen bis 3 km/h unbeschadet stand. Der bisherige Chromzierrat an den Front- und Heckscheiben sowie um die Fenster an den Türen (Zweitürer hinten ums seitliche Heckfenster) wich schwarzen Kunststoffteilen bzw. schwarz beschichteten Aluprofilen. Die markante „Regenrinne" und die Fensterschachtleisten blieben weiterhin verchromt. Die Heckleuchten und die Heckschürze wurden vergrößert. Außerdem wurde der hintere Radausschnitt verkleinert und erhielt die Form, wie sie beim Cabrio von Anfang an zu sehen war. Das Tankvolumen wurde bei den Sechszylindermodellen von 55 auf 63 Liter erhöht.

Die gesamte Reihe E30 wurde im Folgenden nur noch mit Katalysator angeboten. Neu war der Vierzylindermotor M40 für den BMW 318 i. Eine zusätzliche und zukunftweisende Bereicherung der Dreier-Reihe erfolgte durch den Touring – einen hervorragend gelungenen Kombi, der nichts mit der glücklosen Kombilimousine gleichen Namens der früheren Baureihe Nullzwei zu tun hatte. Er zeichnete sich durch einen nahezu ebenen, mit feinem Teppich ausgelegten Laderaum und vollständig abgedeckten

BMW 318i Zweitürer, Facelift (1988)

BMW 320i Baur Top-Cabriolet (1989)

Radhäusern mit integrierten Staufächern und Boxen für das Soundsystem aus. Die asymmetrisch geteilten Rücksitzlehnen ließen sich umlegen. Eine Laderaumabdeckung gehörte genauso zum Lieferumfang wie eine Wisch-/Waschanlage der Heckscheibe. Nach Aussehen, Ausstattung und Preis handelte es sich beim BMW Touring um einen Edel-Kombi, der trotz seines hohen Preises vom Markt gut aufgenommen wurde. Das Cabriolet wurde übrigens noch bis 1990 mit unveränderter Karosserieform weiter gebaut.

Ebenfalls im September 1987 wurde mit der Übernahme des bereits von der Fünfer-Reihe (E28) her bekannten Sechszylinder-Turbodiesel erstmals die elektronisch geregelte Dieseleinspritzung auch im Dreier eingesetzt. Der BMW 324td stand in Leistung und Laufkultur den entsprechenden Benziner-Typen kaum nach, bedingte aber einen so erheblichen Preiszuschlag, dass sich dieses Auto erst bei sehr hoher Laufleistung für den Käufer lohnen konnte.

August 1988 kam auch der BMW 316i mit einem 1,6-Liter der neuen Motorenreihe M40, der den bisherigen leistungsreduzierten 1,8-Liter-Motor ersetzte. Im August 1989 gesellte sich der BMW 318is mit Vierventil-Vierzylinder-Motor, speziellem Front- und Heckspoiler, Radabdeckungen und sportivem Interieur hinzu.

Obwohl im September 1990 die dritte Dreier-Reihe (E36) präsentiert wurde, lief der Fertigung der E30-Limousine erst einmal weiter. Der 316i war der einzige BMW unter 30.000 Mark. Die Limousine wurde Ende April 1991 aus dem Programm genommen, Cabriolet und Touring wurden bis 1993/94 weitergebaut. Das Cabriolet gab es nun auch mit 1,8-Liter-Motor, es bekam große Heckleuchten wie die Limousine, eine modifizierte Front- und Heckpartie sowie Kunststoff-Stoßfänger. 320i und 325i waren nun mit Fünf- statt Vierstufen-Automatik lieferbar. Im Juni 1991 kam der Touring mit 316i-Motor, ab April 1993 wurden nur noch

BMW 325i Cabriolet (1992)

BMW 325i Cabriolet, US-Ausführung (1987)

BMW 324td Touring (1987)

Touring 316i und 318i angeboten. Das BMW 318i Cabriolet blieb bis Ende 1993 im Angebot, der Touring 316i und 318i verschwanden erst 1994.

Nur zu Forschungszwecken waren 1990 mehrere Dreier Limousinen mit Elektroantrieb entstanden. Ähnliche Fahrzeuge wurden beispielsweise auch von Mercedes-Benz gebaut und im Rahmen eines Großversuchs auf der Insel Rügen eingesetzt. Als Speichermedium diente eine Hochleistungsbatterie von ABB.

Der BMW E30 wurde also bis Januar 1991 als Viertürer, bis März 1991 als Zweitürer, bis April 1993 als Cabriolet und bis Februar 1994 als Touring produziert. In Südafrika lief die Produktion der rechtsgelenkten Zwei- und Viertürer erst im Februar 1992 aus. Insgesamt hatte BMW rund 2,34 Millionen Dreier ausgeliefert – 2.092.122 Limousinen, 74.768 Touring und 125.011 Cabrios.

Modell (Baureihe)	BMW 316 (E30/2 u. E30/4)	BMW 318i (E30/2 u. E30/4)	BMW 318i Kat (E30/2 u. E30/4)
Motor	M41 (M10) B16	M92 (M10) B18	M92 (M10) B18
Betriebsart	Otto (Viertakt)	Otto (Viertakt)	Otto (Viertakt)
Material (Block/Kopf)	Grauguss	Grauguss	Grauguss
Zylinderzahl/Einbauposition	4 (Reihe), längs über Vorderachse	4 (Reihe), längs über Vorderachse	4 (Reihe), längs über Vorderachse
Bohrung x Hub (mm)	84 x 71	89 x 71	89 x 71
Hubraum (cm³)	1573	1766	1766
Leistung (PS/kW bei U/min)	90 (66) bei 5500	105 (77) bei 5800	102 (75) bei 5800
Drehmoment (Nm bei U/min)	137 bei 4000	142 bei 4500	137 bei 4500
Verdichtung	9,5 : 1	9,5 : 1	8,2 : 1
Gemischbildung/Elektronik	1 Fallstrom-Registervergaser	Saugrohr-Einspritzung (elektron.)	Saugrohr-Einspritzung (elektron.)
	Pierburg 2B4	Bosch L-Jetronic	Bosch L-Jetronic
Ventile pro Zylinder/ Betätigung	2, V-förmig hängend	2, V-förmig hängend	2, V-förmig hängend
Nockenwelle(n)/Antrieb	1 oben liegend/Kette	1 oben liegend/Kette	1 oben liegend/Kette
Kurbelwellenlager	5	5	5
Kühlung	Pumpe/7,0 L Wasser	Pumpe/7,0 L Wasser	Pumpe/7,0 L Wasser
Schmierung	Druckumlauf/4,25 L Öl	Druckumlauf/4,25 L Öl	Druckumlauf/4,25 L Öl
Abgasreinigung			Dreiwege-Kat, Lambdasonde
Batterie	12 V 44 Ah/vorn	12 V 44 Ah/vorn	12 V 44 Ah/vorn
Generator	Wechselstrom 65 A 910 W	Wechselstrom 80 A 1210 W	Wechselstrom 80 A 1210 W
Kraftübertragung	Hinterradantrieb	Hinterradantrieb	Hinterradantrieb
Kupplung	Einscheiben-Trocken	Einscheiben-Trocken	Einscheiben-Trocken
Schaltgetriebe	4Gang, ab 1985: 5Gang	4Gang, ab 1985: 5Gang	5Gang
Übersetzungen	I. 3,764, II. 2,043, III.1,32, IV. 1,0	I. 3,764, II. 2,043, III.1,32, IV. 1,0	I. 3,72, II. 2,02, III.1,32, IV. 1,0, V. 0,80
Antriebsübersetzung	3,91	3,64	4,10
	5Gang: I. 3,72, II. 2,02, III. 1,329, IV. 1,0, V.0,805, Achsantrieb: 3,64	5Gang: I. 3,72, II. 2,02, III. 1,329, IV. 1,0, V.0,805, Achsantrieb: 3,64	
Automatik	4Stufen	4Stufen	4Stufen
Übersetzungen	I. 2478, II. 1,478, III.1,00, IV. 0,73	I. 2478, II. 1,478, III.1,00, IV. 0,73	I. 2478, II. 1,478, III.1,00, IV. 0,73
Antriebsübersetzung	3,91	3,91	3,91
Fahrwerk			
Vorderradaufhängung	Einzelradaufh. mit McPherson-Federbeinen, Dreieckquerlenker, Schraubenfedern, Gummi-Zusatzfedern, Stabi		
Hinterradaufhängung	Einzelradaufh. mit Schräglenkern, Miniblock-Schraubenfedern, Teleskopstoßdämpfer, a.W. Stabi		

Modell (Baureihe)	BMW 316 (E30/2 u. E30/4)	BMW 318i (E30/2 u. E30/4)	BMW 318i Kat (E30/2 u. E30/4)
Lenkung	Zahnstange (hydr.), 21,1 : 1 a.W. Zahnstange Servo, 20,5 : 1	Zahnstange (hydr.), 21,1 : 1 a.W. Zahnstange Servo, 20,5 : 1	Zahnstange (hydr.), 21,1 : 1 a.W. Zahnstange Servo, 20,5 : 1
Betriebsbremse v/h (mm)	Hydr. (Servo), Zweikreis,	Hydr. (Servo), Zweikreis,	Hydr. (Servo), Zweikreis,
	Scheiben vorn (Ø=260) Trommeln hinten (Ø=250), ab 9/86 a.W. ABS	Scheiben vorn (Ø=260) Trommeln hinten (Ø=250), ab 9/86 a.W. ABS	Scheiben vorn (Ø=260) Trommeln hinten (Ø=250), ab 9/86 a.W. ABS
Parkbremse	Seilzug (Hinterräder)	Seilzug (Hinterräder)	Seilzug (Hinterräder)
Allgemeine Daten			
Fahrzeugart (Türen/Sitze)	Stufenheck-Limousine (2/5, ab 9/83 auch 4/5)	Stufenheck-Limousine (2/5, ab 9/83 auch 4/5) Hardtop-Cabrio (2/4)	Stufenheck-Limousine (2/5 und 4/5)
Aufbauform	Ganzstahlaufbau, selbsttragend	Ganzstahlaufbau, selbsttragend	Ganzstahlaufbau, selbsttragend
Radstand (mm)	2570	2570	2570
Spur vorn/hinten (mm)	1407/1415	1407/1415	1407/1415
Länge x Breite x Höhe (mm)	4325 x 1645 x 1380	4325 x 1645 x 1380	4325 x 1645 x 1380
Gepäckkraum (L) VDA	425	425	425
Reifen (v/h)	175/70 TR 14	175/70 TR 14, ab 9/85: 195/65 HR 14	175/70 TR 14, ab 9/85: 195/65 HR 14
Räder (v/h)	5.0 J x 14, ab 9/85: 5.5 J x 14 (Stahl)	5.0 J x 14, ab 9/85: 5.5 J x 14 (Stahl)	5.0 J x 14, ab 9/85: 5.5 J x 14 (Stahl)
Wendekreisdurchmesser (m)	10,5	10,5	10,5
Bodenfreiheit (cm)	12,5	12,5	12,5
Leermasse (kg) DIN	2T: 1020 (1040), 4T: 1045 (1065)	2T: 1020 (1040), 4T: 1045 (1065)	2T: 1030 (1050), 4T: 1055 (1075)
zul. Gesamtmasse (kg) DIN	1450-1490	1460-1490	1480-1545
Kraftstofftank (L)/Position	55/hinten	55/hinten	55/hinten
Fahrleistungen			
Höchstgeschwindigkeit (km/h)	175 (170)	185 (180)	180 (175)
Beschleun. 0 - 100 km/h (s)	12,0 (13,5)	11,5 (13,0)	12,5 (14,0)
Verbrauch (L/100 km)	11,0 (11,5)	11,0 (11,5)	11,5 (12,0)
Sonstiges			
Preis (Anf./Ende Laufz.) DM	19.250/22.950	21.550/25.150	22.950/27.400
Baujahre	1983 - 1987	1983 - 1986	318i Kat 1984 - 1987, 316i Kat 1987 - 1988
Stückzahl	insgesamt 467.561 Limousinen 316/316i	insgesamt 143.786 Limousinen 318i	

Modell (Baureihe)	BMW 316i Kat Limousine (E30/2 u. E30/4) BMW 316i Kat Tour (E30/5)	BMW 318i Limousine (E30/2 u. E30/4) BMW 318i Touring (E30/5)	BMW 318is Kat (E30/2)	BMW M3 (E30/2S) BMW M3 Cabrio (E30/2SC)
Motor	M40 B16	M40 B18	M42 B18	S14 B23, ab 12/90: S14 B25
Betriebsart	Otto (Viertakt)	Otto (Viertakt)	Otto (Viertakt)	Otto (Viertakt)
Material (Block/Kopf)	Grauguss/LM	Grauguss/KM	Grauguss/LM	Grauguss/LM
Zylinderzahl/ Einbauposition	4 (Reihe), längs über Vorderachse	4 (Reihe), längs über Vorder-achse	4 (Reihe), längs über Vorderachse	4 (Reihe), längs über Vorderachse
Bohrung x Hub (mm)	84 x 72	84 x 81	84 x 81	93,4 x 84, ab 12/90: 95,5 x 87
Hubraum (cm³)	1596	1796	1796	2302
				ab 12/90 Sport Evo: 2483
Leistung (PS/kW bei U/min)	100 (74) bei 5500	113 (83) bei 5500	136 (100) bei 6000	195 (144), ab 1989: 215 (158) bei 6750
				ab 12/90: 238 (175) bei 7000
Drehmoment (Nm bei U/min)	138/141 bei 4250	159 bei 4250	169 bei 4600	226 bei 4900, 1989: 226 bei 4600
				ab 12/90 Sport Evo: 289 bei 4750
Verdichtung	9,0 : 1	8,8 : 1	10,0 : 1	10,5 : 1
Gemischbildung/ Elektronik	Saugrohr-Einspritzung (elektron.)	Saugrohr-Einspritzung (elek-tron.)	Saugrohr-Einsprit-zung (elektron.)	Saugrohr-Einspritzung (elektron.)
	Bosch Motronic DME M1.7	Bosch Motronic	Bosch Motronic M 1.7	Bosch Motronic ML
Ventile pro Zylinder/ Betätigung	2, V-förmig hängend	2, V-förmig hängend	4, V-förmig hängend	4, V-förmig hängend
Nockenwelle(n)/Antrieb	1 oben liegend/Zahnriemen	1 oben liegend/Zahnriemen	2 oben liegend/ Kette	2 oben liegend/Kette
Kurbelwellenlager	5	5	5	5
Kühlung	Pumpe/6,0 L Wasser	Pumpe/6,0 L Wasser	Pumpe/6,4 L Wasser	Pumpe/9,0 L Wasser
Schmierung	Druckumlauf/4,0 L Öl	Druckumlauf/4,0 L Öl	Druckumlauf/4,5 L Öl	Druckumlauf/5,0 L Öl
Abgasreinigung	Dreiwege-Kat, Lambdasonde	Dreiwege-Kat, Lambdasonde	Dreiwege-Kat, Lambdasonde	Dreiwege-Kat, Lambda-sonde
Batterie	12 V 46 Ah/vorn	12 V 46 Ah/vorn	12 V 46 Ah/vorn	12 V 65 Ah/vorn
Generator	Wechselstrom 65 A 910 W	Wechselstrom 65 A 910 W	Wechselstrom 65 A 910 W	Wechselstrom 90 A 1260 W
Kraftübertragung	Hinterradantrieb	Hinterradantrieb	Hinterradantrieb	Hinterradantrieb, Sperrdifferenzial (25 %)
Kupplung	Einscheiben-Trocken	Einscheiben-Trocken	Einscheiben-Trocken	Einscheiben-Trocken
Schaltgetriebe	5Gang	5Gang	5Gang	5Gang
Übersetzungen	I. 3,72, II. 2,02, III.1,32, IV. 1,0, V. 0,81	I. 3,72, II. 2,02, III.1,32, IV. 1,0, V. 0,81	I. 3,72, II. 2,02, III.1,32, IV. 1,0, V. 0,81	I. 3,72, II. 2,40, III.1,77, IV. 1,26 V. 1,0
Antriebsübersetzung	4,10	4,10	4,10	3,25

Modell (Baureihe)	BMW 316i Kat Limousine (E30/2 u. E30/4) BMW 316i Kat Tour (E30/5)	BMW 318i Limousine (E30/2 u. E30/4) BMW 318i Touring (E30/5)	BMW 318is Kat (E30/2)	BMW M3 (E30/2S) BMW M3 Cabrio (E30/2SC)
Automatik	4Stufen	4Stufen		
Übersetzungen	I. 273, II. 1,56, III.1,00, IV. 0,73	I. 273, II. 1,56, III.1,00, IV. 0,73		
Antriebsübersetzung	4,45	4,45		
Fahrwerk				
Vorderradaufhängung	Einzelradaufhängung mit McPherson-Federbeinen, Dreieckquerlenker, Schraubenfedern, Gummi-Zusatzfedern, Stabi			
	Einzelradaufh. mit Schräglenkern, Miniblock-Schraubenfedern, Teleskopstoßdämpfer, Stabi			
Lenkung	Zahnstange (hydr.), 21,1 : 1 a.W. Zahnstange Servo, 20,5 : 1	Zahnstange (hydr.), 21,1 : 1 a.W. Zahnstange Servo, 20,5 : 1	Zahnstange (hydr.), 21,1 : 1 a.W. Zahnstange Servo, 20,5 : 1	Zahnstange (hydr.) Servo, 19,6 : 1
Betriebsbremse v/h (mm)	Hydr. (Servo), Zweikreis,	Hydr. (Servo), Zweikreis,	Hydr. (Servo), Zweikreis,	Hydr. (Servo), Zweikreis,
	Scheiben vorn (Ø=260), Trommeln hinten (Ø=250), a.W. ABS	Scheiben vorn (Ø=260), Trommeln hinten (Ø=250), ab 9/86 a.W. ABS	Scheiben vorn (belüft.)/hinten (Ø=260/258), a.W. ABS	Scheiben vorn (belüft.)/hinten (Ø=280/282), ABS
Parkbremse	Seilzug (Hinterräder)	Seilzug (Hinterräder)	Seilzug (Hinterräder)	Seilzug (Hinterräder)
Allgemeine Daten				
Fahrzeugart (Türen/Sitze)	Stufenheck-Limousine (2/5 u. 4/5), Kombi (5/5)	Stufenheck-Limousine (2/5 u. 4/5), Kombi (5/5), ab 1990 Cabrio (2/4)	Stufenheck-Limousine (2/5)	Stufenheck-Limousine (2/5), Cabrio (2/4)
Aufbauform	Ganzstahlaufbau, selbsttragend	Ganzstahlaufbau, selbsttragend	Ganzstahlaufbau, selbsttragend	Ganzstahlaufbau, selbsttragend
Radstand (mm)	2570	2570	2570	2570
Spur vorn/hinten (mm)	1407/1415	1407/1415	1407/1415	1412/1424
Länge x Breite x Höhe (mm)	4325 x 1645 x 1380	4325 x 1645 x 1380	4325 x 1645 x 1380	4360 x 1645 x 1370, Cab.: 4360 x 1645 x 1360
Gepäckkraum (L) VDA	Lim.: 425, Tour.: 370 - 1125	Lim.: 425, Tour.: 370 - 1125, Cabrio: 312	425	425, Cab.: 312
Reifen (v/h)	175/70 TR 14	195/65 HR 14	195/65 HR 14	205/65 ZR 15, Sport Evo: 225/45 ZR 16
Räder (v/h)	5.5 J x 14 (Stahl)	5.5 J x 14 (Stahl)	5.5 J x 14	7.0 J x 15 (LM)
Wendekreisdurchmesser (m)	10,5	10,5	10,5	10,5
Bodenfreiheit (cm)	12,5	12,5	12,5	12,5
Leermasse (kg) DIN	2T: 1100 (1120), 4T: 1125 (1145), Tour.: 1200 (1220)	2T: 1100 (1120), 4T: 1125 (1145), Tour.: 1200 (1220)	2T: 1135, 4T: 1160	Lim.: 1200, Cab.: 1360
zul. Gesamtmasse (kg) DIN	1540 (1560)	1550 (1570)	1565	Lim.: 1610, Cab.: 1720
Kraftstofftank (L)/Position	55/hinten	55/hinten	55/hinten	55/hinten
Fahrleistungen				
Höchstgeschwindigkeit (km/h)	185 (180)	190 (185)	205	235, 1989: 240; Cab.: 232; Sport Evo: 248

Modell (Baureihe)	BMW 316i Kat Limousine (E30/2 u. E30/4) BMW 316i Kat Tour (E30/5)	BMW 318i Limousine (E30/2 u. E30/4) BMW 318i Touring (E30/5)	BMW 318is Kat (E30/2)	BMW M3 (E30/2S) BMW M3 Cabrio (E30/2SC)
Beschleun. 0 - 100 km/h (s)	12,0 (13,5)	11,0 (12,0)	12,0	7,0-7,5
Verbrauch (L/100 km)	10,5 (11,0)	11,0 (11,5)	11,5	13,0
Sonstiges				
Preis (Anf./Ende Laufz.) DM	Lim.: 25.500/28.300	Lim.: 27.400/31.500, Tour.: 37.600/39.900 Cabrio: 46.100/48.400		Lim.: 58.000/67.400 M3 Sport Evo: 85.000
Baujahre	Lim.: 1988 - 1991, Touring: 1991 - 1994	Lim.: 1987 - 1991, Tour.: 1989 - 1994, Cabrio: 1990 - 1993	1989 - 1991	Lim.: 1986 - 1990, Cabrio: 1988 - 1991
Stückzahl	insg. 467.561 Limousinen 316/316i, 20.595 Touring	insg. 143.786 Limous., 37.905 Touring, 24.706 Cabrios	38.613 (41.234)	17.496 (17.970) Limousinen, 786 Cabrios

Modell (Baureihe)	BMW 324d (E30)	BMW 324td (E30)
Motor	M21 D24	M21 D24
Betriebsart	Diesel (Viertakt)	Diesel (Viertakt)
Material (Block/Kopf)	Grauguss/LM	Grauguss/LM
Zylinderzahl/Einbauposition	6 (Reihe), längs über Vorderachse	4 (Reihe), längs über Vorderachse
Bohrung x Hub (mm)	80 x 81	80 x 81
Hubraum (cm^3)	2443	2443
Leistung (PS/kW bei U/min)	86 (63) bei 4600	115 (85) bei 4800
Drehmoment (Nm bei U/min)	150 bei 2500	218 bei 2400
Verdichtung	22,0 : 1	9,5 : 1
Gemischbildung/Elektronik	Wirbelkammer-Einspritzung (mech., ab 3/89 elektron.)	Wirbelkammer-Einspritzung (elektron.) DDE
	Verteilereinspritzpumpe VE R260	Verteilereinspritzpumpe VE R206
Aufladung		1 Turbolader Garrett T03
Ventile pro Zylinder/Betätigung	2, parallel hängend	2, parallel hängend
Nockenwelle(n)/Antrieb	1 oben liegend/Zahnriemen	1 oben liegend/Zahnriemen
Kurbelwellenlager	7	7
Kühlung	Pumpe/12,0 L Wasser	Pumpe/12,0 L Wasser
Schmierung	Druckumlauf/5,0 L Öl	Druckumlauf/5,0 L Öl
Abgasreinigung	ab 1990: Oxi-Kat	ab 1990: Oxi-Kat
Batterie	12 V 90 Ah/vorn	12 V 90 Ah/vorn
Generator	Wechselstrom 80 A 1120 W	Wechselstrom 80 A 1120 W
Kraftübertragung	Hinterradantrieb	Hinterradantrieb
Kupplung	Einscheiben-Trocken	Einscheiben-Trocken
Schaltgetriebe	5Gang	5Gang

Modell (Baureihe)	BMW 324d (E30)	BMW 324td (E30)
Übersetzungen	I. 3,72, II. 2,02, III. 1,32, IV. 1,0, V. 0,80	I. 383, II. 2,20, III. 1,40, IV. 1,0, V. 0,81
Antriebsübersetzung	3,45	3,25
Automatik	4Stufen	4Stufen
Übersetzungen	I. 2,73, II. 1,56, III.1,00, IV. 0,73	I. 2,73, II. 1,56, III.1,00, IV. 0,73
Antriebsübersetzung	3,23/3,45	3,25
Fahrwerk		
Vorderradaufhängung	Einzelradaufhängung mit McPherson-Federbeinen, Dreieckquerlenker, Schraubenfedern, Gummi-Zusatzfedern, Stabi	
Hinterradaufhängung	Einzelradaufh. mit Schräglenkern, Miniblock-Schraubenfedern, Teleskopstoßdämpfer,	
Lenkung	Zahnstange (hydr.), 21,4 : 1, a.W. Zahnstange Servo, 20,5 : 1	Zahnstange (hydr.), Servo, 20,5 : 1
Betriebsbremse v/h (mm)	Hydr. (Servo), Zweikreis,	Hydr. (Servo), Zweikreis,
	Scheiben vorn (Ø=260), Trommeln hinten (Ø=250)	Scheiben vorn/hinten (Ø=260/258)
Parkbremse	Seilzug (Hinterräder)	Seilzug (Hinterräder)
Allgemeine Daten		
Fahrzeugart (Türen/Sitze)	Stufenheck-Limousine (4/5)	Stufenheck-Limousine (4/5), Touring (5/5)
Aufbauform	Ganzstahlaufbau, selbsttragend	Ganzstahlaufbau, selbsttragend
Radstand (mm)	2570	2570
Spur vorn/hinten (mm)	1407/1415	1407/1415
Länge x Breite x Höhe (mm)	4325 x 1645 x 1380	4325 x 1645 x 1380, Tour. 4325 x 1645 x 1380
Gepäckkraum (L) VDA	425	425
Reifen (v/h)	175/70 TR 14	195/65 HR 14
Räder (v/h)	5.5 J x 14 (Stahl)	5.5 J x 14 (Stahl)
Wendekreisdurchmesser (m)	10,5	10,5
Bodenfreiheit (cm)	12,5	12,5
Leermasse (kg) DIN	1220 (1240)	1270 (1290), Tour.: 1330 (1350)
zul. Gesamtmasse (kg) DIN	1655 (1675)	1720 (1740), Tour.: 1750 (1770)
Kraftstofftank (L)/Position	55/hinten	55/hinten
Fahrleistungen		
Höchstgeschwindigkeit (km/h)	170 (165)	185 (180)
Beschleun. 0 - 100 km/h (s)	16,0 (17,5)	12,5 (13,5)
Verbrauch (L/100 km)	9,5 (10,0)	10,0 (10,5)
Sonstiges		
Preis (Anf./Ende Laufz.) DM	27.450/32.100	Lim.: 35.700/37.300, Tour.: 41.300/46.000
Baujahre	1985 - 1991	Lim.: 1987 - 1991, Tour.: 1988 - 1993
Stückzahl	75.966 (Schrader: 76.038)	21.514 Limousinen, 7.390 Touring (Schrader: 46.182)

Modell (Baureihe)	BMW 320i Limousine (E30/2 u. E30/4)	BMW 320i Kat Limousine (E30/2 u. E30/4) BMW 320i Kat Tour (E30/5) BMW 320i Kat Cabrio (E30/2C)	BMW 323i Limousine (E30/2)	BMW 325e Kat (E30/2)
Motor	M60 (M20) B20	M20 B20	M20 B23	M20 B27
Betriebsart	Otto (Viertakt)	Otto (Viertakt)	Otto (Viertakt)	Otto (Viertakt)
Material (Block/Kopf)	Grauguss	Grauguss	Grauguss	Grauguss
Zylinderzahl/ Einbauposition	6 (Reihe), längs über Vorderachse	6 (Reihe), längs über Vorderachse	6 (Reihe), längs über Vorderachse	6 (Reihe), längs über Vorderachse
Bohrung x Hub (mm)	80 x 66	80 x 66	80 x 76,8	84 x 81
Hubraum (cm³)	1990	1990	2316	2693
Leistung (PS/kW bei U/min)	125 (92) bei 5800	129 (95) bei 6000	139 (102) bei 5300	122 (90) bei 4250
	ab 9/85: 129 (95) bei 6000		ab 9/83: 150 (110) bei 6000	1986: 129 (95) bei 4800
Drehmoment (Nm bei U/min)	167 bei 4000, ab 9/85: 171 bei 4000	161 bei 4300	201 bei 4000	226 bei 3250, 1986: 230 bei 3250
Verdichtung	9,8 : 1	8,8 : 1	9,8 : 1	9,0 : 1
Gemischbildung/ Elektronik	Saugrohr-Einspritzung (elektron.)	Saugrohr-Einspritzung (elektron.)	Saugrohr-Einspritzung (elektron.)	Saugrohr-Einspritzung (elektron.)
	Bosch L-Jetronic	Bosch Motronic DME	Bosch L-Jetronic	Bosch Motronic
Ventile pro Zylinder/ Betätigung	2, V-förmig hängend	2, V-förmig hängend	2, V-förmig hängend	2, V-förmig hängend
Nockenwelle(n)/ Antrieb	1 oben liegend/ Zahnriemen	1 oben liegend/ Zahnriemen	1 oben liegend/ Zahnriemen	1 oben liegend/ Zahnriemen
Kurbelwellenlager	7	7	7	7
Kühlung	Pumpe/10,5 L Wasser	Pumpe/10,5 L Wasser	Pumpe/12,0 L Wasser	Pumpe/12,0 L Wasser
Schmierung	Druckumlauf/4,25 L Öl	Druckumlauf/4,25 L Öl	Druckumlauf/4,75 L Öl	Druckumlauf/4,75 L Öl
Abgasreinigung		Dreiwege-Kat, Lambdasonde		Dreiwege-Kat, Lambdasonde
Batterie	12 V 50 Ah/vorn	12 V 50 Ah/vorn	12 V 50 Ah/vorn	12 V 66 Ah/vorn
Generator	Wechselstrom 80 A 1120 W	Wechselstrom 80 A 1120 W	Wechselstrom 80 A 1120 W	Wechselstrom 80 A 1120 W
Kraftübertragung	Hinterradantrieb	Hinterradantrieb	Hinterradantrieb	Hinterradantrieb
Kupplung	Einscheiben-Trocken	Einscheiben-Trocken	Einscheiben-Trocken	Einscheiben-Trocken
Schaltgetriebe	5Gang	5Gang	5Gang od. 5Gang Sport	5Gang
Übersetzungen	I. 3,72, II. 2,02, III.1,32, IV. 1,0, V. 0,80	I. 3,72, II. 2,02, III.1,32, IV. 1,0, V. 0,80	5Gang: I. 3,83, II. 2,20, III.1,40, IV. 1,0, V. 0,81	I. 3,83, II. 2,20, III.1,40, IV. 1,0, V. 0,81
			5Gang Sport: I. 3,764, II. 2,325, III.1,61, IV. 1,23, V. 1,0	
Antriebsübersetzung	3,45, ab 9/85: 3,91	4,10	3,46 od. 3,23	2,93
Automatik	4Stufen	4Stufen, ab 9/90 5Stufen	4Stufen	4Stufen
Übersetzungen	I. 248, II. 1,48, III.1,00, IV. 0,73	I. 248, II. 1,48, III.1,00, IV. 0,73	I. 248, II. 1,48, III.1,00, IV. 0,73	I. 248, II. 1,48, III.1,00, IV. 0,73
Antriebsübersetzung	3,46/3,64	4,10	3,23	2,93

Modell (Baureihe)	BMW 320i Limousine (E30/2 u. E30/4)	BMW 320i Kat Limousine (E30/2 u. E30/4) BMW 320i Kat Tour (E30/5) BMW 320i Kat Cabrio (E30/2C)	BMW 323i Limousine (E30/2)	BMW 325e Kat (E30/2)
Fahrwerk				
Vorderradaufhängung	Einzelradaufhängung mit McPherson-Federbeinen, Dreieckquerlenker, Schraubenfedern, Gummi-Zusatzfedern, tabi			
	Einzelradaufh. mit Schräglenkern, Miniblock-Schraubenfedern, Teleskopstoßdämpfer, Stabi			
Lenkung	Zahnstange (hydr.), 21,4 : 1 a.W. Zahnstange Servo, 20,5 : 1	Zahnstange (hydr.), 21,4 : 1 a.W. Zahnstange Servo, 20,5 : 1	Zahnstange (hydr.), 21,1 : 1 a.W. Zahnstange Servo, 20,5 : 1	Zahnstange (hydr.), 21,1 : 1 a.W. Zahnstange Servo, 20,5 : 1
Betriebsbremse v/h (mm)	Hydr. (Servo), Zweikreis,	Hydr. (Servo), Zweikreis,	Hydr. (Servo), Zweikreis,	Hydr. (Servo), Zweikreis,
	Scheiben vorn (Ø=260), Trommeln hinten (Ø=250), a.W. ABS	Scheiben vorn belüft. (Ø=260), Trommeln hinten (Ø=250), a.W. ABS	Scheiben vorn (belüft.)/ hinten (Ø=260/258), a.W. ABS	Scheiben vorn (Ø=2560, Trommeln hinten (Ø=250), a.W. ABS
Parkbremse	Seilzug (Hinterräder)	Seilzug (Hinterräder)	Seilzug (Hinterräder)	Seilzug (Hinterräder)
Allgemeine Daten				
Fahrzeugart (Türen/Sitze)	Stufenheck-Limousine (2/5 u. 4/5), Hardtop-Cabrio (2/4)	Stufenheck-Limousine (2/5 u. 4/5), Kombi (5/5), Hardtop-Cabrio (2/4), Voll-Cabrio (2/4)	Stufenheck-Limousine (2/5), Hardtop-Cabrio (2/4)	Stufenheck-Limousine (2/5 u. 4/5), Hardtop-Cabrio (2/4)
Aufbauform	Ganzstahlaufbau, selbsttragend	Ganzstahlaufbau, selbsttragend	Ganzstahlaufbau, selbsttragend	Ganzstahlaufbau, selbsttragend
Radstand (mm)	2570	2570	2570	2570
Spur vorn/hinten (mm)	1407/1415	1407/1415	1407/1415	1407/1415
Länge x Breite x Höhe (mm)	4325 x 1645 x 1380	4325 x 1645 x 1380	4325 x 1645 x 1380	4325 x 1645 x 1380
Gepäckraum (L) VDA	425	Lim.: 425, Tour.: 370 - 1125, Cabrio: 312	425	425
Reifen (v/h)	195/60 HR 14, 195/65 Hr 14	195/65 HR 14	195/65 VR 14	195/65 HR 14
Räder (v/h)	5.5 J x 14 (Stahl)	5.5 J x 14 (Stahl)	5.5 J x 14	5.5 J x 14
Wendekreisdurchmesser (m)	10,5	10,5	10,5	10,5
Bodenfreiheit (cm)	12,5	12,5	12,5	12,5
Leermasse (kg) DIN	2T: 1100 (1130), 4T: 1125 (1155)	2T: 1120 (1140), 4T: 1145 (1165), Tour.: 1220 (1240)	2T: 1140 (1160), 4T: 1165 (1185)	2T: 1170 (1190), 4T: 1195 (1215)
		Cab.: 1250 (1270)		
zul. Gesamtmasse (kg) DIN	1510 - 1560	1550 - 1570	1540 - 1560	1580 - 1600
Kraftstofftank (L)/ Position	55/hinten	55, ab 9/87: 64, Cabrio: 62/hinten	55/hinten	55/hinten
Fahrleistungen				
Höchstgeschwindigkeit (km/h)	200 (195)	195 (190)	205 (200)	190 (195)
Beschleun. 0 - 100 km/h (s)	10,0 (11,5)	11,0 (13,0)	9,0 (10,5)	10,5 (12,0)
Verbrauch (L/100 km)	12,0 (12,5)	13,0 (13,5)	12,5 (13,0)	13,0 (13,5)

Modell (Baureihe)	BMW 320i Limousine (E30/2 u. E30/4)	BMW 320i Kat Limousine (E30/2 u. E30/4) BMW 320i Kat Tour (E30/5) BMW 320i Kat Cabrio (E30/2C)	BMW 323i Limousine (E30/2)	BMW 325e Kat (E30/2)
Sonstiges				
Preis (Anf./Ende Laufz.) DM	26.910/28.700	Lim.: 31.500/35.500, Tour.: 32.500/41.400, Cabrio: 45.000/50.300	27.400/31.100	30.900/32.200
Baujahre	Lim.: 1983 - 1986	Lim.: 1986 - 1991, Tour.: 1987 - 1991, Cabrio: 1989- 1992	1983 - 1985	3/1985 - 1986
Stückzahl	insgesamt 380.769 Limousinen, 18.035 Touring, 32.687 Cabrios		26.700	189.287 (Schrader: 175.508)

Modell (Baureihe)	BMW 325i Limousine (E30/2 u. E30/4) BMW 325i Touring (E30/5) BMW 325i Cabrio (E30/2C)	BMW 325i Kat Limousine (E30/2 u. E30/4) BMW 325i Kat Touring (E30/5) BMW 325i Kat Cabrio (E30/2C)	BMW 325iX Limousine (E30/2)	BMW 325iX Kat (E30/2 u. E30/4) BMW 325iX Kat Touring (E30/5)
Motor	M20 B20	M20 B20	M20 B25	M20 B25
Betriebsart	Otto (Viertakt)	Otto (Viertakt)	Otto (Viertakt)	Otto (Viertakt)
Material (Block/Kopf)	Grauguss/LM	Grauguss/LM	Grauguss/LM	Grauguss/LM
Zylinderzahl/ Einbauposition	6 (Reihe), längs über Vorderachse	6 (Reihe), längs über Vorderachse	6 (Reihe), längs über Vorderachse	6 (Reihe), längs über Vorderachse
Bohrung x Hub (mm)	84 x 75	84 x 75	84 x 75	84 x 75
Hubraum (cm³)	2494	2494	2494	2494
Leistung (PS/kW bei U/min)	171 (126) bei 5800	170 (125) bei 5800	171 (126) bei 5800	170 (125) bei 5800
Drehmoment (Nm bei U/min)	222 bei 4000	218 bei 4300	222 bei 4000	218 bei 4300
Verdichtung	9,7 : 1	8,8 : 1	9,7 : 1	8,8 : 1
Gemischbildung/ Elektronik	Saugrohr-Einspritzung (elektron.)	Saugrohr-Einspritzung (elektron.)	Saugrohr-Einspritzung (elektron.)	Saugrohr-Einspritzung (elektron.)
	Bosch Motronic DME	Bosch Motronic DME	Bosch Motronic DME	Bosch Motronic DME
Ventile pro Zylinder/ Betätigung	2, V-förmig hängend	2, V-förmig hängend	2, V-förmig hängend	2, V-förmig hängend
Nockenwelle(n)/ Antrieb	1 oben liegend/Zahnriemen	1 oben liegend/Zahnriemen	1 oben liegend/Zahnriemen	1 oben liegend/Zahnriemen
Kurbelwellenlager	7	7	7	7
Kühlung	Pumpe/12,0 L Wasser	Pumpe/12,0 L Wasser	Pumpe/12,0 L Wasser	Pumpe/12,0 L Wasser
Schmierung	Druckumlauf/4,75 L Öl	Druckumlauf/4,75 L Öl	Druckumlauf/4,75 L Öl	Druckumlauf/4,75 L Öl
Abgasreinigung		Dreiwege-Kat, Lambdasonde		Dreiwege-Kat, Lambdasonde
Batterie	12 V 66 Ah (Cabrio: 50 Ah)/vorn	12 V 66 Ah (Cabrio: 50 Ah)/vorn	12 V 66 Ah (Cabrio: 50 Ah)/vorn	12 V 66 Ah (Cabrio: 50 Ah)/vorn
Generator	Wechselstrom 80 A 1120 W	Wechselstrom 80 A 1120 W	Wechselstrom 80 A 1120 W	Wechselstrom 80 A 1120 W

Modell (Baureihe)	BMW 325i Limousine (E30/2 u. E30/4) BMW 325i Touring (E30/5) BMW 325i Cabrio (E30/2C)	BMW 325i Kat Limousine (E30/2 u. E30/4) BMW 325i Kat Touring (E30/5) BMW 325i Kat Cabrio (E30/2C)	BMW 325iX Limousine (E30/2)	BMW 325iX Kat (E30/2 u. E30/4) BMW 325iX Kat Touring (E30/5)
Kraftübertragung	Hinterradantrieb	Hinterradantrieb	Allradantrieb permanent/Viscosperre (37 : 63)	Allradantrieb permanent/Viscosperre (37 : 63)
Kupplung	Einscheiben-Trocken	Einscheiben-Trocken	Einscheiben-Trocken	Einscheiben-Trocken
Schaltgetriebe	5Gang, 5Gang Sport	5Gang	5Gang od. 5Gang Sport	5Gang
Übersetzungen	5Gang: I. 3,83, II. 2,20, III.1,40, IV. 1,0, V. 0,81	5Gang: I. 3,83, II. 2,20, III.1,40, IV. 1,0, V. 0,81	5Gang: I. 3,83, II. 2,20, III.1,40, IV. 1,0, V. 0,81	5Gang: I. 3,83, II. 2,20, III.1,40, IV. 1,0, V. 0,81
	5Gang Sport: I. 3,764, II. 2,325, III.1,61, IV. 1,23, V. 1,0	5Gang Sport: I. 3,764, II. 2,325, III.1,61, IV. 1,23, V. 1,0	5Gang Sport: I. 3,764, II. 2,325, III.1,61, IV. 1,23, V. 1,0	5Gang Sport: I. 3,764, II. 2,325, III.1,61, IV. 1,23, V. 1,0
Antriebsübersetzung	3,64/3,91	3,64 (ab 9/87: 3,63)/3,91	3,91	3,91
Automatik	4Stufen	4Stufen, ab 9/90: 5Stufen	4Stufen	4Stufen
Übersetzungen	I. 248, II. 1,48, III.1,00, IV. 0,73	I. 248, II. 1,48, III.1,00, IV. 0,73,	I. 248, II. 1,48, III.1,00, IV. 0,73	I. 248, II. 1,48, III.1,00, IV. 0,73
Antriebsübersetzung	3,46	3,46	3,73	3,73
Fahrwerk				
Vorderradaufhängung	Einzelradaufhängung mit McPherson-Federbeinen, Dreieckquerlenker, Schraubenfedern, Gummi-Zusatzfedern, Stabi			
	Einzelradaufh. mit Schräglenkern, Miniblock-Schraubenfedern, Teleskopstoßdämpfer, Stabi			
Lenkung	Zahnstange (hydr.), 21,4 : 1, a.W. Zahnstange Servo, 20,5 : 1	Zahnstange (hydr.), 21,1 : 1, a.W. Zahnstange Servo, 20,5 : 1	Zahnstange (hydr.), Servo, 20,5 : 1	Zahnstange (hydr.), Servo, 20,5 : 1
Betriebsbremse v/h (mm)	Hydr. (Servo), Zweikreis,	Hydr. (Servo), Zweikreis,	Hydr. (Servo), Zweikreis,	Hydr. (Servo), Zweikreis,
	Scheiben vorn (belüft.)/hinten (Ø=260/285), a.W. ABS	Scheiben vorn (belüft.)/hinten (Ø=260/258), ABS	Scheiben vorn (belüft.)/hinten (Ø=260/258), ABS	Scheiben vorn (belüft.)/hinten (Ø=260/258), ABS
Parkbremse	Seilzug (Hinterräder)	Seilzug (Hinterräder)	Seilzug (Hinterräder)	Seilzug (Hinterräder)
Allgemeine Daten				
Fahrzeugart (Türen/Sitze)	Stufenheck-Limousine (2/5 u. 4/5), Cabrio (2/4)	Stufenheck-Limousine (2/5 u. 4/5), Kombi (5/5), Cabrio (2/4)	Stufenheck-Limousine (2/5)	Stufenheck-Limousine (2/5 u. 4/5), Kombi (5/5)
Aufbauform	Ganzstahlaufbau, selbsttragend	Ganzstahlaufbau, selbsttragend	Ganzstahlaufbau, selbsttragend	Ganzstahlaufbau, selbsttragend
Radstand (mm)	2570	2570	2570	2570
Spur vorn/hinten (mm)	1407/1415	1407/1415	1470/1416	1470/1416
Länge x Breite x Höhe (mm)	4325 x 1645 x 1380	4325 x 1645 x 1380	4325 x 1645 x 1400	4325 x 1645 x 1400
Gepäckkraum (L) VDA	Lim.: 425, Tour.: 370-1125	Lim.: 425, Tour.: 370-1125, Cabrio: 312	425	425
Reifen (v/h)	195/65 VR 14	195/65 VR 14	195/65 VR 14	195/65 VR 14
Räder (v/h)	5.5 J x 14 (Stahl)	5.5 J x 14 (Stahl)	6.0 J x 14 (Stahl)	6.0 J x 14 (Stahl)
Wendekreisdurchmesser (m)	10,5	10,5	11,1	11,1

Modell (Baureihe)	BMW 325i Limousine (E30/2 u. E30/4) BMW 325i Touring (E30/5) BMW 325i Cabrio (E30/2C)	BMW 325i Kat Limousine (E30/2 u. E30/4) BMW 325i Kat Touring (E30/5) BMW 325i Kat Cabrio (E30/2C)	BMW 325iX Limousine (E30/2)	BMW 325iX Kat (E30/2 u. E30/4) BMW 325iX Kat Touring (E30/5)
Bodenfreiheit (cm)	12,5	12,5	14,0	14,0
Leermasse (kg) DIN	2T: 1190 (1210), 4T: 1215 (1235), Tour.: 1290 (1310), Cabrio: 1320 (1340)	2T: 1200 (1220), 4T: 1225 (1245), Tour.: 1300 (1320), Cab.: 1350 (1370)	2T: 1270 (1290), 4T: 1295 (1315)	2T: 1280 (1300), 4T: 1305 (1325)
zul. Gesamtmasse (kg) DIN	1585 (1605)	1585 (1605)	1675 (1695)	1685 (1705)
Kraftstofftank (L)/Position	55/hinten	55, ab 9/87: 64, Cabrio: 62/hinten	55/hinten	55, ab 9/87: 64, Cabrio: 62/hinten
Fahrleistungen				
Höchstgeschwindigkeit (km/h)	220 (215)	215 (210)	210 (205)	205 (200)
Beschleun. 0 - 100 km/h (s)	8,0 (9,5)	9,0 (10,5)	9,0 (11,0)	9,5 (11,5)
Verbrauch (L/100 km)	12,5 (13,0)	12,5 (13,0)	14,0 (14,5)	14,0 (15,0)
Sonstiges				
Preis (Anf./Ende Laufz.) DM	Lim.: 33.000	Lim.: 33.750/43.600	42.500/45.200	Lim.: 46.150/50.000, Tour.: 54.800/60.000
	Cab.: 41.600	Tor: 48.700/51.000, Cabrio: 46.800/57.500		
Baujahre	Lim.: 1985 - 1986, Cab.: 1985 - 1986	Lim.: 1986 - 1991, Tour.: 1988 - 1993, Cabrio: 1986- 1993	Lim.: 1985 - 1986	Lim.: 1986 - 1992, Tour.: 1988 - 1992
Stückzahl	insgesamt 113.906 Limousinen (2T), 83.030 Limousinen (4T), 14.506 Touring, 85.246 Cabrios		29.589 Limousinen, 5.273 Touring	

PRODUKTION BMW DREIER (E21) 1975 BIS 1983

Typ	1982	1983	1984	1985	1986	1987	1988	1989	1990	1991	1992	1993	1994
E30 Lim.	15.580	212.172	265.046	286.895	305.651	274.529	212.936	200.654	184.999	8.889			
		(+ 6.029)	(+ 20.088)	(+ 10.980)	(+ 13.020)	(+ 14.856)	(+ 17.582)	(+ 15.192)	(+ 16.428)	(+ 10.596)			
E30 Cabrio				11	10.791	26.674	21.145	20.747	21.964	23.679	16.233	2.181	
E30 Touring						16	17.412	20.714	23.427	13.199	10.680	16.259	1.997

Klammerwerte für CKD-Montage

BMW 325iX Touring (1988)

BMW 318i Touring (1989)

BMW M3 (1985)

M3 (E30S) (1986 BIS 1992)

Der BMW M3 war als zweitürige Limousine (ab November 1986) und als Cabriolet (ab September 1988) lieferbar. Die Karosserie hatte weit ausgestellte Kotflügel für das verbesserte und verbreiterte Fahrwerk mit größerer Bremsanlage. Sie besaß zudem einen Heckscheibenaufsatz mit flacher stehender Heckscheibe samt erhöhtem Kunststoff-Kofferraumdeckel mit Spoiler. Die Karosserieänderungen hatten bei der Limousine eine Verbesserung der Aerodynamik zur Folge (cw-Wert: 0,33). Als Triebwerk wurde ein vom Sechszylinder des BMW M1 abgeleiteter Vierzylinder-Vierventil-Motor mit 2302 cm³ (195-220 PS), später 2453 cm³ (238 PS im Sport Evolution 2), eingesetzt. Das Konzept für diesen Motor stammte von Paul Rosche („Nocken-Paule"). Das hochdrehende Triebwerk leistete zunächst 200 PS (195 PS mit Kat ab 1987), im DTM-Rennwagen später bis zu 375 PS.

In erster Linie war der M3 Basis für den Motorsport. Er diente als Basisfahrzeug für die Homologation in der Gruppe A und wurde einer der erfolgreichsten Renn-Tourenwagen aller Zeiten. Das Fahrzeug wurde von der BMW M GmbH entwickelt und produziert. Das 24-Stunden-Rennen auf dem Nürburgring war 1986 noch mit einem 325i gewonnen worden – danach kam der M3 zum Einsatz, der die 24 Stunden von 1989 bis 1992 viermal in Folge gewann. Der M3 wurde zudem u.a. von Steve Soper (vorwiegend schwarzer und blauer Kühlergrill), Johnny Cecotto (roter Kühlergrill) und Roberto Ravaglia (vorwiegend schwarzer Kühlergrill) in der Deutschen Tourenwagen-Meisterschaft gefahren, wobei Ravaglia 1989 Meister wurde. Aufgrund der Erfolge dieser Fahrer in der Europameisterschaft und der Weltmeisterschaft wurden M3-Sondermodelle nach ihnen benannt.

Das Facelift der Dreier-Reihe von September 1987 betraf den M3 nicht; er lief bis zum Produktionsende 1991 äußerlich unverändert weiter, allerdings stets mit aktualisierter Technik. Ab Mai 1988 war der M3 für 90.000 Mark auch als Cabrio lieferbar. Es wurde bis Juni 1991 lediglich 786mal gebaut. Im Dezember 1990 war noch der BMW M3 Sport Evolution herausgekommen (Motor 2,5 Liter, 95 x 87 mm, 238 PS, riesiger verstellbarer Heckspoiler, Spitze 248 km/h). Die Fertigung der M3 Limousine währte bis 1992.

BMW M3 und M3 Gruppe A (1989)

BMW M3 Cabriolet (1988)

BMW M3 Sport Evolution (1990)

BMW 730i (1989)

BMW SIEBENER (E32) (1986 BIS 1994)

Nie zuvor hatte ein neuer BMW soviel Aufsehen erregt wie der im September 1986 vorgestellte Siebener der Baureihe E32. Schon seine äußere Erscheinung fand enormen Anklang: Es war gelungen, dem großen Auto ein sowohl eigenständiges und überdies Coupé-haft zierliches Aussehen zu geben, ohne dass man sich allzu sehr den Vorgaben des Windkanals unterworfen hätte. „Wir verkaufen Autos und keine c_W-Werte", hat BMW-Chef von Kuenheim einmal gesagt. Zuerst wurden die Modelle 730i und 735i angeboten, 1987 folgte das Modell 750iL mit dem ersten deutschen Zwölfzylindermotor der Nachkriegszeit und einer Leistung von 220 kW (299 PS). Die Einführung dieses Zwölfzylindermotors sorgte für gehöriges Aufsehen. Entsprechende Pläne hatten bei BMW dafür schon lange existiert, aber man hatte sie immer wieder verworfen, so dass man bei Mercedes-Benz schon nicht mehr mit deren Realisierung rechnete und nun dem V12 im neuen Siebener erst einmal nichts entgegenzusetzen hatte.

So kam es, dass die große Münchener Limousine von der Kundschaft endlich vorbehaltlos der Luxusklasse zugerechnet wurde. Und tatsächlich brachte es der BMW fertig, auf dem deutschen Markt die S-Klasse von Mercedes eine Zeitlang von ihrer Führungsposition zu verdrängen. Dann sorgten die Stuttgarter mit einer neuen S-Klasse samt adäquatem V12-Motor für die Wiederherstellung der gewohnten Rangordnung. Immerhin aber galt ab sofort ein großer BMW nicht mehr als zweite Wahl. Die Vorserie des BMW Zwölfzylinders hatte im Mai 1987, die Serienproduktion Ende August 1987 begonnen. Von den Sechszylindern unterschied sich der

BMW 735i (1989)

Zwölfer vorn durch die breitere Niere, hinten durch zwei rechteckige Auspuffenden. Von Anfang an gab es alternativ die um 11,4 Zentimeter verlängerten L-Versionen, wobei in Deutschland die Modelle mit dem kleinsten Hubraum bis zuletzt nicht mit dieser Option zu haben waren.

Im März 1992 (Serie ab Mai 1992) brachte BMW für dien Siebener zwei völlig neue V8-Vierventilmotoren aus Aluminiumguss mit drei und vier Liter Hubraum heraus, die den bisherigen 3,5-Liter-Sechszylinder ablösten. Alle Siebener erhielten nun serienmäßig Fahrer- und Beifahrer-Airbags. Äußeres Merkmal der neuen Achtzylinder war die Kühlermaske mit der breiteren Niere, die bisher den Zwölfzylindern vorbehalten war. Letztere wiederum hoben sich nunmehr durch verchromte Streben innerhalb der Niere ab. Auch die Frontschürze des 750i wurde von 730i und 740i übernommen, letzterer mit integrierten Bremsluftschächten. Im Unterschied zur 730i-Sechszylinder-Version trugen die V8-Typen schräg gestellte Modellbezeichnungen auf dem Heck. Neben dem 740i gab es sofort den 740iL.

Der neue 730i-Achtzylinder übernahm das bisherige Sechszylinder-Schaltgetriebe, während eine neue ZF-Fünfstufen-Automatik in den 740i kam (optional auch in den 730i). Die Höchstgeschwindigkeit des 740i war auf 240 km/h begrenzt, um den Abstand zum Spitzenmodell 750i (begrenzt auf 250 km/h) zu wahren. Das Fahrwerk der V8-Modelle blieb – bis auf die Abstimmung – unverändert das der Sechszylinder. 740i und 750i wurden übrigens nie mit Schaltgetriebe angeboten, wobei andererseits der V12 aber mit einer Vierstufen-Automatik auskommen musste. Fürs Modelljahr 1993 bekam sie eine adaptive Getriebesteuerung – das Schaltprogramm passte sich der Fahrweise an.

Zugleich mit den neuen Motoren erfuhr die Siebener-Reihe eine Aufwertung mittels luxuriöser Extras: Beginnend beim 750i gab es die akustische Einparkhilfe Park Distance Control, die mit vier Ultraschall-Sensoren in den Stoßfängern den Abstand zur Umgebung signalisierte, dazu eine Zuziehhilfe für Türen und Kofferaumklappe (Soft Close Automatik) sowie das neue Xenon-Gasentladungslicht.

Mitte 1994 endete die Fertigung der zweiten Siebener-Reihe. Rund 31.0000 große BMW waren entstanden, davon fast 50.000 Zwölf- und weitere 43 000 Achtzylinder. Der Anteil der Langversionen hatte stark zugenommen. In kleiner Stückzahl wurde überdies ein gegen Angriffe geschütztes L-Sicherheitsfahrzeug produziert. Nur zu Forschungszwecken entstanden waren 1990 einige Siebener mit Wasserstoffantrieb. Bei der Nachfolgegeneration E38 machte BMW dann Ernst mit diesem Alternativantrieb und stellte eine Testflotte auf die Räder.

BMW 740i (1992)

BMW 735i (1989)

BMW 750iL (1987)

BMW 750i (1987)

BMW 750iL (1987)

Modell (Baureihe)	BMW 730i (E32)	BMW 735i (E32) BMW 735iL (E32)
Motor	M30 B30	M30 B35
Betriebsart	Otto (Viertakt)	Otto (Viertakt)
Material (Block/Kopf)	Grauguss/Alu	Grauguss/Alu
Zylinderzahl/Einbauposition	6 (Reihe), längs über Vorderachse	6 (Reihe), längs über Vorderachse
Bohrung x Hub (mm)	89 x 80	92 x 86
Hubraum (cm³)	2986	3430
Leistung (PS/kW bei U/min)	188 (138) bei 5800	211 (155) bei 5700
Drehmoment (Nm bei U/min)	260 bei 4000	305 bei 4000
Verdichtung	9,0 : 1	9,0 : 1
Gemischbildung/Elektronik	Saugrohr-Einspritzung (elektron.)	Saugrohr-Einspritzung (elektron.)
	Bosch Motronic	Bosch Motronic
Ventile pro Zylinder/Betätigung	2, V-förmig hängend	2, V-förmig hängend
Nockenwelle(n)/Antrieb	1 oben liegend/Kette	1 oben liegend/Kette
Kurbelwellenlager	7	7
Kühlung	Pumpe/12,0 L Wasser	Pumpe/12,0 L Wasser
Schmierung	Druckumlauf/5,75 L Öl	Druckumlauf/5,75 L Öl
Abgasreinigung	Dreiwege-Kat, Lambdasonde	Dreiwege-Kat, Lambdasonde
Batterie	12 V 84 Ah/vorn	12 V 84 Ah/vorn
Generator	Wechselstrom 90 A 1260 W	Wechselstrom 90 A 1260 W
Kraftübertragung	Hinterradantrieb	Hinterradantrieb
Kupplung	Einscheiben-Trocken	Einscheiben-Trocken
Schaltgetriebe	5Gang	5Gang
Übersetzungen	I. 3,83, II. 2,203, III.1,402, IV. 1,0, V. 0,81	I. 3,83, II. 2,203, III.1,402, IV. 1,0, V. 0,81
Antriebsübersetzung	3,64	3,45
Automatik	4Stufen (ZF)	4Stufen (ZF)
Übersetzungen	I. 2,478, II. 1,478, III. 1,0, IV. 0,73	I. 2,478, II. 1,478, III. 1,0, IV. 0,73
Antriebsübersetzung	3,64, ab 9/88: 4,1	3,45, ab 9/88: 3,91
Fahrwerk		
Vorderradaufhängung	Einzelradaufh. mit McPherson-Federbeinen, Schraubenfedern, Stabi	
Hinterradaufhängung	Einzelradaufh. mit Schräglenkerachse, Federbeinen, Schraubenfedern, Stabi	
Lenkung	Kugelmutter (hydr.), Servo, ZF, 16,2 : 1	Kugelmutter (hydr.), Servo, ZF, 16,2 : 1
Betriebsbremse v/h (mm)	Hydr. (Servo), Zweikreis,	Hydr. (Servo), Zweikreis,
	Scheiben vorn/hint. (Ø=302/300), ABS	Scheiben vorn/hint. (Ø=302/300), ABS
Parkbremse	Seilzug (Hinterräder)	Seilzug (Hinterräder)
Allgemeine Daten		
Fahrzeugart (Türen/Sitze)	Stufenheck-Limousine (4/5)	Stufenheck-Limousine (4/5)
Aufbauform	Ganzstahlaufbau, selbsttragend	Ganzstahlaufbau, selbsttragend
Radstand (mm)	2833	2833, iL: 2497

Modell (Baureihe)	BMW 730i (E32)	BMW 735i (E32) BMW 735iL (E32)
Spur vorn/hinten (mm)	1530/1558	1530/1558
Länge x Breite x Höhe (mm)	4910 x 1845 x 1411	4910 x 1845 x 1411, Li: 5024 x 1845 x 1400
Gepäckkraum (L) VDA	500	500
Reifen (v/h)	205/65 VR 15	225/60 ZR 15
Räder (v/h)	6.5 J x 15 (Stahl)	7.0 J x 15 (LM)
Wendekreisdurchmesser (m)	11,6	11,6
Bodenfreiheit (cm)	12,0	12,0
Leermasse (kg) DIN	1720 (1740)	1720 (1740), iL: 1780 (1800)
zul. Gesamtmasse (kg) DIN	2130 (2150)	2150 (2170), iL: 2180 (2200)
Kraftstofftank (L)/Position	90/hinten	90, iL: 102/hinten
Fahrleistungen		
Höchstgeschwindigkeit (km/h)	224	235
Beschleun. 0 - 100 km/h (s)	9,0 (10,5)	8,0 (9,0)
Verbrauch (L/100 km)	14,0 (15,5)	14,0 (15,5)
Sonstiges		
Preis (Anf./Ende Laufz.) DM	60.670/76.900	72.570/87.350; iL: 77.570/93.000
Baujahre	1986 - 1994	1986 - 1992
Stückzahl	83.015	133.869

BMW 730i, Artcar von César Manrique (1990)

Modell (Baureihe)	BMW 730i (E32)	BMW 740i (E32) BMW 740iL (E32)	BMW 750i (E32) BMW 750iL (E32)
Motor	M60 B30	M60 B40	M70 B50
Betriebsart	Otto (Viertakt)	Otto (Viertakt)	Otto (Viertakt)
Material (Block/Kopf)	Alu/Alu	Alu/Alu	Alu/Alu
Zylinderzahl/Einbauposition	8 (V 90°), längs über Vorderachse	8 (V 90°), längs über Vorderachse	12 (V 60°), längs über Vorderachse
Bohrung x Hub (mm)	84 x 67,6	89 x 80	84 x 75
Hubraum (cm^3)	2997	3982	4988
Leistung (PS/kW bei U/min)	218 (160) bei 5800	286 (210) bei 5800	300 (220) bei 5200
Drehmoment (Nm bei U/min)	290 bei 4500	400 bei 4500	450 bei 4100
Verdichtung	10,5 : 1	10,0 : 1	8,8 : 1
Gemischbildung/Elektronik	Saugrohr-Einspritzung (elektron.)	Saugrohr-Einspritzung (elektron.)	Saugrohr-Einspritzung (elektron.)
	Bosch Motronic M3.3	Bosch Motronic M3.3	2 x Bosch Motronic M1.7
Ventile pro Zylinder/Betätigung	4, V-förmig hängend (Hydrostößel)	4, V-förmig hängend (Hydrostößel)	2, V-förmig hängend (Hydrostößel)
Nockenwelle(n)/Antrieb	2 x 2 oben liegend/Kette	2 x 2 oben liegend/Kette	2 x 1 oben liegend/Kette
Kurbelwellenlager	5	5	7
Kühlung	Pumpe/12,5 L Wasser	Pumpe/12,5 L Wasser	Pumpe/12,0 L Wasser
Schmierung	Druckumlauf/7,5 L Öl	Druckumlauf/7,5 L Öl	Druckumlauf/7,5 L Öl
Abgasreinigung	Dreiwege-Kat, Lambdasonde	Dreiwege-Kat, Lambdasonde	Dreiwege-Kat, Lambdasonde
Batterie	12 V 85 Ah/vorn	12 V 85 Ah/vorn	12 V 85 Ah/vorn
Generator	Wechselstrom 100 (140) A 1400 (1960) W	Wechselstrom 140 A 1960 W	Wechselstrom 140 A 1960 W
Kraftübertragung	Hinterradantrieb	Hinterradantrieb	Hinterradantrieb
Kupplung	Einscheiben-Trocken		Einscheiben-Trocken
Schaltgetriebe	5Gang		
Übersetzungen	I. 4,20, II. 2,49, III.1,66, IV. 1,24, V. 1,0		
Antriebsübersetzung	3,15		
Automatik	5Stufen (ZF)	5Stufen (ZF)	4Stufen (ZF)
Übersetzungen	I. 3,66, II. 2,00, III. 1,41, IV. 1,0, V. 0,74	I. 3,55, II. 2,24, III. 1,54, IV. 1,0, V. 0,79	I. 2,48, II. 1,48, III. 1,0, IV. 0,73
Antriebsübersetzung	3,23	2,93	3,15
Fahrwerk			
Vorderradaufhängung	Einzelradaufh. mit McPherson-Federbeinen, Schraubenfedern, Stabi		
Hinterradaufhängung	Einzelradaufh. mit Schräglenkerachse, Federbeinen, Schraubenfedern, Stabi, a.W. (740 iL u. 750 Serie) Niveauregulierung		
Lenkung	Kugelmutter (hydr.), Servo, ZF, 16,2 : 1	Kugelmutter (hydr.), Servo, ZF, 16,2 : 1	Kugelmutter (hydr.), Servo, ZF, 16,2 : 1
Betriebsbremse v/h (mm)	Hydr. (Servo), Zweikreis,	Hydr. (Servo), Zweikreis,	Hydr. (Servo), Zweikreis,
	Scheiben vorn/hint. (Ø=302/300), ABS	Scheiben vorn/hint. (Ø=324/300), ABS	Scheiben vorn/hint. (Ø=324/300), ABS
Parkbremse	Seilzug (Hinterräder)	Seilzug (Hinterräder)	Seilzug (Hinterräder)

Modell (Baureihe)	BMW 730i (E32)	BMW 740i (E32) BMW 740iL (E32)	BMW 750i (E32) BMW 750iL (E32)
Allgemeine Daten			
Fahrzeugart (Türen/Sitze)	Stufenheck-Limousine (4/5)	Stufenheck-Limousine (4/5)	Stufenheck-Limousine (4/5)
Aufbauform	Ganzstahlaufbau, selbsttragend	Ganzstahlaufbau, selbsttragend	Ganzstahlaufbau, selbsttragend
Radstand (mm)	2833	2833, iL: 2497	2833, iL: 2497
Spur vorn/hinten (mm)	1530/1558	1530/1558	1530/1558
Länge x Breite x Höhe (mm)	4910 x 1845 x 1411	4910 x 1845 x 1411, Li: 5024 x 1845 x 1400	4910 x 1845 x 1400, Li: 5024 x 1845 x 1400
Gepäckkraum (L) VDA	500	500	500
Reifen (v/h)	225/60 ZR 15	225/60 ZR 15	225/60 ZR 15
Räder (v/h)	7.0 J x 15 (LMI)	7.0 J x 15 (LM)	7.0 J x 15 (LM)
Wendekreisdurchmesser (m)	11,6	11,6	11,6
Bodenfreiheit (cm)	12,0	12,0	12,0
Leermasse (kg) DIN	1720 (1750)	1810, iL: 1850	1870, iL: 1930
zul. Gesamtmasse (kg) DIN	2220 (2250)	2310, iL: 2350	2350, iL: 2380
Kraftstofftank (L)/Position	90, bei Niveauregul.: 102/hinten	90, bei Niveauregul.: 102/hinten	102/hinten
Fahrleistungen			
Höchstgeschwindigkeit (km/h)	230	240	250
Beschleun. 0 - 100 km/h (s)	8,0 (9,0)	8,0	8,0
Verbrauch (L/100 km)	14,0 (14,5)	15,0	16,5
Sonstiges			
Preis (Anf./Ende Laufz.) DM	86.000/88.550	100.000/103.000	115.000/142.000, iL: 150.000/154.000
Baujahre	1992 - 1994	1992 - 1994	1992 - 1994
Stückzahl	14.531	31.328	48.316

PRODUKTION BMW SIEBENER (E32) 1986 BIS 1994

Typ	1986	1987	1988	1989	1990	1991	1992	1993	1994
730i/R6	528	15.304	15.454	14.619	13.238	12.033	6.568	3.156	603
		(+ 372)	(+ 420)	(+ 186)	(+ 198	(+ 276	(+ 60)		
735i/R6	6.739	34.446	26.577	20.840	20.808	16.419	4.740		
		(+ 624)	(+1.020)	(+ 732)	(+ 402)	(+ 402)	(+ 120)		
730i/V8						114	7.992	5.642	675
							(+ 108)		
740i/V8							9.576	15.764	5.517
			(+ 50)	(+ 115)	(+ 66)	(+ 12)	(+ 234)		
750i	3	4.860	14.657	9.064	8.791	6.527	2.816	1.418	162

Klammerwerte = Auslandsfertigung

BMW 520i (1989)

BMW 524td (1989)

BMW FÜNFER (E34) (1987 BIS 1996)

Die Fünfer-Baureihe E34 wurde im Januar 1988 vorgestellt und anschließend sofort mit allen Motorenversionen vom 520i bis zum 535i ausgeliefert. Die unter Verantwortung von Claus Luthe geformte neue Limousine ähnelte sehr stark den Fahrzeugen der vor Jahresfrist herausgebrachten Siebener-Reihe E32. Motoren und Fahrwerk wurden ohne große Änderungen vom Vorgänger übernommen. Auf dem deutschen Markt handelte es sich zunächst ausschließlich um Sechszylinder, alle mit Katalysator (ab 1990 mit Aufpreis auch beim Turbodiesel). Anlaufschwierigkeiten blieben bei dieser Baureihe völlig aus.

Im Mai 1990 bekamen der 520i und der 525i neue Vierventil-Motoren, die noch kurz vor der Serieneinführung hausintern als viel zu schlapp galten – daraufhin wurden sie mittels Nockenwellenverstellung (Vanos) auf Trab gebracht. Eingefleischte BMW-Fans bedauerten den Wegfall der bis Juli 1990 produzierten, seidenweichen Zweiventiler. Ihre Laufkultur wurde vom Nachfolger nicht mehr erreicht. Gleichzeitig verschwand der 530i.

Zur IAA im September 1991 wurde die E34-Palette um das Kombimodell Touring erweitert. Es handelte sich hier – genau wie beim 1987 vorgestellten Dreier Touring – um ein Lifestyle-Fahrzeug ausschließlich für den privaten Gebrauch. Der Gepäckraum war ohnehin nicht größer als der moderner Kompaktkombis. Neu waren das Doppelschiebedach und eine separat zu öffnende Heckscheibe. Stück für Stück wurden nun alle Motorisierungen der Fünfer-Limousinen auch mit dem Touring gekreuzt.

EIne Novität war auch der höchst potente Turbodiesel (525tds) mit größerem Hubraum und Ladeluftkühler neben dem alten 2,4-Liter im 524td. Alle BMW, selbst die

Basisversionen, wurden ab sofort serienmäßig mit ABS ausgerüstet. Für Kunden, die noch mehr Traktion wollten, boten die Bayern etwas Neues in dieser Baureihe – den 525iX mit permanentem Allradantrieb per Viscosperre.

Ab Juli 1992 waren die erst kurz zuvor für die Siebener-Reihe (E32) eingeführten Motoren auch für den Fünfer erhältlich. Dafür entfiel das Modell 535i. Äußerlich erkennbar waren die V8-Typen an der breiteren BMW-Niere, einer neuen Motorhaube, Leichtmetall-Felgen und Nebelscheinwerfern. 530i und 540i gab es sogar als Touring. Ab Mitte 1992 waren für alle Fünfer Fahrer-Airbags serienmäßig.

Im März 1993 hatte sich der zuvor bereits im Ausland angebotene BMW 518i mit 1,8 Liter-Vierzylinder aus dem 318i als Fünfer-Einstiegsmodell hinzu gesellt. Außerdem gab es nun den preisgünstigeren 325td, dessen Turbodiesel nicht über einen Ladeluftkühler verfügte.

Anfang 1994 kam das Sechsgang-Schaltgetriebe des BMW 840 Ci auch dem 540i zugute. Gleichzeitig erhielten die Automatikgetriebe der V8-Modelle eine adaptive Steuerung, die sich auf die individuelle Fahrweise einstellte.

Der E34 erfuhr während seiner Bauzeit nur zwei kleine optische Modellpflegen: Ab September 1992 wurden an die Fahrzeuge Außenspiegel des Dreiers (E36) verbaut. Ab April 1994 hatten alle Fünfer ein neues Motorhaubendesign und einen breiteren Kühlergrill. Diese Details waren zuvor den V8-Modellen vorbehalten gewesen. Außerdem waren ab diesem Zeitpunkt die vorher unlackierten Front- und Heckschürzen und die Seitenschweller in Wagenfarbe lackiert. Zur IAA 1995, als die neue Fünfer-Reihe E39 debütierte, endete die Fertigung der bisherigen Fünfer Limousine (und des seit 1988 angebotenen M5); der Touring lief noch bis Ende 1996.

Auf Basis des nunmehr „alten" E34 wurde auf der IAA aber noch der 518g Touring präsentiert – ein wahlweise mit Benzin oder Erdgas „bivalent" zu nutzender Öko-Kombi. Hinter der Rücksitzbank des Fünfsitzers befand sich ein 80-Liter-Stahltank, der 200 Kilometer zusätzliche Reichweite ermöglichte, das Ladevolumen aber um 15 Prozent verkleinerte. Über einen Schalter an der Mittelkonsole konnte jederzeit zwischen Benzin- oder Gasbetrieb umgeschaltet werden. Eine zusätzliche Füllstandsanzeige informierte über das Gasvolumen. Allerdings reduzierte sich die Motorleistung bei Gasbetrieb um 13 PS. Der 518 g Touring war ab Dezember 1995 zu haben, wurde aber kaum nachgefragt: Mit 57.000 Mark kostete er exakt sieben große Scheine mehr als der konventionelle 518i Touring. BMW stoppte nach nur 298 Exemplaren Ende 1996 die Produktion und behielt nur noch den 316g Compact (Baureihe E36) im Programm.

BMW 525iX (1991)

BMW 520i Touring (1991)

BMW 530i Touring (1992)

BMW 525i Touring (1992)

Modell (Baureihe)	BMW 518i (E34) BMW 518i Touring (E34/5)	BMW 518g Touring (E34/5)	BMW 520i (E34) BMW 520i Touring (E34/5)	BMW 525i (E34), BMW 525iX (E34) BMW 525i Touring (E34/5), BMW 525iX Touring (E34/5)
Motor	M40 B18, 1993: M43 B18	M43 B18	M20 B20, ab 1990: M50 B20	M20 B25, ab 1990: M50 B25
Betriebsart	Otto (Viertakt)	Otto (Viertakt)	Otto (Viertakt)	Otto (Viertakt)
Material (Block/Kopf)	Grauguss/Alu	Grauguss/Alu	Grauguss/Alu	Grauguss/Alu
Zylinderzahl/ Einbauposition	4 (Reihe), längs über Vorderachse	4 (Reihe), längs über Vorderachse	6 (Reihe), längs über Vorderachse	6 (Reihe), längs über Vor-derachse
Bohrung x Hub (mm)	84 x 81	84 x 81	80 x 66	84 x 75
Hubraum (cm³)	1796	1796	1991	2494
Leistung (PS/kW bei U/min)	113 (83) bei 5500	115 (84) bei 5500	129 (95) bei 6000	170 (125) bei 5800
	1993: 115 (84) bei 5500	Gasbetrieb: 101 (74) bei 5500	1990: 150 (110) bei 590	1990: 192 (141) bei 5900
Drehmoment (Nm bei U/min)	162 bei 4250, 1993: 174 bei 3900	168 bei 3900, Gas: 142 bei 3900	164 bei 4300, 1990: 190 bei 4300	221 bei 4300, 1990: 250 bei 4500
Verdichtung	8,8 : 1	9,7 : 1	8,8 : 1, 1990: 11,0 : 1	8,8 : 1, 1990: 10,5 : 1
Gemischbildung/ Elektronik	Saugrohr-Einspritzung (elektron.)	Saugrohr-Einspritzung (elektron.)	Saugrohr-Einspritzung (elektron.)	Saugrohr-Einspritzung (elektron.)
	Bosch Motronic DME M1.3, 1993: M1.7.1	Bosch Motronic DME M1.7.3 CNG	Bosch Motronic M3.1	Bosch Motronic M3.1, 1992: Siemens MS41
Ventile pro Zylinder/ Betätigung	2, V-förmig hängend	2, V-förmig hängend	2, V-förmig hängend	2, V-förmig hängend
			1990: 4, V-förmig hängend	1990: 4, V-förmig hängend
Nockenwelle(n)/Antrieb	1 oben liegend/Zahn-riemen, ab 1993 Kette	1 oben liegend/Zahnriemen	1 oben liegend/Kette,	1 oben liegend/Kette,
			ab 1990: 2 oben liegend (1992: Vanos)/ Kette	ab 1990: 2 oben liegend (1992: Vanos)/Kette
Kurbelwellenlager	5	5	7	7
Kühlung	Pumpe/6,0 L Wasser	Pumpe/7,5 L Wasser	Pumpe/10,5 L Wasser	Pumpe/10,5 L Wasser
Schmierung	Druckumlauf/4,0 L Öl	Druckumlauf/4,0 L Öl	Druckumlauf/5,75 L Öl	Druckumlauf/5,75 L Öl
Abgasreinigung	Dreiwege-Kat, Lambdasonde	Dreiwege-Kat, Lambdasonde	Dreiwege-Kat, Lambdasonde	Dreiwege-Kat, Lambdasonde
Batterie	12 V 46 (50) Ah/vorn	12 V 50 Ah/vorn	12 V 65 Ah/hinten	12 V 65 Ah/hinten
Generator	Wechselstrom 105 A 1470 W	Wechselstrom 80 A 1120 W	Wechselstrom 80 (140) A 1120 (1960) W	Wechselstrom 90 (140) A 1260 (1960) W
Kraftübertragung	Hinterradantrieb	Hinterradantrieb	Hinterradantrieb	Hinterradantrieb, iX: Allradantrieb
Kupplung	Einscheiben-Trocken	Einscheiben-Trocken	Einscheiben-Trocken	Einscheiben-Trocken
Schaltgetriebe	5Gang	5Gang	5Gang	5Gang
Übersetzungen	I. 5,10, II. 2,77, III.1,73, IV. 1,22, V. 1,0, R: 4,45	I. 5,10, II. 2,77, III.1,72, IV. 1,22, V. 1,0, R: 4,45	I. 4,23, II. 2,52, III.1,66, IV. 1,22, V. 1,0, R: 4,04	I. 4,19, II. 2,49, III.1,66, IV. 1,24 V. 1,0, R: 3,89

Modell (Baureihe)	BMW 518i (E34) BMW 518i Touring (E34/5)	BMW 518g Touring (E34/5)	BMW 520i (E34) BMW 520i Touring (E34/5)	BMW 525i (E34), BMW 525iX (E34) BMW 525i Touring (E34/5), BMW 525iX Touring (E34/5)
Antriebsübersetzung	3,64	3,46	3,23	3,23; iX: 3,38
Automatik	4Stufen		5Stufen	5Stufen
Übersetzungen	I. 2,4, II. 1,466, III.1,00, IV. 0,73, R: 2,0		I. 3,67, II. 2,0, III.1,41, IV. 1,0, V. 0,74, R: 4,10	I. 3,66, II. 2,0, III.1,41, IV. 1,0, V. 0,74, R: 4,10
Antriebsübersetzung	4,45		3,64	3,23; iX: 3,38
Fahrwerk				
Vorderradaufhängung	Einzelradaufh. mit McPherson-Federbeinen, Schraubenfedern, Dreieckquerlenker, Stabi			
Hinterradaufhängung	Einzelradaufh. mit Schräglenkern, Schraubenfedern, Teleskopstoßdämpfer, Stabi			
Lenkung	Kugelumlauf (hydr.), Servo, 16,1 : 1	Kugelumlauf (hydr.), Servo,16,4 : 1	Kugelumlauf (hydr.), Servo, 16,1 : 1	Kugelumlauf (hydr.), Servo, 16,1 : 1, iX: Zahnstange Servo
Betriebsbremse v/h (mm)	Hydr. (Servo), Zweikreis,	Hydr. (Servo), Zweikreis,	Hydr. (Servo), Zweikreis,	Hydr. (Servo), Zweikreis,
	Scheiben vorn/hinten (Ø=302/300), ABS	Scheiben vorn/hinten (Ø=302/300), ABS	Scheiben vorn/hinten (Ø=302/300), ABS	Scheiben vorn/hinten (Ø=302/300), ABS
Parkbremse	Seilzug (Hinterräder)	Seilzug (Hinterräder)	Seilzug (Hinterräder)	Seilzug (Hinterräder)
Allgemeine Daten				
Fahrzeugart (Türen/Sitze)	Stufenheck-Limousine (4/5), Kombi (5/5)	Kombi (5/5)	Stufenheck-Limousine (4/5), Kombi (5/5)	Stufenheck-Limousine (4/5), Kombi (5/5)
Aufbauform	Ganzstahlaufbau, selbsttragend	Ganzstahlaufbau, selbsttragend	Ganzstahlaufbau, selbsttragend	Ganzstahlaufbau, selbsttragend
Radstand (mm)	2761	2761	2761	2761
Spur vorn/hinten (mm)	1470/1495	1470/1495	1470/1495	1470/1495
Länge x Breite x Höhe (mm)	Lim.: 4720 x 1751 x 1412, Tour.: 4720 x 1751 x 1417	4720 x 1751 x 1417	Lim.: 4720 x 1751 x 1412, Tour.: 4720 x 1751 x 1417	Lim.: 4720 x 1751 x 1412, Tour.: 4720 x 1751 x 1417
Gepäckraum (L) VDA	460, Tour.: 460 - 1450	460 - 1450	460, Tour.: 460 - 1450	460, Tour.: 460 - 1450
Reifen (v/h)	165/65 HR 15, Tour.: 205/65 HR 15	205/65 HR 15	165/65 HR 15, Tour.: 205/65 HR 15	165/65 HR 15, Tour.: 205/65 HR 15
Räder (v/h)	6.0 J x 15, Tour.: 7.0 J x 15 (Stahl)	7.0 J x 15 (Stahl)	6.0 J x 15, Tour.: 7.0 J x 15 (Stahl)	7.0 J x 15 (LM)
Wendekreisdurch-messer (m)	11,4	11,4	11,4	11,4
Bodenfreiheit (cm)	12,0	12,0	12,0	12,0
Leermasse (kg) DIN	Lim.: 1400 (1440), Tour.: 1485 (1520)	1545	Lim.: 1475 (1510), Tour.: 1550 (1585)	Lim.: 1525 (1560), Tour.: 1595 (1630), iX + 85 kg
zul. Gesamtmasse (kg) DIN	Lim.: 1870 (1910), Tour.: 2015 (2050)	2055	Lim.: 1990 (2010), Tour.: 2100 (2135)	Lim.: 1920 (2025), Tour.: 2125 (2160)
Luftwiderstand (A x cW)	Lim.: 0,30 x 2,07, Tour.: 0,34 x 2,08	0,34 x 2,08	Lim.: 0,30 x 2,07, Tour.: 0,34 x 2,08	Lim.: 0,31 (iX: 0,33) x 2,07, Tour.: 0,34 (iX: 0,35) x 2,08
Kraftstofftank (L)/ Position	80/hinten	80/hinten, 12,8-kg-Gastank (hinter Rückbank)	80/hinten	80/hinten

Modell (Baureihe)	BMW 518i (E34) BMW 518i Touring (E34/5)	BMW 518g Touring (E34/5)	BMW 520i (E34) BMW 520i Touring (E34/5)	BMW 525i (E34), BMW 525iX (E34) BMW 525i Touring (E34/5), BMW 525iX Touring (E34/5)
Fahrleistungen				
Höchstgeschwindigkeit (km/h)	Lim.: 198 (192), Tour.: 192 (186)	192 (Gas: 183)	Lim.: 200, ab 1990: 211 (207), Tour.: 205 (202)	Lim.: 220, ab 1990: 230 (225), iX: 220 (217), Tour.: 221 (218), iX: 215 (211)
Beschleun. 0 - 100 km/h (s)	Lim.: 12,5 (13,2), Tour.: 12,8 (13,7)	13,6 (Gas: 16,2)	Lim.: 12,0 (14,0), ab 1990: 10,6 (11,7), Tour.: 11,3 (12,4)	Lim.: 9,5 (11,0), ab 1990: 8,6 (9,5), iX: 9,5 (10,3), Tour.: 9,2 (9,9), iX: 10,0 (10,9)
Verbrauch (L/100 km)	Lim.: 8,1 (8,6), Tour.: 8,2 (8,7)	8,6 (Gas: 5,6)	Lim.: 11,0, ab 1990: 8,9 (9,0), Tour.: 9,0 (9,2)	Lim': 13,0, ab 1990: 9,0 (8,8), iX: 9,6 (9,5), Tour.: 9,5 (9,4), iX: 9,5 (9,9)
Sonstiges				
Preis (Anf./Ende Laufz.) DM	nur Export; 43.500/46.000	57.000	38.500/52.000	47.000/61.400, Tour.: 59.700/66.200
Baujahre	Lim.: 1989 - 1992, Lim./Tour.: 1993 - 1996	1995 - 1996	1988 - 1995; 1990 - 1996	1988 - 1995, Tour.: 1991 - 1995, iX: 1991 - 1996
Stückzahl	46.623 Limousinen, 6.625 Touring	298	396.618 Limousinen, 30.505 Touring	407.205 Limousinen, 27.362 Touring, 17.341 iX Limousinen, 27.362 iX Touring

PRODUKTION BMW FÜNFER (E34) 1987 BIS 1996

Typ	1987	1988	1989	1990	1991	1992	1993	1994	1995	1996
518i			2.601	9.209	7.445	6.735	10.345	7.515	8.593	805
520i	90	51.210	68.416	76.877	72.759	53.011	31.769	34.646	29.083	3.298
		(+ 360)	(+ 1.886)	(+ 1.800)	(+ 1.908)					
525i	68	45.132	70.280	70.411	62.915	57.989	39.763	41.975	35.842	1.391
		(+ 99)	(+ 3.276)	(+ 3.024)	(+ 2.976)					
530i	76	12.279	6.894	1.030		4.228	16.650	11.132	,5.155	127
535i	1.845	28.097	25.762	22.456	12.772	6.012	58			
		(+ 111)	(+ 1.561)	(+ 966)	(+ 522)					
540i						1.800	10.832	8.645	5.047	159
524td	57	14.200	22.074	21.317	13.262					
525td						2	7.896	7.214	5.129	230
525tds					7.769	37.218	25.463	29.225	19.657	3.064
M5						1.800	10.832	8.645	5.047	159

Klammerwerte = Auslandsfertigung

BMW 525td Touring (1993)

BMW 518g Touring (1995)

Modell (Baureihe)	BMW 530i (E34) BMW 530i Touring (E34/5)	BMW 535i (E34)	BMW 540i (E34) BMW 540i Touring (E34/5)
Motor	M30 B30, 1992: M60 B330	M30 B35	M60 B40
Betriebsart	Otto (Viertakt)	Otto (Viertakt)	Otto (Viertakt)
Material (Block/Kopf)	Alu/Alu	Grauguss/Alu	Alu/Alu
Zylinderzahl/Einbauposition	6 (Reihe), längs über Vorderachse	6 (Reihe), längs über Vorderachse	8 (V 90°), längs über Vorderachse
Bohrung x Hub (mm)	89 x 80; 1992: 84 x 67,6	92 x 86	89 x 80
Hubraum (cm³)	2986, 1992: 2997	3430	3982
Leistung (PS/kW bei U/min)	188 (138) bei 5800	211 (155) bei 5700	286 (210) bei 5800
	1992: 218 (160) bei 5800		
Drehmoment (Nm bei U/min)	260 bei 4000, 1992: 290 bei 4500	305 bei 4000	400 bei 4500
Verdichtung	9,0 : 1; 1992: 10,5 : 1	9,0 : 1	10,0 : 1
Gemischbildung/Elektronik	Saugrohr-Einspritzung (elektron.)	Saugrohr-Einspritzung (elektron.)	Saugrohr-Einspritzung (elektron.)
	Bosch Motronic DME M3.3	Bosch Motronic DME M3.3	Bosch Motronic DME M3.3
Ventile pro Zylinder/ Betätigung	2, V-förmig hängend	2, V-förmig hängend	4, V-förmig hängend
	1992: 4, V-förmig hängend		
Nockenwelle(n)/Antrieb	1 oben liegend/Kette, 1992: 2 oben liegend (Vanos)/Kette	1 oben liegend/Kette	2 oben liegend/Kette
Kurbelwellenlager	7	7	5
Kühlung	Pumpe/12,0 L Wasser	Pumpe/12,0 L Wasser	Pumpe/12,0 L Wasser
Schmierung	Druckumlauf/7,5 L Öl	Druckumlauf/6,0 L Öl	Druckumlauf/7,5 L Öl
Abgasreinigung	Dreiwege-Kat, Lambdasonde	Dreiwege-Kat, Lambdasonde	Dreiwege-Kat, Lambdasonde
Batterie	12 V 85 Ah/hinten	12 V 75 (85) Ah/hinten	12 V 85 Ah/hinten
Generator	Wechselstrom 100 (140) A 1400 (1960) W	Wechselstrom 90 A 1260 (1960) W	Wechselstrom 140 A 1960 W
Kraftübertragung	Hinterradantrieb	Hinterradantrieb	Hinterradantrieb
Kupplung	Einscheiben-Trocken	Einscheiben-Trocken	Einscheiben-Trocken
Schaltgetriebe	5Gang	5Gang	6Gang
Übersetzungen	I. 4,20, II. 2,49, III.1,66, IV. 1,24, V. 1,0, R: 3,89	I. 3,83, II. 2,20, III.1,40, IV. 1,0, V. 0,81, R: 3,46	I. 4,23, II. 2,51, III.1,67, IV. 1,23, V. 1,0, Vi. 0,83, R: 3,75
Antriebsübersetzung	3,07, Tour.: 3,23	3,64	2,93
Automatik	5Stufen (ZF)	4Stufen (ZF)	5Stufen (ZF)
Übersetzungen	I. 3,67, II. 2,0, III.1,41, IV. 1,0, V. 0,74, R: 4,10	I. 2,48, II. 1,48, III.1,0, IV. 0,73, R: 2,08	I. 3,55, II. 2,24, III.1,54, IV. 1,0, V. 0,79, R: 3,68
Antriebsübersetzung	3,15; Tour.: 3,23	3,91	2,93
Fahrwerk			
Vorderradaufhängung	Einzelradaufh. mit McPherson-Federbeinen, Schraubenfedern, Dreieckquerlenker, Stabi		

Modell (Baureihe)	BMW 530i (E34) BMW 530i Touring (E34/5)	BMW 535i (E34)	BMW 540i (E34) BMW 540i Touring (E34/5)
Hinterradaufhängung	Einzelradaufh. mit Schräglenkern, Schraubenfedern, Teleskopstoßdämpfer, Stabi, a.W. Niveauregulierung (530i Touring Serie)		
Lenkung	Kugelumlauf (hydr.), Servo, 16,1 : 1	Kugelumlauf (hydr.), Servo, 16,1 : 1	Kugelumlauf (hydr.), Servo, 16,1 : 1 iX: Zahnstange Servo
Betriebsbremse v/h (mm)	Hydr. (Servo), Zweikreis,	Hydr. (Servo), Zweikreis,	Hydr. (Servo), Zweikreis,
	Scheiben vorn belüft./hinten (Ø=302/300), ABS	Scheiben vorn belüft./hinten (Ø=302/300), ABS	Scheiben vorn belüft./hinten (Ø=302/300), ABS
Parkbremse	Seilzug (Hinterräder)	Seilzug (Hinterräder)	Seilzug (Hinterräder)
Allgemeine Daten			
Fahrzeugart (Türen/Sitze)	Stufenheck-Limousine (4/5), Kombi (5/5)	Stufenheck-Limousine (4/5)	Stufenheck-Limousine (4/5), Kombi (5/5)
Aufbauform	Ganzstahlaufbau, selbsttragend	Ganzstahlaufbau, selbsttragend	Ganzstahlaufbau, selbsttragend
Radstand (mm)	2761	2761	2761
Spur vorn/hinten (mm)	1470/1495	1470/1495	1470/1495
Länge x Breite x Höhe (mm)	Lim.: 4720 x 1751 x 1412, Tour.: 4720 x 1751 x 1417	4720 x 1751 x 1412	Lim.: 4720 x 1751 x 1412, Tour.: 4720 x 1751 x 1417
Gepäckraum (L) VDA	460, Tour.: 460 - 1450	460	460, Tour.: 460 - 1450
Reifen (v/h)	225/60 ZR 15, Tour.: 205/65 HR 15	225/60 VR 15	225/60 ZR 15, Tour.: 205/65 HR 15
Räder (v/h)	7.0 J x 15 (LM)	7.0 J x 15 (LM)	7.0 J x 15 (LM)
Wendekreisdurch-messer (m)	11,4	11,4	11,4
Bodenfreiheit (cm)	12,0	12,0	12,0
Leermasse (kg) DIN	Lim.: 1610 (1630), Tour.: 1680 (1710)	1620 (1640)	Lim.: 1605 (1625), Tour.: 1680 (1700)
zul. Gesamtmasse (kg) DIN	Lim.: 2075 (2105), Tour.: 2230 (2250)	2035 (2055)	Lim.: 2125 (2145), Tour.: 2200 (2220)
Luftwiderstand (A x cW)	Lim.: 0,32 x 2,07, Tour.: 0,33 x 2,08	0,32 x 2,07	Lim.: 0,33 x 2,07, Tour.: 0,35 x 2,08
Kraftstofftank (L)/Position	80/hinten	80/hinten	80/hinten
Fahrleistungen			
Höchstgeschwindigkeit (km/h)	Lim.: 215, ab 1992: 235 (232), Tour.: 227 (225)	235 (231)	250
Beschleun. 0 - 100 km/h (s)	Lim.: 11,0 (13,0), 1992: 7,7 (8,8), Tour.: 8,3 (9,0)	7,7 (8,8)	Lim.: 6,3 (6,8), Tour.: 6,4 (7,0)
Verbrauch (L/100 km)	Lim.: 12,0, 1992: 10,8 (10,5), Tour.: 11,5 (11,0)	11,7 (11,8)	Lim.: 11,3 (11,6), Tour.: 11,6 (11,8)
Sonstiges			
Preis (Anf./Ende Laufz.) DM	69.500/73.700	62.000/77.900	82.700/90.300, Tour.: 88.200/95.300
Baujahre	1992 - 1996	1988 - 1993	1992 - 1996
Stückzahl	99.861	75.931 Limousinen	24.024 Limousinen, 2.459 Touring

Modell (Baureihe)	BMW 524td (E34)	BMW 525td (E34) BMW 525td Touring (E34/5)	BMW 525tds (E34) BMW 525tds Touring (E34/5)
Motor	M21 D24	M51 D25	M51 D25
Betriebsart	Diesel (Viertakt)	Diesel (Viertakt)	Diesel (Viertakt)
Material (Block/Kopf)	Grauguss/Alu	Grauguss/Alu	Grauguss/Alu
Zylinderzahl/Einbauposition	6 (Reihe), längs über Vorderachse	6 (Reihe), längs über Vorderachse	6 (Reihe), längs über Vorderachse
Bohrung x Hub (mm)	80 x 81	80 x 82,8	80 x 82,8
Hubraum (cm³)	2443	2498	2498
Leistung (PS/kW bei U/min)	115 (85) bei 4800	115 (85) bei 4800	143 (105) bei 4800
Drehmoment (Nm bei U/min)	220 bei 2400	222 bei 1900	260 bei 2200
Verdichtung	22,0 : 1	22,0 : 1	22,0 : 1
Gemischbildung/Elektronik	Wirbelkammer-Einspritzung (elektron.)/DDE	Wirbelkammer-Einspritzung (elektron.)/DDE	Wirbelkammer-Einspritzung (elektron.)/DDE
	Verteilereinspritzpumpe Bosch VP6-10	Verteilereinspritzpumpe Bosch VP20	Verteilereinspritzpumpe Bosch VP20
Aufladung	1 Turbolader Garrett	1 Turbolader Garrett	1 Turbolader Garrett
Ladeluftkühlung			LLK
Ventile pro Zylinder/Betätigung	2, parallel hängend	2, parallel hängend	2, parallel hängend
Nockenwelle(n)/Antrieb	1 oben liegend/Kette	1 oben liegend/Kette	1 oben liegend/Kette
Kurbelwellenlager	7	7	7
Kühlung	Pumpe/12,0 L Wasser, Ölkühler	Pumpe/12,0 L Wasser	Pumpe/12,0 L Wasser
Schmierung	Druckumlauf/5,25 L Öl	Druckumlauf/5,25 L Öl	Druckumlauf/5,25 L Öl
Abgasreinigung	Oxi-Kat, Abgasrückführung	Oxi-Kat, Abgasrückführung	Oxi-Kat, Abgasrückführung
Batterie	12 V 85 Ah/hinten	12 V 85 Ah/hinten	12 V 85 Ah/hinten
Generator	Wechselstrom 80 A 1120 W	Wechselstrom 95 A 1330 W	Wechselstrom 95 A 1330 W
Kraftübertragung	Hinterradantrieb	Hinterradantrieb	Hinterradantrieb
Kupplung	Einscheiben-Trocken	Einscheiben-Trocken	Einscheiben-Trocken
Schaltgetriebe	5Gang	5Gang	5Gang
Übersetzungen	I. 4,35, II. 2,33, III.1,39, IV. 1,0, V. 0,81, R: 3,73	I. 5,09, II. 2,8, III.1,76, IV. 1,25, V. 1,0, R: 4,71	I. 5,09, II. 2,8, III.1,76, IV. 1,25, V. 1,0, R: 4,71
Antriebsübersetzung	3,25	2,65, Tour.: 2,79	2,65,
Automatik	4Stufen (ZF)	4Stufen (ZF)	5Stufen (ZF)
Übersetzungen	I. 2,73, II. 1,56, III.1,0, IV. 0,73, R: 2,09	I. 2,48, II. 1,48, III.1,0, IV. 0,73, R: 2,08	I. 3,66, II. 2,0, III.1,41, IV. 1,0, V. 0,74, R: 4,08
Antriebsübersetzung	3,46	3,46	2,65
Fahrwerk			
Vorderradaufhängung	Einzelradaufh. mit McPherson-Federbeinen, Schraubenfedern, Dreieckquerlenker, Stabi		
Hinterradaufhängung	Einzelradaufh. mit Schräglenkern, Schraubenfedern, Teleskopstoßdämpfer, Stabi, a.W. Niveauregulierung (Touring Serie)		

Modell (Baureihe)	BMW 524td (E34)	BMW 525td (E34) BMW 525td Touring (E34/5)	BMW 525tds (E34) BMW 525tds Touring (E34/5)
Lenkung	Kugelumlauf (hydr.), Servo, 16,1 : 1	Kugelumlauf (hydr.), Servo, 16,1 : 1	Kugelumlauf (hydr.), Servo, 16,1 : 1
Betriebsbremse v/h (mm)	Hydr. (Servo), Zweikreis,	Hydr. (Servo), Zweikreis,	Hydr. (Servo), Zweikreis,
	Scheiben vorn/hinten (Ø=302/300), ABS	Scheiben vorn (belüft.)/hinten (Ø=302/300), ABS	Scheiben vorn (belüft.)/hinten (Ø=302/300), ABS
Parkbremse	Seilzug (Hinterräder)	Seilzug (Hinterräder)	Seilzug (Hinterräder)
Allgemeine Daten			
Fahrzeugart (Türen/Sitze)	Stufenheck-Limousine (4/5)	Stufenheck-Limousine (4/5), Kombi (5/5)	Stufenheck-Limousine (4/5), Kombi (5/5)
Aufbauform	Ganzstahlaufbau, selbsttragend	Ganzstahlaufbau, selbsttragend	Ganzstahlaufbau, selbsttragend
Radstand (mm)	2761	2761	2761
Spur vorn/hinten (mm)	1470/1495	1470/1495	1470/1495
Länge x Breite x Höhe (mm)	4720 x 1751 x 1412	Lim.: 4720 x 1751 x 1412, Tour.: 4720 x 1751 x 1417	Lim.: 4720 x 1751 x 1412, Tour.: 4720 x 1751 x 1417
Gepäckkraum (L) VDA	460	460, Tour.: 460 - 1450	460, Tour.: 460 - 1450
Reifen (v/h)	195/65 HR 15	195/65 HR 15, Tour.: 205/65 HR 15	205/60 VR 15, Tour.: 225/60 VR 15
Räder (v/h)	6.0 J x 15 (Stahl)	6.0 J x 15; Tour.: 7.0 J x 15 (Stahl)	6.5 J x 15; Tour.: 7.0 J x 15 (Stahl)
Wendekreisdurchmesser (m)	11,4	11,4	11,4
Bodenfreiheit (cm)	12,0	12,0	12,0
Leermasse (kg) DIN	1480 (1510)	Lim.: 1465 (1500), Tour.: 1545 (1580)	Lim.: 1480 (1515), Tour.: 1560 (1595)
zul. Gesamtmasse (kg) DIN	1990 (2010)	Lim.: 1975 (2010), Tour.: 2095 (2130)	Lim.: 1990 (2025), Tour.: 2110 (2145)
Luftwiderstand (A x cW)	0,33 x 2,07	Lim.: 0,31 x 2,07, Tour.: 0,33 x 2,08	Lim.: 0,31 x 2,07, Tour.: 0,33 x 2,08
Kraftstofftank (L)/Position	80/hinten	80/hinten	80/hinten
Fahrleistungen			
Höchstgeschwindigkeit (km/h)	192 (190)	194 (190), Tour.: 188 (183)	207 (205), Tour.: 202 (200)
Beschleun. 0 - 100 km/h (s)	12,9 (13,9)	12,9 (13,9), Tour.: 13,7 (14,7)	11,0 (11,6), Tour.: 11,6 (12,2)
Verbrauch (L/100 km)	7,1 (7,3)	7,1 (7,6), Tour.: 7,6 (7,7)	7,0 (7,2), Tour.: 7,1 (7,4)
Sonstiges			
Preis (Anf./Ende Laufz.) DM	41.000/45.300		Lim.: 49.900/58.300, Tour.: 53.800/62.9ßß
Baujahre	1988 - 1991	1993 - 1996	1991 - 1996
Stückzahl	70.901	14.557 Limousinen, 4.777Touring	80.463 Limousinen, 41.938 Touring

BMW M5 Limousine (1988)

BMW M5 (E34S) (1988 BIS 1995)

Im August 1988 kam der der BMW M5 heraus, eine reinrassige, bei der Motorsport GmbH handgefertigte Sportlimousine mit bärenstarkem Vierventil-Sechszylinder. Ihre Technik stammte prinzipiell vom BMW M1-Mittelmotor-Sportcoupé. Mit dem M5 gelang der Spagat zwischen Sportlichkeit und Komfort: Der Motor war eher in Richtung Drehmoment ausgelegt und nicht kapriziös wie bei Sportwagen italienischer Hersteller. Gekoppelt war er ausschließlich mit einem Schaltgetriebe; eine Automatik gab es nie.

Äußerlich ließ sich der M5 kaum vom zivilen 5er unterscheiden – aber die dezente Sportlichkeit überzeugte („Nerz nach innen"). Einen stärkeren Motor erhielt der M5 schließlich im Jahr 1992 – der 3,8 Liter leistete unglaubliche 340 PS. Dieses Fahrzeug war nun, genau wie die V8-Typen, alternativ als Touring erhältlich – und wurde in dieser Form überraschend oft geordert. Ein relativ kurz übersetztes Sechsgang-Schaltgetriebe gab es erst ab August 1994. Mit der IAA 1995 endete auch die Fertigung der M5 Limousine; der Touring lief noch bis Ende 1996.

BMW M5 Limousine (1989)

BMW M5 Touring (1993)

Modell (Baureihe)	BMW M5 (E34S)	BMW M5 (E34S) BMW M5 Touring (E34/5S)
Motor	S38 B36	S38 B38
Betriebsart	Otto (Viertakt)	Otto (Viertakt)
Material (Block/Kopf)	Grauguss/Alu	Grauguss/Alu
Zylinderzahl/Einbauposition	6 (Reihe), längs über Vorderachse	6 (Reihe), längs über Vorderachse
Bohrung x Hub (mm)	93,4 x 86	94,6 x 90
Hubraum (cm³)	3535	3795
Leistung (PS/kW bei U/min)	315 (232) bei 6900	340 (250) bei 6900
Drehmoment (Nm bei U/min)	360 bei 4750	400 bei 4750
Verdichtung	10,0 : 1	10,0 : 1
Gemischbildung/Elektronik	Saugrohr-Einspritzung (elektron.)	Saugrohr-Einspritzung (elektron.)
	Bosch Motronic DME M1.2	Bosch Motronic DME M3.3
Ventile pro Zylinder/Betätigung	4, V-förmig hängend	4, V-förmig hängend
Nockenwelle(n)/Antrieb	2 oben liegend/Kette	2 oben liegend/Kette
Kurbelwellenlager	7	7
Kühlung	Pumpe/12,5 L Wasser, Ölkühler	Pumpe/13,3 L Wasser, Ölkühler
Schmierung	Druckumlauf/8,0 L Öl	Druckumlauf/5,75 L Öl
Abgasreinigung	Dreiwege-Kat, 2 Lambdasonden	Dreiwege-Kat, 2 Lambdasonden
Batterie	12 V 85 Ah/hinten	12 V 85 Ah/hinten
Generator	Wechselstrom 115 A 1610 W	Wechselstrom 140 A 1960 W
Kraftübertragung	Hinterradantrieb, Sperrdifferenzial (25 %)	Hinterradantrieb, Sperrdifferenzial (25 %)
Kupplung	Einscheiben-Trocken	Einscheiben-Trocken
Schaltgetriebe	5Gang	5Gang, ab 8/1994: 6Gang
Übersetzungen	I. 3,51, II. 2,8, III.1,35, IV. 1,0, V. 0,81, R: 3,71	5Gang: I. 3,51, II. 2,8, III.1,35, IV. 1,0, V. 0,81, R: 3,71,
		6Gg: 4,23, II. 2,51, III.1,67, IV. 1,23, V. 1,0, Vi. 0,83, R: 3,71
Antriebsübersetzung	3,91	3,23
Fahrwerk		
Vorderradaufhängung	Einzelradaufh. mit McPherson-Federbeinen, Schraubenfedern, Dreieckquerlenker, Stabi	
Hinterradaufhängung	Einzelradaufh. mit Schräglenkern, Schraubenfedern, Teleskopstoßdämpfer, Stabi	
Lenkung	Kugelumlauf (hydr.), Servo, 13,5 : 1	Kugelumlauf (hydr.), Servo, 15,6 : 1
Betriebsbremse v/h (mm)	Hydr. (Servo), Zweikreis,	Hydr. (Servo), Zweikreis,
	Scheiben belüft. vorn/hinten (Ø=315/300), ABS	Scheiben vorn (belüft.)/hinten (Ø=315/300), ABS
Parkbremse	Seilzug (Hinterräder)	Seilzug (Hinterräder)
Allgemeine Daten		
Fahrzeugart (Türen/Sitze)	Stufenheck-Limousine (4/5)	Stufenheck-Limousine (4/5), Kombi (5/5)
Aufbauform	Ganzstahlaufbau, selbsttragend	Ganzstahlaufbau, selbsttragend
Radstand (mm)	2761	2761

Modell (Baureihe)	BMW M5 (E34S)	BMW M5 (E34S)
Spur vorn/hinten (mm)	1474/1496	1474/1496
Länge x Breite x Höhe (mm)	4720 x 1751 x 1392	Lim.: 4720 x 1751 x 1392, Tour.: 4720 x 1751 x 1417
Gepäckkraum (L) VDA	460	460, Tour.: 460 - 1450
Reifen (v/h)	235/45 ZR 17	235/45 ZR 17, Tour.: hinten 255/40 ZR 17
Räder (v/h)	8.0 J x 17 (LM)	8.0 J x 17 (LM), Tour.: hinten 9.0 J x 17 (LM)
Wendekreisdurchmesser (m)	11,6	11,6
Bodenfreiheit (cm)	12,0	12,0
Leermasse (kg) DIN	1600	1650, Tour.: 1730
zul. Gesamtmasse (kg) DIN	2100	2150, Tour.: 2280
Luftwiderstand (A x cW)	0,32 x 2,07	Lim.: 0,33 x 2,07, Tour.: 0,36 x 2,08
Kraftstofftank (L)/Position	90/hinten	90/hinten
Fahrleistungen		
Höchstgeschwindigkeit (km/h)	250	250
Beschleun. 0 - 100 km/h (s)	6,3	5,9
Verbrauch (L/100 km)	11,9	12,4
Sonstiges		
Preis (Anf./Ende Laufz.) DM	101.800/107.500	110.500/124.000, Tour.: 127.650/131.000
Baujahre	1988 - 1991	Lim.: 1992 - 1995, Tour.: 1992 - 1996
Stückzahl	8.020	3.343 Limousinen, 891 Touring

BMW 850i (1989)

BMW ACHTER (E31) (1989 BIS 1999)

Zur IAA 1989 überraschte BMW mit dem großen Luxuscoupé 850i (Baureihe E31), das fahrwerks- und motorenseitig Komponenten der Siebener-Limousine (E32) nutze. Einerseits sollte es das bis 1989 gebaute alte Sechser-Coupé mit Sechszylinder ablösen, andererseits war es eine Klasse höher angesiedelt – denn es verfügte über den Fünfliter-V12 des 750i. Wahlweise wurde der damals teuerste aller BMW mit einem neu entwickelten Sechsgang-Handschaltgetriebe oder mit ZF-Vierstufen-Automatik angeboten, wobei die meisten Exemplare mit automatischem Getriebe geordert wurden.

Ende 1989 begann die Fertigung des viersitzigen Coupés im BMW-Werk Dingolfing – die Auslieferung begann im Mai 1990. Ein Großteil der Fahrzeuge ging in die USA. Die ungewöhnliche und als sehr modern empfundene Form des 8ers wurde stets kontrovers diskutiert – vielleicht auch deshalb, weil der fast zeitgleich präsentierte, aber viel preiswertere Opel Calibra ein ähnliches Design wie das noble Hochpreis-Auto aufwies. Schlimmer noch für gutbetuchte Kunden: Auch der „alte" Toyota Supra hatte ein ähnliches Gesicht. Dem Achter, der so wenig BMW-like daherkam, fehlten von Anfang an Faszination und Ausstrahlung.

Ähnlich wie schon beim M1 Sportwagen und später beim BMW Z1 Roadster war die Front sehr weit heruntergezogen; die stilbildende Niere war auch verflacht worden, aber nicht in die Motorhaube einbezogen. Erstmals bei einem BMW Serien-Coupé wurden Klappscheinwerfer eingesetzt. Die leicht ansteigende Gürtellinie, die breite C-Säule und das hohe, kompakte Heck entsprachen dagegen der gängigen BMW-Familienlinie.

Unterm Blech des Wagens fand sich alles, was die Bayern an innovativem High-Tech aufzubieten hatten. Die hintere Integral-Mehrlenkerachse mit Mitlenk-Effekt war neu entwickelt worden; im Herbst 1991 kam ein Fahrdynamik-Paket mit aktiver Hinterachs-Kinematik, elektronischer Dämpferkontrolle EDC, Traktionskontrolle ASC+T und Servotronic-Lenkung hinzu. Die Automatikversion verfügte von vonherein über ASC, anfangs nur für den Schalter gab es die weiterentwickelte Ausführung ASC+T.

Das komplett neugestaltete Cockpit verfügte – erstmals in einem BMW – über ein gurtintegriertes Sitzsystem. Die hinteren Lehnen ließen sich erst ab Modelljahr 1992 einzeln umlegen, wobei jedoch keine Durchlademöglichkeit bestand. Der Innenraum war zu eng geschnitten. Als BMW-like erwiesen sich das Multi-Infodisplay und das neue Multiplex-Leistungssystem, das nach dem CAN-Bus-Verfahren arbeitete. Später gehörte eine wasserabweisende Frontscheibe zur Serienausstattung.

Auf dem Pariser Salon im Oktober 1992 zeigte BMW eine noch sportlichere Version – den 850 CSi mit 5,6 Liter großem V12, serienmäßig „mitlenkender" Hinterachse und Sperrdifferenzial. Entwickelt und gebaut wurde das Fahrzeug von der BMW Motorsport GmbH. Ebenfalls im Herbst 1992 wurde der bisherige 850i in 850 Ci umbenannt; er erhielt gleichzeitig eine adaptive Steuerung seiner ZF-Vierstufen-Automatik. Erkennungszeichen des CSi waren die tief heruntergezogene Frontschürze und spezielle 17-Zoll-Fünfspeichen-Felgen im Stil des BMW M5. Vorn und hinten wurde unterschiedlich breite Bereifung aufgezogen. Vier runde Auspuff-Endrohre und die als Diffusor ausgebildete Schürze kennzeichneten das Heck. Das Fahrwerk des schnellen Coupés stammte von der Motorsport-Division von BMW. Neu war nun das elektronische Stabilitätssystem DSC.

Ein halbes Jahr später, auf dem Genfer Salon 1993, gab es den hubraumkleinsten Vertreter der Baureihe zu sehen – den 840 Ci mit dem neuen Vierliter-V8. Er war 25 Prozent preisgünstiger als der V12, verfügte aber über fast alle dessen Goodies – und unterschied sich äußerlich nicht von ihm. So bevorzugte auch hier der Großteil der Kundschaft sein Fünfstufen-Automatikgetriebe. Der sechste Gang des Handschalters war übrigens als Schongang ausgelegt.

Der 850 Ci behielt zunächst die Vierstufen-Automatik, erst in der ersten Jahreshälfte 1994 – mit dem auf 5,4 Liter vergrößerten V12 – wich sie einer Fünfstufen-Ausführung (ab 1995 mit manuellem Schalteingriff Steptronic). Damit entfiel beim 850 Ci das Handschaltgetriebe.

Rund 20.000 dieser Coupés waren inzwischen ausgeliefert worden – weit weniger, als ursprünglich gedacht. In Deutschland hatten sich die Verkaufszahlen schon im dritten Jahr des Achters halbiert. Vielleicht hätte es etwas gebracht, wenn BMW eine Cabrio-Version auf die Räder gestellt hätte, wie dies einige freie Karossiers auf Kundenwunsch anboten – BMW selbst hatte entsprechende Entwicklungsarbeiten beendet.

1996 erhielt auch das V8-Modell – nach 5.000 ausgelieferten Einheiten – mehr Hubraum und mehr Leistung. Nur rund 20 Einzelstücke wurden auf besonderen Kundenwunsch mit dem drei Liter kleinen V8 des E32 ausgestattet – vielleicht wäre dies ein besserer Weg zur Absatzförderung gewesen. Ein Jahr später wurde der CSi aus dem Programm genommen; 1999 verschwanden die nur noch auf ausdrücklichen Wunsch montierten 840 Ci und 850 Ci.

BMW 850i (1989)

BMW 840 Ci (1989)

BMW 850 CSi (1992)

BMW 850 CSi, Artcar von David Hockney (1995)

Modell (Baureihe)	BMW 840 Ci (E31)	BMW 850i (E31) BMW 850 Ci (E31)	BMW 850 CSi (E31)
Motor	M60 B40, ab 1996: M62 B44	M70 B50, 1994: M73 B54	S70 B56
Betriebsart	Otto (Viertakt)	Otto (Viertakt)	Otto (Viertakt)
Material (Block/Kopf)	Alu/Alu	Alu/Alu	Alu/Alu
Zylinderzahl/Einbauposition	8 (V 90°), längs über Vorderachse	12 (V 60°), längs über Vorderachse	12 (V 60°), längs über Vorderachse
Bohrung x Hub (mm)	89 x 80, 1996: 92 x 82,7	84 x 75, 1994: 85 x 79	86 x 80
Hubraum (cm³)	3982, 1996: 4398	4988, 1994: 5379	5576
Leistung (PS/kW bei U/min)	286 (210) bei 5800	300 (220) bei 5200	381 (280) bei 6300
	1996: 286 (210) bei 5700	1994: 326 (240) bei 5000	
Drehmoment (Nm bei U/min)	400 bei 4500, 1996: 420 bei 3900	450 bei 4100, 1994: 490 bei 3900	500 bei 4000
Verdichtung	10,0 : 1	8,8 : 1, 1994: 10,0 : 1	9,8 : 1
Gemischbildung/Elektronik	Saugrohr-Einspritzung (elektron.)	Saugrohr-Einspritzung (elektron.)	Saugrohr-Einspritzung (elektron.)
	Bosch Motronic DME M3.3, 1996: M5.2	2 x Bosch Motronic DME M1.7, 1994: M5.2	2 x Bosch Motronic M1.7
Ventile pro Zylinder/Betätigung	4, V-förmig hängend (Hydrostößel)	2, V-förmig hängend (Hydrostößel)	2, V-förmig hängend (Hydrostößel)
Nockenwelle(n)/Antrieb	2 x 2 oben liegend (Vanos)/Kette	2 x 1 oben liegend/Kette	2 x 1 oben liegend/Kette
Kurbelwellenlager	5	7	7
Kühlung	Pumpe/12,5 L Wasser, Ölkühler	Pumpe/13,0 L Wasser, Ölkühler	Pumpe/13,0 L Wasser, Ölkühler
Schmierung	Druckumlauf/7,5 L Öl	Druckumlauf/7,5 L Öl	Druckumlauf/7,5 L Öl
Abgasreinigung	Dreiwege-Kat, Lambdasonde	Dreiwege-Kat, Lambdasonde	Dreiwege-Kat, Lambdasonde
Batterie	12 V 90 (130) Ah/hinten	12 V 130 Ah/hinten	12 V 130 Ah/hinten
Generator	Wechselstrom 120 (140) A 1680 (1960) W	Wechselstrom 90 (140) A 1610 (1960) W	Wechselstrom 140 A 1960 W
Kraftübertragung	Hinterradantrieb	Hinterradantrieb	Hinterradantrieb, Sperrdifferenzial (25 %)
Kupplung	Einscheiben-Trocken	Einscheiben-Trocken	Einscheiben-Trocken
Schaltgetriebe	6Gang	bis 1994: 6Gang	6Gang
Übersetzungen	I. 4,23, II. 2,51, III.1,67, IV. 1,22, V. 1,0, VI. 0,83, R: 3,08	I. 4,25, II. 2,53, III.1,68, IV. 1,24, V. 1,0, VI. 0,83, R: 3,89	I. 4,25, II. 2,53, III.1,68, IV. 1,24, V. 1,0, VI. 0,83, R: 3,89
Antriebsübersetzung	3,08, 1996: 2,93	2,93	2,93
Automatik	5Stufen (ZF)	4Stufen, ab 1994: 5Stufen (ZF)	
Übersetzungen		4Stufen: I.2,48, II. 1,48, III. 1,0, IV. 0,73, R: 2,1	
	I. 3,55, II. 2,24, III. 1,54, IV. 1,0, V. 0,8, R: 4,1	5Stufen: I. 3,55, II. 2,24, III. 1,54, IV. 1,0, V. 0,8, R: 2,1	
Antriebsübersetzung	2,93; 1995: 2,81	3,15; 1994: 2,89	
Fahrwerk			
Vorderradaufhängung	Einzelradaufh. mit McPherson-Federbeinen, Schraubenfedern, Dreieckquerlenker, Stabi		
Hinterradaufhängung	Einzelradaufh. mit Mehrlenkerachse, Schraubenfedern, Stabi, 840 Ci a.W. Niveauregulierung		

Modell (Baureihe)	BMW 840 Ci (E31)	BMW 850i (E31) BMW 850 Ci (E31)	BMW 850 CSi (E31)
Lenkung	Kugelumlauf (hydr.), Servo, ZF, 15,4 : 1	Kugelumlauf (hydr.), Servo, ZF, 15,4 : 1	Kugelumlauf (hydr.), Servo, ZF, 13,5 : 1
Betriebsbremse v/h (mm)	Hydr. (Servo), Zweikreis,	Hydr. (Servo), Zweikreis,	Hydr. (Servo), Zweikreis,
	Scheiben vorn/hint. (Ø=324/324), ABS	Scheiben vo/hint. (Ø=284/279, ab 1994: 324/324), ABS	Scheiben vorn/hint. (Ø=345/328), ABS
Parkbremse	Seilzug (Hinterräder)	Seilzug (Hinterräder)	Seilzug (Hinterräder)
Fahrdynamikregelung	ab 1992: DSC	ab 1992: DSC	ASC+T, DSC
Allgemeine Daten			
Fahrzeugart (Türen/Sitze)	Coupé (2/4)	Coupé (2/4)	Coupé (2/4)
Aufbauform	Ganzstahlaufbau, selbsttragend	Ganzstahlaufbau, selbsttragend	Ganzstahlaufbau, selbsttragend
Radstand (mm)	2684	2684	2684
Spur vorn/hinten (mm)	1554/1562	1554/1562	1554/1562
Länge x Breite x Höhe (mm)	4780 x 1855 x 1340	4780 x 1855 x 1340	4780 x 1855 x 1330
Gepäckkraum (L) VDA	320	320	320
Reifen (v/h)	235/50 ZR 16	235/50 ZR 16	235/45 ZR 17/265/40 ZR 18
Räder (v/h)	7.5 J x 16 (LM)	7.5 J x 16 (LM)	8.0 J x 17/9.0 J x 18 (LM)
Wendekreisdurchmesser (m)	11,5	11,5	11,5
Bodenfreiheit (cm)	11,0	11,0	11,0
Leermasse (kg) DIN	1780 (1830)	1790-1880 (1830-1920)	1865
zul. Gesamtmasse (kg) DIN	2180 - 2200 (2230)	2300 (2330)	2300
Luftwiderstand (cW x A)	0,29 x 2,06	0,29 x 2,06	0,31 x 2,06
Kraftstofftank (L)/Position	90	90	90
Fahrleistungen			
Höchstgeschwindigkeit (km/h)	250	250	250
Beschleun. 0 - 100 km/h (s)	6,6 (7,0)	6,8 (7,4), 1994: 6,3	6,0
Verbrauch (L/100 km)	11,7 (11,4), 1996: 11,0	13,0 (12,9), 1994: 12,0	12,8
Sonstiges			
Preis (Anf./Ende Laufz.) DM	129.000/136.000	135.000/167.000	180.000/193.000
Baujahre	1993 - 1996; 1996 - 1999	1989 - 1994, 1994 - 1999	1992 - 1997
Stückzahl	7.821	21.290	1.510

BMW Z1 (E30Z) (1988 BIS 1991)

Basierend auf der Dreier-Modellreihe E30 erschien 1988 der in allererster Linie als Image- und Technologieträger konzipierte, sehr ungewöhnliche Roadster Z1, erstmals präsentiert auf der IAA 1987. Für die Planung und Ausführung des Projekts war die 1985 gegründete Tochter BMW Technik GmbH verantwortlich – wesentlich vorangetrieben wurde das Projekt von dem Techniker Ulrich Bez (später Daewoo-Chefentwickler und anschließend Aston-Martin-Chef) und dem Designer Harm Lagaay (anschließend Porsche-Chefdesigner).

Völlig neu war die Karosserie: Sie bestand aus einem selbsttragenden, feuerverzinkten Rahmengerüst aus Stahlblech (Monocoque-Chassis), das über einen glatten Kunststoffboden mit Diffusoreffekt im Bereich des Endschalldämpfers verfügte und mit Kunststoffteilen beplankt war. Der komplette Boden wurde aus faserverstärktem Sandwichmaterial hergestellt, in das Chassis eingeklebt und zusätzlich verschraubt. Seitenwände, Türen, Schweller und Stoßfänger bestanden aus Thermoplast, während Front-, Verdeck- und Heckklappe aus GFK waren.

Der Radstand verkürzte sich gegenüber der Dreier-Reihe um zwölf Zentimeter. Die Gewichtsverteilung des mit einem Front-Mittelmotor ausgestatteten Auto (Triebwerk aus dem BMW 325i) mit vorn/hinten 49 : 51 Prozent war nahezu ideal. Wirklich leicht war der Z1 jedoch nicht. Nicht vom E30 stammt die sogenannte Z-Hinterachse mit zwei Quer-

BMW Z1 (1988)

lenkern und einem Längslenker (Bremsnickausgleich), die erst im nächsten Dreier BMW der Baureihe E36 Eingang finden sollte.

Zusammen mit dem Platzbedarf des textilen Minimalverdecks erlaubte die Konstruktion aber nur einen Kofferraum von 260 Liter; einschließlich des zusätzlichen Staufachs hinter dem Beifahrersitz. Sofort ins Auge fielen die aerodynamisch geformten Außenspiegel und die via Zahnriemen elektrisch absenkbaren Hubtüren, die sich jedoch anfangs als nicht ausgereift erwiesen. Zudem verfügte der Z1 als erstes Serienauto überhaupt über Projektionsscheinwerfer (Ellipsoidtechnik). Unterschiedliche Ausstattungsvarianten des Roadsters wurden nicht angeboten – der Käufer konnte lediglich die Farbe (anfangs „toprot", „fungelb", „urgrün", „traumschwarz", später auch „purblau" und „magicviolett") und die Innenausstattung (dunkelgrau, hellgrau, gelb, rot) wählen.

Der Zweisitzer hätte jährlich bis 30.000mal gebaut werden können, dafür aber ein eigenes Werk benötigt. Überlegt wurde auch, das Auto zusammen mit Porsche zu produzieren – mit identischer Bodengruppe, aber verschiedenen Aufbauten. Aber der hohe Preis nahe dem des M3 von zunächst 80.000, dann sogar 89.000 Mark ließ die Nachfrage schnell abbrechen. Anfang Juni 1991 beendete BMW die Produktion – nach 8.000 Einheiten. Zehn Jahre später war es bei Sammlern wieder heiß begehrt; die Liebhaberpreise tendierten Richtung Neupreis.

BMW Z1 (1988)

Modell (Baureihe)	BMW Z1 (E30Z)
Motor	M20 B25
Betriebsart	Otto (Viertakt)
Material (Block/Kopf)	Grauguss/Alu
Zylinderzahl/Einbauposition	6 (Reihe)/längs über Vorderachse
Bohrung x Hub (mm)	84 x 75
Hubraum (cm³)	2494
Leistung (PS/kW bei U/min)	170 (125) bei 5800
Drehmoment (Nm bei U/min)	220 bei 4300
Verdichtung	8,8 : 1
Gemischbildung/Elektronik	Saugrohr-Einspritzung (elektron.)
	Bosch Motronic DME
Ventile pro Zylinder/Betätigung	2, V-förmig hängend/Hydrostößel
Nockenwelle(n)/Antrieb	1 obenlieg./Zahnriemen
Kurbelwellenlager	7
Kühlung	Pumpe/12,0 L Wasser, Ölkühler
Schmierung	Druckumlauf/4,75 L Öl
Abgasreinigung	Dreiwege-Kat, Lambdasonde
Batterie	12 V 65 Ah (Kofferraum)
Generator	Drehstrom 90 A/1120 W
Kraftübertragung	Hinterradantrieb, opt. Sperrdifferenzial (25 %)
Schaltgetriebe	5Gang
Übersetzungen	I. 3,83, II. 2,20, III. 1,40, IV. 1,0, V. 0,81, R: 3,46
Antriebsübersetzung	3,64
Fahrwerk	
Vorderradaufhängung	Einzelradaufh. m. McPherson-Federbeinen, Dreieckqerlenker, Stabi
Hinterradaufhängung	Einzelradaufh. m. Multilenkerachse, Schraubenfedern, Teleskopstoßdämpfer, Stabi
Lenkung	Zahnstange (hydr.), Servo, 20,5 : 1
Betriebsbremse	Hydr. (Servo), Zweikreis,
	Scheiben vorn (belüft.)/hinten (Ø=280/282), ABS
Parkbremse	Seilzug (Hinterräder)
Allgemeine Daten	
Fahrzeugart (Türen/Sitze)	Roadster (2/2)
Aufbauform	Kunststoff-Karosserie, Stahlblechrahmengerüst
Radstand (mm)	2450
Spur vorn/hinten (mm)	1456/1470
Länge x Breite x Höhe (mm)	3925 x 1690 x 1248
Gepäckraum (L) VDA	260
Reifen (v/h)	225/45 ZR 16

BMW Z1 (1988)

Modell (Baureihe)	BMW Z1 (E30Z)
Räder (v/h)	7.5 J x 16 (LM)
Wendekreisdurchmesser (m)	10,5
Bodenfreiheit (cm)	12,5
Leermasse (kg)	1290
zul. Gesamtmasse (kg)	1460
Luftwiderstand (cW x A)	0,36 (offen: 0,43) x 1,83
Kraftstofftank (L)/Position	57/hinten
Fahrleistungen	
Höchstgeschwindigkeit (km/h)	220
Beschleun. 0 - 100 km/h (s)	9,0
Verbrauch (L/100 km) Euromix	11,0
Sonstiges	
Preis (Anf./Ende Laufz.) DM	80.000/89.000
Bauzeit	1988 -1991
Stückzahl	8.012

BMW DREIER (E36) (1990 BIS 1999)

Im September 1990 präsentierte BMW die neue Dreier Limousine der Baureihe E36. In ihrer Formensprache ähnelte sie frappant den aktuellen Fünfer- und Siebener-Limousinen. Noch mehr als bei der seit 1982 gefertigten Vorgängerbaureihe E30 entstanden in der Folgezeit eine Vielzahl von Karosserie- und Motorenvarianten (nur der Allradantrieb entfiel ersatzlos). Handlichkeit und Fahreigenschaften des Autos galten als Maßstab für den Wettbewerb.

Neu bei den Limousinen der kleinsten Baureihe war, dass sie von vornherein vier- und nicht zweitürig ausgelegt waren. Sie hatten eine konsequent nach hinten aufsteigende Front – zugunsten des Fußgängerschutzes. Die Doppel-Frontscheinwerfer saßen nun hinter einer glatten Glasabdeckung. Das hohe Heck wirkte massiger und die Rücklichter waren nun rechteckig und nicht mehr länglich wie noch beim E21 und beim E30. Gleichzeitig wirkte der E36 jedoch deutlich erwachsener als seine Vorgänger E30. Deutlich sichtbar war das Bemühen um eine strömungsgünstige Form. Die 13 Zentimeter mehr Radstand als beim Vorgänger kamen vor allem dem Innenraum zugute, der vorn deutlich mehr Lebensraum bot. Hinten saß man weiterhin sehr beengt.

Im Oktober 1990 lief die Produktion der Limousine in München und Regensburg an – sofort mit dem vollen Motorenprogramm als 316i, 318i, 320i, 323i und 325i. Zur IAA 191 gesellte sich der 325td hinzu. Einen Achtzylinder baute BMW nie in den E36 ein – so etwas erledigte beispielsweise Kleinserienhersteller Alpina.

Das Coupé folgte im Januar 1992 – als 320i, 325i und als 318iS mit Vierventilmotor. Auf einigen Märkten kam dieser rasante Vierzylinder auch der Limousine zugute. Alles in allem entstand eine halbe Million Einheiten des

BMW 316i (1992)

BMW 318i (1992)

BMW 320i (1993)

BMW 328i (1996)

schicken Coupés mit den voll versenkbaren, rahmenlosen Seitenscheiben, der trotz aller Ähnlichkeit keine Karosserie-Außenteile der Limousine nutzte.

Im November 1992 stellten die Münchner ihr neues Dreier Cabrio vor, ausgeliefert wurde es ab Juni 1993. Genau wie beim Coupé war die Motorhaube um zehn Zentimeter verlängert worden, um dem Auto ein schnittigeres Aussehen zu geben. Dafür wanderte die stärker geneigte A-Säule etwas weiter nach hinten. Die Heckscheibe bestand aus Kunststoff, die vorderen Sicherheitsgurte waren an der B-Säule fixiert. Für einen Aufpreis von 2.200 Mark konnte man einen bei Bedarf herausschnellenden Überrollbügel ordern; das Verdeck ließ sich elektrisch betätigen. Ebenfalls als Extra gab es von Anfang an ein Aluminium-Hardtop.

Das Cabrio kam zunächst als 325i, dann gesellten sich der 328i und die anderen Sechszylinder hinzu. Versuchsweise liefen Unikate mit Dieselmotor (im Gewand eines M3 Cabrio), die allerdings nie in Serie gingen. Das Cabrio darf zu Recht als gelungenstes Derivat der Dreier-Reihe gelten: Es überzeugte in jeder Beziehung und wirkte selbst beim Debüt seines Nachfolgers im Jahr 2000 nicht altbacken.

Ab 1992 wurde auch die E36 Limousine beim Stuttgarter Karossier Baur als Landaulet-artiges, viertüriges „Top Cabriolet" umgebaut. Bestellbar waren die Fahrzeuge über die BMW-Händler. Obwohl die alteingesessene Spezialfirma alle Motorenversionen einbezog und als einziger sogar ein offenes Diesel-Fahrzeug anbot, hatte der TC gegen die zweitürigen Werkscabrios nicht den Hauch einer Chance. Nach 320 TC-Exemplaren endete 1996 die Einzelfertigung; 1999 musste die traditionsreiche Firma Vergleich anmelden und wurde von der Münchner Ingenieurfirma IVM übernommen.

Im Laufe des Jahres 1993 erhielt die Dreier-Reihe verbesserte Motoren: So wurden der 1,6- und 1,8 Liter-Vierzylinder erneuert und leistungsgesteigert, der Zweiliter-Sechszylinder bekam einen um 31,5 Kilo leichteren Alu-Block und die variable Vanos-Nockenwellensteuerung.

Erst im Winter 1994/95 kam die Kombiversion Touring. Sie war geräumiger als der Vorgänger, aber weiterhin kein Raumwunder. Manche hielten den trendigen Lifestyle-Kombi für das attraktivste geschlossene Modell der Reihe. Neben den zwei Benziner-Modellen 320i und 328i wurde der Touring auch mit selbstzündenden Motoren als 318tds und 325tds angeboten.

Anfang 1995 hatte BMW ein historisch gesehen böses Sakrileg begangen: Beim 328i handelte es sich keineswegs um einen schnittigen Sport-Roadster wie beim Urtyp von 1936, sondern schlicht und einfach um Limousinen, Coupés, Cabrios und Touring mit dem neuen 2,8-Liter-Motor. Besonderheiten des Alu-Triebwerks waren die variable Nockenwellen-Betätigung (Vanos) und der Nachschalldämpfer mit Schaltklappe. Er ersetzte den bisherigen 2,5 Liter, auf den bisher ein Viertel aller Kunden abfuhren. Angesichts des Typen-Wirrwarrs bei BMW, wo Bezeichnungen und Hubräume längst nicht mehr übereinstimmten (Beispiel: Typ 840 mit 4,4 Liter-Motor), hätte es bei der Bezeichnung

BMW 328i (1996)

BMW 316i Coupé (1992)

BMW 320i Coupé (1994)

325i bleiben sollen – denn 328i wäre ein standesgemäßer Name für den neuen, faszinierenden Z3-Roadster aus Amerika gewesen.

Der E36 war eines der wenigen Dreier-Modelle, das über die ganze Laufzeit ohne größere Facelift-Maßnahmen auskam. Geändert wurden 1995 lediglich die Scheinwerfer (Lichttechnik) sowie die BMW-Niere und die Stoßfänger: Während die ersten Modelle noch Ellipsoid-Scheinwerfer sowie hellgraue Kunststoff-Stoßfänger mit großen Kühlluft-Öffnungen hatten, kamen mit der Modellpflege Scheinwerfer in Freiformtechnik, aerodynamisch optimierte Außenspiegel und Scheinwerferabdeckungen (mit kleinen Noppen gegen Windgeräusche) sowie Seitenblinker in den Kotflügeln. Außerdem verfügte das Facelift-Modell über eine markantere, leicht V-förmige, nach außen gewölbte Niere sowie über in dunklerem Grau gefärbte Seitenschweller und Kunststoff-Stoßfänger mit einem gerippten Kühlluft-einlass und einer durchgehenden horizontalen Fuge. Eine Besonderheit stellte das M3 Sportpaket für den 320i (1991 bis1993) dar.

Die serienmäßigen Radvollblenden aus Kunststoff behielten zwar ihre grundsätzliche Gestaltung bei, gerieten nach dem Facelift jedoch etwas weicher und dreidimensionaler gestaltet und mit einem glänzenderem Klarlack versehen. Im Innenraum wurde die Modellpflege durch neue Polsterfarben und -stoffe (Flachgewebe) deutlich. Zudem war der Fahrerairbag serienmäßig. Mit Bestellung des Beifahrer-Airbags erhielt das Cockpit eine etwas modernere Form, da die Ablageschale vor dem Beifahrersitz wegfiel und das Cockpit hier leicht angeschrägt wurde. Im weiteren Verlauf erhielten die Modelle auch ein optisch deutlich attraktiveres Airbag-Lenkrad mit farbigem BMW-Emblem.

Ab Juni 1995 spendierte BMW dem Dreier eine erweiterte Serienausstattung mit Beifahrer-Airbag, Kopfstützen im Fond (außer Cabrio). Neu war das Modell 323i mit 2,5 Liter-Sechszylinder, das im Juni 1995 herauskam. Der Vollaluminium-Motor mit Vanos-Nockenwellensteuerung war zwar schwächer als der im „alten" 325i, wuchtete aber mehr Drehmoment auf die Kurbelwelle. Die Traktionskontrolle ASC+T kam für die Dreier-Reihe Mitte 1996 zum Einsatz, zunächst aber nicht für die Vierzylinder und den 325td/tds.

Die Fertigung der Dreier Limousine endete Anfang 1998 nach über 1,5 Millionen Exemplaren. Die Karosserieversionen Touring, Coupé und Cabrio der E 36-Reihe blieben bis 1999 im Programm. Abgeleitet vom Dreier wurden die M3-Sporttypen sowie der Compact.

BMW 323i Coupé (1997)

BMW 318iS, US-Ausführung

BMW 318tds Touring (1995)

BMW 325tds Touring (1995)

BMW 320i Touring (1995)

BMW 328i Touring (1995)

BMW 325d Baur Top-Cabriolet (1995)

BMW 325d Top-Cabriolet (1995)

BMW 325i Cabriolet (1993)

BMW 320i Cabriolet (1994)

Modell (Baureihe)	BMW 316i (E36/4) BMW 316i Touring (E36/3) BMW 316i Coupé (E36/2)	BMW 318i (E36/4) BMW 318i Touring (E36/3) BMW 318i Cabrio (E36/2C)	BMW 318iS Coupé (E36/2)
Motor	M40 B16, ab 1993: M43 B16	M40 B18, ab 1993: M43 B18	M42 B18, ab 1996: M44 B19
Betriebsart	Otto (Viertakt)	Otto (Viertakt)	Otto (Viertakt)
Material (Block/Kopf)	Grauguss/Alu	Grauguss/Alu	Grauguss/Alu
Zylinderzahl/Einbauposition	4 (Reihe), längs über Vorderachse	4 (Reihe), längs über Vorderachse	4 (Reihe), längs über Vorderachse
Bohrung x Hub (mm)	84 x 72	89 x 81	89 x 81, 1996: 85 x 83,5
Hubraum (cm^3)	1596	1796	1796, 1996: 1895
Leistung (PS/kW bei U/min)	100 (73) bei 5500, 1993: 102 (75) bei 5500	113 (83) bei 4400, 1993: 115 (85) bei 5500	140 (103) bei 6000
Drehmoment (Nm bei U/min)	141 bei 4250, 1993: 150 bei 3900	162 bei 4250, 1993: 168 bei 3900	175 bei 4500, 1996: 180 bei 4300
Verdichtung	9,0 : 1, 1993: 9,7 : 1	8,8 : 1, 1993: 9,7 : 1	10,0 : 1
Gemischbildung/Elektronik	Saugrohr-Einspritzung (elektron.)	Saugrohr-Einspritzung (elektron.)	Saugrohr-Einspritzung (elektron.)
	Bosch Motronic DME M1.7, 1993: DME M1.7.1	Bosch Motronic DME M1.7, 1993: DME M1.7.1	Bosch Motronic DME M1.7, 1996: DME M5.2
Ventile pro Zylinder/Betätigung	2, V-förmig hängend	2, V-förmig hängend	4, V-förmig hängend
Nockenwelle(n)/Antrieb	1 oben liegend/Zahnriemen, 1993: Kette	1 oben liegend/Zahnriemen, 1993: Kette	2 oben liegend/Kette
Kurbelwellenlager	5	5	5
Kühlung	Pumpe/6,0 (1993: 6,5) L Wasser	Pumpe/6,5 L Wasser	Pumpe/7,0 L Wasser
Schmierung	Druckumlauf/4,0 L Öl	Druckumlauf/4,0 L Öl	Druckumlauf/5,0 L Öl
Abgasreinigung	Dreiwege-Kat, Lambdasonde	Dreiwege-Kat, Lambdasonde	Dreiwege-Kat, Lambdasonde
Batterie	12 V 46 (50) Ah/vorn	12 V 50 Ah/vorn (Cabrio: 12 V 70 Ah hinten)	12 V 50 Ah/vorn
Generator	Wechselstrom 65 A 910 W	Wechselstrom 70 (80) A 980 (1120) W	Wechselstrom 70 (80) A 980 (1120) W
Kraftübertragung	Hinterradantrieb	Hinterradantrieb	Hinterradantrieb
Kupplung	Einscheiben-Trocken	Einscheiben-Trocken	Einscheiben-Trocken
Schaltgetriebe	5Gang	5Gang	5Gang
Übersetzungen	I. 4,23, II. 2,52, III.1,66, IV. 1,22, V. 1,0, R: 4,04	I. 4,23, II. 2,52, III.1,66, IV. 1,22, V. 1,0, R: 4,04	I. 4,23, II. 2,52, III.1,66, IV. 1,22, V. 1,0, R: 4,04
Antriebsübersetzung	3,45	3,45	3,45
Automatik	4Stufen	4Stufen	4Stufen (ZF)
Übersetzungen	I. 2,4, II. 1,466, III.1,0, IV. 0,723, R: 2,0	I. 2,4, II. 1,466, III.1,0, IV. 0,723, R: 2,0	I. 2,4, II. 1,466, III.1,0, IV. 0,723, R: 4,1
Antriebsübersetzung	4,45	4,45	4,45
Fahrwerk			
Vorderradaufhängung	Einzelradaufh. mit McPherson-Federbeinen, Dreieckquerlenker, Stabi		
Hinterradaufhängung	Einzelradaufh. mit Doppelquerlenkern, Längslenkern, Schraubenfedern, Teleskopstoßdämpfern, Stabi		
Lenkung	Zahnstange (hydr.), Servo, 21,4 : 1, 1993: 16,8 : 1, 1996: 15,4 : 1	Zahnstange (hydr.), Servo, 16,8 : 1, 1996: 15,4 : 1	Zahnstange (hydr.), Servo, 16,8 : 1, 1996: 15,4 : 1

Modell (Baureihe)	BMW 316i (E36/4) BMW 316i Touring (E36/3) BMW 316i Coupé (E36/2)	BMW 318i (E36/4) BMW 318i Touring (E36/3) BMW 318i Cabrio (E36/2C)	BMW 318iS Coupé (E36/2)
Betriebsbremse v/h (mm)	Hydr. (Servo), Zweikreis,	Hydr. (Servo), Zweikreis,	Hydr. (Servo), Zweikreis,
	Scheiben vorn (Ø=286), Trommeln hinten (Ø=250), ABS, ab 1996 Scheiben hint. (Ø=280)	Scheiben vorn (Ø=286), Trommeln hinten (Ø=250), ABS, ab 1996 Scheiben hint. (Ø=280)	Scheiben vorn (ab 1996 belüft.)/ hinten (Ø=286/280), ABS
Parkbremse	Seilzug (Hinterräder)	Seilzug (Hinterräder)	Seilzug (Hinterräder)
Fahrdynamikregelung	ab 1998: ASC+T	ab 1997: ASC+T	ab 1997: ASC+T
Allgemeine Daten			
Fahrzeugart (Türen/Sitze)	Stufenheck-Limousine (4/5), Kombi (5/5), Coupé (2/4)	Stufenheck-Limousine (4/5), Kombi (5/5), Cabrio (2/4)	Coupé (2/4)
Aufbauform	Ganzstahlaufbau, selbsttragend	Ganzstahlaufbau, selbsttragend	Ganzstahlaufbau, selbsttragend
Radstand (mm)	2700	2700	2700
Spur vorn/hinten (mm)	1418/1431	1418/1431	1418/1431
Länge x Breite x Höhe (mm)	Lim.: 4433 x 1698 x 1393, Tour.: 4433 x 1698 x 1391, Coup.: 4433 x 1710 x 1366	Lim.: 4433 x 1698 x 1393, Tour.: 4433 x 1698 x 1391, Cabrio: 4435 x 1710 x 1348	4433 x 1710 x 1366
Gepäckkraum (L) VDA	435, Tour.: 370/1320, Coup.: 405	435, Tour.: 370/1320, Coup.: 405, Cab.: 230	405
Reifen v/h	185/65 HR 15	185/65 HR 15, 1994: 205/60 VR 15	185/65 HR 15
Räder (v/h)	6.0 J x 15 (Stahl)	6.0 J x 15 (Stahl), 1994: 6.5 J x 15 (Stahl)	6.0 J x 15 (Stahl)
Wendekreisdurchmesser (m)	10,4	10,4	10,4
Bodenfreiheit (cm)	11,0	11,0	11,0
Leermasse (kg) DIN	1210 (1250), Tour.: 1280 (1320)	1225 (1265), Tour.: 1280 (1320), Cab.: 1370 (1410)	1265 (1300)
zul. Gesamtmasse (kg) DIN	1650 (1690), Tour.: 1780 (1820)	1665 (1705), Tour.: 1780 (1820), Cab.: 1770 (1810)	1700 (1740)
Luftwiderstand (cW x A)	0,29 x 1,96	0,30 x 1,96, Cab.: 0,35 x 1,91	0,30 x 1,96
Kraftstofftank (L)/Position	65, 1995: 62/hinten	65, 1995: 62/hinten	65, 1995: 62/hinten
Fahrleistungen			
Höchstgeschwindigkeit (km/h)	191 (189), Tour.: 191 (185)	198 (198), Tour.: 197 (194), Cab.: 194 (189)	213 (211)
Beschleun. 0 - 100 km/h (s)	12,9 (14,4)	11,3 (12,3), Tour.: 11,7 (12,8), Cab.: 12,5 (13,7)	10,5 (12,0)
Verbrauch (L/100 km) Euromix	7,7 (8,4)	7,9 (8,6), Cab.: 8,1 (9,3)	8,6 (8,8)
Sonstiges			
Preis (Anf./Ende Laufz.) DM	Lim.: 30.800/39.700, Touring: 41.000/43.400, Coupé: 39.000/42.800	Lim.: 34.800/43.200, Touring: 44.300/47.000, Cabrio: 53.500/56.900	42.000/50.200
Baujahre	Lim.: 1990 - 1999, Tour.: 1997 - 1999, Coupé: 1993 - 1999	Lim.: 1990 - 1999, Tour.: 1995 - 1999, Cabrio: 1994 - 1999	1992 - 1999
Stückzahl	Lim.: 333.170, Tour.: 17.366, Coupé: 51.014	Lim.: 493.938, Tour.: 32.543, Cabrio: 35.284	148.772

Modell (Baureihe)	BMW 320i (E36/4) BMW 320i Touring (E36/3) BMW 320i Coupé (E36/2) BMW 320i Cabrio (E36/2C)	BMW 323i (E36/4) BMW 323i Touring (E36/3) BMW 323i Coupé (E36/2)	BMW 325i (E36/4) BMW 325i Coupé (E36/2) BMW 325i Cabrio (E36/2C)	BMW 328i (E36/4) BMW 328i Touring (E36/3) BMW 328i Coupé (E36/2) BMW 328i Cabrio (E36/2C)
Motor	M50 B20, ab 1993: M52 B20	M52 B25	M50 B25	M52 B28
Betriebsart	Otto (Viertakt)	Otto (Viertakt)	Otto (Viertakt)	Otto (Viertakt)
Material (Block/Kopf)	Grauguss/Alu, ab 1993: Alu/Alu	Alu/Alu	Grauguss/Alu	Alu/Alu
Zylinderzahl/ Einbauposition	6 (Reihe), längs über Vorderachse	6 (Reihe), längs über Vorderachse	6 (Reihe), längs über Vorderachse	6 (Reihe), längs über Vorderachse
Bohrung x Hub (mm)	80 x 66	84 x 75	84 x 75	84 x 84
Hubraum (cm^3)	1991	2494	2494	2793
Leistung (PS/kW bei U/min)	150 (110) bei 5900	170 (125) bei 5500	192 (141) bei 5900	193 (142) bei 5500
Drehmoment (Nm bei U/min)	190 bei 4700, 1993: 190 bei 4200	245 bei 3950	245 bei 4200	280 bei 3500
Verdichtung	10,5 : 1, 1993: 11,0 : 1	10,5 : 1	10,5 : 1	10,2 : 1
Gemischbildung/ Elektronik	Saugrohr-Einspritzung (elektron.)	Saugrohr-Einspritzung (elektron.)	Saugrohr-Einspritzung (elektron.)	Saugrohr-Einspritzung (elektron.)
	Bosch Motronic DME M3.1, 1993: Siemens DME MS41	Siemens DME MS41.0	Bosch Motronic DME M3.1	Siemens DME MS41.0
Ventile pro Zylinder/ Betätigung	4, V-förmig hängend	4, V-förmig hängend	4, V-förmig hängend	4, V-förmig hängend
Nockenwelle(n)/ Antrieb	2 oben liegend (1993: Vanos)/ Kette	2 oben liegend (Vanos)/ Kette	2 oben liegend/Kette	2 oben liegend (Vanos)/Kette
Kurbelwellenlager	7	7	7	7
Kühlung	Pumpe/10,5 L Wasser	Pumpe/10,5 L Wasser	Pumpe/10,5 L Wasser	Pumpe/10,5 L Wasser
Schmierung	Druckumlauf/6,9 (1993: 6,5) L Öl	Druckumlauf/6,5 L Öl	Druckumlauf/6,5 L Öl	Druckumlauf/6,5 L Öl
Abgasreinigung	Dreiwege-Kat, Lambdasonde	Dreiwege-Kat, Lambdasonde	Dreiwege-Kat, Lambdasonde	Dreiwege-Kat, Lambdasonde
Batterie	12 V 65 (70) Ah/vorn, ab 1993: hinten	12 V 46 (50) Ah/hinten	12 V 65 Ah/hinten, Cab.: 12 V 70 Ah	12 V 65 (70) Ah/hinten
Generator	Wechselstrom 80 (90) A 1120 (1260) W	Wechselstrom 80 A 1120 W	Wechselstrom 80 (90) A 1120 (1260) W	Wechselstrom 80 A 1120 W
Kraftübertragung	Hinterradantrieb	Hinterradantrieb	Hinterradantrieb	Hinterradantrieb
Kupplung	Einscheiben-Trocken	Einscheiben-Trocken	Einscheiben-Trocken	Einscheiben-Trocken
Schaltgetriebe	5Gang	5Gang	5Gang	5Gang
Übersetzungen	I. 4,23, II. 2,52, III.1,66, IV. 1,22, V. 1,0, R: 4,04	I. 4,21, II. 2,49, III.1,66, IV. 1,24, V. 1,0, R: 3,85	I. 4,19, II. 2,49, III.1,66, IV. 1,24, V. 1,0, R: 4,04	I. 4,21, II. 2,49, III.1,66, IV. 1,24, V. 1,0, R: 3,85
			ab 6/91: I. 4,23, II. 2,52, III.1,66, IV. 1,22, V. 1,0, R: 4,04	
Antriebsübersetzung	3,45, Tour.: 3,45, Cab.: 3,45	2,93	3,15	2,93
Automatik	5Stufen (ZF)	5Stufen (ZF)	5Stufen (ZF)	5Stufen (ZF)

Modell (Baureihe)	BMW 320i (E36/4) BMW 320i Touring (E36/3) BMW 320i Coupé (E36/2) BMW 320i Cabrio (E36/2C)	BMW 323i (E36/4) BMW 323i Touring (E36/3) BMW 323i Coupé (E36/2)	BMW 325i (E36/4) BMW 325i Coupé (E36/2) BMW 325i Cabrio (E36/2C)	BMW 328i (E36/4) BMW 328i Touring (E36/3) BMW 328i Coupé (E36/2) BMW 328i Cabrio (E36/2C)
Übersetzungen	I. 3,7, II. 2,0, III.1,4, IV. 1,0, V. 0,74, R: 4,1	I. 3,7, II. 2,0, III.1,4, IV. 1,0, V. 0,74, R: 4,1	I. 3,7, II. 2,0, III.1,4, IV. 1,0, V. 0,74, R: 4,1	I. 3,7, II. 2,0, III.1,4, IV. 1,0, V. 0,74, R: 4,1
Antriebsübersetzung	3,45	2,93	3,45	3,07
Fahrwerk				
Vorderradaufhängung	Einzelradaufh. mit McPherson-Federbeinen, Dreieckquerlenker, Stabi			
Hinterradaufhängung	Einzelradaufh. mit Doppelquerlenkern, Längslenkern, Schraubenfedern, Teleskopstoßdämpfern, Stabi			
Lenkung	Zahnstange (hydr.), Servo, 16,8 : 1/15,4 : 1	Zahnstange (hydr.), Servo, 15,4 : 1	Zahnstange (hydr.), Servo, 16,8 : 1	Zahnstange (hydr.), Servo, 15,4 : 1
Betriebsbremse v/h (mm)	Hydr. (Servo), Zweikreis,	Hydr. (Servo), Zweikreis,	Hydr. (Servo), Zweikreis,	Hydr. (Servo), Zweikreis,
	Scheiben vorn (ab 1996 belüft.)/ hinten (Ø=286/280), ABS	Scheiben belüft. vorn/ hinten (Ø=286/276), ABS	Scheiben vorn (belüft.)/ hinten (Ø=286/280), ABS	Scheiben belüft. vorn/hinten (Ø=286/276), ABS
Parkbremse	Seilzug (Hinterräder)	Seilzug (Hinterräder)	Seilzug (Hinterräder)	Seilzug (Hinterräder)
Fahrdynamikregelung	ab 1997: ASC+T	ab 1997: ASC+T		ab 1997: ASC+T
Allgemeine Daten				
Fahrzeugart (Türen/Sitze)	Stufenheck-Limousine (4/5), Kombi (5/5), Coupé (2/4), Cabrio (2/4)	Stufenheck-Limousine (4/5), Kombi (5/5), Coupé (2/4)	Stufenheck-Limousine (4/5), Coupé (2/4), Cabrio (2/4)	Stufenheck-Limousine (4/5), Kombi (5/5), Coupé (2/4), Cabrio (2/4)
Aufbauform	Ganzstahlaufbau, selbsttragend	Ganzstahlaufbau, selbsttragend	Ganzstahlaufbau, selbsttragend	Ganzstahlaufbau, selbsttragend
Radstand (mm)	2700	2700	2700	2700
Spur vorn/hinten (mm)	1408/1421	1408/1421	1408/1421	1408/1421
Länge x Breite x Höhe (mm)	Lim.: 4433 x 1698 x 1393, Tour.: 4433 x 1698 x 1391, Coup.: 4433 x 1710 x 1366, Cab.: 4433 x 1710 x 1350	Lim.: 4433 x 1698 x 1393, Tour.: 4433 x 1698 x 1391, Coup.: 4433 x 1710 x 1366	Lim.: 4433 x 1698 x 1393, Coup.: 4433 x 1710 x 1366, Cab.: 4433 x 1710 x 1348	Lim.: 4433 x 1698 x 1393, Tour.: 4433 x 1698 x 1391, Coup.: 4433 x 1710 x 1366, Cab.: 4433 x 1710 x 1348
Gepäckraum (L) VDA	435, Tour.: 370/1320, Coup.: 405, Cab.: 230	435, Tour.: 370/1320, Coup.: 405	435, Coup.: 405, Cab.: 230	435, Tour.: 370/1320, Coup.: 405, Cab.: 230
Reifen (v/h)	205/60 VR 15	205/60 VR 15	205/60 ZR 15	205/60 WR 15
Räder (v/h)	6.5 J x 15 (Stahl), Cab.: 7.0 J x 15 (LM)	6.5 J x 15 (Stahl)	7.0 J x 15 (LM)	7.0 J x 15 (LM)
Wendekreisdurchmesser (m)	10,4	10,8	10,8	10,8
Bodenfreiheit (cm)	11,0	11,0	11,0	10,8
Leermasse (kg) DIN	Lim.: 1335 (1370), Tour.: 1345 (1380), Cab.: 1410 (1445)	Lim./Coup.: 1310 (1345), Tour.: 1365 (1400)	Lim./Coup.: 1330 (1365), Cab.: 1450 (1485)	Lim./Coup.: 1320 (1355), Tour.: 1365 (1400), Cabrio: 1430 (1465)

Modell (Baureihe)	BMW 320i (E36/4) BMW 320i Touring (E36/3) BMW 320i Coupé (E36/2) BMW 320i Cabrio (E36/2C)	BMW 323i (E36/4) BMW 323i Touring (E36/3) BMW 323i Coupé (E36/2)	BMW 325i (E36/4) BMW 325i Coupé (E36/2) BMW 325i Cabrio (E36/2C)	BMW 328i (E36/4) BMW 328i Touring (E36/3) BMW 328i Coupé (E36/2) BMW 328i Cabrio (E36/2C)
zul. Gesamtmasse (kg) DIN	Lim.: 1755 (1810), Tour.: 1810 (1845), Cab.: 1810 (1845)	Lim./Coup.: 1770 (1805), Tour.: 1865 (1900)	Lim./Coup.: 1790 (1825), Cab.: 1850 (1885)	Lim./Coup.: 1780 (1815), Tour.: 1865 (1900), Cabrio: 1830 (1865)
Luftwiderstand (cW x A)	0,32 x 1,96, Cab.: 0,35 x 1,91	0,30 x 1,96, Tour.: 0, 32 x 1,96, Coup.: 0,30 x 1,91	0,30 x 1,96, Coup.: 0,30 x 1,91, Cab.: 0,35 x 1,91	0,30 x 1,96, Tour.: 0,33 x 1,96, Coup.: 0,30 x 1,91, Cab.: 0,35 x 1,91
Kraftstofftank (L)/ Position	65, 1995: 62/hinten	62/hinten	65/hinten	62/hinten
Fahrleistungen				
Höchstgeschwindigkeit (km/h)	214 (214), Tour.: 212 (212), Cab.: 211 (207)	Lim./Coup.: 227 (224), Tour.: 223 (219)	Lim./Coup.: 233 (231), Cab.: 229 (225)	Lim./Coup.: 236 (232), Tour.: 230 (225), Cab.: 230 (226)
Beschleun. 0 - 100 km/h (s)	9,8 (10,8), Tour.: 10,2 (11,0), Cab.: 10,6 (11,4)	Lim./Coup.: 8,0 (9,0), Tour.: 8,3 (9,3)	Lim./Coup.: 8,0 (8,8), Cab.: 8,6 (9,4)	Lim./Coup.: 7,3 (7,8), Tour.: 7,4 (8,0), Cab.: 7,7 (8,4)
Verbrauch (L/100 km) Euromix	9,5 (9,6), 1993: 9,0 (10,1); Cab.: 9,1 (10,3)	Lim./Coup.: 9,0 (10,1), Tour.: 9,1 (10,1)	Lim./Coup.: 8,8 (8,6), Cab.: 9,1 (8,8)	Lim./Coup.: 9,2 (10,2), Tour.: 9,3 (10,2), Cab.: 9,3 (10,4)
Sonstiges				
Preis (Anf./Ende Laufz.) DM	Lim.: 40.000/49.200, Tour.: 50.000/52.700, Coup.: 45.300/53.800, Cab.: 58.600/62.700	Lim.: 51.000/52.800, Tour.: 54.000/56.400, Coup.: 54.500/57.400	Lim.: 49.000/56.000, Coup.: 52.200/57.600, Cab.: 65.000/66.000	Lim.: 56.000/57.800, Tour.: 58.500/61.500, Coup.: 57.600/60.600, Cab.: 66.000/69.400
Baujahre	Lim.: 1990 - 1998, Tour.: 1995 - 1999, Coupé: 1992 - 1998, Cabrio: 1994 - 1999	Lim.: 1995 - 1998, Tour.: 1996 - 1999, Coupé: 1995 - 1999	Lim.: 1990 - 1994, Coupé: 1992 - 1995, Cabrio: 1993 - 1995	Lim.: 1995 - 1998, Touring: 1995 - 1999, Coupé: 1995 - 1999, Cabrio: 1995 - 1999
Stückzahl	224.587 Limousinen, 23.637 Touring, 71.568 Coupés, 30.565 Cabrios	35.811 Limousinen, 8.435 Touring, 26.684 Coupés	173.578 Limousinen, 44.446 Coupés, 38.805 Cabrios	75.667 Limousinen, 10.618 Touring, 44.176 Coupés, 49.841 Cabrios

BMW 328i Cabriolet (1996)

Modell (Baureihe)	BMW 318tds (E36/4) BMW 318tds Touring (E36/3)	BMW 325td (E36/4)	BMW 325tds (E36/4) BMW 325tds Touring (E36/3)
Motor	M41 D18	M51 D25	M51 D25
Betriebsart	Diesel (Viertakt)	Diesel (Viertakt)	Diesel (Viertakt)
Material (Block/Kopf)	Grauguss/Alu	Grauguss/Alu	Grauguss/Alu
Zylinderzahl/Einbauposition	4 (Reihe), längs über Vorderachse	6 (Reihe), längs über Vorderachse	6 (Reihe), längs über Vorderachse
Bohrung x Hub (mm)	80 x 82,8	80 x 82,8	80 x 82,8
Hubraum (cm^3)	1665	2497	2497
Leistung (PS/kW bei U/min)	90 (66) bei 4400	115 (85) bei 4800	143 (105) bei 4600
Drehmoment (Nm bei U/min)	190 bei 2000	222 bei 1900	260 bei 2200
Verdichtung	22,0 : 1	22,0 : 1	22,0 : 1
Gemischbildung/Elektronik	Wirbelkammer-Einspritzung (elektron.) Bosch DDE 2.1	Wirbelkammer-Einspritzung (elektron.) Bosch DDE 2.1	Wirbelkammer-Einspritzung (elektron.) Bosch DDE 2.2
	Verteilereinspritzpumpe VP20	Verteilereinspritzpumpe VP20	Verteilereinspritzpumpe VP20
Aufladung	1 Turbolader Garrett	1 Turbolader Garrett	1 Turbolader Garrett
Ladeluftkühlung	LLK		LLK
Ventile pro Zylinder/Betätigung	2, parallel hängend	2, parallel hängend	2, parallel hängend
Nockenwelle(n)/Antrieb	1 oben liegend/Kette	1 oben liegend/Kette	1 oben liegend/Kette
Kurbelwellenlager	5	7	7
Kühlung	Pumpe/7,5 L Wasser	Pumpe/8,8 L Wasser	Pumpe/8,8 L Wasser
Schmierung	Druckumlauf/5,5 L Öl	Druckumlauf/7,0 L Öl	Druckumlauf/7,0 L Öl
Abgasreinigung	Oxi-Kat, Abgasrückführung	Oxi-Kat, Abgasrückführung	Oxi-Kat, Abgasrückführung
Batterie	12 V 65 Ah/vorn	12 V 85 Ah/hinten	12 V 85 Ah/hinten
Generator	Wechselstrom 95 A 1330 W	Wechselstrom 105 A 1470 W	Wechselstrom 95 A 1330 W
Kraftübertragung	Hinterradantrieb	Hinterradantrieb	Hinterradantrieb
Kupplung	Einscheiben-Trocken	Einscheiben-Trocken	Einscheiben-Trocken
Schaltgetriebe	5Gang	5Gang	5Gang
Übersetzungen	I. 5,43, II. 2,95, III.1,81, IV. 1,26, V. 1,0, R: 4,96	I. 5,09, II. 2,8, III.1,76, IV. 1,25, V. 1,0, R: 4,71	I. 5,09, II. 2,8, III.1,76, IV. 1,25, V. 1,0, R: 4,71
Antriebsübersetzung	2,79	2,65	2,56
Automatik		4Stufen	5Stufen (ZF)
Übersetzungen		I. 2,86, II. 1,62, III.1,0, IV. 0,72, R: 4,1	I. 3,7, II. 2,0, III.1,4, IV.1,0, V. 0,74, R: 4,1
Antriebsübersetzung		3,23	2,56
Fahrwerk			
Vorderradaufhängung	Einzelradaufh. mit McPherson-Federbeinen, Dreieckquerlenker, Stabi		
Hinterradaufhängung	Einzelradaufh. mit Doppelquerlenkern, Längslenkern, Schraubenfedern, Teleskopstoßdämpfern, Stabi		
Lenkung	Zahnstange (hydr.), Servo, 15,4 : 1	Zahnstange (hydr.), Servo, 16,8 : 1, 1995: 15,4 : 1	Zahnstange (hydr.), Servo, 15,4 : 1
Betriebsbremse v/h (mm)	Hydr. (Servo), Zweikreis,	Hydr. (Servo), Zweikreis,	Hydr. (Servo), Zweikreis,
	Scheiben vorn (Ø=286), Trommeln hinten (Ø=250), ABS, Touring Scheiben hint. (Ø=280)	Scheiben vorn (belüft.)/hinten (Ø=286/280), ABS	Scheiben vorn (belüft.)/hinten (Ø=286/280), ABS

Modell (Baureihe)	BMW 318tds (E36/4) BMW 318tds Touring (E36/3)	BMW 325td (E36/4)	BMW 325tds (E36/4) BMW 325tds Touring (E36/3)
Parkbremse	Seilzug (Hinterräder)	Seilzug (Hinterräder)	Seilzug (Hinterräder)
Fahrdynamikregelung	ab 1998: ASC+T	ab 1997: ASC+T	ab 1997: ASC+T
Allgemeine Daten			
Fahrzeugart (Türen/Sitze)	Stufenheck-Limousine (4/5), Kombi (5/5),	Stufenheck-Limousine (4/5)	Stufenheck-Limousine (4/5), Kombi (5/5),
Aufbauform	Ganzstahlaufbau, selbsttragend	Ganzstahlaufbau, selbsttragend	Ganzstahlaufbau, selbsttragend
Radstand (mm)	2700	2700	2700
Spur vorn/hinten (mm)	1418/1431	1418/1431	1408/1421
Länge x Breite x Höhe (mm)	Lim.: 4433 x 1698 x 1393, Tour.: 4433 x 1698 x 1391	4433 x 1698 x 1393	Lim.: 4433 x 1698 x 1393, Tour.: 4433 x 1698 x 1391
Gepäckkraum (L) VDA	435, Tour.: 370/1320	435	435, Tour.: 370/1320
Reifen (v/h)	185/65 TR 15	185/65 HR 15	205/60 VR 15
Räder (v/h)	6.0 J x 15 (Stahl)	6.0 J x 15 (Stahl)	6.5 J x 15 (Stahl)
Wendekreisdurchmesser (m)	10,4	10,4	10,4
Bodenfreiheit (cm)	11,0	11,0	11,0
Leermasse (kg) DIN	1280, Tour.: 1325	1355 (1390)	Lim.: 1365 (1400), Tour.: 1410 (1445)
zul. Gesamtmasse (kg) DIN	1740, Tour.: 1825	1815 (1845)	Lim.: 1825 (1860), Tour.: 1910 (1945)
Luftwiderstand (cW x A)	0,30 x 1,96, Tour.: 0,32 x 1,96	0,31 x 1,96,	0,31 x 1,96, Tour.: 0,32 x 1,96
Kraftstofftank (L)/Position	65, 1995: 62/hinten	65, 1995: 62/hinten	65, 1995: 62/hinten
Fahrleistungen			
Höchstgeschwindigkeit (km/h)	182, Tour.: 179	195 (193)	Lim.: 208 (206), Tour.: 206 (204)
Beschleun. 0 - 100 km/h (s)	14,2, Tour.: 14,5	12,0 (12,8)	Lim.: 10,4 (10,8), Tour.: 10,5 (11,0)
Verbrauch (L/100 km) Euromix	6,5	7,4 (8,4)	Lim.: 7,3 (8,3), Tour.: 7,4 (8,5)
Sonstiges			
Preis (Anf./Ende Laufz.) DM	Lim.: 39.900/42.600, Tour.: 43.700/40400	43.000/49.100	Lim.: 48.000/51.600, Tour.: 52.400/55.200
Baujahre	Lim.: 1994 - 1998, Tour.: 1995 - 1999	1991 - 1998	Lim.: 1993 - 1998, Tou.r: 1995 - 1999
Stückzahl	48.520 Limousinen, 24.976 Touring	55.249	53.651 Limousinen, 12.036 Touring

BMW M3 (E36S) (1992 BIS 1999)

Im November 1992 stand das zehn Monate zuvor präsentierte, aktuelle M3 Coupé beim Händler – anders als der M3-Vorgänger jetzt mit Sechszylinder-Motor. Der von der BMW Motorsport GmbH entwickelte Vierventil-Motor hatte als erster BMW überhaupt variabel verstellbare Ein- und Auslass-Nockenwellen (Doppel-Vanos) und wartete auch bei niedrigeren Drehzahlen mit einem ungestümen Temperament auf. Bei diesem faszinierenden Motor stimmte alles – selbst der kernige Sound.

Äußerlich erkennbar war der M3 am tief in der Front platzierten Ölkühler, den breiteren Schwellern und den größeren Rädern. Auf aufdringliches Spoilerwerk wurde verzichtet. Die hohe Motorleistung des neuen M3 verlangte nach einer Überarbeitung des Fahrwerks und der Bremsanlage. An der Vorderachse wurde eine Eingelenk-Federbein-Achse mit verstärkten Federtellern und Achsschenkeln verbaut. Hinten kam eine Zentrallenker-Achse, wie sie erstmals beim Z1 eingesetzt wurde, zum Einsatz. Die Längslenker mussten angepasst werden. Ebenfalls deutlich straffer abgestimmt wurden Dämpfer und Stabilisatoren. Der M3-Aufbau lag so exakt 31 mm tiefer.

Im Laufe der nächsten Jahre sollte sich zeigen, dass der M3 vieles besser konnte als selbst ein Porsche 911. Nur eines hatte er nicht: das Image des Zuffenhausener Sportgeräts. Eine interne BMW-Analyse ergab, dass 90 Prozent der M3-Käufer auf dem Land lebende, selbständige Kleinunternehmer ohne Hochschulreife waren – eine Kundschaft also, die Oberklasse-Produzenten nicht unbedingt favorisieren. Immerhin war diese Leute bereit, die sehr hohen Unterhaltskosten zu akzeptieren.

Im Winter 1993/94 folgte das M3 Cabrio, serienmäßig mit elektrischem Verdeck und dem innovativem Überrollsystem mit herausfahrbaren Sicherheitsbügeln im Heck. Erst Ende 1994 kam die viertürige Limousine ins Programm. Nur einen Touring gab es nie als M-Version – und dies sollte sich auch für den Nachfolger der Baureihe E46 nicht ändern. Produziert wurde der M3 stets exklusiv in Regensburg.

1994 gab es noch eine 350 Homologations-Exemplare umfassende Kleinserie M3 GT – ausschließlich in British Racing Green lackiert, vorn und hinten mit Spoilern versehen und 295 PS stark. Sie diente als Basis für den Motorsport.

BMW M3 Coupé (1994)

BMW M3 Cabriolet (1994)

BMW M3 Limousine (1995)

Die große Leistungssteigerung für den „Serien-M3“ kam im Sommer 1995: Statt des bisherigen Dreiliter-Triebwerks bekam der M3 nun einen 3,2-Liter-Motor, der 321 PS freisetzte – dieser Sechszylinder saß bereits im Z3 M Roadster. Er war gekoppelt mit einem Sechsganggetriebe, zudem kamen nun leistungsfähigere Compound-Bremsen vorn zum Einsatz. Zunächst wurden Limousine und Coupé damit aufgerüstet, im Frühjahr 1996 kam auch das Cabrio an die Reihe. Solcherart erstarkt übertraf der M3 erneut die Konkurrenz von Porsche. Verbunden mit der Leistungskur war ein dezentes Facelift – weiße Blinkergläser, schwarzer Kühllufteinlass im Frontspoiler. Dazu kamen neue Räder, langlebigere Compound-Bremsen aus dem BMW M5 und ein Sechsgang-Schaltgetriebe.

1997 gab es den M3 optional mit sequenzieller Schaltung (Drücken/Ziehen am Schaltknüppel), die gegen Ende der Fertigungszeit von jedem zweiten Kunden geordert wurde. Unangenehm an der elektro-hydraulischen Betätigung des manuellen Schaltgetriebes war aber die Zugkraftunterbrechung, die den Beifahrer jedes Mal heftig nicken ließ. Mit Automatikgetriebe gab es den M3 übrigens nie, auch eine Allradversion wurde nie angeboten.

Im Dezember 1997 lief der 50.000ste M3 der Baureihe E36 vom Band – es handelte sich gleichzeitig um die letzte M3 Limousine. Sie ging an die bayerische Autobahn-Polizei. Das Coupé wurde noch bis Ende 1998 gefertigt, das Cabrio blieb bis Dezember 1999 im Programm. Insgesamt entstanden bis dahin 71.242 M3-Fahrzeuge der E36-Serie, der allergrößte Teil davon als Coupé.

Bis zu 60 Prozent der M3 waren übrigens in die USA exportiert worden. Dort gab es auch eine auf 243 PS und 320 Nm reduzierte Version mit Fünfgang-Schaltung, die maximal 220 km/h erreichte. Ihr Vanos-Motor mit 2990 bzw. 3152 cm^3 basierte technisch auf den M50- und M52-Sechszylindermotoren des 325i respektive 328i. Als Pendant zum M3 GT wurde in den USA das limitierte Sondermodell M3 LTW (Lightweight) angeboten. Das grundsätzlich weiß lackierte Modell hatte die gleichen Spoiler wie der M3 GT, allerdings mit gewichtserleichternder abgespeckter Innenausstattung.

BMW M3 Cabriolet (1996)

BMW M3 GT (1994)

Modell (Baureihe)	BMW M3 (E36/4S) BMW M3 Coupé (E36/2S) BMW M3 Cabrio (E36/2CS)	BMW M3 (E36/4S) BMW M3 Coupé (E36/2S) BMW M3 Cabrio (E36/2CS)
Motor	S50 B30	S52 B32
Betriebsart	Otto (Viertakt)	Otto (Viertakt)
Material (Block/Kopf)	Grauguss/Alu	Grauguss/Alu
Zylinderzahl/Einbauposition	6 (Reihe), längs über Vorderachse	6 (Reihe), längs über Vorderachse
Bohrung x Hub (mm)	86 x 85,8	86,4 x 91
Hubraum (cm^3)	2990	3201
Leistung (PS/kW bei U/min)	286 (210) bei 7000	321 (236) bei 7400
	M3 GT: 295 (217) bei 7000	
Drehmoment (Nm bei U/min)	320 bei 3600	350 bei 3250
	M3 GT: 323 bei 3900	
Verdichtung	10,8 : 1	11,3 : 1
Gemischbildung/Elektronik	Saugrohr-Einspritzung (elektron.)	Saugrohr-Einspritzung (elektron.)
	Bosch Motronic DME	Bosch Motronic DME MSS 50
Ventile pro Zylinder/Betätigung	4, V-förmig hängend	4, V-förmig hängend
Nockenwelle(n)/Antrieb	2 oben liegend (Doppel-Vanos)/Kette	2 oben liegend (Doppel-Vanos)/Kette
Kurbelwellenlager	7	7
Kühlung	Pumpe/10,7 L Wasser, Ölkühler	Pumpe/10,8 L Wasser, Ölkühler
Schmierung	Druckumlauf/7,0 L Öl	Druckumlauf/8,0 L Öl
Abgasreinigung	Dreiwege-Kat, 2 Lambdasonden	Dreiwege-Kat, 2 Lambdasonden
Batterie	12 V 70 Ah/hinten	12 V 70 Ah/hinten
Generator	Wechselstrom 90 (115) A 1260 (1380) W	Wechselstrom 120 A 1610 W
Kraftübertragung	Hinterradantrieb	Hinterradantrieb
Kupplung	Einscheiben-Trocken	Einscheiben-Trocken
Schaltgetriebe	5Gang	6Gang, a.W. sequenziell (DSG)
Übersetzungen	I. 4,2, II. 2,49, III.1,66, IV. 1,24, V. 1,0, R: 3,89	I. 4,23, II. 2,52, III.1,67, IV. 1,23, V. 1,0, VI. 0,83, R: 3,75
Antriebsübersetzung	3,15	3,23
Fahrwerk		
Vorderradaufhängung	Einzelradaufh. mit McPherson-Federbeinen, Dreieckquerlenker, Stabi	
Hinterradaufhängung	Einzelradaufh. mit Doppelquerlenkern, Längslenkern, Schraubenfedern, Teleskopstoßdämpfern, Stabi	
Lenkung	Zahnstange (hydr.), Servo, 16,8 : 1	Zahnstange (hydr.), Servo, 17,8 : 1
Betriebsbremse v/h (mm)	Hydr. (Servo), Zweikreis,	Hydr. (Servo), Zweikreis,
	Scheiben belüft. vorn/hinten (Ø=315/300), ABS	Scheiben belüft. vorn/hinten (Ø=315/300), ABS
Parkbremse	Seilzug (Hinterräder)	Seilzug (Hinterräder)
Fahrdynamikregelung		DSC

Modell (Baureihe)	BMW M3 (E36/4S) BMW M3 Coupé (E36/2S) BMW M3 Cabrio (E36/2CS)	BMW M3 (E36/4S) BMW M3 Coupé (E36/2S) BMW M3 Cabrio (E36/2CS)
Allgemeine Daten		
Fahrzeugart (Türen/Sitze)	Stufenheck-Limousine (4/5), Coupé (2/4), Cabrio (2/4)	Stufenheck-Limousine (4/5), Coupé (2/4), Cabrio (2/4)
Aufbauform	Ganzstahlaufbau, selbsttragend	Ganzstahlaufbau, selbsttragend
Radstand (mm)	2700	2700
Spur vorn/hinten (mm)	1422/1444	1422/1444
Länge x Breite x Höhe (mm)	Lim.: 4435 x 1710 x 1365, Coupé/Cabrio: 4435 x 1710 x 1340	Lim.: 4435 x 1710 x 1370, Coupé/Cabrio: 4435 x 1710 x 1340
Gepäckkraum (L) VDA	435, Coup.: 405, Cab.: 230	435, Coup.: 405, Cab.: 230
Reifen (v/h)	235/40 ZR 17	225/45 ZR 17/245/40 ZR 17
Räder (v/h)	7.5 J x 17/8.5 J x 17 (LM)	7.5 J x 17/8.5 J x 17 (LM)
Wendekreisdurchmesser (m)	10,4	10,4
Bodenfreiheit (cm)	11,0	11,0
Leermasse (kg) DIN	Lim./Coup.: 1460, Cab.: 1540	Lim.: 1460, Coup.: 1440, Cab.: 1560
zul. Gesamtmasse (kg) DIN	Lim./Coup.: 1930, Cab.: 1930	Lim.: 1950, Coup.: 1930, Cab.: 1980
Luftwiderstand (cW x A)	Lim./Coup.: 0,31 x 2,17, Cab.: 0,36 x 2,17	Lim./Coup.: 0,31 x 2,17, Cab.: 0,36 x 2,17
Kraftstofftank (L)/Position	65/hinten	65/hinten
Fahrleistungen		
Höchstgeschwindigkeit (km/h)	250	250
Beschleun. 0 - 100 km/h (s)	Lim./Coup.: 6,0, Cab.: 6,2, GT: 5,9	Lim./Coup.: 5,5, Cab.: 5,6
Verbrauch (L/100 km) Euromix	Coup.: 9,1	Coup.: 8,7
Sonstiges		
Preis (Anf./Ende Laufz.) DM	Lim.: 85.000/89.100, Coup.: 80.000/90.900, Cab.: 95.500/100.000	
Baujahre	Lim.: 1994 - 1997, Coup.: 1992 - 1999, Cab.: 1994 - 1999	
Stückzahl	12.603 Limousinen, 46.525 Coupé, 12.114 Cabrios	

BMW 316i Compact (1993)

BMW COMPACT (E36/5) (1993 BIS 2000)

Basierend auf dem Dreier der Baureihe E36 präsentierten die Bayern Ende 1993 eine grundsätzlich zweitürige Limousine mit großer Heckklappe. Bei den Händlern stand er ab April 1994. Bis zur B-Säule war das 22,5 Zentimeter kürzere Auto identisch mit der E36-Limousine, der Radstand blieb der gleiche – wobei die Schräglenker-Hinterachse vom alten Dreier (Baureihe E30) stammte. Neu war die vom Dach bis zum Stoßfänger reichende Heckklappe, die an die Zeiten des glücklosen Nullzwei Touring erinnerte.

Der einfacher gestrickte Innenraum unterschied sich von dem des Dreiers. So war die Instrumententafel nur einteilig ausgeführt, das Fahrlicht ließ sich nicht per Dreh-, sondern per Zugschalter betätigen. Die zweiteilige Rücklehne der Fondsitze konnte man getrennt umklappen.

Der Compact sollte mit Erfolg in der Golf-Klasse wildern. Er mauserte sich nicht nur zum zeitweise bestverkauften BMW der Dreier-Reihe (im Rekordjahr 1995 waren es stolze 27 Prozent Anteil), sondern eroberte auch einen akzeptablen Marktanteil im Riesenangebot kompakter Mittelklasseautos. Der kurze Bayer war hier die einzige Alternative mit Heckantrieb – denn Erzkonkurrent Mercedes setzte im Kompaktwagenbereich auf die frontgetriebene A-Klasse. Zugelassen war er für fünf Personen, tatsächlich bot er eher Platz für vier. Das Modell 316g war von vornherein nur für zwei Personen eingetragen.

Zunächst wurde der ausschließlich in München gebaute Compact mit dem 1,6-Liter-Zweiventiler (316i), ab Herbst 1994 mit 1,8-Liter-Vierventiler (318ti) aus dem aktuellen Vierzylinder-Programm angeboten. Anfang 1996 ersetzte der neue 1,9-Liter-Vierventiler aus dem BMW Z3 den 1,8-Liter: Bei gleicher Leistung erstarkte das Drehmoment und sank der Verbrauch.

Anfang 1995 gesellte sich der 1,7 Liter kleine 90-PS-Turbodiesel (318tds) mit Wirbelkammer-Einspritzung hinzu –

BMW 318i Compact (1994)

er sollte der einzige Selbstzünder im Compact-Programm bleiben. Im Dezember 1995 debütierte aber die erwähnte 1,6-Liter-Version für den wahlweisen Betrieb mit Erdgas, die ausschließlich mit Handschalt-Getriebe zu haben war. Der Wagen konnte sowohl mit Benzin betrieben werden (dann blieb es bei der gewohnten Motorleistung), als auch mittels eines Schalters an der Instrumententafel auf Gasbetrieb umgestellt werden. Dafür befand sich anstelle der Rücksitzbank ein 80-Liter-Gastank im Wagen; der Durchschnittsverbrauch lag bei niedrigen 4,9 kg Gas/100 km. Geplant, aber verworfen wurde auch eine 1,8-Liter-Gas-Motorversion, wie sie im Fünfer Touring installiert war. 6.600 Mark teurer als der 316i, war die Gasversion allerdings nie so recht erfolgreich.

Im Juli 1997 debütierte dann der neue 2,5-Liter-Sechszylinder mit verstellbarer Nockenwelle (Vanos) aus dem BMW 323i, der ein berauschendes Fahrerlebnis bescherte. Der Compact 323ti war mittels eines Sportfahrwerks tiefer gelegt und mit einem hochwertigeren Interieur ausgestattet. Als Edition Comfort war diese Ausstattung auch für andere Compact-Modelle bestellbar. Daneben gab es seit Anfang 1995 die sogenannte Open Air-Version – hier erstreckte sich ein großes Stoffschiebedach über die gesamte Dachfläche (außer 316g).

Anfang 1999 löste schließlich der 1,9-Liter-Vierzylinder mit 105 PS (der zum gleichen Zeitpunkt auch in der Limousine Einzug hielt) den bisherigen 1,6-Liter-Einstiegsmotor mit 102 PS ab – es blieb aber bei der Modellbezeichnung 316i. Der 118 PS starke Zweiventiler mit Ausgleichswellen, wie er im Z3 eingesetzt wurde, kam nicht zum Einsatz – obwohl der 140 PS starke Vierventil-Vierzylinder, installiert im Compact 318ti, aus dem Programm verschwunden war. Kleiner Trost: Sowohl der neue 316i als auch der 316g bekamen nun hintere Scheibenbremsen statt der Trommeln.

Im Rahmen der Modellpflege gab es die Compact-Modelle ab Modelljahr 2000 mit in Wagenfarbe lackierten Stoßfängern und Seitenschwellern. Der 323ti ließ sich nun auch als Sport Limited Edition ordern – mit noch mehr sportiven Zutaten wie dem M3-Schaltknüppel mit sehr kurzen Schaltwegen. Aber anders als traditionelle Anbieter in der Kompaktklasse gab es den Compact nie mit einem ESP-System (DSC). Dafür waren alle Kurz-BMW mit der Traktionskontrolle ASC+T zu bekommen.

Die Nachfrage nach dem Compact ging dann aber stetig zurück: Im ersten Halbjahr 1999 entfielen nur noch zehn Prozent aller Dreier auf die kurze Variante. Die Produktion endete im August 2000 nach 396.641 Exemplaren.

BMW 318tds Compact mit Open-Air-Panoramadach (199

BMW 323ti Compact (1997)

Modell (Baureihe)	BMW 316i Compact (E36/5) BMW 316g Compact (E36/5)	BMW 316i Compact (E36/5)	BMW 318ti Compact (E36/5)
Motor	M43 B16	M43 B19	M42 B18, ab 1996: M44 B19
Betriebsart	Otto (Viertakt)	Otto (Viertakt)	Otto (Viertakt)
Material (Block/Kopf)	Grauguss/Alu	Grauguss/Alu	Grauguss/Alu
Zylinderzahl/Einbauposition	4 (Reihe), längs über Vorderachse	4 (Reihe), längs über Vorderachse	4 (Reihe), längs über Vorderachse
Bohrung x Hub (mm)	84 x 72	85 x 83,5	84 x 81, 1996: 85 x 83,5
Hubraum (cm³)	1596	1895	1796, 1996: 1895
Leistung (PS/kW bei U/min)	102 (75) bei 5500	105 (77) bei 5300	140 (103) bei 6000
	316g (Gasbetrieb): 87 (64) bei 5500		
Drehmoment (Nm bei U/min)	150 bei 3900, 316g (Gasbetrieb): 127 bei 3900	165 bei 2500	175 bei 4500, 1996: 180 bei 4300
Verdichtung	9,7 : 1	9,7 : 1	10,0 : 1
Gemischbildung/Elektronik	Saugrohr-Einspritzung (elektron.)	Saugrohr-Einspritzung (elektron.)	Saugrohr-Einspritzung (elektron.)
	Bosch Motronic DME M1.7.1, 316g: M1.7.3 CNG	Siemens DME BMS 46	Bosch Motronic DME M1.7, 1996: DME M5.2
Ventile pro Zylinder/Betätigung	2, V-förmig hängend	2, V-förmig hängend	4, V-förmig hängend
Nockenwelle(n)/Antrieb	1 oben liegend/Kette	1 oben liegend/Kette	2 oben liegend/Kette
Kurbelwellenlager	5	5	5
Kühlung	Pumpe/6,0 L Wasser	Pumpe/6,5 L Wasser	Pumpe/6,5 L Wasser
Schmierung	Druckumlauf/4,0 L Öl	Druckumlauf/4,0 L Öl	Druckumlauf/5,0 L Öl
Abgasreinigung	Dreiwege-Kat, Lambdasonde	Dreiwege-Kat, Lambdasonde	Dreiwege-Kat, Lambdasonde
Batterie	12 V 46 (50) Ah/vorn	12 V 50 Ah/vorn	12 V 70 Ah/vorn
Generator	Wechselstrom 80 A 1120 W	Wechselstrom 70 (80) A 980 (1120) W	Wechselstrom 70 (80) A 980 (1120) W
Kraftübertragung	Hinterradantrieb	Hinterradantrieb	Hinterradantrieb
Kupplung	Einscheiben-Trocken	Einscheiben-Trocken	Einscheiben-Trocken
Schaltgetriebe	5Gang	5Gang	5Gang
Übersetzungen	I. 4,23, II. 2,52, III.1,66, IV. 1,22, V. 1,0, R: 4,04	I. 4,23, II. 2,52, III.1,66, IV. 1,22, V. 1,0, R: 4,04	I. 4,23, II. 2,52, III.1,66, IV. 1,22, V. 1,0, R: 4,04
Antriebsübersetzung	3,38	3,23	3,38
Automatik	4Stufen (GM), außer 316g	4Stufen (GM)	4Stufen (GM)
Übersetzungen	I. 2,4, II. 1,47, III.1,0, IV. 0,72, R: 2,0	I. 2,4, II. 1,47, III.1,0, IV. 0,72, R: 2,0	I. 2,86, II. 1,62, III.1,0, IV. 0,72, R: 2,0
Antriebsübersetzung	4,45	4,44	4,44
Fahrwerk			
Vorderradaufhängung	Einzelradaufh. mit McPherson-Federbeinen, Dreieckquerlenker, Stabi		
Hinterradaufhängung	Einzelradaufh. mit Schräglenkern, Schraubenfedern, Teleskopstoßdämpfer, a.W. Stabi (318ti Serie)		

Modell (Baureihe)	BMW 316i Compact (E36/5) BMW 316g Compact (E36/5)	BMW 316i Compact (E36/5)	BMW 318ti Compact (E36/5)
Lenkung	Zahnstange (hydr.), Servo, 16,8 : 1, 1996: 15,4 : 1	Zahnstange (hydr.), Servo, 15,4 : 1	Zahnstange (hydr.), Servo, 16,8 : 1, 1996: 15,4 : 1
Betriebsbremse v/h (mm)	Hydr. (Servo), Zweikreis,	Hydr. (Servo), Zweikreis,	Hydr. (Servo), Zweikreis,
	Scheiben vorn (Ø=286), Trommeln hinten (Ø=250), ABS, 1999: 316g Scheiben hint. (Ø=280)	Scheiben vorn/hinten (Ø=286/272), ABS	Scheiben vorn/hinten (Ø=286/272), ABS
Parkbremse	Seilzug (Hinterräder)	Seilzug (Hinterräder)	Seilzug (Hinterräder)
Fahrdynamikregelung	ASC+T, außer 316g	ASC+T	ASC+T
Allgemeine Daten			
Fahrzeugart (Türen/Sitze)	Schrägheck-Limousine (3/5)	Schrägheck-Limousine (3/5)	Schrägheck-Limousine (3/5)
Aufbauform	Ganzstahlaufbau, selbsttragend	Ganzstahlaufbau, selbsttragend	Ganzstahlaufbau, selbsttragend
Radstand (mm)	2700	2700	2700
Spur vorn/hinten (mm)	1420/1425	1420/1425	1410/1415
Länge x Breite x Höhe (mm)	4210 x 1700 x 1390	4210 x 1700 x 1390	4210 x 1700 x 1390
Gepäckkraum (L) VDA	300/1030	300/1030	300/1030
Reifen (v/h)	185/65 HR 15	185/65 HR 15	205/60 VR 15
Räder (v/h)	6.0 J x 15 (Stahl)	6.0 J x 15 (Stahl)	6.5 J x 15 (Stahl)
Wendekreisdurchmesser (m)	10,4	10,4	10,4
Bodenfreiheit (cm)	11,0	11,0	11,0
Leermasse (kg) DIN	1175, 316g: 1280	1175 (1215)	1200
zul. Gesamtmasse (kg) DIN	1635, 316g: 1640	1635 (1675)	1660
Luftwiderstand (cW x A)	0,31 x 1,95	0,33 x 1,95	0,34 x 1,95
Kraftstofftank (L)/Position	55/hinten	55/hinten	55/hinten
Fahrleistungen			
Höchstgeschwindigkeit (km/h)	188, 316g: 177	190 (185)	209 (202)
Beschleun. 0 - 100 km/h (s)	12,3, 316g: 15,6	11,9 (13,3)	9,9 (10,8)
Verbrauch (L/100 km) Euromix	7,6, 316g: 4,9	7,6 (8,9)	7,9 (8,8)
Sonstiges			
Preis (Anf./Ende Laufz.) DM	33.600/36.500, 316g: 41.500/43.100	36.500	38.700/41.800
Baujahre	1994 - 1999, 316g: 1995 - 2000	1999 - 2000	1994 - 1999
Stückzahl	229.087 BMW 316i, dazu 471 BMW 316g		95.773

Modell (Baureihe)	BMW 323ti Compact (E36/5)	BMW 318tds Compact (E36/5)
Motor	M52 B25	M41 D18
Betriebsart	Otto (Viertakt)	Diesel (Viertakt)
Material (Block/Kopf)	Grauguss/Alu	Grauguss/Alu
Zylinderzahl/Einbauposition	6 (Reihe), längs über Vorderachse	4 (Reihe), längs über Vorderachse
Bohrung x Hub (mm)	84 x 75	80 x 82,2
Hubraum (cm³)	2494	1665
Leistung (PS/kW bei U/min)	170 (125) bei 5500	90 (66) bei 4400
Drehmoment (Nm bei U/min)	245 bei 3950	190 bei 2000
Verdichtung	10,5 : 1	22,0 : 1
Gemischbildung/Elektronik	Saugrohr-Einspritzung (elektron.)	Wirbelkammer-Einspritzung (elektron.) Bosch DDE2.1
	Siemens MS41.0	Verteilereinspritzpumpe VP20
Aufladung		1 Turbolader Garrett
Ladeluftkühlung		LLK
Ventile pro Zylinder/Betätigung	4, V-förmig hängend	2, V-förmig hängend
Nockenwelle(n)/Antrieb	2 oben liegend (Vanos)/Kette	1 oben liegend/Kette
Kurbelwellenlager	7	5
Kühlung	Pumpe/10,5 L Wasser	Pumpe/7,5 L Wasser
Schmierung	Druckumlauf/6,5 L Öl	Druckumlauf/5,5 L Öl
Abgasreinigung	Dreiwege-Kat, Lambdasonde	Oxi-Kat, Abgasrückführung
Batterie	12 V 70 Ah/vorn	12 V 65 Ah/vorn
Generator	Wechselstrom 80 A 1120 W	Wechselstrom 95 A 1330 W
Kraftübertragung	Hinterradantrieb	Hinterradantrieb
Kupplung	Einscheiben-Trocken	Einscheiben-Trocken
Schaltgetriebe	5Gang	5Gang
Übersetzungen	I. 4,23, II. 2,52, III.1,66, IV. 1,22, V. 1,0, R: 4,04	I. 5,43, II. 2,95, III.1,81, IV. 1,26, V. 1,0, R: 4,96
Antriebsübersetzung	3,07	2,65
Automatik	5Stufen (ZF)	
Übersetzungen	I. 3,67, II. 2,0, III.1,4, IV. 1,0, V. 0,87, R: 4,1	
Antriebsübersetzung	3,23	
Fahrwerk		
Vorderradaufhängung	Einzelradaufh. mit McPherson-Federbeinen, Dreieckquerlenker, Stabi	
Hinterradaufhängung	Einzelradaufh. mit Schräglenkern, Schraubenfedern, Teleskopstoßdämpfer, Stabi	
Lenkung	Zahnstange (hydr.), Servo, 15,4 : 1	Zahnstange (hydr.), Servo, 15,4 : 1
Betriebsbremse v/h (mm)	Hydr. (Servo), Zweikreis,	Hydr. (Servo), Zweikreis,
	Scheiben vorn (belüft.)/hinten (Ø=286/272), ABS	Scheiben vorn/hinten (Ø=286/280, bis 1999 hint. Trommeln), ABS
Parkbremse	Seilzug (Hinterräder)	Seilzug (Hinterräder)
Fahrdynamikregelung	ASC+T	ASC+T

Modell (Baureihe)	BMW 323ti Compact (E36/5)	BMW 318tds Compact (E36/5)
Allgemeine Daten		
Fahrzeugart (Türen/Sitze)	Schrägheck-Limousine (3/5)	Schrägheck-Limousine (3/5)
Aufbauform	Ganzstahlaufbau, selbsttragend	Ganzstahlaufbau, selbsttragend
Radstand (mm)	2700	2700
Spur vorn/hinten (mm)	1413/1413	1420/1425
Länge x Breite x Höhe (mm)	4210 x 1700 x 1378	4210 x 1700 x 1390
Gepäckkraum (L) VDA	300/1030	300/1030
Reifen (v/h)	225/50 WR 15	185/65 HR 15
Räder (v/h)	7.0 J x 15 (LM)	6.0 J x 15 (Stahl)
Wendekreisdurchmesser (m)	10,9	10,8
Bodenfreiheit (cm)	10,8	11,0
Leermasse (kg) DIN	1255 (1290)	1215
zul. Gesamtmasse (kg) DIN	1715 (1750)	1675
Luftwiderstand (cW x A)	0,33 x 1,96	0,34 x 1,96
Kraftstofftank (L)/Position	55/hinten	55/hinten
Fahrleistungen		
Höchstgeschwindigkeit (km/h)	230 (225)	175
Beschleun. 0 - 100 km/h (s)	7,8 (8,6)	13,9
Verbrauch (L/100 km) Euromix	9,3 (10,4)	6,4
Sonstiges		
Preis (Anf./Ende Laufz.) DM	47.900/49.400	37.500/39.500
Baujahre	1997 - 2000	1995 - 2000
Stückzahl	13.722	92.945

BMW 730i (1994)

BMW SIEBENER (E38) (1994 BIS 2001)

Die im März 1994 auf dem Genfer Automobil-Salon vorgestellte neue Siebener-Reihe (E38) stand ab Mai des Jahres beim Händler, nachdem in fast acht Jahren fast 50.000 Einheiten der Vorgänger-Baureihe E32 verkauft worden waren. Die Form der großen Limousine ähnelte der des neuen Dreiers (E 36) – ein Trend, der sich mit den später folgenden Modellen noch verstärken sollte: Was BMW als Familienähnlichkeit konzipiert hatte, stieß bei den nach Unterscheidungsmerkmalen suchenden Kunden nicht immer auf die gewünschte Gegenliebe.

Der neue Siebener auf serienmäßigen 16-Zoll-Felgen wirkte noch schlanker und sportlicher als sein Vorgänger E32, obwohl er diesen in allen Abmessungen übertraf. Er fuhr sich auch viel agiler und ähnelte in seiner Performance kleineren, schnellen Autos. Die Motorhaube schloss die Niere ein, die Heckklappe war mit einer Spoilerkante versehen. Im Verbund mit anderen aerodynamischen Maßnahmen wurde der cW-Wert um zehn Prozent gesenkt. Dank der gewichtserleichterten Rohbau-Karosserie sank deren Anteil an der Gesamtmasse auf 19,5 Prozent (Vorgänger: 21 Prozent).

Wie der bisherige Siebener und Achter verfügte der E38 über alle innovativen Goodies, die BMW zu bieten hatte. Wurden neue High-Tech-Ingredienzien entwickelt, kamen sie sofort dem Siebener zugute. Der Reigen elektronischer Leckerbissen reichte von der Traktionskontrolle bis zum Multifunktionslenkrad. Später gesellten sich das elektronische Stabilitätsprogramm DSC und andere Fahrer-Assistenzsysteme hinzu.

Als erstes kamen die V8-Typen 730i und 740i heraus; gebaut wurden sie wiederum im Werk Dingolfing. Im September 1994 brachte BMW den 750i – erkennbar an den verchromten Streben im Grill – mit dem auf 5,4 Liter Hubraum vergrößerten V12, der später auch im Rolls-Royce Silver Seraph Einzug hielt. Gleichzeitig begannen die Bayern mit der Fertigung der um 14 cm verlängerten Lang-Limousinen (Code E38/2), die den Fondpassagieren mehr Raum boten und als „Chauffeurs-Version" (was ganz besonders auf die noch weiter verlängerte L7-Version zutraf – Preis 1999/2000: 252.900 Mark) galten. Bis auf die Diesel-Modelle wurden alle Siebener in zwei Längen angeboten. Im September 1995 folgten der 728i mit Sechszylinder, der bis zu 60 Prozent des Absatzes ausmachte, sowie Anfang 1996 der 725tds – der erste Diesel, den BMW in der Luxusklasse einsetzte.

Ab April 1996 gab es zwei neue V8 – den 3,5-Liter-Motor im jetzigen 735i (Ersatz für den 730i) und den 4,4-Liter-Achtzylinder im weiterhin 740i genannten Luxusliner. 1997 kam der erwähnte 750i XL L7 hinzu – eine auf 5,40 m Außenlänge gewachsene Repräsentationslimousine, die zunächst nur außerhalb Europas angeboten wurde, aber seit 1999 auch in Deutschland erhältlich war. Luxus pur verströmte aber bereits der 750iL mit hinterer Einzelsitzanlage, Doppelverglasung und elektrischer Fondlehnen-Verstellung. Genau wie später auch die anderen Langversionen verfügte der große 750i über eine Niveauregulierung an der Hinterachse.

Ebenfalls 1997 vervollständigten Kopf-Airbags die ohnehin üppige Sicherheitsausstattung, die damals schon eine Sitzbelegungserkennung für den Beifahrer-Bag einschloss. Dazu kamen Extras wie die automatische Heckklappenbedienung – zwei Jahre gipfelte das Optionspaket in fragwürdigen Angeboten wie der Tür-Griffmulden-Beleuchtung, die sich sehr weit vom ursprünglich sportiven Anspruch der Marke entfernt hatten. Und wurden anfangs alle Modelle außer dem 750i auch mit Handschaltgetriebe angeboten, bestand diese Wahlmöglichkeit in Deutschland ab 1997 nur noch für den 728i und den 725tds –

BMW 730i (1994)

BMW 730d (1998)

wobei die ZF-Automatikgetriebe zugegebenermaßen bestens zu den großen BMW passten.

Im September 1998 debütierte der 730d mit dem seidenweichen Sechszylinder-Direkteinspritzer, der dank Common-Rail-Hochdruckeinspritzung eine unglaubliche Kultiviertheit an den Tag legte. Gegenüber den Dreier- und Fünfer-Modellen war der Dreiliter-Motor hier noch weiter erstarkt. Gleichermaßen im September 1998 folgten neue, emissionsärmere V8 mit variabler Steuerung der Einlass-Nockenwellen (Vanos), Sekundärlufteinblasung und motornahen Katalysatoren. Gleichzeitig bekam der neue 2,8-Liter-Sechszylinder das Doppel-Vanos-System. Im 750i/iL kam mit Beginn des Jahres 1999 erstmals ein elektrisch beheizter Katalysator zum Einsatz.

Fürs Modelljahr 1999 spendierte BMW dem Siebener ein dezentes Facelift mit Modifikationen an der Niere, einer Scheinwerferform wie beim Dreier, weißen vorderen Blinkleuchten und einer Chromleiste an der Heckklappe. Wer wollte, konnte das nobelste Modell des Hauses nun sogar mit einem sportiv angehauchten M-Paket ordern. Eine echte M-Variante des Siebeners gab es jedoch niemals.

Neu waren die in Kleinserienfertigung anlaufenden 740iL und 750iL Protection (E38/3) nach Muster des 540i Protection, die äußerlich den ungeschützten Modellen entsprachen. BMW nahm drei Sicherheitsstufen ins Programm: Stufe 1 bezeichnete die Sicherheitsverglasung, die für alle Siebener zu ordern war, Stufe 2 umschrieb eine leichte Panzerung gegen schwere Faustfeuerwaffen, während Stufe 3 einen Extremschutz gewährleistete. Offizielle Verkaufspreise gab es nicht, je nach Kundenwunsch waren mindestens 500.000 Mark anzulegen. Bestandteil des Programms sind die pannensicheren Reifen und die Reifen-Luftdruckanzeige im Cockpit – beides konnte auch für die zivilen Typen bestellt werden. Gleichfalls in der Zubehörliste tauchten ab 1999 der massierende „Aktivsitz", die Sprachsteuerung des Telefons und die Klima-Komfortverglasung auf.

Ein technischer Höhepunkt war im Juni 1999 der Einsatz des ersten deutschen V8-Dieselmotors in den 740d – entwickelt wie alle anderen BMW-Diesel im oberösterreichischen Steyr. Mercedes und Audi folgten erst später mit ähnlichen Achtzylindern. Zwei Turbolader, wiederum mit elektrisch verstellbaren Schaufeln, und das Common-Rail-Einspritzsystem sorgten für ein unglaubliches Temperament, gepaart mit einzigartiger Laufruhe: Das so ausgestattete

BMW 730d (1998)

BMW 740d (1997)

Fahrzeug machte endgültig Schluss mit allen auch im Hause BMW noch bestehenden Vorbehalten gegenüber Diesel-Direkteinspritzern. Anfang 2000 erfuhr auch der Sechszylinder im 730d eine Leistungszulage. Beide Motoren waren ausschließlich mit Fünfstufen-Automatik zu haben.

Auf Wunsch gab es anschließend alle Siebener mit Stoßfängern und Seitenschwellern in Wagenfarbe und einem optionalen Highline-Paket inklusive Navigationssystem, Einparkhilfe, Xenonlicht, Reifen-Luftdruckkontrolle und einigen Goodies mehr. Ab April 2000 wurde eine aktive Geschwindigkeitsregelung (Abstandsradar), ähnlich der Distronic in der Mercedes S-Klasse, für alle V8- und V12-Modelle angeboten.

Der nächste Siebener der Baureihe E65 debütierte auf der IAA 2001, und damit war der Schlussstrich für den E38 gezogen. 15 Limousinen des Typs 750 hL blieben jedoch weiter im Werks-Einsatz und kamen sowohl bei der Expo in Hannover als auch in München zum Einsatz. Ihr wasserstoffgetriebener V12-Motor leistete 204 PS/150 kW, den Spurt von 0 auf Tempo 100 absolviert der Öko-Luxusliner in 9,6 Sekunden, und als Höchstgeschwindigkeit wurden 226 km/h angegeben.

BMW 750hL, Kleinserien-Modell für eine Demonstrationsflotte (2000)

BMW 740i (1998)

BMW 740iL (2001)

BMW 750i (1994)

BMW 750iL (1998)

BMW 750iL (2001)

BMW 750i XL L7 (1997)

Modell (Baureihe)	BMW 728i (E38) BMW 728iL (E38/2)	BMW 730i (E38) BMW 730iL (E38/2)	BMW 735i (E38) BMW 735iL (E38/2)
Motor	M52 B28	M60 B30	M62 B35
Betriebsart	Otto (Viertakt)	Otto (Viertakt)	Otto (Viertakt)
Material (Block/Kopf)	Alu/Alu	Alu/Alu	Alu/Alu
Zylinderzahl/Einbauposition	6 (Reihe), längs über Vorderachse	8 (V 90°), längs über Vorderachse	8 (V 90°), längs über Vorderachse
Bohrung x Hub (mm)	84 x 84	84 x 67,6	84 x 78,9
Hubraum (cm³)	2793	2997	3498
Leistung (PS/kW bei U/min)	193 (142) bei 5300	218 (160) bei 5800	235 (173) bei 5700
	1993: 193 (142) bei 5500		1998: 238 (175) bei 5800
Drehmoment (Nm bei U/min)	280 bei 3950, 1998: 280 bei 3500	290 bei 4500	320 bei 3300, 1998: 345 bei 3800
Verdichtung	10,2 : 1	10,5 : 1	10,0 : 1
Gemischbildung/Elektronik	Saugrohr-Einspritzung (elektron.)	Saugrohr-Einspritzung (elektron.)	Saugrohr-Einspritzung (elektron.)
	Siemens DME MS41.0, 1998: MS42.0	Bosch Motronic M3.3	Bosch Motronic DME M5.2, 1998: M7.2
Ventile pro Zylinder/Betätigung	4, V-förmig hängend (Hydrostößel)	4, V-förmig hängend (Hydrostößel)	4, V-förmig hängend (Hydrostößel)
Nockenwelle(n)/Antrieb	2 oben liegend (Vanos, ab 1998: Doppel-Vanos)/Kette	2 x 2 oben liegend/Kette	2 x 2 oben liegend (1998: Vanos)/ Kette
Kurbelwellenlager	7	5	5
Kühlung	Pumpe/10,5 L Wasser	Pumpe/12,0 L Wasser	Pumpe/12,0 L Wasser
Schmierung	Druckumlauf/6,5 L Öl	Druckumlauf/8,5 L Öl	Druckumlauf/7,5 L Öl
Abgasreinigung	Dreiwege-Kat, Lambdasonde	Dreiwege-Kat, 2 Lambdasonden	Dreiwege-Kat, 2 Lambdasonden
Batterie	12 V 90 Ah/hinten	12 V 92 Ah/hinten	12 V 90 Ah/hinten
Generator	Wechselstrom 120 A 1680 W	Wechselstrom 100 A 1400 W	Wechselstrom 150 A 2100 W
Kraftübertragung	Hinterradantrieb	Hinterradantrieb	Hinterradantrieb
Kupplung	Einscheiben-Trocken	Einscheiben-Trocken	Einscheiben-Trocken
Schaltgetriebe	5Gang, außer iL	5Gang, außer iL	5Gang, außer iL
Übersetzungen	I. 4,21, II. 2,49, III.1,66, IV. 1,24, V. 1,0, R: 3,85	I. 4,21, II. 2,49, III.1,66, IV. 1,24, V. 1,0, R: 3,89	I. 4,21, II. 2,49, III.1,66, IV. 1,24, V. 1,0, R: 3,85
Antriebsübersetzung	3,23	3,23	3,07
Automatik	5Stufen (ZF)	5Stufen (ZF)	5Stufen (ZF)
Übersetzungen	I. 3,67, II. 2,00, III. 1,41, IV. 1,0, V. 0,74, R: 4,10	I. 3,67, II. 2,00, III. 1,41, IV. 1,0, V. 0,74, R: 4,10	I. 3,57, II. 2,20, III. 1,51, IV. 1,0, V. 0,80, R: 4,10
Antriebsübersetzung	3,23	3,23	3,15
Fahrwerk			
Vorderradaufhängung	Einzelradaufh. mit McPherson-Federbeinen, Dreieckquerlenkern, diagon. Druckstreben, Stabi		
Hinterradaufhängung	Mehrlenkerachse, Schraubenfedern, Teleskopstoßdämpfer, Stabi, Niveauregulierung		
Lenkung	Kugelumlauf (hydr.), Servo, ZF, 16,9 : 1	Kugelumlauf (hydr.), Servo, ZF, 16,9 : 1	Kugelumlauf (hydr.), Servo, ZF, 16,9 : 1

Modell (Baureihe)	BMW 728i (E38) BMW 728iL (E38/2)	BMW 730i (E38) BMW 730iL (E38/2)	BMW 735i (E38) BMW 735iL (E38/2)
Betriebsbremse v/h (mm)	Hydr. (Servo), Zweikreis,	Hydr. (Servo), Zweikreis,	Hydr. (Servo), Zweikreis,
	Scheiben vorn (belüft.)/hint. (Ø=316/324), ABS	Scheiben vorn (belüft.)/hint. (Ø=316/324), ABS	Scheiben vorn (belüft.)/hint. (Ø=316/324), ABS
Parkbremse	Seilzug (Hinterräder)	Seilzug (Hinterräder)	Seilzug (Hinterräder)
Fahrdynamikregelung	ASC+T, DSC	ASC+T, DSC	ASC+T, DSC
Allgemeine Daten			
Fahrzeugart (Türen/Sitze)	Stufenheck-Limousine (4/5)	Stufenheck-Limousine (4/5)	Stufenheck-Limousine (4/5)
Aufbauform	Ganzstahlaufbau, selbsttragend	Ganzstahlaufbau, selbsttragend	Ganzstahlaufbau, selbsttragend
Radstand (mm)	2930, iL: 3070	2930, iL: 3070	2930, iL: 3070
Spur vorn/hinten (mm)	1552/1568	1552/1568	1552/1568
Länge x Breite x Höhe (mm)	4984 x 1862 x 1435, iL: 5124 x 1862 x 1425	4984 x 1862 x 1435, iL: 5124 x 1862 x 1425	4984 x 1862 x 1435, iL: 5124 x 1862 x 1425
Gepäckraum (L) VDA	500	500	500
Reifen (v/h)	215/65 VR 16	215/65 VR 16	235/60 WR 16
Räder (v/h)	7.0 J x 16 (Stahl)	7.5 J x 16 (LM)	7.5 J x 16 (LM)
Wendekreisdurchmesser (m)	11,6, iL: 12,2	11,6, iL: 12,2	11,6, iL: 12,2
Bodenfreiheit (cm)	12,0	12,0	12,0
Leermasse (kg) DIN	1710 (1730), iL: 1765	1725 (1755), iL: 1775	1745 (1790), iL: 1825
zul. Gesamtmasse (kg) DIN	2245 (2265), iL: 2300	2260 (2290), iL: 2315	2280 (2325), iL: 2360
Luftwiderstand (cW x A)	0,30 x 2,21	0,30 x 2,21	0,30 x 2,21
Kraftstofftank (L)/Position	85, iL: 95/hinten	85, iL: 95/hinten	85, iL: 95/hinten
Fahrleistungen			
Höchstgeschwindigkeit (km/h)	228 (226), iL: 226	235 (234), iL: 234	243 (240), iL: 240
Beschleun. 0 - 100 km/h (s)	8,6 (9,6), iL: 9,6	8,3 (9,7), iL: 9,7	7,6 (8,4), iL: 8,3
Verbrauch (L/100 km) Drittelmix	10,3 (11,1)	10,8 (10,5)	12,3 (12,6)
Sonstiges			
Preis (Anf./Ende Laufz.) DM	83.000/93.900; iL: 93.000/104.000/104.300	92.000/93.500, iL: 102.000/103.850	95.500/110.800, iL: 106.050/117.300
Baujahre	1995 - 2001	1994 - 1996	1996 - 2001
Stückzahl	33.655, iL: 2.674 (bis 1999)	20.909, iL: 2.137	17.951, iL: 5.217 (bis 1999)

Modell (Baureihe)	BMW 740i (E38) BMW 740iL (E38/2) BMW 740iL Protection (E38/3)	BMW 750i (E38) BMW 750iL (E38/2) BMW 750iL Protection (E38/3) BMW 750i L7 (E38/L7)
Motor	M60 B40, ab 1996: M62 B44	M73 B54
Betriebsart	Otto (Viertakt)	Otto (Viertakt)
Material (Block/Kopf)	Alu/Alu	Alu/Alu
Zylinderzahl/Einbauposition	8 (V 90°), längs über Vorderachse	12 (V 60°), längs über Vorderachse
Bohrung x Hub (mm)	89 x 80, 1996: 92 x 82,7	85 x 79
Hubraum (cm³)	3982, 1996: 4398	5379
Leistung (PS/kW bei U/min)	286 (210) bei 5800	326 (240) bei 5000
	1996: 286 bei 5400	
Drehmoment (Nm bei U/min)	400 bei 4500, 1996: 440 bei 3600	490 bei 3900
Verdichtung	10,0 : 1	10,0 : 1
Gemischbildung/Elektronik	Saugrohr-Einspritzung (elektron.)	Saugrohr-Einspritzung (elektron.)
	Bosch Motronic DME M5.3	2 x Bosch Motronic DME M5.1, 1998: M5.2
Ventile pro Zylinder/Betätigung	4, V-förmig hängend	4, V-förmig hängend
Nockenwelle(n)/Antrieb	2 x 2 oben liegend (1996: Vanos)/Kette	2 x 2 oben liegend/Kette
Kurbelwellenlager	5	7
Kühlung	Pumpe/10,5 L Wasser	Pumpe/13,0 L Wasser
Schmierung	Druckumlauf/6,5 L Öl	Druckumlauf/8,0 L Öl
Abgasreinigung	Dreiwege-Kat, 2 Lambdasonden	Dreiwege-Kat, 2 Lambdasonden
Batterie	12 V 90 Ah/hinten	12 V 90 Ah/hinten
Generator	Wechselstrom 120 A 1680 W	Wechselstrom 150 A 2100 W
Kraftübertragung	Hinterradantrieb	Hinterradantrieb
Kupplung	Einscheiben-Trocken	
Schaltgetriebe	6Gang, außer iL	
Übersetzungen	I. 4,23, II. 2,51, III.1,67, IV. 1,23, V. 1,0, VI. 0,83, R: 4,04	
Antriebsübersetzung	3,15	
Automatik	5Stufen (ZF)	5Stufen (ZF)
Übersetzungen	bis 1996: I. 3,55, II. 2,24, III. 1,55, IV. 1,0, V. 0,79, R: 3,68, Achsantr.: 3,15	I. 3,55, II. 2,24, III. 1,55, IV. 1,0, V. 0,79, R: 3,68, Achsantr.: 3,15
	ab 1996: I. 3,57, II. 2,2, III. 1,51, IV. 1,0, V. 0,8, R: 4,1, Achsantr.: 2,93	
Fahrwerk		
Vorderradaufhängung	Einzelradaufh. mit McPherson-Federbeinen, Dreieckquerlenkern, diagon. Druckstreben, Stabi	
Hinterradaufhängung	Mehrlenkerachse, Schraubenfedern, Teleskopstoßdämpfer, Stabi, Niveauregulierung	
Lenkung	Kugelumlauf (hydr.), Servo, ZF, 16,9 : 1	Kugelumlauf (hydr.), Servo, ZF, 16,9 : 1
Betriebsbremse v/h (mm)	Hydr. (Servo), Zweikreis,	Hydr. (Servo), Zweikreis,
	Scheiben vorn (belüft.)/hint. (Ø=324/324, Protection: hinten belüft), ABS	Scheiben belüft. vorn/hint. (Ø=334/328), ABS
Parkbremse	Seilzug (Hinterräder)	Seilzug (Hinterräder)
Fahrdynamikregelung	ASC+T, DSC	ASC+T, DSC

BMW 750i XL L7 (1997)

Modell (Baureihe)	BMW 740i (E38) BMW 740iL (E38/2) BMW 740iL Protection (E38/3)	BMW 750i (E38) BMW 750iL (E38/2) BMW 750iL Protection (E38/3) BMW 750i L7 (E38/L7)
Allgemeine Daten		
Fahrzeugart (Türen/Sitze)	Stufenheck-Limousine (4/5)	Stufenheck-Limousine (4/5)
Aufbauform	Ganzstahlaufbau, selbsttragend	Ganzstahlaufbau, selbsttragend
Radstand (mm)	2930, iL: 3070	2930, iL: 3070, L/: 3320
Spur vorn/hinten (mm)	1552/1568	1552/1568
Länge x Breite x Höhe (mm)	4984 x 1862 x 1435, iL: 5124 x 1862 x 1425	4984 x 1862 x 1435, iL: 5124 x 1862 x 1425, L7: 5274 x 1862 x 1425
Gepäckkraum (L) VDA	500	500
Reifen (v/h)	215/65 WR 16, 1996: 235/60 WR 16	235/60 WR 16
Räder (v/h)	7.5 J x 16 (LM)	7.5 J x 16 (LM)
Wendekreisdurchmesser (m)	11,6, iL: 12,2	11,6, iL: 12,2, L7: 13,0
Bodenfreiheit (cm)	12,0	12,0
Leermasse (kg) DIN	1850 (1880), iL: 1890, Protection: 2060	1980, iL: 2035, L7: 2120, Protection: 2185
zul. Gesamtmasse (kg) DIN	2385 (2415), iL: 2425, Protection: 2520	2515, iL: 2570, L7: 2580, Protection: 2645
Luftwiderstand (cW x A)	0,30 x 2,21	0,32 x 2,21
Kraftstofftank (L)/Position	85, iL: 95/hinten	95/hinten
Fahrleistungen		
Höchstgeschwindigkeit (km/h)	250, Protection: 240	250, Protection: 240
Beschleun. 0 - 100 km/h (s)	6,9 (7,4), 1996: 6,6 (7,0); iL: 7,5	6,6, iL: 6,8, L7: 6,8, Protection: 7,0
Verbrauch (L/100 km) Drittelmix	11,8 (11,5), 1996: 12,5 (12,4), Protection: 13,2	13,6, IL: 13,8, L7: 15,0, Protection: 15,2
Sonstiges		
Preis (Anf./Ende Laufz.) DM	110.000/125.600, iL: 120.000/135.900	148.000/160.900, iL: 168.000/184.500
Baujahre	1994 - 2001, Protection: 1999 - 2001	1994 - 2001, Protect.: 1999 - 2001, L7: 1997 - 2001
Stückzahl	74.963, iL: 70.733 (bis 1999)	8.004; iL: 13.412 (bis 1999)

Modell (Baureihe)	BMW 725tds (E38)	BMW 730d (E38)	BMW 740d (E38)
Motor	M51 D25	M57 D30	M67 D40
Betriebsart	Diesel (Viertakt)	Diesel (Viertakt)	Diesel (Viertakt)
Material (Block/Kopf)	Grauguss/Alu	Grauguss/Alu	Grauguss/Alu
Zylinderzahl/Einbauposition	6 (Reihe), längs über Vorderachse	6 (Reihe), längs über Vorderachse	8 (V 90°), längs über Vorderachse
Bohrung x Hub (mm)	80 x 82,8	84 x 88,8	84 x 88
Hubraum (cm³)	2498	2926	3901
Leistung (PS/kW bei U/min)	143 (105) bei 4600	184 (135) bei 4000	238 (175) bei 4000
		2000: 193 (142) bei 4000	1999: 245 (180) bei 4000
Drehmoment (Nm bei U/min)	280 bei 2200	410 bei 2000, 2000: 430 bei 2000	560 bei 1750
Verdichtung	22,0 : 1	18,0 : 1	18,0 : 1
Gemischbildung/Elektronik	Wirbelkamer-Einspritzung (elektron.) DDE 2.1	Direkteinspritzung (elektron.)	Direkteinspritzung (elektron.)
	Verteilereinspritzpumpe VP 20	Bosch DDE 4.0/Common Rail	Bosch DDE 4.0/Common Rail
Aufladung	1 Turbolader Mitsubishi TD04	1 Turbolader	2 Turbolader VNT15
Ladeluftkühlung	LLK	LLK	2 LLK
Ventile pro Zylinder/Betätigung	2, parallel hängend	4, parallel hängend	4, parallel hängend
Nockenwelle(n)/Antrieb	1 oben liegend/Kette	2 oben liegend/Kette	2 x 2 oben liegend/Kette
Kurbelwellenlager	7	7	7
Kühlung	Pumpe/9,8 L Wasser	Pumpe/9,2 L Wasser	Pumpe/16,0 L Wasser
Schmierung	Druckumlauf/7,0 L Öl	Druckumlauf/7,7 L Öl	Druckumlauf/9,5 L Öl
Abgasreinigung	Oxi-Kat, Abgasrückführung	Oxi-Kat, Abgasrückführung	Oxi-Kat, Abgasrückführung
Batterie	12 V 85 Ah/hinten	12 V 110 Ah/hinten	12 V 110 Ah/hinten
Generator	Wechselstrom 95 A 1330 W	Wechselstrom 150 A 2100 W	Wechselstrom 150 A 2100 W
Kraftübertragung	Hinterradantrieb	Hinterradantrieb	Hinterradantrieb
Kupplung	Einscheiben-Trocken		
Schaltgetriebe	5Gang		
Übersetzungen	I. 5,09, II. 2,80, III.1,76, IV. 1,25, V. 1,0, R: 4,71		
Antriebsübersetzung	2,93		
Automatik	5Stufen (ZF)	5Stufen (GM)	5Stufen (GM)
Übersetzungen	I. 3,67, II. 2,00, III. 1,41, IV. 1,0, V. 0,74, R: 4,10	I. 3,57, II. 2,20, III. 1,51, IV. 1,0, V. 0,80, R: 4,10	I. 3,55, II. 2,24, III. 1,54, IV. 1,0, V. 0,79, R: 3,68
Antriebsübersetzung	3,38	3,08	2,65
Fahrwerk			
Vorderradaufhängung	Einzelradaufh. mit McPherson-Federbeinen, Dreieckquerlenkern, diagon. Druckstreben, Stabi		
Hinterradaufhängung	Mehrlenkerachse, Schraubenfedern, Teleskopstoßdämpfer, Stabi, Niveauregulierung		
Lenkung	Kugelumlauf (hydr.), Servo, ZF, 16,9 : 1	Kugelumlauf (hydr.), Servo, ZF, 16,9 : 1	Kugelumlauf (hydr.), Servo, ZF, 16,9 : 1

Modell (Baureihe)	BMW 725tds (E38)	BMW 730d (E38)	BMW 740d (E38)
Betriebsbremse v/h (mm)	Hydr. (Servo), Zweikreis,	Hydr. (Servo), Zweikreis,	Hydr. (Servo), Zweikreis,
	Scheiben vorn (belüft.)/hint. (Ø=316/324), ABS	Scheiben vorn (belüft.)/hint. (Ø=316/324), ABS	Scheiben vorn (belüft.)/hint. (Ø=334/328), ABS
Parkbremse	Seilzug (Hinterräder)	Seilzug (Hinterräder)	Seilzug (Hinterräder)
Fahrdynamikregelung	ASC+T, DSC	ASC+T, DSC	ASC+T, DSC
Allgemeine Daten			
Fahrzeugart (Türen/Sitze)	Stufenheck-Limousine (4/5)	Stufenheck-Limousine (4/5)	Stufenheck-Limousine (4/5)
Aufbauform	Ganzstahlaufbau, selbsttragend	Ganzstahlaufbau, selbsttragend	Ganzstahlaufbau, selbsttragend
Radstand (mm)	2930	2930	2930
Spur vorn/hinten (mm)	1552/1568	1552/1568	1552/1568
Länge x Breite x Höhe (mm)	4984 x 1862 x 1435	4984 x 1862 x 1435	4984 x 1862 x 1435
Gepäckkraum (L) VDA	500	500	500
Reifen (v/h)	215/65 VR 16	215/65 VR 16	235/60 WR 16
Räder (v/h)	7.5 J x 16 (Stahl)	7.5 J x 16 (LM)	7.5 J x 16 (LM)
Wendekreisdurchmesser (m)	11,6	11,6	11,6
Bodenfreiheit (cm)	12,0	12,0	12,0
Leermasse (kg) DIN	1710 (1740)	1830	1960
zul. Gesamtmasse (kg) DIN	2245 (2275)	2365	2495
Luftwiderstand (cW x A)	0,30 x 2,21	0,30 x 2,21	0,31 x 2,21
Kraftstofftank (L)/Position	85/hinten	85/hinten	85/hinten
Fahrleistungen			
Höchstgeschwindigkeit (km/h)	206 (202)	220	242
Beschleun. 0 - 100 km/h (s)	11,4 (12,2)	8,7	8,4
Verbrauch (L/100 km) Drittelmix	7,9 (8,9)	8,7	9,8
Sonstiges			
Preis (Anf./Ende Laufz.) DM	80.000/87.900	96.700/97.700	130.000/130.000
Baujahre	1995 - 1998	1998 - 2001	1998 - 2001
Stückzahl	9.047	k. A.	k. A.

BMW 520i (1995)

BMW FÜNFER (E39) (1995 BIS 2004)

Nachfolger des E34 war der völlig neu gestaltete Fünfer – der vierte in der BMW-Historie – der Baureihe E39. Erstmals präsentiert wurde er auf der IAA im September 1995. Die Limousine war 55 Millimeter länger als der Vorgänger, aber die Karosserie blieb dank aufwendigen Leichtbaus auf dem bisherigen Niveau. Im Innenraum stand nun mehr Platz zur Verfügung, die Sitze stammten aus dem Siebener. Der Neue ähnelte formal sowohl der größten als auch der kleinsten Limousine des Programms.

Zur Markteinführung im Dezember kam der E39 als viertürige Limousine mit zwei Benzinern – den aus der Dreier-Reihe bekannten Sechszylinder-Benzinern für 520i und 528i. Bis März 1996 folgten der 523i und der 525tds. Erst im März 1997 folgte der Touring mit separat öffnender Heckscheibe und den traditionellen L-förmigen Rücklichtern.

Ende 1997 gesellten sich V8-Modelle 535i und 540i (äußerlich erkennbar an den vertikalen Chromzierstreben in der Niere) hinzu. Im September 1998 wurden die Motoren technisch überarbeitet. Nur auf bestimmten Auslandsmärkten gab es den Spardiesel 525td. Wichtigste Neuerung war der neue Dreiliter-Diesel mit Common-Rail-Hochdruckeinspritzung, der zeitlich im Fünfer und im Siebener eingesetzt wurde. Alle Fünfer hatten Fünfgang-Schaltgetriebe, nur der

BMW 528i (1998)

BMW 523i (1996)

BMW 525tds (1996)

540i bekam eine Sechsgang-Schaltung. Ab September 1999 konnte man gegen Aufpreis das Fahrstabilitätsprogramm DSC ordern. In den Modellen BMW 528i, 535i und 540i war es serienmäßig.

Das Fahrwerk des Fünfers bestand – erstmals bei einem Großserienfahrzeug – fast komplett aus Aluminium; die hintere Mehrlenkerachse war eng verwandt mit der des Siebeners. Nur für bestimmte Touring-Versionen angeboten wurde eine Luftfederung. Zudem offerierte BMW ab 1997 eine gegen Faustfeuerwaffen gepanzerte 540i Protection-Ausführung. Das mit Aramid und Dickglas aufgerüstete Auto wog lediglich 165 kg mehr als die Serien-Ausführung, In kleiner Serie kam 1999 der 528i Protection hinzu.

Im September 2000 erfuhr der Fünfer ein technisches und ein kaum wahrnehmbares optisches Facelift. Die vorderen Scheinwerfer erhielten „Corona"-Standlicht-Ringe („Heiligenschein") und runde Blinkleuchten; die Rückleuchten wurden ebenfalls mit der neuen Leuchttechnik versehen. Ab sofort wurden die Stoßleisten in Wagenfarbe lackiert (Ausnahmen: M-Paket und M5), und die Nieren-Form im Kühlergrill wurde verändert. Auch das Design der Frontschürze änderte sich, und die Nebelscheinwerfer erhielten nun eine runde statt der zuvor eckigen Form. Weiterhin erhielt das Navigationssystem einen 16:9-Bildschirm (vorher 4:3). In der C-Säule saßen ab sofort Kopfairbags, zur Serienausstattung des Touring gehörte nun ein Trennnetz.

Im Zuge des Facelifts wurde ein Großteil der Motoren ausgetauscht. 520d und 525d ersetzten die bisherigen 525tds und 525td. Eine Allradversion sollte es für den Fünfer genauso wenig geben wie einen Vierzylindermotor. Nur als Forschungsfahrzeug hatte 1999 eine für den Erdgasbetrieb optimierte 523g-Limousine debütiert: Ihr Dreiliter-Ottomotor leistete 185 PS, den Kraftstoff bezog er aus zwei 145-Liter-Drucktanks.

Im Juli 2003 lief die Produktion der E39-Reihe aus, im September kam der E60. Der Touring wurde erst 2004 abgelöst.

BMW 535i (1997)

BMW 540i (1999)

BMW 540i mit Sportpaket (1999)

BMW 540i Protection (2000)

BMW 520i Touring (1997)

BMW 528i Touring (1998)

BMW 525d (2001)

BMW 525i (2001)

BMW 540i Touring (2001)

BMW 535i (2001)

BMW 530d (2002)

Modell (Baureihe)	BMW 520i (E39) BMW 520i Touring (E39/2)	BMW 523i (E39) BMW 523i Touring (E39/2) BMW 525i (E39) BMW 525i Touring (E39/2)	BMW 528i (E39) BMW 528i Touring (E39/2)
Motor	M52 B20, ab 7/2000: M54 B22	M52 B25, ab 2000: M54 B25	M52 B28
Betriebsart	Otto (Viertakt)	Otto (Viertakt)	Otto (Viertakt)
Material (Block/Kopf)	Alu/Alu	Alu/Alu	Alu/Alu
Zylinderzahl/Einbauposition	6 (Reihe), längs über Vorderachse	6 (Reihe), längs über Vorderachse	6 (Reihe), längs über Vorderachse
Bohrung x Hub (mm)	80 x 66, ab 2000: 80 x 72	84 x 75	84 x 84
Hubraum (cm^3)	1991, ab 2000: 2172	2494	2793
Leistung (PS/kW bei U/min)	150 (110) bei 5900	170 (125) bei 5500	193 (142) bei 5300
	ab 2000: 170 (125) bei 6250	ab 7/2000: 192 (141) bei 6000	1998: 193 (142) bei 5500
Drehmoment (Nm bei U/min)	190 bei 4200, 1998: 190 bei 3500, 2000: 210 bei 3500	245 bei 3950, 1998: 245 bei 3500	280 bei 3950, 1998: 280 bei 3500
Verdichtung	11,0 : 1, 2000: 10,7 : 1	10,5 : 1	10,2 : 1
Gemischbildung/Elektronik	Saugrohr-Einspritzung (elektron.)	Saugrohr-Einspritzung (elektron.)	Saugrohr-Einspritzung (elektron.)
	Siemens DME MS41.0, 1998: MS42.0, 2000: MS43.0	Siemens DME MS41.0, 1998: MS42.0, 2000: MS43.0	Siemens DME MS41.0, 1998: MS42.0
Ventile pro Zylinder/Betätigung	4, V-förmig hängend (Hydrostößel)	4, V-förmig hängend (Hydrostößel)	4, V-förmig hängend (Hydrostößel)
Nockenwelle(n)/Antrieb	2 oben liegend (Vanos, ab 1998: Doppel-Vanos)/Kette	2 oben liegend (Vanos, ab 1998: Doppel-Vanos)/Kette	2 oben liegend (Vanos, ab 1998: Doppel-Vanos)/Kette
Kurbelwellenlager	7	7	7
Kühlung	Pumpe/10,5 L Wasser	Pumpe/10,5 L Wasser	Pumpe/10,5 L Wasser
Schmierung	Druckumlauf/6,5 L Öl	Druckumlauf/6,5 L Öl	Druckumlauf/6,5 L Öl
Abgasreinigung	Dreiwege-Kat, Lambdasonde	Dreiwege-Kat, Lambdasonde	Dreiwege-Kat, Lambdasonde
Batterie	12 V 70 Ah/hinten	12 V 70 Ah/hinten	12 V 70 Ah/hinten
Generator	Wechselstrom 90 A 1260 W	Wechselstrom 90 A 1260 W	Wechselstrom 90 A 1260 W
Kraftübertragung	Hinterradantrieb	Hinterradantrieb	Hinterradantrieb
Kupplung	Einscheiben-Trocken	Einscheiben-Trocken	Einscheiben-Trocken
Schaltgetriebe	5Gang	5Gang	5Gang
Übersetzungen	I. 4,23, II. 2,52, III.1,66, IV. 1,22, V. 1,0, R: 4,04	I. 4,21, II. 2,49, III.1,66, IV. 1,24, V. 1,0, R: 3,85	I. 4,21, II. 2,49, III.1,66, IV. 1,24, V. 1,0, R: 3,85
		ab 2000: I. 4,23, II. 2,52, III.1,66, IV. 1,22, V. 1,0, R: 4,04	
Antriebsübersetzung	3,64, ab 2000: 3,38	3,23, ab 2000: 3,15	3,07
Automatik	5Stufen (ZF)	5Stufen (ZF)	5Stufen (ZF)
Übersetzungen	I. 3,67, II. 2,00, III. 1,41, IV. 1,0, V. 0,74, R: 4,10	I. 3,67, II. 2,00, III. 1,41, IV. 1,0, V. 0,74, R: 4,10	I. 3,67, II. 2,00, III. 1,41, IV. 1,0, V. 0,74, R: 4,10
Antriebsübersetzung	3,64, ab 2000: 3,46	3,23, ab 2000: 3,38	3,07
Fahrwerk			
Vorderradaufhängung	Einzelradaufh. mit McPherson-Federbeinen, Dreieckquerlenkern, Zugstreben, Stabi		

Modell (Baureihe)	BMW 520i (E39) BMW 520i Touring (E39/2)	BMW 523i (E39) BMW 523i Touring (E39/2) BMW 525i (E39) BMW 525i Touring (E39/2)	BMW 528i (E39) BMW 528i Touring (E39/2)
Hinterradaufhängung	Mehrlenkerachse, Schraubenfedern, Teleskopstoßdämpfer, Stabi, Hilfsrahmen, a.W. Luftfederung für 528i Touring		
Lenkung	Zahnstange (hydr.), Servo, 14,2 : 1	Zahnstange (hydr.), Servo, 14,2 : 1	Zahnstange (hydr.), Servo, 14,2 : 1
Betriebsbremse v/h (mm)	Hydr. (Servo), Zweikreis,	Hydr. (Servo), Zweikreis,	Hydr. (Servo), Zweikreis,
	Scheiben vorn (belüft.)/hint. (Ø=296/298), ABS	Scheiben vorn (belüft.)/hint. (Ø=296/298, 2000: hint. belüft.), ABS	Scheiben vorn (belüft.)/hint. (Ø=296/298, 2000: hint. belüft.), ABS
Parkbremse	Seilzug (Hinterräder)	Seilzug (Hinterräder)	Seilzug (Hinterräder)
Fahrdynamikregelung	ASC+T, a.W. DSC	ASC+T, DSC	ASC+T, DSC
Allgemeine Daten			
Fahrzeugart (Türen/Sitze)	Stufenheck-Limousine (4/5), Kombi (5/5)	Stufenheck-Limousine (4/5)	Stufenheck-Limousine (4/5)
Aufbauform	Ganzstahlaufbau, selbsttragend	Ganzstahlaufbau, selbsttragend	Ganzstahlaufbau, selbsttragend
Radstand (mm)	2830	2830	2830
Spur vorn/hinten (mm)	1516/1530, Tour.: 1512/1527	1516/1530, Tour.: 1512/1527	1512/15326 Tour.: 1512/1522
Länge x Breite x Höhe (mm)	Lim.: 4775 x 1800 x 1435, Tour.: 4805 x 1800 x 1445	Lim.: 4775 x 1800 x 1435, Tour.: 4805 x 1800 x 1445	Lim.: 4775 x 1800 x 1435, Tour.: 4805 x 1800 x 1440
Gepäckkraum (L) VDA	460, Tour.: 410/1525	460, Tour.: 410/1525	460, Tour.: 410/1525
Reifen (v/h)	205/65 VR 15, Tour. ab 7/2000: 225/60 VR 15	205/65 VR 15, ab 2000: 225/60 WR 15; Tour.: 225/60 VR 15	225/60 WR 15
Räder (v/h)	6.5 J x 15, ab 7/2000: 7.0 J x 15 (LM); Tour.: 7.0 J x 15	6.5 J x 15, ab 7/2000: 7.0 J x 15 (LM); Tour.: 7.0 J x 15	7.0 J x 15 (LM)
Wendekreisdurchmesser (m)	11,3	11,3	11,3
Bodenfreiheit (cm)	13,0	13,0	13,0
Leermasse (kg) DIN	1470 (1500), ab 2000: 1500 (1530), Tour.: 1570 (1600), ab 2000: 1595 (1625)	1475 (1505), ab 2000: 1500 (1530), Tour.: 1570 (1600), ab 2000: 1605 (1635)	1500 (1530), Tour.: 1570 (1600)
zul. Gesamtmasse (kg) DIN	1980 (2010), ab 2000: 2005 (2035), Tour.: 2195 (22215)	1985 (2015), ab 2000: 2010 (2040), Tour.: 2205 (22235)	2040 (2070)
Luftwiderstand (cW x A)	0,28 x 2,17, Tour.: 0,30 x 2,17	0,29 x 2,17, Tour.: 0,31 x 2,17	0,30 x 2,17, Tour.: 0,31 x 2,17
Kraftstofftank (L)/Position	70/hinten	70/hinten	70/hinten
Fahrleistungen			
Höchstgeschwindigkeit (km/h)	220 (2010), ab 7/2000: 226 (220), Tour.: 212 (209), ab 7/2000: 223 (217)	228 (226), ab 7/2000: 238 (232), Tour.: 224 (222), ab 7/2000: 235 (229)	240 (235), Tour.: 233 (229)
Beschleun. 0 - 100 km/h (s)	10,2 (11,5), ab 7/2000: 9,1 (10,2), Tour.: 10,6 (12,2), ab 7/2000: 9,5 (10,6)	8,5 (9,7), ab 7/2000: 8,1 (8,9), Tour.: 8,9 (10,2), ab 7/2000: 8,5 (9,3)	7,5 (8,8), Tour.: 7,9 (9,3)
Verbrauch (L/100 km) Drittelmix	9,0 (9,9), Tour.: 9,6 (10,5), ab 7/2000: 9,5 (10,1)	9,4 (10,3), ab 7/2000: 9,5, Tour.: 9,8 (10,7), ab 7/2000: 9,8 (10,5)	9,5 (10,5), Tour.: 9,8 (10,7)

Modell (Baureihe)	BMW 520i (E39)	BMW 523i (E39)	BMW 528i (E39)
Sonstiges			
Preis (Anf./Ende Laufz.) DM	54.500/60.700/61.200/64.540 (33.000 €), Tour.: 60.200/ 64.900/65.400/68.650 (35.100 €)	58.800/64.700/65.200/68.845 (35.200 €), Tour.: 64.300/ 68.900/69.400/73.50 (37.350 €)	65.000/71.700, Tour.: 71.900/76.700
Baujahre	Lim.: 1996 - 2000/2000 - 2003, Tour.: 1997 - 2000/2000 - 2004	523i Lim.: 1995 - 2000; 525i Lim.: 2000 - 2003, 523i Tour.: 1997 - 2000; 525i Tour.: 2000 - 2004	Lim.: 1995 - 2000, Tour.: 1997 - 2000
Stückzahl	137.988 Limousinen, 18.223 Touring (bis 1999)	163.439 Limousinen, 25.467 Touring (bis 1999)	232.311 Limousinen, 27.524 Touring (bis 1999)

Modell (Baureihe)	BMW 530i (E39) BMW 530i Touring (E39/2)	BMW 535i (E39)	BMW 540i (E39) BMW 540i Touring (E39/2)
Motor	M54 B30	M62 B35	M62 B44
Betriebsart	Otto (Viertakt)	Otto (Viertakt)	Otto (Viertakt)
Material (Block/Kopf)	Alu/Alu	Alu/Alu	Alu/Alu
Zylinderzahl/Einbauposition	6 (Reihe), längs über Vorderachse	8 (V 90°), längs über Vorderachse	8 (V 90°), längs über Vorderachse
Bohrung x Hub (mm)	84 x 89,6	84 x 78,9	84 x 84
Hubraum (cm³)	2979	3498	2793
Leistung (PS/kW bei U/min)	231 (170) bei 5900	235 (173) bei 5700	286 (210) bei 5700
		ab 9/1998: 245 (180) bei 5800	9/1998: 286 (210) bei 5400
Drehmoment (Nm bei U/min)	300 bei 3500	320 bei 3300, ab 1998: 345 bei 3800	420 bei 3900, 1998: 44+D650 bei 3900
Verdichtung	10,2 : 1	10,0 : 1	10,0 : 1
Gemischbildung/Elektronik	Saugrohr-Einspritzung (elektron.)	Saugrohr-Einspritzung (elektron.)	Saugrohr-Einspritzung (elektron.)
	Siemens DME MS43.0	Bosch Motronic DME ME 5.2.1, ab 1998: ME7.2	Bosch Motronic DME ME 5.2.1, ab 1998: ME7.2
Ventile pro Zylinder/Betätigung	4, V-förmig hängend	4, V-förmig hängend	4, V-förmig hängend
Nockenwelle(n)/Antrieb	2 oben liegend (Doppel-Vanos)/ Kette	2 x 2 oben liegend (ab 1998: Vanos)/Kette	2 x 2 oben liegend (ab 1998: Vanos)/Kette
Kurbelwellenlager	7	5	5
Kühlung	Pumpe/10,5 L Wasser	Pumpe/12,0 L Wasser	Pumpe/12,0 L Wasser
Schmierung	Druckumlauf/6,5 L Öl	Druckumlauf/7,5 L Öl	Druckumlauf/7,5 L Öl
Abgasreinigung	Dreiwege-Kat, Lambdasonde	Dreiwege-Kat, 2 Lambdasonden	Dreiwege-Kat, 2 Lambdasonden
Batterie	12 V 70 Ah/hinten	12 V 90 Ah/hinten	12 V 90 Ah/hinten
Generator	Wechselstrom 90 A 1260 W	Wechselstrom 120 A 1680 W	Wechselstrom 120 A 1680 W
Kraftübertragung	Hinterradantrieb	Hinterradantrieb	Hinterradantrieb
Kupplung	Einscheiben-Trocken	Einscheiben-Trocken	Einscheiben-Trocken

Modell (Baureihe)	BMW 530i (E39) BMW 530i Touring (E39/2)	BMW 535i (E39)	BMW 540i (E39) BMW 540i Touring (E39/2)
Schaltgetriebe	5Gang	5Gang	6Gang, außer Protection
Übersetzungen	I. 4,21, II. 2,49, III.1,66, IV. 1,24, V. 1,0, R: 3,85	I. 4,21, II. 2,49, III.1,66, IV. 1,24, V. 1,0, R: 3,85	I. 4,23, II. 2,51, III.1,67, IV. 1,23, V. 1,0, VI. 0,83, R: 3,75
Antriebsübersetzung	2,93	2,93	2,81
Automatik	5Stufen (ZF)	5Stufen (ZF)	5Stufen (ZF)
Übersetzungen	I. 3,57, II. 2,2, III. 1,51, IV. 1,0, V. 0,8, R: 4,10	I. 3,57, II. 2,2, III. 1,51, IV. 1,0, V. 0,8, R: 4,10	I. 3,57, II. 2,2, III. 1,51, IV. 1,0, V. 0,8, R: 4,10
Antriebsübersetzung	3,46	4,44	3,45
Fahrwerk			
Vorderradaufhängung	Einzelradaufh. mit McPherson-Federbeinen, Dreieckquerlenkern, Zugstreben, Stabi		
Hinterradaufhängung	Mehrlenkerachse, Schraubenfedern, Teleskopstoßdämpfer, Stabi, Hilfsrahmen, a.W. Luftfederung für 540i Touring		
Lenkung	Zahnstange (hydr.), Servo, 14,2 : 1	Zahnstange (hydr.), Servo, 17,9 : 1	Zahnstange (hydr.), Servo, 14,2 : 1
Betriebsbremse v/h (mm)	Hydr. (Servo), Zweikreis,	Hydr. (Servo), Zweikreis,	Hydr. (Servo), Zweikreis,
	Scheiben belüft. vorn/hint. (Ø=324/298), ABS	Scheiben vorn (belüft.)/hint. (Ø=324/298), ABS	Scheiben belüft. vorn/hint. (Ø=324/298), ABS
Parkbremse	Seilzug (Hinterräder)	Seilzug (Hinterräder)	Seilzug (Hinterräder)
Fahrdynamikregelung	ASC+T, DSC	ASC+T, DSC	ASC+T, DSC
Allgemeine Daten			
Fahrzeugart (Türen/Sitze)	Stufenheck-Limousine (4/5), Kombi (5/5)	Stufenheck-Limousine (4/5)	Stufenheck-Limousine (4/5), Kombi (5/5)
Aufbauform	Ganzstahlaufbau, selbsttragend	Ganzstahlaufbau, selbsttragend	Ganzstahlaufbau, selbsttragend
Radstand (mm)	2830	2830	2830
Spur vorn/hinten (mm)	1516/1530, Tour.: 1512/1527	1512/1526	1512/1526, Tour.: 1512/1522
Länge x Breite x Höhe (mm)	Lim.: 4775 x 1800 x 1435, Tour.: 4805 x 1800 x 1445	4775 x 1800 x 1435	Lim.: 4775 x 1800 x 1435, Tour.: 4805 x 1800 x 1440
Gepäckkraum (L) VDA	460, Tour.: 410/1525	460	460, Tour.: 410/1525
Reifen (v/h)	225/55 WR 16	225/55 WR 16	225/55 WR 16
Räder (v/h)	7.0 J x 16 (LM)	7.0 J x 16 (LM)	7.0 J x 16 (LM)
Wendekreisdurchmesser (m)	11,3	11,3	11,3
Bodenfreiheit (cm)	12,0	13,0	13,0
Leermasse (kg) DIN	1530 (1560), Tour.: 2070 (2100)	1610 (1655)	1630 (1660), Tour.: 1740 (1770), Protection: 1800
zul. Gesamtmasse (kg) DIN	2070 (2100), ab 2000: 2245 (2275)	2150 (2195)	2170 (2200), Tour.: 2280 (2310), Protection: 2200
Luftwiderstand (cW x A)	0,28 x 2,17, Tour.: 0,31 x 2,17	0,31 x 2,17	0,31 x 2,17, Tour.: 0,33 x 2,17
Kraftstofftank (L)/Position	70/hinten	70/hinten	70/hinten
Fahrleistungen			
Höchstgeschwindigkeit (km/h)	250 (244), Tour.: 250 (241)	250 (247)	250

Modell (Baureihe)	BMW 530i (E39) BMW 530i Touring (E39/2)	BMW 535i (E39)	BMW 540i (E39) BMW 540i Touring (E39/2)
Beschleun. 0 - 100 km/h (s)	7,1 (7,6), Tour.: 7,5 (7,9)	6,9 (7,6)	6,2 (6,4), Tour.: 6,3 (6,7), Protect.: 6,7
Verbrauch (L/100 km) Drittelmix	9,5, Tour.: 9,9 (10,9)	11,6 (11,7)	12,1 (12,1), Tour.: 12,4 (12,6), Protect.: 12,8
Sonstiges			
Preis (Anf./Ende Laufz.) DM	73.200/77.060 (39.400 €), Tour.: 78.200/82.050 (41.950 €)	76.000/89.970 (46.000 €)	88.000/102.680 (52.500 €), Tour.: 95.300/107.670 (55.050 €)
Baujahre	Lim.: 2000 - 2003, Tour.: 2000 - 2004	Lim.: 1997 - 2003, Tour.: 1997 - 2004	Lim.: 1997 - 2003, Tour.: 1997 - 2004, Protect.: 1997 - 2004
Stückzahl	k. A.	16.353 (bis 1999)	51.938 Limousinen, 6.111 Touring (bis 1999)

Modell (Baureihe)	BMW 525tds (E39) BMW 525tds Touring (E39/2)	BMW 520d (E39) BMW 520d Touring (E39/2)	BMW 525d (E39) BMW 525d Touring (E39/2)	BMW 530d (E39) BMW 530d Touring (E39/2)
Motor	M51 D25	M47 D20	M57 D25	M57 D30
Betriebsart	Diesel (Viertakt)	Diesel (Viertakt)	Diesel (Viertakt)	Diesel (Viertakt)
Material (Block/Kopf)	Grauguss/Alu	Grauguss/Alu	Grauguss/Alu	Grauguss/Alu
Zylinderzahl/Einbauposition	6 (Reihe), längs über Vorderachse	4 (Reihe), längs über Vorderachse	6 (Reihe), längs über Vorderachse	6 (Reihe), längs über Vorderachse
Bohrung x Hub (mm)	80 x 82,8	84 x 88	80 x 82,5	84 x 88
Hubraum (cm³)	2497	1950	2497	2925
Leistung (PS/kW bei U/min)	143 (105) bei 4600	136 (100) bei 4000	163 (120) bei 4000	184 (135) bei 4000
				ab 7/2000: 193 (142) bei 4000
Drehmoment (Nm bei U/min)	280 bei 2200	280 bei 1750	350 bei 2000-2500	390 bei 1750, ab 2000: 410 bei 1750-3000
Verdichtung	22,0 : 1	19,0 : 1	22,0 : 1	18,0 : 1
Gemischbildung/Elektronik	Wirbelkammer-Einspritzung (elektron.) Bosch DDE 2.2	Direkteinspritzung (elektron.) Bosch DDE 3.0	Direkteinspritzung (elektron.) Bosch DDE 4.0	Direkteinspritzung (elektron.) Bosch DDE 4.0
	Verteilereinspritzpumpe VP 44	Verteilereinspritzpumpe VP 44	Common Rail	Common Rail
Aufladung	1 Turbolader Garrett	1 Turbolader Garrett (VNT)	1 Turbolader Garrett (VNT)	1 Turbolader Garrett VNT25
Ladeluftkühlung	LLK	LLK	LLK	LLK
Ventile pro Zylinder/ Betätigung	4, parallel hängend	4, parallel hängend	4, parallel hängend	4, parallel hängend
Nockenwelle(n)/Antrieb	2 oben liegend/Kette	2 oben liegend/Kette	2 oben liegend/Kette	2 oben liegend/Kette
Kurbelwellenlager	7	5	7	7

Modell (Baureihe)	BMW 525tds (E39) BMW 525tds Touring (E39/2)	BMW 520d (E39) BMW 520d Touring (E39/2)	BMW 525d (E39) BMW 525d Touring (E39/2)	BMW 530d (E39) BMW 530d Touring (E39/2)
Kühlung	Pumpe/9,75 L Wasser	Pumpe/7,0 L Wasser	Pumpe/10,5 L Wasser	Pumpe/9,2 L Wasser
Schmierung	Druckumlauf/6,75 L Öl	Druckumlauf/5,0 L Öl	Druckumlauf/6,5 L Öl	Druckumlauf/7,7 L Öl
Abgasreinigung	Oxi-Kat, Abgasrückführung	Oxi-Kat, Abgasrückführung	Oxi-Kat, Abgasrückführung	Oxi-Kat, Abgasrückführung
Batterie	12 V 95 Ah/hinten	12 V 80 Ah/hinten	12 V 95 Ah/hinten	12 V 95 Ah/hinten
Generator	Wechselstrom 95 A 1330 W	Wechselstrom 120 A 1680 W	Wechselstrom 150 A 2100 W	Wechselstrom 120 A 1680 W
Kraftübertragung	Hinterradantrieb	Hinterradantrieb	Hinterradantrieb	Hinterradantrieb
Kupplung	Einscheiben-Trocken	Einscheiben-Trocken	Einscheiben-Trocken	Einscheiben-Trocken
Schaltgetriebe	5Gang	5Gang	5Gang	5Gang
Übersetzungen	I. 5,09, II. 2,8, III.1,76, IV. 1,25, V. 1,0, R: 4,71	I. 5,09, II. 2,8, III.1,76, IV. 1,25, V. 1,0, R: 4,71	I. 5,24, II. 2,91, III.1,81, IV. 1,27, V. 1,0, R: 4,72	I. 5,24, II. 2,91, III.1,81, IV. 1,27, V. 1,0, R: 4,85
Antriebsübersetzung	2,64	2,65	2,64	2,35
Automatik	5Stufen (ZF)		5Stufen (ZF)	5Stufen (GM)
Übersetzungen	I. 3,67, II. 2,00, III. 1,41, IV. 1,0, V. 0,74, R: 4,10		I. 3,42, II. 2,22, III. 1,60, IV. 1,0, V. 0,75, R: 3,03	I. 3,45, II. 2,21, III. 1,59, IV. 1,0, V. 0,76, R: 3,17
Antriebsübersetzung	3,15		3,15	2,81
Fahrwerk				
Vorderradaufhängung	Einzelradaufh. mit McPherson-Federbeinen, Dreieckquerlenkern, Zugstreben, Stabi			
Hinterradaufhängung	Mehrlenkerachse, Schraubenfedern, Teleskopstoßdämpfer, Stabi, Hilfsrahmen			
Lenkung	Zahnstange (hydr.), Servo, 14,2 : 1	Zahnstange (hydr.), Servo, 14,2 : 1	Zahnstange (hydr.), Servo, 14,2 : 1	Zahnstange (hydr.), Servo, 14,2 : 1
Betriebsbremse v/h (mm)	Hydr. (Servo), Zweikreis,	Hydr. (Servo), Zweikreis,	Hydr. (Servo), Zweikreis,	Hydr. (Servo), Zweikreis,
	Scheiben vorn (belüft.)/ hint. (Ø=296/298, Tour. hint. bel.), ABS	Scheiben belüft. vorn/hint. (Ø=296/298), ABS	Scheiben belüft. vorn/hint. (Ø=296/298), ABS	Scheiben belüft. vorn/hint. (Ø=296/298), ABS
Parkbremse	Seilzug (Hinterräder)	Seilzug (Hinterräder)	Seilzug (Hinterräder)	Seilzug (Hinterräder)
Fahrdynamikregelung	ASC+T, DSC	ASC+T, DSC	ASC+T, DSC	ASC+T, DSC
Allgemeine Daten				
Fahrzeugart (Türen/Sitze)	Stufenheck-Limousine (4/5), Kombi (5/5)	Stufenheck-Limousine (4/5), Kombi (5/5)	Stufenheck-Limousine (4/5), Kombi (5/5)	Stufenheck-Limousine (4/5), Kombi (5/5)
Aufbauform	Ganzstahlaufbau, selbsttragend	Ganzstahlaufbau, selbsttragend	Ganzstahlaufbau, selbsttragend	Ganzstahlaufbau, selbsttragend
Radstand (mm)	2830	2830	2830	2830
Spur vorn/hinten (mm)	1516/1530, Tour.: 1512/1527	1516/1530, Tour.: 1512/1527	1512/1526 Tour.: 1512/1527	1512/1526, Tour.: 1512/1527
Länge x Breite x Höhe (mm)	Lim.: 4775 x 1800 x 1435, Tour.: 4805 x 1800 x 1445	Lim.: 4775 x 1800 x 1435, Tour.: 4805 x 1800 x 1445	Lim.: 4775 x 1800 x 1435, Tour.: 4805 x 1800 x 1440	Lim.: 4775 x 1800 x 1435, Tour.: 4805 x 1800 x 1440
Gepäckkraum (L) VDA	460, Tour.: 410/1525	460, Tour.: 410/1525	460, Tour.: 410/1525	460, Tour.: 410/1525
Reifen (v/h)	205/65 VR 15, Tour. ab 7/2000: 225/60 VR 15	205/65 VR 15	205/65 VR 15, Tour.: 225/60 VR 15	225/60 WR 15

Modell (Baureihe)	BMW 525tds (E39)	BMW 520d (E39)	BMW 525d (E39)	BMW 530d (E39)
Räder (v/h)	6.5 J x 15, ab 7/2000: 7.0 J x 15 (LM); Tour.: 7.0 J x 15	6.5 J x 15, Tour.: 7.0 J x 15 (LM)	6.5 J x 15, Tour.: ,7.0 J x 15 (LM)	7.0 J x 15 (LM)
Wendekreisdurchmesser (m)	11,3	11,3	11,3	11,3
Bodenfreiheit (cm)	13,0	13,0	13,0	13,0
Leermasse (kg) DIN	1470 (1500), ab 2000: 1500 (1530), Tour.: 1570 (1600), ab 2000: 1595 (1625)	1490, Tour.: 1595	1575 (1605), Tour.: 1685 (1715)	1575 (1585), Tour.: 1685 (1695)
zul. Gesamtmasse (kg) DIN	1980 (2010), ab 2000: 2005 (2035), Tour.: 2195 (22215)	2000, Tour 2220	2115 (2125), Tour.: 2310 (2320)	2115 (2125), Tour.: 2310 (2320)
Luftwiderstand (cW x A)	0,28 x 2,17, Tour.: 0,30 x 2,17	0,28 x 2,17, Tour.: 0,31 x 2,17	0,29 x 2,17, Tour.: 0,31 x 2,17	0,30 x 2,17, Tour.: 0,32 x 2,17
Kraftstofftank (L)/Position	70/hinten	70/hinten	70/hinten	70/hinten
Fahrleistungen				
Höchstgeschwindigkeit (km/h)	220 (2010), ab 7/2000: 226 (220), Tour.: 212 (209), ab 7/2000: 223 (217)	206, Tour.: 204	219 (215), Tour.: 215 (210)	225 (220), ab 2000: 230, Tour.: 222 (215), ab 2000: 227
Beschleun. 0 - 100 km/h (s)	10,2 (11,5), ab 7/2000: 9,1 (10,2), Tour.: 10,6 (12,2), ab 7/2000: 9,5 (10,6)	10,6, Tour.: 10,9	8,9 (9,1), Tour.: 9,4 (9,6)	8,0 (8,4), ab 2000: 7,8 (8,0), Tour.: 8,3 (8,9), ab 2000: 8,1 (8,3)
Verbrauch (L/100 km) Drittelmix	9,0 (9,9), Tour.: 9,6 (10,5), ab 7/2000: 9,5 (10,1)	5,9, Tour.: 6,1	6,7 (7,8), Tour.: 7,0 (8,2)	7,2 (8,3), Tour.: 7,4 (8,5), ab 2000: 7,3 (8,5)
Sonstiges				
Preis (Anf./Ende Laufz.) DM	57.000/62.600, Tour.: 62.800/66.800	59.800/62.685 (32.050 €), Tour.: 64.000/66.890 (34.200 €)	64.000/68.160 (34.850 €), Tour.: 68.200/72.365 (37.000 €)	67.600/73.345 (37.500 €), Tour.: 71.800/77.550 (39.650 €)
Baujahre	Lim.: 1996 - 1999, Tour.: 1997 - 1999	Lim.: 2000 - 2003, Tour.: 2000 - 2004	Lim.: 2000 - 2003, Tour.: 2000 - 2004	Lim.: 1998 - 2003, Tour.: 1998 - 2004
Stückzahl	84.267 Limousinen, 24.529 Touring	k. A.	k. A.	33.826 Limousinen, 16.621 Touring (bis 1999)

BMW M5 (E39S) (1998 BIS 2003)

1998 wurde mit dem relativ dezent verpackten M5 der stärkste Serien-Fünfer aller Zeiten ins Programm gebracht: Er erschien im März auf dem Genfer Auto-Salon und stand ab Jahresende bei den BMW-Händlern. Es gab ihn aber nur noch als Limousine und nicht mehr als Touring, wie er eigentlich für 2001 geplant war. Der M5 bekam einen völlig neuen, bei der M GmbH entwickelten V8-Motor mit Doppel-Vanos-Technik, fliehkraftgeregelter Ölversorgung und Einzeldrosselklappen. Das 400-PS-Triebwerk war mit einem Sechsgang-Schaltgetriebe verblockt; eine Automatik gab es nie.

Ungeachtet der respektablen Fahrleistungen spielte der M5 die Rolle eines sportlichen Reisewagens. Sein Aluminium-Fahrwerk war aufwendig überarbeitet worden, dazu kamen Hochleistungs-Scheibenbremsen und 18-Zoll-Räder. Seit 1999 ließ sich die M5-Optik auch für die zivilen Fünfer bestellen. Im September 2000 erhielt der M5 ein Facelift und eine leichte technische Überarbeitung (Bremsen), bevor die Produktion im Juli 2003 endete.

Eine weitere Hochleistungsversion auf Fünfer-Basis lieferte Kleinserienhersteller Alpina in Form des B10, den es zunächst mit 3,2- und 3,5-Liter-Sechszylinder (260 und 280 PS) sowie mit 4,6- und dann mit 4,8-Liter-V8 (340 bzw. 375 PS) gab. Außerdem stellte Alpina rund 150 Exemplare des D10 Biturbo her – ausgestattet mit einem 245 PS starken Dreiliter-Diesel.

BMW M5 (1998)

Modell (Baureihe)	BMW M5 (E39)
Motor	S62 B50
Betriebsart	Otto (Viertakt)
Material (Block/Kopf)	Alu/Alu
Zylinderzahl/Einbauposition	8 (V 90°), längs über Vorderachse
Bohrung x Hub (mm)	94 x 89
Hubraum (cm^3)	4941
Leistung (PS/kW bei U/min)	400 (294) bei 6600
Drehmoment (Nm bei U/min)	500 bei 3800
Verdichtung	11,0 : 1
Gemischbildung/Elektronik	Saugrohr-Einspritzung (elektron.)
	Bosch Motronic DME MSS 52
Ventile pro Zylinder/Betätigung	4, V-förmig hängend
Nockenwelle(n)/Antrieb	2 x 2 oben liegend (Doppel-Vanos)/Kette
Kurbelwellenlager	5
Kühlung	Pumpe/11,5 L Wasser, Ölkühler
Schmierung	Druckumlauf/7,5 L Öl
Abgasreinigung	Dreiwege-Kat, 2 Lambdasonden
Batterie	12 V 110 Ah/hinten
Generator	Wechselstrom 120 A 1680 W
Kraftübertragung	Hinterradantrieb, Sperrdifferenzial
Kupplung	Einscheiben-Trocken
Schaltgetriebe	6Gang
Übersetzungen	I. 4,227, II. 2,528, III.1,669, IV. 1,226, V. 1,0, VI. 0,828, R: 3,746
Antriebsübersetzung	3,15
Fahrwerk	
Vorderradaufhängung	Einzelradaufh. mit McPherson-Federb., Dreieckquerlenk., Zugstreben, Stabi, Hilfrahm.
Hinterradaufhängung	Mehrlenkerachse, Schraubenfedern, Teleskopstoßdämpfer, Stabi, Hilfsrahmen
Lenkung	Zahnstange (hydr.), Servo, 14,7 : 1
Betriebsbremse v/h (mm)	Hydr. (Servo), Zweikreis,
	Scheiben belüft. vorn/hint. (Ø=345/328), ABS
Parkbremse	Seilzug (Hinterräder)
Fahrdynamikregelung	DSC
Allgemeine Daten	
Fahrzeugart (Türen/Sitze)	Stufenheck-Limousine (4/5)
Aufbauform	Ganzstahlaufbau, selbsttragend
Radstand (mm)	2830
Spur vorn/hinten (mm)	1515/1527
Länge x Breite x Höhe (mm)	4784 x 1800 x 1432
Gepäckkraum (L) VDA	460, Tour.: 410/1525

BMW M5 (1998)

Modell (Baureihe)	BMW M5 (E39)
Reifen (v/h)	245/40 ZR 18/275/35 ZR 18
Räder (v/h)	8.0 J x 18/9.5 J x 18 (LM)
Wendekreisdurchmesser (m)	11,6
Bodenfreiheit (cm)	12,0
Leermasse (kg) DIN	1720
zul. Gesamtmasse (kg) DIN	2290
Luftwiderstand (cW x A)	0,31 x 2,17
Kraftstofftank (L)/Position	70/hinten
Fahrleistungen	
Höchstgeschwindigkeit (km/h)	250
Beschleun. 0 - 100 km/h (s)	5,3
Verbrauch (L/100 km) Drittelmix	13,9
Sonstiges	
Preis (Anf./Ende Laufz.) DM	140.000/147.665 (75.500 €)
Baujahre	1998 - 2003
Stückzahl	20.500

BMW Z3 1.8 (1995)

BMW Z3 (E36/7) (1995 BIS 2002)

Basierend auf dem aktuellen Dreier zeigten die Münchner auf der Detroit Auto Show im Januar 1996 ihr erstes echtes Auslandsmodell: Der Z3 Roadster (E36/7) wurde exklusiv im neuen BMW-Werk in Spartanburg, South Carolina (Grundsteinlegung September 1992), gebaut. Zu Beginn der Fertigung – ab September 1995 – lief der Z3 noch gemeinsam mit dem Dreier (E36) vom Band, der aber Anfang 1996 zugunsten des gefragten, offenen Zweisitzers aus der Produktion genommen wurde.

Der kompromisslos offene Zweisitzer war voll hinein in den boomenden Markt solcher Fahrzeuge geprescht, der bislang vor allem von Fiat und Mazda bedient wurde. Einzig neuer Konkurrent war der ebenfalls ab 1995/96 ausgelieferte, aber teurere Mercedes SLK. Fahrwerk, Technik und Interieur des Z3 stammte aus dem Dreier-Baukasten der Baureihen E36 und E30. Die verkürzte Bodengruppe kam vom Compact (Federbein-Vorderachse und Schräglenker-Hinterachse waren Leihgaben aus dem 318ti). Der Aufbau wurde um 10 Millimeter tiefer gelegt.

Dass der Kofferraum nur klein und kein Platz hinter den zwei Sitzen war, nahm die Kundschaft ohne Murren hin. Stilistisch erfuhr das Auto jedoch wegen der seitlichen „Entlüftungskiemen" aus Kunststoff, die ans Design des BMW 507 erinnern sollten, tatsächlich aber funktionslos waren, allerhand Kritik. Kritisiert wurde auch die stilistische Diskrepanz zwischen der pummeligen Nase und dem zu schmalen, kraftlos wirkenden Heck der Vierzylinder-Modelle.

Denn zunächst debütierten eine 1,8- und eine 1,9 Liter-Vierzylinder-Version, wobei nur der 140 PS starke, auch akustisch überzeugende Vierventiler aus dem 318iS zum Auto passte. Problematisch war anfangs auch die Qualität der Fahrzeuge, die vor der Lieferung an die deutschen Händler im BMW-Werk Regensburg überprüft und ausgebessert wurden. Bis zu 30 Prozent Mehrkosten entstanden damals dem Hersteller, die Zahl nach Spartanburg entsandter deutscher Fachkräfte wuchs sprunghaft an. Von jeglicher Kritik verschont blieb das ungefütterte Roadster-Verdeck; für 1.300 Mark Aufpreis war eine eher überflüssige, elekt-

BMW Z3 2.8 (1996)

risch betätigte Variante zu bekommen. Knapp 4.000 Mark kostete ein Hardtop aus Kunststoff.

Ende 1996 kam endlich der Motor hinzu, der am besten zum Z3 passte – der 193 PS starke 2,8-Liter aus Dreier und Fünfer. Bestückt mit diesem Kraftpaket, erhielt der Z3 eine breitere hintere Spur und ein weiter herausgezogenes, deutlich attraktiveres Heck. Gleichzeitig war nun für alle Z3-Versionen die Traktionskontrolle ASC+T lieferbar. Die vergrößerte Spurweite und die breiteren Radhäuser kam erst 1999 allen Hubraumversionen zugute.

Im Juli 1998 gesellte sich völlig überraschend ein Coupé auf Z3-Basis hinzu. Es war sowohl mit dem 2,8-Liter als auch mit dem M-Motor des neuen M Roadsters zu haben war. Kleinere Motoren wurden für den Zweisitzer mit dem großen Laderaum nie angeboten. Stilistisch blieb das Coupé stets umstritten („rasender Turnschuh"). Sein Vorderwagen entsprach dem des Z3 Roadster, ungewohnt war die vom Dach bis zum Stoßfänger reichende Heckklappe. Der Zweisitzer mit Ladefläche, so die offizielle Lesart der Bayern, knüpfe an die Tradition des Triumph GT6 an – denn auch diese britische Marke gehörte mit unters Dach von BMW. Hergestellt wurde das in geringer Stückzahl georderte Coupé ebenfalls in Spartanburg, preislich lag es unwesentlich über dem des Roadsters.

Im April 1999 löste schließlich der zweiventilige, 118 PS starke 1,9-Liter-Vierzylinder mit Ausgleichswellen im Z3 Roadster 1.8 den bisherigen 1,6-Liter-Einstiegsmotor mit 116 PS und den 1.9-Liter-Vierventiler mit 140 PS ab. Dazu kam die 150 PS starke Zweiliter-Version (erstmals mit Doppel-Vanos-Nockenwellenverstellung), ebenfalls ein Baukastenmotor aus München. Der bisherige 2,8-Liter erhielt ebenfalls das Doppel-Vanos-System und legte damit an Durchzug zu. Nur für den US-Markt gab es einen 2,5-Liter-Sechszylinder mit 170 PS.

Gleichzeitig erfuhr der Z3 das am 2.8-Liter angelehnte Facelift mit breiter hinterer Spur und ausgestellten Kot-

BMW Z3 2.8 Coupé (1998)

BMW Z3 2.8 Coupé (1998)

flügeln. Die Rückleuchten wurden nach Muster der neuen Dreier-Reihe E46 L-förmig vergrößert; Stoßfänger und Kofferraumdeckel erhielten eine neue Form. Auch die Front gab sich nun gestraffter, die Scheinwerfer waren ab sofort von Chromringen eingefasst. Das Cockpit – bisher schon aufpreispflichtig mit einigen Chrom-Applikationen aufwertbar – wurde jetzt serienmäßig mit mehr Chrom und Holz verschönert, eine neue Mittelkonsole und ein gefüttertes Verdeck vervollständigten das Paket. Dazu kam das Angebot, die Stabilitätskontrolle DSC nun auch für den Vierzylinder zu liefern.

Mit der Einführung neuer Sechszylinder erhielt im Juli 2000 auch der Z3 neue Triebwerke – der Zweilliter wuchs auf 2,2 Liter (170 PS), statt des bisherigen 2.8-Liter (193 PS) kam der Dreiliter zum Einsatz (231 PS). Letzterer wurde auch im Coupé installiert. Nicht für den deutschen Markt bestimmt war der überarbeitete 2.5-Liter (170, jetzt 192 PS). Die Vierzylinder blieben unverändert – damit klaffte eine deutliche Leistungslücke zwischen dem stärksten 1,9-Liter und dem 2,2-Liter.

BMW Z3 2.5i, US-Version (2001)

Als zusätzliche Neuerungen im Z3-Programm kamen schlussendlich – erstmals in dieser Baureihe – eine Fünstufen-Automatik mit Steptronic-Funktion für die Sechszylinder sowie eine erweiterte DSC-Fahrstybilitätsregelung: Sie beinhaltet nun auch die Dynamische Bremskontrolle (DBC) und die automatische Differentialbremse (ADB).

Mitte 2002 war Schluss mit dem deutsch-amerikanischen Kompakt-Sportler: Insgesamt 297.088 Z3 Roadster und Coupé – davon 279.273 Roadster und 17.815 Coupés. Beides sind längst gesuchte Liebhaberstücke – vor allem das einst ungeliebte Coupé erfreut sich einer ungeahnten Nachfrage.

BMW Z3 2.0i, Facelift (1999)

BMW Z3 3.0 Coupé, Fertigung in Spartanburg (2002)

BMW Z3 3.0, US-Version (2001)

Modell (Baureihe)	BMW Z3 1.8 (E36/7)	BMW Z3 1.8 (E36/7)	BMW Z3 1.9 (E36/7)
Motor	M43 B18	M43 B19	M43 B19
Betriebsart	Otto (Viertakt)	Otto (Viertakt)	Otto (Viertakt)
Material (Block/Kopf)	Grauguss/Alu	Grauguss/Alu	Grauguss/Alu
Zylinderzahl/Einbauposition	4 (Reihe), längs über Vorderachse	4 (Reihe), längs über Vorderachse	4 (Reihe), längs über Vorderachse
Bohrung x Hub (mm)	84 x 81	85 x 83,5	85 x 83,5
Hubraum (cm³)	1796	1895	1895
Leistung (PS/kW bei U/min)	115 (85) bei 5500	118 (87) bei 5500	140 (103) bei 6000
Drehmoment (Nm bei U/min)	168 bei 3900	180 bei 3900	180 bei 4300
Verdichtung	9,7 : 1	9,7 : 1	10,0 : 1
Gemischbildung/Elektronik	Saugrohr-Einspritzung (elektron.)	Saugrohr-Einspritzung (elektron.)	Saugrohr-Einspritzung (elektron.)
	Bosch Motronic DME M1.7.1	Siemens DME MS 46	Bosch Motronic DME M1.7, 1996: DME M5.2
Ventile pro Zylinder/Betätigung	2, V-förmig hängend	2, V-förmig hängend	4, V-förmig hängend
Nockenwelle(n)/Antrieb	1 oben liegend/Kette	1 oben liegend/Kette	2 oben liegend/Kette
Kurbelwellenlager	5	5	5
Kühlung	Pumpe/6,5 L Wasser	Pumpe/6,5 L Wasser	Pumpe/6,5 L Wasser
Schmierung	Druckumlauf/5,0 L Öl	Druckumlauf/5,0 L Öl	Druckumlauf/5,0 L Öl
Abgasreinigung	Dreiwege-Kat, Lambdasonde	Dreiwege-Kat, Lambdasonde	Dreiwege-Kat, Lambdasonde
Batterie	12 V 70 Ah/hinten	12 V 70 Ah/hinten	12 V 70 Ah/hinten
Generator	Wechselstrom 90 A 1260 W	Wechselstrom 90 A 1260 W	Wechselstrom 80 A 1120 W
Kraftübertragung	Hinterradantrieb	Hinterradantrieb	Hinterradantrieb
Kupplung	Einscheiben-Trocken	Einscheiben-Trocken	Einscheiben-Trocken
Schaltgetriebe	5Gang	5Gang	5Gang
Übersetzungen	I. 4,23, II. 2,52, III.1,66, IV. 1,22, V. 1,0, R: 4,04	I. 4,23, II. 2,52, III.1,66, IV. 1,22, V. 1,0, R: 4,04	I. 4,23, II. 2,52, III.1,66, IV. 1,22, V. 1,0, R: 4,04
Antriebsübersetzung	3,45	3,38	3,45
Automatik			4Stufen (GM)
Übersetzungen			I. 2,86, II. 1,62, III.1,0, IV. 0,72, R: 2,0, Achsantr.: 4,44
Fahrwerk			
Vorderradaufhängung	Einzelradaufh. mit McPherson-Federbeinen, Dreieckquerlenker, Stabi		
Hinterradaufhängung	Einzelradaufh. mit Schräglenkern, Schraubenfedern, Teleskopstoßdämpfer, a.W. Stabi		
Lenkung	Zahnstange (hydr.), Servo, 15,4 : 1	Zahnstange (hydr.), Servo, 15,4 : 1	Zahnstange (hydr.), Servo, 15,4 : 1
Betriebsbremse v/h (mm)	Hydr. (Servo), Zweikreis,	Hydr. (Servo), Zweikreis,	Hydr. (Servo), Zweikreis,
	Scheiben vorn/hinten (Ø=286/272), ABS	Scheiben vorn/hinten (Ø=286/272), ABS	Scheiben vorn/hinten (Ø=286/272), ABS
Parkbremse	Seilzug (Hinterräder)	Seilzug (Hinterräder)	Seilzug (Hinterräder)
Fahrdynamikregelung	ab 1996 a.W. (Serie 1997): ASC+T	ASC+T	ab 1996 a.W. (Serie 1997): ASC+T
Allgemeine Daten			
Fahrzeugart (Türen/Sitze)	Roadster (2/2)	Roadster (2/2)	Roadster (2/2)

Modell (Baureihe)	BMW Z3 1.8 (E36/7)	BMW Z3 1.8 (E36/7)	BMW Z3 1.9 (E36/7)
Aufbauform	Ganzstahlaufbau, selbsttragend	Ganzstahlaufbau, selbsttragend	Ganzstahlaufbau, selbsttragend
Radstand (mm)	2445	2445	2445
Spur vorn/hinten (mm)	1410/1425	1411/1492	1410/1425
Länge x Breite x Höhe (mm)	4025 x 1692 x 1288	4050 x 1692 x 1288	4025 x 1692 x 1288
Gepäckkraum (L) VDA	180	165	180
Reifen (v/h)	205/60 HR 15	225/50 VR 16	205/60 VR 15
Räder (v/h)	6.5 J x 15 (Stahl)	7.0 J x 16 (Stahl)	7.0 J x 15 (LM)
Wendekreisdurchmesser (m)	10,4	10,4	10,4
Bodenfreiheit (cm)	11,0	11,0	11,0
Leermasse (kg) DIN	1150-1220	1220	1175-1240
zul. Gesamtmasse (kg) DIN	1400-1490	1490	1425-1490
Luftwiderstand (cW x A)	0,40 x 1,77	0,42 x 1,83	0,40 x 1,77
Kraftstofftank (L)/Position	51/hinten	51/hinten	51/hinten
Fahrleistungen			
Höchstgeschwindigkeit (km/h)	194	196	205 (196)
Beschleun. 0 - 100 km/h (s)	10,5	10,4	9,5 (10,5)
Verbrauch (L/100 km) Euromix	7,8	7,8	8,0 (8,7)
Sonstiges			
Preis (Anf./Ende Laufz.) DM	43700/47.050	47.550/49.090 (25.100 €)	48.700/52.050
Baujahre	1995 - 1998	1999 - 2002	1995 - 1999
Stückzahl	29.511		87.042

Modell (Baureihe)	BMW Z3 2.0/2.2 (E36/7)	BMW Z3 2.8 (E36/7)	BMW Z3 3.0 (E36/7)
Motor	M52 B20, ab 7/2000: M54 B22	M52 B28	M54 B30
Betriebsart	Otto (Viertakt)	Otto (Viertakt)	Otto (Viertakt)
Material (Block/Kopf)	Alu/Alu	Alu/Alu	Alu/Alu
Zylinderzahl/Einbauposition	6 (Reihe), längs über Vorderachse	6 (Reihe), längs über Vorderachse	6 (Reihe), längs über Vorderachse
Bohrung x Hub (mm)	80 x 66, ab 2000: 80 x 72	84 x 84	84 x 89,6
Hubraum (cm^3)	1991, ab 2000: 2171	2793	2979
Leistung (PS/kW bei U/min)	150 (110) bei 5900	192 (141) bei 5300	231 (170) bei 5900
	ab 2000: 170 (125) bei 6250	1999: 193 (142) bei 5500	
Drehmoment (Nm bei U/min)	190 bei 3500, ab 2000: 210 bei 3500	275 bei 3950, 1999: 280 bei 3500	300 bei 3500
Verdichtung	11,0 : 1, ab 2000: 10,8 : 1	10,2 : 1	10,2 : 1
Gemischbildung/Elektronik	Saugrohr-Einspritzung (elektron.)	Saugrohr-Einspritzung (elektron.)	Saugrohr-Einspritzung (elektron.)
	Siemens DME MS42.0, 2.2: MS43.0	Siemens DME MS42.0	Siemens DME MS43.0

Modell (Baureihe)	BMW Z3 2.0/2.2 (E36/7)	BMW Z3 2.8 (E36/7)	BMW Z3 3.0 (E36/7)
Ventile pro Zylinder/Betätigung	4, V-förmig hängend	4, V-förmig hängend	4, V-förmig hängend
Nockenwelle(n)/Antrieb	2 oben liegend (Doppel-Vanos)/Kette	2 oben liegend (ab 1999: Doppel-Vanos)/Kette	2 oben liegend (Doppel-Vanos)/Kette
Kurbelwellenlager	7	7	7
Kühlung	Pumpe/10,5 L Wasser	Pumpe/10,5 L Wasser	Pumpe/10,5 L Wasser
Schmierung	Druckumlauf/6,5 L Öl	Druckumlauf/6,5 L Öl	Druckumlauf/6,5 L Öl
Abgasreinigung	Dreiwege-Kat, Lambdasonde	Dreiwege-Kat, Lambdasonde	Dreiwege-Kat, Lambdasonde
Batterie	12 V 70 Ah/hinten	12 V 70 Ah/hinten	12 V 70 Ah/hinten
Generator	Wechselstrom 90 A 1260 W	Wechselstrom 90 A 1260 W	Wechselstrom 90 A 1260 W
Kraftübertragung	Hinterradantrieb	Hinterradantrieb	Hinterradantrieb
Kupplung	Einscheiben-Trocken	Einscheiben-Trocken	Einscheiben-Trocken
Schaltgetriebe	5Gang	5Gang	5Gang
Übersetzungen	I. 4,32, II. 2,52, III.1,66, IV. 1,22, V. 1,0, R: 4,04	I. 4,21, II. 2,49, III.1,65, IV. 1,24, V. 1,0, R: 3,85	I. 4,21, II. 2,49, III.1,65, IV. 1,24, V. 1,0, R: 3,85
Antriebsübersetzung	3,45	3,15	3,07
Automatik	4Stufen, ab 2000: 5Stufen	4Stufen (GM)	5Stufen (GM)
	4Stuf: I. 2,86, II. 1,62, III.1,0, IV. 0,72, R: 2,0, Achsantr.: 4,44	I. 2,86, II. 1,62, III.1,0, IV. 0,72, R: 2,0, Achsantr.: 4,10	I. 3,42, II. 2,52, III.1,6, IV. 1,0, V. 0,75, R: 3,03, Achsantr.: 3,15
	5Stufen: I. 3,42, II. 2,52, III.1,6, IV. 1,0, V. 0,75, R: 3,03, Achsantr.: 3,45		
Fahrwerk			
Vorderradaufhängung	Einzelradaufh. mit McPherson-Federbeinen, Dreieckquerlenker, Stabi		
Hinterradaufhängung	Einzelradaufh. mit Schräglenkern, Schraubenfedern, Teleskopstoßdämpfer, a.W. Stabi (318ti Serie)		
Lenkung	Zahnstange (hydr.), Servo, 15,4 : 1	Zahnstange (hydr.), Servo, 15,4 : 1	Zahnstange (hydr.), Servo, 15,4 : 1
Betriebsbremse v/h (mm)	Hydr. (Servo), Zweikreis,	Hydr. (Servo), Zweikreis,	Hydr. (Servo), Zweikreis,
	Scheiben vorn (belüft.)/hinten (Ø=286/272), ABS	Scheiben vorn (belüft.)/hinten (Ø=286/272), ABS	Scheiben vorn (belüft.)/hinten (Ø=300/272), ABS
Parkbremse	Seilzug (Hinterräder)	Seilzug (Hinterräder)	Seilzug (Hinterräder)
Fahrdynamikregelung	ASC+T, a.W. DSC	ASC+T, a.W. DSC	ASC+T, a.W. DSC
Allgemeine Daten			
Fahrzeugart (Türen/Sitze)	Roadster (2/2)	Roadster (2/2)	Roadster (2/2)
Aufbauform	Ganzstahlaufbau, selbsttragend	Ganzstahlaufbau, selbsttragend	Ganzstahlaufbau, selbsttragend
Radstand (mm)	2445	2445	2445
Spur vorn/hinten (mm)	1413/1494	1413/1494	1413/1494
Länge x Breite x Höhe (mm)	4050 x 1740 x 1293	4025 x 1740 x 1288, 1999: 4050 x 1740 x 1293	4050 x 1740 x 1293
Gepäckkraum (L) VDA	165	165	165
Reifen (v/h)	225/50 VR 16	225/50 VR 16	225/50 VR 16
Räder (v/h)	7.0 J x 16 (LM)	7.0 J x 16 (LM)	7.0 J x 16 (LM)

Modell (Baureihe)	BMW Z3 2.0/2.2 (E36/7)	BMW Z3 2.8 (E36/7)	BMW Z3 3.0 (E36/7)
Wendekreisdurchmesser (m)	10,4	10,4	10,4
Bodenfreiheit (cm)	11,0	11,0	11,0
Leermasse (kg) DIN	1270 (1310)	1285 (1325)	1285 (1325)
zul. Gesamtmasse (kg) DIN	1540 (1580)	1555 (1595)	1555 (1595)
Luftwiderstand (cW x A)	0,42 x 1,83	0,42 x 1,83	0,42 x 1,83
Kraftstofftank (L)/Position	51/hinten	51/hinten	51/hinten
Fahrleistungen			
Höchstgeschwindigkeit (km/h)	210 (206), 2000: 224 (220)	218 (216), 1999: 225 (223)	240 (236)
Beschleun. 0 - 100 km/h (s)	8,9 (9,9), 2000: 7,9 (8,9)	7,1 (7,4), 1999: 6,9 (7,2)	6,0 (6,3)
Verbrauch (L/100 km) Euromix	9,2 (9,9), 2000: 9,2 (9,6)	9,4 (10,4)	9,5 (10,1)
Sonstiges			
Preis (Anf./Ende Laufz.) DM	2.0: 54.050/54.000, 2.2: 54.300/55.740 (28.500 €)	61.300/64.100	65.600/67.085 (34.300 €)
Baujahre	1999 - 2002	1996 - 2000	2000 - 2002
Stückzahl	8.917 (bis 1999)	7.671	3.853

Modell (Baureihe)	BMW Z3 2.8 Coupé (E36/8)	BMW Z3 3.0 Coupé (E36/8)
Motor	M52 B28	M54 B30
Betriebsart	Otto (Viertakt)	Otto (Viertakt)
Material (Block/Kopf)	Alu/Alu	Alu/Alu
Zylinderzahl/Einbauposition	6 (Reihe), längs über Vorderachse	6 (Reihe), längs über Vorderachse
Bohrung x Hub (mm)	84 x 84	84 x 89,6
Hubraum (cm³)	2793	2979
Leistung (PS/kW bei U/min)	193 (142) bei 5500	231 (170) bei 5900
Drehmoment (Nm bei U/min)	280 bei 3500	300 bei 3500
Verdichtung	10,2 : 1	10,2 : 1
Gemischbildung/Elektronik	Saugrohr-Einspritzung (elektron.)	Saugrohr-Einspritzung (elektron.)
	Siemens DME MS42.0	Siemens DME MS43.0
Ventile pro Zylinder/Betätigung	4, V-förmig hängend	4, V-förmig hängend
Nockenwelle(n)/Antrieb	2 oben liegend (Doppel-Vanos)/Kette	2 oben liegend (Doppel-Vanos)/Kette
Kurbelwellenlager	7	7
Kühlung	Pumpe/10,5 L Wasser	Pumpe/10,5 L Wasser
Schmierung	Druckumlauf/6,5 L Öl	Druckumlauf/6,5 L Öl
Abgasreinigung	Dreiwege-Kat, Lambdasonde	Dreiwege-Kat, Lambdasonde
Batterie	12 V 70 Ah/hinten	12 V 70 Ah/hinten
Generator	Wechselstrom 80 A 1120 W	Wechselstrom 80 A 1120 W

Modell (Baureihe)	BMW Z3 2.8 Coupé (E36/8)	BMW Z3 3.0 Coupé (E36/8)
Kraftübertragung	Hinterradantrieb	Hinterradantrieb
Kupplung	Einscheiben-Trocken	Einscheiben-Trocken
Schaltgetriebe	5Gang	5Gang
Übersetzungen	I. 4,21, II. 2,49, III.1,65, IV. 1,24, V. 1,0, R: 3,85	I. 4,21, II. 2,49, III.1,65, IV. 1,24, V. 1,0, R: 3,85
Antriebsübersetzung	3,15	3,07
Automatik	4Stufen (GM)	5Stufen
	I. 2,86, II. 1,62, III.1,0, IV. 0,72, R: 2,0	I. 3,42, II. 2,22, III.1,60, IV. 1,0, V. 0,75, R: 3,03
Antriebsübersetzung	4,10	3,15
Fahrwerk		
Vorderradaufhängung	Einzelradaufh. mit McPherson-Federbeinen, Dreieckquerlenker, Stabi	
Hinterradaufhängung	Einzelradaufh. mit Schräglenkern, Schraubenfedern, Teleskopstoßdämpfer, a.W. Stabi (318ti Serie)	
Lenkung	Zahnstange (hydr.), Servo, 15,4 : 1	Zahnstange (hydr.), Servo, 15,4 : 1
Betriebsbremse v/h (mm)	Hydr. (Servo), Zweikreis,	Hydr. (Servo), Zweikreis,
	Scheiben belüft. vorn/hinten (Ø=286/272), ABS	Scheiben belüft. vorn/hinten (Ø=300/272), ABS
Parkbremse	Seilzug (Hinterräder)	Seilzug (Hinterräder)
Fahrdynamikregelung	ASC+T, a.W. DSC	ASC+T, a.W. DSC
Allgemeine Daten		
Fahrzeugart (Türen/Sitze)	Coupé (3/2)	Coupé (3/2)
Aufbauform	Ganzstahlaufbau, selbsttragend	Ganzstahlaufbau, selbsttragend
Reifen (v/h)	225/50 ZR 16	225/50 ZR 16
Räder (v/h)	7.0 J x 16 (LM)	7.0 J x 16 (LM)
Wendekreisdurchmesser (m)	10,4	10,4
Bodenfreiheit (cm)	11,0	11,0
Leermasse (kg) DIN	1300 (1340)	1320 (1360)
zul. Gesamtmasse (kg) DIN	1570 (1610)	1590 (1630)
Luftwiderstand (cW x A)	0,37 x 1,83	0,37 x 1,83
Kraftstofftank (L)/Position	51/hinten	51/hinten
Fahrleistungen		
Höchstgeschwindigkeit (km/h)	231 (229)	250 (242)
Beschleun. 0 - 100 km/h (s)	6,3 (7,1)	6,0 (6,3)
Verbrauch (L/100 km) Euromix	9,4 (10,4)	9,5 (10,2)
Sonstiges		
Preis (Anf./Ende Laufz.) DM	64.000/64.300	65.800/67.280 (34.400 €)
Baujahre	1998 - 2000	2000 - 2002
Stückzahl	6.901 (bis 1999)	k. A.

BMW Z3 M ROADSTER (E367S)
BMW Z3 M COUPÉ (E36/7CS)
(1997 BIS 2002)

BMW M Roadster (1997)

Im Frühjahr 1997 brachte BMW eine damals sensationelle Neuheit auf den Markt – den schon ab Januar 1997 produzierten Z3 mit dem 321 PS starken Sechszylinder des M3 im Gewand der leicht modifizierten 2,8-Liter-Version. Neben einigen technischen Änderungen an Fahrwerk, Auspuffanlage, Elektrik und Karosserie brachte der M-Roadster auch einige neue optische Details.

Auf den ersten Blick erkennbar ist dieses Fahrzeug an den vier Endrohren, den überarbeiteten, sehr viel gefälligeren seitlichen Ziergittern und einem stimmigen, aufgewerteten Interieur. Die Spiegel, die Heckklappe und der Frontspoiler wurden verändert. Das Design der Mittelkonsole wurde überarbeitet und es wurden zusätzliche Rund-Instrumente integriert. Der M Roadster war zudem das erste BMW-Fahrzeug, das Reifen mit Notlaufeigenschaften (Runflat) erhielt.

BMW M Coupé (1998)

Überlegt wurde damals, dem M Roadster den noch stärkeren 340-PS-Motor des alten M5 zu implantieren. Damit hätte ein zukünftiges Coupé im Motorsport in der Gruppe GT2 eingesetzt werden können, so die leider nicht realisierte Idee. Aber im Sommer 1998 kam dennoch ein Coupé ins Programm – mit dem 3,2-Liter-M-Motor. Jetzt und später blieben die Fahrstablitätssysteme ASC+T und DSC für die M-Versionen außen vor.

Im Sommer 2000 wurden M Roadster und M Coupé erst einmal aus dem Programm genommen. Mit dem etwas leistungsreduzierten Motor des neuen M3 der Baureihe E46 versehen, kamen sie schließlich im Juni 2001 zurück. Sie liefen damit noch ein gutes Jahr, bevor auch die Fertigung dieser M-Modelle endete – zugunsten des neuen Z4 Roadster. Vom M Roadster auf Z3-Basis wurden 15.322 Einheiten ausgeliefert, vom M Coupé 6.291.

BMW M Roadster (1997)

Modell (Baureihe)	BMW M Roadster (E36/7S)	BMW M Coupé (E36/8S)
Motor	S50 B32, ab 2001: S54 B32 (US: S52)	S50 B32, ab 2001: S54 B32 (US: S52)
Betriebsart	Otto (Viertakt)	Otto (Viertakt)
Material (Block/Kopf)	Alu/Alu	Alu/Alu
Zylinderzahl/Einbauposition	6 (Reihe), längs über Vorderachse	6 (Reihe), längs über Vorderachse
Bohrung x Hub (mm)	84,6 x 91, ab 2001: 87 x 91	84,6 x 91, ab 2001: 87 x 91
Hubraum (cm^3)	3201, ab 2001: 3246	3201, ab 2001: 3246
Leistung (PS/kW bei U/min)	321 (236) bei 7400	321 (236) bei 7400
	ab 2001: 325 (239) bei 7400	ab 2001: 325 (239) bei 7400
Drehmoment (Nm bei U/min)	350 bei 3250, ab 2001: 350 bei 4900	350 bei 3250, ab 2001: 350 bei 4900
Verdichtung	11,3 : 1	11,3 : 1
Gemischbildung/Elektronik	Saugrohr-Einspritzung (elektron.)	Saugrohr-Einspritzung (elektron.)
	Siemens DME MS S50.0	Siemens DME MS S50.0
Ventile pro Zylinder/Betätigung	4, V-förmig hängend	4, V-förmig hängend
Nockenwelle(n)/Antrieb	2 oben liegend (Doppel-Vanos)/Kette	2 oben liegend (Doppel-Vanos)/Kette
Kurbelwellenlager	7	7
Kühlung	Pumpe/10,8 L Wasser, Ölkühler	Pumpe/10,8 L Wasser, Ölkühler
Schmierung	Druckumlauf/5,5 L Öl	Druckumlauf/5,5 L Öl
Abgasreinigung	Dreiwege-Kat, 2 Lambdasonden	Dreiwege-Kat, 2 Lambdasonden

Modell (Baureihe)	BMW M Roadster (E36/7S)	BMW M Coupé (E36/8S)
Batterie	12 V 70 Ah/hinten	12 V 70 Ah/hinten
Generator	Wechselstrom 115 A 1610 W	Wechselstrom 115 A 1610 W
Kraftübertragung	Hinterradantrieb, Sperrdifferenzial	Hinterradantrieb
Kupplung	Einscheiben-Trocken	Einscheiben-Trocken
Schaltgetriebe	5Gang	5Gang
Übersetzungen	I. 4,21, II. 2,49, III.1,65, IV. 1,24, V. 1,0, R: 3,85	I. 4,21, II. 2,49, III.1,65, IV. 1,24, V. 1,0, R: 3,85
Antriebsübersetzung	3,15	3,15
Fahrwerk		
Vorderradaufhängung	Einzelradaufh. mit McPherson-Federbeinen, Dreieckquerlenker, Stabi	
Hinterradaufhängung	Einzelradaufh. mit Schräglenkern, Schraubenfedern, Teleskopstoßdämpfer, a.W. Stabi (318ti Serie)	
Lenkung	Zahnstange (hydr.), Servo, 16,3 : 1	Zahnstange (hydr.), Servo, 16,3 : 1
Betriebsbremse v/h (mm)	Hydr. (Servo), Zweikreis,	Hydr. (Servo), Zweikreis,
	Scheiben belüft. vorn/hinten (Ø=315 x 28/312 x 20), ABS	Scheiben belüft. vorn/hinten (Ø=315 x 28/312 x 20), ABS
Parkbremse	Seilzug (Hinterräder)	Seilzug (Hinterräder)
Fahrdynamikregelung	ASC+T, ab 2001: DSC	ASC+T, ab 2001: DSC
Allgemeine Daten		
Fahrzeugart (Türen/Sitze)	Roadster (2/2)	Coupé (3/2)
Aufbauform	Ganzstahlaufbau, selbsttragend	Ganzstahlaufbau, selbsttragend
Radstand (mm)	2459	2459
Spur vorn/hinten (mm)	1422/1492	1422/1492
Länge x Breite x Höhe (mm)	4025 x 1740 x 1266	4025 x 1740 x 1279
Gepäckkraum (L) VDA	165	219/410
Reifen (v/h)	225/45 ZR 17/245/40 ZR 17	225/45 ZR 17/245/40 ZR 17
Räder (v/h)	7.5 J x 17/9.0 J x 17 (LM)	7.5 J x 17/9.0 J x 17 (LM)
Wendekreisdurchmesser (m)	10,4	10,4
Bodenfreiheit (cm)	10,0	10,0
Leermasse (kg) DIN	1350	1390
zul. Gesamtmasse (kg) DIN	1620	1660
Luftwiderstand (cW x A)	0,42 x 1,84	0,37 x 1,84
Kraftstofftank (L)/Position	51/hinten	51/hinten
Fahrleistungen		
Höchstgeschwindigkeit (km/h)	250	250
Beschleun. 0 - 100 km/h (s)	5,4	5,4
Verbrauch (L/100 km) Euromix	11,1	11,1
Sonstiges		
Preis (Anf./Ende Laufz.) DM	91.500/97.105 (49.650 €)	95.000/97.790 (50.00 €)
Baujahre	1997 - 2002	1998 - 2002
Stückzahl	14.210 mit S50 (inkl. US mit S52); 1.112 mit S54	6.291

BMW 328i (1998)

BMW 316i (1998)

BMW 330xi (2001)

BMW DREIER (E46) (1998 BIS 2007)

Die Baureihe E46 wurde in München, Regensburg und Dingolfing, später auch in Leipzig gebaut. Die anspruchsvolle Technik wurde durch eine Reihe in dieser Klasse bislang unüblicher Ausstattungsoptionen ergänzt, und auch in puncto Verarbeitung legte das Auto zu. Das Wichtigste aber waren Fahrwerk und Antrieb: Der Dreier kam mit Längs- und Querlenkern aus Leichtmetall, breiterer Spur und größeren Rädern. Und er hatte bessere Motoren unter der Haube: Der Dreier startete mit zwei neuen Vierzylindern und zwei überarbeiteten Sechszylindern – zu Beginn stand die Limousine als 318i, 320i, 323i, 328i und 320d bereit.

Nach der Limousine (Debüt April 1998, Produktionsende Anfang 2005) kam das Ci-Coupé (Frühjahr 1999 bis Ende 2005). Dem folgten der Touring (Herbst 1999 bis Anfang 2005) und schließlich das Ci-Cabrio (April 2000 bis Ende 2006). Dazu gesellten sich die Sportvariante M3 als Coupé und Cabrio sowie der Dreier Compact; Letzerer wurde aber bereits im Jahre 2004 zugunsten des Einsers aus dem Programm genommen. Keine Frage – der Dreier war, egal in welcher Karosserievariante, ein überzeugendes Auto.

BMW 320d (1998)

BMW 328i (1998)

BMW 325i (2001)

BMW 325xi (2001)

BMW 318i Limousine und Touring, Facelift (2001)

Allerdings auch ein teures Angebot, denn der E46 war noch über Mercedes C-Klasse und Audi A4 eingepreist.

In Größe (plus vier Zentimeter) und Positionierung des Fahrzeugs hatte sich gegenüber der Vorgänger-Baureihe nichts geändert – aber der Radstand war deutlich gewachsen und der Kofferraum wurde größer. Das Design war sehr nahe dran an dem des Vorgängers, zitierte aber auch den aktuellen Fünfer (E39). Im Interesse einer besseren Crashsicherheit wurde die Fahrgastzelle des neuen Dreiers deutlich versteift. Im Herbst 2001 gab es dann ein Facelift mit leichten Retuschen an der Front (weit geschwungene untere Einfassungen der Scheinwerfer, seitliche, nach oben versetzte Blinker sowie flache, breitere und oben eckigere BMW-Nieren) und am Heck (anders geformte Leuchten). Dazu kam eine bessere Serienausstattung (Klimaanlage, DSC). Erst im März 2003 wurden Coupé und Cabriolet in ähnlicher, aber nicht identischer Form modifiziert.

Bei der Antriebstechnik setzte BMW wieder einmal Maßstäbe, vor allem bei den Vierzylindern. Zum Einsatz kamen ausschließlich Vier- und Sechszylinder-Reihenmotoren. Im

BMW 325xi Touring (2001)

318i saß ein neuer 1,9-Liter mit zwei Ausgleichswellen, die Reihensechser bekamen ein Schaltsaugrohr und die kennfeldgesteuerte Verstellung beider Nockenwellen (Doppel-Vanos). Die 320i-Sechszylinder erwiesen sich dennoch als schlapp, erst die spätere 2,2-Liter-Variante brachte Besserung. Markentypisch seidig waren die 2,5-Liter, die zunächst als 323i firmierten und erst danach 325i heißen durften.

Von Anfang an gab es den E46 mit einem direkteinspritzenden Vierzylinder-Diesel im 320d, der sich damals noch einer Verteilereinspritzpumpe bediente. 1999 folgte der Sechszylinder-DI-Diesel im 330d, im Herbst 2001 wurde als Einstiegsvariante der 318d nachgeschoben. Und 2004 installierte BMW den starken Zwei- und den Dreiliter-Diesel in seine Zweitürer – zuerst ins Coupé, dann sogar ins Cabrio.

Im Zuge des Facelifts vom September 2001 hatten ohnehin fast alle Modelle neue Motoren bekommen – wobei die Vierzylinder-Benziner aus dem englischen Werk Hams Hall mit der variablen Ventilsteuerung Valvetronic ausgestattet wurden. Für sie stand optional eine Fünf- statt der Vierstufenautomatik bereit. Ab September 2001 war alternativ ein sequenzielles Handschaltgetriebe (SMG) für 325i/330i Limousine und Coupé zu haben – Aufpreis 2.740 Mark (1.400 Euro). Ebenfalls als Extra gab es ab Juni 2000 Allradantrieb für den 325i, den 330i und den 330d.

Die Limousine blieb bis Anfang 2005 im Programm, alle anderen Versionen (außer dem Compact) liefen bis 2006. Der E46 übertraf seinen Vorgänger auch im Absatz und wurde zum meistverkauften BMW-Fahrzeug der letzten zehn Jahre: Ausgeliefert wurden insgesamt 3.266.885 Einheiten – davon 1.918.984 Limousinen, 428.061 Touring, 443.264 Coupés, 277.146 Cabrios und 199.430 Compact. Interessanterweise wurden von den zwei Diesel-Coupés 33.037 Stück und von den beiden Diesel-Cabrios immerhin 3.897 Exemplare abgesetzt.

BMW 330xi (2000)

BMW 325i Touring (2001)

BMW 320i Touring (2002)

BMW 325 Ci Coupé (2001)

BMW 330 Ci Coupé (2000)

BMW 318i Coupé (2002)

BMW 330d Coupé (2003)

BMW 325 Ci Cabriolet (2001)

BMW 330i Cabriolet (2002)

BMW 330i Cabriolet (2002)

BMW 320d Cabriolet (2004)

Modell (Baureihe)	BMW 316i (E46/4) BMW 316i Touring (E46/3)	BMW 318i (E46/4) BMW 318i Touring (E46/3) BMW 318 Ci Coupé (E46/2) BMW 318 Ci Cabrio (E346/2C)	BMW 320i (E46/4) BMW 320i Touring (E46/3) BMW 320 Ci Coupé (E46/2) BMW 320 Ci Cabrio (E346/2C)
Motor	M43 B19, ab 2001: N42 B18 (ab 2003 N46 B18)	M43 B19, ab 2001: N42 B20 (ab 2003: N46 B20)	M52 B20, ab 7/2000: M54 B22
Betriebsart	Otto (Viertakt)	Otto (Viertakt)	Otto (Viertakt)
Material (Block/Kopf)	Grauguss/Alu	Grauguss/Alu	Alu/Alu
Zylinderzahl/Einbauposition	4 (Reihe), längs über Vorderachse	4 (Reihe), längs über Vorderachse	6 (Reihe), längs über Vorderachse
Bohrung x Hub (mm)	85 x 83,5, ab 2001: 84 x 81	85 x 83,5, ab 2001: 84 x 90	80 x 66, 7/2000: 80 x 72
Hubraum (cm³)	1895, 2001: 1796	1895, ab 2001: 1995	1991, 2000: 2171
Leistung (PS/kW bei U/min)	105 (77) bei 5300	118 (87) bei 5500	150 (110) bei 5900
	ab 2001: 116 (85) bei 5500	ab 2001: 143 (105) bei 6000	2000: 170 (125) bei 6100
		ab 2005 Coup./Cab.: 150 (110) bei 6200	
Drehmoment (Nm bei U/min)	165 bei 2500, 2001: 175 bei 3750	180 bei 3900, 2001: 200 bei 3750	190 bei 3500, 2000: 210 bei 3500
		2005 Coup./Cab.: 190 bei 3500	
Verdichtung	9,7 : 1, ab 2001: 10,5 : 1	9,7 : 1, ab 2001: 10,2 : 1	11,0 : 1, 2000: 10,8 : 1
Gemischbildung/Elektronik	Saugrohr-Einspritzung (elektron.)	Saugrohr-Einspritzung (elektron.)	Saugrohr-Einspritzung (elektron.)
	Siemens DME MS46.0, ab 2001: Bosch ME9	Siemens DME MS46.0, ab 2001: Bosch ME9	Siemens DME MS46.0, 2000: MS43.0
Ventile pro Zylinder/ Betätigung	2, V-förmig hängend	2, V-förmig hängend	4, V-förmig hängend (Hydrostößel)
	2001: 4, V-förmig hängend/ Valvetronic	2001: 4, V-förmig hängend/ Valvetronic	
Nockenwelle(n)/Antrieb	1 oben liegend/Kette; 2001: 2 oben liegend	1 oben liegend/Kette, 2001: 2 oben liegend	2 oben liegend (Doppel-Vanos)/Kette
Kurbelwellenlager	5	5	7
Kühlung	Pumpe/6,0 (2001: 7,0) L Wasser	Pumpe/6,0 (2001: 7,0) L Wasser	Pumpe/8,4 L Wasser
Schmierung	Druckumlauf/4,0 (2001: 4,25) L Öl	Druckumlauf/4,0 (2001: 4,25) L Öl	Druckumlauf/6,5 L Öl
Abgasreinigung	Dreiwege-Kat, Lambdasonde	Dreiwege-Kat, Lambdasonde	Dreiwege-Kat, Lambdasonde
Batterie	12 V 55 Ah/vorn	12 V 55 Ah/vorn	12 V 70 Ah/hinten
Generator	Wechselstr. 70/90 A 980/1260 W, 2001: 120 A 1680 W	Wechselstrom 70 (90) A 980 (1260) W	Wechselstrom 90 A 1260 W
Kraftübertragung	Hinterradantrieb	Hinterradantrieb	Hinterradantrieb
Kupplung	Einscheiben-Trocken	Einscheiben-Trocken	Einscheiben-Trocken
Schaltgetriebe	5Gang	5Gang	5Gang
Übersetzungen	I. 4,23, II. 2,52, III.1,66, IV. 1,22, V. 1,0, R: 4,04	I. 4,23, II. 2,52, III.1,66, IV. 1,22, V. 1,0, R: 4,04	I. 4,23, II. 2,52, III.1,66, IV. 1,22, V. 1,0, R: 4,04
Antriebsübersetzung	3,23/3,38	3,38	3,45, 2000: 3,38
Automatik	4Stufen (GM), ab 2001 5Stufen	4Stufen (GM), ab 2001: 5Stufen	5Stufen (ZF)
Übersetzungen	4Stufen: I. 2,40, II. 1,466, III. 1,0, IV. 0,723, R: 2,0	4Stufen I. 2,40, II. 1,466, III. 1,0, IV. 0,723, R: 2,0	I. 3,67, II. 2,00, III. 1,41, IV. 1,0, V. 0,74, R: 4,10

Modell (Baureihe)	BMW 316i (E46/4) BMW 316i Touring (E46/3)	BMW 318i (E46/4) BMW 318i Touring (E46/3) BMW 318 Ci Coupé (E46/2) BMW 318 Ci Cabrio (E346/2C)	BMW 320i (E46/4) BMW 320i Touring (E46/3) BMW 320 Ci Coupé (E46/2) BMW 320 Ci Cabrio (E346/2C)
	5Stufen: I. 3,42, II. 2,22, III. 1,60, IV. 1,0; V. 0,75, R: 3,03	5Stufen: I. 3,42, II. 2,22, III. 1,60, IV. 1,0; V. 0,75, R: 3,03	
Antriebsübersetzung	3,73	4,44, 5Stufen. 3,45	3,45, 2000: 3,38
Fahrwerk			
Vorderradaufhängung	Einzelradaufh. mit McPherson-Federbeinen, Dreieckquerlenkern, Stabi		
Hinterradaufhängung	Mehrlenkerachse, Schraubenfedern, Teleskopstoßdämpfer, Stabi, Hilfsrahmen		
Lenkung	Zahnstange (hydr.), Servo, 15,1 : 1	Zahnstange (hydr.), Servo, 14,2 : 1, 2001: 13,7 : 1	Zahnstange (hydr.), Servo, 14,2 : 1
Betriebsbremse v/h (mm)	Hydr. (Servo), Zweikreis,	Hydr. (Servo), Zweikreis,	Hydr. (Servo), Zweikreis,
	Scheiben vorn (belüft.)/hint. (Ø=286/280), ABS	Scheiben vorn (belüft.)/hint. (Ø=286/280, 2001: hint. belüft.), ABS, Tour.: Scheiben belüft. vorn/ hinten (Ø=286/276)	Scheiben belüft. vorn/hint. (Ø=286/276), ABS
Parkbremse	Seilzug (Hinterräder)	Seilzug (Hinterräder)	Seilzug (Hinterräder)
Fahrdynamikregelung	ASC+T, a.W. DSC (Serie ab 2001)	ASC+T, a.W. DSC (Serie ab 2001)	ASC+T, a.W. DSC (Serie ab 2001)
Allgemeine Daten			
Fahrzeugart (Türen/Sitze)	Stufenheck-Limousine (4/5), ab 3/2002: Touring (5/5)	Stufenheck-Limousine (4/5), Kombi (5/5), Coupé (2/4), Cabrio (2/4)	Stufenheck-Limousine (4/5), Kombi (5/5), Coupé (2/4), Cabrio (2/4)
Aufbauform	Ganzstahlaufbau, selbsttragend	Ganzstahlaufbau, selbsttragend	Ganzstahlaufbau, selbsttragend
Radstand (mm)	2725	2725	2725
Spur vorn/hinten (mm)	1480/1490	1480/1490, Ci: 1470/1480	1512/15326 Tour.: 1512/1522
Länge x Breite x Höhe (mm)	4470 x 1740 x 1415	Lim.: 4470 x 1740 x 1415, Tour.: 4480 x 1740 x 1410, Ci: 4490 x 1755 x 1370	Lim.: 4470 x 1740 x 1415, Tour.: 4480 x 1740 x 1410, Ci: 4490 x 1755 x 1370
Gepäckkraum (L) VDA	440	440, Tour.: 435/1345, Ci: 410	440, Tour.: 435/1345, Ci: 410
Reifen (v/h)	195/65 HR 15	195/65 HR 15, ab 2001: 205/55 R 16; Ci: 205/55 VR 16	195/65 HR 15, Ci: 205/55 VR 16
Räder (v/h)	6.5 J x 15 (Stahl)	6.5 (ab 2001: 7.0) J x 15 (Stahl), Ci: 7.0 J x 16 (Stahl)	6.5 J x 15 (Stahl), Ci: 7.0 J x 16 (LM)
Wendekreisdurchmesser (m)	10,4	10,4	10,4
Bodenfreiheit (cm)	13,0	13,0	13,0
Leermasse (kg) DIN	Lim.: 1285 (1320), ab 2001: 1310 (1340)	Lim/Ci: 1285 (1320), ab 2001: 1320 (1350)	Lim/Ci: 1365 (1400), ab 2000: 1390 (1425)
	Tour.: 1390 (1420)	Tour.: 1365 (1380), ab 2001: 1400 (1430)	Tour.: 1425 (1460), ab 2000: 1480 (1515), Cabrio: 1520 (1555)
zul. Gesamtmasse (kg) DIN	Lim.: 1785 (1820), ab 2001: 1810 (1840), Tour.: 1930 (1960), Cab.: 2205 (22235)	Lim/Ci: 1785 (1820), 2001: 1820 (1860), Tour.: 1905 (1920), 2001: 1940 (1970)	Lim/Ci: 1865 (1900), 2000: 1910 (1945), Cp: 1890 (1925), Tour.: 1965 (2000), 2000: 1970 (2005), Cab.: 1940 (1960)

Modell (Baureihe)	BMW 316i (E46/4) BMW 316i Touring (E46/3)	BMW 318i (E46/4) BMW 318i Touring (E46/3) BMW 318 Ci Coupé (E46/2) BMW 318 Ci Cabrio (E346/2C)	BMW 320i (E46/4) BMW 320i Touring (E46/3) BMW 320 Ci Coupé (E46/2) BMW 320 Ci Cabrio (E346/2C)
Luftwiderstand (cW x A)	Lim.: 0,29 x 2,06, ab 2001: 0,30 x 2,06, Tour.: 0,32 x 2,06	Lim.: 0,28 x 2,06, 2001: 0,30 x 2,06, Ci: 0,29/31 x 1,98, Tour.: 0,31/32 x 2,06	Lim.: 0,29 x 2,06, Coup.: 0,30 x 1,98, Tour.: 0,32 x 2,06, Cab.: 0,35 x 2,06
Kraftstofftank (L)/Position	63/hinten	63/hinten	63/hinten
Fahrleistungen			
Höchstgeschwindigkeit (km/h)	Lim.: 200 (194), ab 2001: 206 (200), Tour.: 200 (194)	Lim/Ci: 206 (2020), ab 2001: 218 (214), Tour.: 2020 (196), ab 2001: 213 (209), Cab.: 206 (206)	Lim.: 219 (216), Cp: 221 (218), 2000: Lim./Coup.: 226 (223), Tour.: 214 (211), ab 2000: 224 (221), Cab.: 222 (219)
Beschleun. 0 - 100 km/h (s)	Lim.: 12,4 (13,6), ab 2001: 10,9 (11,9), Tour.: 11,2 (12,2)	Lim/Ci: 10,4 (12,2), ab 2001: 9,3 (10,2), Tour.: 10,9 (12,6), ab 2001: 9,6 (10,5), Cab.: 10,2 (11,1)	Lim/Ci: 9,9 (10,9), 2000: Lim.: 8,3 (9,3), Coup.: 8,2, Tour.: 10,2 (11,4), 2000: 8,4 (9,5), Cab.: 8,9 (9,9)
Verbrauch (L/100 km) Euromix	Lim.: 7,8 (8,9), ab 2001: 7,1 (8,0), Tour.: 7,3 (8,1)	Lim/Ci: 7,9 (9,1), ab 2001: 7,4 (8,1), Tour.: 8,1 (9,3), ab 2001: 7,6 (8,2), Cab.: 7,7 (8,4)	Lim.: 8,9 (10,0), 2000: Lim./Coup.: 8,9 (9,4), Tour.: 9,0 (10,2), 2000: 9,0 (9,8), Cab.: 9,4 (9,8)
Sonstiges			
Preis (Anf./Ende Laufz.) DM	L: 42.400/43.000/46.550 (23.800 €)/47.230 (24.150 €)	L: 45.400/46.000/49.150 (25.190 €)/58.575 (25.950 €)	L: 52.500/56.300/56.330 (28.800 €)/58.280 (29.800 €)
	Tour.: 49.970 (25.550 €)/50.560 (25.850 €)	T: 48.800/49.400/53.100 (27.150 €)/54.570 (7.900 €)	T: 57.100/57.400/59.065 (30.200 €)/60.920 (31.150 €)
		Coup.: 47.900/48.500/51.730 (26.450 €)/28.850 €	Coup.: 56.100/56.400/57.700 (29.500 €)/32.200 €
		Cab.: 61.410 (31.400 €)/35.050 €	Cab.: 67.085 (34.300 €)/38.100 €
Baujahre	Lim.: 1998 - 2001/2001 - 2005, Tour.: 2002 - 2005	Lim.: 1998 - 2001/2001 - 2005, Tour.: 1999 - 2001/2001 - 2005, Coupé: 1999 - 2001/2001 - 2006, Cab.: 2001 - 2006	Lim.: 1998 - 2000/2000 - 2005, Tour.: 1999 - 2000/2000 - 2005, Coupé: 1999 - 2000/2000 - 2006, Cab.: 2000 - 2006
Stückzahl	insgesamt 3.266.885 Einheiten BMW E46		

BMW 330iX Limousine (2000)

Modell (Baureihe)	BMW 323i (E46/4) BMW 323i Touring (E46/3) BMW 323 Ci Coupé (E46/2) BMW 323 Ci Cabrio (E346/2C)	BMW 325i, 325xi (E46/4) BMW 325i Touring (E46/3) BMW 325 Ci Coupé (E46/2) BMW 325 Ci Cabrio (E346/2C)	BMW 328i (E46/4) BMW 328i Touring (E46/3) BMW 328 Ci Coupé (E46/2)	BMW 330i, 330xi (E46/4) BMW 330i T BMW 330 Ci Coupé (E46/2) Touring (E46/3) BMW 330 Ci Cabrio (E346/2C)
Motor	M52 B25	M52 B25	M52 B28	M54 B30
Betriebsart	Otto (Viertakt)	Otto (Viertakt)	Otto (Viertakt)	Otto (Viertakt)
Material (Block/Kopf)	Alu/Alu	Alu/Alu	Alu/Alu	Alu/Alu
Zylinderzahl/ Einbauposition	6 (Reihe), längs über Vorderachse	6 (Reihe), längs über Vorderachse	6 (Reihe), längs über Vorderachse	6 (Reihe), längs über Vorderachse
Bohrung x Hub (mm)	84 x 75	84 x 75	84 x 84	84 x 89,6
Hubraum (cm^3)	2494	2494	2793	2979
Leistung (PS/kW bei U/min)	170 (125) bei 5500	192 (141) bei 6000	193 (142) bei 5500	231 (170) bei 5900
Drehmoment (Nm bei U/min)	245 bei 3500	245 bei 3500	280 bei 3500	300 bei 3500
Verdichtung	10,5 : 1	10,5 : 1	10,2 : 1	10,2 : 1
Gemischbildung/ Elektronik	Saugrohr-Einspritzung (elektron.)	Saugrohr-Einspritzung (elektron.)	Saugrohr-Einspritzung (elektron.)	Saugrohr-Einspritzung (elektron.)
	Siemens DME MS42.0, ab 2000: MS43.0	Siemens DME MS42.0, ab 2000: MS43.0	Siemens DME MS42.0	Siemens DME MS43.0
Ventile pro Zylinder/ Betätigung	4, V-förmig hängend	4, V-förmig hängend	4, V-förmig hängend (Hydrostößel)	4, V-förmig hängend (Hydrostößel)
Nockenwelle(n)/ Antrieb	2 oben liegend (Doppel-Vanos)/Kette	2 oben liegend (Doppel-Vanos)/ Kette	2 oben liegend (Doppel-Vanos)/Kette	2 oben liegend (Doppel-Vanos)/Kette
Kurbelwellenlager	7	7	7	7
Kühlung	Pumpe/8,4 L Wasser	Pumpe/8,4 L Wasser	Pumpe/8,4 L Wasser	Pumpe/8,4 L Wasser
Schmierung	Druckumlauf/6,5 L Öl	Druckumlauf/6,5 L Öl	Druckumlauf/6,5 L Öl	Druckumlauf/6,1 L Öl
Abgasreinigung	Dreiwege-Kat, Lambdasonde	Dreiwege-Kat, Lambdasonde	Dreiwege-Kat, Lambdasonde	Dreiwege-Kat, Lambdasonde
Batterie	12 V 70 (80) Ah/vorn	12 V 70 (80) Ah/vorn	12 V 70 Ah/hinten	12 V 70 Ah/hinten
Generator	Wechselstrom 90 A 1260 W	Wechselstrom 90 A 1260 W	Wechselstrom 90 A 1260 W	Wechselstrom 90 A 1260 W
Kraftübertragung	Hinterradantrieb	Hinterradantrieb, xi: Allradantrieb	Hinterradantrieb	Hinterradantrieb, xi: Allradantrieb
Kupplung	Einscheiben-Trocken	Einscheiben-Trocken	Einscheiben-Trocken	Einscheiben-Trocken
Schaltgetriebe	5Gang	5Gang	5Gang	5Gang
Übersetzungen	I. 4,23, II. 2,52, III.1,66, IV. 1,22, V. 1,0, R: 4,04	I. 4,23, II. 2,52, III.1,66, IV. 1,22, V. 1,0, R: 4,04	I. 4,21, II. 2,49, III.1,66, IV. 1,24, V. 1,0, R: 3,85	I. 4,21, II. 2,49, III.1,66, IV. 1,24, V. 1,0, R: 3,85
Antriebsübersetzung	3,07, Ci: 3,23	3,07, Ci: 3,23	2,93	2,93
Automatik	5Stufen (ZF)	5Stufen (ZF)	5Stufen (ZF)	5Stufen (ZF)
Übersetzungen	I. 3,67, II. 2,00, III. 1,41, IV. 1,0, V. 0,74, R: 4,10	I. 3,67, II. 2,00, III. 1,41, IV. 1,0, V. 0,74, R: 4,10	I. 3,67, II. 2,00, III. 1,41, IV. 1,0, V. 0,74, R: 4,10	I. 3,67, II. 2,00, III. 1,41, IV. 1,0, V. 0,74, R: 4,10

Modell (Baureihe)	BMW 323i (E46/4) BMW 323i Touring (E46/3) BMW 323 Ci Coupé (E46/2) BMW 323 Ci Cabrio (E346/2C)	BMW 325i, 325xi (E46/4) BMW 325i Touring (E46/3) BMW 325 Ci Coupé (E46/2) BMW 325 Ci Cabrio (E346/2C)	BMW 328i (E46/4) BMW 328i Touring (E46/3) BMW 328 Ci Coupé (E46/2)	BMW 330i, 330xi (E46/4) BMW 330i T BMW 330 Ci Coupé (E46/2) Touring (E46/3) BMW 330 Ci Cabrio (E346/2C)
Antriebsübersetzung	3,07, Ci: 3,38	3,07, Ci: 3,38	3,07	3,38
Fahrwerk				
Vorderradaufhängung	Einzelradaufh. mit McPherson-Federbeinen, Dreieckquerlenkern, Stabi			
Hinterradaufhängung	Mehrlenkerachse, Schraubenfedern, Teleskopstoßdämpfer, Stabi, Hilfsrahmen			
Lenkung	Zahnstange (hydr.), Servo, 15,5 : 1	Zahnstange (hydr.), Servo, 15,5 : 1	Zahnstange (hydr.), Servo, 15,5 : 1	Zahnstange (hydr.), Servo, 15,5 : 1
Betriebsbremse v/h (mm)	Hydr. (Servo), Zweikreis,	Hydr. (Servo), Zweikreis,	Hydr. (Servo), Zweikreis,	Hydr. (Servo), Zweikreis,
	Scheiben belüft. vorn/hint. (Ø=286/276), ABS	Scheiben belüft. vorn/hint. (Ø=286/276), ABS	Scheiben belüft. vorn/hint. (Ø=300/294), ABS	Scheiben belüft. vorn/hint. (Ø=325/320), ABS
Parkbremse	Seilzug (Hinterräder)	Seilzug (Hinterräder)	Seilzug (Hinterräder)	Seilzug (Hinterräder)
Fahrdynamikregelung	ASC+T, a.W. DSC	ASC+T, a.W. DSC, xi: DSC Serie	ASC+T, a.W. DSC	ASC+T, a.W. DSC, xi: DSC Serie
Allgemeine Daten				
Fahrzeugart (Türen/Sitze)	Stufenheck-Limousine (4/5), Kombi (5/5), Coupé (2/4), Cabrio (2/4)	Stufenheck-Limousine (4/5), Kombi (5/5), Coupé (2/4), Cabrio (2/4)	Stufenheck-Limousine (4/5), Kombi (5/5), Coupé (2/4)	Stufenheck-Limousine (4/5), Kombi (5/5), Coupé (2/4), Cabrio (2/4)
Aufbauform	Ganzstahlaufbau, selbsttragend	Ganzstahlaufbau, selbsttragend	Ganzstahlaufbau, selbsttragend	Ganzstahlaufbau, selbsttragend
Radstand (mm)	2725	2725	2725	2725
Spur vorn/hinten (mm)	1480/1490, Ci: 1470/1480	1480/1490, Ci: 1470/1480	1512/15326 Tour.: 1512/1522	1512/15326 Tour.: 1512/1522
Länge x Breite x Höhe (mm)	Lim.: 4470 x 1740 x 1415, Tour.: 4480 x 1740 x 1410, Ci: 4490 x 1755 x 1370	Lim.: 4470 x 1740 x 1415, Tour.: 4480 x 1740 x 1410, Ci: 4490 x 1755 x 1370	Lim.: 4470 x 1740 x 1415, Tour.: 4480 x 1740 x 1410, Ci: 4490 x 1755 x 1370	Lim.: 4470 x 1740 x 1415, Tour.: 4480 x 1740 x 1410, Ci: 4490 x 1755 x 1370
Gepäckraum (L) VDA	440, Tour.: 435/1345, Ci: 410	440, Tour.: 435/1345, Ci: 410	440, Tour.: 435/1345, Ci: 410	440, Tour.: 435/1345, Ci: 410
Reifen (v/h)	195/65 VR 15, Ci: 205/55 VR 16	205/55 VR 16	205/55 WR 16	205/55 WR 17
Räder (v/h)	6.5 J x 15, Ci: 7.0 J x 16 (LM)	7.0 J x 16 (LM)	7.0 J x 16 (LM)	7.0 J x 17 (LM)
Wendekreisdurchmesser (m)	10,4	10,4, xi: 10,9	10,4	10,4, xi: 10,9

Modell (Baureihe)	BMW 323i (E46/4) BMW 323i Touring (E46/3) BMW 323 Ci Coupé (E46/2) BMW 323 Ci Cabrio (E346/2C)	BMW 325i, 325xi (E46/4) BMW 325i Touring (E46/3) BMW 325 Ci Coupé (E46/2) BMW 325 Ci Cabrio (E346/2C)	BMW 328i (E46/4) BMW 328i Touring (E46/3) BMW 328 Ci Coupé (E46/2)	BMW 330i, 330xi (E46/4) BMW 330i T BMW 330 Ci Coupé (E46/2) Touring (E46/3) BMW 330 Ci Cabrio (E346/2C)
Bodenfreiheit (cm)	13,0	13,0	13,0	13,0
Leermasse (kg) DIN	Lim. 1370 (1405), Cab.: 1540 (1580)	Lim.: 1410 (1445), Tour.: 1450 (1485), Coup.: 1410 (1445), Cab.: 1540 (1580)	Lim/Ci: 1395 (1430), Tour.: 1465 (1469)	Lim.: 1430 (1465), xi: 1520 (1540), Tour.: 1500 (1535), xi: 1535 (1610)
zul. Gesamtmasse (kg) DIN	Lim.: 1870 (1905), Cab.: 1960 (2000)	Lim.: 1910 (1945), Tour.: 2000 (2035), Coup.: 1920 (1945), Cab.: 1960 (2000)	Lim/Ci: 1895 (1930), Tour.: 2005 (2030)	Lim.: 1930 (1965), xi: 2020 (2040), Tour.: 2010 (2040), xi: 2095 (2110), Cabrio: 2005 (2040)
Luftwiderstand (cW x A)	Lim.: 0,29 x 2,06, Coup.: 0,30 x 1,98, Tour.: 0,32 x 2,06, Cab.: 0,35 x 2,06	Lim.: 0,29 x 2,06, Coup.: 0,30 x 1,98, Tour.: 0,32 x 2,06, Cab.: 0,35 x 2,06	Lim.: 0,29 x 2,06, Coup.: 0,30 x 1,98, Tour.: 0,32 x 2,06	Lim.: 0,29 x 2,06, Coup.: 0,30 x 1,98, Tour.: 0,32 x 2,06, Cab.: 0,35 x 2,06
Kraftstofftank (L)/ Position	63/hinten	63/hinten	63/hinten	63/hinten
Fahrleistungen				
Höchstgeschwindig-keit (km/h)	Lim.: 231 (228), Coup.: 233 (230), Cab.: 225 (220)	Lim.: 240 (237), Tour.: 237 (234), Coup.: 240 (237), Cab.: 234 (230)	Lim.: 240 (237), Coup.: 242 (238), Tour.: 237 (232)	Lim.: 250 (247), xi: 247 (242), Tour.: 250 (243), Tour xi: 243 (238), Cab.: 247 (240)
Beschleun. 0 - 100 km/h (s)	Lim.: 8,0 (9,0), Cab.: 8,6 (9,7)	Lim./Coup.: 7,2 (8,3), Tour.: 7,4 (8,5), Cab.: 7,7 (8,8)	Lim/Ci: 7,0 (8,1), Tour.: 7,3 (8,4)	Lim.: 6,5 (7,0), xi: 6,6 (7,4), Tour.: 6,7 (7,2), xi: 6,8 (7,6), Cab.: 6,9 (7,5)
Verbrauch (L/100 km) Euromix	Lim.: 9,0 (10,0), Cab.: 9,7 (10,6)	Lim.: 9,0 (9,5), Tour.: 9,2 (9,7), Coup.: 9,9 (9,5), Cab.: 9,6 (9,9)	Lim/Ci: 9,1 (10,1), Tour.: 9,3 (10,3),	Lim.: 9,1 (9,9), xi: 9,9 (10,7), Tour.: 9,4 (10,2), Tour xi: 10,3 (11,0), Cab.: 9,9 (10,6)
Sonstiges				
Preis (Anf./Ende Laufz.) DM	Lim.: 56.600/58.100	L: 58.600/31.800 €; T: 61.400/33.150 €, xi + 2300 €	Lim.: 61.700/63.200, Tour.: 65.700/66.000	L: 65.300/35.500 €, T: 68.100/36.850, xi + 2300 €
	Coup.: 60.800/61.100, Cab.: 69.450/69.450	Coup.: 61.500/68.360 (34.950 €)	Coup.: 64.700/65.000	Coup.: 67.100/74.710 (38.200 €)
		Cab.: 69.900/79.110 (40.450 €)		Cab.: 77.400/85.180 (43.550 €)
Baujahre	Lim.: 1998 - 2000, Tour.: 1999 - 2000	Lim.: 2000 - 2005, xi: 2001 - 2005	Lim.: 1998 - 2000, Tour.: 1999 - 2000	Lim.: 2000 - 2005, xi: 2001 - 2005;
	Coupe: 1999 - 2000; Cabrio: 2000	Tour.: 2000 - 2005, xi: 2001 - 2005	Coupé: 1999 - 2000	Tour.: 2000 - 2005, xi: 2001 - 2005
		Coupé: 2000 - 2006, Cabrio: 2000 - 2006		Coupé: 2000 - 2006, Cabrio: 2000 - 2006
Stückzahl	insgesamt 3.266.885 Einheiten BMW E46			

Modell (Baureihe)	BMW 318d (E46/4) BMW 318d Touring (E46/3)	BMW 320d (E46/4) BMW 320d Touring (E46/3) BMW 320d Coupé (E46/2) BMW 320d Cabrio (E346/2C)	BMW 330d, 330xd (E46/4) BMW 330d Touring, 330xd Touring (E46/3) BMW 330d Coupé (E46/2) BMW 330d Cabrio (E346/2C)
Motor	M47 D20	M47 D20	M57 D30
Betriebsart	Diesel (Viertakt)	Diesel (Viertakt)	Diesel (Viertakt)
Material (Block/Kopf)	Grauguss/Alu	Grauguss/Alu	Grauguss/Alu
Zylinderzahl/Einbauposition	4 (Reihe), längs über Vorderachse	4 (Reihe), längs über Vorderachse	6 (Reihe), längs über Vorderachse
Bohrung x Hub (mm)	84 x 90	84 x 90	84 x 88
Hubraum (cm³)	1995	1995	2996
Leistung (PS/kW bei U/min)	115 (85) bei 4000	136 (100) bei 4000	184 (135) bei 4000
		2001: 150 (110) bei 4000	ab 2003: 204 (150) bei 4000
Drehmoment (Nm bei U/min)	265 bei 1750	280 bei 1750, 2001: 330 bei 2000	390 bei 1750, ab 2003: 410 bei 1500
Verdichtung	19,0/17,0 : 1	19,0/17,0 : 1	18,0 : 1, 2003: 17,0 : 1
Gemischbildung/Elektronik	Direkteinspritzung (elektron.) Bosch DDE 3.0	Direkteinspritzung (elektron.) Bosch DDE 3.0, 2001: DDE 5.0	Direkteinspritzung (elektron.) Bosch DDE 4.0
	Verteilereinspritzpumpe VP 44	Verteilereinspritzpumpe VP 44	Common Rail
Aufladung	1 Turbolader Garrett GT15	1 Turbolader Garrett VNT15	1 Turbolader Garrett VNT15
Ladeluftkühlung	LLK	LLK	LLK
Ventile pro Zylinder/ Betätigung	4, parallel hängend (Hydrostößel)	4, parallel hängend (Hydrostößel)	4, parallel hängend (Hydrostößel)
Nockenwelle(n)/Antrieb	2 oben liegend/Kette	2 oben liegend/Kette	2 oben liegend/Kette
Kurbelwellenlager	5	5	7
Kühlung	Pumpe/8,4 L Wasser	Pumpe/7,0 L Wasser	Pumpe/10,2 L Wasser
Schmierung	Druckumlauf/5,0 L Öl	Druckumlauf/5,0 L Öl	Druckumlauf/6,75 L Öl
Abgasreinigung	Oxi-Kat, Abgasrückführung	Oxi-Kat, Abgasrückführung	Oxi-Kat, Abgasrückführung
Batterie	12 V 80 Ah/hinten	12 V 80 Ah/hinten	12 V 95 Ah/hinten
Generator	Wechselstrom 150 A 2100 W	Wechselstrom 120 A 1680 W	Wechselstrom 150 A 2100 W
Kraftübertragung	Hinterradantrieb	Hinterradantrieb	Hinterradantrieb, xd: Allradantrieb
Kupplung	Einscheiben-Trocken	Einscheiben-Trocken	Einscheiben-Trocken
Schaltgetriebe	5Gang	5Gang, 2003: 6Gang	5Gang, 2003: 6Gang
Übersetzungen	I. 5,09, II. 2,8, III.1,76, IV. 1,25, V. 1,0, R: 4,71	5Gang: I. 5,09, II. 2,8, III.1,76, IV. 1,25, V. 1,0, R: 4,71	5Gang: I. 5,24, II. 2,92, III.1,82, IV. 1,27, V. 1,0, R: 4,72
		6Gang: I. 5,14, II. 2,83, III. 1,79, IV. 1,26, V. 1,0, VI. 0,83	6Gang: I. 5,08, II. 2,80, III. 1,78, IV. 1,26, V. 1,0, VI. 0,83
Antriebsübersetzung	2,47	2,47/4,64	2,35/4,72
Automatik	ab 2002: 5Stufen	5Stufen (ZF)	5Stufen (ZF)
Übersetzungen	I. 3,42, II. 2,22, III. 1,60, IV. 1,0, V. 0,75, R: 4,71	I. 3,45, II. 2,21, III. 1,59, IV. 1,0, V. 0,76, R: 3,17	I. 3,52, II. 2,22, III. 1,60, IV. 1,0, V. 0,75, R: 3,03
Antriebsübersetzung	2,47	2,81/3,03	2,93/3,03

Modell (Baureihe)	BMW 318d (E46/4) BMW 318d Touring (E46/3)	BMW 320d (E46/4) BMW 320d Touring (E46/3) BMW 320d Coupé (E46/2) BMW 320d Cabrio (E346/2C)	BMW 330d, 330xd (E46/4) BMW 330d Touring, 330xd Touring (E46/3) BMW 330d Coupé (E46/2) BMW 330d Cabrio (E346/2C)
Fahrwerk			
Vorderradaufhängung	Einzelradaufh. mit McPherson-Federbeinen, Dreieckquerlenkern, Stabi		
Hinterradaufhängung	Mehrlenkerachse, Schraubenfedern, Teleskopstoßdämpfer, Stabi, Hilfsrahmen		
Lenkung	Zahnstange (hydr.), Servo, 13,7 : 1	Zahnstange (hydr.), Servo, 13,7 : 1	Zahnstange (hydr.), Servo, 13,7 : 1
Betriebsbremse v/h (mm)	Hydr. (Servo), Zweikreis,	Hydr. (Servo), Zweikreis,	Hydr. (Servo), Zweikreis,
	Scheiben belüft. vorn/hint. (Ø=286/276), ABS	Scheiben belüft. vorn/hint. (Ø=286/276), ABS	Scheiben belüft. vorn/hint. (Ø=325/320), ABS
Parkbremse	Seilzug (Hinterräder)	Seilzug (Hinterräder)	Seilzug (Hinterräder)
Fahrdynamikregelung	DSC	ASC+T, a.W. DSC (2001 Serie)	ASC+T, a.W. DSC (2001 Serie)
Allgemeine Daten			
Fahrzeugart (Türen/Sitze)	Stufenheck-Limousine (4/5), Kombi (5/5)	Stufenheck-Limousine (4/5), Kombi (5/5), Coupé (2/4), Cabrio (2/4)	Stufenheck-Limousine (4/5), Kombi (5/5), Coupé (2/4), Cabrio (2/4)
Aufbauform	Ganzstahlaufbau, selbsttragend	Ganzstahlaufbau, selbsttragend	Ganzstahlaufbau, selbsttragend
Radstand (mm)	2725	2725	2725
Spur vorn/hinten (mm)	1480/1490	1480/1490	1470/1480
Länge x Breite x Höhe (mm)	4470 x 1740 x 1415	Lim.: 4470 x 1740 x 1415, Tour.: 4480 x 1740 x 1410, Coup./Cab.: 4490 x 1755 x 1370	Lim.: 4470 x 1740 x 1415, Tour.: 4480 x 1740 x 1410, Coup./Cab.: 4490 x 1755 x 1370
Gepäckkraum (L) VDA	440	440, Tour.: 435/1345, Coup./Cab.: 410	440, Tour.: 435/1345, Coup./Cab.: 410
Reifen (v/h)	195/65 HR 15	195/65 HR 15, 2001: 2905/55 R 16	205/55 WR 17
Räder (v/h)	6.5 J x 15 (Stahl)	6.5 J x 15 (LM), 2001: 7.0 J x 16	7.0 J x 17 (LM), 2003: 8.0 J x 17
Wendekreisdurchmesser (m)	10,4	10,4	10,4, xd: 10,9
Bodenfreiheit (cm)	13,0	13,0	13,0
Leermasse (kg) DIN	Lim.: 1395 (1425), Tour.: 1480 (1510)	Lim.: 1375 (1390), 2001: 1415 (1430), Tour.: 1460 (1475), 2001: 1505 (1525)	Lim.: 1520 (1535), xd: 1620; 2003: Lim./Coup.: 1540 (1555), Tour.: 1590 (1600), xd: 1965, 2003: 1615 (1625)
zul. Gesamtmasse (kg) DIN	Lim.: 1895 (1925)	Lim.: 1875 (1890),	Lim.: 2020 (2035), xd: 2120,
	Tour.: 1980 (2010)	Tour.: 1960 (1970)	Tour.: 2130 (2140), xd: 2195, Coup.: 2040 (2055)
Luftwiderstand (cW x A)	0,31 x 2,06	Lim.: 0,29/31 x 2,06, Tour.: 0,32 x 2,06	Lim.: 0,29/31 x 2,06, Coup.: 0,30 x 1,98, Tour.: 0,32 x 2,06, Cab.: 0,35 x 2,06
Kraftstofftank (L)/Position	63/hinten	63/hinten	63/hinten
Fahrleistungen			
Höchstgeschwindigkeit (km/h)	Lim.: 204 (199), Tour.: 200 (195)	Lim.: 207, ab 2001: 221 (213)	Lim.: 227 (222), ab 2003: Lim./Coup.: 242 (235); xd: 224, Tour.: 225 (220), xd: 221

Modell (Baureihe)	BMW 318d (E46/4) BMW 318d Touring (E46/3)	BMW 320d (E46/4) BMW 320d Touring (E46/3) BMW 320d Coupé (E46/2) BMW 320d Cabrio (E346/2C)	BMW 330d, 330xd (E46/4) BMW 330d Touring, 330xd Touring (E46/3) BMW 330d Coupé (E46/2) BMW 330d Cabrio (E346/2C)
Beschleun. 0 - 100 km/h (s)	Lim.: 10,7 (11,3), Tour.: 11,0 (11,7)	Lim.: 9,9, ab 2001: 8,8 (9,1), Tour.: 10,1, 2001: 9,2 (9,5)	Lim.: 7,8 (8,2), ab 2003: 7,2 (7,4); xd: 8,5, Tour.: 7,9 (8,3), xd: 8,7
Verbrauch (L/100 km) Euromix	Lim.: 5,7 (6,8), Tour.: 5,8 (7,0)	Lim.: 5,7, 2001: Tour.: 5,9	Lim.: 6,8 (8,0), xd: 7,6, Tour.: 7,0 (8,1), xd: 7,8
Sonstiges			
Preis (Anf./Ende Laufz.) DM	Lim.: 49.100 (25.150 €)/51.535 (26.350 €)	Lim.: 48.400/49.500/51.800/55.150 (28.200 €)	Lim.: 62.500/64.300/34.350 €/35.000 €, xd + 2300 €
	Tour.: 53.490 (27.350 €)/ 54.860 (28.050 €)	Tour.: 51.800/52.300 / 56.130/58.970 (30.150 €)	Tour.: 65.600/68.160 / 35.750/36.350, xd + 2300 €
		Coup.: 57.890/61.120 (29.600/31.250 €)	Coup.: 69.920/73.730 (35.750/37.700 €)
		Cab.: 71.290/73.240 (36.450/37.450 €)	Cab.: 81.850/84.200 (41.850/43.050 €)
Baujahre	Lim.: 2001 - 2005	Lim.: 1998 - 2001/2001 - 2005, Tour.: 1999 - 2005	Lim.: 1998 - 2003 / 2003 - 2005,
	Tour.: 2002 - 2005	Coupé: 7/2003 - 2006; Cabrio: 9/2004 - 2006	Tour.: 1999 - 2003 / 2203 - 2005
			Coupé: 7/2003 - 2006; Cabrio: 9/2004 - 2006
Stückzahl	insgesamt 3.266.885 Einheiten E46		

BMW 320 Cd Coupé (2003)

BMW DREIER COMPACT (E46/5) (2001 BIS 2004)

Zur Jahresmitte 2001 wurde auch wieder eine dreitürige Compact-Version der 3er-Baureihe aufgelegt – zunächst als 316ti und 325ti, ab September 2001 auch als 318ti und 320td, gefolgt vom 318td. Der Radstand des Dreiers blieb erhalten. Erstmals kamen hier Motoren mit der neuen Valvetronic zum Einsatz, die anlässlich des wenige Monate später beginnenden neuen Modelljahr dann auch in den anderen E46-Varianten erschienen. Das Motorenprogramm des Compact umfasste drei Benziner und zwei Diesel.

Optisch unterschied sich der Kleine an der Front und naturgemäß am Heck von den anderen Bauformen. Seine auffallend markante Front- und Heckpartie verschreckte die Kunden jedoch. Auch eine Modellpflege im Jahr 2003 konnte daran nichts mehr ändern. Das Design wurde etwas entschärft, indem die ungewöhnlichen Klarglas-Rücklichter komplett roten weichen mussten. Zusätzlich gab es nach außen hin gewölbte Seitenschweller und neue Front- und Heckschürzen, welche das Fahrzeug bulliger im Auftritt erscheinen lassen. Dennoch konnte der Compact der Baureihe E46 den Erfolg seines Vorgängers nicht wiederholen.

BMW 316ti Compact (2001)

BMW 316ti Compact (2001)

Seine Produktion wurde 2004 nach rund drei Jahren Bauzeit eingestellt. BMW hatte so etwas wohl geahnt und darum die Einser-Reihe entwickelt, die den Compact ablöste.

BMW 325ti Compact (2001)

Modell (Baureihe)	BMW 316ti (E46/5)	BMW 318ti (E46/5)	BMW 325ti (E46/5)
Motor	N40 B18	N42 B20	M54 B25
Betriebsart	Otto (Viertakt)	Otto (Viertakt)	Otto (Viertakt)
Material (Block/Kopf)	Alu/Alu	Alu/Alu	Alu/Alu
Zylinderzahl/Einbauposition	4 (Reihe), längs über Vorderachse	4 (Reihe), längs über Vorderachse	6 (Reihe), längs über Vorderachse
Bohrung x Hub (mm)	84 x 81	84 x 90	84 x 75
Hubraum (cm^3)	1796	1995	2494
Leistung (PS/kW bei U/min)	116 (85) bei 5500	143 (105) bei 6000	192 (141) bei 6000
Drehmoment (Nm bei U/min)	175 bei 3750	200 bei 3750	245 bei 3500
Verdichtung	10,5 : 1	10,2 : 1	10,5 : 1
Gemischbildung/Elektronik	Saugrohr-Einspritzung (elektron.)	Saugrohr-Einspritzung (elektron.)	Saugrohr-Einspritzung (elektron.)
	Bosch	Bosch ME9	Siemens DME MS43.0
Ventile pro Zylinder/Betätigung	4, V-förmig hängend (Valvetronic)	4, V-förmig hängend/Valvetronic	4, V-förmig hängend
Nockenwelle(n)/Antrieb	2 oben liegend (Doppel-Vanos)/ Kette	2 oben liegend (Doppel-Vanos)/ Kette	2 oben liegend (Doppel-Vanos)/ Kette
Kurbelwellenlager	5	5	7
Kühlung	Pumpe/7,0 L Wasser	Pumpe/7,0 L Wasser	Pumpe/8,4 L Wasser
Schmierung	Druckumlauf/4,25 L Öl	Druckumlauf/4,25 L Öl	Druckumlauf/6,5 L Öl
Abgasreinigung	Dreiwege-Kat, Lambdasonde	Dreiwege-Kat, Lambdasonde	Dreiwege-Kat, Lambdasonde
Batterie	12 V 55 Ah/vorn	12 V 55 Ah/vorn	12 V 70 Ah/hinten
Generator	Wechselstrom 90 A 1260 W	Wechselstrom 90 A 1260 W	Wechselstrom 90 A 1260 W
Kraftübertragung	Hinterradantrieb	Hinterradantrieb	Hinterradantrieb
Kupplung	Einscheiben-Trocken	Einscheiben-Trocken	Einscheiben-Trocken
Schaltgetriebe	5Gang	5Gang	5Gang, ab 3/2003 6Gang (opt. SMG)
Übersetzungen	I. 4,23, II. 2,52, III.1,66, IV. 1,22, V. 1,0, R: 4,04	I. 4,23, II. 2,52, III.1,66, IV. 1,22, V. 1,0, R: 4,04	5G: I. 4,23, II. 2,52, III.1,66, IV. 1,22, V. 1,0, R: 4,04
			6G: I. 4,35, II. 2,50, III. 1,66, IV. 1,23, V. 1,0, VI. 0,95, R: 4,04
Antriebsübersetzung	3,38	3,38	3,23
Automatik	5Stufen (ZF)	5Stufen (ZF)	5Stufen (ZF)
Übersetzungen	I. 3,42, II. 2,22, III. 1,6, IV. 1,0, V. 0,75, R: 3,03	I. 3,67, II. 2,00, III. 1,41, IV. 1,0, V. 0,74, R: 4,10	I. 3,67, II. 2,00, III. 1,41, IV. 1,0, V. 0,74, R: 4,10
Antriebsübersetzung	3,73	3,45	3,38
Fahrwerk			
Vorderradaufhängung	Einzelradaufh. mit McPherson-Federbeinen, Dreieckquerlenker, Stabi		
Hinterradaufhängung	Mehrlenkerachse, Schraubenfedern, Teleskopstoßdämpfer, Stabi		
Lenkung	Zahnstange (hydr.), Servo, 13,7 : 1	Zahnstange (hydr.), Servo, 13,7 : 1	Zahnstange (hydr.), Servo, 13,7 : 1
Betriebsbremse v/h (mm)	Hydr. (Servo), Zweikreis,	Hydr. (Servo), Zweikreis,	Hydr. (Servo), Zweikreis,
	Scheiben vorn (blüft.)/hint. (Ø=286/280), ABS	Scheiben belüft. vorn/hint. (Ø=286/276), ABS	Scheiben belüft. vorn/hint. (Ø=300/294), ABS
Parkbremse	Seilzug (Hinterräder)	Seilzug (Hinterräder)	Seilzug (Hinterräder)
Fahrdynamikregelung	a.W. DSC	DSC	DSC

Modell (Baureihe)	BMW 316ti (E46/5)	BMW 318ti (E46/5)	BMW 325ti (E46/5)
Allgemeine Daten			
Fahrzeugart (Türen/Sitze)	Steilheck-Limousine (3/5)	Steilheck-Limousine (3/5)	Steilheck-Limousine (3/5)
Aufbauform	Ganzstahlaufbau, selbsttragend	Ganzstahlaufbau, selbsttragend	Ganzstahlaufbau, selbsttragend
Radstand (mm)	2725	2725	2725
Spur vorn/hinten (mm)	1484/1493	1484/1493	1474/1483
Länge x Breite x Höhe (mm)	4262 x 1751 x 1408	4262 x 1751 x 1408	4262 x 1751 x 1408
Gepäckkraum (L) VDA	310 - 1100	310 - 1100	310 - 1100
Reifen (v/h)	195/65 R 15	205/55 R 16	205/55 R 16
Räder (v/h)	6.5 J x 15	7.0 J x 16	7.0 J x 16
Wendekreisdurchmesser (m)	10,5	10,5	10,5
Bodenfreiheit (cm)	13,0	13,0	13,0
Leermasse (kg) DIN	1300 (1320)	1300 (1320)	1405 (1430)
zul. Gesamtmasse (kg) DIN	1800 (1820)	1800 (1820)	1905 (1930)
Luftwiderstand (cW x A)	0,29 x 2,07	0,29 x 2,07	0,30 x 2,07
Kraftstofftank (L)/Position	63/hinten	63/hinten	63/hinten
Fahrleistungen			
Höchstgeschwindigkeit (km/h)	201 (196)	Lim.: 240 (237), Tour.: 237 (234)	235 (227)
Beschleun. 0 - 100 km/h (s)	10,9 (11,9)	Lim./Coup.: 7,2 (8,3), Tour.: 7,4 (8,5)	7,1 (8,2)
Verbrauch (L/100 km) Euromix	6,9 (7,6)	7,2	8,9 (9,5)
Sonstiges			
Preis (Anf./Ende Laufz.) €	20.400 (39.900 DM)/21.800	22.150 (43.320 DM)/23.550	28.700 (56.130 DM)/29.900
Baujahre	6/2001 - 2004	9/2001 - 2004	6/2001 - 2004
Stückzahl	insgesamt 199.430 E46/5		

Modell (Baureihe)	BMW 318td (E46/5)	BMW 320td (E46/5)
Motor	M41 D20	M47 D20
Betriebsart	Diesel (Viertakt)	Otto (Viertakt)
Material (Block/Kopf)	Gruguss/Alu	Gruguss/Alu
Zylinderzahl/Einbauposition	4 (Reihe), längs über Vorderachse	4 (Reihe), längs über Vorderachse
Bohrung x Hub (mm)	84 x 90	84 x 90
Hubraum (cm³)	1995	1995
Leistung (PS/kW bei U/min)	115 (85) bei 4000	150 (110) bei 4000
Drehmoment (Nm bei U/min)	280 bei 1750	330 bei 2000
Verdichtung	19,0/17,0 : 1	19,0/17,0 : 1
Gemischbildung/Elektronik	Direkteinspritzung (elektron.) Bosch DDE 3.0	Direkteinspritzung (elektron.) Bosch DDE 3.0
	Verteilereinspritzpumpe VP 44	Verteilereinspritzpumpe VP 44
Aufladung	1 Turbolader Garrett GT15	1 Turbolader Garrett VNT15
Ladeluftkühlung	1 LLK	1 LLK
Ventile pro Zylinder/Betätigung	4, parallel hängend	4, parallel hängend

Modell (Baureihe)	BMW 318td (E46/5)	BMW 320td (E46/5)
Nockenwelle(n)/Antrieb	2 oben liegend/Kette	2 oben liegend/Kette
Kurbelwellenlager	5	5
Kühlung	Pumpe/7,0 L Wasser	Pumpe/7,0 L Wasser
Schmierung	Druckumlauf/5,0 L Öl	Druckumlauf/5,0 L Öl
Abgasreinigung	Oxi-Kat, Abgasrückführung	Oxi-Kat, Abgasrückführung
Batterie	12 V 80 Ah/vorn	12 V 80 Ah/vorn
Generator	Wechselstrom 10 A 1680 W	Wechselstrom 10 A 1680 W
Kraftübertragung	Hinterradantrieb	Hinterradantrieb
Kupplung	Einscheiben-Trocken	Einscheiben-Trocken
Schaltgetriebe	5Gang	5Gang, ab 3/2003: 6Gang
Übersetzungen	I. 5,09, II. 2,8, III. 1,76, IV. 1,25, V. 1,0, R: 4,71	5G: I. 5,24, II. 2,92, III. 1,82, IV. 1,27, V. 1,0, R: 4,72
		6G: I. 5,14, II. 2,83, III. 1,79; IV. 1,26, V. 1,0, VI. 0,83, R: 4,64
Antriebsübersetzung	2,47	2,35/2,56
Automatik		5Stufen (ZF)
Übersetzungen		I. 3,42, II. 2,22, III. 1,6, IV. 1,0, V. 0,75, R: 3,03
Antriebsübersetzung		3,07
Fahrwerk		
Vorderradaufhängung	Einzelradaufh. mit McPherson-Federbeinen, Dreieckquerlenker, Stabi	
Hinterradaufhängung	Mehrlenkerachse, Schraubenfedern, Teleskopstoßdämpfer, Stabi	
Lenkung	Zahnstange (hydr.), Servo, 13,7 : 1	Zahnstange (hydr.), Servo, 13,7 : 1
Betriebsbremse v/h (mm)	Hydr. (Servo), Zweikreis,	Hydr. (Servo), Zweikreis,
	Scheiben belüft. vorn/hint. (Ø=286/276), ABS	Scheiben belüft. vorn/hint. (Ø=286/276), ABS
Parkbremse	Seilzug (Hinterräder)	Seilzug (Hinterräder)
Fahrdynamikregelung	DSC	DSC
Allgemeine Daten		
Fahrzeugart (Türen/Sitze)	Steilheck-Limousine (3/5)	Steilheck-Limousine (3/5)
Aufbauform	Ganzstahlaufbau, selbsttragend	Ganzstahlaufbau, selbsttragend
Radstand (mm)	2725	2725
Spur vorn/hinten (mm)	1484/1493	1484/1493
Länge x Breite x Höhe (mm)	4262 x 1751 x 1408	4262 x 1751 x 1408
Gepäckraum (L) VDA	310 - 1100	310 - 1100
Reifen (v/h)	195/65 R 16	205/55 VR 16
Räder (v/h)	7.0 J x 16 (Stahl)	7.0 J x 16 (Stahl)
Wendekreisdurchmesser (m)	10,5	10,5
Bodenfreiheit (cm)	13	13
Leermasse (kg) DIN	1395	1395 (1420)
zul. Gesamtmasse (kg) DIN	1895	1895 (1930)

Modell (Baureihe)	BMW 318td (E46/5)	BMW 320td (E46/5)
Luftwiderstand (cW x A)	0,30 x 2,07	0,30 x 2,07
Kraftstofftank (L)/Position	63/hinten	63/hinten
Fahrleistungen		
Höchstgeschwindigkeit (km/h)	202	219 (211)
Beschleun. 0 - 100 km/h (s)	10,5	8,9 (9,1)
Verbrauch (L/100 km) Euromix	5,6	5,7 (6,9)
Sonstiges		
Preis (Anf./Ende Laufz.) €	22.500/23.750	23.400 € (45.770 DM)/25.000
Baujahre	3/2003 - 2004	9/2001 - 2004
Stückzahl	insgesamt 199.430 E46/5	

BMW 320td Compact (2002)

BMW M3 Cabriolet (2001)

BMW M3 (E46S) (1999 BIS 2006)

Neben den genannten Dreier-Varianten gab es den leistungsgesteigerten Sportwagen M3 als Coupé (1999) und Cabrio (ab 2000). Sein neu entwickelter, hoch drehender 3,2-Liter-Sechszylinder leistete 252 kW (343 PS), die Höchstgeschwindigkeit wurde aber auch hier bei 250 km/h abgeregelt. In der gewichtsreduzierten, limitierten Version namens M3 CSL standen 265 kW (360 PS) zur Verfügung.

Äußerlich unterschied sich der M3 von anderen Modellen der Dreier-Reihe durch die funktionslose Hutze auf der Aluminiummotorhaube („Powerdome"), breitere Radkästen, aerodynamisch optimierte Außenspiegel, geschmiedeten Leichtmetallfelgen im 18- oder 19-Zoll-Format, eine zweiflutige Auspuffanlage mit vier Endrohren, die bullige Frontschürze sowie der Entlüftung der Elektronik dienende Luftauslässe („Kiemen") in den Kotflügeln. Das Fahrwerk war eine konsequente Weiterentwicklung des Vorgänger-Fahrwerks. Jetzt kam die Variable M Differenzialsperre zum Einsatz, die einen Sperrwert zwischen 0 und 100 Prozent erlaubte. Neu war auch die schwimmend gelagerte Compound-Bremsanlage an Vorder- und Hinterachse. Wahlweise war ein recht anspruchsvolles, sequenzielles M Getriebe (SMG) mit elf verschiedenen Fahrprogrammen zu haben.

2002 kam in limitierter Stückzahl der M3 CSL („Coupé Sport Leichtbau") als Coupé hinzu: Er verfügte über eine gewichtserleichterte Karosserie und einen stärkeren Motor mit 265 kW (360 PS). Äußerlich unterschied er sich vom M3 durch die strömungsoptimierte Frontschürze mit einer markanten Öffnung zur Beatmung der Airbox, den mit einem Bürzel versehenen Kofferraumdeckel und das Dach aus Karbonfaser-Kunststoff sowie spezielle M-Leichtmetallfelgen „Sport" in 19 Zoll. Für den M3 CSL standen ab Werk nur zwei Lackfarben zur Auswahl, ein „Black Sapphire Metallic" genanntes Schwarz und ein „Silver Grey Metallic" genanntes Silber-Anthrazit. Im Interieur gab es größere Veränderungen: So wurden anstelle von normalen Sitzen Schalensitze verbaut; die Rückbank wich einer abgespeckten Version.

Der BMW M3 CSL hatte serienmäßig einen mit einem „M" gekennzeichneten Knopf auf dem Lenkrad, der den M-Track Mode aktivierte. Dadurch veränderten sich die Kennlinie der Servolenkung sowie die Parametereinstellungen des DSC-Systems, um so eine noch sportlichere Fahrweise zu gestatten (kleinere Drifts ohne DSC-Eingriff). Die in der auch im normalen M3 erhältlichen sequentiellen Schaltung vorhandene Launch Control wurde für den CSL überarbeitet und schaltete bei Drehzahlmaximum in den nächst höheren Gang. Somit ist es im M3 CSL möglich, mit Vollgas und einem Zug an der Schaltwippe aus dem Stand bis zur Höchstgeschwindigkeit zu beschleunigen. Durch Benutzung dieses Extras, welches Komponenten und Motor extrem belastete, konnten selbst Laien die werksseitig angegebenen Beschleunigungswerte von 0-100 km/h in 4,8 s und 0-200 km/h in 16,7 s erreichen.

BMW M3 Coupé (2000)

BMW M3 Coupé (2000)

Ab Anfang 2005 stand für den M3 ein Competition-Paket (5.300 €) bereit. Es hatte 19-Zoll-Räder im CSL-Styling, die mit Sport Cup-Reifen bestückt waren, dazu die Bremsanlage aus dem M3 CSL, ein optimiertes Fahrwerk, eine direktere Lenkung (Übersetzung 14,5:1 statt 15,4:1) sowie den M Track Mode. Anfang 2007 endete die Auslieferung des M3. Für die Modelle M3 und M3 CSL hatte es übrigens während der gesamten Bauzeit kein Facelift gegeben. Nur die Heckleuchten wurden gegen leicht veränderte Leuchten mit LED-Technik getauscht.

Ein Sonderfall unter den M3-Versionen war schließlich der GTR. Ab Februar 2002 musste BMW eine für die Straße überarbeitet Version des aus der American Le Mans Series (ALMS) bekannten M3 GTR anbieten – denn Voraussetzung für die Rennteilnahme war genau so eine Homologationsserie. Technisch war der zivile GTR eng an die Rennversion angelehnt. Ein von 330 kW (460PS) auf 258 kW (350 PS) gedrosselter V8 mit Trockensumpfschmierung leistete unter der mit zusätzlichen Kühlschlitzen versehenen Motorhaube seinen Dienst. Weiter an Bord waren ein Sechsgang-Handschaltgetriebe sowie eine Zweischeibenkupplung, wie sie im Rennfahrzeug verwendet wurden. Die Karosserie entsprach weitgehend der des Rennfahrzeugs. So bestanden Dach, Heckflügel sowie Front- und Heckschürze aus kohlefaserverstärktem Kunststoff. Durch diese Maßnahmen und den völlige Verzicht einer komfortable Ausstattung erreichte der Zweisitzer ein Leergewicht von rund 1350 Kilogramm. Anders als die M GmbH setzte BMW-Kleinserienhersteller Alpina in Buchloe/Allgäu bei seinen E46-Versionen B3 und B3S (3,3/3,4-Liter-Hubraum, 206/224 kW) auf eine komfortorientierte Sportlichkeit. Diese Modelle wurden nicht abgeregelt, sondern erreichten eine Höchstgeschwindigkeit von rund 270 km/h.

BMW M3 Cabriolet (2001)

Modell (Baureihe)	BMW M3 Coupé (E46/2S), M3 CSL (E46/2S)
	BMW M3 Cabrio (E46/2CS)
Motor	S50 B32
Betriebsart	Otto (Viertakt)
Material (Block/Kopf)	Alu/Alu
Zylinderzahl/Einbauposition	6 (Reihe)/längs über Vorderachse, GTR: V8
Bohrung x Hub (mm)	87 x 91; GTR: 94 x 72
Hubraum (cm³)	3246, GTR: 3997
Leistung (PS/kW bei U/min)	343 (252) bei 7900, CSL: 360 (265) bei 7900
	GTR: 350 (257) bei 7250
Drehmoment (Nm bei U/min)	365 bei 4900, CSL: 370 bei 4900, GTR: 365 bei 5000
Verdichtung	11,5 : 1
Gemischbildung	Saugrohr-Einspritzung (elektron.)
	Bosch Motronic DME MSS54
Ventile pro Zylinder/Betätigung	4, V-förmig hängend/Hydrostößel, Schlepphebel
Nockenwelle(n)/Antrieb	2 oben liegend (Doppel-Vanos)/Kette
Kurbelwellenlager	7
Kühlung	Pumpe/10,7 L Wasser, Ölkühler
Schmierung	Druckumlauf/7,0 L Öl
Abgasreinigung	Dreiwege-Kat, 2 Lambdasonden
Batterie	12 V 70 Ah/hinten
Generator	Wechselstrom 120 A 1260 W
Kraftübertragung	Hinterradantrieb, Sperrdifferenzial (0 bis 100 %)
Schaltgetriebe	6Gang (a.W. sequenziell SMG)
Übersetzungen	I. 4,227, II. 2,53, III. 1,669, IV. 1,226, V. 1,0, VI. 0,828, R: 3,75
Antriebsübersetzung	3,62
Fahrwerk	
Vorderradaufhängung	Einzelradaufh. mit McPherson-Federbeinen, Dreieckquerlenker, Stabi
Hinterradaufhängung	Mehrlenkerachse, Schraubenfedern. Teleskopstoßdämpfer, Stabi, Hilfsrahmen
Lenkung	Zahnstange (hydr.), Servo, 15,4 : 1
Betriebsbremse	Hydr. (Servo), Zweikreis,
	Scheiben belüft. vorn/hint. (Ø=325/328), ABS
Fahrstabilitätsregelung	ASC+T, DSC
Allgemeine Daten	
Fahrzeugart (Türen/Sitze)	Coupé u. Cabrio (2/4)
Aufbauform	Ganzstahlkarosserie, selbsttragend
Radstand (mm)	2731
Spur vorn/hinten (mm)	1508/1525
Länge x Breite x Höhe (mm)	4492 x 1780 x 1372
Laderaumvolumen (L)	410, Cab.: 300

BMW M3 mit Competition-Paket (2005)

BMW M3 GTR Straßenversion und Rennausführung (2001)

BMW M3 CSL (2003)

Modell (Baureihe)	BMW M3 Coupé (E46/2S), M3 CSL (E46/2S)
Reifen (v/h)	225/45 ZR 18/255/40 ZR 18
Räder (v/h)	8.0 J x 18/9.0 J x 18 (LM)
Wendekreisdurchmesser (m)	11,6
Bodenfreiheit (cm)	13,0
Leermasse (kg)	Coupé: 1495, Cabrio: 1580; GTR: 1350
zul. Gesamtmasse (kg)	Coupé: 2000, Cabrio: 2100
Luftwiderstand (cW x A)	0,29 x 2,06
Kraftstofftank (L)/Position	63/hinten
Fahrleistungen	
Höchstgeschwindigkeit (km/h)	250
Beschleun. 0 - 100 km/h (s)	5,2, Cab.: 5,5; CSL: 4,9, GTR: 4,6
Verbrauch (L/100 km) EU	11,9, Cab.: 12,1
Sonstiges	
Preis (Anf./Ende Laufz.) €	Coupé: 51.130 (100.000 DM)/59.000; Cabrio: 57.775 (113.000 DM)/63.750
	CSL: 85.000, GTR: 250.000
Baujahre	Coupé: 2000 - 2006, Cabrio: 2001 - 2006, CSL: 2002 - 2005, GTR: 2001
Stückzahl	ca. 59.000 Coupés, ca. 31.000 Cabrios; 1.383 CSL

BMW X5 (E53) (1999 BIS 2006)

Seit November 1999 wurde im US-Werk Spartanburg neben dem Z3 auch der X5 (Baureihe E53) hergestellt. Dafür erweiterte man die große Fabrik für 650 Millionen Dollar um das Doppelte. Motoren und Getriebe kamen aus Deutschland, den großen Rest fertigen Zulieferer in den USA. Zur Markteinführung in Deutschland standen der X5 3.0i (September 20000) und der 4.4i (Juni 2000) bereit – die Auslieferung in den USA , wo die Hälfte des Volumens seine Käufer fand, hatte schon eher begonnen. Die Dreiliter-Dieselversion kam erst im Mai 2001, in den USA wurde er nie angeboten.

Der X5 – ein allradgetriebener Kombi mit mittig geteilter Heckklappe – war ein typischer Vertreter der in Amerika hochgeschätzten Sport Utility Vehicle (SUV) und nicht zuletzt eine Reaktion auf die M-Klasse von Mercedes. 15 Zentimeter kürzer als ein Fünfer Touring, aber breiter und mit 1,72 Meter höher als ein Siebener, definierte der X5 eine eigene Klasse. Offroad kam der X5 besser zurecht als die M-Klasse, dennoch war er eher ein Straßenfahrzeug.

Die Drehmomentaufteilung zwischen Vorder- und Hinterachse betrug zunächst 38 zu 62 Prozent. Beim Allradantrieb hatte BMW nicht mehr den aufwendigen Weg mit aktiver Kraftverteilung über ein elektronisch geregeltes Zentraldifferenzial im Allrad-Fünfer verfolgt. Das im X5 engesetzte Planetenrad-Zentraldifferenzial hatte keine Regelungseinrichtung mehr – die Umverteilung des Antriebsmoments

BMW X5 4.4i (2000)

bei Durchdrehen einzelner Räder überließ man einer auf alle vier Räder wirkenden elektronischen Schlupfregelung (ein System, das im Ford Mondeo 4x4 debütiert hatte und in der Mercedes M-Klasse zu großer Verbreitung gekommen war).

Die automatische Differenzialsperre ADB-X und das Fahrstabilitätssystem DSC gehörten selbstverständlich zur Serienausstattung. Beim Verzögern bergab halfen die radweise agierende HDC-Kontrolle, wie sie auch im Landrover Discovery verwendet wird. Das komplette Allrad-Antriebssystem kam übrigens ab Mitte 2000 auch dem Dreier (Baureihe E46) zugute – zunächst im 330xi. Ein Untersetzungsgetriebe war für den X5 nicht zu haben.

Die stärkere Debüt-Version, der ausschließlich mit Automatikgetriebe lieferbare X5 4.4i, wurde bei 210 km/h elektronisch abgeregelt. Die Höchstgeschwindigkeit von 230 km/h erreichte er nur, wenn er über das 5.300 Mark teure Sportpaket verfügte. Es beinhaltete Niveauregulierung, 19-Zoll-Aluräder, VR-Reifen und eine tiefer gelegte Karosserie – erkennbar war ein ab Werk so ausgestattetes Auto an den weißen Blinkergläsern.

Selbsttragende Karosserie und ringsum Einzelradaufhängung (also keineswegs ein Leiterrahmen und Starrachsen wie bei klassischen Offroadern) vermittelten Pkw-Komfort. Das Fahrwerk war verwandt mit dem des Siebeners. Die Radführungselemente der Doppelgelenk-Vorderachse be-

BMW X5 4.4i (2000)

BMW X5 3.0d (2001)

BMW X5 4.4i (2000)

BMW X5 4.6iS (2001)

BMW X5 4.6iS (2001)

standen aber aus geschmiedetem Stahl und nicht aus Alu; Radträger und Schwinge der Mehrlenker-Hinterachse waren dagegen in Alu ausgeführt. Das Hinterachsgetriebe saß in einem Fahrschemel. Optional konnte eine Luftfederung bestellt werden.

Im Innern präsentierte sich der X5 anders als sonst von BMW gewöhnt: Das Cockpit war erstmals nicht um den Chauffeur herumgezogen, sondern thronte glatt vor dem hoch platzierten Fahrer und Beifahrer. Radio/Monitor-Anlage fanden sich im oberen Teil der Mittelkonsole, durch eine Stufe abgetrennt war die Klimaanlage platziert. Zahlreiche Interieurteile wie die seitlichen Türtaschen bestanden aus Kunststoff. Türgriffe und -öffner wurden dagegen mit Aluminium belegt. Die Rücksitzbank, asymmetrisch geteilt umklappbar, war für drei Fahrgäste vorgesehen. Serienmäßig waren Front-, Side- und Kopf-Airbags für Fahrgäste in der ersten Reihe. Die Raumökonomie befriedigte indes nicht, der Kofferraum war zu klein geraten.

Gemunkelt wurde auch über eine M-Version, weil BMW im Jahr 2000 in Genf die Studie X5 Le Mans mit dem V12-Rennmotor des siegreichen LeMans-Wagens von 1999 gezeigt hatte: Das letztlich nicht für die Serienproduktion vorgesehene Allrad-Fahrzeug kam dank seiner 700 PS auf 278 km/h. Mit „nur" etwa 350 PS Motorleistung sollte überdies eine X5-Version aufwarten, die von BMW bei Alpina in Auftrag gegeben wurde. Dabei handelte es sich um den in der zweiten Jahreshälfte 2001 nachgereichten X5 4.6iS mit 347 PS, der serienmäßig mit Luftfederung daher kam. Damit war das Programm komplett – weder eine V8-Dieselversion noch eine hochdrehende M-Variante oder gar die verlängerte X7-Ausführung wurden noch auf den Markt gebracht.

Im September 2003 erfuhr der X5 sein erstes Facelift. Auffällig war die um fünf Zentimeter höhere Frontpartie mit neuer Motorhaube, zweigeteiltem Lufteinlass unten und wellenförmiger Niere, die bei der V8-Version titanfarben glänzt. Der vordere Stoßfänger reichte nun nahtlos bis an die anders konturierten Doppelscheinwerfer (mit Leuchtringen, unterer Scheinwerferabschluss geschwungen wie beim Facelift-Dreier E46) heran. Für die V8-Modelle waren nun Bi-Xenon-Scheinwerfer serienmäßig (im April 2004 folgte Kurvenlicht). Hinten änderte sich nichts bis auf die neuen Streuscheiben der Rücklichter in Klarglasoptik. Die bulligere, höher gezogene Front entstand im Hinblick auf die ab 2005 geltenden Vorschriften zur Verbesserung des Fußgängerschutzes und um das Auto besser vom kleinen BMW X3 abzugrenzen, der zu diesem Zeitpunkt in den Startlöchern scharrte. Immer noch liefen die beiden Sechszylinder auf 17er-Felgen, während der zivile V8 nun 18er-Räder erhielt.

BMW X5 Security (2005)

Die Aufrüstung bis auf 20 Zoll war weiterhin für alle Typen möglich.

Völlig neu war das x-Drive-Antriebssystem, das auch der X3 erhalten sollte: Nunmehr steuerte eine mit dem Elektronischen Stabilitätssystem DSC gekoppelte, elektronisch betätigte Lamellenkupplung mit kettengetriebener Gelenkwelle den Kraftfluss zur Vorderachse. Im Bedarfsfalle gingen bis zu 75 Prozent an die Vorderachse, während die Hinterachse dann nur noch 25 % erhielt – beispielsweise beim Anfahren oder bei Traktionsverlust im Gelände. Längs- oder Quersperren gab und gibt es nicht, stattdessen verzögerten radselektive Bremsen (ADB-X) das durchdrehende Rad und leiten die Kraft auf das Rad um, das noch

BMW X5 Le Mans (2000)

genügend Traktion hat. Mit dem neuen Antrieb verbesserte sich unter anderem die Geländetauglichkeit des Autos, vor allem aber wurde das Straßenhandling noch agiler. Die geschwindigkeitsabhängige Servotronic-Lenkung (Extra) war gleichzeitig so abgestimmt, dass sich der X5 leichtfüßig wie ein Pkw um die Ecke steuern ließ. Genau wie bisher bekam man den X5 4.4i serienmäßig, den 3.0i und den 3.0d gegen Aufpreis mit Niveauregulierung hinten. Luftfederung kostete weiterhin für alle Aufpreis.

Neu waren weiterhin das Sechsgang-Schaltgetriebe für die beiden Sechszylinder und die Sechsstufen-Automatik sowie die 18er-Räder für den Diesel; der 3.0i behielt Fünfstufen-Aggregat und 17er-Felgen. Auch das Interieur wurde aufgefrischt, neu waren das Dreispeichen-Lenkrad und der große Navigations-Monitor. Neu auf der IAA 2003 war auch der X5 Security, ab Werk leicht gepanzert nach Beschussklasse B4 (VR4). Mit Faustfeuerwaffen kann den Insassen des Fahrzeugs niemand etwas anhaben. Den X5 in dieser Ausführung gibt es ausschließlich mit V8-Motor, das Eigengewicht legte um rund 200 kg zu. .Ab April 2004 gab's überdies serienmäßig das zweistufige Bremslicht.

Ferner wurde im April 2004 der bisherige 4.6iS durch den 360 PS starken 4.8iS zu ersetzt. Sein mit einer optimierten Sechsstufen-Automatik gekoppelter Motor basiert auf

BMW X5 4.4i, Facelift (2003)

BMW X5 4.8iS (2004)

BMW X5 4.8iS (2004)

dem bisherigen Modell, hat aber eine neue Saug- und Abgasanlage sowie mehr Bohrung und Hub. Front- und Heckschürze wurden aerodynamisch angepasst, ovale Doppelauspuffenden und 20-Zoll-Räder gehörten zum Lieferumfang. Weil er nicht nur das in den anderen X5-Versionen optionale Sportfahrwerk serienmäßig hatte – und außerdem die höhenverstellbare Luftfederung –, lag der 4.8iS 15 mm tiefer (und ließ sich um weitere 20 mm absenken bzw. bedarfsweise um 40 mm liften). Auch beim Facelift-Modell galten 210 km/h als Maximalgeschwindigkeit – es sei denn, das 3.200 Euro teure Sportpaket wurde geordert: Damit waren fast 240 km/h möglich. Ebenfalls eine Premiere im X5 war nun der renovierte 3,0-Liter-Diesel, der dank des Common-Rail-Systems der zweiten Generation deutlich erstarkte – er war bewusst kräftiger ausgelegt als der baugleiche Diesel im X3. Nur der 3.0i blieb motorisch unverändert. Das völlig neu entwickelte 3,0-Liter-Aggregat für die Pkw-Modelle von BMW war erst im Sommer 2004 einbaufertig und kam im X5-Modell der ersten Generation nicht mehr zum Einsatz.

Die Produktion des X5 endete im Spätsommer 2006, weil im Herbst 2006 der neue X5 (Baureihe E70) erstmals gezeigt wurde und unmittelbar darauf zur Auslieferung in den USA kam.

BMW X5 3.0i, Facelift (2004)

Modell (Baureihe)	BMW X5 3.0i (E53)	BMW X5 3.0i (E53)	BMW X5 3.0d (E53)	BMW X5 3.0d (E53)
Motor	M54 B30	N52 B30	M57 D30	M57 D30
Betriebsart	Otto (Viertakt)	Otto (Viertakt)	Diesel (Viertakt)	Diesel (Viertakt)
Material (Block/Kopf)	Alu/Alu	Alu/Alu	Grauguss/Alu	Grauguss/Alu
Zylinderzahl/Einbauposition	6 (Reihe), längs über Vorderachse	6 (Reihe), längs über Vorderachse	6 (Reihe), längs über Vorderachse	6 (Reihe), längs über Vorderachse
Bohrung x Hub (mm)	84 x 89,6	84 x 89,6	84 x 88	84 x 88
Hubraum (cm³)	2979	2979	2926	2926
Leistung (PS/kW bei U/min)	231 (170) bei 5900	231 (170) bei 5900	184 (135) bei 4000	218 (160) bei 4000
Drehmoment (Nm bei U/min)	300 bei 3500	300 bei 3500	410 bei 2000-3000	500 bei 2000-2750
Verdichtung	10,2 : 1	10,2 : 1	18,0 : 1	18,0 : 1
Gemischbildung/Elektronik	Saugrohreinspritzung	Saugrohreinspritzung	Direkteinspritzung (Common Rail)	Direkteinspritzung (Common Rail)
	Siemens MS43	Siemens MS45	Bosch DDE 4.0	Bosch DDE 5.0
Aufladung			1 Turbolader Garrett VNT25	1 Turbolader Garrett (VNT)
Ladeluftkühlung			1 LLK	1 LLK
Ventile pro Zylinder/ Betätigung	4, V-förmig hängend, Rollenschlepphebel	4, V-förmig hängend, Rollenschlepphebel	4, parallel hängend	4, parallel hängend
Nockenwelle(n)/Antrieb	2 oben liegend (Bi-Vanos)/ Kette	2 oben liegend (Bi-Vanos)/ Kette	2 oben liegend/Kette	2 oben liegend/Kette
Kurbelwellenlager	7	7	7	7
Kühlung	Pumpe/11,0 L Wasser, Ölkühler	Pumpe/11,0 L Wasser, Ölkühler	Pumpe/10,0 L Wasser, Ölkühler	Pumpe/10,2 L Wasser, Ölkühler
Schmierung	Druckumlauf/7,5 L Öl	Druckumlauf/7,5 L Öl	Druckumlauf/6,5 L Öl	Druckumlauf/6,5 L Öl
Abgasreinigung	Dreiwege-Kat, Lambdasonde	Dreiwege-Kat, Lambdasonde	Oxi-Kat, AGR	Oxi-Kat, AGR, ab 10/2005 DPF
Batterie	12 V 70 Ah/hinten	12 V 70 Ah/hinten	12 V 95 Ah/hinten	12 V 95 Ah/hinten
Generator	Wechselstrom 122 A 1680 W	Wechselstrom 142 A 1960 W	Wechselstrom 12 A 1680 W	Wechselstrom 152 A 2100 W
Kraftübertragung	Allradadantrieb (38 : 62l)	Allradadantrieb (variabel)	Allradadantrieb (38 : 62l)	Allradadantrieb (variabel)
Kupplung	Einscheiben-Trocken	Einscheiben-Trocken	Einscheiben-Trocken	Einscheiben-Trocken
Schaltgetriebe	5Gang (ZF)	6Gang (ZF)	5Gang (ZF)	6Gang (ZF)
	I. 5,09, II. 2,80, III.1,76, IV. 1,25, V. 1,0, R: 4,71	I. 5,14, II. 2,83, III.1,78, IV. 1,26, V. 1,0, VI. 0,83, R: 4,64	I. 5,24, II. 2,92, III.1,82, IV. 1,27, V. 1,0, R: 4,72	I. 5,08, II. 2,80, III.1,78, IV. 1,26, V. 1,0, VI. 0,84, R: 4,61
Antriebsübersetzung	4,10	4,10	3,07	3,23
Automatik	5 Stufen (GM)	5 Stufen (GM)	5 Stufen (GM)	6 Stufen (ZF)
Übersetzungen	I. 3,42, II. 2,22, III.1,60, IV. 1,0, V. 0,75, R: 3,03	I. 3,42, II. 2,22, III.1,60, IV. 1,0, V. 0,75, R: 3,03	I. 3,42, II. 2,22, III.1,60, IV. 1,0, V. 0,75, R: 3,03	I. 4,171, II. 2,34, III.1,521, IV. 1,143, V. 0,867, VI. 0,69, R: 3,403
Antriebsübersetzung	4,10	4,10	3,73	3,91

Modell (Baureihe)	BMW X5 3.0i (E53)	BMW X5 3.0i (E53)	BMW X5 3.0d (E53)	BMW X5 3.0d (E53)
Fahrwerk				
Vorderradaufhängung	Einzelradaufh. mit Dreieckquerlenkern, Diagnallenkern, McPherson-Federbeinen, Stabi (opt. Luftfederung)			
Hinterradaufhängung	Mehrlenkerachse mit Schraubenfedern, Federbeinen, Stabi (opt. Luftfederung)			
Lenkung	Zahnstange (hydr.), Servo, 21,1 : 1	Zahnstange (hydr.), Servo, 21,1 : 1	Zahnstange (hydr.), Servo, 21,1 : 1	Zahnstange (hydr.), Servo, 21,1 : 1
Betriebsbremse v/h (mm)	Hydr., Scheiben belüft. (Ø=332/324),	Hydr., Scheiben belüft. (Ø=332/324),	Hydr., Scheiben belüft. (Ø=332/324),	Hydr., Scheiben belüft. (Ø=332/324),
	ABS, ASC+ADB-X, HDCT	ABS, ASC+ADB-X, HDCT	ABS, ASC+ADB-X, HDCT	ABS, ASC+ADB-X, HDCT
Parkbremse	Seilzug (Hinterräder)	Seilzug (Hinterräder)	Seilzug (Hinterräder)	Seilzug (Hinterräder)
Fahrdynamikregelung	DSC	DSC	DSC	DSC
Allgemeine Daten				
Fahrzeugart (Türen/Sitze)	SUV (5/5)	SUV (5/5)	SUV (5/5)	SUV (5/5)
Aufbauform	Ganzstahlaufbau, selbsttragend	Ganzstahlaufbau, selbsttragend	Ganzstahlaufbau, selbsttragend	Ganzstahlaufbau, selbsttragend
Radstand (mm)	2820	2820	2820	2820
Spur vorn/hinten (mm)	1576/1576	1576/1576	1576/1576	1576/1576
Länge x Breite x Höhe (mm)	4667 x 1872 x 1712	4667 x 1872 x 1712	4667 x 1872 x 1712	4667 x 1872 x 1712
Gepäckraum (L)	465 - 1550	465 - 1550	465 - 1550	465 - 1550
Reifen	235/65 R 17	235/65 R 17	235/65 R 17	235/65 R 17
Räder	7.5 J x 17 (LM)	7.5 J x 17 (LM)	7.5 J x 17 (LM)	7.5 J x 17 (LM)
Wendekreisdurchmesser (m)	12,1	12,1	12,1	12,1
Bodenfreiheit (cm)	18,2 (Luftfed.: 23,5)	19,8 (Luftfed.: 23,5)	18,2 (Luftfed.: 23,5)	19,8 (Luftfed.: 23,5)
Böschungswinkel v/h	30,0/31,0	25,0/24,0	30,0/31,0	25,0/24,0
Rampenwinkel	16,5 (Luftfed.: 17,0)	16,0 (Luftfed.: 17,0)	14,0 (Luftfed.: 17,0)	14,0 (Luftfed.: 17,0)
Wattiefe	500	500	500	500
Leermasse (kg) DIN	1990 (2015)	1995 (2020)	2095 (2095)	2095 (2105)
zul. Gesamtmasse (kg) DIN	2595 (2620)	2600 (2625)	2685 (2685)	2685 (2695)
Luftwiderstand (cW x A)	0,35 x 2,70	0,35 x 2,70	0,35 x 2,70	0,35 x 2,70
Kraftstofftank (L)/Position	93/im Heck	93/im Heck	93/im Heck	93/im Heck
Fahrleistungen				
Höchstgeschwindigkeit (km/h)	202 (202)	210 (210)	200 (200)	210 (210)
Beschleun. 0 - 100 km/h (s)	8,5 (8,8)	8,3 (8,8)	10,1 (10,5)	8,3 (8,8)
Verbrauch (L/100 km) EU	12,7 (12,9)	12,7 (12,9)	8,6 (9,7)	8,3 (9,5)
Sonstiges				
Preis (Anf./Ende Laufz.) €	40.900/43.200	43.950/46.200	41.060/42.700	43.950/49.050
Baujahre	6/2000 - 10/2003	10/2003 - 9/2006	3/2001 - 10/2003	10/2003 - 9/2006

Modell (Baureihe)	BMW X5 3.0i (E53)	BMW X5 3.0i (E53)	BMW X5 3.0d (E53)	BMW X5 3.0d (E53)
Motor	M54 B30	N52 B30	M57 D30	M57 D30
Betriebsart	Otto (Viertakt)	Otto (Viertakt)	Diesel (Viertakt)	Diesel (Viertakt)
Material (Block/Kopf)	Alu/Alu	Alu/Alu	Grauguss/Alu	Grauguss/Alu
Zylinderzahl/Einbauposition	6 (Reihe), längs über Vorderachse	6 (Reihe), längs über Vorderachse	6 (Reihe), längs über Vorderachse	6 (Reihe), längs über Vorderachse
Bohrung x Hub (mm)	84 x 89,6	84 x 89,6	84 x 88	84 x 88
Hubraum (cm³)	2979	2979	2926	2926
Leistung (PS/kW bei U/min)	231 (170) bei 5900	231 (170) bei 5900	184 (135) bei 4000	218 (160) bei 4000
Drehmoment (Nm bei U/min)	300 bei 3500	300 bei 3500	410 bei 2000-3000	500 bei 2000-2750
Verdichtung	10,2 : 1	10,2 : 1	18,0 : 1	18,0 : 1
Gemischbildung/Elektronik	Saugrohreinspritzung	Saugrohreinspritzung	Direkteinspritzung (Common Rail)	Direkteinspritzung (Common Rail)
	Siemens MS43	Siemens MS45	Bosch DDE 4.0	Bosch DDE 5.0
Aufladung			1 Turbolader Garrett VNT25	1 Turbolader Garrett (VNT)
Ladeluftkühlung			1 LLK	1 LLK
Ventile pro Zylinder/ Betätigung	4, V-förmig hängend, Rollenschlepphebel	4, V-förmig hängend, Rollenschlepphebel	4, parallel hängend	4, parallel hängend
Nockenwelle(n)/Antrieb	2 oben liegend (Bi-Vanos)/ Kette	2 oben liegend (Bi-Vanos)/ Kette	2 oben liegend/Kette	2 oben liegend/Kette
Kurbelwellenlager	7	7	7	7
Kühlung	Pumpe/11,0 L Wasser, Ölkühler	Pumpe/11,0 L Wasser, Ölkühler	Pumpe/10,0 L Wasser, Ölkühler	Pumpe/10,2 L Wasser, Ölkühler
Schmierung	Druckumlauf/7,5 L Öl	Druckumlauf/7,5 L Öl	Druckumlauf/6,5 L Öl	Druckumlauf/6,5 L Öl
Abgasreinigung	Dreiwege-Kat, Lambdasonde	Dreiwege-Kat, Lambdasonde	Oxi-Kat, AGR	Oxi-Kat, AGR, ab 10/2005 DPF
Batterie	12 V 70 Ah/hinten	12 V 70 Ah/hinten	12 V 95 Ah/hinten	12 V 95 Ah/hinten
Generator	Wechselstrom 122 A 1680 W	Wechselstrom 142 A 1960 W	Wechselstrom 12 A 1680 W	Wechselstrom 152 A 2100 W
Kraftübertragung	Allradadantrieb (38 : 62l)	Allradadantrieb (variabel)	Allradadantrieb (38 : 62l)	Allradadantrieb (variabel)
Kupplung	Einscheiben-Trocken	Einscheiben-Trocken	Einscheiben-Trocken	Einscheiben-Trocken
Schaltgetriebe	5Gang (ZF)	6Gang (ZF)	5Gang (ZF)	6Gang (ZF)
	I. 5,09, II. 2,80, III.1,76, IV. 1,25, V. 1,0, R: 4,71	I. 5,14, II. 2,83, III.1,78, IV. 1,26, V. 1,0, VI. 0,83, R: 4,64	I. 5,24, II. 2,92, III.1,82, IV. 1,27, V. 1,0, R: 4,72	I. 5,08, II. 2,80, III.1,78, IV. 1,26, V. 1,0, VI. 0,84, R: 4,61
Antriebsübersetzung	4,10	4,10	3,07	3,23
Automatik	5 Stufen (GM)	5 Stufen (GM)	5 Stufen (GM)	6 Stufen (ZF)
Übersetzungen	I. 3,42, II. 2,22, III.1,60, IV. 1,0, V. 0,75, R: 3,03	I. 3,42, II. 2,22, III.1,60, IV. 1,0, V. 0,75, R: 3,03	I. 3,42, II. 2,22, III.1,60, IV. 1,0, V. 0,75, R: 3,03	I. 4,171, II. 2,34, III.1,521, IV. 1,143, V. 0,867, VI. 0,69, R: 3,403
Antriebsübersetzung	4,10	4,10	3,73	3,91

Modell (Baureihe)	BMW X5 3.0i (E53)	BMW X5 3.0i (E53)	BMW X5 3.0d (E53)	BMW X5 3.0d (E53)
Fahrwerk				
Vorderradaufhängung	Einzelradaufh. mit Dreieckquerlenkern, Diagnallenkern, McPherson-Federbeinen, Stabi (opt. Luftfederung)			
Hinterradaufhängung	Mehrlenkerachse mit Schraubenfedern, Federbeinen, Stabi (opt. Luftfederung)			
Lenkung	Zahnstange (hydr.), Servo, 21,1 : 1	Zahnstange (hydr.), Servo, 21,1 : 1	Zahnstange (hydr.), Servo, 21,1 : 1	Zahnstange (hydr.), Servo, 21,1 : 1
Betriebsbremse v/h (mm)	Hydraul., Scheiben belüft. (Ø=332/324),	Hydraul., Scheiben belüft. (Ø=332/324),	Hydraul., Scheiben belüft. (Ø=332/324),	Hydraul., Scheiben belüft. (Ø=332/324),
	ABS, ASC+ADB-X, HDCT	ABS, ASC+ADB-X, HDCT	ABS, ASC+ADB-X, HDCT	ABS, ASC+ADB-X, HDCT
Parkbremse	Seilzug (Hinterräder)	Seilzug (Hinterräder)	Seilzug (Hinterräder)	Seilzug (Hinterräder)
Fahrdynamikregelung	DSC	DSC	DSC	DSC
Allgemeine Daten				
Fahrzeugart (Türen/Sitze)	SUV (5/5)	SUV (5/5)	SUV (5/5)	SUV (5/5)
Aufbauform	Ganzstahlaufbau, selbsttragend	Ganzstahlaufbau, selbsttragend	Ganzstahlaufbau, selbsttragend	Ganzstahlaufbau, selbsttragend
Radstand (mm)	2820	2820	2820	2820
Spur vorn/hinten (mm)	1576/1576	1576/1576	1576/1576	1576/1576
Länge x Breite x Höhe (mm)	4667 x 1872 x 1712	4667 x 1872 x 1712	4667 x 1872 x 1712	4667 x 1872 x 1712
Gepäckraum (L)	465 - 1550	465 - 1550	465 - 1550	465 - 1550
Reifen	235/65 R 17	235/65 R 17	235/65 R 17	235/65 R 17
Räder	7.5 J x 17 (LM)	7.5 J x 17 (LM)	7.5 J x 17 (LM)	7.5 J x 17 (LM)
Wendekreisdurchmesser (m)	12,1	12,1	12,1	12,1
Bodenfreiheit (cm)	18,2 (Luftfed.: 23,5)	19,8 (Luftfed.: 23,5)	18,2 (Luftfed.: 23,5)	19,8 (Luftfed.: 23,5)
Böschungswinkel v/h	30,0/31,0	25,0/24,0	30,0/31,0	25,0/24,0
Rampenwinkel	16,5 (Luftfed.: 17,0)	16,0 (Luftfed.: 17,0)	14,0 (Luftfed.: 17,0)	14,0 (Luftfed.: 17,0)
Wattiefe	500	500	500	500
Leermasse (kg) DIN	1990 (2015)	1995 (2020)	2095 (2095)	2095 (2105)
zul. Gesamtmasse (kg) DIN	2595 (2620)	2600 (2625)	2685 (2685)	2685 (2695)
Luftwiderstand (cW x A)	0,35 x 2,70	0,35 x 2,70	0,35 x 2,70	0,35 x 2,70
Kraftstofftank (L)/Position	93/im Heck	93/im Heck	93/im Heck	93/im Heck
Fahrleistungen				
Höchstgeschwindigkeit (km/h)	202 (202)	210 (210)	200 (200)	210 (210)
Beschleun. 0 - 100 km/h (s)	8,5 (8,8)	8,3 (8,8)	10,1 (10,5)	8,3 (8,8)
Verbrauch (L/100 km) EU	12,7 (12,9)	12,7 (12,9)	8,6 (9,7)	8,3 (9,5)
Sonstiges				
Preis (Anf./Ende Laufz.) €	40.900/43.200	43.950/46.200	41.060/42.700	43.950/49.050
Baujahre	6/2000 - 10/2003	10/2003 - 9/2006	3/2001 - 10/2003	10/2003 - 9/2006

Modell (Baureihe)	BMW X5 4.4i (E53)	BMW X5 4.4i (E53)	BMW X5 4.6iS (E53)	BMW X5 4.8iS (E53)
Motor	M62 B44	N62 B44	M62 B46	N62 B48
Betriebsart	Otto (Viertakt)	Otto (Viertakt)	Otto (Viertakt)	Otto (Viertakt)
Material (Block/Kopf)	Alu	Alu	Alu	Alu
Zylinderzahl/Einbauposition	8 (V90 Grad), längs über Vorderachse	8 (V90 Grad), längs über Vorderachse	8 (V90 Grad), längs über Vorderachse	8 (V90 Grad), längs über Vorderachse
Bohrung x Hub (mm)	92 x 82,7	92 x 82,7	93 x 85	93 x 88,3
Hubraum (cm³)	4398	4398	4619	4799
Leistung (PS/kW bei U/min)	286 (210) bei 5400	320 (235) bei 5400	347 (255) bei 5700	360 (265) bei 6200
Drehmoment (Nm bei U/min)	440 bei 3600	440 bei 3700	480 bei 3700	500 bei 3500
Verdichtung	10,0 : 1	10,0 : 1	10,5 : 1	10,0 : 1
Gemischbildung/Elektronik	Saugrohreinspritzung	Saugrohreinspritzung	Saugrohreinspritzung	Saugrohreinspritzung
	Bosch M7.2	Bosch ME 9.2.1	Bosch M7.2	Bosch M7.2
Ventile pro Zylinder/ Betätigung	4, V-förmig hängend, Bi-Vanos	4, V-förmig hängend, Valvetronic	4, V-förmig hängend, Bi-Vanos	4, V-förmig hängend, Bi-Vanos
Nockenwelle(n)/Antrieb	2 x 2 oben liegend/Kette	2 x 2 oben liegend (Bi-Vanos)/Kette	2 x 2 oben liegend/Kette	2 x 2 oben liegend/Kette
Kurbelwellenlager	5	5	5	5
Kühlung	Pumpe/13,0 L Wasser, Ölkühler	Pumpe/14,4 L Wasser, Ölkühler	Pumpe/13,0 L Wasser, Ölkühler	Pumpe/14,4 L Wasser, Ölkühler
Schmierung	Druckumlauf/8,0 L Öl	Druckumlauf/8,0 L Öl	Druckumlauf/8,0 L Öl	Druckumlauf/8,0 L Öl
Abgasreinigung	Dreiwege-Kat, 2 Lambdasonden	Dreiwege-Kat, 2 Lambdasonden	Dreiwege-Kat, 2 Lambdasonden	Dreiwege-Kat, 2 Lambdasonden
Batterie	12 V 90 Ah/hinten	12 V 90 Ah/hinten	12 V 90 Ah/hinten	12 V 90 Ah/hinten
Generator	Wechselstrom 152 A 2100 W	Wechselstrom 172 A 2380 W	Wechselstrom 152 A 2100 W	Wechselstrom 170 A 2230 W
Kraftübertragung	Allradadantrieb (38 : 62l)	Allradadantrieb (variabel)	Allradadantrieb (38 : 62l)	Allradadantrieb (variabel)
Kupplung	Einscheiben-Trocken	Einscheiben-Trocken	Einscheiben-Trocken	Einscheiben-Trocken
Automatik	5 Stufen (ZF)	6 Stufen (ZF)	5 Stufen (ZF)	6 Stufen (ZF)
Übersetzungen	I. 3,57, II. 2,20, III.1,51, IV. 1,0, V. 0,80, R: 4,10	I. 4,17, II. 2,34, III.1,52, IV. 1,14, V. 0,87, V. 0,69, R: 3,40	I. 3,57, II. 2,20, III.1,51, IV. 1,0, V. 0,80, R: 4,1	I. 4,17, II. 2,34, III.1,52, IV. 1,14, V. 0,87, V. 0,69, R: 3,40
Antriebsübersetzung	3,64	4,10	3,91	3,91
Fahrwerk				
Vorderradaufhängung	Einzelradaufh. mit Doppelquerlenkern, Diagonallenker, McPherson-Federbeinen, Stabi			
Hinterradaufhängung	Einzelradaufh. mit Doppelquerlenkern, Längs- u. Schräglenkern, Federbeinen, Stabi (opt. Luftfederung), 4.6iS u.4.8iS Luftfederung			

Modell (Baureihe)	BMW X5 4.4i (E53)	BMW X5 4.4i (E53)	BMW X5 4.6iS (E53)	BMW X5 4.8iS (E53)
Lenkung	Zahnstange (hydr.), Servo, 21,1 : 1	Zahnstange (hydr.), Servo, 21,1 : 1	Zahnstange (hydr.), Servo, 21,1 : 1	Zahnstange (hydr.), Servo, 21,1 : 1
Betriebsbremse v/h (mm)	Hydraul., Scheiben bel. (Ø=332/324),	Hydraul., Scheiben bel. (Ø=348/320),	Hydraul., Scheiben bel. (Ø=356/324),	Hydraul., Scheiben bel. (Ø=356/324),
	ABS, ASC+ADB-X, HDCT	ABS, ASC+ADB-X, HDCT	ABS, ASC+ADB-X, HDCT	ABS, ASC+ADB-X, HDCT
Parkbremse	Seilzug (Hinterräder)	Seilzug (Hinterräder)	Seilzug (Hinterräder)	Seilzug (Hinterräder)
Fahrdynamikregelung	DSC	DSC	DSC	DSC
Allgemeine Daten				
Fahrzeugart (Türen/Sitze)	SUV (5/5)	SUV (5/5)	SUV (5/5)	SUV (5/5)
Aufbauform	Ganzstahlaufbau, selbsttragend	Ganzstahlaufbau, selbsttragend	Ganzstahlaufbau, selbsttragend	Ganzstahlaufbau, selbsttragend
Radstand (mm)	2820	2820	2820	2820
Spur vorn/hinten (mm)	1576/1576	1566/1596	1566/1596	1566/1596
Länge x Breite x Höhe (mm)	4667 x 1872 x 1707	4667 x 1925 x 1707	4667 x 1925 x 1707	4667 x 1925 x 1688
Gepäckraum (L)	465 - 1550	465 - 1550	465 - 1550	465 - 1550
Reifen	235/65 R 17	255/65 R 18	275/40 R 20/315/35 R 20	275/40 R 20/315/35 R 20
Räder	7.5 J x 17 (LM)	7.5 J x 18 (LM)	9.5 J x 20/10.5 J x 20 (LM)	9.5 J x 20/10.5 J x 20 (LM)
Wendekreisdurchmesser (m)	12,1	12,1	12,1	12,1
Bodenfreiheit (cm)	18,2 (Luftfed.: 23,5)	19,8 (Luftfed.: 23,5)	23,5	23,5
Böschungswinkel v/h	30,0/31,0	26,0/23,0	26,0/22,0	26,0/22,0
Rampenwinkel	16,0 (Luftfed.: 17,0)	16,0 (Luftfed.: 17,0)	17	17
Wattiefe	500	500	500	500
Leermasse (kg) DIN	2095	2120	2180	2200
zul. Gesamtmasse (kg) DIN	2650	2700	2685	2700
Luftwiderstand (cW x A)	0,36 x 2,74	0,36 x 2,74	0,38 x 2,70	0,38 x 2,70
Kraftstofftank (L)/Position	93/im Heck	93/im Heck	93/im Heck	93/im Heck
Fahrleistungen				
Höchstgeschwindigkeit (km/h)	207 (Sportpaktet: 230)	210 (Sportpaktet: 240)	240	246
Beschleun. 0 - 100 km/h (s)	7,5	7,0	6,5	6,1
Verbrauch (L/100 km) EU	13,9	13,1	14,9	13,5
Sonstiges				
Preis (Anf./Ende Laufz.)	56.750/59.690	62.250/64.400	77.000/79.100	81.600/83.700
Baujahre	2000 - 10/2003	10/2003 - 9/2006	2/2002 - 7/2003	4/2004 - 09/2006

BMW Z8 (1999)

BMW Z8 (E52) (2000 BIS 2003)

Die Überraschung der Tokioter Motorshow im Oktober 1997 war eine schwarzlackierte Studie namens Z 07 mit auffälligen Retro-Zitaten wie den seitlichen Entlüftungsschlitzen à la BMW 507 oder die verkleideten Scheinwerfer, die in ähnlicher Form von Ferrari verwendet wurden. Anfang 1998 war das Auto nochmals in Detroit zu sehen. Zur IAA im September 1999 in Frankfurt erschien die geringfügig modifizierte Serienversion des Roadsters.

Albrecht Graf Goetz, Designer des 507 von 1955, freute sich, von den Formgestaltern um Chris Bangle und Henrik Fisker zitiert zu werden, stellte aber die berechtigte Frage, ob ein optisch so rückwärts gewandtes Auto in vier Jahrzehnten ebenfalls noch begeistern würde. Beispielsweise die seitlichen „Entlüftungsschlitze" erfüllen nur eine Funktion – nämlich die Blinker aufzunehmen. Genau wie die Rückleuchten nutzen sie eine neue Neondioden-Lichttechnologie.

BMW sah den Zweisitzer oberhalb des Mercedes SL platziert und spendierte ihm höchst innovative, im Grunde zu teure Technik. So verfügte er als erster BMW über einen selbsttragenden Alu-Spaceframe-Rahmen, wobei das Strangpressprofil-Gerüst mit Aluminium-Blech beplankt ist. Grund dafür waren neben dem Mindergewicht die hohe Steifigkeit und das gute Crashverhalten der Struktur. Die Stoßfänger vorn und hinten (mit integrierter Radio- und Telefonantenne) bestanden aus Kunststoff. Kleine Xenon-Scheinwerfer verbargen sich hinter Plexiglas. Zur Serienausstattung gehört ein Hardtop aus kunststoffumschäumten Alu-Profilen mit beheizbarer Heckscheibe aus Glas.

Einige zeitgemäße technische Lösungen wurden im Z8 nicht verwirklicht: So musste das halbautomatische Verdeck (mit simpler Kunststoff-Heckscheibe) mit servounterstütztem Schließmechanismus per Hand in den Windschutzscheiben-

BMW Z8 (1999)

Rahmen eingehängt werden – die Designer scheuten eine Konstruktion mit großem Fanghaken. Einen Verdeckkasten gab es nicht, so dass eine Persenning übers Softtop gezogen werden musste. Selbst auf eine Feineinstellung des Scheibenwischer wurde verzichtet – weil der Betätigungshebel dann nicht grazil genug geraten wäre. Andererseits sind selbst die Scheibenwischer-Ruheflächen beheizt.

Der 400 PS starke V8 mit Doppel-Vanos-Nockenwellensteuerung und elektronisch betätigten Einzel-Drosselklappen stammt aus dem BMW M5. Er rückte zugunsten der Gewichtsverteilung von 50 : 50 hinter die Vorderachse direkt an die Spritzwand. Dazu kam eine Novität bei BMW: Über einen „Sportschalter" in der Mittelkonsole wird die sportivere Kennlinie der Motorsteuerung angewählt. Gekoppelt wurde der Motor mit dem M5 Sechsgang-Schaltgetriebe. Erwogen wurde ursprünglich auch der Einbau eines V12. Um auch bei sehr schneller Kurvenfahrt die Schmierung zu gewährleisten, wurde wie beim M5 ein fliehkraftgeregeltes System mit einer Druck- und zwei Saugpumpen installiert. Aktiviert werden die Ventile für die Ölversorgung über den Querbeschleunigungssensor des elektronischen Stabilitätssystems.

Das Alu-Fahrwerk wurde neu entwickelt, basiert aber auf den Achsen von Fünfer- und Siebener-BMW. Die Bremsanlage stammt prinzipiell aus dem BMW 750 i und überzeugte mit Bremswegen von nur 35 Meter aus Tempo 100. Erstmals bei einem großen V8-Wagen von BMW kam eine Zahnstangen- statt der Kugelumlauf-Lenkung zum Einsatz. Serienmäßig war die 18er Bereifung mit Notlaufeigenschaften.

Die Endmontage des Z8 lief ab Ende 1999 in München, Zulieferungen kamen aus mehreren spezialisierten BMW-Werken. Die Durchlaufzeit eines Z8 dauert allerdings zehnmal so lange wie die des Dreiers (E 46). Die Auslieferung begann im April 2000; angepeilt wurden ursprünglich etwa 8.000 Exemplare. Der Grundpreis des voll ausgestatteten Autos entsprach dem des damals aktuellen Porsche 911 Turbo. BMW beendete die Fertigung des Z8 allerdings bereits im Juni 2003 – insgesamt vermeldet die Statistik lediglich 5.700 Einheiten.

Alpina in Buchloe hatte indes die Nische erkannt, die BMW durch die ausschließliche Verwendung von Schaltgetrieben aufgetan hatte – und baute 2003/2004 den Alpina Roadster V8 mit einem zivilen, aber aufgeladenen 4,8-Liter-V8 mit 381 PS (aus dem B10 V8S) und mit einem Automatikgetriebe. Von den 555 Exemplaren gingen 450 in die USA, der Rest verteilte sich in Europa und Japan.

BMW Z8 mit Hardtop (2000)

BMW Alpina Roadster (2003)

Modell (Baureihe)	BMW Z8 (E52)
Motor	S62 B50
Betriebsart	Otto (Viertakt)
Material (Block/Kopf)	Alu/Alu
Zylinderzahl/Einbauposition	8 (V 90°)/längs hinter Vorderachse
Bohrung x Hub (mm)	94 x 89
Hubraum (cm^3)	4941
Leistung (PS/kW bei U/min)	400 (294) bei 6600
Drehmoment (Nm bei U/min)	500 bei 3800
Verdichtung	11,0 : 1
Gemischbildung/Elektronik	Saugrohr-Einspritzung (elektron.)
	Bosch Motronic DME MSS 52
Ventile pro Zylinder/Betätigung	4, V-förmig hängend/Hydrostößel
Nockenwelle(n)/Antrieb	2 x 2 obenlieg. (Doppel-Vanos)/Kette
Kurbelwellenlager	5
Kühlung	Pumpe/12,5 L Wasser, Ölkühler
Schmierung	Druckumlauf/7,5 L Öl

Modell (Baureihe)	BMW Z8 (E52)
Abgasreinigung	Dreiwege-Kat, 2 Lambdasonden
Batterie	12 V 90 Ah/hinten
Generator	Drehstrom 120 A 1680 W
Kraftübertragung	Hinterradantrieb, Sperrdifferenzial
Schaltgetriebe	6Gang
Übersetzungen	I. 4,227, II. 2,528, III. 1,669, IV. 1,226, V. 1,0, VI. 0,828, R: 3,746
Antriebsübersetzung	3,38
Fahrwerk	
Vorderradaufhängung	Einzelradaufh. m. McPherson-Federbeinen, Querlenker, Stabilisator
Hinterradaufhängung	Mehrlenkerachse, Schraubenfedern, Teleskopstoßdämpfer, Stabilisator
Lenkung	Zahnstange (hydr.), Servo, 20,5 : 1
Betriebsbremse	Hydr. (Servo), Zweikreis,
	Scheiben (belüft.) vorn/hinten (Ø=334/328), ABS
Parkbremse	Seilzug (Hinterräder)
Fahrdynamikregelung	ASC+T, DSC
Allgemeine Daten	
Fahrzeugart (Türen/Sitze)	Roadster (2/2)
Aufbauform	Alukarosserie, selbsttragend (Alu-Spaceframe u. Strukturbleche)
Radstand (mm)	2505
Spur vorn/hinten (mm)	1553/1568
Länge x Breite x Höhe (mm)	4400 x 1830 x 1317
Gepäckraum (L)	203
Reifen (v/h)	245/45 WR 18/275/40 WR 18 (Notlauf)
Räder (v/h)	8.0 J x 18/9.0 J x 18 (LM)
Wendekreisdurchmesser (m)	11,8
Bodenfreiheit (cm)	11,0
Leermasse (kg)	1585
zul. Gesamtmasse (kg)	1900
Luftwiderstand (cW x A)	0,39 x 1,98
Kraftstofftank (L)/Position	73/unter Rücksitz
Fahrleistungen	
Höchstgeschwindigkeit (km/h)	250
Beschleun. 0 - 100 km/h (s)	4,7
Verbrauch (Euromix) L/100 km	14,5
Sonstiges	
Preis (Anf./Ende Laufz.) DM	235.000/248.390 (127.000 €)
Bauzeit	1999 - 2003
Stückzahl	5.700

BMW 745i (2001)

BMW SIEBENER (E65) 2001 BIS 2008

Der neue, auf der IAA im September 2001 vorgestellte Siebener der Baureihe E65 polarisierte wie kein Zweiter. Zum einen kam er mit einem wuchtigen Design, das völlig mit dem der Vorgänger brach – bis hin zum aufgesetzt wirkenden Kofferraumdeckel und der zerklüfteten Front, dazu kam eine sachlich, technikbetonte Innenraumgestaltung. Sie reichte über einen Lenkradwählhebel für die nagelneue Sechsstufen-Automatik, die elektrisch bedienbare Handbremse, vielfachst elektrisch einstellbare Sitze bis zum Bedienkonzept i-Drive, das Ungeübten den Schweiß ins Gesicht trieb. BMW hatte sich sehr weit vorgewagt. Andererseits muss man die Konsequenz bewundern – denn bald folgten die anderen, allen voran Mercedes, den stilistischen und funktionalen Vorgaben der Münchner.

Der Siebener debütierte als Modell 745i, dazu kam der 735i – beide mit vollvariabler Ventilsteuerung (Valvetronic). Bereits im April 2002 erschienen die um 140 mm verlängerten Versionen 735Li und 745Li mit der eigenen Baureihenbezeichnung E66; sie kosteten rund 6.000 Euro Aufpreis. Statt zuvor iL hießen diese Ausführungen nun Li.

Wenige Monate später wurden die Dieselvarianten 730d und 740d nachgeschoben, die sich von ihren Vorgängern im alten Siebener (E38) unterschieden. Im Frühjahr 2003 wurde die Motorenpalette nach oben und unten mit den Modellen 730i und 760i abgerundet, welche beide zeitgleich auch als Langversion erschienen. Das Zwölfzylindermodell 760i verfügte über Vierventiltechnik sowie über eine Benzin-Direkteinspritzung, die erstmals bei mit der vollvariablen Ventilsteuerung Valvetronic kombiniert wurde. Die Dieselmodelle 730d und 740d besaßen Common-Rail-Einspritzung der zweiten Generation. Seit dem Modelljahr 2003 gab es das adaptive Kurvenlicht als Extra.

Zum September 2005 erhöhte BMW die Leistung des 745d auf 242 kW (330 PS) sowie das maximale Drehmoment auf 750 Nm (vorher 700 Nm). Käufer, die den 4,4-Liter-Diesel-

BMW 745Li (2001)

BMW 735i (2001)

motor noch mit 220 kW (300 PS) Leistung gekauft hatten, konnten per Software-Update die Leistung erhöhen lassen. Gleichzeitig wurde die erste Siebener-Langversion mit Dieselmotor als 730Ld vorgestellt. Die Dieselmodelle 730d und 745d verfügten nun über Common-Rail-Technik der dritten Generation. Der 745d besaß eine Bi-Turbo-Aufladung, im 730d wurde nur ein Turbolader eingesetzt.

Ein großes Facelift erfolgte im April 2005. Zwar fand der Siebener bislang guten Anklang im Ausland – jedoch war das Design den meisten Europäern zu extrovertiert. Bei der Produktauffrischung (im BMW-Fachjargon „LCI" = Lifecycle Impuls genannt) in der Mitte seiner Laufzeit bekam der Wagen ein anderes Erscheinungsbild: Die Front wurde insgesamt runder. Man vergrößerte die Nieren und verbreiterte den Chromrahmen. Die Scheinwerfer wurden serienmäßig auf Xenon) umgestellt, standen flacher, bekamen eine fließendere Form und die bisherigen „Tränensäcke" verschwanden. Die Motorhaube ging seit der Überarbeitung fließend in Scheinwerfer und Nieren über.

Am Heck kaschierte man das oftmals kritisierte Kofferraumplateau, indem man den Kofferraumdeckel mittels verbreiterter Heckleuchten sowie einer horizontalen Chromleiste zum restlichen Heck integrierte. Die Heckleuchten bekamen ein neues Design mit LED-Technik. Auch die Heckschürze wurde modifiziert. Das Heck wirkte nun merklich breiter. Zusätzlich bekam jeder Siebener Chromapplikationen an den

BMW 730d und 740d (2002)

BMW 730i (2002)

BMW 760Li High Security (2003)

Stoßleisten, was vorher den Langversionen vorbehalten war (entfiel bei der Sonderausstattung „Shadow-Line"). Innen wurde das innovative, aber viel zu komplizierte i-Drive-Bedienkonzept überarbeitet und vereinfacht. Außerdem wurden neue Farben (Barberarot Metallic, Michiganblau Metallic, Monacoblau Metallic, Tiefgrün Metallic) und Alu-räder (17 bis 20 Zoll) angeboten.

Alle Motorvarianten mit Ausnahme des 760i wurden über-arbeitet. Den 745i ersetzten die V8-Modelle 740i und 750i. Angesichts der nur noch kurzen Modelllaufzeit kamen dem Siebener die 2007 in den anderen Baureihen eingesetzten Kraftstoffspar-Features (Direkteinspritzer, Bremsenergierück-gewinnung, aktive Aerodynamik) nicht mehr zugute.

Sonderversionen des Siebeners waren der Hydrogen 7 (Baureihenbezeichnung E68) mit wasserstoffgetriebenem V12-Verbrennungsmotor (Kleinserienfertigung ab 2006, Serienfertigung aber sehr unwahrscheinlich) sowie die ge-panzerte und speziell präparierte Sonderschutzausführung der Langversion (intern als E67 bezeichnet). Auf dem Genfer Salon 2003 hatte Version 760Li High Security debütiert, die vor Sprengstoffen und panzerbrechender Munition Schutz bot (Beschussklasse B6/B7) – das Auto hatte ein Mehrgewicht von einer Tonne.

Die Ablösung des Siebeners durch den wieder coupéhaf-teren, intern als Baureihe F01 bezeichneten Luxusliners ist für Herbst 2008 geplant.

BMW 760Li, Facelift (2005)

BMW 750Li, Facelift (2005)

BMW 750Li, Facelift (2005)

Modell (Baureihe)	BMW 735i (E65) BMW 735Li (E66)	BMW 745i (E65) BMW 745Li (E66)	BMW 760i (E65) BMW 760Li (E66)
Motor	N62 B36	N62 B44	N73 B60
Betriebsart	Otto (Viertakt)	Otto (Viertakt)	Otto (Viertakt)
Material (Block/Kopf)	Alu/Alu	Alu/Alu	Alu
Zylinderzahl/Einbauposition	8 (V 90°), längs über Vorderachse	8 (V 90°), längs über Vorderachse	12 (V 60°), längs über Vorderachse
Bohrung x Hub (mm)	84 x 81,2	92 x 82,7	89 x 80
Hubraum (cm³)	3600	4398	5972
Leistung (PS/kW bei U/min)	272 (200) bei 6200	333 (245) bei 6100	445 (327) bei 6000
Drehmoment (Nm bei U/min)	360 bei 3700	450 bei 3600	600 bei 3950
Verdichtung	10,5 : 1	10,5 : 1	11,3 : 1
Gemischbildung/Elektronik	Saugrohreinspritzung/ME9.2.3	Saugrohreinspritzung/ME9.2.3	Direkteinspritzung (homogen)/ Bosch MED 9.2.1
Ventile pro Zylinder/Betätigung	4, V-förmig hängend, Valvetronic	4, V-förmig hängend, Valvetronic	4, V-förmig hängend, Rollenschlepphebel
Nockenwelle(n)/Antrieb	2 x 2 oben liegend (Bi-Vanos)/ Kette	2 x 2 oben liegend (Bi-Vanos)/ Kette	2 x 2 oben liegend (Bi-Vanos)/ Kette
Kurbelwellenlager	5	5	7
Kühlung	Pumpe/14,1 L Wasser	Pumpe/14,1 L Wasser	Pumpe/14,9 L Wasser, Ölkühler
Schmierung	Druckumlauf/8,0 L Öl	Druckumlauf/8,0 L Öl	Druckumlauf/8,5 L Öl
Abgasreinigung	Dreiwege-Kat, 2 Lambdasonden	Dreiwege-Kat, 2 Lambdasonden	Dreiwege-Kat, 2 Lambdasonden
Batterie	12 V 90 Ah/hinten	12 V 90 Ah/hinten	12 V 110 Ah/hinten
Generator	Wechselstrom 150 A 2100 W	Wechselstrom 150 A 2100 W	Wechselstrom 180 A 2520 W
Kraftübertragung	Hinterradantrieb	Hinterradantrieb	Hinterradantrieb
Automatik	6Stufen (ZF)	6Stufen (ZF)	6Stufen (ZF)
Übersetzungen	I. 4,171, II. 2,34, III.1,521, IV. 1,143, V. 0,867, VI. 0,691; R: 3,403	I. 4,171, II. 2,34, III.1,521, IV. 1,143, V. 0,867, VI. 0,691; R: 3,403	I. 4,171, II. 2,34, III.1,521, IV. 1,143, V. 0,867, VI. 0,691; R: 3,403
Antriebsübersetzung	3,64	3,38	3,15
Fahrwerk			
Vorderradaufhängung	Einzelradaufh. mit McPherson-Federbeinen, Querlenkern, Zugstreben, Stabi (opt. aktiv)		
Hinterradaufhängung	Mehrlenkerachse mit Doppelquerlenkern, Schraubenfedern,Teleskopstoßdämpfer, Stabi (opt. aktiv), opt. Luftfederung (Niveauausgleich)		
Lenkung	Zahnstange (hydr.), Servo, 20,5 : 1	Zahnstange (hydr.), Servo, 20,5 : 1	Zahnstange (hydr.), Servo, 13,1 : 1
Betriebsbremse v/h (mm)	Hydr. (Servo), Zweikreis,	Hydr. (Servo), Zweikreis,	Hydr. (Servo), Zweikreis,
	Scheiben belüftet (Ø=324/324)	Scheiben belüftet (Ø=348/345)	Scheiben belüftet (Ø=374/370)
Parkbremse	Elektrisch/Seilzug (Hinterräder)	Elektrisch/Seilzug (Hinterräder)	Elektrisch/Seilzug (Hinterräder)
Fahrdynamikregelung	DSC	DSC	DSC
Allgemeine Daten			
Fahrzeugart (Türen/Sitze)	Limousine (4/5)	Limousine (4/5)	Limousine (4/5)
Aufbauform	Ganzstahl-Karosserie, selbsttragend	Ganzstahl-Karosserie, selbsttragend	Ganzstahl-Karosserie, selbsttragend
Radstand (mm)	2990, Li: 3130	2990, Li: 3130	2990, Li: 3130

Modell (Baureihe)	BMW 735i (E65) BMW 735Li (E66)	BMW 745i (E65) BMW 745Li (E66)	BMW 760i (E65) BMW 760Li (E66)
Spur vorn/hinten (mm)	1586/1590	1586/1590	1578/1582
Länge x Breite x Höhe (mm)	5029 x 1902 x 1492; Li: 5169 x 1902 x 1492	5029 x 1902 x 1492; Li: 5169 x 1902 x 1492	5029 x 1902 x 1492; Li: 5169 x 1902 x 1492
Gepäckkraum (L)	500	500	500
Reifen (v/h)	245/55 WR 17	245/55 WR 17	245/50 WR 18
Räder (v/h)	8.0 J x 17 (LM)	8.0 J x 17 (LM)	8.0 J x 18 (LM)
Wendekreisdurchmesser (m)	12,1, Li: 12,6	12,1, Li: 12,6	12,1, Li: 12,6
Bodenfreiheit (cm)	14,5	14,5	14,5
Leermasse (kg) EU	1935, Li: 1975	1945, Li: 1985	2165; Li: 2225
zul. Gesamtmasse (kg) DIN	2440, Li: 2480	2450, Li: 2490	2630, Li: 2670
Luftwiderstand (cW x A)	0,29 x 2,38	0,29 x 2,38	0,29 x 2,38
Kraftstofftank (L)/Position	88/hinten	88/hinten	88/hinten
Fahrleistungen			
Höchstgeschwindigkeit (km/h)	250	250	250
Beschleun. 0 - 100 km/h (s)	7,5	6,3	5,5, Li: 5,6
Verbrauch (L/100 km) EU	10,7, Li: 11,0	10,9, Li: 11,2	13,4, Li: 13,6
Sonstiges			
Preis (Anf./Ende Laufz.) €	64.000/66.700 (9/04)	71.000/74.200 (9/04)	110.600/xxx
Baujahre	Lim.: 2001 - 2005, Li: 2002 - 2005	Lim.: 11/2001 - 2005, Li: 2002 - 2005	12/2002 - 2008

BMW 745hL, Versuchsfahrzeug (2001)

BMW h7, Kleinserienfahrzeug (2006)

Modell (Baureihe)	BMW 730i (E65) BMW 730Li (E66)	BMW 740i (E65) BMW 740Li (E66)	BMW 750i (E65) BMW 750Li (E66)
Motor	M54 B30, 2005: N52 B30	N62 B40	N62 B48
Betriebsart	Otto (Viertakt)	Otto (Viertakt)	Otto (Viertakt)
Material (Block/Kopf)	Alu/Alu,/2005: Alu-Mg/Alu	Alu/Alu	Alu/Alu
Zylinderzahl/Einbauposition	6 (Reihe), längs über Vorderachse	8 (V 90°), längs über Vorderachse	8 (V 90°), längs über Vorderachse
Bohrung x Hub (mm)	84 x 89,6, 2005: 85 x 88	87 x 84,1	93 x 88,3
Hubraum (cm^3)	2979, 2005: 2996	4000	4799
Leistung (PS/kW bei U/min)	231 (170) bei 5900,	306 (225) bei 6300	367 (270) bei 6300
	2005: 258 (190) bei 6600		
Drehmoment (Nm bei U/min)	300 bei 3500,	390 bei 3500	490 bei 3400
	2005: 300 bei 2500-4000		
Verdichtung	10,2 : 1, 2005: 10,7 : 1	10,5 : 1	10,5 : 1
Gemischbildung/Elektronik	Saugrohr-Einspritzung/Siemens MS43.0/2005: MSV 70	Saugrohr-Einspritzung/Bosch ME9.2.2	Saugrohr-Einspritzung/Bosch ME9.2.2
Ventile pro Zylinder/Betätigung	4, V-förmig hängend/ 2005: Valvetronic	4, V-förmig hängend/Valvetronic	4, V-förmig hängend/Valvetronic
Nockenwelle(n)/Antrieb	2 oben liegend (Bi-Vanos)/Kette	2 x 2 oben liegend (Bi-Vanos)/ Kette	2 x 2 oben liegend (Bi-Vanos)/ Kette
Kurbelwellenlager	7	5	5
Kühlung	Pumpe/12,0 L Wasser	Pumpe/14,6 L Wasser	Pumpe/14,5 L Wasser, Ölkühler
Schmierung	Druckumlauf/6,5 L Öl	Druckumlauf/8,0 L Öl	Druckumlauf/8,0 L Öl
Abgasreinigung	Drewegekat	Drewegekat	Drewegekat
Batterie	12 V 90 Ah/hinten	12 V 90/hinten	12 V 90/hinten
Generator	Wechselstrom 180 A 2520 W	Wechselstrom 150 A 2100 W	Wechselstrom 180 A 2520 W
Kraftübertragung	Hinterradantrieb	Hinterradantrieb	Hinterradantrieb
Automatik	6Stufen (ZF)	6Stufen (ZF)	6Stufen (ZF)
Übersetzungen	I. 4,171, II. 2,34, III.1,521, IV. 1,143, V. 0,867, VI. 0,691; R: 3,403	I. 4,171, II. 2,34, III.1,521, IV. 1,143, V. 0,867, VI. 0,691; R: 3,403	I. 4,171, II. 2,34, III.1,521, IV. 1,143, V. 0,867, VI. 0,691; R: 3,403
Antriebsachsübersetzung	4,1	3,64	3,38
Fahrwerk			
Vorderradaufhängung	Einzelradaufh. mit McPherson-Federbeinen, Zugstreben, Stabi (opt. aktiv)		

Modell (Baureihe)	BMW 730i (E65) BMW 730Li (E66)	BMW 740i (E65) BMW 740Li (E66)	BMW 750i (E65) BMW 750Li (E66)
Hinterradaufhängung	Mehrlenkerachse mit Doppelquerlenkern, Schraubenfedern. Teleskopstoßdämpfer, Stabi (opt. aktiv), opt. Luftfederung (Niveauausgleich)		
Lenkung	Zahnstange (hydr.), Servo, 13,1 : 1	Zahnstange (hydr.), Servo, 13,1 : 1	Zahnstange (hydr.), Servo, 13,1 : 1
Betriebsbremse v/h (mm)	Hydr. (Servo), Zweikreis,	Hydr. (Servo), Zweikreis,	Hydr. (Servo), Zweikreis,
	Scheiben bel. (Ø=324x30/324x20), ABS, ASC	Scheiben bel. (Ø=348x30/345x24), ABS, ASC	Scheiben bel. (Ø=348x36/345x24), ABS, ASC
Parkbremse	Elektrisch/Seilzug (Hinterräder)	Elektrisch/Seilzug (Hinterräder)	Elektrisch/Seilzug (Hinterräder)
Fahrdynamikregelung	DSC	DSC	DSC
Allgemeine Daten			
Fahrzeugart (Türen/Sitze)	Limousine (4/5)	Limousine (4/5)	Limousine (4/5)
Aufbauform	Ganzstahlaufbau, selbsttragend	Ganzstahlaufbau, selbsttragend	Ganzstahlaufbau, selbsttragend
Radstand (mm)	2990, Li: 3130	2990, Li: 3130	2990, Li: 3130
Spur vorn/hinten (mm)	2005: 1578/1596	1578/1596	1578/1596
Länge x Breite x Höhe (mm)	5029 x 1902 x 1492, Li: 5169 x 1902 x 1492	5029 x 1902 x 1492, Li: 5169 x 1902 x 1492	5029 x 1902 x 1492, Li: 5169 x 1902 x 1492
Gepäckkraum (L)	500	500	500
Reifen v/h	225/60 R 17, 2005: 245/55 WR 17	245/55 WR 17	245/55 WR 17
Räder (v/h)	8.0 J x 17 (LM)	8.0 J x 17 (LM)	8.0 J x 17 (LM)
Wendekreisdurchmesser (m)	12,1, Li: 12,6	12,1, Li: 12,6	12,1, Li: 12,6
Bodenfreiheit (cm)	14,5	14,5	14,5
Leermasse (kg) EU	1865, Li: 1895, 2005: 1880, Li: 1910	1970, Li: 2010	1985, Li: 2025
zul. Gesamtmasse (kg) DIN	2370, Li: 2400; 2005: 2385, Li: 2415	2475, Li: 2515	2490, Li: 2530
Luftwiderstand (cW x A)	0,29 x 2,38	0,29 x 2,38	0,29 x 2,38
Kraftstofftank (L)/Position	88/hinten	88/hinten	88/hinten
Fahrleistungen			
Höchstgeschwindigkeit (km/h)	237, 2005: 244	250	250
Beschleun. 0 - 100 km/h (s)	8,1, Li: 8,3; 2005: 7,8; LI: 7,9	6,8, Li: 6,9	5,9, Li: 6,0
Verbrauch (L/100 km) EU	10,6; Li: 10,7, 2005: 10,1	11,2	11,4
Sonstiges			
Preis (Anf./Ende Laufz.) €	61.500 (62.000)/xxx, Li: 67.800 (68.300)/xxx	68.000/xxx, Li: 74.300/xxx	75.800/xxx, Li: 81.800/xxx
Baujahre	3/2003 (FL 3/2005) - 2008, Li: 3/2003 - 2008	3/2005 - 2008, Li: 3/2005 - 2008	3/2005 - 2008, Li: 3/2005 - 2008

Modell (Baureihe)	BMW 730d (E65) BMW 730Ld (E66)	BMW 740d (E65)	BMW 745d (E65)
Motor	M57 D30	M67 D40	M67 D44
Betriebsart	Diesel (Viertakt)	Diesel (Viertakt)	Diesel (Viertakt)
Material (Block/Kopf)	Alu	Alu	Alu
Zylinderzahl/Einbauposition	6 (Reihe), längs über Vorderachse	8 (V 90°), längs über Vorderachse	8 (V 90°), längs über Vorderachse
Bohrung x Hub (mm)	84 x 90	84 x 88	87 x 93
Hubraum (cm^3)	2993	3901	4423
Leistung (PS/kW bei U/min)	217 (160) bei 4000	258 (190) bei 4000	329 (242) bei 3800
Drehmoment (Nm bei U/min)	500 bei 2000 - 2750	600 bei 1900 - 2500	700 bei 1900 - 2500
Verdichtung	18,0 : 1, 2005: 17,0 : 1	18,0 : 1	17,0 : 1
Gemischbildung/Elektronik	Direkteinspritzung/Bosch DDE5	Direkteinspritzung/Bosch DDE5	Direkteinspritzung/Bosch DDE6
Aufladung	1 Turbolader Garrett VNTR25	2 Turbolader Garrett VNT	2 Turbolader Garrett VNT
Ladeluftkühlung	LLK	LLK	LLK
Ventile pro Zylinder/Betätigung	4, parallel hängend	4, parallel hängend	4, parallel hängend
Nockenwelle(n)/Antrieb	2 oben liegend/Kette	2 x 2 oben liegend/Kette	2 x 2 oben liegend/Kette
Kurbelwellenlager	5	5	5
Kühlung	Pumpe/10,0 L Wasser	Pumpe/16,4 L Wasser	Pumpe/10,5 L Wasser
Schmierung	Druckumlauf/7,75 L Öl	Druckumlauf/9,5 L Öl	Druckumlauf/10,8 L Öl
Abgasreinigung	Oxi-Kat, AGR, DPF	Oxi-Kat, AGR, DPF	Oxi-Kat, AGR, DPF
Batterie	12 V 90 Ah/hinten	12 V 110 Ah/hinten	12 V 90 Ah/hinten
Generator	Wechselstrom 170 A 2380 W	Wechselstrom 180 A 2520 W	Wechselstrom 180 A 2520 W
Kraftübertragung	Hinterradantrieb	Hinterradantrieb	Hinterradantrieb
Automatik	6Stufen (ZF)	6Stufen (ZF)	6Stufen (ZF)
Übersetzungen	I. 4,171, II. 2,34, III.1,521, IV. 1,143, V. 0,867, VI. 0,691; R: 3,403	I. 4,171, II. 2,34, III.1,521, IV. 1,143, V. 0,867, VI. 0,691; R: 3,403	I. 4,171, II. 2,34, III.1,521, IV. 1,143, V. 0,867, VI. 0,691; R: 3,403,
Antriebsachsübersetzung	2,81	3,08	3,4
Fahrwerk			
Vorderradaufhängung	Einzelradaufh. mit McPherson-Federbeinen, Zugstreben, Stabi (opt.aktiv)		
Hinterradaufhängung	Mehrlenkerachse mit Doppelquerlenkern, Schraubenfedern. Teleskopstoßdämpfer, Stabi (opt. aktiv), opt. Luftfederung (Niveauausgleich)		
Lenkung	Zahnstange (hydr.), Servo, 20,5 : 1	Zahnstange (hydr.), Servo, 20,5 : 1	Zahnstange (hydr.), Servo, 20,5 : 1
Betriebsbremse v/h (mm)	Hydr. (Servo), Zweikreis,	Hydr. (Servo), Zweikreis,	Hydr. (Servo), Zweikreis,
	Scheiben belüftet (Ø=324/324, 2005: 348x30/345x24)	Scheiben belüftet (Ø=348/345)	Scheiben belüftet (Ø=374x36/370x24)
Parkbremse	Elektrisch/Seilzug (Hinterräder)	Elektrisch/Seilzug (Hinterräder)	Elektrisch/Seilzug (Hinterräder)
Fahrdynamikregelung	DSC	DSC	DSC
Allgemeine Daten			
Fahrzeugart (Türen/Sitze)	Limousine (4/5)	Limousine (4/5)	Limousine (4/5)
Aufbauform	Ganzstahl-Karosserie, selbsttragend	Ganzstahl-Karosserie, selbsttragend	Ganzstahl-Karosserie, selbsttragend

Modell (Baureihe)	BMW 730d (E65) BMW 730Ld (E66)	BMW 740d (E65)	BMW 745d (E65)
Radstand (mm)	2990, Li: 3130	2990	2990
Spur vorn/hinten (mm)	1578/1582, 2005: 1578/1596	1578/1582	1578/1596
Länge x Breite x Höhe (mm)	5029 x 1902 x 1492, Li: 5169 x 1902 x 1492	5029 x 1902 x 1492	5029 x 1902 x 1492
Gepäckkraum (L)	500	500	500
Reifen (v/h)	225/60 WR 17	245/55 WR 17	245/50 WR 18
Räder (v/h)	8.0 J x 17 (LMI)	8.0 J x 17 (LMI)	8.0 J x 18 (LM)
Wendekreisdurchmesser (m)	12,1, Li: 12,6	12,1	12,1
Bodenfreiheit (cm)	14,5	14,5	14,5
Leermasse (kg) EU	1975, Ld: 2015	2090	2115
zul. Gesamtmasse (kg) DIN	2480, Ld: 2520	2595	2620
Luftwiderstand (cW x A)	0,28 x 2,37	0,29 x 2,38	0,29 x 2,38
Kraftstofftank (L)/Position	88/hinten	88/hinten	88/hinten
Fahrleistungen			
Höchstgeschwindigkeit (km/h)	235 (238), Ld: 238	250	250
Beschleun. 0 - 100 km/h (s)	8,0 (7,8), Ld: 7,9	7,4	6,8
Verbrauch (L/100 km) EU	8,5 (8,2), Ld: 8,2	9,7	9,5
Sonstiges			
Preis (Anf./Ende Laufz.) €	58.000 (61.500)/xxx; Ld: 69.100/xxx	75.700/77.200 (09/04)	79.000/xxx
Baujahre	10/2002 (FL 3/2005) - 2008, Ld 9/2005 - 2008	10/2002 - 3/2005	3/2005 - 2008

BMW 730Ld, Facelift (2005)

BMW Z4 2.0i (2002)

BMW Z4 ROADSTER (E85) (AB 2002)

Dem erfolgreichen Z3 folgte nach der Präsentation auf dem Pariser Autosalon im September 2002 der neue Z4 Roadster. Offiziell galt er als eine halbe Klasse höher angesiedelt – BMW wollte das Auto eigentlich nur mit Sechszylindermotoren anbieten und sich offensichtlich für einen noch kleineren Roadster eine Nische unter dem Z4 freihalten. Vorweggegangen war dem das Conceptcar X Coupé (Detroit Auto Show Januar 2001) mit Allradantrieb und einem absolut polarisierenden Design. Niemand hätte es für möglich gehalten, dass die Formgestalter um Chris Bangle den Z4 und alle anderen folgenden Autos mit einer ähnlichen Linienführung – gekennzeichnet durch den jähen Wechsel der Flächen vom Konvexen ins Konkave – tatsächlich in Serie bringen würden.

Technische Basis des Z4 war prinzipiell die Dreier-Reihe E46. Der neue Zweisitzer wurde ausschließlich im US-Werk Spartanburg gefertigt, zunächst nur mit 2,5- und Dreiliter-Sechszylinder. Im Herbst 2002 kam er auf den amerikanischen Markt, im März 2003 wurde er auch in Deutschland eingeführt. Bereits im Oktober 2003 kam ein 2,2-Liter-Sechszylinder als Basismaschine hinzu. Die Kraftübertragung besorgten Fünf- bzw. Sechsgang-Schaltgetriebe (auch als SMG-Version) und eine Fünfstufenautomatik.

Besonderer Clou war die optionale Fahr Dynamic Control (FDC), die auf Knopfdruck den Motor etwas spritziger machte. Neu war auch die erstmals eingesetzte elektrische Lenkung. Das Stoffverdeck des Roadsters stammte von der US-Firma ASC, die später von Edscha übernommen wurde: Es faltete sich elektrisch betätigt so im Heck zusammen, dass keine Abdeckplane mehr nötig war.

Nach anfänglichen Verkaufserfolgen brach der Absatz des Modells ab dem Jahr 2004 spürbar ein, weshalb man sich zu einem umfangreichen Facelift im Frühjahr 2006 entschloss. Geändert wurden die Stoßfänger und die vordere Schürze, die Scheinwerfer und die Rückleuchten. Dazu kamen modifizierte Felgen und neue Farben. Auch das Interieur wurde aufgewertet und durch neue Ausstattungspakete erweitert. Neu sind auch eine elektronische Ölstandkontrolle und eine Berganfahrhilfe.

BMW Z4, Facelift (2005)

BMW Z4, Facelift (2005)

Die wichtigsten Änderungen betrafen jedoch das überarbeitete Fahrwerk und die Motoren: Nun kamen neue N52-Sechszylinder in den Z4. Der Einstiegs-Z4 hatte plötzlich einen zwei Liter großen Vierzylinder, der 2.2i fiel zum Jahresende aus dem Programm. Darüber positioniert waren der 2,5i mit 192 PS, dann als Neuling mit nur noch 177 PS starkem Sechszylinder (dies aber immerhin mit einer Preissenkung verbunden) sowie der darüber positionierte 2.5Si mit 218-PS-Motor. Nun hielten auch Sechsgang-Schaltgetriebe und Sechsstufen-Automaten Einzug. Spitzenmodell war ab 2006 der 3.0si mit 265 PS kräftigem Dreiliter-Reihensechser, der auf das 231-PS-Triebwerk folgte.

BMW Z4 2.2i (2003)

BMW Z4 COUPÉ (E86) SEIT 2006

Zur IAA im September 2005 wurde eine weitgehend serienahe Studie präsentiert, schon zur Jahresmitte 2006 war Markteinführung für das Z4 Coupé. Das Conceptcar des neuen Z4-Coupés hatte für einhellige Begeisterung gesorgt. Die Optik des Serien-Zweisitzers gefiel gleichermaßen, eine große Heckklappe sorgte für bequemen Zugang zu einem genügend großem Gepäckraum. Die äußeren Abmessungen und Designfeatures des Autos waren identisch mit den denen des Roadsters. Genau wie der Vorgänger, das erfolglose Z3 Coupé, gab es den Neuen ausschließlich mit dem stärksten Serienmotor – dem 3.0si mit 195 kW (265 PS).

BMW Z4, Facelift (2005)

BMW Z4 Coupé (2006)

BMW Z4 Coupé (2006)

Modell (Baureihe)	BMW Z4 Roadster 2.0i (E85)	BMW Z4 Roadster 2.2i (E85)	BMW Z4 Roadster 2.5i (E85)
Motor	N46 B20	M54 B22	M52 B25, ab 2001: M54 B25
Betriebsart	Otto (Viertakt)	Otto (Viertakt)	Otto (Viertakt)
Material (Block/Kopf)	Alu/Alu	Alu/Alu	Alu/Alu
Zylinderzahl/Einbauposition	4 (Reihe), längs über Vorderachse	6 (Reihe), längs über Vorderachse	6 (Reihe), längs über Vorderachse
Bohrung x Hub (mm)	84 x 90	80 x 72	84 x 75, ab 2001: 82 x 78,8
Hubraum (cm³)	1995	2171	2494, ab 2001: 2497
Leistung (PS/kW bei U/min)	150 (110) bei 6200	170 (125) bei 6250	192 (141) bei 6000
			ab 2006: 177 (130) bei 5800
Drehmoment (Nm bei U/min)	200 bei 3600	210 bei 3500	245 bei 3500, 2006: 230 bei 3500-5000
Verdichtung	10,5 : 1	10,8 : 1	10,5 : 1, 2001: 11,0 : 1
Gemischbildung/Elektronik	Saugrohr-Einspritzung (elektron.)	Saugrohr-Einspritzung (elektron.)	Saugrohr-Einspritzung (elektron.)
	Bosch Motronic MEV9	Siemens DME MS 46	Siemens MS45
Ventile pro Zylinder/Betätigung	4, V-förmig hängend	4, V-förmig hängend	4, V-förmig hängend
Nockenwelle(n)/Antrieb	2 oben liegend/Kette	2 oben liegend/Kette	2 oben liegend/Kette
Kurbelwellenlager	5	7	7
Kühlung	Pumpe/8,0 (8,8) L Wasser	Pumpe/8,4 L Wasser	Pumpe/8,3 (8,8), 2001: 7,6 (8,4) L Wasser
Schmierung	Druckumlauf/4,25 L Öl	Druckumlauf/6,5 L Öl	Druckumlauf/6,5 L Öl
Abgasreinigung	Dreiwege-Kat, Lambdasonde	Dreiwege-Kat, Lambdasonde	Dreiwege-Kat, Lambdasonde
Batterie	12 V 55 Ah/hinten	12 V 55 Ah/hinten	12 V 55 Ah/hinten
Generator	Wechselstrom 110 A 1540 W	Wechselstrom 90 (120) A 1260 (1680) W	Wechselstrom 90 A 1260 W
Kraftübertragung	Hinterradantrieb	Hinterradantrieb	Hinterradantrieb
Kupplung	Einscheiben-Trocken	Einscheiben-Trocken	Einscheiben-Trocken
Schaltgetriebe	6Gang	5Gang (Getrag)	5Gang (Getrag), 2001: 6Gang (Getrag)
Übersetzungen	I. 4,32, II. 2,46, III.1,66, IV. 1,23, V. 1,0, VI. 0,85, R: 3,94	I. 4,23, II. 2,52, III.1,66, IV. 1,22, V. 1,0, R: 4,04	6Gang: I. 4,23, II. 2,52, III.1,66, IV. 1,22, V. 1,0, R: 4,04
			I. 4,32, II. 2,46, III.1,66, IV. 1,23, V. 1,0, VI. 0,85, R: 3,94
Antriebsübersetzung	3,38	3,38	3,38
Automatik			5Stufen (ZF), 2001: 6Stufen (ZF)
Übersetzungen			I. 3,67, II. 2,0, III.1,41 IV. 1,0, V. 0,74, R: 4,10
			6Stufen: I. 4,17, II. 2,34, III.1,52 IV. 1,14, V. 087, VI. 0,69, R: 3,40
Antriebsübersetzung			3,64/3,91

Modell (Baureihe)	BMW Z4 Roadster 2.0i (E85)	BMW Z4 Roadster 2.2i (E85)	BMW Z4 Roadster 2.5i (E85)
Fahrwerk			
Vorderradaufhängung	Einzelradaufh. mit McPherson-Federbeinen, Dreieckquerlenker, Stabi		
Hinterradaufhängung	Zentrallllenkerachse, Schraubenfedern, Teleskopstoßdämpfer, Stabi		
Lenkung	Zahnstange (elektr.) Servo, 16,0 : 1	Zahnstange (elektr.) Servo, 14,2 : 1	Zahnstange (elektr.) Servo, 14,2 : 1
Betriebsbremse v/h (mm)	Hydr. (Servo), Zweikreis,	Hydr. (Servo), Zweikreis,	Hydr. (Servo), Zweikreis,
	Scheiben belüft. vorn/hinten (Ø=286x22/280x10), ABS	Scheiben belüft. vorn/hinten (Ø=286/280), ABS	Scheiben belüft. vorn/hinten (Ø=286/280), ABS
Parkbremse	Seilzug (Hinterräder)	Seilzug (Hinterräder)	Seilzug (Hinterräder)
Fahrdynamikregelung	DSC	DSC	DSC
Allgemeine Daten			
Fahrzeugart (Türen/Sitze)	Roadster (2/2)	Roadster (2/2)	Roadster (2/2)
Aufbauform	Ganzstahlaufbau, selbsttragend	Ganzstahlaufbau, selbsttragend	Ganzstahlaufbau, selbsttragend
Radstand (mm)	2495	2495	2495
Spur vorn/hinten (mm)	1473/1523	1473/1523	1473/1523
Länge x Breite x Höhe (mm)	4091 x 1781 x 1299	4091 x 1781 x 1299	4091 x 1781 x 1299
Gepäckkraum (L) VDA	240 - 260	240 - 260	240 - 260
Reifen (v/h)	205/50 VR 16, 225/50 R 16	205/50 VR 16	225/50 VR 16
Räder (v/h)	7.0 J x 16 (LM)	7.0 J x 16 (LM)	7.0 J x 16 (LM)
Wendekreisdurchmesser (m)	9,8	9,8	9,8
Bodenfreiheit (cm)	11,0	11,0	11,0
Leermasse (kg) DIN	1220	1250 (1285)	1260 (1290), 2001: 1270 (1300)
zul. Gesamtmasse (kg) DIN	1520	1550 (1585)	1560 (1590), 2001: 1570 (1600)
Luftwiderstand (cW x A)	0,35 x 1,91	0,35 x 1,91	0,35 x 1,91, 2001: 0,36 x 1,91
Kraftstofftank (L)/Position	55/hinten	55/hinten	55/hinten
Fahrleistungen			
Höchstgeschwindigkeit (km/h)	220	225 (221)	235 (227), 2201: 229 (225)
Beschleun. 0 - 100 km/h (s)	8,2	7,7 (8,3)	7,0 (7,5), 2001. 7,1 (7,7)
Verbrauch (L/100 km) Euromix	7,5	8,8 (9,3)	8,9 (9,5), 2001: 8,2 (8,4)
Sonstiges			
Preis (Anf./Ende Laufz.) €	28.9000/xxx	29.900/30.900	32.500/33.900 / 31.400/xxx
Baujahre	ab 2005	2003 - 2005	2002 - 2005 / ab 2006

Modell (Baureihe)	BMW Z4 Roadster 2.5si (E85)	BMW Z4 Roadster 3.0i (E85)	BMW Z4 Roadster 3.0si (E85) BMW Z4 Coupé 3.0si (E86)
Motor	M52 B25	M54 B30	N52 B30
Betriebsart	Otto (Viertakt)	Otto (Viertakt)	Otto (Viertakt)
Material (Block/Kopf)	Alu/Alu	Alu/Alu	Alu/Alu
Zylinderzahl/Einbauposition	6 (Reihe), längs über Vorderachse	6 (Reihe), längs über Vorderachse	6 (Reihe), längs über Vorderachse
Bohrung x Hub (mm)	82 x 78,8	84 x 89,6	85 x 88
Hubraum (cm³)	2497	2979	2996
Leistung (PS/kW bei U/min)	218 (160) bei 6500	231 (170) bei 5900	265 (195) bei 6600
Drehmoment (Nm bei U/min)	250 bei 2750-4250	300 bei 3500	315 bei 2750
Verdichtung	11,0 : 1	10,2 : 1	10,7 : 1
Gemischbildung/Elektronik	Saugrohr-Einspritzung (elektron.)	Saugrohr-Einspritzung (elektron.)	Saugrohr-Einspritzung (elektron.)
	MSV70	Siemens MS45	MSV70
Ventile pro Zylinder/Betätigung	2, V-förmig hängend	4, V-förmig hängend	4, V-förmig hängend
Nockenwelle(n)/Antrieb	1 oben liegend/Kette	2 oben liegend/Kette	2 oben liegend/Kette
Kurbelwellenlager	5	5	5
Kühlung	Pumpe/7,6 (8,4) L Wasser	Pumpe/8,3 (8,8) L Wasser	Pumpe/7,6 (8,4) L Wasser
Schmierung	Druckumlauf/6,5 L Öl	Druckumlauf/6,5 L Öl	Druckumlauf/6,5 L Öl
Abgasreinigung	Dreiwege-Kat, Lambdasonde	Dreiwege-Kat, Lambdasonde	Dreiwege-Kat, Lambdasonde
Batterie	12 V 55 Ah/hinten	12 V 55 Ah/hinten	12 V 55 Ah/hinten
Generator	Wechselstrom 155 A 2170 W	Wechselstrom 90 A 1260 W	Wechselstrom 155 A 2170 W
Kraftübertragung	Hinterradantrieb	Hinterradantrieb	Hinterradantrieb
Kupplung	Einscheiben-Trocken	Einscheiben-Trocken	Einscheiben-Trocken
Schaltgetriebe	6Gang (Getrag)	6Gang (ZF)	6Gang (ZF)
Übersetzungen	I. 4,32, II. 2,46, III.1,66, IV. 1,23, V. 1,0, Vi. 0,85, R: 3,93	I. 4,35, II. 2,50, III.1,66, IV. 1,24, V. 1,0, VI. 0,85, R: 3,93	I. 4,35, II. 2,50, III.1,66, IV. 1,23, V. 1,0, Vi. 0,85, R: 3,93
Antriebsübersetzung	3,38	3,07	3,23
Automatik	6Stufen (ZF)	5Stufen (ZF)	6Stufen (ZF)
Übersetzungen	I. 4,17, II. 2,34, III.1,52 IV. 1,14, V. 087, VI. 0,69, R: 3,40	I. 3,67, II. 2,0, III.1,41 IV. 1,0, V. 0,74, R: 4,10	I. 4,17, II. 2,34, III.1,52 IV. 1,14, V. 087, VI. 0,69, R: 3,40
Antriebsübersetzung	3,73	3,46	3,64
Fahrwerk			
Vorderradaufhängung	Einzelradaufh. mit McPherson-Federbeinen, Dreieckquerlenker, Stabi		
Hinterradaufhängung	Zentrallenkerachse, Schraubenfedern, Teleskopstoßdämpfer, Stabi		
Lenkung	Zahnstange (elektr.), Servo, 14,2 : 1	Zahnstange (elektr.), Servo, 14,2 : 1	Zahnstange (elektr.), Servo, 14,2 : 1
Betriebsbremse v/h (mm)	Hydr. (Servo), Zweikreis,	Hydr. (Servo), Zweikreis,	Hydr. (Servo), Zweikreis,
	Scheiben belüft. vorn/hinten (Ø=300/294), ABS	Scheiben belüft. vorn/hinten (Ø=300/294), ABS	Scheiben belüft. vorn/hinten (Ø=325x25/294x19), ABS
Parkbremse	Seilzug (Hinterräder)	Seilzug (Hinterräder)	Seilzug (Hinterräder)
Fahrdynamikregelung	DSC	DSC	DSC
Allgemeine Daten			
Fahrzeugart (Türen/Sitze)	Roadster (2/2)	Roadster (2/2)	Roadster (2/2)

Modell (Baureihe)	BMW Z4 Roadster 2.5si (E85)	BMW Z4 Roadster 3.0i (E85)	BMW Z4 Roadster 3.0si (E85) BMW Z4 Coupé 3.0si (E86)
Aufbauform	Ganzstahlaufbau, selbsttragend	Ganzstahlaufbau, selbsttragend	Ganzstahlaufbau, selbsttragend
Radstand (mm)	2495	2495	2495
Spur vorn/hinten (mm)	1473/1523	1473/1523	1473/1523
Länge x Breite x Höhe (mm)	40091 x 1781 x 1299	4091 x 1781 x 1299	40091 x 1781 x 1299
Gepäckkraum (L) VDA	240 - 260	240 - 260	240 - 260
Reifen (v/h)	225/50 VR 16	225/45 VR 17	225/45 VR 17
Räder (v/h)	7.0 J x 16 (LM)	8.0 J x 17 (LM)	8.0 J x 17 (LM)
Wendekreisdurchmesser (m)	9,8	9,8	9,8
Bodenfreiheit (cm)	11,0	11,0	11,0
Leermasse (kg) DIN	1285 (1320)	1290 (1310)	Roadster: 1310 (1340), Coupé: 1320 (1350)
zul. Gesamtmasse (kg) DIN	1585 (1620)	1590 (1610)	Roadster: 1610 (1640), Coupé: 1650 (1680)
Luftwiderstand (cW x A)	0,36 x 1,91	0,35 x 1,91	Roadster: 0,36 x 1,91, Coupé: 0,34 x 1,91
Kraftstofftank (L)/Position	55/hinten	55/hinten	55/hinten
Fahrleistungen			
Höchstgeschwindigkeit (km/h)	240 (238)	250 (244)	250
Beschleun. 0 - 100 km/h (s)	6,5 (6,9)	5,9 (6,2)	5,7 (6,0)
Verbrauch (L/100 km) Euromix	8,4 (9,0)	9,1 (9,5)	Roadster: 8,6 (9,9), Coupé: 8,9 (9,0)
Sonstiges			
Preis (Anf./Ende Laufz.) €	34.400/xxx	38.500/39.900	Roadster: 40.400/xxx
			Coupé: 38.900/xxx
Baujahre	ab 2006	2002 - 2005	ab 2006

BMW Z4 Roadster und seriennahe Coupé-Studie (2005)

BMW Z4 M Roadster (2005)

Z4 M ROADSTER (E85S)
Z4 M COUPÉ (E86S)
SEIT 2006

Die Krönung der Z4-Reihe bildet der Z4 M, der Anfang 2006 auf den Markt kam. Er basierte auf dem just facegelifteten Serienmodell. Äußerlich unterscheidet er sich von den zivilen Geschwistern durch geänderte Stoßfänger, eine stärker konturierte Motorhaube und eine markante Vierrohrauspuffanlage. Ein Sechsgang-Schaltgetriebe war Serie, während ein SMG-Getriebe im Z4 M nie angeboten wurde. Anders als im Serien-Z4 kam in den M-Versionen keine elektrische, sondern eine hydraulische Lenkung zum Einsatz – zudem verkleinerte sich das Gepäckraumvolumen.

Den Antrieb des Z4 M besorgte der 252 kW (343 PS) starke 3,2-Liter-Motor aus dem M3 der Baureihe E46. Damit beschleunigt er in fünf Sekunden von 0-100 km/h, wird aber – wie bei BMW üblich – schon bei 250 km/h elektronisch begrenzt. Gegen Aufpreis kann man die Sperre entfernen lassen. Der im nächsten Dreier verwendete Hochdreh-V8 hätte übrigens nicht in den Z4 gepasst.

BMW Z4 M Coupé (2006)

Bereits im Juni 2006 nachgeschoben wurde das Z4 M Coupé, das ebenfalls vom 343-PS-Reihensechser angetrieben wurde und alle Ausstattungsmerkmale des Roadsters übernahm. Dazu gab es eine 400 PS starke Rennsportversion für Kundenteams.

BMW Z4 M Roadster (2005)

BMW Z4 M Roadster (2005)

BMW Z4 M Coupé Rennsportkit, 400-PS-3,2-Liter (2006)

BMW Z4 M Coupé (2006)

Modell (Baureihe)	BMW Z4 M Roadster (E85S) BMW Z4 M Coupé (E86S)
Motor	S50 B32
Betriebsart	Otto (Viertakt)
Material (Block/Kopf)	Alu/Alu
Zylinderzahl/Einbauposition	6 (Reihe), längs über Vorderachse
Bohrung x Hub (mm)	87 x 91
Hubraum (cm³)	3246
Leistung (PS/kW bei U/min)	365 (252) bei 7900
Drehmoment (Nm bei U/min)	365 bei 4900
Verdichtung	11,5 : 1
Gemischbildung/Elektronik	Saugrohr-Einspritzung (elektron.)
	Bosch Motronic DME MSS54
Ventile pro Zylinder/Betätigung	4, V-förmig hängend
Nockenwelle(n)/Antrieb	2 oben liegend (Doppel-Vanos)/Kette
Kurbelwellenlager	7
Kühlung	Pumpe/10,7 L Wasser
Schmierung	Druckumlauf/5,5 L Öl
Abgasreinigung	Dreiwege-Kat, Lambdasonde
Batterie	12 V 70 Ah/hinten
Generator	Wechselstrom 147 A 2058 W
Kraftübertragung	Hinterradantrieb, Differenzialsperre (0 bis 100 %)
Kupplung	Einscheiben-Trocken
Schaltgetriebe	6Gang
Übersetzungen	I. 4,35, II. 2,50, III.1,67, IV. 1,23, V. 1,0, VI. 0,85, R: 3,93
Antriebsübersetzung	3,62
Fahrwerk	
Vorderradaufhängung	Einzelradaufh. mit McPherson-Federbeinen, Dreieckquerlenker, Stabi
Hinterradaufhängung	Mehrlenkerachse, Schraubenfedern, Teleskopstoßdämpfer, Stabi
Lenkung	Zahnstange (hydr.), Servo, 15,4 : 1
Betriebsbremse v/h (mm)	Hydr. (Servo), Zweikreis,
	Compound-Scheiben belüft. vorn/hinten (Ø=345x28/228x20), ABS
Parkbremse	Seilzug (Hinterräder)
Fahrdynamikregelung	DSC
Allgemeine Daten	
Fahrzeugart (Türen/Sitze)	Roadster (2/2), Coupé (2/2)
Aufbauform	Ganzstahlaufbau, selbsttragend
Radstand (mm)	2495
Spur vorn/hinten (mm)	1486/1516
Länge x Breite x Höhe (mm)	Roadster: 4113 x 1781 x 1302, Coupé: 4113 x 1781 x 1287
Gepäckkraum (L) VDA	Roadster: 200 - 220, Coupé: 245 - 300

Modell (Baureihe)	BMW Z4 M Roadster (E85S) BMW Z4 M Coupé (E86S)
Reifen (v/h)	225/45 R 18/255/40 R 18
Räder (v/h)	8.0 J x 18/9.0 J x 18 (LM)
Wendekreisdurchmesser (m)	10,5
Bodenfreiheit (cm)	11,0
Leermasse (kg) DIN	Roadster: 1410, Coupé: 1495
zul. Gesamtmasse (kg) DIN	Roadster: 1705, Coupé: 1730
Luftwiderstand (cW x A)	Roadster: 0,38 x 1,91, Coupé: 0,35 x 1,91
Kraftstofftank (L)/Position	55/hinten
Fahrleistungen	
Höchstgeschwindigkeit (km/h)	250
Beschleun. 0 - 100 km/h (s)	5
Verbrauch (L/100 km) Euromix	12,1
Sonstiges	
Preis (Anf./Ende Laufz.) €	Roadster: 57.900/xxx
	Coupé: 55.900/xxx
Baujahre	ab 2006

BMW Z4 M Roadster (2005)

BMW 530d (2003)

BMW FÜNFER (E60) (AB 2003)

Die Fünfer-Baureihe (E60) wurde im März 2003 als Nachfolger des E39 vorgestellt. Der Limousine (E60) folgte im Frühjahr 2004 der Touring (E61). Die brutale, aggressive, vielleicht sogar ein bisschen miesgrämige Miene des Fünfers irritierte – aber das Auto verkaufte sich dennoch glänzend. Eine ungewöhnliche Scheinwerferform, ein zerklüftetes Heck (jetzt ohne die zuvor markentypischen L-förmigen Leuchten) und ein sehr nüchternes Interieur: Keine Frage, der E60 war der sichtbare Ausdruck einer cool-modernistischen Ära ohne Spielereien.

Ausgenommen davon: das i-Drive-System und das sogenannte Infotainment, an das sich die Väter der davon begeisterten Computerkids erst langsam gewöhnten. Diese Pakete wurden von Anfang an angeboten, sie waren aber weniger kompliziert und komplex als im Siebener. Hervorzuheben war das Navigationssystem Professional, das einen 8,8-Zoll-Bildschirm sowie ein DVD-Laufwerk beinhaltete und TV-Empfang via DVB-T ermöglichte.

Anfang gab es die Limousine mit zwei Benzinern (520i, 530i) und einem Diesel (530d) – alles Sechszylinder. Zum Jahresende 2003 folgten der 525i, der 545i; später wurde das Programm erweitert – bis hin zum erstmals eingesetzten, doppelt aufgeladenen Dreiliter-Diesel im 535d. In einigen Modellen wie dem 530i kamen während der Laufzeit insgesamt drei verschiedene Motoren zum Einsatz. Meistverkauftes Modell in Deutschland war der 530d. Serienmäßig waren – erstmals – Sechsgang-Schaltgetriebe, ab Frühjahr 2004 gab es optional sequenzielle Schaltgetriebe (SMG).

Das weitgehend aus Alu gefertigte Fahrwerk des Fünfers war gewohnt straff ausgelegt. Neu waren zwei Optionen: die Aktivlenkung (eine mechanische Überlagerungslenkung, die geschwindigkeits- und einlenkabhängig Übersetzung und Lenkkrafthilfe variierte) und das Wankstabilisierungssystem Dynamic Drive (schaltbare Stabilisatoren). Zudem wurden erstmals das automatische Abstandsregelsystem ACC, ein Head-up-Display sowie adaptives Kurvenlicht angeboten. Runflat-Bereifung war serienmäßig.

Besonderheit des Autos war sein gewichtsreduzierter Aluminium-Vorderwagen, während der rückwärtige Teil konventionell aus Stahlblech bestand. Durch die Gewichts-

BMW 530d (2003)

BMW 525i (2003)

BMW 530i (2003)

BMW 545i (2003)

BMW 535d (2005)

BMW 535d mit Sport-Paket (2004)

BMW 530xd (2005)

BMW 530i Security (2005)

einsparung im vorderen Fahrzeugteil erreichte man eine optimale Achslastverteilung von 50 : 50. Ab Ende 2004/ Anfang 2005 war wieder der Allradantrieb (xi) für Limousine und Touring lieferbar, im Herbst 2005 gesellte sich als erster 4x4-Fünfer-Diesel der 530xd hinzu. Zudem gab es 530i und 550i auch in gepanzerter, aber völlig unauffälliger Security-Ausführung (Schutzklasse VR4).

Zu Limousine und Touring kam eine verlängerte Spezialversion exklusiv für den chinesischen Markt (präsentiert auf der Auto China 2006 in Peking im November 2006): Dort gab es den BMW 523Li, BMW 525Li und BMW 530Li mit 14 cm mehr Radstand, der ausschließlich den hinteren Insassen zugute kam. Die beiden stärkeren Typen hatten eine Konsole mit Entertainment-System inklusive DVD-Player und hinteren Luftausströmern im Fond sowie zwei Achtzoll-Bildschirmen in der Rückseite der vorderen Kopfstützen. Neben andere Auslandsmontageorte hatte sich 2004 die Fünfer-Fertigungsstätte Awtotor Kalingrad hinzugesellt.

Seit September 2005 bot BMW seinen Großkunden Flottenmodelle des BMW 520d und des 525d an. Dem Serienfahrzeug in Technik und Ausstattung gleich, hatten sie als Edition Fleet geänderte Motoren. Statt 120 kW (163 PS) bzw. 130 kW (177 PS) leistete das Flotten-Modell nur noch 110 kW (150 PS) bzw. 120 kW (163 PS). Das maximale Drehmoment von 340 Nm bzw. 400 Nm blieb jedoch erhalten. Bei diesen Modellen handelt es sich jeweils um den identischen Motor wie in der Standardvariante, die Leistungsreduktion erfolgte durch eine Änderung des Kennfelds in der Software des Steuergerätes.

Im März 2007 wurde das Facelift des E60 vorgestellt. Das Outfit hatte sich nur leicht geändert. Auffälligste Ände-

BMW 530xi (2005)

BMW 530Li Langversion, China (200x)

BMW 550i (2005)

rungen waren neue Stoßfänger und Lufteinlässe (die für eine freundlichere Miene des Autos sorgten), Rücklichter mit LED-Technik, überarbeitete Nebelscheinwerfer und Hauptscheinwerfer in Klarglasoptik, eine modifizierte Kennzeicheneinfassung in der Heckklappe sowie eine stärker betonte Niere mit zwei separaten Lichtkanten.

Deutlich mehr hatte sich innen getan: Neue Türverkleidungen mit grifffreudigeren Zuziehgriffen wie im Vorgängermodell E39 und hochwertigere Materialien machten das Interieur gefälliger. So waren die Bedienelemente in Perlglanzchrom-Design ausgeführt, und das weiter vereinfachte i-Drive verfügte jetzt über acht frei programmierbare Favoritentasten, die bereits mit dem BMW X5 eingeführt wurden.

Technische Neuerungen waren unter anderem eine optionale Spurverlassenswarnung, Tagfahrlicht (in Form von Corona-Ringen), Abbiegelicht und eine Sechsstufen-Sportautomatik, die innerhalb von Millisekunden über die Gangwahl entschied und die sofort bis zu vier Gangstufen hinunterschalten konnte. Zu diesem Getriebe gehörten ein neuer Wählhebel (siehe BMW X5) und Schaltwippen am Lenkrad. Außerdem gab es nun eine modifizierte Motorenpalette: Außer Änderungen in den Leistungsdaten wurden alle Vier- und Sechszylinder-Benziner auf Direkteinspritzung umgestellt, alle Diesel hatten eine optimierte Common-Rail-Hochdruckeinspritzung.

Die Reifen-Pannen-Anzeige (RPA) minimierte die Gefahr durch einen Reifendefekt. Das System erkannte anhand von Raddrehzahlunterschieden Veränderungen im Luftdruck eines oder mehrerer Reifen und warnte den Fahrer mit einer Leuchte in der Check Control. Die optional erhältlichen aktiven Kopfstützen reduzieren im Falle einer Kollision in-

BMW 530i, Facelift (2007)

BMW 530i, Facelift (2007)

BMW 550i Touring (2005)

nerhalb kürzester Zeit den Abstand zum Kopf und beugen so möglichen Halswirbelverletzungen vor – ab Herbst 2007 serienmäßig für alle Sitze.

Darüber hinaus verfügte das Facelift-Modell über eine Batterieladeregelung mittels eines „intelligenten" Generators. Geladen wurde nur während Schub- und Bremsphasen, ansonsten klinkte sich die Lichtmaschine aus. Weitere verbrauchsreduzierende Maßnahmen waren eine Schaltpunktanzeige für Handschaltmodelle sowie aktiv gesteuerte Brems- und Kühlluftklappen zur Verbesserung der Aerodynamik. Hinzu kam als Sparversion der 520d (130 kW/177 PS), der nur 5,1 l/100km verbrauchte – er und der 520i hatten die einzigen Vierzylindermotoren in der Fünfer-Reihe unter der Haube.

BMW 530i Touring (2004)

BMW 523i Touring (2005)

Modell (Baureihe)	BMW 520i Limousine (E60)	BMW 520i Limousine (E60) BMW 520i Touring (E61)	BMW 523i Limousine (E60) BMW 523i Touring (E61)	BMW 523i Limousine (E60) BMW 523i Touring (E61)
Motor	M54 B22	N43 B20	M54 B25	N53 B25
Betriebsart	Otto (Viertakt)	Otto (Viertakt)	Otto (Viertakt)	Otto (Viertakt)
Material (Block/Kopf)	Alu	Alu	Alu/Alu	Alu/Alu
Zylinderzahl/ Einbauposition	6 (Reihe), längs über Vorderachse	4 (Reihe), längs über Vorderachse	6 (Reihe), längs über Vorderachse	6 (Reihe), längs über Vorderachse
Bohrung x Hub (mm)	80 x 72	84 x 90	82 x 78,8	82 x 78,8
Hubraum (cm³)	2171	1995	2497	2497
Leistung (PS/kW bei U/min)	170 (125) bei 6100	170 (125) bei 6700	177 (130) bei 5800	190 (140) bei 6300
			2007: 190 (140) bei 6300	
Drehmoment (Nm bei U/min)	210 bei 3500	210 bei 4250	230 bei 3500, 2007: 235 bei 3500	240 bei 3500
Verdichtung	10,8 : 1	12,0 : 1	11,0 : 1	12,0 : 1
Gemischbildung/ Elektronik	Saugrohreinsprit-zung/Siemens MS45	Direkteinspritzung (mager)/ MSD 80.2	Saugrohreinspritzung/Siemens MSV70	Direkteinspritzung (mager)/ MSD 80.2
Ventile pro Zylinder/ Betätigung	4, V-förmig hän-gend, Valvetronic	4, V-förmig hängend	4, V-förmig hängend, Valvetronic	4, V-förmig hängend
Nockenwelle(n)/ Antrieb	2 oben liegend (Bi-Vanos)/Kette	2 oben liegend (Bi-Vanos)/Kette	2 oben liegend (Bi-Vanos)/Kette	2 oben liegend (Bi-Vanos)/ Kette
Kurbelwellenlager	7	5	7	7
Kühlung	Pumpe/9,8 L Wasser	Pumpe/7,0 (7,6) L Wasser	Pumpe/9,8 (10.0) L Wasser	Pumpe/10,0 (10.5) L Wasser
Schmierung	Druckumlauf/6,5 L Öl	Druckumlauf/4,25 L Öl	Druckumlauf/6,5 L Öl	Druckumlauf/6,5 L Öl
Abgasreinigung	Dreiwege-Kat, Lambdasonde	Dreiwege-Kat, Lambdasonde	Dreiwege-Kat, Lambdasonde	Dreiwege-Kat, Lambda-sonde
Batterie	12 V 80 Ah/hinten	12 V 80 Ah/hinten	12 V 80 Ah/hinten	12 V 80 Ah/hinten
Generator	Wechselstrom 150 A 2100 W	Wechselstrom 180 A 2520 W	Wechselstrom 155 A 2170 W	Wechselstrom 155 A 2170 W
Kraftübertragung	Hinterradantrieb	Hinterradantrieb	Hinterradantrieb	Hinterradantrieb
Kupplung	Einscheiben-Trocken	Einscheiben-Trocken	Einscheiben-Trocken	Einscheiben-Trocken
Schaltgetriebe	6Gang	6Gang	6Gang	6Gang
Übersetzungen	I. 4,35, II. 2,496, III.1,665, IV. 1,23, V. 1,0, VI. 0,851; R: 3,93	I. 4,32, II. 2,46, III.1,66, IV. 1,23, V. 1,0, VI. 0,848; R: 3,938	I. 4,32, II. 2,46, III.1,66, IV. 1,23, V. 1,0, VI. 0,848; R: 3,938	I. 4,32, II. 2,46, III.1,66, IV. 1,23, V. 1,0, VI. 0,848; R: 3,938
Hinterachsübersetzung	3,38	3,36	3,23	3,38
Automatik	6Stufen	6Stufen	6Stufen	6Stufen
Übersetzungen	I. 4,171, II. 2,34, III.1,521, IV. 1,143, V. 0,867, VI. 0,691; R: 3,403	I. 4,171, II. 2,34, III.1,521, IV. 1,143, V. 0,867, VI. 0,691; R: 3,403	I. 4,171, II. 2,34, III.1,521, IV. 1,143, V. 0,867, VI. 0,691; R: 3,403	I. 4,171, II. 2,34, III.1,521, IV. 1,143, V. 0,867, VI. 0,691; R: 3,403
Hinterachsübersetzung	3,73	4,1	3,73/3,91	3,73

Modell (Baureihe)	BMW 520i Limousine (E60)	BMW 520i Limousine (E60) BMW 520i Touring (E61)	BMW 523i Limousine (E60) BMW 523i Touring (E61)	BMW 523i Limousine (E60) BMW 523i Touring (E61)
Fahrwerk				
Vorderradaufhängung	Einzelradaufh. mit Doppelquerlenkern, McPherson-Federbeinen, Stabi			
Hinterradaufhängung	Fünflenkerachse, Stoßdämpfer, Schraubenfedern, Stabi			
Lenkung	Zahnstange (hydr.), Servo, 13,7 : 1, opt. Aktivlenkung	Zahnstange (hydr.), Servo, 13,7 : 1, opt. Aktivlenkung	Zahnstange (hydr.), Servo, 13,7 : 1, opt. Aktivlenkung	Zahnstange (hydr.), Servo, 13,7 : 1, opt. Aktivlenkung
Betriebsbremse v/h (mm)	Hydr. (Servo), Zweikreis,	Hydr. (Servo), Zweikreis,	Hydr. (Servo), Zweikreis,	Hydr. (Servo), Zweikreis,
	Scheiben belüftet (Ø=310x24/320x20), ABS, ASC	Scheiben belüftet (Ø=310x24/320x20), ABS, ASC	Scheiben belüftet (Ø=310x24/320x20), ABS, ASC	Scheiben belüftet (Ø=324x30/320x20), ABS, ASC
Parkbremse	Seilzug (Hinterräder)	Seilzug (Hinterräder)	Seilzug (Hinterräder)	Seilzug (Hinterräder)
Fahrdynamikregelung	DSC	DSC	DSC	DSC
Allgemeine Daten				
Fahrzeugart (Türen/Sitze)	Stufenheck-Limousine (4/5)	Stufenheck-Limousine (4/5)/Kombi (5/5)	Stufenheck-Limousine (4/5)/ Kombi (5/5)	Stufenheck-Limousine (4/5)/ Kombi (5/5)
Aufbauform	Ganzstahlaufbau, selbsttragend	Ganzstahlaufbau, selbsttragend	Ganzstahlaufbau, selbsttragend	Ganzstahlaufbau, selbsttragend
Radstand (mm)	2888	2888	2888	2888
Spur vorn/hinten (mm)	1558/1581	1558/1581	1558/1581	1558/1581
Länge x Breite x Höhe (mm)	4841 x 1846 x 1468	Limousine: 4841 x 1846 x 1468 (T: 1491)	Limousine: 4841 x 1846 x 1468 (T: 1491)	Limousine: 4841 x 1846 x 1468 (T: 1491)
Gepäckkraum (L)	520, Tour.: 500 - 1650	520, Tour.: 500 - 1650	520, Tour.: 500 - 1650	520, Tour.: 500 - 1650
Reifen (v/h)	225/55 WR16	225/55 R16	225/55 R 16	225/55 R 16
Räder (v/h)	7.0 J x 16 (LM)	7.0 J x 16 (LM)	7.0 J x 16 (LM)	7.0 J x 16 (LM)
Wendekreisdurchmesser (m)	11,4	11,4	11,4	11,4
Bodenfreiheit (cm)	14,0	14,0	14,0	14,0
Leermasse (kg) EU	1560	Lim.: 1535 (1565), Tour.: 1635 (1665)	Lim.: 1545, Tour.: 1635	Lim.: 1575 (1600), Tour.: 1665 (1695)
zul. Gesamtmasse (kg) DIN	2025	Lim.: 2000 (2030), Tour.: 2160 (2190)	Lim.: 2010, Tour.: 2160	Lim.: 2060 (2085); Tour.: 2190 (2220)
Luftwiderstand (cW x A)	0,26 x 2,26	Lim.: 0,27 x 2,26, Tour.: 0,29 x 2,26	Lim.: 0,27 x 2,26, Tour.: 0,29 x 2,26	Lim.: 0,27 x 2,26, Tour.: 0,29 x 2,26
Kraftstofftank (L)/Position	70/hinten	70/hinten	70/hinten	70/hinten
Fahrleistungen				
Höchstgeschwindigkeit (km/h)	230	224	Lim.: 235 (232), Tour.: 227 (224)	237 (236), T: 230 (229)
Beschleun. 0 - 100 km/h (s)	9,0	Lim.: 8,7 (9,6), T: 9,0 (10,0)	Lim.: 8,5 (9,3), Tour.: 8,8 (9,5)	Lim.: 8,2 (8,7), T: : 8,5 (9,1)
Verbrauch (L/100 km) EU	9,0	Lim.: 6,7 (6,9), Tour.: 6,9 (7,0)	Lim.: 8,5, Tour.: 8,7	7,3 (7,5), T: 7,7
Sonstiges				
Preis (Anf./Ende Laufz.) €	35.100/35.500	Lim.: 35.900/xxx, Tour.: 38.400/xxx	Lim.: 35.850/37.850, Tour.: 38.250/40.315	Lim.: 38.800/xxx, Tour.: 41.300/xxx
Baujahre	2003 - 2005	Lim.: ab 9/2007, Tour.: ab 9/2007	Lim.: 3/2005 - 2007, Tour.: 3/2005 - 2007	Lim.: ab 9/2007, Tour.: ab 9/2007

Modell (Baureihe)	BMW 525i Limousine (E60)/525xi (E60) BMW 525i Touring (E61)/525xi Touring (E61)	BMW 525i Limousine (E60)/525xi (E60) BMW 525i Touring (E61)/525xi Touring (E61)	BMW 530i Limousine (E60)/530xi (E60) BMW 530i Touring (E61)/539xi Touring (E61)	BMW 530i Limousine (E60)/530xi (E60) BMW 530i Touring (E61)/539xi Touring (E61)
Motor	M52 B25, 2005: M52 B25 TU	N53 B30	M54 B30, 2005: N52 B30	N53 B30
Betriebsart	Otto (Viertakt)	Otto (Viertakt)	Otto (Viertakt)	Otto (Viertakt)
Material (Block/Kopf)	Alu	Alu	Alu-Magnesium	Alu-Magnesium
Zylinderzahl/Einbauposition	6 (Reihe), längs über Vorderachse	6 (Reihe), längs über Vorderachse	6 (Reihe), längs über Vorderachse	6 (Reihe), längs über Vorderachse
Bohrung x Hub (mm)	84 x 75	85 x 88	84 x 89,6, 2005: 85 x 88	85 x 88
Hubraum (cm^3)	2494, 2005: 2497	2996	2979, 2005: 2996	2996
Leistung (PS/kW bei U/min)	192 (141) bei 6000, 2005: 218 (160) bei 6500	218 (160) bei 6100	231 (170) bei 5900, 2005: 258 (190) bei 6600	272 (200) bei 6700
Drehmoment (Nm bei U/min)	245 bei 3500, 2005: 250 bei 2750	270 bei 2400 - 4200	300 bei 3500, 2005: 300 bei 2500	320 bei 2750 - 3000
Verdichtung	10,5 : 1	12,0 : 1	10,2 : 1; 2005: 10,7 : 1	12,0 : 1
Gemischbildung/Elektronik	Saugrohreinspritzung/ Siemens MS45	Direkteinspritzung (mager) MSD 80.2	Saugrohreinspritzung/ Siemens MS 45	Direkteinspritzung (mager)/MSD 80.2
Ventile pro Zylinder/ Betätigung	4, V-förmig hängend, ab 2005: Valvetronic	4, V-förmig hängend	4, V-förmig hängend, ab 2005: Valvetronic	4, V-förmig hängend
Nockenwelle(n)/Antrieb	2 oben liegend (Bi-Vanos)/ Kette	2 oben liegend (Bi-Vanos)/ Kette	2 oben liegend (Bi-Vanos)/ Kette	2 oben liegend (Bi-Vanos)/ Kette
Kurbelwellenlager	7	7	7	7
Kühlung	Pumpe/9,8 (10.2) L Wasser	Pumpe/10,0 (10.5) L Wasser	Pumpe/9,8 (10.2) L Wasser	Pumpe/10,0 (10.5) L Wasser
Schmierung	Druckumlauf/6,5 L Öl	Druckumlauf/6,5 L Öl	Druckumlauf/6,5 L Öl	Druckumlauf/6,5 L Öl
Abgasreinigung	Dreiwege-Kat, Lambdasonde	Dreiwege-Kat, Lambdasonde	Dreiwege-Kat, Lambdasonde	Dreiwege-Kat, Lambdasonde
Batterie	12 V 80 Ah/hinten	12 V 80 Ah/hinten	12 V 80 Ah/hinten	12 V 80 Ah/hinten
Generator	Wechselstrom 150 A 2100 W	Wechselstrom 155 A2170 W	Wechselstrom 150 A 2100 W	Wechselstrom 155 A2170 W
Kraftübertragung	Hinterradantrieb, opt. Allradantrieb (x-Drive)	Hinterradantrieb, opt. Allradantrieb (x-Drive)	Hinterradantrieb, opt. Allradantrieb (x-Drive)	Hinterradantrieb, opt. Allradantrieb (x-Drive)
Kupplung	Einscheiben-Trocken	Einscheiben-Trocken	Einscheiben-Trocken	Einscheiben-Trocken
Schaltgetriebe	6Gang, opt. SMG	6Gang	6Gang (Getrag)	6Gang
Übersetzungen	I. 4,350, II. 2,496, III.1,665, IV. 1,230, V. 1,0, VI. 0,851; R: 3,926	I. 4,323, II. 2,456, III.1,659, IV. 1,230, V. 1,0, VI. 0,848; R: 3,938	I. 4,35, II. 2,496, III.1,665, IV. 1,230, V. 1,0, VI. 0,851; R: 3,926	I. 4,35, II. 2,496, III.1,665, IV. 1,230, V. 1,0, VI. 0,851; R: 3,926
Hinterachsübersetzung	3,23	3,15	2,93	3,23
Automatik	6Stufen	6Stufen	6Stufen	6Stufen
Übersetzungen	I. 4,171, II. 2,34, III.1,521, IV. 1,143, V. 0,867, VI. 0,691; R: 3,403	I. 4,171, II. 2,34, III.1,521, IV. 1,143, V. 0,867, VI. 0,691; R: 3,403	I. 4,171, II. 2,34, III.1,521, IV. 1,143, V. 0,867, VI. 0,691; R: 3,403,	I. 4,171, II. 2,34, III.1,521, IV. 1,143, V. 0,867, VI. 0,691; R: 3,403,

Modell (Baureihe)	BMW 525i Limousine (E60)/525xi (E60) BMW 525i Touring (E61)/525xi Touring (E61)	BMW 525i Limousine (E60)/525xi (E60) BMW 525i Touring (E61)/525xi Touring (E61)	BMW 530i Limousine (E60)/530xi (E60) BMW 530i Touring (E61)/539xi Touring (E61)	BMW 530i Limousine (E60)/530xi (E60) BMW 530i Touring (E61)/539xi Touring (E61)
Hinterachsübersetzung	3,73	3,64	3,46	3,64
Fahrwerk				
Vorderradaufhängung	Einzelradaufh. mit Doppelquerlenkern, McPherson-Federbeinen, Stabi			
Hinterradaufhängung	Mehrlenkerachse, Schraubenfedern. Teleskopstoßdämpfer, Stabi			
Lenkung	Zahnstange (hydr.), Servo, 13,7 : 1, opt. Aktivlenkung	Zahnstange (hydr.), Servo, 13,7 : 1, opt. Aktivlenkung	Zahnstange (hydr.), Servo, 13,7 : 1, opt. Aktivlenkung	Zahnstange (hydr.), Servo, 13,7 : 1, opt. Aktivlenkung
		xi: 14,58 : 1	xi: 14,58 : 1	xi: 14,58 : 1
Betriebsbremse v/h (mm)	Hydr. (Servo), Zweikreis,	Hydr. (Servo), Zweikreis,	Hydr. (Servo), Zweikreis,	Hydr. (Servo), Zweikreis,
	Scheiben belüftet (Ø=310x24/320x20), ABS, ASC	Scheiben belüftet (Ø=324x30/320x20), ABS, ASC	Scheiben belüftet (Ø=324/320), ABS, ASC	Scheiben belüftet (Ø=348x30/345x24), ABS, ASC
Parkbremse	Seilzug (Hinterräder)	Seilzug (Hinterräder)	Seilzug (Hinterräder)	Seilzug (Hinterräder)
Fahrdynamikregelung	DSC	DSC	DSC	DSC
Allgemeine Daten				
Fahrzeugart (Türen/Sitze)	Stufenheck-Limousine (4/5)/Kombi (5/5)	Stufenheck-Limousine (4/5)/Kombi (5/5)	Stufenheck-Limousine (4/5)/Kombi (5/5)	Stufenheck-Limousine (4/5)/Kombi (5/5)
Aufbauform	Ganzstahlaufbau, selbsttragend	Ganzstahlaufbau, selbsttragend	Ganzstahlaufbau, selbsttragend	Ganzstahlaufbau, selbsttragend
Radstand (mm)	2888	2888	2888	2888
Spur vorn/hinten (mm)	1558/1581	1558/1581	1558/1581	1558/1581
Länge x Breite x Höhe (mm)	Limousine: 4841 x 1846 x 1468 (T: 1491)	Limousine: 4841 x 1846 x 1468 (T: 1491)	Limousine: 4841 x 1846 x 1468 (T: 1491)	Limousine: 4841 x 1846 x 1468 (T: 1491)
Gepäckraum (L)	520, Tour.: 500 - 1650	520, Tour.: 500 - 1650	520, Tour.: 500 - 1650	520, Tour.: 500 - 1650
Reifen (v/h)	225/55 WR 16	225/55 WR 16	225/50 WR 17	225/50 WR 17
Räder (v/h)	7.0 J x 16 (LM)	7.0 J x 16 (LM)	7.5 J x 17 (LM)	7.5 J x 17 (LM)
Wendekreisdurchmesser (m)	11,4, xi: 11,9	11,4, xi: 11,9	11,4, xi: 11,9	11,4, xi: 11,9
Bodenfreiheit (cm)	14,0	14,0	14,0	14,0
Leermasse (kg) EU	Lim.: 1575 (1585), xi: 1690 (1710)	Lim.: 1585 (1605), xi: 1700 (1720)	Lim.: 1570 (1580), xi: 1680 (1700)	Lim.: 1605 (1615), xi: 1710 (1730)
	Tour.: 1655 (1665), xi: 1770 (1795)	Tour.: 1680 (1705), xi: 1795 (1815)	Tour.: 1685 (1695), xi: 1790 (1810)	Tour.: 1695 (1705), xi: 1800 (1810)
zul. Gesamtmasse (kg) DIN	Lim.: 2060 (2070), xi: 2175 (2195)	Lim.: 2070 (2090), xi: 2185 (2205)	Lim.: 2055 (2065), xi: 2160 (2180)	Lim.: 2090 (2100), xi: 2195 (2215)
	Tour.: 2180 (2190), xi: 2295 (2315)	Tour.: 2205 (2230), xi: 2320 (2340)	Tour.: 2210 (2220), xi: 2320 (2330)	Tour.: 2220 (2230), xi: 2325 (2335)
Luftwiderstand (cW x A)	Lim.: 0,28 x 2,26; Tour.: 0,30 x 2,26	Lim.: 0,27 x 2,26; xi, Tour.: 0,29 x 2,26	Lim.: 0,28 x 2,26; xi, Tour.: 0,29 x 2,26	Lim.: 0,27 x 2,26; xi, Tour.: 0,29 x 2,26
Kraftstofftank (L)/Position	70/hinten	70/hinten	70/hinten	70/hinten
Fahrleistungen				
Höchstgeschwindigkeit (km/h)	Lim.: 238 (233), 2005: 245, xi: 237, Tour.: 232 (229), 2005: 240, xi: 232	Lim.: 248 (246), xi: 240 (243), Tour.: 243 (241), xi: 233 (230)	Lim.: 250 (245), 2005: 250, Tour.: 250 (250), 2005: 250, xi: 245	250, Lim.: 250, xi: 250, Tour. 250, xi: 246 (244)

Modell (Baureihe)	BMW 525i Limousine (E60)/525xi (E60) BMW 525i Touring (E61)/525xi Touring (E61)	BMW 525i Limousine (E60)/525xi (E60) BMW 525i Touring (E61)/525xi Touring (E61)	BMW 530i Limousine (E60)/530xi (E60) BMW 530i Touring (E61)/539xi Touring (E61)	BMW 530i Limousine (E60)/530xi (E60) BMW 530i Touring (E61)/539xi Touring (E61)
Beschleun. 0 - 100 km/h (s)	Lim.: 7,9 (8,7), 2005: 7,5, xi: 8,3	Lim.: 7,1 (7,7), xi: 7,9 (8,2)	Lim.: 6,9 (7,1), 2005: 6,5, xi: 6,8	Lim.: 6,3 (6,5), xi: 6,6 (6,8)
	Tour.: 8,2 (8,8), 2005: 7,8, xi: 8,5	Tour.: 7,4 (7,9), xi: 8,2 (8,5)	Tour.: 6,9 (7,4), 2005: 6,6, xi: 7,0	Tour.: 6,5 (6,8), xi: 6,9 (7,1)
Verbrauch (L/100 km) EU	Lim.: 9,4 (9,9), 2005: 8,8, xi: 9,6	Lim.: 7,4 (7,5), xi: 8,1; Tour.: 7,7, xi: 8,4	Lim.: 9,5 (9,9), 2005: 8,8, xi: 9,7	Lim.: 7,7 (7,5), xi: 8,2 (8,1);
	Tour.: 9,9 (10,3), 2005: 9,2, xi: 9,9	Tour.: 7,7, xi: 8,4	Tour.: 9,8 (10,2), 2005: 9,2, xi: 10,1	Tour.: 7,9 (7,7), xi: 8,5 (8,4)
Sonstiges				
Preis (Anf./Ende Laufz.) €	Lim.: 37.500/40.625	Lim.: 41.800/xxx	Lim.: 40.600/44.320	Lim.: 45.500/xxx
(xi: + 2.600 €)	Tour.: 40.400/43.090	Tour.: 44.300/xxx	Tour.: 43.850/46.780	Tour.: 48.000/xxx
Baujahre	Lim.: 9/2003 - 2007, xi: 2/2005 - 2007	Lim, xi: ab 9/2007	Lim.: 2003 - 2007, xi: 2/2005 - 2007	Lim, xi: ab 3/2007
	Tour.: 5/2004 - 2007, xi: 2/2005 - 2007	Tour, xi: ab 9/2007	Tour.: 3/2005 - 2007, xi: 2/2005 - 2007	Tour, xi: ab 3/2007

BMW 530xd Touring (2005)

BMW 530i Touring, Facelift (2007)

BMW 530i Touring, Facelift (2007)

Modell (Baureihe)	BMW 540i Limousine (E60)	BMW 545i Limousine (E60) BMW 545i Touring (E61)	BMW 550i Limousine (E60) BMW 550i Touring (E61)
Motor	N62 B40	N62 B44	N62 B48
Betriebsart	Otto (Viertakt)	Otto (Viertakt)	Otto (Viertakt)
Material (Block/Kopf)	Alu	Alu	Alu
Zylinderzahl/Einbauposition	8 (V 90°), längs über Vorderachse	8 (V 90°), längs über Vorderachse	8 (V 90°), längs über Vorderachse
Bohrung x Hub (mm)	87,0 x 84,1	93,0 x 88,3	93,0 x 88,3
Hubraum (cm³)	4000	4398	4799
Leistung (PS/kW bei U/min)	306 (225) bei 6300	333 (245) bei 6100	367 (270) bei 3200
Drehmoment (Nm bei U/min)	390 bei 3500	450 bei 3600	490 bei 3400
Verdichtung	10,5 : 1	10,0 : 1	10,5 : 1
Gemischbildung/Elektronik	Saugrohreinspritzung/Bosch ME9.2.3	Saugrohreinspritzung/Bosch ME9.2.1	Saugrohreinspritzung/Bosch ME9.2.3
Ventile pro Zylinder/Betätigung	4, V-förmig hängend, Valvetronic	4, V-förmig hängend, Valvetronic	4, V-förmig hängend, Valvetronic
Nockenwelle(n)/Antrieb	2 x 2 oben liegend (Bi-Vanos)/ Kette	2 x 2 oben liegend (Bi-Vanos)/ Kette	2 x 2 oben liegend (Bi-Vanos)/ Kette
Kurbelwellenlager	5	5	5
Kühlung	Pumpe/13,8 (14,2) L Wasser	Pumpe/13,8 (14,2) L Wasser	Pumpe/13,8 (14,2) L Wasser
Schmierung	Druckumlauf/8,0 L Öl	Druckumlauf/8,0 L Öl	Druckumlauf/8,0 L Öl
Abgasreinigung	Dreiwege-Kat, 2 Lambdasonden	Dreiwege-Kat, 2 Lambdasonden	Dreiwege-Kat, 2 Lambdasonden
Batterie	12 V 90 Ah/hinten	12 V 90 Ah/hinten	12 V 90 Ah/hinten
Generator	Wechselstrom 180 A 2520 W	Wechselstrom 170 A 2380 W	Wechselstrom 180 A 2520 W
Kraftübertragung	Hinterradantrieb	Hinterradantrieb	Hinterradantrieb
Kupplung	Einscheiben-Trocken	Einscheiben-Trocken	Einscheiben-Trocken
Schaltgetriebe	6Gang	6Gang, opt. SMG	6Gang
Übersetzungen	I. 4,055, II. 2,396, III.1,58, IV. 1,19, V. 1,0, VI. 0,872; R: 3,677	I. 4,055, II. 2,396, III.1,58, IV. 1,19, V. 1,0, VI. 0,872; R: 3,677	I. 4,055, II. 2,396, III.1,58, IV. 1,19, V. 1,0, VI. 0,872; R: 3,677
Hinterachsübersetzung	3,08	2,93	2,93
Automatik	6Stufen	6Stufen	6Stufen
Übersetzungen	I. 4,171, II. 2,34, III.1,521, IV. 1,143, V. 0,867, VI. 0,691; R: 3,403	I. 4,171, II. 2,34, III.1,521, IV. 1,143, V. 0,867, VI. 0,691; R: 3,403	I. 4,171, II. 2,34, III.1,521, IV. 1,143, V. 0,867, VI. 0,691; R: 3,403
Hinterachsübersetzung	3,38	3,38	3,38
Fahrwerk			
Vorderradaufhängung	Einzelradaufh. mit Doppelquerlenkern, McPherson-Federbeinen, Zugstrebe Stabi		
Hinterradaufhängung	Mehrlenkerachse, Schraubenfedern. Stoßdämpfer, Stabi		

Modell (Baureihe)	BMW 540i Limousine (E60)	BMW 545i Limousine (E60) BMW 545i Touring (E61)	BMW 550i Limousine (E60) BMW 550i Touring (E61)
Lenkung	Zahnstange (hydr.), Servo, 13,7 : 1, opt. Aktivlenkung	Zahnstange (hydr.), Servo, 13,7 : 1, opt. Aktivlenkung	Zahnstange (hydr.), Servo, 13,7 : 1, opt. Aktivlenkung
Betriebsbremse v/h (mm)	Hydr. (Servo), Zweikreis,	Hydr. (Servo), Zweikreis,	Hydr. (Servo), Zweikreis,
	Scheiben belüftet (Ø=348x30/345x24), ABS, ACS	Scheiben belüftet (Ø=348x30/345x24), ABS, ACS	Scheiben belüftet (Ø=348x30/345x24), ABS, ACS
Parkbremse	Seilzug (Hinterräder)	Seilzug (Hinterräder)	Seilzug (Hinterräder)
Fahrdynamikregelung	DSC	DSC	DSC
Allgemeine Daten			
Fahrzeugart (Türen/Sitze)	Stufenheck-Limousine (4/5)	Stufenheck-Limousine (4/5)/ Touring (5/5)	Stufenheck-Limousine (4/5)/ Touring (5/5)
Aufbauform	Ganzstahl-Karosserie, selbsttragend	Ganzstahl-Karosserie, selbsttragend	Ganzstahl-Karosserie, selbsttragend
Radstand (mm)	2888	2888	2888
Spur vorn/hinten (mm)	1558/1581	1558/1581	1558/1581
Länge x Breite x Höhe (mm)	4841 x 1846 x 1468	4841 x 1846 x 1468 (T: 1491)	4841 x 1846 x 1468 (T: 1491)
Gepäckkraum (L)	520	Lim.: 520, Tour.: 500 - 1650	Lim.: 520, Tour.: 500 - 1650
Reifen (v/h)	225/50 WR 17	225/50 R 17	225/50 WR 17
Räder (v/h)	7.5 J x 17 (LM)	7.5 J x 17 (LM)	8.0 J x 17 (LM)
Wendekreisdurchmesser (m)	11,4	11,4	11,4
Bodenfreiheit (cm)	14,0	14,0	14,0
Leermasse (kg) EU	1725 (1735)	Lim.: 1715 (1725), Touring: 1795 (1800)	Lim.: 1735, Touring: 1835
zul. Gesamtmasse (kg) DIN	2210 (2220)	Lim.: 2190 (2205), Touring: 2280 (2285)	Lim.: 2220, Touring: 2320
Luftwiderstand (cW x A)	0,28 (0,27) x 2,26	Lim.: 0,28 (0,27) x 2,26, Tour.: 0,30 x 2,26	Lim.: 0,28 (0,27) x 2,26, Tour.: 0,29 x 2,26
Kraftstofftank (L)/Position	70/hinten	70/hinten	70/hinten
Fahrleistungen			
Höchstgeschwindigkeit (km/h)	250	250	250
Beschleun. 0 - 100 km/h (s)	6,1 (6,2)	Lim.: 5,8 (5,9), Tour.: 5,9 (6,0)	Lim.: 5,2 (5,3), Tour.: 5,3 (5,4)
Verbrauch (L/100 km) EU	10,5 (9,7)	Lim.: 10.9 (10,6), Tour.: 11,3 (11,2)	Lim.: 10.9 (10,3), T: 11,2 (10,7)
Sonstiges			
Preis (Anf./Ende Laufz.) €	51.700 (54.700)/xxx	Lim.: 57.600/58.100	Lim.: 59.900 (63.500)/xxx
		Tour.: 60.400/60.500	Tour.: 62.300 (66.000)/xxx
Baujahre	ab 9/2005 (FL 2007)	Lim.: 9/2003 - 2005	Lim.: ab 9/2005 (FL 2007),
		Tour.: 5/2004-2005	Tour.: ab 9/2005 (FL 2007)

	BMW 520d Limousine (E60) BMW 520d Touring (E61)	BMW 525d Limousine (E60) BMW 525d Touring (E61)	BMW 525d Limousine (E60), 525xd (E60) BMW 525d Touring (E61), 525xd Touring (E61)
Motor	M47 D20, 2007: N47 D20	M57 D25	N57 D30
Betriebsart	Diesel (Viertakt)	Diesel (Viertakt)	Diesel (Viertakt)
Material (Block/Kopf)	Grauguss/Alu, 2007: Alu/Alu	Alu	Alu
Zylinderzahl/Einbauposition	4 (Reihe), längs über Vorderachse	6 (Reihe), längs über Vorderachse	6 (Reihe), längs über Vorderachse
Bohrung x Hub (mm)	84 x 90	84 x 75,1	84 x 90
Hubraum (cm³)	1995	2497	2993
Leistung (PS/kW bei U/min)	163 (120) bei 4000	177 (130) bei 4400	197 (145) bei 3750
	9/2007: 177 (130) bei 4000		
Drehmoment (Nm bei U/min)	340 bei 2000-2750	400 bei 2000-2750	400 bei 1300-3250
	9/2007: 350 bei 1750		
Verdichtung	17,0 : 1, 2007: 16.0 : 1	17,0 : 1	17,0 : 1
Gemischbildung/Elektronik	Direkteinspritzung (Common Rail)/ Bosch DDE 6.0.4	Direkteinspritzung (Common Rail)/ Bosch DDE5	Direkteinspritzung (Common Rail)/Bosch DDE 6.2.6
Aufladung	1 Turbolader (VNT)	1 Turbolader (VNT)	1 Turbolader (VNT)
Ladeluftkühlung	LLK	LLK	LLK
Ventile pro Zylinder/Betätigung	4, parallel hängend	4, parallel hängend	4, parallel hängend
Nockenwelle(n)/Antrieb	2 oben liegend/Kette	2 oben liegend/Kette	2 oben liegend/Kette
Kurbelwellenlager	5	7	7
Kühlung	Pumpe/10,0 L Wasser	Pumpe/9,6 (9,8) L Wasser	Pumpe/9,6 (9,8) L Wasser
Schmierung	Druckumlauf/7,5 L Öl	Druckumlauf/8,25 L Öl	Druckumlauf/8,25 L Öl
Abgasreinigung	Oxi-Kat, Abgasrückführung, DPF	Oxi-Kat, Abgasrückführung, DPF	Oxi-Kat, Abgasrückführung, DPF
Batterie	12 V 80 Ah/hinten	12 V 90 Ah/hinten	12 V 90 Ah/hinten
Generator	Wechselstrom 180 A 2540 W	Wechselstrom 170 A 2380 W	Wechselstrom 180 A 2540 W
Kraftübertragung	Hinterradantrieb	Hinterradantrieb	Hinterradantrieb, opt. Allradantrieb
Kupplung	Einscheiben-Trocken	Einscheiben-Trocken	Einscheiben-Trocken
Schaltgetriebe	6Gang	6Gang	6Gang
Übersetzungen	I. 5,14, II. 2,83, III.1,804, IV. 1,257, V. 1,0, VI. 0,831, R: 4,638	I. 5,08, II. 2,80, III.1,783, IV. 1,26, V. 1,0, VI. 0,835, R: 4,607	I. 5,08, II. 2,80, III.1,783, IV. 1,26, V. 1,0, VI. 0,835, R: 4,607
Hinterachsübersetzung	2,64	2,65	2,47
Automatik	6Stufen	6Stufen	6Stufen
Übersetzungen	I. 4,171, II. 2,34, III.1,521, IV. 1,143, V. 0,867, VI. 0,691; R: 3,403	I. 4,171, II. 2,34, III.1,521, IV. 1,143, V. 0,867, VI. 0,691; R: 3,403	I. 4,171, II. 2,34, III.1,521, IV. 1,143, V. 0,867, VI. 0,691; R: 3,403
Hinterachsübersetzung	3,23	2,65	2,65
Fahrwerk			
Vorderradaufhängung	Einzelradaufh. mit Doppelquerlenkern, McPherson-Federbeinen, Stabi		

	BMW 520d Limousine (E60) BMW 520d Touring (E61)	BMW 525d Limousine (E60) BMW 525d Touring (E61)	BMW 525d Limousine (E60), 525xd (E60) BMW 525d Touring (E61), 525xd Touring (E61)
Hinterradaufhängung	Mehrlenkerachse, Stoßdämpfer, Schraubenfedern, Stabi		
Lenkung	Zahnstange (hydr.), Servo, 13,7 : 1, opt. Aktivlenkung	Zahnstange (hydr.), Servo, 13,7 : 1, opt. Aktivlenkung	Zahnstange (hydr.), Servo, 13,7 : 1, opt. Aktivlenkung
Betriebsbremse v/h (mm)	Hydr. (Servo), Zweikreis,	Hydr. (Servo), Zweikreis,	Hydr. (Servo), Zweikreis,
	Scheiben bel. (Ø=310x24/320x20), ABS, ASC	Scheiben bel. (Ø=310x24/320x20), ABS, ASC	Scheiben bel. (Ø=324x30/320x20), ABS, ASC
Parkbremse	Seilzug (Hinterräder)	Seilzug (Hinterräder)	Seilzug (Hinterräder)
Fahrdynamikregelung	DSC	DSC	DSC
Allgemeine Daten			
Fahrzeugart (Türen/Sitze)	Stufenheck-Limousine (4/5), Kombi (5/5)	Stufenheck-Limousine (4/5), Kombi (5/5)	Stufenheck-Limousine (4/5), Kombi (5/5)
Aufbauform	Ganzstahlaufbau, selbsttragend	Ganzstahlaufbau, selbsttragend	Ganzstahlaufbau, selbsttragend
Radstand (mm)	2888	2888	2888
Spur vorn/hinten (mm)	1558/1581	1558/1581	1558/1581
Länge x Breite x Höhe (mm)	Limousine: 4841 x 1846 x 1468	Limousine: 4841 x 1846 x 1468	Limousine: 4841 x 1846 x 1468
	Touring: 4843 x 1846 x 1491	Touring: 4843 x 1846 x 1491	Touring: 4843 x 1846 x 1491
Gepäckkraum (L)	Lim.: 520, Tour.: 500 - 1650	Lim.: 520, Tour.: 500 - 1650	Lim.: 520, Tour.: 500 - 1650
Reifen (v/h)	225/55 VR 16	225/55 WR 16	225/55 WR 16
Räder (v/h)	7.0 J x 16 (LM)	7.0 J x 16 (LM)	7.0 J x 16 (LM)
Wendekreisdurchmesser (m)	11,4	11,4	11,4
Bodenfreiheit (cm)	14,0	14,0	14,0
Leermasse (kg) EU	Lim.: 1585 (1595), Tour.: 1675 (1695)	Lim.: 1650 (1665), Tour.: 1730 (1745)	Lim.: 1655 (1670), Tour.: 1735 (1750)
zul. Gesamtmasse (kg) DIN	Lim.: 2050 (2060), Tour. 2200 (2220)	Lim.: 2130 (2145), Tour.: 2190 (2205)	Lim.: 2140 (2155), Tour.: 2200 (2215)
Luftwiderstand (cW x A)	Lim.: 0,27 x 2,26, Tour.: 0,29 x 2,26	Lim.: 0,27 x 2,26, Tour.: 0,30 x 2,26	Lim.: 0,27 x 2,26, Tour.: 0,29 x 2,26
Kraftstofftank (L)/Position	70/hinten	70/hinten	70/hinten
Fahrleistungen			
Höchstgeschwindigkeit (km/h)	Lim.: 223, Tour.: 218	Lim.: 230 (227), Tour.: 225 (222)	Lim.: 237 (235), Tour.: 232
Beschleun. 0 - 100 km/h (s)	Lim.: 8,6 (8,7), Tour.: 8,9 (8,9)	Lim.: 8,1 (8,3), Tour.: 8,3 (8,5)	Lim.: 7,6 (7,7), Tour.: 7,8 (7,9)
Verbrauch (L/100 km) EU	Lim.: 5,9 (6,9), Tour.: 6,1 (7,1)	Lim.: 6,8 (7,8), Tour.: 7,0 (8,0)	Lim.: 6,1 (7,1), Tour.: 6,2 (7,2)
Sonstiges			
Preis (Anf./Ende Laufz.) €	Lim.: 35.900/36.830/37.900/xxx	Lim.: 38.550/41.035	Lim.: 42.000/xxx
(xd + 2.600 €)	Tour.: 38.300/39.290/ 40.400/xxx	Tour.: 40.950/43.500	Tour.: 44.500/xxx
Baujahre	Lim.: 2005 - 2007/ab 9/2007	Lim.: 3/2004 - 2007	Lim.: ab 3/2007
	Tour.: 2005 - 2007/ab 9/2007	Tour.: 5/2004 - 2007	Tour.:ab 3/2007

	BMW 530d Limousine (E60), 530xd (E60) BMW 530d Touring (E61), 530d Touring (E61)	BMW 530d Limousine (E60), 530xd (E60) BMW 530d Touring (E61), 530xd Touring (E61)	BMW 535d Limousine (E60) BMW 535d Touring (E61)
Motor	M57 D30, 2005: M57 D30 TU	N57 D30	M57 D30, 2007: N57 D30
Betriebsart	Diesel (Viertakt)	Diesel (Viertakt)	Diesel (Viertakt)
Material (Block/Kopf)	Alu	Alu	Grauguss/Alu, 2007: Alu/Alu
Zylinderzahl/Einbauposition	6 (Reihe), längs über Vorderachse	6 (Reihe), längs über Vorderachse	6 (Reihe), längs über Vorderachse
Bohrung x Hub (mm)	84 x 90	84 x 90	84 x 90
Hubraum (cm³)	2993	2993	2993
Leistung (PS/kW bei U/min)	218 (160) bei 4000	235 (173) bei 4000	272 (200) bei 4400
	2005: 231 (170) bei 4000		3/2007: 286 (210) bei 4400
Drehmoment (Nm bei U/min)	500 bei 2000 - 2750	500 bei 1750 - 3000	560 bei 2000
	2005: 500 bei 1750		3/2007: 580 bei 1750 - 2250
Verdichtung	17,0 : 1	17,0 : 1	17,0 : 1, 2007: 16,5 : 1
Gemischbildung/Elektronik	Direkteinspritzung (Common Rail)/Bosch DDE 5/6.2.6	Direkteinspritzung (Common Rail)/Bosch DDE 6.2.6	Direkteinspritzung (Common Rail)/Bosch DDE 6.2.6
Aufladung	1 Turbolader (VNT)	1 Turbolader (VNT)	2 Turbolader BorgWarner R2S
Ladeluftkühlung	LLK	LLK	LLK
Ventile pro Zylinder/Betätigung	4, parallel hängend	4, parallel hängend	4, V-förmig hängend, Bi-Vanos
Nockenwelle(n)/Antrieb	2 oben liegend/Kette	2 oben liegend/Kette	2 oben liegend/Kette, Valvetronic
Kurbelwellenlager	7	7	7
Kühlung	Pumpe/9,6 (9,8) L Wasser	Pumpe/8,0 (8,2) L Wasser	Pumpe/9,8 L Wasser
Schmierung	Druckumlauf/8,25 (7,75) L Öl	Druckumlauf/7,7 L Öl	Druckumlauf/8,5 L Öl
Abgasreinigung	Oxi-Kat, Abgasrückführung, DPF	Oxi-Kat, Abgasrückführung, DPF	Oxi-Kat, Abgasrückführung, DPF
Batterie	12 V 90 Ah/hinten	12 V 90 Ah/hinten	12 V 90 Ah/hinten
Generator	Wechselstrom 170 A 2380 W	Wechselstrom 180 A 2540 W	Wechselstrom 180 A 2540 W
Kraftübertragung	Hinterradantrieb, opt. Allradantrieb	Hinterradantrieb, opt. Allradantrieb	Hinterradantrieb
Kupplung	Einscheiben-Trocken	Einscheiben-Trocken	
Schaltgetriebe	6Gang	6Gang	
Übersetzungen	I. 5,08, II. 2,80, III.1,783, IV. 1,26, V. 1,0, VI. 0,835, R: 4,64	I. 5,08, II. 2,80, III.1,783, IV. 1,26, V. 1,0, VI. 0,835, R: 4,607	
Hinterachsübersetzung	2,56/2,47	2,47	
Automatik	6Stufen	6Stufen	6Stufen
Übersetzungen	I. 4,171, II. 2,30, III.1,521, IV. 1,143, V. 0,867, VI. 0,691; R: 3,403	I. 4,171, II. 2,30, III.1,521, IV. 1,143, V. 0,867, VI. 0,691; R: 3,403	I. 4,171, II. 2,41, III.1,521, IV. 1,143, V. 0,867, VI. 0,691; R: 3,403
Hinterachsübersetzung	2,56/2,47	2,65	2,65
Fahrwerk			
Vorderradaufhängung	Einzelradaufh. mit Doppelquerlenkern, McPherson-Federbeinen, Stabi		
Hinterradaufhängung	Mehrlenkerachse, Stoßdämpfer, Schraubenfedern, Stabi		

	BMW 530d Limousine (E60), 530xd (E60) BMW 530d Touring (E61), 530d Touring (E61)	BMW 530d Limousine (E60), 530xd (E60) BMW 530d Touring (E61), 530xd Touring (E61)	BMW 535d Limousine (E60) BMW 535d Touring (E61)
Lenkung	Zahnstange (hydr.), 13,7 : 1, opt. Aktivlenkung, xd: 14,58 : 1	Zahnstange (hydr.), 13,7 : 1, opt. Aktivlenkung, xd: 14,58 : 1	Zahnstange (hydr.), 13,7 : 1, opt. Aktivlenkung
Betriebsbremse v/h (mm)	Hydr. (Servo), Zweikreis,	Hydr. (Servo), Zweikreis,	Hydr. (Servo), Zweikreis,
	Scheiben belüftet (Ø=324x30/320x20), ABS, ASC	Scheiben belüftet (Ø=324x30/320x20), ABS, ASC	Scheiben belüftet (Ø=348x36/345x24), ABS, ASC
Parkbremse	Seilzug (Hinterräder)	Seilzug (Hinterräder)	Seilzug (Hinterräder)
Fahrdynamikregelung	DSC	DSC	DSC
Allgemeine Daten			
Fahrzeugart (Türen/Sitze)	Stufenheck-Limousine (4/5), Kombi (5/5)	Stufenheck-Limousine (4/5), Kombi (5/5)	Stufenheck-Limousine (4/5), Kombi (5/5)
Aufbauform	Ganzstahlaufbau, selbsttragend	Ganzstahlaufbau, selbsttragend	Ganzstahlaufbau, selbsttragend
Radstand (mm)	2888	2888	2888
Spur vorn/hinten (mm)	1558/1581	1558/1581	1558/1581
Länge x Breite x Höhe (mm)	Limousine: 4841 x 1846 x 1468	Limousine: 4841 x 1846 x 1468	Limousine: 4841 x 1846 x 1468
	Touring: 4843 x 1846 x 1491	Touring: 4843 x 1846 x 1491	Touring: 4843 x 1846 x 1491
Gepäckkraum (L)	Lim.: 520, Tour.: 500 - 1650	Lim.: 520, Tour.: 500 - 1650	Lim.: 520, Tour.: 500 - 1650
Reifen (v/h)	225/55 WR 16	225/50 VR 17	225/50 WR 17
Räder (v/h)	7.0 J x 16 (LM)	7.5 J x 17 (LM)	7.5 J x 17 (LM)
Wendekreisdurchmesser (m)	11,4	11,4	11,4
Bodenfreiheit (cm)	14,0	14,0	14,0
Leermasse (kg) EU	Lim.: 1670 (1685), Tour.: 1750 (1760)	Lim.: 1665 (1675), xd: 1760 (1780), Tour.: 1735 (1765), xd: 1845 (1855)	Lim.: 1735, Tour.: ab 1853
zul. Gesamtmasse (kg) DIN	Lim.: 2155 (2170), Tour.: 2275 (2285)	Lim.: 2140 (2160), xd: 2245 (2265), Tour.: 2260 (2290), xd: 2350 (2360)	Lim.: 2220, Tour.: 2320
Luftwiderstand (cW x A)	Lim.: 0,28 x 2,26, Tour.: 0,30 (xd: 0,31) x 2,26	Lim.: 0,27 x 2,26, Tour.: 0,29 (xd: 0,31) x 2,26	Lim.: 0,28 x 2,26, Tour.: 0,29 x 2,26
Kraftstofftank (L)/Position	70/hinten	70/hinten	70/hinten
Fahrleistungen			
Höchstgeschwindigkeit (km/h)	Lim.: 245 (243), xd: 238 (236)	Lim.: 250 (248), xd: 242 (240)	250
	Tour.: 242 (240), xd: 230 (228)	Tour.: 245 (243), xd: 235 (233)	
Beschleun. 0 - 100 km/h (s)	Lim.: 7,1 (7,3), T: 7,2 (7,4)	Lim.: 6,8, xd: 6,6 (6,8), Tour.: 6,9 (7,0), xd: 6,8 (7,0)	Lim.: 6,5, Tour.: 6,6, 2007: Lim.: 6,4, Tour.: 6,5
Verbrauch (L/100 km) EU	Lim.: 6,9 (7,8)	Lim.: 6,4 (6,6), xd: 6,9 (7,9)	Lim.: 6,9, Tour.: 7,1
	Tour.: 7,2 (8,0)	Tour.: 6,6 (6,8), xd: 7,2	2007: Lim.: 6,8, Tour.: 7,0
Sonstiges			
Preis (Anf./Ende Laufz.) €	Lim.: 40.600/45.035,	Lim.: 45.900/xxx	Lim.: 49.300 (54.000)/xxx
(xd + 2.600 €)	Tour.: 44.050/47.500	Tour.: 48.400/xxx	Tour.: 51.700 (56.500)/xxx
Baujahre	Lim.: 2003 - 2007, xd: 2005 - 2007	Lim.: ab 3/2007, xd ab 9/2007	Lim.: ab 10/2004 (FL 2007)
	Tour 5/2004 - 2007, xd: 2005 - 2007:	Tour.: ab 3/2007, xd ab 9/2007	Tour.: ab 10/2004 (FL 2007)

BMW M5 Limousine (2004)

BMW M5 (E60S) (AB 2004)

Das Spitzenmodell M5 bekam erstmals einen hoch drehenden Fünfliter-V10, ausgestattet mit elektronischer Regelung der zehn Einzeldrosselklappen (EDR), Doppel-Vanos, Ionenstrom-Klopfregelung, mechanischem Ventilspiegelausgleich mit Tassenstößeln und querkraftgeregelter Ölversorgung (statt einer Trockensumpfschmierung). Das dank drei anwählbarer Programme aufgewertete Sportfahrwerk (Komfort, Normal, Sport) kam in Verbindung mit einer Leichtbau-Integral-Hinterachse zum Einsatz.

Von anderen Modellen der Baureihe unterschied sich die Sportlimousine im Wesentlichen durch die Frontschürze, zwei verchromte Doppelendrohre in der Heckschürze, optionalen Heckspoiler, spezielle Außenspiegel, Sportsitze, Sportlenkrad mit M-Knopf, 19-Zoll Leichtmetallräder im M-Design, Entlüftungskiemen und zusätzliche Details.

Mittels des M-Drive-Knopfes auf dem Lenkrad konnte der Fahrer die volle Motorleistung von 373 kW (507 PS) statt 294 kW (400 PS) abrufen.

Der M5 verfügte über ein sequenzielles Siebengang-Getriebe (7-Gang SMG Drivelogic), das erst bei 8250 U/min schaltete und Beschleunigungs-Bestwerte erzielte. Die Höchstgeschwindigkeit betrug bei elektronischer Abregelung 250km/h (bzw. 305 km/h bei v-Max-Aufhebung). Das Getriebe war sehr gewöhnungsbedürftig – aber nur Kunden in den USA erhielten den M5 ab 2007 auch mit dem verstärkten Sechsgang-Handschaltgetriebe aus dem 550i.

Seit dem 26. Mai 2007 war der M5 auch als Touring zu haben. Er verfügte über alle Modifikationen des im Februar 2007 erfolgten Facelifts an Karosserie und Interieur.

BMW M5 Limousine (2004)

BMW M5 Touring (2007)

Modell (Baureihe)	BMW M5 Limousine (E60)	BMW M5 Touring (E61)
Motor	S85 B50	S85 B50
Betriebsart	Otto (Viertakt)	Otto (Viertakt)
Material (Block/Kopf)	Alu/Alu	Alu/Alu
Zylinderzahl/Einbauposition	10 (V 90°), längs über Vorderachse	10 (V 90°), längs über Vorderachse
Bohrung x Hub (mm)	92 x 75,2	92 x 75,2
Hubraum (cm³)	4999	4999
Leistung (PS/kW bei U/min)	507 (373) bei 7750	507 (373) bei 7750
Drehmoment (Nm bei U/min)	520 bei 6100	520 bei 6100
Verdichtung	12,0 : 1	12,0 : 1
Gemischbildung/Elektronik	Saugrohreinspritzung (elektron.)/Multipoint	Saugrohreinspritzung (elektron.)/Multipoint
	MS S65	MS S65
Ventile pro Zylinder/Betätigung	4, V-förmig hängend	4, V-förmig hängend
Nockenwelle(n)/Antrieb	2 x 2 oben liegend/Kette,	2 x 2 oben liegend/Kette,
Kurbelwellenlager	6	6
Kühlung	Pumpe/15,0 L Wasser	Pumpe/15,0 L Wasser
Schmierung	Druckumlauf/13,0 L Öl	Druckumlauf/13,0 L Öl
Abgasreinigung	Dreiwege-Kat, 2 Lambdasonden	Dreiwege-Kat, 2 Lambdasonden
Batterie	12 V 90 Ah/hinten	12 V 90 Ah/hinten
Generator	Wechselstrom 170 A 2380 W	Wechselstrom 170 A 2380 W
Kraftübertragung	Hinterradantrieb, Differenzialsperre (0 - 100 %)	Hinterradantrieb, Differenzialsperre (0 - 100 %)
Kupplung	Einscheiben-Trocken	Einscheiben-Trocken
Schaltgetriebe	7Gang (SMG)	7Gang (SMG)
Übersetzungen	I. 3,985, II. 2,652, III. 1,806, IV. 1,392, V. 1,159, VI. 1,0, VII. 0,833; R: 3,985	I. 3,985, II. 2,652, III. 1,806, IV. 1,392, V. 1,159, VI. 1,0, VII. 0,833; R: 3,985
Hinterachsübersetzung	3,62	3,62
Fahrwerk		
Vorderradaufhängung	Einzelradaufh. mit Doppelquerlenkern, McPherson-Federbeinen, EDC, Stabi	
Hinterradaufhängung	Mehrlenkerachse, Stoßdämpfer, Schraubenfedern. EDC, Stabi	
Lenkung	Zahnstange (hydr.), Servo, 12,4 : 1	Zahnstange (hydr.), Servo, 12,4 : 1
Betriebsbremse v/h (mm)	Hydr. (Servo), Zweikreis,	Hydr. (Servo), Zweikreis,
	Scheiben belüftet u. gelocht (Ø=374x36/370x24), ABS, ASC	Scheiben belüftet u. gelocht (Ø=374x36/370x24), ABS, ASC
Parkbremse	Seilzug (Hinterräder)	Seilzug (Hinterräder)
Fahrdynamikregelung	DSC	DSC
Allgemeine Daten		
Fahrzeugart (Türen/Sitze)	Limousine (4/5)	Touring (5/5)
Aufbauform	Ganzstahl-Karosserie, selbsttragend	Ganzstahl-Karosserie, selbsttragend
Radstand (mm)	2889	2889
Spur vorn/hinten (mm)	1580/1566	1580/1566

Modell (Baureihe)	BMW M5 Limousine (E60)	BMW M5 Touring (E61)
Länge x Breite x Höhe (mm)	4855 x 1846 x 1469	4855 x 1846 x 1512
Gepäckkraum (L)	500	500 - 1650
Reifen (v/h)	255/40 ZR 19/285/35 ZR 19	255/40 ZR 19/285/35 ZR 19
Räder (v/h)	8.5 J x 19/9.5 J x 19	8.5 J x 19/9.5 J x 19
Wendekreisdurchmesser (m)	12,4	12,4
Bodenfreiheit (cm)	14	14
Leermasse (kg) EU	1830	1955
zul. Gesamtmasse (kg) DIN	2300	2415
Luftwiderstand (cW x A)	0,31 x 2,26	0,32 x 2,26
Kraftstofftank (L)/Position	70/hinten	70/hinten
Fahrleistungen		
Höchstgeschwindigkeit (km/h)	250	250
Beschleun. 0 - 100 km/h (s)	4,7	4,8
Verbrauch (L/100 km) EU	14,8	15
Sonstiges		
Preis (Anf./Ende Laufz.) €	86.200/xxx	94.100/xxx
Baujahre	ab 9/2004	ab 5/2007

BMW M5 Touring (2007)

BMW 645i Coupé (2003)

BMW 645i Coupé (2003)

BMW 630i Coupé (2003)

BMW SECHSER (E63/E64) (AB 2003)

Im Jahr 2000 hatte BMW auf dem Pariser Autosalon den offenen Z9 gezeigt – eine Studie, die den künftigen Sechser vorwegnahm. Auf der IAA im September 2003 war das neue Coupé erstmals zu sehen – angetrieben vom 4,4-Liter-V8 aus dem Siebener. Der 2+2-Sitzer folgte klassischen Vorbildern, sein Design wurde nicht so kontrovers diskutiert wie das von Siebener und Fünfer. Auch hier fand sich ein nüchterner Innenraum mit einem Controller für das i-Drive-System. Wahlweise war eine Sechsgang-Handschaltung oder ein SMG-Getriebe zu haben, außerdem gab es eine Sechsstufen-Automatik.

Das Fahrwerk des Sechsers bestand überwiegend aus Aluminium, und der Vorderwagen war gewichtserleichternd ausgelegt, um die fahraktive Hecklastigkeit zu betonen. Serienmäßig waren Runflat-Reifen, optional gab es Wankstabilisierung Dynamic Drive, Aktivlenkung, Head-up-Diplay, Glaspanoramadach sowie das adaptive Kurvenlicht.

Zur Detroit Auto Show im Januar 2004 kam das Cabrio hinzu (Markteinführung Frühjahr 2004) – Besonderheit war das Verdeck von Edscha, in das eine senkrecht stehende

BMW 645i Cabriolet (2004)

Heckscheibe eingearbeitet war, die sich separat hoch- und runterfahren ließ und so als Windschott fungierte. Die beiden Anfangsversionen trugen die Bezeichnung 654 Ci, später erfolgte eine Umfirmierung (z.B. 630i Coupé).

BMW 645i Cabriolet (2003)

Im Jahr 2004 war ein leichter, starker Reihensechszylinder mit drei Liter Hubraum hinzu gekommen, der das Programm nach unten abrundete und danach in den anderen Baureihen Einzug hielt. Der 654i wurde vom 650i ersetzt. Der Einbau des V12 war nie ein Thema, dafür hätte der Vorderwagen aufwendig verändert werden müssen.

2007 erfuhr der Sechser dann seine Modellüberarbeitung, die sich in leichten Retuschen bei Exterieur (Front- und Heckstoßfänger, Schweller) und Interieur (i-Drive mit acht programmierbaren Funktionstasten) niederschlug. Wichtiger aber war die technische Aufrüstung mittels verschiedener Maßnahmen zur Verbrauchsreduzierung (entkoppelbare Lichtmaschine, Hochschaltanzeige) sowie ein neuer Dreiliter-Direkteinspritzer. Außerdem bekamen Cabrio und Coupé ab Mitte 2008 einen Dreiliter-Diesel (635d). Ebenfalls neu war eine sehr schnell agierende Sportautomatik mit drei Fahrprogrammen.

BMW 650i Coupé (2003)

BMW 650i Cabriolet (2005)

BMW 635d Coupé, Facelift (2007)

BMW 635d Coupé, Facelift (2007)

BMW 6 Coupé und Cabriolet, Facelift (2007)

Baureihe	BMW 630i Coupé (E 63) BMW 630i Cabrio (E 64)	BMW 630i Coupé (E 63) BMW 630i Cabrio (E 64)	BMW 645i Ci Coupé (E 63) BMW 645i Ci Cabrio (E 64)	BMW 650i Coupé (E 63) BMW 650i Cabrio (E 64)
Motor	N52 B30	N53 B30	N62 B44	N62 B48
Betriebsart	Otto (Viertakt)	Otto (Viertakt)	Otto (Viertakt)	Otto (Viertakt)
Material (Block/Kopf)	Alu-Mg/Alu	Alu/Alu	Alu/Alu	Alu/Alu
Zylinderzahl/Einbauposition	6 (Reihe), längs über Vorderachse	6 (Reihe), längs über Vorderachse	8 (V 90°), längs über Vorderachse	8 (V 90°), längs über Vorderachse
Bohrung x Hub (mm)	85 x 88	85 x 88	92 x 82,7	93 x 88,3
Hubraum (cm³)	2996	2996	4398	4799
Leistung (PS/kW bei U/min)	258 (190) bei 6600	272 (200) bei 6700	333 (245) bei 6100	367 (270) bei 6300
Drehmoment (Nm bei U/min)	300 bei 2500 - 4000	320 bei 2750 - 3000	450 bei 3600	490 bei 3400
Verdichtung	10,7 : 1	12,0 : 1	10,0 : 1	10,5 : 1
Gemischbildung/Elektronik	Saugrohreinspritzung/MSV70	Direkteinspritzung (mager)/MSD 80	Saugrohreinspritzung/Bosch ME 9.2.1	Saugrohreinspritzung/Bosch ME 9.2.3
Ventile pro Zylinder/Betätigung	4, V-förmig hängend/Valvetronic	4, V-förmig hängend	4, V-förmig hängend/Valvetronic	4, V-förmig hängend/Valvetronic
Nockenwelle(n)/Antrieb	2 oben liegend (B-Vanos)/Kette	2 oben liegend (Bi-Vanos)/Kette	2 x 2 oben liegend (Bi-Vanos)/Kette;	2 x 2 oben liegend (Bi-Vanos)/Kette;
Kurbelwellenlager	7	7	5	5
Kühlung	Pumpe/8,9 (9,4) L Wasser	Pumpe/10,0 (10,5) L Wasser	Pumpe/14,2 L Wasser	Pumpe/13,8 (14,2) L Wasser
Schmierung	Druckumlauf/6,5 L Öl	Druckumlauf/6,5 L Öl	Druckumlauf/8,0 L Öl	Druckumlauf/8,0 L Öl
Abgasreinigung	Dreiwege-Kat, Lambdasonde	Dreiwege-Kat, Lambdasonde	Dreiwege-Kat, 2 Lambdasonden	Dreiwege-Kat, 2 Lambdasonden
Batterie	12 V 90 Ah/hinten	12 V 90 Ah/hinten	12 V 110 Ah/hinten	12 V 90 Ah/hinten
Generator	Wechselstrom 155 A 2170 W	Wechselstrom 155 A 2170 W	Wechselstrom 170 A 2380 W	Wechselstrom 180 A 2520 W
Kraftübertragung	Hinterradantrieb	Hinterradantrieb	Hinterradantrieb	Hinterradantrieb
Kupplung	Einscheiben-Trocken	Einscheiben-Trocken	Einscheiben-Trocken	Einscheiben-Trocken
Schaltgetriebe	6Gang	6Gang	6Gang, opt. SMG	6Gang
Übersetzungen	I. 4,35, II. 2,496, III.1,665, IV. 1,23, V. 1,0; VI. 0,851, R: 3,926	I. 4,35, II. 2,496, III.1,665, IV. 1,23, V. 1,0; VI. 0,851, R: 3,926	I. 4,055, II. 2,396, III.1,582, IV. 1,192, V. 1,0; VI. 0,872, R: 3,667	I. 4,055, II. 2,396, III.1,582, IV. 1,192, V. 1,0; VI. 0,872, R: 3,667
Antriebsübersetzung	3,385	3,385	3,231	3,231
Automatik	6 Stufen (ZF) mit Schaltpaddles	6 Stufen (ZF) mit Schaltpaddles	6 Stufen (ZF)	6 Stufen (ZF) mit Schaltpaddles
Übersetzungen	I. 4,171, II. 2,34, III.1,521, IV. 1,143, V. 0,867; VI. 0,691, R: 3,403	I. 4,171, II. 2,34, III.1,521, IV. 1,143, V. 0,867; VI. 0,691, R: 3,403	I. 4,171, II. 2,34, III.1,521, IV. 1,143, V. 0,867; VI. 0,691, R: 3,403	I. 4,171, II. 2,34, III.1,521, IV. 1,143, V. 0,867; VI. 0,691, R: 3,403
Antriebsübersetzung	3,73	3,909	3,462	3,462
Fahrwerk				
Vorderradaufhängung	Einzelradaufh. mit Doppelquerlenken, McPhersonFederbeinen, Zugstrebe, Stabi			
Hinterradaufhängung	Mehrlenkerachse, Schraubenfedern, Stoßdämpfer, Stabi			
Lenkung	Zahnstange (hydr.), 14,4 : 1 (opt. Aktivlenkung)	Zahnstange (hydr.), 14,4 : 1 (opt. Aktivlenkung)	Zahnstange (hydr.), 14,4 : 1 (opt. Aktivlenkung)	Zahnstange (hydr.), 14,4 : 1 (opt. Aktivlenkung)

Baureihe	BMW 630i Coupé (E 63) BMW 630i Cabrio (E 64)	BMW 630i Coupé (E 63) BMW 630i Cabrio (E 64)	BMW 645i Ci Coupé (E 63) BMW 645i Ci Cabrio (E 64)	BMW 650i Coupé (E 63) BMW 650i Cabrio (E 64)
Betriebsbremse	Hydr. (Servo), Zweikreis,	Hydr. (Servo), Zweikreis,	Hydr. (Servo), Zweikreis,	Hydr. (Servo), Zweikreis,
	Scheiben belüftet (Ø=324x30/320x20), ABS, ASC	Scheiben belüftet (Ø=348x30/345x24), ABS, ASC	Scheiben belüftet (Ø=348x30/345x24), ABS, ASC	Scheiben belüftet (Ø=348x36/345x24), ABS, ASC
Parkbremse	Seilzug (Hinterräder)	Seilzug (Hinterräder)	Seilzug (Hinterräder)	Seilzug (Hinterräder)
Fahrdynamikregelung	DSC	DSC	DSC	DSC
Allgemeine Daten				
Fahrzeugart (Türen/Sitze)	Coupé (2/2+2), Cabriolet (2/2+2)	Coupé (2/2+2), Cabriolet (2/2+2)	Coupé (2/2+2), Cabriolet (2/2+2)	Coupé (2/2+2), Cabriolet (2/2+2)
Aufbauform	Ganzstahl, selbsttragend	Ganzstahl, selbsttragend	Ganzstahl, selbsttragend	Ganzstahl, selbsttragend
Radstand (mm)	2780	2780	2780	2780
Spur vorn/hinten (mm)	Coupé: 1558/1596	Coupé: 1558/1596	Coupé: 1558/1592	Coupé: 1558/1596
	Cabrio: 1558/1596	Cabrio: 1558/1596	Cabrio: 1558/1596	Cabrio: 1558/1596
Länge x Breite x Höhe (mm)	4820 x 1855 x 1374	4820 x 1855 x 1374	4820 x 1855 x 1373	4820 x 1855 x 1374
Gepäckraum (L)	Coup.: 450, Cab.: 300 - 350	Coup.: 450, Cab.: 300 - 350	Coup.: 450, Cab.: 300 - 350	Coup.: 450, Cab.: 300 - 350
Reifen (v/h)	245/50 WR 17	245/50 WR 17	245/45 WR 18	245/50 WR 18
Räder (v/h)	7.5 J x 17 (LM)	7.5 J x 17 (LM)	8.0 J x 18 (LM)	8.0 J x 18 (LM)
Wendekreisdurchmesser (m)	11,4	11,4	11,4	11,4
Bodenfreiheit (cm)	15,0	15,0	15,0	15,0
Leermasse (kg) EU	Coupé: 1575 (1585), Cabrio: 1785 (1795)	Coupé: 1605 (1615), Cabrio: 1815 (1825)	Coupé: 1690 (1695), Cabrio: 1815 (1825)	Coupé: 1725, Cabrio: 1935
zul. Gesamtmasse (kg) DIN	Coupé: 1950 (1960), Cabrio: 2110 (2120)	Coupé: 1980 (1990), Cabrio: 2140 (2150)	Coupé: 2065 (2075), Cabrio: 2215 (2220)	Coupé: 2100, Cabrio: 2260
Luftwiderstand (cW x A)	Coupé: 0,30 x 2,15, Cabrio: 0,31 x 2,15	Coupé: 0,30 x 2,15, Cabrio: 0,31 x 2,15	Coupé: 0,29 x 2,15, Cabrio: 0,31 x 2,15	Coupé: 0,30 x 2,15, Cabrio: 0,31 x 2,15
Kraftstofftank (L)/Position	70/im Heck	70/im Heck	70/im Heck	70/im Heck
Fahrleistungen				
Höchstgeschwindigkeit (km/h)	250	250	250	250
Beschleun. 0 - 100 km/h (s)	Coupé: 6,5 (6,7), Cabrio: 6,9 (7,2)	Coupé: 6,2 (6,4), Cabrio: 6,7 (7,0)	Coupé: 5,6 (5,8); Cabrio: 6,1 (6,2)	Coupé: 6,3, 2007: 5,1 (5,2) Cab.: 6,6, 2007: 5,5 (5,6)
Verbrauch (L/100 km) EU	Coupé: 9,0 (9,5), Cabrio: 9,6 (9,9)	Coupé: 7,9 (7,7), Cabrio: 8,3 (8,1)	Coupé: 11,7 (10,9), Cabrio: 12,8 (11,5)	Coupé: 11,9 (11,1), 2007: 11,7 (10,5), Cabrio: 12,9 (11,7), 2007: 12,6 (10,9)
Sonstiges				
Preise (Anf./ Ende Laufzeit) €	Coup.: 60.500/65.100, Cab.: 68.500/73.300	66.800/xxx; Cab.: 75.100/xxx	Coup.: 72.000; Cab.: 80.000	Coup.: 74.000 (79.400)/ xxx, Cab.: 82.000 (87.700)/xxx
Baujahre	Coup.: 9/2004 - 9/2007, Cab.: 9/2004 - 9/2007	Coup.: ab 9/2007, Cab.: ab 9/2007	Coup.: 10/2003 - 3/2005, Cab.: 3/2004 - 3/2005	Coup.: ab 9/2005 (FL9/2007), Cab.: ab 9/2005 (FL 9/2007)

Baureihe	BMW 635d Coupé (E 63) BMW 635d Cabrio (E 64)	BMW M6 Coupé (E 63) BMW M6 Cabrio (E 64)
Motor	N57 D30	S85 B50
Betriebsart	Diesel (Viertakt)	Otto (Viertakt)
Material (Block/Kopf)	Alu/Alu	Alu/Alu
Zylinderzahl/Einbauposition	6 (Reihe), längs über Vorderachse	10 (V 90°), längs über Vorderachse
Bohrung x Hub (mm)	84 x 90	92 x 75,2
Hubraum (cm³)	2993	4999
Leistung (PS/kW bei U/min)	286 (210) bei 4400	507 (373) bei 7750
Drehmoment (Nm bei U/min)	580 bei 1750 - 2250	520 bei 6100
Verdichtung	16,5 : 1	12,0 : 1
Gemischbildung/Elektronik	Direkteinspritzung (Common Rail)/Bosch DDE 6.2.6	Saugrohreinspritzung/MS S65
Aufladung	2 Turbolader Garrett Register (Variable Twin Turbo)	
Ladeluftkühlung	1 LLK	
Ventile pro Zylinder/Betätigung	4, parallel hängend	4, V-förmig hängend
Nockenwelle(n)/Antrieb	2 oben liegend/Kette	2 oben liegend/Kette
Kurbelwellenlager	7	6
Kühlung	Pumpe/9,8 L Wasser	Pumpe/15,0 L Wasser
Schmierung	Druckumlauf/8,5 L Öl	Druckumlauf/13,0 L Öl
Abgasreinigung	Oxi-Kat, AGR, DPF	Dreiwegekat, 2 Lambdasonden
Batterie	12 V 90 Ah/hinten	12 V 90 Ah/hinten
Generator	Wechselstrom 180 A 2520 W	Wechselstrom 170 A 2380 W
Kraftübertragung	Hinterradantrieb	Hinterradantrieb, Differenzialsperre (variabel)
Kupplung		Einscheiben-Trocken
Schaltgetriebe		7Gang SMG
Übersetzungen		I. 3,985, II. 2,652, III.1,806, IV. 1,392, V. 1,159; VI. 1,0, VII. 0,833, R: 3,985, Achsantrieb 3,62
Automatik	6 Stufen (ZF) mit Schaltpaddles	
Übersetzungen	I. 4,171, II. 2,34, III.1,521, IV. 1,143, V. 0,867; VI. 0,691, R: 3,403, Achsantrieb 3,154	
Fahrwerk		
Vorderradaufhängung	Einzelradaufh. mit Doppelquerlenkern, McPherson-Federbeinen, Zugstrebe, Stabi	
Hinterradaufhängung	Mehrlenkerachse, Schraubenfedern, Stoßdämpfer, Stabi	
Lenkung	Zahnstange (hydr.), 14,4 : 1 (opt. Aktivlenkung)	Zahnstange (hydr.), Coupé: 12,4 : 1; Cabrio: 13,0 : 1
Betriebsbremse	Hydr. (Servo), Zweikreis,	Hydr. (Servo), Zweikreis,
	Scheiben belüftet (Ø=348x36/345x24), ABS, ASC	Scheiben belüftet u. gelocht (Ø=374x36/370x24), ABS, ASC
Parkbremse	Seilzug (Hinterräder)	Seilzug (Hinterräder)
Fahrdynamikregelung	DSC	DSC

Modell (Baureihe)	BMW 635d Coupé (E 63) BMW 635d Cabrio (E 64)	BMW M6 Coupé (E 63) BMW M6 Cabrio (E 64)
Allgemeine Daten		
Fahrzeugart (Türen/Sitze)	Coupé (2/2+2), Cabriolet (2/2+2)	Coupé (2/2+2), Cabriolet (2/2+2)
Aufbauform	Ganzstahl, selbsttragend	Ganzstahl, selbsttragend
Radstand (mm)	2780	2780
Spur vorn/hinten (mm)	Coupé: 1558/1596, Cabrio: 1558/1596	Coupé: 1567/1584, Cabrio: 1567/1584
Länge x Breite x Höhe (mm)	4820 x 1855 x 1374	4871 x 1855 x 1377
Gepäckraum (L)	450/300-350	450/300-350
Reifen (v/h)	245/50 WR 17	255/40 ZR 19/285/35 ZR 19
Räder(v/h)	7.5 J x 17	8.5 J x 19/9.5 J x 19 (LM)
Wendekreisdurchmesser (m)	11,4	12,5
Bodenfreiheit (cm)	15	14
Leermasse (kg) EU	Coupé: 1725, Cabrio: 1935	Coupé: 1785, Cabrio: 2005
zul. Gesamtmasse (kg) DIN	Coupé: 2100, Cabrio: 2260	Coupé: 2200, Cabrio: 2380
Luftwiderstand (cW x A)	Coupé: 0,30 x 2,15, Cabrio: 0,31 x 2,15	Coupé: 0,32 x 2,15, Cabrio: 0,31 x 2,15
Kraftstofftank (L)/Position	70/im Heck	70/im Heck
Fahrleistungen		
Höchstgeschwindigkeit (km/h)	250	250
Beschleun. 0 - 100 km/h (s)	Coupé: 6,3, Cabrio: 6,6	Coupé: 4.6, Cabrio: 4,8
Verbrauch (L/100 km) EU	Coupé: 6,9, Cabrio: 7,2	Coupé: 14,8, Cabrio: 15,2
Sonstiges		
Preis (Anf./Ende Laufzeit) €	Coupé: 72.500/xxx, Cabrio: 80.800/xxx	Coupé: 108.500/xxx, Cabrio: 116.300/xxx
Baujahre	Coupé: ab 3/2008, Cabrio: ab 3/2008	Coupé: ab 3/2005, Cabrio: ab 6/2006

BMW Z9 Gran Turismo, Konzeptfahrzeug und Wegbereiter für BMW Sechser und Siebener (1999)

BMW M6 Coupé (2005)

BMW M6 (E63S/E64S) (AB 2005)

Als sportliches Pendant zum M5 brachte die M GmbH im Dezember 2004 die Hochleistungsversion M6 (Markteinführung Frühjahr 2005). Sie hatte den 373 kW (507 PS) starken V10-Motor des M5, der für exorbitante Fahrleistungen sorgte. Jeder Zylinder verfügte über eine eigene Drosselklappe, beide Zylinderbänke über je einen eigenen Luftfilter.

BMW M6 Coupé (2005)

Die Höchstgeschwindigkeit war serienmäßig bei 250 km/h abgeregelt, ließ sich aber für einen Aufpreis von rund 2.350 Euro aufheben. Das Auto fuhr dann 305 km/h (völlig „offen" würde es 335 km/h schaffen), zum Paket gehörte zudem ein Fahrertraining. Je nach Einsatzort konnte man das Fahrwerk anpassen (Komfort, Normal, Sport). Wie beim M5 waren verschiedene Schaltgeschwindigkeiten des serienmäßigen Siebengang-SMG-Getriebes einstellbar. Auch beim M6 ließ sich die nach dem Start bereitgestellte Power von 400 PS mittels Knopfdruck auf 507 PS verstärken. Wer die zweistufige Stabilitätskontrolle (DSC) abschaltete, erlebte einen deutlich späteren Eingriff der Schleuderbremse. Dennoch: Ein handlicher Sportwagen konnte das Auto nie sein. Der BMW M6 hatte serienmäßig ein Dach aus Kohlefaser-Verbundstoff, ähnlich wie zuvor der M3 CSL. Durch diese Leichtbaumaßnahme wanderte der Schwerpunkt des Wagens weiter nach unten.

BMW M6 Cabriolet (2006)

BMW M6 Cabriolet (2006)

Mitte 2006 wurde schließlich das M6 Cabrio vorgestellt, äußerlich auf den ersten Blick vom offenen Serienmodell zu unterscheiden, sehr komfortabel und dennoch überaus leistungsstark.

BMW X3 3.0i (2003)

BMW X3 (E83) (AB 2003)

Mit dem X3 erwies sich BMW erneut als Vorreiter in Deutschland – Mercedes, Volkswagen und Audi folgten erst mit weitem zeitlichen Abstand mit ähnlichen Crossovern im Geländewagen-Look. Erstmals gezeigt wurde der kompakte Allradler auf der IAA im September 2003. Zuvor, auf der Motorshow Detroit im Januar 2003, war die zweitürige Studie x-Activity präsentiert worden: Sie gab sich als absolutes Spaßauto im Stil einer Cabriolimousine mit vollversenkbaren Seitenscheiben (ohne Tür- und Fensterrahmen), hinten fanden sich ein Ladehilfssystem und eine horizontal geteilte Heckklappe.

Der X3 blieb ein konventionelles Auto. BMW ordnete ihn – genau wie den X5, dem er sehr ähnlich sieht –- in die Kategorie „Sports Activity Vehicle" (SAV) ein. Auch der X3 entstand außerhalb Deutschlands – im Lohnauftrag bei Magna Steyr Fahrzeugtechnik in Österreich (Jahreskapazität 100.000 Einheiten) in den Hallen des ehemaligen Eurostar-Werks in Graz.

Ungewöhnlich an dem klassisch proportionierten Fahrzeug war die Front mit der gequetschte Niere und den hochgezogenen Scheinwerfer-Blinker-Einheiten, nicht überzeugend gerieten die Stoßfänger und die Innenausstattung im tristen Kunststoff-Look. Man fand im X3 die vom X5 vertraute erhöhte „Command"-Sitzposition, ein übersichtliches Cockpit sowie ausreichend Laderaum. Die Zahl der Bedien- und Anzeigeinstrumente hielt sich

BMW X3 3.0i (2003)

BMW X3 2.5i mit Aerodynamik-Paket (2004)

BMW X3 3.0d mit Sport-Paket (2005)

BMW X3 2.0d (2004)

in Grenzen, so war der optionale Navigations-Bildschirm im Instrumententräger versteckt und ließt sich bei Bedarf herausfahren.

Ein Window-bag-System (Zwei-Kissen-Vorhang) gehörte zur Serienausstattung. Optional gab es Sport- oder Komfortsitze wie beim X5. Die geteilte hintere Sitzlehne war umlegbar. Ein optionales Schienensystem im Gepäckraum erlaubte eine variable Nutzung. Die nach oben öffnende Heckklappe war mit einem Spoiler am oberen Scheibenrand versehen. Anders als beim X5 (mit geteilter Heckklappe) ließ sich die Scheibe nicht gesondert hochklappen. Im Laderaumboden fand sich ein Notrad, die Reifenpannenanzeige war serienmäßig. Das Kofferraumvolumen war etwas größer als beim X5.

BMW x-Activity, Showcar (2002)

Die Stärke des kompakten Allradlers lag in seiner Agilität auf der Straße. Das einzelradgefederte Fahrwerk stammte vom allradgetriebenen 3er-BMW (E 46). Neu entwickelt wurde für ihn – und zeitgleich auch für den Facelift-X5 – das x-Drive-Antriebssystem mit elektronisch geregelter Lamellenkupplung im Verteilergetriebe. BMW war der Erste, der dieses System mit der Sensorik der Fahrstabilitätsregelung koppelte. Die Offroad-Eignung war überraschend gut. Befand sich ein Rad in der Luft oder hatte zu viel Schlupf, wurde es von der radselektiv agierenden Schlupfregelung ADB-X abgebremst. Genau wie der größere X5 hat der X3 weder Differenzialsperren noch Reduktionsgetriebe. Die Berg-Abfahrhilfe HDC ließ sich auf Knopfdruck aktivieren.

Der Antriebsblock des X3 war nicht neu. Zunächst gab es zwei aus dem BMW-Motorenwerk Steyr zugelieferte Dreiliter-Sechszylinder (Diesel und Benziner); im März 2004 nachgereicht wurde ein 2,5-Liter-Benziner. Im September 2004 folgte der X3 2.0d mit dem bekannten Vierzylinder-Diesel. Später kamen ein kleiner Otto-Reihensechser und ein mittels Stufenaufladung hochgepowerter Dreiliter-Diesel, während V8-Motoren für den X3 nicht vorgesehen waren. Kombiniert wurden die Motoren mit Sechsgang-Schaltgetrieben von ZF, optional lieferbar war die rund 2.000 Euro teure Fünfstufen-Automatik von GM (mit Steptronic-Funktion). Später folgte eine Sechsstufenautomatik. Nur der X3 2.0d wurde ausschließlich mit Schaltgetriebe angeboten.

Als Extra gab es ein Sport-Fahrwerkspaket mit Sommer- statt All Season-Bereifung. Es ist härter gefedert und erlaubt eine höhere Endgeschwindigkeit für bestimmte Motorisierungen. Als Extra lieferbar waren zudem Bi-Xenon-Scheinwerfer mit adaptivem Kurvenlicht, ein zweiteiliges Panorama-Glasdach, eine Dachreling sowie Goodies wie Klimaautomatik, Infotainmentsystem und Lenkradheizung.

Im Sommer 2006 erhielt der X3 eine große Modellüberarbeitung (Leuchten, Niere, Stoßfänger, Interieur). Es blieb bei den bekannten Motoren, die aber bei Verbrauch und Agilität optimiert wurden. Dabei helfen die aktive Aerodynamik (Luftklappensteuerung) und die Unterbodenverkleidung. Neu waren im Folgenden der X3 2.0d mit 177 PS und der 3.0sd mit 286 PS. Mittlerweile begann auch die Auslandsfertigung des X3, beispielsweise in einem thailändischen Montagewerk. Ebenfalls seit 2006 ist der X3 erfolgreich im Motorsport aktiv, eingesetzt von Sven Quandt aus der Familie des BMW-Mehrheitsaktionärs.

Bereits heftig gearbeitet wurde am Nachfolger des erfolgreichen X3, der seit Jahren die Zulassungsliste in seinem Segment anführte: Er soll aus dem US-Werk Spartanburg kommen.

BMW X3 3.0si und 3.0sd, Facelift (2006)

BMW X3 3.0si, Facelift (2006)

BMW X3 3.0sd, Facelift (2006)

Modell (Baureihe)	BMW X3 2.0i (E83)	BMW X3 2.5i (E83)	BMW X3 2.5si (E83)	BMW X3 3.0i (E83)	BMW X3 3.0si (E83)
Motor	N46 B20	M52 B25	M52 B25	M54 B30	M52 B30
Betriebsart	Otto (Viertakt)	Otto (Viertakt)	Otto (Viertakt)	Otto (Viertakt)	Otto (Viertakt)
Material (Block/Kopf)	Alu	Alu	Mg-Alu	Alu	Mg-Alu
Zylinderzahl/ Einbauposition	4 (Reihe), längs über Vorderachse	6 (Reihe), längs über Vorderachse	6 (Reihe), längs über Vorderachse	6 (Reihe), längs über Vorderachse	6 (Reihe), längs über Vorderachse
Bohrung x Hub (mm)	84 x 90	84 x 75	82 x 78,8	84 x 89,6	85 x 88
Hubraum (cm^3)	1995	2494	2497	2979	2996
Leistung (PS/kW bei U/min)	150 (110) bei 6200	192 (141) bei 6000	218 (160) bei 6500	231 (170) bei 5900	272 (200) bei 6650
Drehmoment (Nm bei U/min)	200 bei 3750	245 bei 3500	250 bei 2750-4250	300 bei 3500	315 bei 2750
Verdichtung	10,5 : 1	10,5 : 1	11,1, : 1	10,2 : 1	10,7 : 1
Gemischbildung/ Elektronik	Saugrohreinspritzung/ MEV 9	Saugrohreinspritzung/ Siemens MS 45	Saugrohreinspritzung/ Siermens MSV 70	Saugrohreinspritzung/ Siermens MS 45	Saugrohreinspritzung/ Siermens MSV 70
Ventile pro Zylinder/ Betätigung	4, V-förmig hängend, Valvetronic	4, V-förmig hängend	4, V-förmig hängend, Valvetronic	4, V-förmig hängend	4, V-förmig hängend, Valvetronic
Nockenwelle(n)/ Antrieb	2 oben liegend (Bi-Vanos)/Kette	2 oben liegend (Bi-Vanos)/Kette	2 oben liegend (Bi-Vanos)/Kette	2 oben liegend (Bi-Vanos)/Kette	2 oben liegend (Bi-Vanos)/Kette
Kurbelwellenlager	5	7	7	7	7
Kühlung	Pumpe/8,6 L Wasser	Pumpe/10,0 (10,5) L Wasser, Ölkühler	Pumpe/10,5 (10,5) L Wasser	Pumpe/10,0 (10,5) L Wasser	Pumpe/10,5 (10,5) L Wasser
Schmierung	Druckumlauf/4,25 L Öl	Druckumlauf/6,2 L Öl	Druckumlauf/6,5 L Öl	Druckumlauf/6,2 L Öl	Druckumlauf/6,5 L Öl
Abgasreinigung	Dreiweiweg-Kat, Lambdasonde	Dreiweiweg-Kat, Lambdasonde	Dreiweiweg-Kat, Lambdasonde	Dreiweiweg-Kat, Lambdasonde	Dreiweiweg-Kat, Lambdasonde
Batterie	12 V 55 Ah/hinten	12 V 70 Ah/hinten	12 V 70 Ah/hinten	12 V 70 Ah/hinten	12 V 70 Ah/hinten
Generator	Wechselstrom 110 A 1540 W	Wechselstrom 152 A 2100 W	Wechselstrom 150 A 2100 W	Wechselstrom 152 A 2100 W	Wechselstrom 150 A 2100 W
Kraftübertragung	Allradadantrieb (variabel)	Allradadantrieb (variabel)	Allradadantrieb (variabel)	Allradadantrieb (variabel)	Allradadantrieb (variabel)
Kupplung	Einscheiben-Trocken	Einscheiben-Trocken	Einscheiben-Trocken	Einscheiben-Trocken	Einscheiben-Trocken
Schaltgetriebe	6Gang (ZF)	6Gang (ZF)	6Gang (ZF)	6Gang (ZF)	6Gang (ZF)
	I. 4,35, II. 2,50, III.1,66, IV. 1,23, V. 1,0, VI. 0,85, R: 3,93	I. 4,35, II. 2,50, III.1,66, IV. 1,23, V. 1,0, VI. 0,85, R: 3,93,	I. 4,35, II. 2,50, III.1,66, IV. 1,23, V. 1,0 VI. 0,85, R: 3,93	I. 4,35, II. 2,50, III.1,66, IV. 1,23, V. 1,0 VI. 0,85, R: 3,93	I. 4,35, II. 2,50, III.1,66, IV. 1,23, V. 1,0, VI. 0,85, R: 3,93
Antriebsübersetzung	4,1	3,91	3,91	3,64	3,73
Automatik		5 Stufen (GM)	6 Stufen (ZF)	5 Stufen (GM)	6 Stufen (ZF)
Übersetzungen		I. 3,42, II. 2,22, III.1,60, IV. 1,0, V. 0,75, R: 3,03	I. 4,065, II. 2,371, III.1,551, IV. 1,157, V. 0,853, VI. 0,674, R: 3,20	I. 3,42, II. 2,22, III.1,60, IV. 1,0, V. 0,75, R: 3,03	I. 4,065, II. 2,371, III.1,551, IV. 1,157, V. 0,853, VI. 0,674, R: 3,20
Antriebsübersetzung		3,91	4,44	3,91	4,44
Fahrwerk					
Vorderradaufhängung	Einzelradaufh. mit Querlenkern, McPherson-Federbeinen, Schraubenfedern, Stabi				
Hinterradaufhängung	Mehrlenkerachsen, Federbeine, Schraubenfedern, Stabi, Hilfrahmen				

Modell (Baureihe)	BMW X3 2.0i (E83)	BMW X3 2.5i (E83)	BMW X3 2.5si (E83)	BMW X3 3.0i (E83)	BMW X3 3.0si (E83)
Lenkung	Zahnstange (hydr.), Servo, 18,9 : 1	Zahnstange (hydr.), Servo, 18,9 : 1	Zahnstange (hydr.), Servo, 18,9 : 1	Zahnstange (hydr.), Servo, 18,9 : 1	Zahnstange (hydr.), Servo, 18,9 : 1
Betriebsbremse v/h (mm)	Hydr. (Servo), Zweikreis,	Hydr. (Servo), Zweikreis,	Hydr. (Servo), Zweikreis,	Hydr. (Servo), Zweikreis,	Hydr. (Servo), Zweikreis,
	Scheiben bel. (Ø=325/320), ABS, ASC+T, ADB-X, HDC	Scheiben bel. (Ø=325/320), ABS, ASC+T, ADB-X, HDC	Scheiben bel. (Ø=325/320), ABS, ASC+T, ADB-X, HDC	Scheiben bel. (Ø=325/320), ABS, ASC+T, ADB-X, HDC	Scheiben bel. (Ø=325/320), ABS, ASC+T, ADB-X, HDC
Parkbremse	Seilzug (Hinterräder)	Seilzug (Hinterräder)	Seilzug (Hinterräder)	Seilzug (Hinterräder)	Seilzug (Hinterräder)
Fahrdynamikregelung	DSC	DSC	DSC	DSC	DSC
Allgemeine Daten					
Fahrzeugart (Türen/Sitze)	SUV (5/5)	SUV (5/5)	SUV (5/5)	SUV (5/5)	SUV (5/5)
Aufbauform	Ganzstahlaufbau, selbsttragend	Ganzstahlaufbau, selbsttragend	Ganzstahlaufbau, selbsttragend	Ganzstahlaufbau, selbsttragend	Ganzstahlaufbau, selbsttragend
Radstand (mm)	2795	2795	2795	2795	2795
Spur vorn/hinten (mm)	1538/1556	1524/1542	1524/1542	1524/1542	1524/1542
Länge x Breite x Höhe (mm)	4565 x 1853 x 1674	4565 x 1853 x 1674	4565 x 1853 x 1674	4565 x 1853 x 1674	4565 x 1853 x 1674
Gepäckraum (L)	480 - 1560	480 - 1560	480 - 1560	480 - 1560	480 - 1560
Reifen (v/h)	215/60 HR 17	235/55 R 17	235/55 R 17	235/55 R 17	235/55 R 17
Räder (v/h)	7.0 J x 17 (LM)	8.0 J x 17 (LM)	8.0 J x 17 (LM)	8.0 J x 17 (LM)	8.0 J x 17 (LM)
Wendekreisdurchmesser (m)	11,7	11,7	11,7	11,7	11,7
Bodenfreiheit (cm)	20,1	20,1	20,1	20,1	20,1
Böschungswinkel (v/h)	23,9/21,8	26,0/24,0	23,9/21,8	26,0/24,0	23,9/21,8
Rampenwinkel	17,2	19	17,2	19	17,2
Wattiefe	500	500	500	500	500
Leermasse (kg) EU	1730	1740 (1765)	1805 (1830)	1760 (1785)	1815 (1840)
zul. Gesamtmasse (kg) DIN	2200	2260 (2280)	2260 (2300)	2260 (2280)	2260 (2300)
Luftwiderstand (cW x A)	0,35 x 2,50	0,35 x 2,50	0,35 x 2,50	0,35 x 2,50	0,35 x 2,50
Kraftstofftank (L)/ Position	67/im Heck	67/im Heck	67/im Heck	67/im Heck	67/im Heck
Fahrleistungen					
Höchstgeschwindigkeit (km/h)	198	208 (208)	210 (210), bei V-Reifen 221/220	210 (210), Sportpaket: 224/221	210 (210), bei V-Reifen 232/228
Beschleun. 0 - 100 km/h (s)	11,5	8,9 (9,8)	8,5 (8,9)	7,8 (8,1)	7,2 (7,5)
Verbrauch (L/100 km) EU	9,3, 2006: 9,0	11,2 (11,9)	9,9 (10,1)	11,4 (12,1)	9,5 (9,7)

Modell (Baureihe)	BMW X3 2.0i (E83)	BMW X3 2.5i (E83)	BMW X3 2.5si (E83)	BMW X3 3.0i (E83)	BMW X3 3.0si (E83)
Sonstiges					
Preis (Anf./Ende Laufz.) €	32.650 (33.500)/xxx	38.100/39.150	40.100/xxx	40.300/46.200	42.600/xxx
Baujahre	ab 09/2005 (FL 9/2006)	03/2004 - 9/2006	ab 09/2006	01/2004 - 9/2006	ab 09/2006

Modell (Baureihe)	BMW X3 2.0d (E83)	BMW X3 2.0d (E83)	BMW X3 3.0d (E83)	BMW X3 3.0d (E83)	BMW X3 3.0sd (E83)
Motor	M47 D20	N47 D20	M57 D30	M57 D30	N57 D30
Betriebsart	Diesel (Viertakt)	Diesel (Viertakt)	Diesel (Viertakt)	Diesel (Viertakt)	Otto (Viertakt)
Material (Block/Kopf)	Grauguss/Alu	Alu/Alu	Grauguss/Alu	Grauguss/Alu	Alu/Alu
Zylinderzahl/ Einbauposition	4 (Reihe), längs über Vorderachse	4 (Reihe), längs über Vorderachse	6 (Reihe), längs über Vorderachse	6 (Reihe), längs über Vorderachse	6 (Reihe), längs über Vorderachse
Bohrung x Hub (mm)	84 x 90	84 x 90	84 x 90	84 x 90	84 x 90
Hubraum (cm^3)	1995	2993	2993	2993	2993
Leistung (PS/kW bei U/min)	150 (110) bei 4000	177 (1xx) bei 4000	204 (150) bei 4000	218 (160) bei 4000	286 (210) bei 4400
Drehmoment (Nm bei U/min)	330 bei 2000	410 bei 1500 - 3250	410 bei 1500 - 3250	500 bei 1750 - 2750	580 bei 1750 - 2250
Verdichtung	17,0 : 1	16,0 : 1	17,0 : 1	17,0 : 1	16,5 : 1
Gemischbildung/ Elektronik	Direkteinspritzung (Common Rail)/	Direkteinspritzung (Common Rail)//	Direkteinspritzung (Common Rail)/	Direkteinspritzung (Common Rail)/	Direkteinspritzung (Common Rail)/
	Bosch DDE 5.0	Bosch DDE 5.0	Bosch DDE 5.0	Bosch DDE 5.0	Bosch DDE 5.2
Aufladung	1 Turbolader (VNT)	1 Turbolader IHI (VNT)	1 Turbolader Garrett VNT	1 Turbolader IHI (VNT)	2 Turbolader IHIt (Variable Twin Turbo)
Ladeluftkühlung	1 LLK	1 LLK	1 LLK	1 LLK	1 LLK
Ventile pro Zylinder/ Betätigung	4, parallel hängend	4, parallel hängend	4, parallel hängend	4, parallel hängend	4, parallel hängend
Nockenwelle(n)/ Antrieb	2 oben liegend/Kette	2 oben liegend/Kette	2 oben liegend/Kette	2 oben liegend/Kette	2 oben liegend/Kette
Kurbelwellenlager	5	5	7	7	7
Kühlung	Pumpe/10,0 L Wasser, Ölkühler	Pumpe/10,0 (10,5) L Wasser, Ölkühler	Pumpe/10,0 (10,5) L Wasser, Ölkühler	Pumpe/10,4 (10,9) L Wasser, Ölkühler	Pumpe/11,5 L Wasser
Schmierung	Druckumlauf/5,3 L Öl	Druckumlauf/7,5 L Öl	Druckumlauf/7,5 L Öl	Druckumlauf/7,5 L Öl	Druckumlauf/7,5 L Öl
Abgasreinigung	Oxi-Kat, AGR, ab 2005: DPF	Oxi-Kat, AGR, ab 2005: DPF	Oxi-Kat, AGR, ab 2005: DPF	Oxi-Kat, AGR, ab 2005: DPF	Oxi-Kat, AGR, ab 2005: DPF
Batterie	12 V 80 Ah/hinten	12 V 90 Ah/hinten	12 V 90 Ah/hinten	12 V 90 Ah/hinten	12 V 70 Ah/hinten

Modell (Baureihe)	BMW X3 2.0d (E83)	BMW X3 2.0d (E83)	BMW X3 3.0d (E83)	BMW X3 3.0d (E83)	BMW X3 3.0sd (E83)
Generator	Wechselstrom 152 A 2100 W	Wechselstrom 152 A 2100 W	Wechselstrom 152 A 2100 W	Wechselstrom 152 A 2100 W	Wechselstrom 180 A 2520 W
Kraftübertragung	Allradadantrieb (variabel)	Allradadantrieb (variabel)	Allradadantrieb (variabel)	Allradadantrieb (variabel)	Allradadantrieb (variabel)
Kupplung	Einscheiben-Trocken	Einscheiben-Trocken	Einscheiben-Trocken	Einscheiben-Trocken	
Schaltgetriebe	6Gang (ZF)	6Gang (ZF)	6Gang (ZF)	6Gang (ZF)	
	I. 5,14, II. 2,83, III.1,80, IV. 1,26, V. 1,0, VI. 0,83, R: 4,64	I. 5,08, II. 2,80, III.1,78, IV. 1,26, V. 1,0, VI. 0,83, R: 4,61	I. 5,08, II. 2,80, III.1,78, IV. 1,26, V. 1,0, VI. 0,83, R: 4,61	I. 5,08, II. 2,80, III.1,78, IV. 1,26, V. 1,0, VI. 0,83, R: 4,61	
Antriebsübersetzung	3,07	2,93	2,93	2,93	
Automatik		5 Stufen (GM), ab 2007: 6Stufen	5 Stufen (GM)	6 Stufen (ZF)	6 Stufen (ZF)
Übersetzungen		I. 3,42, II. 2,22, III.1,60, IV. 1,0, V. 0,75, R: 3,03	I. 3,42, II. 2,22, III.1,60, IV. 1,0, V. 0,75, R: 3,03	I. 4,171, II. 2,34, III.1,521, IV. 1,143, V. 0,867, VI. 0,69, R: 3,403	I. 4,171, II. 2,34, III.1,521, IV. 1,143, V. 0,867, VI. 0,69, R: 3,403
		3,38	3,38	3,46	3,23
Fahrwerk					
Vorderradaufhängung	Einzelradaufh. mit Querlenkern, McPherson-Federbeinen, Stabi				
Hinterradaufhängung	Einzelradaufh. mit Längs-, Quer- und Schräglenkern, Federbeinen, Schraubenfedern, Stabi				
Lenkung	Zahnstange (hydr.), Servo, 18,9 : 1	Zahnstange (hydr.), Servo, 18,9 : 1	Zahnstange (hydr.), Servo, 18,9 : 1	Zahnstange (hydr.), Servo, 18,9 : 1	Zahnstange (hydr.), Servo, 18,9 : 1
Betriebsbremse v/h (mm)	Hydr. (Servo), Zweikreis,	Hydr. (Servo), Zweikreis,	Hydr. (Servo), Zweikreis,	Hydr. (Servo), Zweikreis,	Hydr. (Servo), Zweikreis,
	Scheiben bel. (Ø=325/320), ABS, ASC+T, ADB-X, HDC	Scheiben bel. (Ø=325/320), ABS, ASC+T, ADB-X, HDC	Scheiben bel. (Ø=325/320), ABS, ASC+T, ADB-X, HDC	Scheiben bel. (Ø=325/320), ABS, ASC+T, ADB-X, HDC	Scheiben bel. (Ø=332/320), ABS, ASC+T, ADB-X, HDC
Parkbremse	Seilzug (Hinterräder)	Seilzug (Hinterräder)	Seilzug (Hinterräder)	Seilzug (Hinterräder)	Seilzug (Hinterräder)
Fahrdynamikregelung	DSC	DSC	DSC	DSC	DSC
Allgemeine Daten					
Fahrzeugart (Türen/Sitze)	SUV (5/5)	SUV (5/5)	SUV (5/5)	SUV (5/5)	SUV (5/5)
Aufbauform	Ganzstahlaufbau, selbsttragend	Ganzstahlaufbau, selbsttragend	Ganzstahlaufbau, selbsttragend	Ganzstahlaufbau, selbsttragend	Ganzstahlaufbau, selbsttragend
Radstand (mm)	2795	2795	2795	2795	2795
Spur vorn/hinten (mm)	1524/1542/1538/1556	1524/1542	1524/1542	1524/1542	1524/1542
Länge x Breite x Höhe (mm)	4565 x 1853 x 1674	4565 x 1853 x 1674	4565 x 1853 x 1674	4565 x 1853 x 1674	4565 x 1853 x 1674
Gepäckraum (L)	480 - 1560	480 - 1560	480 - 1560	480 - 1560	480 - 1560
Reifen (v/h)	215/60 R 17	235/55 R 17	235/55 R 17	235/55 R 17	235/55 R 17
Räder (v/h)	7.0 J x 17 (LM)	8.0 J x 17 (LM)	8.0 J x 17 (LM)	8.0 J x 17 (LM)	8.0 J x 17 (LM)
Wendekreisdurchmesser (m)	11,7	11,7	11,7	11,7	11,7
Bodenfreiheit (cm)	20,1	20,1	20,1	20,1	20,1

Modell (Baureihe)	BMW X3 2.0d (E83)	BMW X3 2.0d (E83)	BMW X3 3.0d (E83)	BMW X3 3.0d (E83)	BMW X3 3.0sd (E83)
Böschungswinkel (v/h)	26,0/24,0/23,9/21,8	26,0/24,0	26,0/24,0	23,9/21,8	23,9/21,8
Rampenwinkel	19/17,2	19	19	17,2	17,2
Wattiefe	500	500	500	500	500
Leermasse (kg) EU	1745/1820	1850 (1855)	1850 (1855)	1850 (1855)	1950
zul. Gesamtmasse (kg) DIN	2265	2350 (2355)	2350 (2355)	2350 (2355)	2385
Luftwiderstand (cW x A)	0,35 x 2,50	0,35 x 2,50	0,35 x 2,50	0,35 x 2,50	0,35 x 2,50
Kraftstofftank (L)/Position	67/im Heck	67/im Heck	67/im Heck	67/im Heck	67/im Heck
Fahrleistungen					
Höchstgeschwindigkeit (km/h)	198	206 (206)	208 (208)	210 (210), mit V-Reifen: 220/220	232
Beschleun. 0 - 100 km/h (s)	10,2	8,8 (9,1)	7,9 (8,2)	7,4 (7,7)	6,6
Verbrauch (L/100 km) EU	7,2	7,8 (8,0)	8,4 (9,1)	7,9 (8,6)	8,7
Sonstiges					
Preis (Anf./Ende Laufz.)	33.800 (36.200)/37.400	37.900/xxx	40.300/42.150	42.600/xxx	50.300/xxx
Baujahre	09/2004 (FL 9/206) - 9/2007	ab 09/2007	01/2004 - 9/2005	ab 10/2005	ab 09/2006

BMW X3 Active Hybrid, Forschungsfahrzeug mit Vollhybrid-Technik (2005)

BMW 120i Fünftürer (2004)

BMW EINSER (E81 BIS E88) (AB 2004)

Während BMW vom E36 und vom E46 jeweils eine dreitürige Compact-Variante abgeleitet hatte, entschied man sich, die Nachfolgemodelle stärker abzugrenzen. Darum wurde für die Kompaktklasse eine eigenständige Baureihe entwickelt, die natürlich aufs Engste verwandt mit dem kommenden Dreier (E90) war. Erstmals gezeigt wurde sie auf dem Pariser Autosalon im Herbst. Der Kleine hatte einen klassisch längs eingebauten Motor und Heckantrieb – dank der hier gewählten Gewichtsverteilung ergab sich eine gute Fahrdynamik. Allradantrieb war nie ein Thema für den Einser.

Das Auto kam ab 2004 zunächst als Fünftürer (E87), wobei sein Design nicht rundum gelungen war. Es lehnte sich an das des Dreiers an: BMW-typisch dominierte das Nieren-Thema die Front, während die C-Säule mit dem „Hofmeister-Knick" versehen war. Im Mai 2007 gesellte sich eine etwa 750 Euro preisgünstigere, dreitürige Version (E81) der Steilhecklimousine hinzu. Optisch fiel die Fensterlinie nach hinten noch flacher ab als beim Fünftürer; die beiden Türen hatten rahmenlose Fensterscheiben. Ab Werk war der Dreitürer als Viersitzer konzipiert, konnte aber aufpreisfrei als Fünfsitzer geordert werden. Ab Herbst 2005 bekamen alle Einser das adaptive Kurvenlicht und neue Telematikfunktionen.

Kritiker bemängelten von Anfang an die gestauchte C-Säule des Hecks, welche die freie Sicht nach hinten einschränkte, und die Seitenpartie mit der durchhängenden Linie (die zum Spitznamen „Hängebauchschwein" führte). Mit der Modellüberarbeitung (Auslieferung ab März 2007) wurden die Schwächen weitgehend ausgemerzt. Die Frontansicht unterschied sich nun durch einen breiteren Lufteinlass mit horizontaler Zierleiste und integrierten rechteckigen Nebelscheinwerfern. Die Heckleuchten wiesen eine geänderte Grafik auf, die Heckschürze wurde etwas breiter. Im Innenraum wurde unter anderem die Mittelkonsole neu gestaltet. Türspiegel, integrierte Türtaschen und Chrom-Applikationen kamen hinzu, und Ausstattungsmerkmale aus höher positionierten Baureihen hielten Einzug.

Den größten Fortschritt macht die Modellüberarbeitung des Einsers allerdings bei der Antriebstechnik. Alle Model-

BMW 120i Fünftürer (2004)

le erhielten ab Frühjahr 2007 ein Bündel spritsparender Maßnahmen („Efficient Dynamics"). Dazu gehörten die Bremsenergie-Rückgewinnung, die elektrische Lenkkraftunterstützung, eine Schaltpunktanzeige (bei Modellen mit Schaltgetriebe) und die automatische Start-Stopp-Funktion (in den Schalterversionen von 116i, 118i/d, 120i/d, 123d). Alle Diesel hatten ab 2005 Partikelfilter serienmäßig.

Bei den Motoren (ursprünglich nur 2.0d und 2.0i) handelte es sich überwiegend um Vierzylinder, eine Ausnahme waren zwei Dreiliter-Benziner (130i, 135i). Die Vierzylinder (116i, 118i und 120i) und der stärkere Sechszylinder-Benziner (135i) wurden mit dem Facelift auf High Precision Injection (Direkteinspritzung mit Magerbetrieb) umgestellt. Dadurch wurden sie stärker und dennoch sparsamer. Neu war ein Zweiliter-Twinturbo-Diesel mit 150 kW (204 PS) als 123d für Drei- und Fünftürer sowie fürs Coupé. Im September 2007 erfolgte die Umstellung des 116i, der mit 90 kW (122 PS), Benzin-Direkteinspritzung und weiterer Spritspartechnik an den Start ging. Absolutes Sparmodell war der Dreitürer 118d, der lediglich 4,5 L/100km konsumierte.

Bereits im ersten vollen Produktionsjahr 2005 konnte BMW 149.500 Fahrzeuge der in Regensburg gefertigten Einstiegsmodelle absetzen. Bis September 2007 wurde die um das dreitürige Modell erweiterte Baureihe über 456.000mal verkauft. Dazu kamen Derivate (Coupé und Cabrio), die exklusiv im Werk Leipzig entstanden.

BMW 120d Fünftürer (2004)

BMW 130i Fünftürer (2005)

BMW 130i Fünftürer mit Sport-Paket (2005)

BMW 120d Fünftürer (2004)

BMW 123di Dreitürer (2007)

BMW 123d Dreitürer (2007)

BMW 120d Fünftürer, Facelift (2007)

Modell (Baureihe)	BMW 116i 5Türer (E87) BMW 116i 3Türer (E81)	BMW 118i 5Türer (E87) BMW 118i 3Türer (E81)	BMW 120i 5Türer (E87) BMW 120i 3Türer (E81)	BMW 130i 5Türer (E87) BMW 130i 3Türer (E81)
Motor	N42 B16, 2007: N43 B16	N42 B20, 2007: N43 B20	N46 B20, 2007: N43 B20	N52 B30
Betriebsart	Otto (Viertakt)	Otto (Viertakt)	Otto (Viertakt)	Otto (Viertakt)
Material (Block/Kopf)	Alu/Alu	Alu/Alu	Alu/Alu	Alu-Magnesium/Alu
Zylinderzahl/ Einbauposition	4 (Reihe), längs über Vorderachse	4 (Reihe), längs über Vorderachse	4 (Reihe), längs über Vorderachse	6 (Reihe), längs über Vorderachse
Bohrung x Hub (mm)	82 x 75.6	84 x 90	84 x 90	85 x 88
Hubraum (cm^3)	1597	1995	1995	2996
Leistung (PS/kW bei U/min)	115 (85) bei 6000, ab 3/2007: 122 (90) bei 6000	129 (95) bei 5750, ab 3/2007: 143 (105) bei 6000	150 (110) bei 6200, ab 3/2007: 170 (125) bei 6700	265 (195) bei 6600
Drehmoment (Nm bei U/min)	150 bei 4300, ab 3/207: 160 bei 4250	180 bei 3250, ab 3/2007: 190 bei 4250	200 bei 3600, ab 3/2007: 210 bei 4250	315 bei 2750
Verdichtung	10,2 : 1/12,0 : 1	10,5 : 1/12,0 : 1	10,5 : 1/12,0 : 1	10,7 : 1
Gemischbildung/ Elektronik	Saugrohreinspritzung/ME9	Saugrohreinspritzung/MEV9	Saugrohreinspritzung/MEV9	Saugrohreinspritzung/ MSV 80.2
	ab 3/2007: Direkteinsprit-zung (mager)/MSD80/81.2	ab 3/2007: Direkteinsprit-zung (mager)/MSD80/81.2	ab 3/2007: Direkteinsprit-zung (mager)/MSD80(81.2	
Ventile pro Zylinder/ Betätigung	4, V-förmig hängend, bis 3/2007: Valvetronic	4, V-förmig hängend, bis 3/2007: Valvetronic	4, V-förmig hängend, bis 3/2007: Valvetronic	4, V-förmig hängend, Valvetronic
Nockenwelle(n)/Antrieb	2 oben liegend (Bi-Vanos)/ Kette,	2 oben liegend (Bi-Vanos)/ Kette,	2 oben liegend (Bi-Vanos)/ Kette,	2 oben liegend (Bi-Vanos)/ Kette,
Kurbelwellenlager	5	5	5	7
Kühlung	Pumpe/7,0 (7,6) L Wasser	Pumpe/8,4 (9,2); 7,3 (7,9) L Wasser	Pumpe/8,4 (9,2); 7,3 (7,9) L Wasser	Pumpe/8,2 (8,5) L Wasser
Schmierung	Druckumlauf/4,25 L Öl	Druckumlauf/4,25 L Öl	Druckumlauf/4,25 L Öl	Druckumlauf/6,5 L Öl
Abgasreinigung	Dreiwege-Kat, Lambdasonde	Dreiwege-Kat, Lambdasonde	Dreiwege-Kat, Lambdasonde	Dreiwege-Kat, Lambdasonde
Batterie	12 V 80 (70) Ah/hinten	12 V 80 (70) Ah/hinten	12 V 80 (70) Ah/hinten	12 V 70 Ah/hinten
Generator	Wechselstrom 180 A2540 W	Wechselstrom 180 A2540 W	Wechselstrom 180 A2540 W	Wechselstrom 180 A2540 W
Kraftübertragung	Hinterradantrieb	Hinterradantrieb	Hinterradantrieb	Hinterradantrieb, elektron. Differenzialsperre
Kupplung	Einscheiben-Trocken	Einscheiben-Trocken	Einscheiben-Trocken	Einscheiben-Trocken
Schaltgetriebe	5Gang/ ab 3/2007: 6Gang (Getrag)	5Gang/ ab 3/2007: 6Gang (Getrag)	6Gang (Getrag)	6Gang (Getrag)
Übersetzungen	I. 4,23, II. 2,519, III.1,665, IV. 1,22, V. 1,0, R: 4,04,	I. 4,23, II. 2,519, III.1,665, IV. 1,222; V. 1,0, R: 4,039,	I. 4,323, II. 2,456, III.1,659, IV. 1,230, V. 1,0, VI. 0,848; R: 3,938	I. 4,35, II. 2,496, III.1,665, IV. 1,230, V. 1,0, VI. 0,851; R: 3,926
Antriebsübersetzung	3,64	3,23	3,727	3,462
	6Gang: I. 4,32, II. 2,46, III.1,66, IV. 1,23, V. 1,0, VI. 0,848; R: 3,938	6Gang: I. 4,32, II. 2,46, III.1,66, IV. 1,23, V. 1,0, VI. 0,848; R: 3,938		
Antriebsübersetzung	3,636	3,385	3,727	3,462
Automatik	ab 3/2007: 6Stufen (GM)	ab 9/2005: 6Stufen (GM)	ab 3/2005: 6Stufen (GM)	ab 3/2006: 6Stufen (GM)

Modell (Baureihe)	BMW 116i 5Türer (E87) BMW 116i 3Türer (E81)	BMW 118i 5Türer (E87) BMW 118i 3Türer (E81)	BMW 120i 5Türer (E87) BMW 120i 3Türer (E81)	BMW 130i 5Türer (E87) BMW 130i 3Türer (E81)
Übersetzungen	I. 4,171, II. 2,34, III.1,521, IV. 1,143, V. 0,867, VI. 0,691; R: 3,403	I. 4,171, II. 2,34, III.1,521, IV. 1,143, V. 0,867, VI. 0,691; R: 3,403	I. 4,171, II. 2,34, III.1,521, IV. 1,143, V. 0,867, VI. 0,691; R: 3,403	I. 4,065, II. 2,371, III.1,551, IV. 1,157, V. 0,853, VI. 0,6741; R: 3,20
Antriebsübersetzung	4,1	3,91	3,91	3,636
Fahrwerk				
Vorderradaufhängung	Einzelradaufh. mit Querlenkern, McPherson-Federbeinen, Zugstrebe, Stabi			
Hinterradaufhängung	Fünflenkerachse mit Doppelquerlenkern, Schraubenfedern. Stoßdämpfer, Stabi			
Lenkung	Zahnstange (hydr.), Servo, 14,25 : 1 ab 3/2007: Zahnstange (EPS), 16,0 : 1	Zahnstange (hydr.), Servo, 14,25 : 1, ab 3/2007: Zahnstange (EPS), 16,0 : 1	Zahnstange (hydr.), Servo, 14,25 : 1, ab 3/2007: Zahnstange (EPS), 16,0 : 1, opt. AktivL.	Zahnstange (hydr.), Servo, 16,0 : 1 (opt. Aktiv-lenkung), ab 3/2007: Zahnstange (EPS), 16,0 : 1
Betriebsbremse v/h (mm)	Hydr. (Servo), Zweikreis,	Hydr. (Servo), Zweikreis,	Hydr. (Servo), Zweikreis,	Hydr. (Servo), Zweikreis,
	Scheiben bel. (Ø=284x22/280x10), ABS, ASC	Scheiben bel. (Ø=292x22/296x10,5), ABS, ASC	Scheiben bel. (Ø=300x22/296x10,5), ABS, ASC	Scheiben bel. (Ø=330x24/300x20), ABS, ASC
Parkbremse	Seilzug (Hinterräder)	Seilzug (Hinterräder)	Seilzug (Hinterräder)	Seilzug (Hinterräder)
Fahrdynamikregelung	DSC	DSC	DSC	DSC
Allgemeine Daten				
Fahrzeugart (Türen/Sitze)	Steilheck-Limousine (5/5)/ (3/4)	Steilheck-Limousine (5/5)/ (3/4)	Steilheck-Limousine (5/5)/ (3/4)	Steilheck-Limousine (5/5)/ (3/4)
Aufbauform	Ganzstahlaufbau, selbsttragend	Ganzstahlaufbau, selbsttragend	Ganzstahlaufbau, selbsttragend	Ganzstahlaufbau, selbsttragend
Radstand (mm)	2660	2660	2660	2660
Spur vorn/hinten (mm)	1484/1497	1484/1497	1484/1497	1474/1487
Länge x Breite x Höhe (mm)	4227 x 1751 x 1430, ab 3/2007: 4239 x 1748 x 1421	4227 x 1751 x 1430, ab 3/2007: 4239 x 1748 x 1421	4239 x 1748 x 1421, ab 3/2007: 4239 x 1748 x 1421	4227 x 1751 x 1430, ab 3/2007: 4239 x 1748 x 1421
Gepäckkraum (L)	330 - 1150	330 - 1150	330 - 1150	330 - 1150
Reifen (v/h)	185/60 R 16/ab 3/2007: 195/55 R 16	195/55 R 16	205/55 R 16	205/50 R 17
Räder (v/h)	6.0 J x 16 (Stahl)/ab 3/2007: 6.5 J x 16 (Stahl)	6.5 J x 16 (Stahl)	7.0 J x 16 (Stahl)	7.0 J x 17 (LM)
Wendekreisdurch-messer (m)	10,7	10,7	10,7	10,7
Bodenfreiheit (cm)	14,5	14,5	14,5	14,5
Leermasse (kg) EU	1280	1305/1350)	1335 (1350)	1450
	ab 3/07: 5T: 1340 (1365), 3T: 1330 (1355)	ab 3/07: 5T: 1350 (1375), 3T: 1340 (1365)	ab 3/07: 5T: 1375 (1395), 3T: 1365 (1385)	ab 3/07: 5T: 1460 (1485), 3T: 1450 (1475)
zul. Gesamtmasse (kg) DIN	1705, ab 3/07: 5T: 1765 (1790), 3T: 1755 (1780)	1730 (1775), ab 3/07: 5T: 1775 (1800), 3T: 1765 (1790)	1760 (1775), ab 3/07: 5T: 1800 (1820), 3T: 1790 (1810)	1875, ab 3/07: 5T: 1885 (1910), 3T: 1875 (1900)
Luftwiderstand (cW x A)	0,29 x 2,09	0,30 x 2,09	0,30 x 2,09	0,32 x 2,09
Kraftstofftank (L)/ Position	50 bzw. 53/hinten	50 bzw. 53/hinten	50 bzw. 53/hinten	53/hinten

Modell (Baureihe)	BMW 116i 5Türer (E87) BMW 116i 3Türer (E81)	BMW 118i 5Türer (E87) BMW 118i 3Türer (E81)	BMW 120i 5Türer (E87) BMW 120i 3Türer (E81)	BMW 130i 5Türer (E87) BMW 130i 3Türer (E81)
Fahrleistungen				
Höchstgeschwindigkeit (km/h)	200/ab 3/2007: 204 (202)	208/ab 3/2007: 210	217/ab 3/007: 224 (222)	250
Beschleun. 0 - 100 km/h (s)	10,8	9,4	8,7	6,1 (6,3)
	ab 3/2007: 5T : 10,2 (11,2), 3T: 10,1 (11,1)	ab 3/2007: 5T: 8,8 (9,3), 3T: 8,7 (9,2)	ab 3/2007: 5T: 7,8 (8,4), 3T: 7,7 (8,3)	ab 3/007: 5T: 6,1 (6,3), 3T: 6,0 (6,2)
Verbrauch (L/100 km) EU	7,5/ab 3/2007: 5,8 (6,4)	7,3/ab 3/007: 5,9 (6,2)	7,5/ab 3/2007: 6,4 (6,3)	9,2/ab 3/2007: 8,3
Sonstiges				
Preis (Anf./Ende Laufz.) €	5Türer: 19.800 (22.100)/xxx	5Türer: 21.400 (23.750)/xxx	5Türer: 23.600 (26.150)/xxx	5Türer: 32.500 (34.250)/xxx
	3Türer: 21.350/xxx	3Türer: 23.000/xxx	3Türer: 25.400/xxx	3Türer: 33.500/xxx
Baujahre	5Türer: ab 9/04 (FL ab 3/07)	5Türer: ab 3/05 (FL ab 3/07)	5Türer: ab 9/04 (FL ab 3/07)	5Türer: ab 9/05 (FL ab 3/07)
	3Türer: ab 9/07	3Türer: ab 5/07	3Türer: ab 5/07	3Türer: ab 5/07

Modell (Baureihe)	BMW 118d 5Türer (E87) BMW 118d 3Türer (E81)	BMW 120d 5Türer (E87) BMW 120d 3Türer (E81)	BMW 123d 5Türer (E87) BMW 123d 3Türer (E81)
Motor	M47 D20, ab 2007: N47 D20	M47 D20, ab 2007: N47 D20	N47 D20
Betriebsart	Diesel (Viertakt)	Diesel (Viertakt)	Diesel (Viertakt)
Material (Block/Kopf)	Grauguss/Alu; ab 3/2007: Alu/Alu	Grauguss/Alu; ab 3/2007: Alu/Alu	Alu/Alu
Zylinderzahl/Einbauposition	4 (Reihe), längs über Vorderachse	4 (Reihe), längs über Vorderachse	4 (Reihe), längs über Vorderachse
Bohrung x Hub (mm)	84 x 90	84 x 90	84 x 90
Hubraum (cm^3)	1995	1995	1995
Leistung (PS/kW bei U/min)	122 (95) bei 4000	163 (120) bei 4000	204 (150) bei 4400
	ab 3/2007: 143 (105) bei 4000	ab 3/2007: 177 (130) bei 4000	
Drehmoment (Nm bei U/min)	280 bei 2000	340 bei 2000	400 bei 2000-2250
	ab 3/2007: 300 bei 1750-2500	ab 3/2007: 350 bei 1750-3000	
Verdichtung	17,2 : 1; ab 3/2007: 16,0 : 1	17,0 : 1; ab 3/2007: 16,0 : 1	16,0: 1
Gemischbildung/Elektronik	Direkteinspritzung (Common Rail)/ DDE 6.0, ab 3/2007: DDE 7.1	Direkteinspritzung (Common Rail)/ DDE 6.0, ab 3/2007: DDE 7.1	Direkteinspritzung (Common Rail)/ DDE 7.1
Aufladung	1 Turbolader IHI (VNT)	1 Turbolader IHI (VNT)	2 Turbolader IHI, Register (Varibale Twin Turbo)
Ladeluftkühlung	1 LLK	1 LLK	1 LLK
Ventile pro Zylinder/ Betätigung	4, parallel hängend	4, parallel hängend	4, parallel hängend
Nockenwelle(n)/Antrieb	2 oben liegend/Kette	2 oben liegend/Kette	2 oben liegend/Kette
Kurbelwellenlager	5	5	5
Kühlung	Pumpe/7,2 (7,5) L Wasser	Pumpe/7,2 (7,5) L Wasser	Pumpe/7,2 L Wasser

Modell (Baureihe)	BMW 118d 5Türer (E87) BMW 118d 3Türer (E81)	BMW 120d 5Türer (E87) BMW 120d 3Türer (E81)	BMW 123d 5Türer (E87) BMW 123d 3Türer (E81)
Schmierung	Druckumlauf/5,5 L Öl	Druckumlauf/5,5 L Öl	Druckumlauf/5,5 L Öl
Abgasreinigung	Oxi-Kat, AGR, ab 3/2007: DPF	Oxi-Kat, AGR, ab 3/2007: DPF	Oxi-Kat, AGR, DPF
Batterie	12 V 80 Ah/hinten	12 V 80 Ah/hinten	12 V 80 Ah/hinten
Generator	Wechselstrom 150 A 2100 W, ab 3/2007: 2520 W	Wechselstrom 150 A 2100 W, ab 3/2007: 2520 W	Wechselstrom 180 A 2520 W
Kraftübertragung	Hinterradantrieb	Hinterradantrieb	Hinterradantrieb, elektron. Differenzialsperre
Kupplung	Einscheiben-Trocken	Einscheiben-Trocken	Einscheiben-Trocken
Schaltgetriebe	6Gang (Getrag)	6Gang (Getrag)	6Gang (Getrag)
Übersetzungen	I. 5,14, II. 2,83, III.1,804, IV. 1,257, V. 1,0, VI. 0,831; R: 4,638	I. 5,14, II. 2,83, III.1,804, IV. 1,257, V. 1,0, VI. 0,831; R: 4,638	I. 5,08, II. 2,84, III.1,783, IV. 1,26, V. 1,0, VI. 0,835; R: 4,607
	ab 3/2007: I. 4,002, II. 2,108, III.1,38, IV. 1,0, V. 0,78, VI. 0,645, R: 3,187		
Antriebsübersetzung	2,47, ab 3/2007: 3,187	2,47, ab 3/2007: 3,15	2,831
Automatik	ab 3/2007: 6Stufen (ZF)	6 Stufen (ZF)	6Stufen (ZF)
Übersetzungen	I. 4,171, II. 2,34, III.1,521, IV. 1,143, V. 0,867, VI. 0,691; R: 3,403	I. 4,171, II. 2,34, III.1,521, IV. 1,143, V. 0,867, VI. 0,691; R: 3,403	I. 4,171, II. 2,34, III.1,521, IV. 1,143, V. 0,867, VI. 0,691; R: 3,403
Antriebsübersetzung	3,231	3,154	3,07
Fahrwerk			
Vorderradaufhängung	Einzelradaufh. mit Querlenkern, McPherson-Federbeinen, Zugstrebe, Stabi		
Hinterradaufhängung	Fünflenkerachse mit Doppelquerlenkern, Schraubenfedern. Stoßdämpfer, Stabi		
Lenkung	Zahnstange (hydr.), Servo, 14,25 : 1 ab 3/2007: Zahnstange (EPS), 16,0 : 1	Zahnstange (hydr.), Servo, 14,25 : 1, ab 3/2007: Zahnstange (EPS), 16,0 : 1; opt. Aktivlenkung	Zahnstange (EPS), 16,0 : 1
Betriebsbremse v/h (mm)	Hydr. (Servo), Zweikreis,	Hydr. (Servo), Zweikreis,	Hydr. (Servo), Zweikreis,
	Scheiben bel. (Ø=284x22/280x10), ABS, ASC, ab 3/2007: (Ø=292x22/300x20), ABS, ASC	Scheiben bel. (Ø=294x22/300x20), ABS, ASC, ab 3/2007: (Ø=300x24/300x20), ABS, ASC	Scheiben bel. (Ø=330x24/300x20), ABS, ASC
Parkbremse	Seilzug (Hinterräder)	Seilzug (Hinterräder)	Seilzug (Hinterräder)
Fahrdynamikregelung	DSC	DSC	DSC
Allgemeine Daten			
Fahrzeugart (Türen/Sitze)	Steilheck-Limousine (5/5)/(3/4)	Steilheck-Limousine (5/5)/(3/4)	Steilheck-Limousine (5/5)/(3/4)
Aufbauform	Ganzstahlaufbau, selbsttragend	Ganzstahlaufbau, selbsttragend	Ganzstahlaufbau, selbsttragend
Radstand (mm)	2660	2660	2660
Spur vorn/hinten (mm)	1494/1507, ab 3/2007: 1484/1497	1484/1497, ab 3/2007: 1480/1493	1474/1487
Länge x Breite x Höhe (mm)	4227 x 1751 x 1430, ab 3/2007: 4239 x 1748 x 1421	4227 x 1751 x 1430, ab 3/2007: 4239 x 1748 x 1421	4239 x 1748 x 1421
Gepäckkraum (L)	330 - 1150	330 - 1150	330 - 1150
Reifen (v/h)	185/60 R 16; ab 3/2007: 195/60 R 16	195/55 R 16/ ab 3/2007: 205/55 R 16	205/50 R 17
Räder (v/h)	6.0 J x 16/ ab 3/2007: 6.5 J x 16 (Stahl)	6.5 J x 16/ ab 3/2007: 7.0 J x 16 (Stahl)	7.0 J x 17 (LM)

Modell (Baureihe)	BMW 118d 5Türer (E87) BMW 118d 3Türer (E81)	BMW 120d 5Türer (E87) BMW 120d 3Türer (E81)	BMW 123d 5Türer (E87) BMW 123d 3Türer (E81)
Wendekreisdurchmesser (m)	10,7	10,7	10,7
Bodenfreiheit (cm)	14,5	14,5	14,5
Leermasse (kg) EU	1385	1415 (1425)	5T: 1495, 3T: 1485
	ab 3/2007: 5T: 1395 (1420), 3T: 1385 (1410)	ab 3/2007: 5T: 1450 (1455), 3T: 1440 (1445)	
zul. Gesamtmasse (kg) DIN	1810/ab 3/2007: 1830 (1885)/1820 (1845)	1840 (1850)/ab 3/2007: 1875 (1880)/1865 (1870)	5T: 1920, 3T: 1910
Luftwiderstand (cW x A)	0,30 x 2,09	0,31 x 2,09/ab 3/2007: 0,30 x 2,09	0,30 x 2,09
Kraftstofftank (L)/Position	50 bzw. 51/hinten	50 bzw. 51/hinten	51/hinten
Fahrleistungen			
Höchstgeschwindigkeit (km/h)	201/ab 3/2007: 210	220 (217)/ab 3/007: 228 (226)	238
Beschleun. 0 - 100 km/h (s)	10	7,9 (8,2)	5T: 7,0, 3T: 6,9
	ab 3/2007: 5T: 9,0 (9,1), 3T: 8,9 (9,0)	ab 3/2007: 5T: 7,6 (7,8), 3T: 7,5 (7,7)	
Verbrauch (L/100 km) EU	5,6/ab 3/007: 4,5 (5,4)	5,7 (6,6)/ab 3/2007: 4,8 (5,4)	5,2
Sonstiges			
Preis (Anf./Ende Laufz.) €	5Türer: 21.900 (25.300)/xxx	5Türer: 24.400 (27.700)/xxx	5Türer: 31.700/xxx
	3Türer: 24.550/xxx	3Türer: 26.950/xxx	3Türer: 30.950/xxx
Baujahre	5Türer: ab 9/2004 (FL 3/2007)	5Türer: ab 9/2004 (FL 3/2007)	5Türer: ab 11/2007
	3Türer: ab 5/2007	3Türer: ab 5/2007	3Türer: ab 11/2007

BMW CS1, Konzeptstudie auf dem Genfer Auto-Salon (2002)

BMW Concept 1 Series tii, Konzeptstudie für ein Einser-Sportfahrzeug (2007)

BMW 135i Coupé (2007)

BMW EINSER COUPÉ (E82)

BMW 135i Coupé (207)

Auf der IAA 2007 zeigte BMW die 12 cm längere Coupé-Variante (E82) des Einsers; Verkaufsbeginn war im November 2007. Das Coupé verstand sich als sportliches Topmodell der Reihe und sollte den historischen Bezug zum BMW Nullzwei wieder herstellen. Vorderwagen und Radstand stimmten mit den Maßen der Einser-Limousine überein. Auffällig war die lange Motorhaube, die knapp geschnittene Fahrgastkabine, die durchgehenden Sicken in der Seitenpartie und das kurze Heck. An der Front wurden die Designmerkmale der Einser-Reihe weitgehend beibehalten.

Topmodell war der 135i, der mit einem Sechszylinder-Biturbo-Benzinmotor mit drei Liter Hubraum und 225 kW (306 PS) bestückt wurde. Dieses Modell war serienmäßig mit einem modifizierten M-Sportpaket ausgestattet (lackierte Bremssättel mit BMW-Schriftzug), die Spitzenmodelle verfügten zudem über eine elektronisch geregelte Differenzialsperre. Bei den Dieselmotoren wurde mit dem 123d (150 kW/204 PS) der welterste Serien-Vierzylinder-Diesel mit Doppelaufladung angeboten. 123d und 120d ermöglichten Verbräuche zwischen 4,8 und 5,2 L/100 km.

Ebenso wie die drei- oder fünftürigen Einser war auch der E82 zur Verbrauchsreduzierung mit verschiedenen Efficient Dynamics-Maßnahmen ausgestattet.

Immer wieder spekuliert wurde über eine besonders sportive M-Version des Einsers. Im Oktober 2007 zeigte BMW auf der Tokyo Motorshow den Concept 1 Series tii – mit aerodynamisch optimiertem Aufbau, umfangreichem Leichtbau und einem abgespeckten, fahrerorientierten Innenraum. Er könnte Basis für ein preiswertes Sportfahrzeug werden.

BMW 125i Cabriolet (2008)

BMW EINSER CABRIO (E88)

Auf der Detroit Motor Show im Januar 2008 fand die offizielle Weltpremiere des offenen Einser statt; Verkaufsbeginn in Deutschland war im April 2008. Das Cabrio mit klassischem Textilverdeck von Karmann basierte auf dem Coupé. Dem voraus gegangen war eine knuddlige Cabriostudie im März 2002 (CS1).

Im Gegensatz zum größeren Dreier Cabrio besaß das Einser-Cabrio ein serienmäßig elektrisch bedienbares Stoffverdeck mit beheizbarer Glasheckscheibe, welches sich bis zu einer Geschwindigkeit von 40 km/h innerhalb von 22 Sekunden öffnen und schließen ließ. Der Kofferraum fasste zwischen 280 bei geschlossenem und 240 Litern bei geöffnetem Verdeck. Die Serien- und Zusatzausstattung orientierten sich am Einser Coupé. Gegen Aufpreis gab es eine Lederpolsterung mit spezieller Pigmentierung, die das Aufheizen der Sitze um bis zu 20 Grad Celsius gegenüber normalen Lederpolsterungen senken soll.

Als Motoroptionen wurden zunächst bei den Vierzylindermotoren die Varianten 118i, 120i und 120d (Common-Rail-Diesel) angeboten, bei den Sechszylindern die Varianten 125i (zunächst exklusiv im Cabrio) und 135i (Biturbo-Motor wie im Coupé).

BMW 125i Cabriolet (2008)

BMW 125i Cabriolet (2008)

Modell (Baureihe)	BMW 118i Cabrio (E88)	BMW 120i Cabrio (E88)	BMW 125i Coupé (E82) BMW 125i Cabrio (E88)	BMW 135i Coupé (E82) BMW 135i Cabrio (E88)
Motor	N43 B20	N43 B20	N52 B30	N54 B30
Betriebsart	Otto (Viertakt)	Otto (Viertakt)	Otto (Viertakt)	Otto (Viertakt)
Material (Block/Kopf)	Alu	Alu	Alu	Alu
Zylinderzahl/ Einbauposition	4 (Reihe), längs über Vorderachse	4 (Reihe), längs über Vorderachse	6 (Reihe), längs über Vorderachse	6 (Reihe), längs über Vorderachse
Bohrung x Hub (mm)	84 x 90	84 x 90	85 x 88	84 x 89,9
Hubraum (cm^3)	1995	1995	2996	2979
Leistung (PS/kW bei U/min)	143 (105) bei 6000	170 (125) bei 6700	218 (160) bei 6100	306 (225) bei 5800
Drehmoment (Nm bei U/min)	190 bei 4250	210 bei 4250	270 bei 2500 - 4250	400 bei 1300 - 5000
Verdichtung	12,0 : 1	12,0 : 1	10,7 : 1	10,2 : 1
Gemischbildung/ Elektronik	Direkteinspritzung (mager)	Direkteinspritzung (mager)	Saugrohreinspritzung	Direkteinspritzung (homogen)
	MSD 81.2	MSD 81.2	MSV 80	MSD 80
Aufladung				2 Turbolader IHI parallel (Variable Twin Turbo)
Ladeluftkühlung				1 LLK
Ventile pro Zylinder/ Betätigung	4, V-förmig hängend	4, V-förmig hängend	4, V-förmig hängend/ Valvetronic	4, V-förmig hängend

Modell (Baureihe)	BMW 118i Cabrio (E88)	BMW 120i Cabrio (E88)	BMW 125i Coupé (E82) BMW 125i Cabrio (E88)	BMW 135i Coupé (E82) BMW 135i Cabrio (E88)
Nockenwelle(n)/Antrieb	2 oben liegend (Bi-Vanos)/ Kette	2 oben liegend (Bi-Vanos)/ Kette	2 oben liegend (Bi-Vanos)/ Kette	2 oben liegend (Bi-Vanos)/ Kette
Kurbelwellenlager	5	5	7	7
Kühlung	Pumpe/8,4 (9,2) L Wasser	Pumpe/8,4 (9,2) L Wasser	Pumpe/8,2 (8,5) L Wasser	Pumpe/8,2 (8,5) L Wasser; Ölkühler
Schmierung	Druckumlauf/4,25 L Öl	Druckumlauf/4,25 L Öl	Druckumlauf/6,5 L Öl	Druckumlauf/6,5 L Öl
Abgasreinigung	Dreiwege-Kat, Lambdasonde	Dreiwege-Kat, Lambdasonde	Dreiwege-Kat, Lambdasonde	Dreiwege-Kat, Lambdasonde
Batterie	12 V 90 (70) Ah/hinten	12 V 90 (70) Ah/hinten	12 V 90 Ah/hinten	12 V 90 Ah/hinten
Generator	Wechselstrom 180 A 2520 W	Wechselstrom 180 A 2520 W	Wechselstrom 180 A 2520 W	Wechselstrom 180 A 2520 W
Kraftübertragung	Hinterradantrieb	Hinterradantrieb	Hinterradantrieb	Hinterradantrieb, elektron. Differenzialsperre
Kupplung	Einscheiben-Trocken	Einscheiben-Trocken	Einscheiben-Trocken	Einscheiben-Trocken
Schaltgetriebe	6Gang (Getrag)	6Gang (Getrag)	6Gang (Getrag)	6Gang (Getrag)
Übersetzungen	I. 4,323, II. 2,456, III.1,659, IV. 1,230, V. 1,0, VI. 0,848; R: 3,938	I. 4,323, II. 2,456, III.1,659, IV. 1,230, V. 1,0, VI. 0,848; R: 3,938	I. 4,323, II. 2,456, III.1,659, IV. 1,230, V. 1,0, VI. 0,848; R: 3,23	I. 4,055, II. 2,396, III.1,582, IV. 1,192, V. 1,0, VI. 0,872; R: 3,677
Antriebsübersetzung	3,45	3,73	3,23	3,08
Automatik	6Stufen (GM)	6Stufen (GM)	6Stufen (GM)	6Stufen (ZF)
Übersetzungen	I. 4,171, II. 2,34, III.1,521, IV. 1,143, V. 0,867, VI. 0,691; R: 3,403	I. 4,171, II. 2,34, III.1,521, IV. 1,143, V. 0,867, VI. 0,691; R: 3,401	I. 4,065, II. 2,371, III.1,551, IV. 1,157, V. 0,853, VI. 0,674; R: 3,20	I. 4,171, II. 2,34, III.1,521, IV. 1,143, V. 0,867, VI. 0,691; R: 3,403
Antriebsübersetzung	3,91	4,1	3,73	3,46
Fahrwerk				
Vorderradaufhängung	Einzelradaufh. mit Querlenkern, McPherson-Federbeinen, Zugstrebe, Stabi			
Hinterradaufhängung	Fünflenkerachse mit Doppelquerlenkern, Schraubenfedern. Stoßdämpfer, Stabi			
Lenkung	Zahnstange (EPS), 16,0 : 1	Zahnstange (EPS), 16,0 : 1	Zahnstange (EPS), 16,0 : 1	Zahnstange (hydr.), Servo, opt. Aktivlenkung), 16,0 : 1
Betriebsbremse v/h (mm)	Hydr. (Servo), Zweikreis,	Hydr. (Servo), Zweikreis,	Hydr. (Servo), Zweikreis,	Hydr. (Servo), Zweikreis,
	Scheiben bel. (Ø=292x22/300x20), ABS, ASC	Scheiben bel. (Ø=300x24/300x20), ABS, ASC	Scheiben bel. (Ø=300x24/300x20), ABS, ASC	Scheiben bel. (Ø=338x26/324x22), ABS, ASC
Parkbremse	Seilzug (Hinterräder)	Seilzug (Hinterräder)	Seilzug (Hinterräder)	Seilzug (Hinterräder)
Fahrdynamikregelung	DSC	DSC	DSC	DSC
Allgemeine Daten				
Fahrzeugart (Türen/Sitze)	Cabriolet (2/4)	Cabriolet (2/4)	Cabriolet (2/4)	Coupé (2/4), Cabriolet (2/4)

Modell (Baureihe)	BMW 118i Cabrio (E88)	BMW 120i Cabrio (E88)	BMW 125i Coupé (E82) BMW 125i Cabrio (E88)	BMW 135i Coupé (E82) BMW 135i Cabrio (E88)
Aufbauform	Ganzstahlaufbau, selbsttragend	Ganzstahlaufbau, selbsttragend	Ganzstahlaufbau, selbsttragend	Ganzstahlaufbau, selbsttragend
Radstand (mm)	2660	2660	2660	2660
Spur vorn/hinten (mm)	1484/1517	1480/1513	1474/1507	1474/1507
Länge x Breite x Höhe (mm)	Cabrio: 4360 x 1748 x 1411	Cabrio: 4360 x 1748 x 1411	Coupé: 4360 x 1748 x 1408, Cabrio: 4360 x 1748 x 1411	Coupé: 4360 x 1748 x 1408, Cabrio: 4360 x 1748 x 1411
Gepäckkraum (L)	Cabrio: 260 - 305	Cabrio: 260 - 305	Coupé: 370/ Cabrio: 260 - 305	Coupé: 370/ Cabrio: 260 - 305,
Reifen (v/h)	195/55 R 16	205/55 R 16	205/50 R 17	Coupé: 215/40 R 18/245/35 R 18, Cabrio: 205/50 R 17/225/45 R 17,
Räder (v/h)	Cabrio: 6.5 J x 16 (Stahl)	Cabrio: 7.0 J x 16 (Stahl)	Cabrio: 7.0 J x 17 (LM)	Coupé: 7.5 J x 18/8.5 J x 18 (LM), Cabrio: 7.0 J x 17/7.5 J x 17 (LM)
Wendekreisdurch-messer (m)	10,7	10,7	10,7	10,7
Bodenfreiheit (cm)	14	14	14	14
Leermasse (kg) EU	Cabrio: 1480 (1505)	Cabrio: 1505 (1535)	Cabrio: 1585 (1615)	Coupé: 1560, Cabrio: 1675 (1685)
zul. Gesamtmasse (kg)	Cabrio: 1845 (1870)	Cabrio: 1870 (1900)	Cabrio: 1950 (1980)	Coupé: 1925, Cabrio: 2040 (2050)
Luftwiderstand (cW x A)	Cabrio: 0,32 x 2,09	Cabrio: 0,32 x 2,09	Coupé: 0,32 x 2,10, Cabrio: 0,33 x 2,09	Coupé: 0,32 x 2,10, Cabrio: 0,34 x 2,09
Kraftstofftank (L)/Position	53/hinten	53/hinten	53/hinten	53/hinten
Fahrleistungen				
Höchstgeschwindigkeit (km/h)	210 (208)	220 (218)	238 (236)	250
Beschleun. 0 - 100 km/h (s)	9,3 (10,1)	8,4 (9,0)	6,8 (7,4)	Coupé: 5,3/ Cabrio: 5,6 (5,7)
Verbrauch (L/100 km) EU		6,6 (6,8)	8,1 (8,3)	Coupé: 9,2/Cabrio: 9,5
Sonstiges				
Preis (Anf./Ende Laufz.) €	Cabrio: 29.050/xxx	Cabrio: 32.500/xxx	Coupé: xxx/xxx	Coupé: 38.950/xxx
			Cabrio: 36.800/xxx	Cabrio: 44.300/xxx
Baujahre	ab 4/2008	ab 4/2008	Coup.: nach 2008/ Cab. ab 4/2008	Coup. ab 11/2007/ Cab. ab 4/2008

Modell (Baureihe)	BMW 120d Coupé (E82) BMW 120d Cabrio (E88)	BMW 123d Coupé (E82) BMW 123d Cabrio (E88)
Motor	N47 D20	N47 D20
Betriebsart	Diesel (Viertakt)	Diesel (Viertakt)
Material (Block/Kopf)	Alu/Alu	Alu/Alu
Zylinderzahl/Einbauposition	4 (Reihe), längs über Vorderachse	4 (Reihe), längs über Vorderachse
Bohrung x Hub (mm)	84 x 90	84 x 90
Hubraum (cm^3)	1995	1995
Leistung (PS/kW bei U/min)	177 (130) bei 4000	204 (150) bei 4400
Drehmoment (Nm bei U/min)	350 bei 1750 - 3000	400 bei 2000 - 2250
Verdichtung	16,0 : 1	16,0 : 1
Gemischbildung/Elektronik	Direkteinspritzung (Common Rail)	Direkteinspritzung (Common Rail)
	DDE 7.1	DDE 7.1
Aufladung	1 Turbolader Garrett (VNT)	2 Turbolader IHI, Register (Variable Twin Turbo)
Ladeluftkühlung	1 LLK	1 LLK
Ventile pro Zylinder/Betätigung	4, parallel hängend	4, parallel hängend
Nockenwelle(n)/Antrieb	2 oben liegend/Kette	2 oben liegend/Kette
Kurbelwellenlager	5	5
Kühlung	Pumpe/7,2 (7,5) L Wasser	Pumpe/7,2 L Wasser
Schmierung	Druckumlauf/5,5 L Öl	Druckumlauf/5,5 L Öl
Abgasreinigung	Oxi-Kat, AGR, DPF	Oxi-Kat, AGR, DPF
Batterie	12 V 90 (80) Ah/hinten	12 V 90 (80) Ah/hinten
Generator	Wechselstrom 180 A 2520 W	Wechselstrom 180 A 2520 W
Kraftübertragung	Hinterradantrieb	Hinterradantrieb
Kupplung	Einscheiben-Trocken	Einscheiben-Trocken
Schaltgetriebe	6Gang (Getrag)	6Gang (Getrag)
Übersetzungen	I. 5,14, II. 2,83, III.1,804, IV. 1,257, V. 1,0; VI. 0,831, R: 2,64	I. 5,08, II. 2,804, III.1,783, IV. 1,26, V. 1,0; VI. 0,835, R: 4,607
Antriebsübersetzung	2,64	2,65
Automatik	6 Stufen (ZF)	
Übersetzungen	I. 4,171, II. 2,34, III.1,521, IV. 1,143, V. 0,867; VI. 0,691, R: 3,403	
Antriebsübersetzung	3,15	

Modell (Baureihe)	BMW 120d Coupé (E82) BMW 120d Cabrio (E88)	BMW 123d Coupé (E82) BMW 123d Cabrio (E88)
Fahrwerk		
Vorderradaufhängung	Einzelradaufh. mit Querlenkern, McPherson-Federbeinen, Zugstrebe, Stabi	
Hinterradaufhängung	Fünflenkerachse mit Doppelquerlenkern, Schraubenfedern, Stoßdämpfer, Stabi	
Lenkung	Zahnstange (EPS), 16,0 : 1	Zahnstange (EPS), 16,0 : 1
Betriebsbremse v/h (mm)	Hydr. (Servo), Zweikreis,	Hydr. (Servo), Zweikreis,
	Scheiben bel. (Ø=300x24/300x20), ABS, ASC	Scheiben bel. (Ø=330x24/300x20), ABS, ASC
Parkbremse	Seilzug (Hinterräder)	Seilzug (Hinterräder)
Fahrdynamikregelung	DSC	DSC
Allgemeine Daten		
Fahrzeugart (Türen/Sitze)	Coupé (2/4), Cabriolet (2/4)	Coupé (2/4), Cabriolet (2/4)
Aufbauform	Ganzstahlaufbau, selbsttragend	Ganzstahlaufbau, selbsttragend
Radstand (mm)	2660	2660
Spur vorn/hinten (mm)	Coupé: 1484/1517, Cabrio: 1480/1513	Coupé: 1484/1517
Länge x Breite x Höhe (mm)	Coupé: 4360 x 1748 x 1423, Cabrio: 4360 x 1748 x 1411	Coupé: 4360 x 1748 x 1423
Gepäckraum (L)	Coupé: 370/Cabrio: 260 - 305	Coupé: 370/Cabrio: 260 - 305
Reifen (v/h)	Coupé: 205/50 R 17, Cabrio: 205/55 R 16	Coupé: 205/50 R 17
Räder (v/h)	Coupé: 7.0 J x 17 (LM), Cab.: 7.0 J x 16 (Stahl)	7.0 J x 17 (LM)
Wendekreisdurchmesser (m)	10,7	10,7
Bodenfreiheit (cm)	14	14
Leermasse (kg) EU	Coupé: 1450 (1455), Cabrio: 1585 (1595)	Coupé: 1495
zul. Gesamtmasse (kg) DIN	Coupé: 1815 (1820), Cabrio: 1950 (1960)	Coupé: 1860
Luftwiderstand (cW x A)	Coupé: 0,30 x 2,10, Cabrio: 0,32 x 2,09	Coupé: 0,30 x 2,10
Kraftstofftank (L)/Position	51/im Heck	51/im Heck
Fahrleistungen		
Höchstgeschwindigkeit (km/h)	Coupé: 228 (226), Cabrio: 222 (220)	Coupé: 238
Beschleun. 0 - 100 km/h (s)	Coupé: 7,6 (7,8), Cabrio: 8,1 (8,2)	Coupé: 7,0 (7,1)
Verbrauch (L/100 km) EU	Coupé: 4,8 (5,4), Cabrio: 5,1 (5,6)+B21	Coupé: 5,2 (5,6)
Sonstiges		
Preis (Anf./Ende Laufz.) €	Coupé: 28.750/xxx	Coupé: 32.500/xxx
	Cabrio: 34.000/xxx	Cabrio: k. A.
Baujahre	ab 11/2007/ab 3/2008	Coup.: ab 11/2008; Cab.: nach 2008

BMW 330i Limousine (2004)

BMW DREIER (E90) (AB 2005)

Auf dem Genfer Autosalon im März 2005 debütierte die fünfte Generation des Dreiers (E90). Sie wurde von BMW als „Sportlimousine" bezeichnet, bot im Unterschied zum bisherigen E46 mehr Raum, Komfort und Fahrdynamik. Das Design – mit scharfen Sicken, Ecken und Kanten – entsprach der neuen Linie, war aber deutlich konservativer als bei Siebener und Fünfer. Die Sechszylinder unterschieden sich von den Modellen mit vier Zylindern durch mehr Chrom (Nierenstäbe, Fensterrahmen).

BMW 320di Limousine (2004)

Stärkere und sparsamere Motoren mit vier und sechs Zylindern, innovative Assistenzsysteme, ein umfassendes Sicherheitskonzept und eine recht üppige Ausstattung (elektrische Fensterheber, Bordcomputer, Sechsganggetriebe) sollten wankelmütige Kunden davon abhalten, zu Mercedes oder Audi überzulaufen. Alle Modelle waren – ausschließlich des 318d – optional auch mit Sechsstufenautomatik lieferbar. Alle Diesel wurden ab 2006 serienmäßig mit Partikelfilter ausgestattet. Als Extra wurden die Aktivlenkung und die

BMW 320d Limousine (2004)

BMW 320si Sportversion und 320si WTCC-Rennfahrzeug (2005)

BMW 325i Limousine (2005)

BMW 320si Limousine (2005)

BMW 330xi Limousine (2005)

BMW 328i Limousine, US-Version (2006)

aktive Geschwindigkeitsregelung (Abstandsradar ACC) angeboten.

Der Dreier bleibt die ertragsstärkste Baureihe von BMW, ihr Anteil am Gesamtvolumen lag 2004 bei rund 45 Prozent. Zwischen 2005 und Ende 2007 entstanden rund 800.000 Einheiten. Gefertigt wurde das Auto in den Werken München, Regensburg, Leipzig und Rosslyn, später kamen China und Russland hinzu. Im Herbst 2005 folgte der Touring (E91), nachgereicht wurden Allradmodelle in Form des 325xi, 330xi, 335xs und 330xd.

Den Beginn machten 320i, 325i, 330i und 320d; der 328i kam zum Herbst. Alle Ottomotoren verfügten über eine variable Ventilsteuerung (Valvetronic), alle Diesel hatten Common-Rail und Turbolader mit variabler Turbinengeometrie. Der 320i trug nun einen Vier- und nicht mehr einen Sechszylinder unter der Haube. Die Typenbezeichnungen gaben nur noch ansatzweise einen Hinweis auf den tatsächlichen Hubraum – so hatten 325d, 330d und 335d gleich große Verbrennungsräume.

Seit Herbst 2006 hatte BMW wieder einen Benziner-Turbo im Programm – den aufgeladenen Dreiliter im 335i, der dank zweier Lader auf 306 PS kam. Ebenfalls seit September 2006 lieferbar war ein neuer Diesel im 325d. Für Großkunden gab es seit September 2005 einen auf 150 PS leistungsgeminderten Diesel. Eine Besonderheit war der in limitierter Serie hergestellte 320si als Homologationsmodell für Rennfahrzeuge für den Tourenwagen-Sport (zwei Liter Hubraum, 172 PS).

Im September 2007 hielten in Europa direkteinspritzende Benziner Einzug (wie sie in Coupé und Cabrio bereits angeboten wurden), dazu kamen die im Einser eingesetzten Kraftstoffsparmaßen (Generatorregelung, Schaltpunktanzeige, Startstopp für die Benzin- und Diesel-Vierzylinder mit Handschalter, nicht für die Sechszylinder). So gab es nun den 318i mit 143 statt 129 PS, der 320i erstarkte von 150 auf 170 PS, und der 330i leistete nun 272 statt bisher 258 PS. Auf anderen Märkten (beispielsweise USA) wurden die bisherigen Valvetronic-Dreiliter-Motoren weiterhin angeboten (328i).

BMW 330i Limousine mit Sport-Paket (2005)

BMW 320i Touring (205)

BMW 325i Touring (2005)

BMW 320d Touring (2004)

BMW 330xi Touring (2006)

BMW 335i Coupé (2006)

BMW 320d Coupé (2006)

BMW DREIER COUPÉ (E92) (AB 2006)

Der Zweitürer erschien im September 2006, er unterschied sich deutlicher von der Limousine, als dies beim Vorgänger der Fall war. Die seitlichen Fensterflächen waren deutlich kleiner, andere Scheinwerfer und breitere Rückleuchten mit dem typischen L-Element setzten eigene Akzente. Auch der Innenraum wies eigene Gestaltungsmerkmale auf.

Das Coupé war in vielerlei Hinsicht Vorreiter für Innovationen, die dann auch in die anderen Dreier kamen. So hatte es als Erster Tagfahrlicht und neue Benzin-Direkteinspritzmotoren. Erstmals gab es nun sogar eine Allradversion des Coupés.

BMW 335i Coupé (2005)

Modell (Baureihe)	BMW 318i Limousine (E90) BMW 318i Touring (E91)	BMW 320i Limousine (E90) BMW 320i Touring (E91)
Motor	N42 B20, ab 2007: N43 B20	N42 B20, ab 2007: N43 B20
Betriebsart	Otto (Viertakt)	Otto (Viertakt)
Material (Block/Kopf)	Alu	Alu
Zylinderzahl/Einbauposition	4 (Reihe), längs über Vorderachse	4 (Reihe), längs über Vorderachse
Bohrung x Hub (mm)	84 x 90	84 x 90
Hubraum (cm³)	1995	1995
Leistung (PS/kW bei U/min)	129 (95) bei 5750, ab 9/2007: 143 (105) bei 6000	150 (110) bei 6200, ab 9/2007: 170 (125) bei 6700
Drehmoment (Nm bei U/min)	180 bei 3250, ab 9/2007: 190 bei 4250	200 bei 3600, ab 9/2007: 210 bei 4250
Verdichtung	10,5 : 1/ab 3/07: 12,0 : 1	10,5 : 1/ab 3/07: 12,0 : 1
Gemischbildung/Elektronik	Saugrohreinspritzung/MEV 9	Saugrohreinspritzung/MEV 9
	ab 9/2007: Direkteinspritzung (mager)/MSD 80.2	ab 9/2007: Direkteinspritzung (mager)/MSD 80.2
Ventile pro Zylinder/Betätigung	4, V-förmig hängend, Bi-Vanos	4, V-förmig hängend, Bi-Vanos
Nockenwelle(n)/Antrieb	2 oben liegend/Kette, bis 3/2007: Valvetronic	2 oben liegend/Kette, bis 3/2007: Valvetronic
Kurbelwellenlager	5	5
Kühlung	Pumpe/8,4 (9,2), ab 9/07: 7,3 (7,9) L Wasser	Pumpe/8,4 (9,2), ab 9/07: 7,3 (7,9) L Wasser
Schmierung	Druckumlauf/4,25 L Öl	Druckumlauf/4,25 L Öl
Abgasreinigung	Dreiwege-Kat, Lambdasonde	Dreiwege-Kat, Lambdasonde
Batterie	12 V 90 (70) Ah/hinten	12 V 90 (70) Ah/hinten
Generator	Wechselstrom 180 A 2520 W	Wechselstrom 180 A 2520 W
Kraftübertragung	Hinterradantrieb	Hinterradantrieb
Kupplung	Einscheiben-Trocken	Einscheiben-Trocken
Schaltgetriebe	6Gang	6Gang
Übersetzungen	I. 4,323, II. 2,456, III.1,659, IV. 1,230, V. 1,0, VI. 0,848; R: 3,938,	I. 4,323, II. 2,456, III.1,659, IV. 1,230, V. 1,0, VI. 0,848; R: 3,938
Antriebsübersetzung	3,38, 2007: 3,385	3,38, 2007: 3,455
Automatik	6Stufen	6Stufen
Übersetzungen	I. 4,171, II. 2,34, III.1,521, IV. 1,143, V. 0,867, VI. 0,691; R: 3,403	I. 4,171, II. 2,34, III.1,521, IV. 1,143, V. 0,867, VI. 0,691; R: 3,403
Antriebsübersetzung	3,909	3,909
Fahrwerk		
Vorderradaufhängung	Einzelradaufh. mit Querlenkern, McPherson-Federbeinen, Zugstrebe, Stabi	
Hinterradaufhängung	Fünflenkerachse mit Doppelquerlenkern, Schraubenfedern, Stoßdämpfer, Stabi	
Lenkung	Zahnstange (hydr.), Servo, 14,25 : 1, ab 2007: 16,0 : 1	Zahnstange (hydr.), 14,25 : 1, ab 2007: 16,0 : 1, opt. Aktivlenkung
Betriebsbremse v/h (mm)	Hydr. (Servo), Zweikreis,	Hydr. (Servo), Zweikreis,
	Scheiben bel. (Lim.: Ø=292x22/296x10, ab 9/07: 300x24/300x20) (T: Ø=300x24/300x20), ABS, ASC	Scheiben bel. (Lim.: Ø=292x22/296x10, ab 9/07: 300x24/300x20) (T: Ø=300x24/300x20), ABS, ASC+T
Parkbremse	Seilzug (Hinterräder)	Seilzug (Hinterräder)
Fahrdynamikregelung	DSC	DSC
Allgemeine Daten		
Fahrzeugart (Türen/Sitze)	Limousine (4/5)/Touring (5/5)	Limousine (4/5)/Touring (5/5)

Modell (Baureihe)	BMW 318i Limousine (E90) BMW 318i Touring (E91)	BMW 320i Limousine (E90) BMW 320i Touring (E91)
Aufbauform	Ganzstahl-Karosserie, selbsttragend	Ganzstahl-Karosserie, selbsttragend
Radstand (mm)	2760	2760
Spur vorn/hinten (mm)	1500/1513	1500/1513
Länge x Breite x Höhe (mm)	4520 x 1817 x 1421 (T: 1418)	4520 x 1817 x 1421 (T: 1418)
Gepäckkraum (L)	460, Tour.: 460 - 1385	460, Tour.: 460 - 1385
Reifen (v/h)	195/55 R 16, ab 9/2007: 205/55 R 16	205/55 R 16
Räder (v/h)	6.5 J x 16 (Stahl), ab 9/2007: 7.0 J x 16 (Stahl)	7.0 J x 16 (LM)
Wendekreisdurchmesser (m)	11	11
Bodenfreiheit (cm)	14,5	14,5
Leermasse (kg) EU	Lim.: 1435 (1465), Tour.: 1505 (1535), ab 9/2007: Lim.: 1435 (1465), Tour.: 1505 (1535)	Lim.: 1395 (1425), Tour.: 1505 (1535), ab 9/2007: Lim.: 1445 (1575), Tour.: 1505 (1535)
zul. Gesamtmasse (kg) DIN	Lim.: 1880 (1910), Tour.: 1970 (2000), ab 9/2007: Lim.: 1880 (1910), Tour.: 1970 (2000)	Lim.: 1840 (1870), Tour.: 1970 (2000), ab 9/2007: Lim.: 1890 (1920), Tour.: 1970 (2000)
Luftwiderstand (cW x A)	0,26 x 2,11	Lim.: 0,26 x 2,11, Tour.: 0,29 x 2,11
Kraftstofftank (L)/Position	60 bzw. 63 (Tour.: 63)/hinten	60 bzw. 63 (Tour.: 63)/hinten
Fahrleistungen		
Höchstgeschwindigkeit (km/h)	Lim.: 208 (206), Tour 206 (204):	Lim.: 220 (215), T: 218 (213)
	ab 9/2007: Lim.: 210 (210), Tour.: 210 (210)	ab 9/2007: Lim.: 228 (226), Tour.: 226 (224)
Beschleun. 0 - 100 km/h (s)	Lim.: 10,0 (11,0), Tour.: 10,4 (11,2)	Lim.: 9,0 (9,7), Tour.: 9,4 (10,2)
	ab 9/2007: 9,1 (9,9), Tour.: 9,5 (10,4)	ab 9/2007: 8,2 (8,9), Tour.: 8,4 (9,2)
Verbrauch (L/100 km) EU	Lim.: 7,3 (7,9), Tour.: 7,6 (8,2)	Lim.: 7,4 (7,9), T: 7,6 (8,1)
	ab 3/2007: Lim.: 5,9 (6,4), Tour.: 6,0 (6,5)	ab 3/2007: Lim.: 6,1 (6,5), Tour.: 6,2 (6,7)
Sonstiges		
Preis (Anf./Ende Laufz.) €	Lim.: 25.300 (27.300)/xxx	Lim.: 27.100 (29.500)/xxx
	Tour.: 27.400 (28.950)/xxxx	Tour.: 29.150 (31.150)/xxxx
Baujahre	Lim.: ab 9/2005 (Modellüberarb. 9/2007)	Lim.: ab 3/2005 (Modellüberarb. 9/2007)
	Touring: ab 3/2006 (Modellüberarb. 9/2007)	Touring: ab 9/2005 (Modellüberarb. 9/2007)

BMW M3 AMLS Rennfahrzeug (2008)

Modell (Baureihe)	BMW 325i Limousine (E90)/325xi Limousine (E90) BMW 325i Touring (E91)/325xi Touring (E91)	BMW 330i Limousine (E90)/330xi Limousine (E90) BMW 330i Touring (E91)/330xi Touring (E91)	BMW 335i Limousine (E90)/335xi Limousine (E90) BMW 335i Touring (E91)/335xi Touring (E91)
Motor	M52 B25, ab 2007: N53 B30	N52 B30, ab 2007: N53 B30	N54 B30
Betriebsart	Otto (Viertakt)	Otto (Viertakt)	Otto (Viertakt)
Material (Block/Kopf)	Alu	Alu	Alu
Zylinderzahl/Einbauposition	6 (Reihe), längs über Vorderachse	6 (Reihe), längs über Vorderachse	6 (Reihe), längs über Vorderachse
Bohrung x Hub (mm)	78,8 x 82/85 x 88	85 x 88/85 x 88	84 x 89,9
Hubraum (cm³)	2497/2996	2996	2979
Leistung (PS/kW bei U/min)	218 (160) bei 6500; ab 9/2007: 218 (160) bei 6100	258 (190) bei 6600; ab 9/2007: 272 (200) bei 6700	306 (225) bei 5800
Drehmoment (Nm bei U/min)	250 bei 2750 - 4250	300 bei 2500 - 4000	400 bei 1300 - 5000
	ab 9/2007: 270 bei 2400-4200	ab 9/2007: 320 bei 2750-3000	
Verdichtung	11,0 : 1, 2007: 12,0 : 1	10,7 : 1/12,0 : 1	10,2 : 1
Gemischbildung/Elektronik	Saugrohreinspritzung/MSV 70	Saugrohreinspritzung/MSV 70	Direkteinspritzung (homogen)/ MSD 80.2
	ab 9/2007: Direkteinspritzung (mager)/MSD 80.2	ab 9/2007: Direkteinspritzung (mager)/MSD 80.2	
Aufladung			2 IHI parallel (Variable Twin Turbo)
Ladeluftkühlung			1 LLK
Ventile pro Zylinder/Betätigung	4, V-förmig hängend, bis 3/2007: Valvetronic	4, V-förmig hängend, bis 3/2007: Valvetronic	4, V-förmig hängend
Nockenwelle(n)/Antrieb	2 oben liegend (Bi-Vanos)/Kette	2 oben liegend (Bi-Vanos)/Kette	2 oben liegend (Bi-Vanos)/Kette
Kurbelwellenlager	7	7	7
Kühlung	Pumpe/8,2 (8,5) L Wasser	Pumpe/8,2 (8,5) L Wasser	Pumpe/8,2 (8,5) L Wasser, Ölkühler
Schmierung	Druckumlauf/6,5 L Öl	Druckumlauf/6,5 L Öl	Druckumlauf/6,5 L Öl
Abgasreinigung	Dreiwege-Kat, Lambdasonde	Dreiwege-Kat, Lambdasonde	Dreiwege-Kat, Lambdasonde
Batterie	12 V 70 - 80 Ah/hinten	12 V 70/hinten	12 V 70/hinten
Generator	Wechselstrom 155 A 2170 W (180 A 2520 W)	Wechselstrom 155 A 2170 W	Wechselstrom 180 A 2520 W
Kraftübertragung	Hinterradantrieb, opt. Allradantrieb (x-Drive)	Hinterradantrieb, opt. Allradantrieb (x-Drive)	Hinterradantrieb, opt. Allradantrieb (x-Drive)
Kupplung	Einscheiben-Trocken	Einscheiben-Trocken	Einscheiben-Trocken
Schaltgetriebe	6Gang	6Gang	6Gang
Übersetzungen	I. 4,323, II. 2,456, III.1,659, IV. 1,230, V. 1,0, VI. 0,848; R: 3,938	I. 4,35, II. 2,496, III.1,665, IV. 1,230, V. 1,0, VI. 0,851; R: 3,926	I. 4,062, II. 2,40, III.1,581, IV. 1,19,
			V. 1,0, VI. 0,87; R: 3,68
Antriebsübersetzung	3,23/3,07	3,15	3,08
Automatik	6Stufen	6Stufen	6Stufen
Übersetzungen	I. 4,171, II. 2,34, III.1,521, IV. 1,143, V. 0,867, VI. 0,691; R: 3,403	I. 4,171, II. 2,34, III.1,521, IV. 1,143, V. 0,867, VI. 0,691; R: 3,403	I. 4,065, II. 2,371, III.1,551, IV. 1,157, V. 0,853, VI. 0,6741; R: 3,20
Antriebsübersetzung	3,73	3,64	3,64

Modell (Baureihe)	BMW 325i Limousine (E90)/325xi Limousine (E90) BMW 325i Touring (E91)/325xi Touring (E91)	BMW 330i Limousine (E90)/330xi Limousine (E90) BMW 330i Touring (E91)/330xi Touring (E91)	BMW 335i Limousine (E90)/335xi Limousine (E90) BMW 335i Touring (E91)/335xi Touring (E91)
Fahrwerk			
Vorderradaufhängung	Einzelradaufh. mit Querlenkern, McPherson-Federbeinen, Zugstrebe, Stabi		
Hinterradaufhängung	Fünflenkerachse mit Doppelquerlenkern, Schraubenfedern. Stoßdämpfer, Stabi		
Lenkung	Zahnstange (hydr.), 16,0 : 1 (xi: 18,0 : 1); opt. Aktivlenkung	Zahnstange (hydr.), 16,0 : 1 (xi: 18,0 : 1); opt. Aktivlenkung	Zahnstange (hydr.), 16,0 : 1 (xi: 18,0 : 1); opt. Aktivlenkung
Betriebsbremse v/h (mm)	Hydr. (Servo), Zweikreis,	Hydr. (Servo), Zweikreis,	Hydr. (Servo), Zweikreis,
	Scheiben bel. (Ø=300x24/300x20), ABS, ASC)	Scheiben bel. (Ø=330/348x24/336x22), ABS, ACS	Scheiben bel. (Ø=348x30/336x22), ABS, ASC)
Parkbremse	Seilzug (Hinterräder)	Seilzug (Hinterräder)	Seilzug (Hinterräder)
Fahrdynamikregelung	DSC	DSC	DSC
Allgemeine Daten			
Fahrzeugart (Türen/Sitze)	Limousine (4/5)/Touring (5/5)	Limousine (4/5)/Touring (5/5)	Limousine (4/5)/Touring (5/5)
Aufbauform	Ganzstahlaufbau, selbsttragend	Ganzstahlaufbau, selbsttragend	Ganzstahlaufbau, selbsttragend
Radstand (mm)	2760	2760	2760
Spur vorn/hinten (mm)	1500/1513	1500/1513	1500/1513
Länge x Breite x Höhe (mm)	4520 x 1817 x 1421 (T: 1418)	4520 x 1817 x 1421 (T: 1418)	4520 x 1817 x 1421 (T: 1418)
Gepäckkraum (L)	460, Tour.: 460 - 1385	460, Tour.: 460 - 1385	460, Tour.: 460 - 1385
Reifen (v/h)	205/50 R 17, ab 3/2007: 225/45 R 17	225/45 R 17	225/45 R 17
Räder (v/h)	7.0 J x 17 (Stahl/LM), ab 372007: 8.0 J x 17 (LM)	8.0 J x 17 (LM)	7.0 J x 17 (LM)/8.0 J x 17
Wendekreisdurchmesser (m)	11	11	10,7
Bodenfreiheit (cm)	14,5	14,5	14,5
Leermasse (kg) EU	Lim.: 1490 (1520), Tour.: 1560 (1590)	Lim.: 1525 (1540), Tour.: 1605 (1620)	Lim.: 1610 (1625), xi: 1720 (1735)
	ab 9/2007: Lim.: 1505 (1535), xi: 1615 (1635)	ab 9/2007: Lim.: 1555 (1570), xi: 1655 (1670)	Tour.: 1690 (1705), xi: 1790 (1805)
	Tour.: 1565 (1595), xi: 1715 (1735)	Tour.: 1565 (1595), xi: 1715 (1735)	
zul. Gesamtmasse (kg) DIN	Lim.: 1935 (1965)	Lim.: 1970 (1985), Tour.: 2080 (2095)	Lim.: 2155 (2170), xi: 2155 (2170)
	ab 9/2007: Lim.: 1950 (1980), xi: 2060 (2080)	ab 9/2007: Lim.: 2000 (2015), xi: 2100 (2115)	Tour.: 2165 (2180), xi: 2265 (2280)
	Tour.: 2030 (2060), xi: 2180 (2200)	Tour.: 2080 (2095), xi: 2180 (2200)	
Luftwiderstand (cW x A)	Lim.: 0,30 x 2,11, T: 0,30 x 2,11	Lim.: 0,30 x 2,11, T: 0,31 x 2,11	Lim.: 0,32 x 2,09; T: 0,33 x 2,11
Kraftstofftank (L)/Position	60 (T: 63)/hinten	60 (T: 63)/hinten	63/hinten
Fahrleistungen			
Höchstgeschwindigkeit (km/h)	Lim.: 245 (242). T: 243 (240)	250	250
	ab 9/2007: Lim.: 250 (248), xi: 244 (242), Tour.: 248 (246), 242 (240)		
Beschleun. 0 - 100 km/h (s)	Lim.: 7,0 (7,7); Tour.: 7,9	Lim.: 6,3 (6,6), Z: 6,4 (6,8)	Lim.: 5,7 (5,9)/xi: 5,5 (5,6)
	ab 9/2007: Lim.: 6,7 (7,1), xi: 7,3 (7,7), Tour.: 6,9 (7,3), xi: 7,7 (8,1)	ab 9/2007: Lim.: 6,2 (6,4), xi: 6,4 (6,6), Tour.: 6,1 (6,3), xi: 6,2 (6,4)	Tour.: 5,6 (5,8), xi: 5,6 (5,7)

Modell (Baureihe)	BMW 325i Limousine (E90)/325xi Limousine (E90) BMW 325i Touring (E91)/325xi Touring (E91)	BMW 330i Limousine (E90)/330xi Limousine (E90) BMW 330i Touring (E91)/330xi Touring (E91)	BMW 335i Limousine (E90)/335xi Limousine (E90) BMW 335i Touring (E91)/335xi Touring (E91)
Verbrauch (L/100 km) EU	Lim.: 8,4 (9,0), T: 8,6 (9,2)	Lim.: 8,7 (9,0), T: 8,9 (9,3)	Lim.: 9,3 (9,3), xi: 9,7 (9,7)
	ab 9/2007: Lim.: 7,1 (7,1), xi: 7,9 (7,9)	ab 9/2007: Lim.: 7,3 (7,4), xi: 8,1 (8,1)	Tour.: 9,1 (9,2), xi: 9,8 (9,8)
	Tour.: 7,1 (7,1), xi: 7,9 (7,9)	Tour.: 7,2 (7,2), xi: 7,9 (7,9)	
Sonstiges			
Preis (Anf./Ende Laufz.) €	Lim.: 31.900 (34.600)/xxx, xi: 35.000/xxx	Lim.: 35.900 (39.000)/xxx, xi: 39.100/xxx	Lim.: 41.300/xxx, xi: 43.900/xxx
	Touring: 34.000 (36.250)/xxx, xi: 36.500/xxx	Touring: 38.100 (40.650)/xxx, xi: 40.600/xxx	Touring: 42.950/xxx, xi: 45.575/xxx
Baujahre	Lim.: ab 3/2005 (Modellüberarb. 9/2007) , xi ab 9/2005	Lim.: ab 3/2005 (Modellüberarb. 9/2007) , xi ab 9/2005	Lim.: ab 9/2006, xi ab 3/2007,
	Touring: ab 9/2005 (Modellüberarb. 9/2007), xi ab 9/2005	Touring: ab 9/2005 (Modellüberarb. 9/2007), xi ab 9/2005	Touring: ab 9/2006, xi ab 3/2007

Modell (Baureihe)	BMW 318d Limousine (E90) BMW 318d Touring (E91)	BMW 320d Limousine (E90) BMW 320d Touring (E91)
Motor	M47 D20, ab 2007: N47 D20	M47 D20, ab 2007: N47 D20
Betriebsart	Diesel (Viertakt)	Diesel (Viertakt)
Material (Block/Kopf)	Grauguss/Alu, 2007: Alu/Alu	Grauguss/Alu, 2007: Alu/Alu
Zylinderzahl/Einbauposition	4 (Reihe), längs über Vorderachse	4 (Reihe), längs über Vorderachse
Bohrung x Hub (mm)	84 x 90	84 x 90
Hubraum (cm^3)	1995	1995
Leistung (PS/kW bei U/min)	122 (90) bei 4000, ab 9/2007: 143 (105) bei 4000	163 (120) bei 4000; ab 9/2007: 177 (130) bei 4000
Drehmoment (Nm bei U/min)	280 bei 1750, ab 9/2007: 300 bei 1750 - 2000	340 bei 2000; ab 9/2007: 350 bei 1750 - 2000
Verdichtung	17,2 : 1, 2007: 16,0 : 1	17,0 : 1, 2007: 16,0 : 1
Gemischbildung/Elektronik	Direkteinspritzung (Common Rail)/ DDE 6.0, ab 9/2007: DDE 7.1	Direkteinspritzung (Common Rail)/ DDE 6.0, ab 9/2007: DDE 7.1
Aufladung	1 Turbolader Garrett (VNT)	1 Turbolader Garrett (VNT)
Ladeluftkühlung	1 LLK	1 LLK
Ventile pro Zylinder/Betätigung	4, parallel hängend	4, parallel hängend
Nockenwelle(n)/Antrieb	2 oben liegend/Kette	2 oben liegend/Kette
Kurbelwellenlager	5	5
Kühlung	Pumpe/7,2 L Wasser	Pumpe/72 (7,5) L Wasser
Schmierung	Druckumlauf/5,5 L Öl	Druckumlauf/5,5 L Öl
Abgasreinigung	Oxi-Kat, AGR, DPF	Oxi-Kat, AGR, DPF
Batterie	12 V 90 Ah/hinten	12 V 90 (80) Ah/hinten
Generator	Wechselstrom 180 A 2520 W	Wechselstrom 180 A 2520 W
Kraftübertragung	Hinterradantrieb	Hinterradantrieb
Kupplung	Einscheiben-Trocken	Einscheiben-Trocken
Schaltgetriebe	6Gang	6Gang

Modell (Baureihe)	BMW 318d Limousine (E90) BMW 318d Touring (E91)	BMW 320d Limousine (E90) BMW 320d Touring (E91)
Übersetzungen	I. 4,00, II. 2,11, III.1,38, IV. 1,0, V. 0,78, VI. 0,65; R: 3,19	I. 5,14, II. 2,83, III.1,80, IV. 1,26, V. 1,0, VI. 0,83; R: 4,64
Antriebsübersetzung	3,07	2,56
Automatik	nur für Export	6Stufen
Übersetzungen		I. 4,171, II. 2,34, III.1,521, IV. 1,143, V. 0,867, VI. 0,691; R: 3,403, Achsübers.: 3,15
Fahrwerk		
Vorderradaufhängung	Einzelradaufh. mit Querlenkern, McPherson-Federbeinen, Zugstrebe, Stabi	
Hinterradaufhängung	Fünflenkerachse mit Doppelquerlenkern, Schraubenfedern. Stoßdämpfer, Stabi	
Lenkung	Zahnstange (hydr.), Servo, 16,0 : 1	Zahnstange (hydr.), Servo, 16,0 : 1, opt. Aktivlenkung
Betriebsbremse v/h (mm)	Hydr. (Servo), Zweikreis,	Hydr. (Servo), Zweikreis,
	Scheiben bel. (Lim.: Ø=292x22/296x10, ab 9/2007: Ø=300x24/300x20), (T: Ø=300x24/300x20, ab 9/2007: Ø=312x24/296x10), ABS, ASC	Scheiben bel. (Lim.: Ø=292x22/296x10, ab 9/2007: Ø=312x24/300x20), (T: Ø=300x24/300x20, ab 9/2007: Ø=312x24/296x10), ABS, ASC
Parkbremse	Seilzug (Hinterräder)	Seilzug (Hinterräder)
Fahrdynamikregelung	DSC	DSC
Allgemeine Daten		
Fahrzeugart (Türen/Sitze)	Limousine (4/5)/Touring (5/5)	Limousine (4/5)/Touring (5/5)
Aufbauform	Ganzstahl-Karosserie, selbsttragend	Ganzstahl-Karosserie, selbsttragend
Radstand (mm)	2760	2760
Spur vorn/hinten (mm)	1494/1507	1500/1513
Länge x Breite x Höhe (mm)	4520 x 1817 x 1421 (T: 1418)	4520 x 1817 x 1421 (T: 1418)
Gepäckkraum (L)	460, Tour.: 460 - 1385	460, Tour.: 460 - 1385
Reifen (v/h)	205/55 R 16	205/55 R 16
Räder (v/h)	7.0 J x 16 (Stahl)	7.0 J x 16 (Stahl)
Wendekreisdurchmesser (m)	11	11
Bodenfreiheit (cm)	14,5	14,5
Leermasse (kg) EU	Lim.: 1430 (1445), Tour.: 1500 (1515), ab 9/2007: Lim.: 1505, Tour.: 1580	Lim.: 1490 (1505), Tour.: 1560 (1575), ab 9/2007: Lim.: 1505 (1520), Tour.: 1580 (1595)
zul. Gesamtmasse (kg) DIN	1950 (1965), ab 9/2007: Lim.: 1950, Tour.: 2045	Lim.: 1935 (1950), Tour.: 2005 (2020), ab 9/2007: 1950 (1965), Tour.: 2045 (2060)
Luftwiderstand (cW x A)	Lim.: 0,26 x 2,11/Tour.: 0,28 x 2,11	Lim.: 0,27 x 2,11/Tour.: 0,29 x 2,11
Kraftstofftank (L)/Position	61/hinten	61/hinten
Fahrleistungen		
Höchstgeschwindigkeit (km/h)	Lim.: 206, Tour.: 204; ab 9/2007: Lim.: 210, Tour.: 210	Lim.:. 225 (220), Tour.: 223 (218); ab 9/2007: Lim.: 230 (228), Tour.: 228 (226)
Beschleun. 0 - 100 km/h (s)	Lim.: 10,6, Tour.: 10,9; ab 9/2007: Lim.: 9,3, Tour.: 9,6	Lim.: 8,3 (8,6), Tour.: 8,6 (8,8); ab 9/2007: Lim.: 7,9 (8,0), Tour.: 8,1 (8,3)
Verbrauch (L/100 km) EU	Lim.: 5,7, Tour.: 5,8; ab 9/2007: Lim.: 4,7, Tour.: 4,8	Lim.: 5,7 (6,7), Tour.: 5,9 (6,9); ab 9/2007: Lim.: 4,8 (5,4), Tour.: 4,9 (5,6)

Modell (Baureihe)	BMW 318d Limousine (E90) BMW 318d Touring (E91)	BMW 320d Limousine (E90) BMW 320d Touring (E91)
Sonstiges		
Preis (Anf./Ende Laufz.) €	Lim.: 28.350 (29.950)/xxx; Tour.: 30.050 (31.600)/xxx	Lim.: 29.650 (32.700)/xxx; Tour.: 32.600 (34.350)/xxx
Baujahre	Lim.: ab 9/2005 (9/2007 Modellüberarb.),	Lim.: ab 3/2005 (9/2007 Modellüberarb.),
	Touring: ab 3/2006 (9/2007 Modellüberarb.)	Touring: ab 5/2005 (9/2007 Modellüberarb.)

	BMW 325d Limousine (E90) BMW 325d Touring (E91)	BMW 330d Limousine (E90)/330xd Limousine (E90) BMW 330d Touring (E91)/330xd Touring (E91)	BMW 335d Limousine (E90) BMW 335d Touring (E91)
Motor	M57 D30	N57 D30	N57 D30
Betriebsart	Diesel (Viertakt)	Diesel (Viertakt)	Diesel (Viertakt)
Material (Block/Kopf)	Grauguss/Alu	Grauguss/Alu	Grauguss/Alu
Zylinderzahl/Einbauposition	6 (Reihe), längs über Vorderachse	6 (Reihe), längs über Vorderachse	6 (Reihe), längs über Vorderachse
Bohrung x Hub (mm)	84 x 90	84 x 90	84 x 90
Hubraum (cm³)	2993	2993	2993
Leistung (PS/kW bei U/min)	197 (145) bei 4000	231 (170) bei 4000	286 (210) bei 4400
Drehmoment (Nm bei U/min)	400 bei 1300-3250	500 bei 1750 - 3000	580 bei 2250
Verdichtung	17,0 : 1	17,0 : 1	17,0 : 1
Gemischbildung/Elektronik	Direkteinspritzung (Common Rail)/DDE 6.2.6	Direkteinspritzung (Common Rail)/DDE 6.2.6	Direkteinspritzung (Common Rail)/6.2.6
Aufladung	1 Turbolader Garrett (VNT)	1 Turbolader Garrett (VNT)	2 Turbolader Garrett Register (Variable Twin Turbo)
Ladeluftkühlung	1 LLK	1 LLK	1 LLK
Ventile pro Zylinder/Betätigung	4, parallel hängend	4, parallel hängend	4, parallel hängend
Nockenwelle(n)/Antrieb	2 oben liegend/Kette	2 oben liegend/Kette	2 oben liegend/Kette
Kurbelwellenlager	7	7	7
Kühlung	Pumpe/7,9 (8,2) L Wasser	Pumpe/7,9 (7,5) L Wasser	Pumpe/8,2 (7,5) L Wasser, Ölkühler
Schmierung	Druckumlauf/7,5 L Öl	Druckumlauf/7,5 L Öl	Druckumlauf/7,5 L Öl
Abgasreinigung	Oxi-Kat, AGR, DPF	Oxi-Kat, AGR, DPF	Oxi-Kat, AGR, DPF
Batterie	12 V 90 Ah/hinten	12 V 90/hinten	12 V 90/hinten
Generator	Wechselstrom 150 A 2100 W	Wechselstrom 150 A 2100 W	Wechselstrom 180 A 2520 W
Kraftübertragung	Hinterradantrieb	Hinterradantrieb, opt. Allradantrieb (x-Drive)	Hinterradantrieb
Kupplung	Einscheiben-Trocken	Einscheiben-Trocken	
Schaltgetriebe	6Gang	6Gang	
Übersetzungen	I. 5,08, II. 2,80, III.1,78, IV. 1,26, V. 1,0, VI. 0,84; R: 4,61	I. 5,08, II. 2,80, III.1,78, IV. 1,26, V. 1,0, VI. 0,84; R: 4,61	
Antriebsübersetzung	2,35	2,35	
Automatik	6Stufen	6Stufen	6Stufen

	BMW 325d Limousine (E90) BMW 325d Touring (E91)	BMW 330d Limousine (E90)/330xd Limousine (E90) BMW 330d Touring (E91)/330xd Touring (E91)	BMW 335d Limousine (E90) BMW 335d Touring (E91)
Übersetzungen	I. 4,171, II. 2,34, III.1,521, IV. 1,143, V. 0,867, VI. 0,691; R: 3,403	I. 4,171, II. 2,34, III.1,521, IV. 1,143, V. 0,867, VI. 0,691; R: 3,403	I. 4,17, II. 2,34, III.1,52, IV. 1,14, V. 0,87, VI. 0,691; R: 3,40
Antriebsübersetzung	2,786	2,813	2,813
Fahrwerk			
Vorderradaufhängung	Einzelradaufh. mit Querlenkern, McPherson-Federbeinen, Zugstrebe, Stabi		
Hinterradaufhängung	Fünflenkerachse mit Doppelquerlenkern, Schraubenfedern. Stoßdämpfer, Stabi		
Lenkung	Zahnstange (hydr.), 16,0 : 1, opt. Aktivlenkung	Zahnstange (hydr.), 16,0 : 1 (xd: 18,0 : 1), opt. Aktivlenkung	Zahnstange (hydr.), 16,0 : 1, opt. Aktivlenkung
Betriebsbremse v/h (mm)	Hydr. (Servo), Zweikreis,	Hydr. (Servo), Zweikreis,	Hydr. (Servo), Zweikreis,
	Scheiben bel. 330x24, 336x22), ABS, ASC	Scheiben bel. (Ø=330x24/336x22), ABS, ASC	Scheiben bel. (Ø=348x30/336x22), ABS, ASC
Parkbremse	Seilzug (Hinterräder)	Seilzug (Hinterräder)	Seilzug (Hinterräder)
Fahrdynamikregelung	DSC	DSC	DSC
Allgemeine Daten			
Fahrzeugart (Türen/Sitze)	Limousine (4/5)/Touring (5/5)	Limousine (4/5)/Touring (5/5)	Limousine (4/5)/Touring (5/5)
Aufbauform	Ganzstahlaufbau, selbsttragend	Ganzstahlaufbau, selbsttragend	Ganzstahlaufbau, selbsttragend
Radstand (mm)	2760	2760	2760
Spur vorn/hinten (mm)	1500/1513	1500/1513	1500/1513
Länge x Breite x Höhe (mm)	4520 x 1817 x 1421 (T: 1418)	4520 x 1817 x 1421 (T: 1418)	4520 x 1817 x 1421 (T: 1418)
Gepäckkraum (L)	460	460	460
Reifen (v/h)	225/45 R 17	225/45 R 17	225/45 R 17
Räder (v/h)	8.0 J x 17 (LM)	8.0 J x 17 (LM)	8.0 J x 17 (LM)
Wendekreisdurchmesser (m)	11	11	10,7
Bodenfreiheit (cm)	14,5	14,5	14,5
Leermasse (kg) EU	Lim.: 1600 (1610), Tour.: 1665 (1675)	Lim.: 1600 (1610), Tour.: 1665 (1675), ab 9/2007: Lim.: 1610 (1625), xi: 1710 (1725), Tour.: 1675 (1690), xi: 1775 (1790)	Lim.: 1655, Tour.: 1720
zul. Gesamtmasse (kg) DIN	Lim.: 2045 (2055), Tour.: 2130 (2140)	Lim.: 2045 (2055), Tour.: 2130 (2140), ab 9/2007: Lim.: 2055 (2070), xi: 2155 (2170), Tour.: 2140 (2155), xi: 2240 (2255)	Lim.: 2100, Tour.: 2185
Luftwiderstand (cW x A)	Lim.: 0,30 x 2,11, T: 0,30 x 2,11	Lim.: 0,30 x 2,11, T: 0,31 x 2,11	0,32 x 2,09; T: 0,33 x 2,11
Kraftstofftank (L)/Position	61/hinten	61/hinten	61/hinten
Fahrleistungen			
Höchstgeschwindigkeit (km/h)	Lim.: 235 (233), Tour.: 233 (231)	250, xi: 242, Tour.: 248 (246)	250
		2007: Lim.: 250 (248), xi: 242 (240), T: 248 (246), xi: 238 (236)	
Beschleun. 0 - 100 km/h (s)	Lim.: 7,4 (7,6), Tour.: 7,6 (7,7)	Lim.: 6,7 (6,8), xd 6,6 (6,7), Tour.: 7,6 (7,7), xd: 6,8 (6,9), 2007: Lim.: 6,7 (6,8), xd: 6,6 (6,7), Tour.: 6,8 (6,9), xd: 6,7 (6,8)	Lim.: 6,2, Tour.: 6,3

	BMW 325d Limousine (E90) BMW 325d Touring (E91)	BMW 330d Limousine (E90)/330xd Limousine (E90) BMW 330d Touring (E91)/330xd Touring (E91)	BMW 335d Limousine (E90) BMW 335d Touring (E91)
Verbrauch (L/100 km) EU	Lim.: 5,9 (6,4), Tour.: 6,0 (6,5)	Lim.: 6,8 (7,7), xd: 7,5 (8,4), Tour.: 7,0 (8,0), xd: 7,7 (8,6), 2007: Lim.: 6,1 (6,6), xd: 6,8 (7,2), Tour.: 6,2 (6,7), xd: 6,9 (7,3)	Lim.: 6,7, Tour.: 6,8
Sonstiges			
Preis (Anf./Ende Laufz.) €	Lim.: 36.650/xxx	Lim.: 37.600 (39.650)/xxx, xd: 40.100/xxx	Lim.: 44.350/xxx
	Tour.: 37.300/xxx	Tour.: 39.100 (41.300)/xxx, xd: 41.600/xxx	Tour.: 46.000/xxx
Baujahre	Lim.: ab 9/2006, Touring: ab 9/2006	Lim.: ab 3/2005 (9/2007 Modellüberarb.)	Lim.: ab 9/2006, Touring: ab 9/2006
		Touring: ab 5/2005 (9/2007 Modellüberarb.), xi ab 9/2005	

BMW Dreier als Limousine, Touring und Coupé (2006)

BMW 335i Cabriolet (2006)

BMW 335i Cabriolet (2006)

BMW 335i Cabriolet (2006)

BMW DREIER CABRIO (E93) (AB 2007)

Das neue, in Regensburg gebaute Cabrio wurde erst im März 2007 nachgereicht, es verfügte über die Antriebstechnik des Coupés. Erstmals wurde hier die schlanke Designlinie eines typischen Dreiers mit einem einfahrbaren Hardtop (von Edscha) realisiert – dies gelang besser als bei den anderen Wettbewerbern. Nicht gefallen können die außenliegenden Scharniere. Selbst bei BMW war man nicht glücklich über die technische Lösung, weil sich Coupé und Cabrio im geschlossenen Zustand kaum unterschieden.

Das Cabrio verfügte über eine 40 x 40 cm große Durchlade in den Kofferraum, zudem ließ sich die Rückbanklehne vorklappen, um darauf vom Innenraum her Koffer oder Taschen abzustellen. Die Abdeckung des Kofferraums erlaubte das Beladen mit mittlerem Gepäck, auch wenn die Dachteile im oberen Bereich abgelegt waren. War größeres Ladegut zu verstauen, ließ sich das zusammengelegte Verdeck-Paket hochfahren. Um das Verdeck über den Innenraum zu spannen, brauchte es 22 Sekunden.

BMW 335i Cabriolet (2006)

BMW 335i Cabriolet (2006)

	BMW 320i Coupé (E92) BMW 320i Cabrio (E93)	BMW 325i Coupé (E92), 325xi Coupé (E92) BMW 325i Cabrio (E93)	BMW 330i Coupé (E92), 330xi Coupé (E92) BMW 330i Cabrio (E93)	BMW 335i Coupé (E92), 335xi Coupé (E92) BMW 335i Cabrio (E93)
Motor	N43 B20	M52 B25, 2007: N53 B30	M52 B30, 2007: N52 B30	N54 B30
Betriebsart	Otto (Viertakt)	Otto (Viertakt)	Otto (Viertakt)	Otto (Viertakt)
Material (Block/Kopf)	Alu	Alu	Alu	Alu
Zylinderzahl/ Einbauposition	4 (Reihe), längs über Vorderachse	6 (Reihe), längs über Vorderachse	6 (Reihe), längs über Vorderachse	6 (Reihe), längs über Vorderachse
Bohrung x Hub (mm)	84 x 90	85 x 88	85 x 88	85 x 88
Hubraum (cm³)	1995	2497, 9/2007: 2996	2996	2979
Leistung (PS/kW bei U/min)	170 (125) bei 6700	218 (160) bei 6100	272 (200) bei 6700	306 (225) bei 5800
Drehmoment (Nm bei U/min)	210 bei 4250	250 bei 2750-4250	300 bei 2500-4000	400 bei 1300 - 5000
		2007: 270 bei 2400-4200	9/2007: 320 bei 2750 - 3000	
Verdichtung	12,0 : 1	11,0 : 1, 2007: 12,0: 1	10,7 : 1, 2007: 12,0: 1	10,7 : 1
Gemischbildung/Elektronik	Direkteinspritzung (mager)/MSD 80.2	Saugrohreinspritzung/ MSV70	Saugrohreinspritzung/ MSV70	Direkteinspritzung (homogen)/MSD 80.2
Aufladung		2007, Cab.: Direkteinspritz. (mager)/MSD 80.2	2007, Cab.: Direkteinspritz. (mager)/MSD 80.2	2 IHI parallel (Variable Twin Turbo)
Ladeluftkühlung				1 LLK
Ventile pro Zylinder/ Betätigung	4, V-förmig hängend	4, V-förmig hängend, bis 2007 Valvetronic	4, V-förmig hängend, bis 2007 Valvetronic	4, V-förmig hängend
Nockenwelle(n)/Antrieb	2 oben liegend (Bi-Vanos)/ Kette	2 oben liegend (Bi-Vanos)/ Kette	2 oben liegend (Bi-Vanos)/ Kette	2 oben liegend (Bi-Vanos)/ Kette
Kurbelwellenlager	5	7	7	7
Kühlung	Pumpe/8,4 (9,2) L Wasser	Pumpe/8,2 (8,5) L Wasser	Pumpe/8,2 (8,5) L Wasser	Pumpe/8,2 (8,5) L Wasser
Schmierung	Druckumlauf/4,25 L Öl	Druckumlauf/6,5 L Öl	Druckumlauf/6,5 L Öl	Druckumlauf/6,5 L Öl
Abgasreinigung	Dreiwege-Kat, Lambdasonde	Dreiwege-Kat, Lambdasonde	Dreiwege-Kat, Lambdasonde	Dreiwege-Kat, Lambdasonde
Batterie	12 V 90 (70)/hinten	12 V 80/hinten	12 V 80/hinten	12 V 80/hinten
Generator	Wechselstrom 180 A 2520 W	Wechselstrom 166 (180) A 2170 (2520) W	Wechselstrom 155 (180) A 2170 (2520) W	Wechselstrom 180 A 2520 W
Kraftübertragung	Hinterradantrieb	Hinterradantrieb, opt. Allradantrieb	Hinterradantrieb, opt. Allradantrieb	Hinterradantrieb, opt. Allradantrieb
Kupplung	Einscheiben-Trocken	Einscheiben-Trocken	Einscheiben-Trocken	Einscheiben-Trocken
Schaltgetriebe	6Gang	6Gang	6Gang	6Gang
Übersetzungen	I. 4,323, II. 2,456, III.1,659, IV. 1,230, V. 1,0, VI. 0,848; R: 3,938	I. 4,323, II. 2,456, III.1,659, IV. 1,230, V. 1,0, VI. 0,848; R: 3,938	I. 4,35, II. 2,50, III.1,67, IV. 1,230, V. 1,0, VI. 0,848; R: 3,93	I. 4,06, II. 240, III.1,58, IV. 1,19, V. 1,0, VI. 0,87; R: 3,68
Antriebsübersetzung	3,636	3,07	3,15	3,08
Automatik	6Stufen	6Stufen	6Stufen	6Stufen
Übersetzungen	I. 4,171, II. 2,34, III.1,521, IV. 1,143, V. 0,867, VI. 0,691; R: 3,403	I. 4,171, II. 2,34, III.1,521, IV. 1,143, V. 0,867, VI. 0,691; R: 3,403	I. 4,171, II. 2,34, III.1,521, IV. 1,143, V. 0,867, VI. 0,691; R: 3,403	I. 4,171, II. 2,34, III.1,521, IV. 1,143, V. 0,867, VI. 0,691; R: 3,403

	BMW 320i Coupé (E92) BMW 320i Cabrio (E93)	BMW 325i Coupé (E92), 325xi Coupé (E92) BMW 325i Cabrio (E93)	BMW 330i Coupé (E92), 330xi Coupé (E92) BMW 330i Cabrio (E93)	BMW 335i Coupé (E92), 335xi Coupé (E92) BMW 335i Cabrio (E93)
Antriebsübersetzung	3,91	3,46	3,64	3,46
Fahrwerk				
Vorderradaufhängung	Einzelradaufh. mit Querlenkern, McPherson-Federbeinen, Zugstrebe, Stabi			
Hinterradaufhängung	Fünflenkerachse mit Doppelquerlenkern, Schraubenfedern. Stoßdämpfer, Stabi (335i: M-Sportfahwerk)			
Lenkung	Zahnstange (hydr.), Servo, 16,0 : 1	Zahnstange (hydr.), Servo, 16,0 : 1	Zahnstange (hydr.), Servo, 16,0 : 1	Zahnstange (hydr.), Servo, 16,0 : 1
Betriebsbremse v/h (mm)	Hydr. (Servo), Zweikreis,	Hydr. (Servo), Zweikreis,	Hydr. (Servo), Zweikreis,	Hydr. (Servo), Zweikreis,
	Scheiben bel. (Coupé: Ø=300x24/300x20) (Cabrio: =312x24/ 300x20), ABS, ASC	Scheiben bel. (Coupé: Ø=330x24/300x20), (Cabrio: Ø=330x24/ 300x20), ABS, ASC	Scheiben bel. (Coupé: Ø=348x30/336x22), (Cabrio: Ø=348x30/ 336x22), ABS, ASC	Scheiben bel. (Coupé: Ø=348x30/336x22), (Cabrio: Ø=348x30/ 336x22), ABS, ASC
Parkbremse	Seilzug (Hinterräder)	Seilzug (Hinterräder)	Seilzug (Hinterräder)	Seilzug (Hinterräder)
Fahrdynamikregelung	DSC	DSC	DSC	DSC
Allgemeine Daten				
Fahrzeugart (Türen/Sitze)	Coupé (2/2+2)/ Cabrio (2/2+2)	Coupé (2/2+2)/ Cabrio (2/2+2)	Coupé (2/2+2)/ Cabrio (2/2+2)	Coupé (2/2+2)/ Cabrio (2/2+2)
Aufbauform	Ganzstahl-Karosserie, selbsttragend	Ganzstahl-Karosserie, selbsttragend	Ganzstahl-Karosserie, selbsttragend	Ganzstahl-Karosserie, selbsttragend
Radstand (mm)	2760	2760	2760	2760
Spur vorn/hinten (mm)	1500/1513	1500/1513	1500/1513	1500/1513
Länge x Breite x Höhe (mm)	4580 x 1782 x 1395 (Cabrio: 1384)	4580 x 1782 x 1395 (Cabrio: 1384)	4580 x 1782 x 1395 (Cabrio: 1384)	4580 x 1782 x 1395 (Cabrio: 1384)
Gepäckkraum (L)	440, Cabrio: 210 - 350	440, Cabrio: 210 - 350	440, Cabrio: 210 - 350	440, Cabrio: 210 - 350
Reifen (v/h)	225/45 R 17	225/45 R 17	225/45 R 17	225/45 R 17/255/40 R17
Räder (v/h)	8.0 J x 17 (LM)	8.0 J x 17 (LM)	8.0 J x 17 (LM)	8.0 J x 17/8.5 J x 17 (LM)
Wendekreisdurch-messer (m)	11	11	11	11
Bodenfreiheit (cm)	11,5	11,5	11,5	11,5
Leermasse (kg) EU	Coupé: 1435/1365), Cabrio: 1670 (1700)	Coupé: 1495 (1525), xi: 1605 (1625), Cabrio: 1730 (1760))	Coupé: 1545 (1560), xi: 1645 (1660), Cabrio: 1780 (1795)	Coupé: 1600 (1615), xi: 1710 (1725), Cabrio: 1810 (1825)
zul. Gesamtmasse (kg) DIN	Coupé: 1810 (1840), Cabrio: 2025 (2055)	Coupé: 1900 (1930), xi: 2010 (2030), Cabrio: 2085 (2115)	Coupé: 1950 (1965), xi: 2050 (2065), Cabrio: 2135 (2150)	Coupé: 2005 (2020), xi: 2115 (2130), Cabrio: 2165 (2180)
Luftwiderstand (cW x A)	Coupé: 0,27 x 2,08, Cabrio: 0,27 x 2,08	0,27 x 2,08, xi: 0,31 x 2,08 Cabrio: 0,28 x 2,08	0,27 x 2,08, xi: 0,31 x 2,08 Cabrio: 0,28 x 2,08	0,30 x 2,08, 0,33 x 2,08 Cabrio: 0,31 x 2,08
Kraftstofftank (L)/Position	63/hinten	63/hinten	63/hinten	63/hinten
Fahrleistungen				
Höchstgeschwindigkeit (km/h)	Coupé: 230 (228), Cabrio: 228 (26)	Coupé: 250, ix: 246 (244), Cabrio: 245 (243)	250, xi: 244	250
Beschleun. 0 - 100 km/h (s)	Coupé: 8,1 (8,8), Cabrio: 9,1 (9,8)	Coupé: 6,6 (7,0), xi: 7,2 (7,6), Cabrio: 7,6 (8,1)	Coupé: 6,0 (6,2), xi: 6,1 (6,3), Cabrio: 6,5 (6,7)	Coupé: 5,5 (5,7), xi: 5,4 (5,5), Cabrio: 5,8 (6,0)

	BMW 320i Coupé (E92) BMW 320i Cabrio (E93)	BMW 325i Coupé (E92), 325xi Coupé (E92) BMW 325i Cabrio (E93)	BMW 330i Coupé (E92), 330xi Coupé (E92) BMW 330i Cabrio (E93)	BMW 335i Coupé (E92), 335xi Coupé (E92) BMW 335i Cabrio (E93)
Verbrauch (L/100 km) EU	Coupé: 6,3 (6,5), Cabrio: 6,6 (6,9)	Coupé: 7,1, xi: 7,9, Cabrio: 7,6 (7,8)	Coupé: 8,8 (9,5), xi: 8,9, Cabrio: 9,2 (9,6)	Coupé: 9,1 (9,2), xi: 9,7, Cabrio: 9,5
Sonstiges				
Preis (Anf./Ende Laufz.) €	Coupé: 32.400/xxx	Coupé: 35.850/xxx, xi: 38.450	Coupé: 40.100/xxx, xi: 42.700	Coupé: 43.200/xxx, xi: 45.800
xi + 2600 €	Cabrio: 40.300/xxx	Cabrio: 45.400/xxx	Cabrio: 48.800/xxx	Cabrio: 51.500/xxx
Baujahre	Coupé: ab 3/2007, Cabrio: ab 3/2007	Coupé: ab 9/2006, Cabrio: ab 3/2007	Coupé: ab 9/2006, Cabrio: ab 3/2007	Coupé: ab 9/2006, Cabrio: ab 3/2007

	BMW 320d Coupé (E92)	BMW 325d Coupé (E92) BMW 325d Cabrio (E93)	BMW 330d/330 xd Coupé (E92) BMW 330d Cabrio (E93)	BMW 335d Coupé (E92)
Motor	N47 D 20	N57 D30	N57 D30	N57 D30
Betriebsart	Diesel (Viertakt)	Diesel (Viertakt)	Diesel (Viertakt)	Diesel (Viertakt)
Material (Block/Kopf)	Alu/Alu	Alu	Alu	Alu/Alu
Zylinderzahl/Einbauposition	4 (Reihe), längs über Vorderachse	6 (Reihe), längs über Vorderachse	6 (Reihe), längs über Vorderachse	6 (Reihe), längs über Vorderachse
Bohrung x Hub (mm)	84 x 90	84 x 90	84 x 90	84 x 90
Hubraum (cm³)	1995	2993	2993	2993
Leistung (PS/kW bei U/min)	177 (130) bei 4000	197 (145) bei 4000	231 (170) bei 4000	286 (210) bei 4400
Drehmoment (Nm bei U/min)	350 bei 1750 - 3000	400 bei 1300 - 3250	500 bei 1750 - 3000	580 bei 1750 - 2250
Verdichtung	16,0 : 1	17,0 : 1	17,0 : 1	16,5 : 1
Gemischbildung/Elektronik	Direkteinspritzung (Common Rail), DDE71	Direkteinspritzung (Common Rail), DDE6.2.6	Direkteinspritzung (Common Rail)/DDE 6.2.6	Direkteinspritzung (Common Rail)/DDE 6.2.6
Aufladung	1 Turbolader Garrett (VNT)	1 Turbolader Garrett (VNT)	1 Turbolader Garrett (VNT)	2 Turbolader Garrett Register (Twin)
Ladeluftkühlung	1 LLK	1 LLK	1 LLK	1 LLK
Ventile pro Zylinder/ Betätigung	4, parallel hängend	4, parallel hängend	4, parallel hängend	4, parallel hängend
Nockenwelle(n)/Antrieb	2 oben liegend/Kette	2 oben liegend/Kette	2 oben liegend/Kette	2 oben liegend/Kette
Kurbelwellenlager	5	5	5	5
Kühlung	Pumpe/7, (7,5) L Wasser	Pumpe/7,9 (8,2) L Wasser	Pumpe/7,9 (8,2) L Wasser	Pumpe/8,2 L Wasser

	BMW 320d Coupé (E92)	BMW 325d Coupé (E92) BMW 325d Cabrio (E93)	BMW 330d/330 xd Coupé (E92) BMW 330d Cabrio (E93)	BMW 335d Coupé (E92)
Schmierung	Druckumlauf/5,5 L Öl	Druckumlauf/7,5 L Öl	Druckumlauf/7,5 L Öl	Druckumlauf/7,5 L Öl
Abgasreinigung	Oxi-Kat, AGR, DPF	Oxi-Kat, AGR, DPF	Oxi-Kat, AGR, DPF	Oxi-Kat, AGR, DPF
Batterie	12 V 90 (80) Ah/hinten	12 V 90 Ah/hinten	12 V 90 Ah/hinten	12 V 90 Ah/hinten
Generator	Wechselstrom 180 A 2520 W	Wechselstrom 150 A 2100 W	Wechselstrom 150 A 2100 W	Wechselstrom 170 A 2380 W
Kraftübertragung	Hinterradantrieb	Hinterradantrieb	Hinterradantrieb, opt. Allradantrieb	Hinterradantrieb
Kupplung	Einscheiben-Trocken	Einscheiben-Trocken	Einscheiben-Trocken	
Schaltgetriebe	6Gang	6Gang	6Gang	
Übersetzungen	I. 5,14, II. 2,83, III.1,801, IV. 1,26, V. 1,0, VI. 0,83; R: 4,64	I. 5,08, II. 2,80, III.1,78, IV. 1,26, V. 1,0, VI. 0,84; R: 4,61	I. 5,08, II. 2,80, III.1,78, IV. 1,26, V. 1,0, VI. 0,84; R: 4,61	
Antriebsübersetzung	2,563	2,353/2,471	2,353/2,471	
Automatik	6Stufen	6Stufen	6Stufen	6Stufen
Übersetzungen	I. 4,171, II. 2,34, III.1,521, IV. 1,143, V. 0,867, VI. 0,691; R: 3,403	I. 4,171, II. 2,34, III.1,521, IV. 1,143, V. 0,867, VI. 0,691; R: 3,403	I. 4,171, II. 2,34, III.1,521, IV. 1,143, V. 0,867, VI. 0,691; R: 3,403	I. 4,17, II. 2,34, III.1,52, IV. 1,14, V. 0,87, VI. 0,691; R: 3,40
Antriebsübersetzung	3,154	2,786/2,929	2,813/2.929	2,813
Fahrwerk				
Vorderradaufhängung	Einzelradaufh. mit Querlenkern, McPherson-Federbeinen, Zugstrebe, Stabi			
Hinterradaufhängung	Fünflenker-Achse mit Doppelquerlenkern, Schraubenfedern. Stoßdämpfer, Stabi (335d: M-Sportfahrwerk)			
Lenkung	Zahnstange (hydr.), Servo, 16,0 : 1	Zahnstange (hydr.), Servo, 16,0 : 1	Zahnstange (hydr.), Servo, 16,0 : 1	Zahnstange (hydr.), Servo, 16,0 : 1
Betriebsbremse v/h (mm)	Hydr. (Servo), Zweikreis,	Hydr. (Servo), Zweikreis,	Hydr. (Servo), Zweikreis,	Hydr. (Servo), Zweikreis,
	Scheiben bel (Ø=312x24/300x20)	Scheiben bel. (Coupé: Ø=330x24/336x22) (Cabrio: Ø=312x24/300x20)	Scheiben bel. (Coupé: Ø=348x30/336x22) (Cabrio: Ø=312x24/300x20)	Scheiben bel. (Ø=348x30/336x22)
Parkbremse	Seilzug (Hinterräder)	Seilzug (Hinterräder)	Seilzug (Hinterräder)	Seilzug (Hinterräder)
Fahrdynamikregelung	DSC	DSC	DSC	DSC
Allgemeine Daten				
Fahrzeugart (Türen/Sitze)	Coupé (2/4)	Coupé (2/4)/Cabrio (2/4)	Coupé (2/4)/Cabrio (2/4)	Coupé (2/4)
Aufbauform	Ganzstahl-Karosserie, selbsttragend	Ganzstahl-Karosserie, selbsttragend	Ganzstahl-Karosserie, selbsttragend	Ganzstahl-Karosserie, selbsttragend
Radstand (mm)	2760	2760	2760	2760
Spur vorn/hinten (mm)	1500/1513	1500/1513	1500/1513	1500/1513
Länge x Breite x Höhe (mm)	4580 x 178 x 1395	4580 x 178 x 1395 (Cabrio: 1384)	4580 x 178 x 1395 (Cabrio: 1384)	4580 x 178 x 1395
Gepäckkraum (L)	440	Coupé: 440, Cabrio: 210 - 350	Coupé: 440, Cabrio: 210 - 350	430
Reifen (v/h)	225/45 R 17	225/45 R 17	225/45 R 17	225/45 R 17/255/40 R 17
Räder (v/h)	8.0 J x 17 (LMI)	8.0 J x 17 (LMI)	8.0 J x 17 (LMI)	8.0 J x 17/8.5 J x 17 (LMI)
Wendekreisdurchmesser (m)	11	11	11	11

	BMW 320d Coupé (E92)	BMW 325d Coupé (E92) BMW 325d Cabrio (E93)	BMW 330d/330 xd Coupé (E92) BMW 330d Cabrio (E93)	BMW 335d Coupé (E92)
Bodenfreiheit (cm)	11,5	11,5	11,5	11,5
Leermasse (kg) EU	1495 (1505)	Coupé: 1590 (1600), Cab.: 1815 (1825)	Coupé: 1600 (1615), xd: 1700 (1715), Cabrio: 1825 (1840)	1645
zul. Gesamtmasse (kg) DIN	1900 (1910)	Coupé: 1995 (2005), Cab.: 2170 (2180)	Coupé: 2005 (2020), xd: 2105 (2120), Cabrio: 2180 (2195)	2050
Luftwiderstand (cW x A)	0,28 x 2,08	0,28 x 2,08	0,28 x 2,08	0,30 x 2,08
Kraftstofftank (L)/Position	61/hinten	61/hinten	61/hinten	61/hinten
Fahrleistungen				
Höchstgeschwindigkeit (km/h)	232 (230)	Coup.: 238 (236), Cabrio: 235 (233)	250, Cabrio: 245 (243)	250
Beschleun. 0 - 100 km/h (s)	7,9 (8,0)	Coup.: 7,3 (7,5), Cabrio: 7,9 (8,0)	Coup.: 6,6 (6,7), xd: 6,5 (6,6), Cab.: 7,0 (7,1)	6,1
Verbrauch (L/100 km) EU	4,8 (5,5)	Coup.: 5,9 (6,4), Cabrio: 6,2 (6,7)	Coup.: 6,1 (6,6), xd: 6,8 (7,2); Cab.: 6,5 (6,9)	6,7
Sonstiges				
Preis (Anf./Ende Laufz.) €	35.600/xxx	Coupé: 38.100/xxx, Cabrio: 46.450/xxx	Coupé: 41.100/xxx, xd: 43.700/xxx	46.200/xxx
			Cabrio: 49.450/xxx	
Baujahre	ab 3/2007	Coup.: ab 3/2007, Cab.: ab 3/2007	Coup.: ab 9/2006, xd ab 3/2007, Cab.: ab 3/2007	ab 9/2006

BMW Dreier – das komplette Modellprogramm (2007)

BMW M3 (E90S BIS E93S) (AB 2007)

Ab Herbst 2007 bot die M GmbH den neuen M3 an – zuerst als Coupé (Markteinführung September 2007), kurz darauf als Limousine (Debüt Tokio im Oktober 2007, Verkaufsstart im Frühjahr 2008) und schließlich als Cabrio (Genf 2008). Nur eine Touring-Variante wurde verworfen. Neu war vor allem der 420-PS-Motor – erstmals ein hoch drehender V8, der vom V10 des M5 abgeleitet worden war. Erstmals gezeigt wurde der Neue als Conceptcar beim Genfer Salon im März 2007, die Serienversion des Coupés war dann in Frankfurt zu sehen.

Optisch übernahm der Neue einiges vom Vorgängermodell – beispielsweise die Powerdome-Sicke auf der Haube, verbreiterte Radkästen, eine vierflutige Abgasanlage und Kiemen in den vorderen Kotflügeln. LED-Licht gab es nicht, es blieb bei den Xenon-Strahlern. Auch Keramikbremsen wurden nicht angeboten. Die Außenspiegel erinnern an den einstigen M3 auf E36-Basis. Serienmäßig hat das M3 Coupé nun ein Karbondach (optional konnte stattdessen ein Schiebedach geordert werden), die Stoßfänger waren aus leichtem Kunststoff, die extraleichten 19-Zoll-Räder waren geschmiedet, und die Motorhaube bestand aus Aluminium Mit solchen Maßnahmen wurde das Gewicht etwas minimiert.

Zunächst gab es ausschließlich ein Sechsgang-Handschaltgetriebe für das Auto (eine Übernahme vom M5-Getriebe für die USA), die Ära der SMG-Getriebe war im Dreier einschließlich des M3 endgültig vorüber. Optional ließen sich im M3 unterschiedliche Fahrprogramme aktivieren. Mitte 2008 wurde das lang erwartete, extrem schnell schaltende Doppelkupplungsgetriebe nachgereicht (3.800 Euro Aufpreis). Gebaut wird der M3 in allen seinen Varianten direkt am Band im Werk Regensburg.

BMW M3 Coupé (2007)

BMW M3 Coupé (2007)

BMW M3 Coupé (2007)

BMW M3 Cabriolet (2008)

BMW M3 Cabriolet (2008)

BMW M3 Limousine (2008)

BMW M3 Limousine (2008)

Modell (Baureihe)	BMW M3 Coupé (E92S) BMW M3 Cabrio (E93S)	BMW M3 Limousine (E90S)
Motor	S65 B40	S65 B40
Betriebsart	Otto (Viertakt)	Otto (Viertakt)
Material (Block/Kopf)	Alu	Alu
Zylinderzahl/Einbauposition	8 (V 90°), längs über Vorderachse	8 (V 90°), längs über Vorderachse
Bohrung x Hub (mm)	92 x 75,2	92 x 75,2
Hubraum (cm³)	3999	3999
Leistung (PS/kW bei U/min)	420 (309) bei 8300	420 (309) bei 8300
Drehmoment (Nm bei U/min)	400 bei 3900	400 bei 3900
Verdichtung	12,0 : 1	12,0 : 1
Gemischbildung/Elektronik	Saugrohreinspritzung (Einzeldrosselklappen)/ MS S60	Saugrohreinspritzung (Einzeldrosselklappen)/ MS S60
Ventile pro Zylinder/Betätigung	4, V-förmig hängend	4, V-förmig hängend,
Nockenwelle(n)/Antrieb	2 oben liegend (Bi-Vanos)/Kette	2 oben liegend (Bi-Vanos)/Kette
Kurbelwellenlager	5	5
Kühlung	Pumpe/11,4 L Wasser, Ölkühler	Pumpe/11,4 L Wasser, Ölkühler
Schmierung	Druckumlauf/8,8 L Öl	Druckumlauf/8,8 L Öl
Abgasreinigung	Dreiwege-Kat, 2 Lambdasonden	Dreiwege-Kat, 2 Lambdasonden
Batterie	12 V 70 Ah/hinten	12 V 70 Ah/hinten
Generator	Wechselstrom 180 A 2520 W	Wechselstrom 180 A 2520 W

Modell (Baureihe)	BMW M3 Coupé (E92S) BMW M3 Cabrio (E93S)	BMW M3 Limousine (E90S)
Kraftübertragung	Hinterradantrieb, variable M-Differenzialsperre	Hinterradantrieb, variable M-Differenzialsperre
Kupplung	Einscheiben-Trocken	Einscheiben-Trocken
Schaltgetriebe	6Gang (ZF), 5/2008: opt. DKG	6Gang (ZF), 5/2008: opt. DKG
Übersetzungen	I. 4,055, II. 2,396, III.1,582, IV. 1,192, V. 1,0, VI. 0,872; R: 3,678	I. 4,055, II. 2,396, III.1,582, IV. 1,192, V. 1,0, VI. 0,872; R: 3,678
Antriebsübersetzung	3,846	3,846
Fahrwerk		
Vorderradaufhängung	Einzelradaufh. mit Querlenkern, McPherson-Federbeinen, Zugstrebe, Stabi	
Hinterradaufhängung	Fünflenkerachse mit Doppelquerlenkern, Schraubenfedern. Stoßdämpfer, Stabi	
Lenkung	Zahnstange (hydr.), Servo, 12,5 : 1	Zahnstange (hydr.), Servo, 12,5 : 1
Betriebsbremse v/h (mm)	Hydr. (Servo), Zweikreis,	Hydr. (Servo), Zweikreis,
	Scheiben belüft. u. gelocht (Ø=360x30/350x24), ABS, ASC	Scheiben belüft. u. gelocht (Ø=360x30/350x24), ABS, ASC
Parkbremse	Seilzug (Hinterräder)	Seilzug (Hinterräder)
Fahrdynamikregelung	DSC	DSC
Allgemeine Daten		
Fahrzeugart (Türen/Sitze)	Coupé (2/2+2)	Limousine (4/5)
Aufbauform	Ganzstahl-Karosserie, selbsttragend	Ganzstahl-Karosserie, selbsttragend
Radstand (mm)	2761	2761
Spur vorn/hinten (mm)	1538/1539	1540/1539
Länge x Breite x Höhe (mm)	Coupé: 4615 x 1804 x 1418, Cabrio: 4615 x 1804 x 1397	Limousine: 4580 x 1817 x 1447
Gepäckkraum (L)	430	450
Reifen (v/h)	245/40 ZR 18/265/40 ZR 18	245/40 ZR 18/265/40 ZR 18
Räder (v/h)	8.5 J x 18/9.5 J x 18 (LM)	8.5 J x 18/9.5 J x 18 (LM)
Wendekreisdurchmesser (m)	11	11,7
Bodenfreiheit (cm)	11,0 - 12,0	11,0 - 12,0
Leermasse (kg) EU	Coupé: 1655, Cabrio: 1885	1680
zul. Gesamtmasse (kg) DIN	Coupé: 2080, Cabrio: 2280	2150
Luftwiderstand (cW x A)	0,31 x 2,17	0,30 x 2,23
Kraftstofftank (L)/Position	63/hinten	63/hinten
Fahrleistungen		
Höchstgeschwindigkeit (km/h)	250	250
Beschleun. 0 - 100 km/h (s)	Coupé: 4,8 (DKG: 4,6), Cabrio: 5,3	4,9 (DKG: 4,7)
Verbrauch (L/100 km) EU	Coupé: 12,4 (DKG: 11,9), Cabrio: 12,9	12,4 (DKG: 11,9)
Sonstiges		
Preis (Anf./Ende Laufz.) €	Coupé: 66.650/xxx; Cabrio: 73.950/xxx	64.750/xxx
Baujahre	Coupé ab 10/2007, Cabrio ab 3/2008	ab 3/2008

BMW X5 (E70) AB 2006

Als Nachfolger der ersten X5-Generation (E53) – die über 580.000mal verkauft wurde – erschien im Winter 2006 die Baureihe E70. Sie war etwas länger, wirkte aber dennoch wegen ihrer stilistischen Zurückhaltung äußerlich fast wie ein Facelift. Erstmals vorgestellt wurde sie im August jenen Jahres auf dem Pariser Salon. Auch sie wurde wieder in den USA gefertigt. Dort begannen die Auslieferungen schon im Winter 2006/2007, während der Neue in Europa erst ab Frühjahr 2007 zu haben war.

Der neue X5 wurde mit einem weiter entwickelten Allradsystem (x-Drive) ausgerüstet. Sein Fahrwerk war zwar bevorzugt für den Einsatz auf befestigten Straßen ausgelegt, dennoch wurden Offroad-Einsätze möglich. Neu war die optionale dritte Sitzreihe, welche sich jedoch für Personen über 1,70 m Körpergröße nur eingeschränkt eignete. Serienmäßig verfügte der X5 nun über das i-Drive-System mit großem Farbdisplay und acht programmierbaren Stationstasten. Das Interieur war deutlich aufgewertet worden.

Zunächst wurde das Auto mit zwei Motoren (4.8i und 3.0d) angeboten, in der zweiten Jahreshälfte 2007 kamen der 3.0si und schließlich der doppelt aufgeladene 3.0sd hinzu. Außerdem soll der aufgeladene V8-Benziner aus dem X6 zum Einsatz kommen. Dann wird BMW auch die umständliche Typenbezeichnung übernehmen, wie sie bereits beim Schwestermodell X6 Verwendung fand. Alle Motoren sind mit einem Sechsstufen-Automatikgetriebe verblockt. Der mittig platzierte Wählhebel arbeitete elektrisch (shift-by-wire). Von Herbst 2007 an wurden die intelligente Generatorreglung und die bedarfsgerechte Steuerung der Nebenaggregate eingesetzt, um Kraftstoff zu sparen.

Aufpreispflichtige Schmankerl, die auch in anderen BMW-Modellen Verwendung fanden, waren die Aktivlenkung, Adaptive Drive (Wankstabilisierung) und adaptive Stoßdämpfern; dazu ein Head-Up-Display, Komfortzugang (schlüsselloser Zugriff und Motorstart) und Vier-Zonen-Klimaautomatik. Neu war das Park Distance System, das sich mit der optionalen Rückfahrkamera kombinieren ließ.

BMW X5 3.0d (2006)

BMW X5 3.0d (2006)

BMW X5 4.8i (2006)

BMW X5 4.8i (2006)

BMW X5 4.8i (2006)

Modell (Baureihe)	BMW X5 3.0si (E70)	BMW X5 4.8i (E70)
Motor	M52 B30	N62 B48
Betriebsart	Otto (Viertakt)	Otto (Viertakt)
Material (Block/Kopf)	Alu	Alu
Zylinderzahl/Einbauposition	6 (Reihe), längs über Vorderachse	8 (V 90 Grad), längs über Vorderachse
Bohrung x Hub (mm)	85 x 88	93 x 88,3
Hubraum (cm³)	2996	4799
Leistung (PS/kW bei U/min)	272 (200) bei 6650	355 (261) bei 6300
Drehmoment (Nm bei U/min)	315 bei 2750	475 bei 3400 - 3800
Verdichtung	10,7 : 1	10,5 : 1
Gemischbildung/Elektronik	Saugrohreinspritzung	Saugrohreinspritzung
	MSV 80	Bosch ME 9.2.3
Ventile pro Zylinder/Betätigung	4, V-förmig hängend, Valvetronic	4, V-förmig hängend, Valvetronic
Nockenwelle(n)/Antrieb	2 oben liegend (Bi-Vanos)/Kette	2 oben liegend (Bi-Vanos)/Kette
Kurbelwellenlager	7	5
Kühlung	Pumpe/10,6 L Wasser	Pumpe/14,7 L Wasser
Schmierung	Druckumlauf/6,5 L Öl	Druckumlauf/8,0 L Öl
Abgasreinigung	Dreiwegekat, Lambdasonde	Dreiwegekat, 2 Lambdasonden
Batterie	12 V 70 Ah/hinten	12 V 90 Ah/hinten
Generator	Wechselstrom 180 A 2520 W	Wechselstrom 180 A 2520 W

Modell (Baureihe)	BMW X5 3.0si (E70)	BMW X5 4.8i (E70)
Kraftübertragung	Allradadantrieb (variabel)	Allradadantrieb (variabel)
Automatik	6 Stufen (ZF)	6 Stufen (ZF)
Übersetzungen	I. 4,171, II. 2,34, III.1,521, IV. 1,143, V. 0,867; VI. 0,691, R: 3,403	I. 4,171, II. 2,34, III.1,521, IV. 1,143, V. 0,867; VI. 0,691, R: 3,403
Antriebsübersetzung	4,44	3,91
Fahrwerk		
Vorderradaufhängung	Einzelradaufh. mit Doppelquerlenkern, McPherson-Federbeinen, Stabi	
Hinterradaufhängung	Mehrlenkerachse, Schraubenfedern, Federbeine (opt. Luftfederung), Stabi	
Lenkung	Zahnstange (hydr.), Servo, 19,5 : 1	Zahnstange (hydr.), Servo, 19,5 : 1
Betriebsbremse v/h (mm)	Hydr. (Servo), Zweikreis,	Hydr. (Servo), Zweikreis,
	Scheiben bel. (Ø=348/320), ABS, ASC+T, ADB-X, HDC	Scheiben bel. (Ø=365/345), ABS, ASC+T, ADB-X, HDC
Parkbremse	Seilzug (Hinterräder)	Seilzug (Hinterräder)
Fahrdynamikregelung	DSC	DSC
Allgemeine Daten		
Fahrzeugart (Türen/Sitze)	SUV (5/5 oder 7)	SUV (5/5 oder 7)
Aufbauform	Ganzstahlaufbau, selbsttragend	Ganzstahlaufbau, selbsttragend
Radstand (mm)	2933	2933
Spur vorn/hinten (mm)	1644/1650	1644/1650
Länge x Breite x Höhe (mm)	4854 x 1933 x 1776	4854 x 1933 x 1729
Gepäckraum (L)	620 - 1750	620 - 1750
Reifen (v/h)	255/55 R 18	255/55 R 18
Räder (v/h)	8.5 J x 18 (LM)	8.5 J x 18 (LM)
Wendekreisdurchmesser (m)	12,8	12,8
Bodenfreiheit (cm)	22,2	22,2
Böschungswinkel (v/h)	25,8/23,1	25,8/23,1
Rampenwinkel	19,8	19,8
Wattiefe	500	500
Leermasse (kg) EU	2075	2180
zul. Gesamtmasse (kg) DIN	2680 (mit dritter Sitzreihe: 2890)	2785 (mit dritter Sitzreihe: 2995)
Luftwiderstand (cW x A)	0,33 x 2,87	0,35 x 2,87
Kraftstofftank (L)/Position	85/im Heck	85/im Heck
Fahrleistungen		
Höchstgeschwindigkeit (km/h)	225 (mit HR-Reifen: 210)	240 (Sport: 242)
Beschleun. 0 - 100 km/h (s)	8,1	6,1
Verbrauch (L/100 km) EU	10,9; ab 9/07: 10,2	12,5; ab 9/07: 12,0
Sonstiges		
Preis (Anf./Ende Laufz.) €	51.900/xxx	69.500/xxx
Baujahre	ab 08/2007	ab 03/2007

Modell (Baureihe)	BMW X5 3.0d (E70)	BMW X5 3.0sd (E70)
Motor	M57 D30	N57 D30
Betriebsart	Diesel (Viertakt)	Diesel (Viertakt)
Material (Block/Kopf)	Alu	Alu/Alu
Zylinderzahl/Einbauposition	6 (Reihe), längs über Vorderachse	6 (Reihe), längs über Vorderachse
Bohrung x Hub (mm)	84 x 90	84 x 90
Hubraum (cm³)	2993	2993
Leistung (PS/kW bei U/min)	235 (177) bei 4000	286 (210) bei 4400
Drehmoment (Nm bei U/min)	520 bei 2000 - 2750	580 bei 1750 - 2250
Verdichtung	17,0 : 1	16,5 : 1
Gemischbildung/Elektronik	Diesel-Direkteinspritzung (Common Rail)/ DDE 6.2.6.	Diesel-Direkteinspritzung (Common Rail)/ DDE 6.2.6.
Aufladung	1 Turbolader IHI (VNT)	2 Turbolader IHI, Register (Variable Twin Turbo)
Ladeluftkühlung	1 LLK	1 LLK
Ventile pro Zylinder/Betätigung	4, parallel hängend	4, parallel hängend
Nockenwelle(n)/Antrieb	2 oben liegend/Kette	2 oben liegend/Kette
Kurbelwellenlager	7	7
Kühlung	Pumpe/10,4 L Wasser	Pumpe/10,4 L Wasser
Schmierung	Druckumlauf/7,5 L Öl	Druckumlauf/7,5 L Öl
Abgasreinigung	Oxi-Kat, DPF	Oxi-Kat, DPF
Batterie	12 V 90 Ah/hinten	12 V 90 Ah/hinten
Generator	Wechselstrom 170 A 2380 W	Wechselstrom 170 A 2380 W
Kraftübertragung	Allradadantrieb (variabel)	Allradadantrieb (variabel)
Automatik	6 Stufen (ZF)	6 Stufen (ZF)
Übersetzungen	I. 4,171, II. 2,34, III.1,521, IV. 1,143, V. 0,867; VI. 0,691, R: 3,403	I. 4,171, II. 2,34, III.1,521, IV. 1,143, V. 0,867; VI. 0,691, R: 3,403
	3,64	3,64
Fahrwerk		
Vorderradaufhängung	Einzelradaufh. mit Doppelquerlenkern, McPherson-Federbeinen, Stabi	
Hinterradaufhängung	Einzelradaufh. mit Doppelquerlenkern, Längs- und Schräglenkern, Federbeinen (opt. Luftfederung), Stabi	
Lenkung	Zahnstange (hydr.), Servo, 19,5 : 1	Zahnstange (hydr.), Servo, 19,5 : 1
Betriebsbremse v/h (mm)	Hydr. (Servo), Zweikreis,	Hydr. (Servo), Zweikreis,
	Scheiben bel. (Ø=348/320), ABS, ASC+T, ADB-X, HDC	Scheiben bel. (Ø=365/345), ABS, ASC+T, ADB-X, HDC
Parkbremse	Seilzug (Hinterräder)	Seilzug (Hinterräder)
Fahrdynamikregelung	DSC	DSC
Allgemeine Daten		
Fahrzeugart (Türen/Sitze)	SUV (5/5 oder 7)	SUV (5/5 oder 7)
Aufbauform	Ganzstahlaufbau, selbsttragend	Ganzstahlaufbau, selbsttragend
Radstand (mm)	2933	2933

Modell (Baureihe)	BMW X5 3.0d (E70)	BMW X5 3.0sd (E70)
Spur vorn/hinten (mm)	1644/1650	1644/1650
Länge x Breite x Höhe (mm)	4854 x 1933 x 1776	4854 x 1933 x 1776
Gepäckraum (L)	620 - 1750	620 - 1750
Reifen (v/h)	255/55 R 18	255/55 R 18
Räder (v/h)	8.5 J x 18 (LM)	8.5 J x 18 (LM)
Wendekreisdurchmesser (m)	12,8	12,8
Bodenfreiheit (cm)	22,2	22,2
Böschungswinkel (v/h)	25,8/23,1	25,8/23,1
Rampenwinkel	19,8	19,8
Wattiefe	500	500
Leermasse (kg) EU	2150	2185
zul. Gesamtmasse (kg) DIN	2755 (mit dritter Sitzreihe: 2965)	2790 (mit dritter Sitzreihe: 3000)
Luftwiderstand (cW x A)	0,34 x 2,87	0,34 x 2,87
Kraftstofftank (L)/Position	85/im Heck	85/im Heck
Fahrleistungen		
Höchstgeschwindigkeit (km/h)	216 (mit HR-Reifen: 210)	235 (mit HR-Reifen: 210)
Beschleun. 0 - 100 km/h (s)	8,1	7
Verbrauch (L/100 km) EU	8,7; ab 9/07: 8,1	8,2
Sonstiges		
Preis (Anf./Ende Laufz.) €	52.500/xxx	59.500/xxx
Baujahre	ab 03/2007	ab 09/2007

BMW X5 2.0d Biturbo mit Mildhybrid-Technik, Forschungsfahrzeug Vision Efficient Dynamics (2008)

BMW X6 (E71) (AB 2008)

Nachdem sich der auch neue X5 so hervorragend absetzen ließ, eröffnete BMW mit dem X6 eine weitere Marktnische – wobei es sich hier um eine Antwort auf eine nie gestellte Frage handelt, die aber dank des guten Images der Bayern auf positive Resonanz stoßen wird. Eine seriennahe Studie des viertürigen Geländecoupés wurde auf der IAA im September 2007 erstmals präsentiert. Das hochbeinige Fahrzeug nutzt die Plattform des X5, war aber ungleich sportiver geformt: mit wuchtiger Front, gestreckter Seitenlinie und einem extrem hohen rückwärtigen Abschluss (mit weit nach oben schwingender Heckklappe). Im Innern reichte der Platz aber nur für vier Personen (hinten Einzelsitze mit integrierten Kopfstützen).

Zusätzlich zur bekannten x-Drive-Allradtechnik erhielt der Neue ein Hinterachsdifferenzial mit radselektiver Kraftzumessung (Dynamic Performance Control), welches die Antriebskraft nicht nur – wie bisher – zwischen den Achsen verteilt, sondern bedarfsweise hinten nach rechts oder links schickte. Dieses System soll anschließend auch dem X5 zugute kommen.

Die auf der Detroit Auto Show im Januar 2008 präsentierte Serienversion wartete mit vier Motoren auf, die erstmals alle aufgeladen sind. Neben den aus anderen BMW-Modellen bereits bekannten Sechszylinder-Diesel-Triebwerken (in den USA als xDrive35d von Anfang an als BluePerformance-Abgasreinigung mittels SCR-Kat und AdBlue-Einspritzung) handelte es sich um den Turbo-Dreiliter-Benziner und um einen völlig neuen Biturbo-V8. Auch dieser 407-PS-Motor soll anschließend in anderen Modellen zum Einsatz kommen. Serienmäßig für alle X6-Ausführungen war die schnell schaltende Sechsstufen-Automatik mit elektronisch gesteuertem Wählhebel und Schaltpaddles am Lenkrad.

Das Interieur des Geländecoupés lehnte sich an dem des X5 an, wirkte aber etwas hochwertiger. Bi-Xenon-Leuchten, Nebelscheinwerfer, zweistufiges Bremslicht und Runflat-Reifen gehörten zur Serienausstattung. Wankstabilisierung und adaptive Stoßdämpfer, Aktivlenkung, Headup-Display, adaptives Kurvenlicht, Fernlichtassistent und Abstandsradar mit Bremsfunktion waren Extras.

Gebaut wird der X6 zusammen mit dem X5 im US-Werk Spartanburg, seine etwas sperrige Typenkennzeichnung (BMW X6 xDrive 35i) soll künftig auch den X5 verunzieren. Die Auslieferung des X6 beginnt im Mai 2008. Zu einem späteren Zeitpunkt – vermutlich im Jahr 2009 – erwartet wird auch eine Vollhybrid-Version (E72), die als Showcar ebenfalls bereits auf der IAA 2007 zu sehen war.

BMW X6 Concept und X6 Active Hybrid Concept (2007)

BMW X6 (2008)

BMW X6 Active Hybrid Concept (2007)

BMW X6 (2008)

BMW X6 (2008)

Modell (Baureihe)	BMW X6 xDrive35i (E71)	BMW X6 xDrive50i (E71)
Motor	N54 B30	N63 B44
Betriebsart	Otto (Viertakt)	Otto (Viertakt)
Material (Block/Kopf)	Alu	Alu
Zylinderzahl/Einbauposition	6 (Reihe), längs über Vorderachse	8 (V 90 Grad), längs über Vorderachse
Bohrung x Hub (mm)	84 x 89,6	89 x 88,3
Hubraum (cm³)	2979	4395
Leistung (PS/kW bei U/min)	306 (225) bei 5800 - 6250	407 (300) bei 5500 - 6400
Drehmoment (Nm bei U/min)	400 bei 1300 - 5000	600 bei 1750 - 4500
Verdichtung	10,2 : 1	10,0 : 1
Gemischbildung/Elektronik	Direkteinspritzung (homogen)/	Direkteinspritzung (homogen)/
	MSD81	MSD85
Aufladung	2 Turbolader IHI parallel (Variable Twin Turbo)	2 Turbolader IHI parallel (Variable Twin Turbo)
Ladeluftkühlung	LLK	LLK
Ventile pro Zylinder/Betätigung	4, V-förmig hängend	4, V-förmig hängend
Nockenwelle(n)/Antrieb	2 oben liegend/Kette	2 oben liegend/Kette
Kurbelwellenlager	7	5
Kühlung	Pumpe/10,9 L Wasser	Pumpe/17,2 L Wasser
Schmierung	Druckumlauf/6,5 L Öl	Druckumlauf/8,0 L Öl
Abgasreinigung	Dreiwege-Kat, Lambdasonde	Dreiwege-Kat, 2 Lambdasonden
Batterie	12 V 90 Ah/hinten	12 V 90 Ah/hinten
Generator	Wechselstrom 210 A 2940 W	Wechselstrom 210 A 2940 W
Kraftübertragung	Allradadantrieb (variabel), Dynamic Performance Control	Allradadantrieb (variabel), Dynamic Performance Control
Automatik	6 Stufen (ZF)	6 Stufen (ZF)
Übersetzungen	I. 4,171, II. 2,34, III.1,521, IV. 1,143, V. 0,867; VI. 0,691, R: 3,403	I. 4,171, II. 2,34, III.1,521, IV. 1,143, V. 0,867; VI. 0,691, R: 3,403
Antriebsübersetzung	3,909	3,636
Fahrwerk		
Vorderradaufhängung	Einzelradaufh. mit Doppelquerlenkern, McPherson-Federbeinen, Stabi	
Hinterradaufhängung	Einzelradaufh. mit Doppelquerlenkern, Längs- u. Schräglenkern, Federbeinen, Stabi, a.W. Niveauregulierung	
Lenkung	Zahnstange (hydr.), Servo, 19,5 : 1	Zahnstange (hydr.), Servo, 19,5 : 1
Betriebsbremse v/h (mm)	Hydr. (Servo), Zweikreis,	Hydr. (Servo), Zweikreis,
	Scheiben bel. (Ø=365x36/345x24), ABS, ASC+X, ADB-X, HDC, DTC	Scheiben bel. (Ø=385x36/385x24), ABS, ASC+X, ADB-X, HDC, DTC
Parkbremse	Seilzug (Hinterräder)	
Fahrdynamikregelung	DSC	DSC
Allgemeine Daten		
Fahrzeugart (Türen/Sitze)	SUV-Coupé (5/4)	SUV-Coupé (5/4)
Aufbauform	Ganzstahlaufbau, selbsttragend	Ganzstahlaufbau, selbsttragend
Radstand (mm)	2933	2933
Spur vorn/hinten (mm)	1644/1706	1644/1706

Modell (Baureihe)	BMW X6 xDrive35i (E71)	BMW X6 xDrive50i (E71)
Länge x Breite x Höhe (mm)	4877 x 1983 x 1690	4877 x 1983 x 1690
Gepäckraum (L)	570 - 1450	570 - 1450
Reifen (v/h)	255/50 R 19	255/50 R 19
Räder (v/h)	9.0 J x 19 (LM)	9.0 J x 19 (LM)
Wendekreisdurchmesser (m)	12,8	12,8
Bodenfreiheit (cm)	21,2	21,2
Böschungswinkel (v/h)	25,1/22,5	25,1/22,5
Rampenwinkel	19,1	19,1
Leermasse (kg) EU	2145	2265
zul. Gesamtmasse (kg) DIN	2720	2840
Luftwiderstand (cW x A)	0,34 x 2,82	0,36 x 2,82
Kraftstofftank (L)/Position	85/im Heck	85/im Heck
Fahrleistungen		
Höchstgeschwindigkeit (km/h)	240	250
Beschleun. 0 - 100 km/h (s)	6,7	5,4
Verbrauch (L/100 km) EU	10,9	12,1
Sonstiges		
Preis (Anf./Ende Laufz.) €	56.800/xxx	73.800/xxx
Baujahre	ab 5/2008	ab 5/2008

Modell (Baureihe)	BMW X6 xDrive30d (E71)	BMW X6 xDrive35d (E71)
Motor	M57 D30	N57 D30
Betriebsart	Diesel (Viertakt)	Diesel (Viertakt)
Material (Block/Kopf)	Alu	Alu/Alu
Zylinderzahl/Einbauposition	6 (Reihe), längs über Vorderachse	6 (Reihe), längs über Vorderachse
Bohrung x Hub (mm)	84 x 90	84 x 90
Hubraum (cm^3)	2993	2993
Leistung (PS/kW bei U/min)	235 (173) bei 4000	286 (210) bei 4400
Drehmoment (Nm bei U/min)	520 bei 2000 - 2750	580 bei 1750 - 2250
Verdichtung	17,0 : 1	16,5 : 1
Gemischbildung/Elektronik	Direkteinspritzung (Common Rail)/	Direkteinspritzung (Common Rail)/
	Bosch DDE 6.2.6.	Bosch DDE 6.2.6.
Aufladung	1 Turbolader Garrett (VNT)	2 Turbolader Garrett, Register (Variable Twin Turbo)
Ladeluftkühlung	1 LLK	1 LLK
Ventile pro Zylinder/Betätigung	4, parallel hängend	4, parallel hängend
Nockenwelle(n)/Antrieb	2 oben liegend/Kette	2 oben liegend/Kette
Kurbelwellenlager	7	7
Kühlung	Pumpe/10,4 L Wasser	Pumpe/10,4 L Wasser
Schmierung	Druckumlauf/7,5 L Öl	Druckumlauf/7,5 L Öl
Abgasreinigung	Oxi-Kat, DPF	Oxi-Kat, DPF

Modell (Baureihe)	BMW X6 xDrive30d (E71)	BMW X6 xDrive35d (E71)
Batterie	12 V 90 Ah/hinten	12 V 90 Ah/hinten
Generator	Wechselstrom 170 A 2380 W	Wechselstrom 170 A 2380 W
Kraftübertragung	Allradadantrieb (variabel), Dynamic Performance Control	Allradadantrieb (variabel), Dynamic Performance Control
Automatik	6 Stufen (ZF)	6 Stufen (ZF)
Übersetzungen	I. 4,171, II. 2,34, III.1,521, IV. 1,143, V. 0,867; VI. 0,691, R: 3,403	I. 4,171, II. 2,34, III.1,521, IV. 1,143, V. 0,867; VI. 0,691, R: 3,403
Antriebsübersetzung	3,636	3,636
Fahrwerk		
Vorderradaufhängung	Einzelradaufh. mit Doppelquerlenkern, McPherson-Federbeinen, Stabi	
Hinterradaufhängung	Einzelradaufh. mit Doppelquerlenkern, Längs- u. Schräglenkern, Federbeinen, Stabi, a.W. Niveauregulierung	
Lenkung	Zahnstange (hydr.), Servo, 19,5 : 1	Zahnstange (hydr.), Servo, 19,5 : 1
Betriebsbremse v/h (mm)	Hydr. (Servo), Zweikreis,	Hydr. (Servo), Zweikreis,
	Scheiben bel. (Ø=348x30/320x20), ABS, ASC+X, ADB-X, HDC, DTC	Scheiben bel. (Ø=365/345x24), ABS, ASC+X, ADB-X, HDC, DTC
Parkbremse	Seilzug (Hinterräder)	Seilzug (Hinterräder)
Fahrdynamikregelung	DSC	DSC
Allgemeine Daten		
Fahrzeugart (Türen/Sitze)	SUV-Coupé (5/4)	SUV-Coupé (5/4)
Aufbauform	Ganzstahlaufbau, selbsttragend	Ganzstahlaufbau, selbsttragend
Radstand (mm)	2933	2933
Spur vorn/hinten (mm)	1644/1706	1644/1706
Länge x Breite x Höhe (mm)	4877 x 1983 x 1690	4877 x 1983 x 1690
Gepäckraum (L)	570 - 1450	570 - 1450
Reifen (v/h)	255/50 R 19	255/50 R 19
Räder (v/h)	9.0 J x 19 (LM)	9.0 J x 19 (LM)
Wendekreisdurchmesser (m)	12,8	12,8
Bodenfreiheit (cm)	21,2	21,2
Böschungswinkel (v/h)	25,1/22,5	25,1/22,5
Rampenwinkel	19,1	19,1
Leermasse (kg) EU	2150	2185
zul. Gesamtmasse (kg) DIN	2675 - 2725	2710 - 2760
Luftwiderstand (cW x A)	0,33 x 2,82	0,34 x 2,82
Kraftstofftank (L)/Position	85/im Heck	85/im Heck
Fahrleistungen		
Höchstgeschwindigkeit (km/h)	210-220	236
Beschleun. 0 - 100 km/h (s)	8	6,9
Verbrauch (L/100 km) EU	8,2	8,3
Sonstiges		
Preis (Anf./Ende Laufz.) €	55.800/xxx	61.800/xxx
Baujahre	ab 5/2008	ab 5/2008

LITERATUR/QUELLEN

Boschen, Lothar: BMW M1.
Motorbuch Verlag Stuttgart (um 1990)

Braess, Hans-Hermann: Das Original – die BMW 3er-Reihe.
BMW Mobile Tradition (2000)

Kieselbach, Ralf: BMW Sondertypen.
Motorbuch Verlag Stuttgart (1995)

Kittler, Eberhard: BMW Roadster & Cabrios 1936 – 1996.
Motorbuch Verlag Stuttgart (1996)

Lange, Karlheinz: Geschichte des Motors.
BMW Mobile Tradition (1999)

Lange, Karlheinz: Der legendäre BMW 507.
BMW Mobile Tradition (2005)

Müller, Thomas: BMW 02 – die neue Klasse.
Motorbuch Verlag Stuttgart (1996)

Oswald, Werner; Kittler, Eberhard: Alle BMW Automobile seit 1928. Motorbuch Verlag Stuttgart (2001)

Rosellen, Hanns-Peter: Vom Goggomobil zum Glas V8,
Zyklam-Verlag Frankfurt (1985)

Schrader, Halwart: BMW Automobile.
Motorbuch Verlag Stuttgart (2003)

Schrahe, Stefan: Das große BMW-02-Buch.
Heel Verlag Königswinter (1988)

Seeliger, Georg: BMW 503-507 – die V8-Sportmodelle.
Motorbuch Verlag Stuttgart (1993)

Seeliger, Georg: BMW Kleinwagen – Isetta, 600 & 700.
Motorbuch Verlag Stuttgart (1993)

Simons, Rainer: BMW 328 – vom Roadster zum Mythos.
BMW Mobile Tradition (1996)

Walton, Jeremy: BMW 3er Reihe.
Heel Verlag Königswinter (1993)

Zeichner, Walter: BMW 501/502 – Aufbruch ins Wirtschaftswunder (1997)

Zeichner, Walter: BMW Coupés – Tradition der Eleganz.
BMW Mobile Tradition (1998)

Zeichner, Walter: BMW 02er Reihe – das Kultauto.
BMW Mobile Tradition (1997)

autosalon/autoparade – der Berater für den Autokauf.
A. Eugen von Keller Verlag Bonn (1966 bis 2005)

Katalog der Schweizer Automobil Revue (1951 bis 2007)